Lecture Notes in Mathematics

Edited by A. Dold and B. Eckmann

Subseries: Institut de Mathéma
Adviser: P.A. Meyer

T0184010

986

Séminaire de Probabilités XVII 1981/82

Proceedings

Edité par J. Azéma et M. Yor

Springer-Verlag
Berlin Heidelberg New York Tokyo 1983

Editeurs

Jacques Azéma
Marc Yor
Laboratoire de Probabilités
4 Place Jussieu, Tour 56
75230 Paris Cédex 05 – France

AMS Subject Classifications (1980): 60 G XX, 60 H XX, 60 J XX

ISBN 3-540-12289-3 Springer-Verlag Berlin Heidelberg New York Tokyo
ISBN 0-387-12289-3 Springer-Verlag New York Heidelberg Berlin Tokyo

Printing and binding: Beltz Offsetdruck, Hemsbach/Bergstr.
2146/3140-543210

SEMINAIRE DE PROBABILITES XVII

TABLE DES MATIERES

A Transformation from Prediction to Past of an L^2-Stochastic Process

by

Frank B. Knight[(1)]
Department of Mathematics
University of Illinois, Urbana, Illinois 61801

1. Introduction

By an L^2-stochastic process, we understand simply a collection X_t, $-\infty < t < \infty$, of real valued random variables (i.e. measurable functions) on a measure space $(\Omega, F, P) : P(\Omega) = 1$, with $\int X_t^2 dP (= EX_t^2) < \infty$ for each t. In the present paper we will not discuss any "sample path properties," and it will not matter whether P is complete. In fact, we may and shall consider random variables which are equal except on P-null sets as identical. We assume for convenience throughout that $\int X_t dP (= EX_t) = 0$, that the covariance $\Gamma(s,t) = E(X_s X_t)$ is continuous, and finally that for $\lambda > 0$, $\int_0^\infty e^{-\lambda s}\Gamma(s,s)ds < \infty$. Let $H(t)$ denote the Hilbert space closure of $\{X_s, s < t\}$. We note that $X_t \in H(t)$, and that $H(t)$ is, in an obvious sense, left-continuous in t.

The particular class of processes which is our concern are those which are orthogonalizable, in the sense that there exists an L^2-integral representation

$$1) \qquad X_t = \int_{-\infty}^{t} F(t,u)dY(u) + V_t$$

where Y is an L^2-valued measure $(E(\Delta_1 Y \Delta_2 Y) = 0$ if $\Delta_1 \cap \Delta_2 = \phi)$, and also $V_t \in H(-\infty)$ $(= \bigcap_u H(u))$ and $E(V_t(\Delta Y)) = 0$ for all finite Δ. Here we choose $Y(u) - Y(0)$ to be L^2-left-continuous in u, and the integral 1) does not include any jump in Y at time t. Also, if $d\sigma^2(u) = dEY^2(u)$ $(= E(dY(u))^2)$ then $\int_{-\infty}^{t} F^2(t,u)d\sigma^2(u) < \infty$. If, in addition, the collection $\{V_s, \Delta Y; \Delta, s \le t\}$ has Hilbert space closure

(1) This work was supported by Contract NSF MCS 80-02600.

$H(t)$ for each t, then we call 1) a <u>Lévy canonical representation</u>. Necessary and sufficient conditions on Γ for such a representation were obtained by P. Lévy [5] and T. Hida [2], among others (in Hilbert space language, the requirement is that X_t have multiplicity at most 1). Here it will suffice to observe that, apparently, all L^2-processes of any intrinsic interest do satisfy the conditions. From now on, therefore, we assume the existence of a canonical representation 1).[(2)]

This canonical representation is of course not unique. For any measurable function $\beta(u) \neq 0$, with β^2 locally $d\sigma^2$-integrable, we may replace $(F(t,u), dY(u))$ by $(\beta^{-1}(u)F(t,u), \beta(u)dY(u))$. On the other hand, this is the full extent of the nonuniqueness in $dY(u)$. To see this, let $\mathbb{P}(Z;H)$ denote the <u>projection</u> of an L^2-random variable Z onto a closed subspace H. Then, in 1), $\{X(t) - \mathbb{P}(X(t); H(t_1)),\ t_1 < t < t_2\}$ generates the same Hilbert space as $\{Y(t) - Y(t_1),\ t_1 < t < t_2\}$, because both are orthogonal to $H(t_1)$ and, together with $H(t_1)$, generate $H(t_2)$. Now if Y_1 and Y_2 denote Y for two distinct representations 1) of the same X, with corresponding $d\sigma_1^2$ and $d\sigma_2^2$, then $Y_1(B_1) (= \int_{B_1} dY_1)$ and $Y_2(B_2)$ are orthogonal whenever B_1 and B_2 are disjoint bounded Borel sets. This follows by the above for disjoint finite unions of intervals, hence for each such B_1 it holds for all bounded Borel sets B_2 disjoint from B_1 by L^2-approximation using $E(Y_2(B_2) - Y_2(B_2'))^2 = d\sigma_2^2(B_2 \Delta B_2')$. Hence, finally, by the monotone class theorem, it is true for all bounded Borel sets B_1 and B_2 disjoint from B_1. Now we can write $Y_2(-n,n) = \int_{-n}^{n} f_n(u)\, dY_1(u)$ for an f_n unique up to $d\sigma_1^2$-null sets. Then for $B \subset (-n,n)$ we have :

$$Y_2(-n,n) = \int_B f_n(u)\, dY_1(u) + \int_{(-n,n)-B} f_n(u)\, dY_1(u) \quad ,$$

where the first term on the right is orthogonal to $Y_2((-n,n)-B)$. It follows

(2) The results below are extended to the general case in [3], with considerable loss of explicitness. The present paper was motivated by a remark of J. L. Doob.

that this term is $Y_2(B)$. Thus, letting $n \to \infty$ we obtain an f, unique up to $d\sigma_1^2$ - null sets, with $Y_2(B) = \int_B f(u)\, dY_1(u)$ for all bounded B. This is a relation of the asserted type (of course, we also have the trivial non-uniqueness that $F(t,u)$ may be changed on a $d\sigma^2$ - null set of u for each t, without changing dY).

We can think of 1) as a linear analysis of $X(t)$ in terms of its past evolution $H(s)$, $s \leq t$. The object here is to relate this to the futures $X(t + s)$, $s \geq 0$. Since these cannot be known at time t, we must be content with their prediction in terms of $H(t)$. It is well known from Hilbert space theory that the best prediction of $X(t + s)$, in the sense of minimizing $E(X(t + s) - Y)^2$ over $Y \in H(t)$, is simply

Notation. $R(t + s,t) = \mathbb{P}(X(t + s); H(t))$.

2. Statement of the Problem

The problem which we propose to solve here is now to obtain $(F(t,u),dY(u))$ from $R(t + s,t)$ when t, u, and s vary appropriately. Let us note first that the converse problem is very simple. To obtain R we note that there must exist some representation

2) $$R(t + s,t) = \int_{-\infty}^{t} G(t + s,u)dY(u) + V,$$

because every element of $H(t)$ is so represented. But $V = \mathbb{P}(X(t + s)\,;\, H(-\infty))$ implies that $V = V_{s+t}$, and then we need only observe that in the decomposition

$$X(t + s) = \left(\int_{-\infty}^{t} F(t + s,u)dY(u) + V_{s+t}\right) + \int_{t}^{t+s} F(t + s,u)dY(u)$$

the last term is orthogonal to $H(t)$. Hence we have $G(t + s,u) = F(t + s,u)$ in 2). The problem below is, however, not as simple. Even if X_t is "wide-sense stationary" (i.e. $\Gamma(s,t)$ depends only on $s - t$) the known solution (from [1, XII, Theorem 5.3]) depends on the spectral representation of X_t. Thus it expresses ΔY in the "frequency domain". This does not easily give an expression in the "time domain," as required here (for example, the solution may require derivatives of X, hence it cannot be expressed in integral form over X_s, $s \leq t$). In any case, the spectral method does not extend to the general process 1)).

Stated more precisely, our problem is this: given $R(t' + s,t')$ for $s \geq 0$ and $t' < t$, in terms of X_u, $u \leq t'$, to construct $F(t',u)$ and $dY(u)$, $u < t$, $t' < t$, for a canonical representation 1). We observe why t' must be introduced — if $X_{t+s} = X_t$ for all s, then $R(t + s,t) = X_t$ for all s and there is no hope of obtaining either F or dY from this. Actually, our problem has two distinct parts. Since $F(t',u)$ is nonrandom, we seek to determine it, not from observation of $R(\cdot,\cdot)$, but from the covariance of $R(\cdot,\cdot)$. We are assuming that an expression for R in terms of $X(\cdot)$ is known, and we may assume without loss of generality that it is linear in $X(\cdot)$. Therefore, the covariance of R may be calculated from Γ, and our hypothesis justifies its use. On the other hand, Y is "random", and to calculate it in an interval we must use the "observed values" of R, rather than only its covariance.

The same determination problem has been studied by P. Lévy in several papers, but without using R. It is of course possible in theory to determine F and dY directly from Γ and $X_{t'}$, $t' < t$. The direct attempt leads, however, to a singular Fredholm equation for F, which has no unique solution [Lévy, 4]. On the other hand, the corresponding problem with t replaced by a discrete parameter n is not difficult, and is solved in [4, Section 4.1]. It thus appears that with a discrete parameter the canonical representation naturally precedes solution of the prediction problem, while with a continuous parameter it is the other way around.

3. A Class of Wide-sense Martingales

The solution to be given here hinges on the following quantities, which may appear a little complicated at first sight, but which are probably as simple as the problem admits.

<u>Definition 1.</u>[3] For $\lambda > 0$ and $t \geq 0$, let

3) $$M_\lambda(t) = P_\lambda(t) - P_\lambda(0) + \lambda \int_0^t (X(u) - P_\lambda(u))du,$$

where $P_\lambda(t) = \lambda \int_0^\infty e^{-\lambda s} R(t+s,t)ds$, and the integrals are in the L^2-sense on (Ω, F, P).

The existence of these integrals follows from our hypotheses on Γ. Indeed, since X_t is L^2-continuous, $R(t+s,t)$ is L^2-continuous in s, and $ER^2(t+s,t) \leq \Gamma(t+s, t+s)$. Then $P_\lambda(t) = \mathbb{P}(\lambda \int_0^\infty e^{-\lambda s} X(t+s)ds; H(t))$, where the integral on the right exists because

$$E^{\frac{1}{2}}\left[\int_0^\infty e^{-\lambda s} X(t+s)ds\right]^2 \leq \int_0^\infty e^{-\lambda s}\Gamma^{\frac{1}{2}}(t+s)ds,$$

which is finite by another application of Schwartz' inequality. It follows readily that $P_\lambda(t)$, and also $M_\lambda(t)$, are L^2-left-continuous in t, and L^2-continuous in λ. It will be shown that, for suitable λ, $M_\lambda(t)$ can serve as $Y(t) - Y(0)$ in 1) for $t \geq 0$. It is clear that $M_\lambda(t) \in H(t)$, and we next show that it has orthogonal increments. This follows immediately from

<u>Theorem 2.</u> For each $\lambda > 0$, $M_\lambda(t)$ is a wide-sense martingale with respect to $H(t)$; i.e. $\mathbb{P}(M_\lambda(t+s); H(t)) = M_\lambda(t)$, $0 \leq t,s$.

<u>Proof.</u> We use the fact that L^2-integration commutes with projection to write

$$\mathbb{P}(M_\lambda(t_2) - M_\lambda(t_1); H(t_1)) =$$

$$\lambda \int_{t_2}^\infty ((e^{-\lambda(v-t_2)} - e^{-\lambda(v-t_1)})\mathbb{P}(X(v); H(t_1))dv$$

$$- \lambda \int_{t_1}^{t_2} (e^{-\lambda(u-t_1)} - 1)\mathbb{P}(X(u); H(t_1))du$$

(3) This notation differs slightly from that of [3], where X_t was Gaussian and $P_\lambda(t)$ was right-continuous. Here we use $P_\lambda(t-)$ instead.

$$- \lambda^2 \int_{t_1}^{t_2} \int_{u}^{t_2} e^{-\lambda(v-u)} \mathbb{P}\,(X(v);\ H(t_1))dvdu$$

$$- \lambda^2 \int_{t_1}^{t_2} \int_{t_2}^{\infty} e^{-\lambda(v-u)} \mathbb{P}\,(X(v);\ H(t_1))dvdu.$$

Combining the first and last terms of this expression, and interchanging order of integration, it becomes simply

$$\lambda \int_{t_2}^{\infty} (e^{-\lambda(v-t_2)} - e^{-\lambda(v-t_1)} - \lambda \int_{t_1}^{t_2} e^{-\lambda(v-u)} du) \mathbb{P}\,(X(v);\ H(t_1))dv$$

$$+ \lambda \int_{t_1}^{t_2} (1 - e^{-\lambda(v-t_1)} - \lambda \int_{t_1}^{v} e^{-\lambda(v-u)} du) \mathbb{P}\,(X(v);\ H(t_1))dv.$$

Here both integrands are 0, completing the proof.

Returning to 1), it will be convenient to choose $F(t,u)$, for given $dY(u)$, to be continuous in $t \geq u$ for each u. To see that this is always possible, we observe that we have

$$X(t) = \int_{-\infty}^{t} \left(\frac{dE(X(t)Y(u))}{d\sigma^2(u)} \right) dY(u) + V_t$$

for any Radon-Nikodym derivative of $dE(X(t)Y(u))$ with respect to $d\sigma^2(u)$ on $(-\infty,t)$, where the absolute continuity follows by Schwartz' inequality. Here it is not difficult to choose

$$\left| \frac{dE(X(t_2)Y(u))}{d\sigma^2(u)} - \frac{dE(X(t_1)Y(u))}{d\sigma^2(u)} \right| \leq E^{\frac{1}{2}}(X(t_2) - X(t_1))^2$$

for all $u \leq t_1 < t_2$. Thus, in fact, we obtain continuity in t, uniformly in u for bounded t.

From now on, we assume that $F(t,u)$ is continuous in t as above. The connection of $M_\lambda(t)$ with the canonical representation 1) is as follows.

<u>Theorem 3.</u> For $\lambda > 0$ and $t \geq 0$ we have

$$M_\lambda(t) = \int_0^t \left\{ \lambda \int_0^\infty e^{-\lambda s} F(u + s,u)ds \right\} dY(u),$$

where the inner integral exists for $d\sigma^2$-a.e. u, and is in $L^2(d\sigma^2)$.

Proof. Substitution of 2) with $G = F$ into Definition 1 of P_λ gives

$$P_\lambda(t) = \lambda \int_0^\infty e^{-\lambda s} \left(\int_{-\infty}^t F(t+s,u)dY(u)\right) ds + \lambda \int_0^\infty e^{-\lambda s} V_{t+s}\, ds.$$

We need to interchange order of integration on the right. To justify this, note first that

$$\int_{-\infty}^t \left(\int_0^\infty e^{-\lambda s} F^2(t+s,u)ds\right) d\sigma^2(u)$$

$$= \int_0^\infty e^{-\lambda s} E\left(\int_{-\infty}^t F(t+s,u)dY(u)\right)^2 ds$$

$$\leq \int_0^\infty e^{-\lambda s}\, EX^2(t+s)ds,$$

and the last expression is finite by our hypothesis on Γ. Then it follows from Schwartz' Inequality that the left side of

$$\int_{-\infty}^t \left(\int_0^\infty e^{-\lambda s} |F(t+s,u)| ds\right)^2 d\sigma^2(u)$$

$$\leq \lambda^{-1} \int_{-\infty}^t \int_0^\infty e^{-\lambda s} F^2(t+s,u) ds d\sigma^2(u)$$

is also finite, so that the L^2-integral $\int_{-\infty}^t \left(\int_0^\infty e^{-\lambda s} F(t+s,u)ds\right) dY(u)$ exists. Clearly it is in the Hilbert space closure of $\{\Delta Y(u);\ \Delta \subset (-\infty, t]\}$. But for $v_1 < v_2 \leq t$, by Fubini's Theorem we have

$$E[(Y(v_2) - Y(v_1)) \int_0^\infty e^{-\lambda s} \left(\int_{-\infty}^t F(t+s,u)dY(u)\right) ds]$$

$$= \int_{v_1}^{v_2} \left(\int_0^\infty e^{-\lambda s} F(t+s,u)ds\right) d\sigma^2(u)$$

$$= E[(Y(v_2) - Y(v_1)) \int_{-\infty}^t \left(\int_0^\infty e^{-\lambda s} F(t+s,u)ds\right) dY(u)],$$

where the double integral in the middle expression exists by the above inequality.

Thus the integrals may be interchanged, and we have from Definition 1

$$\lambda^{-1}M_\lambda(t) = \int_0^t \left(\int_0^\infty e^{-\lambda s}F(t + s,u)ds\right)dY(u)$$

$$+ \int_0^t \int_0^v (F(v,u) - \lambda \int_0^\infty e^{-\lambda s}F(v + s,u)ds)dY(u)dv.$$

Reasoning similar to the preceding shows that the second term on the right is

$$\int_0^t \int_u^t (F(v,u) - \lambda \int_0^\infty e^{-\lambda s}F(v + s,u)ds)dv\ dY(u),$$

whence the coefficient of $dY(u)$ in $\lambda^{-1}M_\lambda(t)$ is

$$\int_0^t e^{-\lambda s}F(t + s,u)ds + \int_u^t (F(v,u) - \lambda \int_0^\infty e^{-\lambda s}F(v + s,u)ds)dv$$

$$= \int_0^t e^{-\lambda s}F(t + s,u)ds + \int_u^t F(v,u)dv$$

$$- \lambda \int_0^\infty e^{-\lambda s}\left(\int_u^t F(v + s,u)dv\right)ds.$$

Now the last term on the right may be integrated by parts for $d\sigma^2$-a.e. u to become

$$- \int_u^t F(v,u)dv - \int_0^\infty e^{-\lambda s}(\frac{d}{ds}\int_{u+s}^{t+s} F(w,u)dw)ds.$$

Combining the last two expressions yields

$$\lambda^{-1}M_\lambda(t) = \int_0^t \left(\int_0^\infty e^{-\lambda s}F(u + s,u)ds\right)dY(u),$$

as was to be shown.

We next state two Corollaries, of which the first is now trivial, while the second is immediate but rich in content.

Corollary 4. The incremental process

$$M_\lambda(t_2) - M_\lambda(t_1) = P_\lambda(t_2) - P_\lambda(t_1) + \lambda \int_{t_1}^{t_2} (X_u - P_\lambda(u))du,$$

$-\infty < t_1 < t_2 < \infty$, is in $H(t_2)$ and has orthogonal increments. We have

$$M_\lambda(t_2) - M_\lambda(t_1) = \int_{t_1-}^{t_2} \left(\int_0^\infty \lambda e^{-\lambda s} F(u+s,u)ds\right) dY(u)$$

for any Lévy canonical representation 1).

Corollary 5. If X_t is wide-sense stationary, so that we may choose $F(t,u) = F(t-u)$ and $d\sigma^2(u) = \sigma^2 du$ in 1), then

$$M_\lambda(t_2) - M_\lambda(t_1) = (\lambda \int_0^\infty e^{-\lambda s} F(s)ds)(Y(t_2) - Y(t_1)),$$

where dY is a process of wide-sense stationary orthogonal increments. Given a single observation of $M_\lambda(t_2) - M_\lambda(t_1)$ for all $\lambda > 0$ (fixed $t_1 < t_2$ and $w \in \Omega$), if it does not vanish identically then it determines F up to a constant factor. If V_t is known to vanish, then Γ is similarly determined.

Proof. The equivalence of wide-sense stationarity with the assertions on F and $d\sigma^2$ is well-known ([1, loc.sit]). The rest is immediate from Theorem 3 and the uniqueness theorem for Laplace transforms.

4. Solution of the Main Problem, and Example.

We return now to the determination of F and dY in the non-stationary case. In practice, the key to our methods is the calculation of $EM_\lambda^2(t)$ from Γ. This follows by a simple formula when R, and hence P_λ, are known. The proof is in [3, Theorem 3.1], and as it is rather intricate we omit the details.

Lemma 6. For $\lambda > 0$ and $t_1 < t_2$, we have

$$EM_\lambda^2(t_2) - EM_\lambda^2(t_1) = EP_\lambda^2(t_2) - EP_\lambda^2(t_1) + 2\lambda \int_{t_1}^{t_2} E(X_u P_\lambda(u) - P_\lambda^2(u))\, du.$$

This bring us to the main theorem, which in sense is a proof without a theorem (the content depends on what is meant here by "effectively").

Theorem 7. A canonical pair $(F(t,u),\ dY(u))$ is determined effectively in an interval $u_1 < u < u_2$ by $E(M_\lambda^2(u) - M_\lambda^2(u_1))$ and $dM_\lambda(u)$, $\lambda > 0$, $u_1 < u < u_2$.

Proof. For notational convenience we take $u_1 = 0$, $u_2 = t$. By Corollary 4 we have for any canonical (F_o, dY_o),

$$6) \qquad EM_\lambda^2(t) = \int_0^t \left(\lambda \int_0^\infty e^{-\lambda s} F_o(u + s,u)ds\right)^2 d\sigma_o^2(u).$$

Hence for every $\lambda > 0$ the measure $dEM_\lambda^2(u)$ is absolutely continuous with respect to $d\sigma_o^2(u)$. Our problem is to obtain a linear combination (possibly infinite) $\sum_i c_i M_{\lambda_i}(u)$ to serve as $Y(u)$. In fact, we will determine a λ_o such that $Y(u) = M_{\lambda_o}(u)$ is possible. However, as a subsequent Example 8 shows, it is sometimes more convenient in practice to use a linear combination rather than fixing λ_o. The only requirement is that the variance should determine a measure equivalent to $d\sigma_o^2$ as u varies, which is a requirement not depending on the (unknown) $d\sigma_o^2$. Then we will have

$$\sum_i c_i M_{\lambda_i}(u) = \int_0^u \left(\sum_i c_i \int_0^\infty \lambda_i e^{-\lambda_i s} F_o(u + s,u)ds\right) dY_o(u)$$

and hence we can use $d(\sum_i c_i M_{\lambda_i}(u))$ as $dY(u)$ in a new canonical representation.

We next show that, in fact, for all λ excepting a certain countable set the measures $dEM_\lambda^2(u)$ and $d\sigma_o^2$ are equivalent in (o,t). By 6) they are equivalent in (o,t) if and only if

$$7) \qquad 0 = d\sigma_o^2\{0 < u < t: \int_0^\infty e^{-\lambda s} F_o(u + s,u)ds = 0\},$$

and we can assume without loss of generality that the Laplace transform exists for all u. Then for each u it can vanish at most on a countable set of λ without making $F_o(u + s,u) = 0$ for all $s \geq 0$, since it is analytic in λ. It follows from this that for any continuous measure $dv(\lambda)$ we have

8) $$0 = d\nu\{\lambda : \int_0^\infty e^{-\lambda s} F_o(u+s,u)ds = 0\}$$

except on a $d\sigma_o^2$-null set of u. Indeed, if $d\sigma_o^2\{0 < u < t: F_o(u+s,u) = 0$ for all $s \geq 0\} \neq 0$, then denoting the set in brackets by A we would have for $0 < t' < t$ $X_{t'} = V_{t'} + \int_{A^c \cap (o,t')} F_o(t',u)dY_o(u)$, and it would follow that $\int_{A^c \cap (o,t)} dY_o(u) \notin H(t)$, which contradicts the definition of a canonical representation. From 8) it follows by Fubini's Theorem that 7) holds for all λ except in a $d\nu$-null set for every continuous $d\nu$. On the other hand, the right side of 7) is upper-semicontinuous in λ because the integral is continuous in λ (so that $d\sigma_o^2$ applied to the complement is lower-semicontinuous). Hence for every $\varepsilon > 0$ the set of λ for which $d\sigma_o^2\{0 < u < t: \int_0^\infty e^{-\lambda s} F_o(u+s,u)ds) = 0\} \geq \varepsilon$ is closed and null for every $d\nu$. Since every uncountable closed set supports a nontrivial continuous measure (since it contains a monotone image of the Cantor set) the above set must be countable. Letting $\varepsilon \to 0$, we see that 7) holds outside a countable set of λ.

It remains to "effectively" determine a λ_0 outside this set (which is of course easy in "practical" cases). In any case, we may proceed as follows. We first obtain a measure which is equivalent to the (as yet unknown) $d\sigma_0^2$ in any one of various ways. For example, $d\left(\int_1^2 EM_\lambda^2(t)d\lambda\right)$ is always such a measure since the exceptional set of λ is erased. Denoting this by $d\sigma_1^2$, we next obtain a Radon-Nikodym derivative $\frac{dEM_\lambda^2(t)}{d\sigma_1^2(t)}$ which is continuous in λ for all t. By 6) this will always be continuous along the rationals for $d\sigma_1^2$-almost-all t, whence we can extend it to all λ by continuity, and use 0 on the exceptional set (if any). Now, as before, $d\sigma_1^2\{0 < u < t: \frac{dEM_\lambda^2(u)}{d\sigma_1^2(u)} = 0\}$ exceeds any $\varepsilon > 0$ on an at most countable, closed set. An element not in such a set can be effectively determined by systematically checking all points $0 < \lambda = kN^{-1} \leq N$ until such an element is found. Hence, choosing $\varepsilon_n \to 0$, we can determine by induction on n a nested sequence of closed intervals of the complements. Then any λ_0 in the intersection will satisfy $d\sigma_1^2\{0 < u < t: \frac{dEM^2_{\lambda_0}(u)}{d\sigma_1^2(u)} = 0\} = 0$. Consequently, the same equation holds with σ_0^2 in place of σ_1^2, and $dY(u) = dM_{\lambda_0}(u)$ is a possible choice of dY for a canonical representation 1).

It remains only to determine $F(t,u)$ for known dY, as was done above Theorem 3. Thus we have $F(t,u) = \frac{dE(X(t)Y(u))}{d\sigma^2(u)}$, which is computed from Γ, our assumed expression for R, and Lemma 6 (the covariance $E(M_{\lambda_1}(u)M_{\lambda_2}(u))$ is also in [3] if needed for the case $dY(u) = d(\sum_i c_i M_{\lambda_i}(u))$). We remark that, since $F(t,t)$ is not involved in the representation of X_t, we should define $F(t,t) = \lim_{r \to t+} F(r,t)$ in order to obtain the right-continuity of F in $t \geq u$ for each u.

We conclude with an example which involves a process X_t elsewhere studied by P. Lévy.

<u>Example 8.</u> Suppose that $X_t = \int_0^t (2t - u)dW(u)$, where $W(u)$ is a Wiener process. Lévy ([4],[5]) has checked that this representation is canonical, and he also has obtained infinitely many other noncanonical representations 1) of the same process X_t. However, our approach is from the opposite direction, in the sense that we should begin from the covariance. In this case, we have easily $\Gamma(s,t) = 3s^2t - \frac{2}{3}s^3$ for $0 \leq s \leq t$, and we take $X_s = \Gamma = 0$ for $s \leq 0$. We claim next that the predictors (i.e. projections) are given by 0 for $t \leq 0$ and $R(t + s,t) = (1 + 2st^{-1})X_t - 2st^{-2}\int_0^t X_u du$ for $t > 0$. Since our method takes this as starting point, we will not discuss the derivation, but only remark that such assertions are easily checked. One need only use Γ and a little integral calculus to show that $E(X_v(R(t + s,t) - X_{t+s})) = 0$ for $v \leq t$. It follows without difficulty that for $t > 0$,

$$
\begin{aligned}
M_\lambda(t) &= (1 + 2(\lambda t)^{-1})X_t - 2\lambda^{-1}t^{-2}\int_0^t X_u du \\
&\quad - 2\int_0^t (u^{-1}X_u - u^{-2}\int_0^u X_v dv)du \\
&= (1 + 2(\lambda t)^{-1})X_t - 2(\lambda^{-1}t^{-2} + t^{-1})\int_0^t X_u du.
\end{aligned}
$$

We want to choose a convenient linear combination of $dM_\lambda(u)$ to use as $dY(u)$. We observe that $M_1(t) - M_2(t) = t^{-1}X_t - t^{-2}\int_0^t X_u du$, and it is straightforward to check that $E(M_1(t) - M_2(t))^2 = t$. Thus $Y(t) = M_1(t) - M_2(t)$ is a Wiener process, and we can use it for a canonical representation of X_t if it generates $H(t)$. This must be checked here only if we do not assume a priori that a canonical representation exists. Otherwise it suffices that $d\sigma^2(u)$ be absolutely continuous with respect to du, which is practically obvious. In any case, we can easily solve for X_t in the present case, obtaining $X_t = \int_0^t (M_1(u) - M_2(u))du + t(M_1(t) - M_2(t))$. Now straightforward computation yields $\frac{d}{du}\ E(X_t(M_1(u) - M_2(u)) = 2t - u$, hence our representation is $X_t = \int_0^t (2t - u)d(M_1(u) - M_2(u))$. Of course, this is entirely equivalent to the original representation of P. Lévy, but here dW is expressed in terms of dX instead of conversely.

REFERENCES

1. J. L. Doob, Stochastic Processes, Wiley, 1953.

2. T. Hida, Canonical representations of Gaussian processes and their applications, Memoirs of the College of Science, Univ. of Kyoto, Series A, (1), vol. 33 (1960), 109-155.

3. F. B. Knight, A post-predictive view of Gaussian processes, Annales Scientifiques de l'Ecole Normale Supérieure, 1983.

4. P. Lévy, A special problem of Brownian motion, and a general theory of Gaussian random functions, Proc. of the Third Berkeley Symposium, J. Neyman Ed., Univer. of California Press, 1956, 133-176.

5. P. Lévy, Fonctions aléatoires à corrélation linéaire, Illinois Journal of Math. vol. 1 (1957), 217-258.

APPLICATIONS DU TEMPS LOCAL AUX EQUATIONS DIFFERENTIELLES STOCHASTIQUES UNIDIMENSIONNELLES

J.F. LE GALL

Laboratoire de Calcul des Probabilités - 4, place Jussieu - F 75230 Paris 5

INTRODUCTION

L'objet de ce travail est de montrer comment on peut utiliser la notion de temps local pour démontrer des théorèmes d'unicité trajectorielle, de comparaison ou encore de convergence forte pour les solutions d'équations différentielles stochastiques de la forme :

$$(1) \qquad dX_t = \sigma(X_t)\, dB_t + b(X_t)\, dt .$$

Cette idée a déjà été utilisée par Perkins ([17]). Le travail de Perkins repose sur la remarque suivante : dans les démonstrations "classiques" des théorèmes d'unicité trajectorielle, (voir [11],[9], ou [10]) la notion de temps local n'intervient pas directement, mais elle est sous-jacente dans la mesure où les auteurs construisent des approximations de la fonction $f(x) = |x|$ par des fonctions de classe C^2. L'utilisation du temps local et de la formule d'Itô généralisée permet de simplifier les démonstrations et parfois d'obtenir des résultats plus précis.

Nous nous proposons, dans la partie I, de continuer le travail de Perkins et de montrer qu'on peut, grâce au temps local, retrouver et généraliser les principaux résultats d'unicité trajectorielle relatifs aux équations différentielles stochastiques unidimensionnelles. En particulier, nous généralisons un résultat de Nakao ([5]), qui a établi l'unicité trajectorielle des solutions de (1) lorsque σ est à variation bornée sur les compacts et minorée par une constante strictement positive (et b borélienne bornée). Nous montrons qu'on peut, dans le résultat de Nakao, remplacer "à variation bornée" par "à variation d'ordre 2 bornée". Les contre-exemples construits par Barlow ([1]) montrent que ce résultat est, en un sens, le meilleur possible.

Il se trouve que les méthodes utilisées sont particulièrement adaptées à la démonstration de théorèmes limites du type de ceux qui sont établis par Kawabata et Yamada ([3]). Nous montrons, dans la partie II, comment le temps local permet d'obtenir des résultats plus précis que ceux de [3].

PRELIMINAIRES

Nous utilisons la notion de temps local d'une semi-martingale continue, telle qu'elle est présentée par Meyer ([4]). Si X est une semi-martingale continue et $a \in \mathbb{R}$, le temps local de X en a est le processus croissant continu $L_t^a(X)$ défini par :

$$L_t^a(X) = |X_t - a| - |X_o - a| - \int_o^t \operatorname{sgn}(X_s - a)\, dX_s$$

où $\operatorname{sgn}(x) = 1$ si $x > 0$

-1 si $x \leq 0$.

La notion de temps local permet de généraliser la formule d'Itô de la façon suivante : si f est la différence de deux fonctions convexes :

$$f(X_t) = f(X_o) + \int_o^t f'_g(X_s)\, dX_s + \int_{\mathbb{R}} f''(da)\, L_t^a(X) .$$

De cette formule, découle la formule dite de densité de temps d'occupation :

pour $g : \mathbb{R} \to \mathbb{R}_+$, borélienne :

$$\int_o^t g(X_s)\, d\langle X\rangle_s = \int_{\mathbb{R}} g(a)\, L_t^a(X)\, da .$$

On peut montrer (voir [12]) qu'il existe une version de la famille $(L_t^a(X))$ qui est conjointement continue en t et continue à droite, limitée à gauche, en a.

RESULTATS D'UNICITE TRAJECTORIELLE

Les notions d'unicité en loi et d'unicité trajectorielle pour une équation de la forme (1) ont été introduites par Yamada et Watanabe dans leur article fondamental ([11]), où il est montré, en toute généralité, que l'unicité trajectorielle entraîne l'unicité en loi.

Commençons par expliquer comment le temps local intervient dans la démonstration de théorèmes d'unicité trajectorielle :

Soient X^1, X^2 deux solutions de (1) avec même valeur initiale ; supposons que l'on sache que :

$$\forall\, t \geq 0, \quad L_t^o(X^1 - X^2) = 0 .$$

La formule de Tanaka montre alors que :

$$X_t^1 \vee X_t^2 = X_t^1 + (X_t^2 - X_t^1)_+$$

$$= X_o^1 + \int_o^t \sigma(X_s^1)\, dB_s + \int_o^t b(X_s^1) ds +$$

$$\int_o^t (\sigma(X_s^2) - \sigma(X_s^1))\, 1_{(X_s^2 > X_s^1)}\, dB_s + \int_o^t (b(X_s^2) - b(X_s^1))\, 1_{(X_s^2 > X_s^1)}\, ds$$

$$= X_o^1 + \int_o^t \sigma(X_s^1 \vee X_s^2) dB_s + \int_o^t b(X_s^1 \vee X_s^2)\, ds,$$

donc $X^1 \vee X^2$ est encore solution de (1) avec la même valeur initiale.

Supposons de plus qu'on sache qu'il y a unicité en loi pour (1); alors $X^1 \vee X^2$ a même loi que X^1 ou X^2, d'où l'on déduit :

$$X^1 = X^2 = X^1 \vee X^2 ,$$

et on a montré qu'il y a unicité trajectorielle pour (1).

Notre démarche va donc être la suivante : en premier lieu, nous démontrerons un lemme permettant d'établir que le temps local en 0 d'une semi-martingale est nul ; ensuite, nous appliquerons ce lemme à des semi-martingales de la forme $X^1 - X^2$, où X^1, X^2 sont des solutions de (1) ; enfin, par le raisonnement ci-dessus, nous obtiendrons un théorème d'unicité trajectorielle.

LEMME 1.0 : Soit X une semi-martingale continue. Supposons qu'il existe une fonction $\rho : [0,\infty[\to [0,\infty[$ telle que

1) $\displaystyle\int_{o+} \frac{du}{\rho(u)} = +\infty$

2) P p.s., $\forall\, t$: $\displaystyle\int_o^t \frac{d\langle X\rangle_s}{\rho(X_s)}\, 1_{(X_s > 0)} < +\infty$

alors P p.s., $\quad \forall\, t : L_t^o(X) = 0.$

Démonstration : On écrit : $\displaystyle\int_o^t \frac{d\langle X\rangle_s}{\rho(X_s)}\, 1_{(X_s>0)} = \int_o^{+\infty} \frac{da}{\rho(a)}\, L_t^o(X) < \infty.$

L'hypothèse 1) et la continuité à droite de $a \to L_t^a(X)$ en 0 entraînent alors que : $L_t^o(X) = 0$.

COROLLAIRE 1.1 : Supposons σ et b boréliennes, bornées, et que, de plus, σ vérifie

$$(A) \begin{cases} \exists \rho : [0;\infty[\to [0;\infty[\text{ croissante} \\ \text{telle que } \int_{0+} \frac{du}{\rho(u)} = +\infty \\ \forall x,y : (\sigma(x) - \sigma(y))^2 \leq \rho(|x-y|) \end{cases} .$$

Alors, si X^1, X^2 sont deux solutions de (1) :

$$P \text{ p.s.}, \forall t : L_t^o(X^1 - X^2) = 0 .$$

Démonstration : Soit $X = X^1 - X^2$. On écrit :

$$\int_o^t \frac{d\langle X\rangle_s}{\rho(X_s)} 1_{(X_s>0)} = \int_o^t \frac{(\sigma(X_s^1) - \sigma(X_s^2))^2}{\rho(X_s^1 - X_s^2)} 1_{(X_s^1>X_s^2)} ds \leq t .$$

Ensuite, on applique le lemme 1.0 .

COROLLAIRE 1.2 : Supposons σ et b boréliennes bornées, et que σ vérifie :

$$(B) \begin{cases} . \ \exists f \text{ croissante, bornée :} \\ \quad \forall x,y, \ (\sigma(x) - \sigma(y))^2 \leq |f(x) - f(y)| \\ . \ \exists \varepsilon > 0, \forall x : \sigma(x) \geq \varepsilon. \end{cases}$$

Alors, si X^1 et X^2 sont deux solutions de (1) :

$$P \text{ p.s.}, \forall t : L_t^o(X^1 - X^2) = 0.$$

Démonstration : On va appliquer le lemme 1.0 à $X = X^1 - X^2$, en prenant $\rho(x) = x$.
Il suffit de montrer :

$$(*) \qquad P \text{ p.s.}, \forall t \geq 0 : \int_o^t \frac{d\langle X\rangle_s}{X_s} 1_{(X_s>0)} < +\infty .$$

Fixons-nous $\delta > 0$. On a :

$$E[\int_0^t \frac{d<X>_s}{X_s} 1_{(X_s>\delta)}] = E[\int_0^t \frac{(\sigma(X_s^1) - \sigma(X_s^2))^2}{X_s^1 - X_s^2} 1_{(X_s^1-X_s^2>\delta)} ds]$$

$$\leq E[\int_0^t \frac{f(X_s^1) - f(X_s^2)}{X_s^1 - X_s^2} 1_{(X_s^1-X_s^2>\delta)} ds] .$$

On peut choisir une suite (f_n) de fonctions croissantes vérifiant les conditions suivantes :

1) $\forall n$, f_n de classe C^1

2) $\sup_{n\in\mathbb{N}} (\sup_{x\in\mathbb{R}} |f_n(x)|) \leq M = \sup_{x\in\mathbb{R}} |f(x)|$

3) $f_n(x) \xrightarrow[n\to+\infty]{} f(x)$ au moins dès que x est point de continuité de f.

On a alors :

$$E[\int_0^t \frac{f(X_s^1) - f(X_s^2)}{X_s^1 - X_s^2} 1_{(X_s^1-X_s^2>\delta)} ds] = \lim_{n\to+\infty} E[\int_0^t \frac{f_n(X_s^1) - f_n(X_s^2)}{X_s^1 - X_s^2} 1_{(X_s^1-X_s^2>\delta)} ds]$$

Or : $$\frac{f_n(X_s^1) - f_n(X_s^2)}{X_s^1 - X_s^2} = \int_0^1 f_n'(X_s^2 + u(X_s^1 - X_s^2))\, du$$

Posons, pour $u \in [0,1]$: $Z_s^u = X_s^2 + u(X_s^1 - X_s^2)$. On a donc :

$$E[\int_0^t \frac{f_n(X_s^1) - f_n(X_s^2)}{X_s^1 - X_s^2} 1_{(X_s^1-X_s^2>\delta)} ds] = E[\int_0^t (\int_0^1 f_n'(Z_s^u) du)\, 1_{(X_s^1-X_s^2>\delta)} ds]$$

$$\leq \int_0^1 E[\int_0^t f_n'(Z_s^u) ds] du .$$

Remarquons que Z^u peut s'écrire :

$$Z_t^u = Z_0^u + \int_0^t \sigma_s^u(\omega)\, dB_s + \int_0^t b_s^u(\omega)\, ds ,$$

où σ^u et b^u vérifient :

$$\sigma^u \geq \varepsilon \quad ; \quad |\sigma^u| \leq K \quad ; \quad |b^u| \leq K .$$

En particulier, il existe une constante C telle que

$$\forall\, u \in [0,1] : \sup_{a\in\mathbb{R}} E[\, L_t^a(Z^u)\,] \le C.$$

On en déduit :

$$E\Big[\int_0^t \Big(\frac{f_n(X_s^1) - f_n(X_s^2)}{X_s^1 - X_s^2}\Big)\, 1_{(X_s^1 - X_s^2 > \delta)}\, ds\Big] < \int_0^1 E\Big[\int_0^t f_n'(Z_s^u)\, ds\Big] du$$

$$\le \frac{1}{\varepsilon^2}\int_0^1 E\Big[\int_{\mathbb{R}} f_n'(a)\, da\, L_t^a(Z^u)\Big] du$$

$$\le \frac{2M}{\varepsilon^2} \sup_{a,u} E[L_t^a(Z^u)]$$

$$\le \frac{2MC}{\varepsilon^2} \quad .$$

On trouve donc :

$$E\Big[\int_0^t \frac{d\langle X\rangle_s}{X_s}\, 1_{(X_s > \delta)}\Big] \le \frac{2MC}{\varepsilon^2} \quad .$$

Il ne reste alors plus qu'à faire tendre δ vers 0 pour trouver (*).

THEOREME 1.3 : Supposons que σ et b sont boréliennes bornées et satisfont en outre l'une des trois hypothèses suivantes :

1) σ vérifie (A) et b est lipschitzienne ;

2) σ vérifie (A) et $\exists\, \varepsilon > 0 : |\sigma| \ge \varepsilon$;

3) σ vérifie (B).

Alors, il y a unicité trajectorielle pour (1).

Démonstration : Pour 2) et 3), on remarque que, puisque $|\sigma| \ge \varepsilon$, il y a unicité en loi pour (1). Compte tenu des corollaires 1.1 et 1.2, le raisonnement esquissé au début de cette partie montre qu'il y a unicité trajectorielle.

Pour 1), le raisonnement est un peu différent : on se donne deux solutions X^1, X^2 de (1) avec la même valeur initiale. Le corollaire 1.1 entraîne alors :

$$|X_t^1 - X_t^2| = \int_0^t \operatorname{sgn}(X_s^1 - X_s^2)(\sigma(X_s^1) - \sigma(X_s^2))\, dB_s + \int_0^t \operatorname{sgn}(X_s^1 - X_s^2)(b(X_s^1) - b(X_s^2))\, ds$$

$$E[|X_t^1 - X_t^2|] \le E\Big[\int_0^t |b(X_s^1) - b(X_s^2)|\, ds\Big]$$

$$\le K \int_0^t E[|X_s^1 - X_s^2|]\, ds \quad .$$

si K est un rapport de Lipschitz pour b. On en déduit : $\forall\, t \geq 0$, $E[|X_t^1 - X_t^2|] = 0$, et donc $X^1 = X^2$.

Remarques : a) La partie 1) du théorème 1.3 a été démontrée par Yamada et Watanabe ([11]).

La partie 2) figure dans un article de Okabe-Shimizu ([6]).

Enfin, la partie 3) est la généralisation, annoncée dans l'introduction, du résultat de Nakao ([5]). En effet, l'hypothèse (B) signifie, outre que σ est minorée par une constante strictement positive, que σ est à variation d'ordre 2 bornée (pour l'instant sur $\mathbb{R}$, mais on verra plus loin qu'on peut "localiser" cette hypothèse et la remplacer par : σ à variation d'ordre 2 bornée sur les compacts). Ce résultat est en un sens le meilleur possible. Barlow a construit dans [1], pour tout $\alpha > 2$, des exemples de fonctions σ à variation d'ordre α bornée, minorées par une constante strictement positive, et telles qu'il n'y ait pas unicité trajectorielle pour : $dX_t = \sigma(X_t)\, dB_t$.

Il est important de noter qu'on ne peut remplacer dans l'hypothèse (B) "$\exists\, \varepsilon > 0 : \sigma \geq \varepsilon$" par "$\exists\, \varepsilon > 0, |\sigma| \geq \varepsilon$". En effet, il suffit de prendre $\sigma(x) = \operatorname{sgn}(x)$. Il est bien connu qu'il n'y a pas unicité trajectorielle pour $dX_t = \operatorname{sgn}(X_t)\, dB_t$.

b) On peut généraliser les résultats du théorème 1.3 dans deux directions possibles. En premier lieu, on peut "localiser" les hypothèses de régularité sur les coefficients σ et b. Par exemple, dans l'hypothèse (B), on peut remplacer "f croissante bornée" par "f croissante" et "$\exists\, \varepsilon > 0 : \sigma \geq \varepsilon$" par "$\forall\, r > 0 : \exists\, \varepsilon_r > 0, \forall\, x \in [-r;r] : \sigma(x) \geq \varepsilon_r$".

D'autre part, le théorème 1.3 s'étend sans difficulté au cas non homogène, c'est-à-dire aux équations différentielles stochastiques de la forme :

(2) $$dX_t = \sigma(t,X_t)\, dB_t + b(t,X_t)\, dt.$$

Le théorème 1.3 reste vrai mot pour mot pour une équation de ce type, à condition de remplacer par exemple l'hypothèse (A) par :

(A') $$\begin{cases} \exists\, \rho : [0;\infty[\to [0;\infty[\\ \qquad \text{telle que } \displaystyle\int_{0+} \frac{du}{\rho(u)} = +\infty \\ \forall\, t,x,y : (\sigma(t,x) - \sigma(t,y))^2 \leq \rho(|x-y|). \end{cases}$$

c) On peut légèrement généraliser la condition (A) (voir Perkins [7]) en la remplaçant par :

$$
(C) \quad \begin{cases} \exists\, \rho : [0;\infty[\to [0;\infty[\text{ tel que } \displaystyle\int_{0+} \frac{du}{\rho(u)} = +\infty \\ \exists\, a : \mathbb{R} \to \mathbb{R} \text{ intégrable sur les compacts} \\ \exists\, \delta > 0 \\ \qquad \forall x, \ \forall y \in [x-\delta ; x+\delta] \\ \qquad\qquad (\sigma(y) - \sigma(x))^2 \le (1 + a(x)\,\sigma^2(x))\, \rho(|y-x|) \end{cases}
$$

(dans le cas non homogène

$$(\sigma(t,x) - \sigma(t,y))^2 \le (c(t) + a(x)\,\sigma^2(t,x))\,\rho(|y-x|)$$

où c est intégrable sur les compacts).

La démonstration du corollaire 1.1 ne présente pas plus de difficultés sous l'hypothèse (C) que sous l'hypothèse (A).

Les techniques utilisées pour obtenir des théorèmes d'unicité trajectorielle permettent également de démontrer des théorèmes de comparaison des solutions. Le théorème suivant, dont la démonstration est particulièrement simple à partir des corollaires 1.1 et 1.2, est à rapprocher d'un résultat de Ikeda et Watanabe ([2], p. 352).

THEOREME 1.4 : Soient σ, b_1, b_2 boréliennes bornées. Supposons que σ satisfait l'une des deux hypothèses (A) et (B), et que l'une des deux fonctions b_1, b_2 est (localement) lipschitzienne.

Supposons que, pour $i = 1,2$, X^i vérifie :

$$dX_t^i = \sigma(X_t^i)\, dB_t + b_i(X_t^i)\, dt.$$

Alors, les conditions $b_1 \ge b_2$ et $X_0^1 \ge X_0^2$ entraînent :

$$\forall t \ge 0, \quad X_t^1 \ge X_t^2 \qquad P \text{ p.s.}$$

Démonstration : Le même raisonnement que dans la démonstration du corollaire 1.1 ou du corollaire 1.2 (selon que σ vérifie (A) ou (B)) permet de montrer que :

$$\forall\ t \geq 0,\quad L_t^o(X^1 - X^2) = 0\ .$$

Si, par exemple, b_1 est lipschitzienne, de rapport K, on a :

$$E[(X_t^2 - X_t^1)^+] = E[\int_o^t 1_{(X_s^2 > X_s^1)} (b_2(X_s^2) - b_1(X_s^1))ds]$$

$$\leq E[\int_o^t 1_{(X_s^2 > X_s^1)} (b_1(X_s^2) - b_1(X_s^1))ds]$$

$$\leq K \int_o^t E[(X_s^2 - X_s^1)^+]ds$$

d'où : $\quad \forall\ t \geq 0, \qquad E[(X_t^2 - X_t^1)^+] = 0\ .$

Remarques : a) Si on fait l'hypothèse que b_1 et b_2 sont continues et si on suppose $b_1 > b_2$, le résultat est encore vrai ; en effet, on peut intercaler entre b_1 et b_2 une fonction (localement) lipschitzienne c et appliquer le théorème 1.4, d'abord à b_1 et c, puis à c et b_2.

b) Nous verrons dans la partie 2 que, lorsque $|\sigma| \geq \varepsilon > 0$ (ce qui est réalisé quand σ vérifie (B)), on peut supprimer l'hypothèse b_1 ou b_2 lipschitzienne. On peut remarquer que, si on choisit $\sigma = 0$, σ vérifie l'hypothèse (A), mais la condition b_1 ou b_2 lipschitzienne est indispensable pour conclure.

c) Comme le théorème 1.3, le théorème 1.4 s'étend sans difficulté au cas non homogène.

2.- THEOREMES LIMITES.

Donnons-nous une suite (X^n) de processus vérifiant pour chaque n :

$$(1.n) \qquad dX_t^n = \sigma_n(X_t^n)\ dB_t + b_n(X_t^n)\ dt$$

Soit également X solution de :

$$(1) \qquad dX_t = \sigma(X_t)\ dB_t + b(X_t)\ dt\ .$$

On supposera : $X_o^n \xrightarrow[n \to +\infty]{} X_o$ en un sens à préciser.

De nombreux auteurs (voir en particulier Stroock -Varadhan [8]) ont cherché quelles conditions de convergence de la suite (σ_n, b_n) vers (σ, b) entraînent la convergence en loi de la suite (X^n) vers X. Cela revient à étudier la stabilité en loi de la solution de (1). Pour que le problème ait un sens, il est nécessaire qu'il y ait unicité en loi pour (1).

Il est aussi naturel, et c'est le problème qui va nous intéresser, d'étudier la stabilité "trajectorielle" de la solution de (1) : sous quelles conditions, a-t-on convergence "forte" de la suite (X^n) vers X, c'est-à-dire au moins :

$$\forall t \geq 0, \quad X_t^n \overset{P}{\to} X_t$$

A nouveau, pour que ce problème ait un sens, il est nécessaire qu'il y ait unicité trajectorielle pour l'équation (1).

Dans [3], Kawabata et Yamada ont développé une méthode générale permettant de traiter ce type de problèmes. Notre but va être ici d'utiliser le temps local pour retrouver et améliorer sensiblement certains résultats de Kawabata et Yamada.

LEMME 2.0 : Soit (Y^n) une suite de martingales continues, appartenant à H^1.

Soit $\rho : [0,\infty[\to [0,\infty[$ croissante telle que $\int_{0+} \frac{du}{\rho(u)} = +\infty$.

Supposons :

$$(*) \qquad \sup_{\varepsilon>0} \left(\overline{\lim_{n\to+\infty}} E\left[\int_0^t \frac{d\langle Y^n\rangle_s}{\rho(Y_s^n)} 1_{(Y_s^n>\varepsilon)} \right] \right) < +\infty$$

Alors : $E[L_t^0(Y^n)] \xrightarrow[n\to+\infty]{} 0$.

Démonstration : On a : $\int_0^t \frac{d\langle Y^n\rangle_s}{\rho(Y_s^n)} 1_{(Y_s^n>\varepsilon)} = \int_\varepsilon^{+\infty} \frac{da}{\rho(a)} L_t^a(Y^n)$

$$E\left[\int_0^t \frac{d\langle Y^n\rangle_s}{\rho(Y_s^n)} 1_{(Y_s^n>\varepsilon)}\right] = \int_\varepsilon^{+\infty} \frac{da}{\rho(a)} E[L_t^a(Y^n)] .$$

Supposons : $\overline{\lim_{n\to+\infty}} E[L_t^0(Y^n)] \geq \alpha > 0$. On sait que : $|E[L_t^a(Y^n)] - E[L_t^0(Y^n)]| \leq 2a$.

$$\text{D'où : } \overline{\lim_{n\to+\infty}} E\left[\int_0^t \frac{d\langle Y^n\rangle_s}{\rho(Y_s^n)} 1_{(Y_s^n>\varepsilon)}\right] = \overline{\lim_{n\to+\infty}} \int_\varepsilon^{+\infty} \frac{da}{\rho(a)} E[L_t^a(Y^n)]$$

$$\geq \int_\varepsilon^{+\infty} \frac{da}{\rho(a)} (\alpha - 2a)^+$$

$$\sup_{\varepsilon>0}\ (\overline{\lim_{n\to+\infty}}\ E[\int_0^t \frac{d\langle Y^n\rangle_s}{\rho(Y^n_s)} 1_{(Y^n_s>\varepsilon)}]) \geq \int_0^\infty \frac{da}{\rho(a)}(\alpha - 2a)^+ = +\infty ,$$

ce qui contredit (*).

Revenons à notre problème de départ ; pour commencer, nous prendrons $b_n = b = 0$. On se donne σ_n, σ : $\mathbb{R}\to\mathbb{R}$ et des martingales continues X^n, X vérifiant :

$$dX^n_t = \sigma_n(X^n_t)\ dB_t$$

$$dX_t = \sigma(X_t)\ dB_t \quad .$$

On veut montrer que, sous des conditions suffisantes de convergence de σ_n vers σ, on a :

$$\forall\ t \geq 0,\quad E[|X^n_t - X_t|] \xrightarrow[n\to+\infty]{} 0$$

Or : $\quad E[|X^n_t - X_t|] = E[|X^n_o - X_o|] + E\ [L^o_t(X^n - X)]$.

On va donc essayer d'appliquer le lemme 2.0 à la suite de martingales $Y^n = X^n - X$. On voudra faire en sorte que la suite (Y^n) vérifie (*), pour une fonction ρ satisfaisant l'hypothèse du lemme 2.0. Quitte à remplacer ρ par la fonction $u \to \rho(u) + u$, nous pouvons supposer ρ strictement croissante.

On a alors :

$$\int_0^t \frac{d\langle Y^n\rangle_s}{\rho(Y^n_s)} 1_{(Y^n_s>\varepsilon)} = \int_0^t \frac{(\sigma_n(X^n_s) - \sigma(X_s))^2}{\rho(X^n_s - X_s)} ds\ 1_{(X^n_s - X_s>\varepsilon)}$$

$$\leq 2 \int_0^t \frac{(\sigma_n(X^n_s) - \sigma(X^n_s))^2}{\rho(X^n_s - X_s)} ds\ 1_{(X^n_s-X_s>\varepsilon)} + 2\int_0^t \frac{(\sigma(X^n_s - \sigma(X_s))^2}{\rho(X^n_s - X_s)} ds\ 1_{(X^n_s - X_s>\varepsilon)}$$

$$\leq \frac{2}{\rho(\varepsilon)} \int_0^t (\sigma_n(X^n_s) - \sigma(X^n_s))^2 ds + 2\int_0^t \frac{(\sigma(X^n_s) - \sigma(X_s))^2}{\rho(X^n_s - X_s)} ds\ 1_{(X^n_s-X_s>0)}$$

$$\leq \frac{2}{\rho(\varepsilon)}\ A(n) + B(n)$$

en posant : $\quad A(n) = \int_0^t (\sigma_n(X^n_s) - \sigma(X^n_s))^2\ ds$

$$B(n) = 2\int_0^t \frac{(\sigma(X^n_s) - \sigma(X_s))^2}{\rho(X^n_s - X_s)} ds\ 1_{(X^n_s- X_s>0)} \quad ;$$

pour que (*) soit vérifiée, il suffit donc que :

$$\overline{\lim_{n}} E[A(n)] = 0$$

$$\overline{\lim_{n}} E[B(n)] < +\infty .$$

<u>COROLLAIRE 2.1</u> : <u>Soient</u> σ_n, $\sigma : \mathbb{R} \to \mathbb{R}$. <u>Supposons que</u> X_n $(n \in \mathbb{N})$, X <u>sont des processus vérifiant</u> :

$$\forall n \in \mathbb{N}, \quad dX_t^n = \sigma_n(X_t^n)\, dB_t$$

$$dX_t = \sigma(X_t)\, dB_t$$

<u>Supposons</u> : $\exists\, \delta, K > 0 : \forall n, \quad \delta \le \sigma_n \le K$

$$\delta \le \sigma \le K$$

<u>Supposons enfin</u> : $\begin{cases} \sigma_n \to \sigma & \underline{\text{dans}}\ L^1 \\ \sigma\ \underline{\text{vérifie}}\ (A)\ \underline{\text{ou}}\ (B), \end{cases}$

<u>alors</u> : $E[L_t^o(X^n - X)] \xrightarrow[n \to +\infty]{} 0$

<u>Démonstration</u> : Avec les notations ci-dessus, on a :

$$A(n) = \int_o^t (\sigma_n(X_s^n) - \sigma(X_s^n))^2\, ds$$

$$\le \frac{1}{\delta^2} \int_{\mathbb{R}} (\sigma_n(a) - \sigma(a))^2\, L_t^a(X^n)\, da \quad .$$

En utilisant le fait que σ_n et σ sont uniformément bornées, on voit qu'il existe une constante M telle que :

$$E[A(n)] \le \frac{1}{\delta^2} \int_{\mathbb{R}} (\sigma_n(a) - \sigma(a))^2\, E[L_t^a(X^n)]\, da$$

$$\le \frac{M}{\delta^2} \int_{\mathbb{R}} (\sigma_n(a) - \sigma(a))^2\, da$$

d'où : $E[A(n)] \xrightarrow[n \to +\infty]{} 0$.

Il reste à voir que, pour un choix convenable de la fonction ρ, on a :

$$\overline{\lim_{n \to +\infty}} E[B(n)] < +\infty .$$

Dans le cas où σ vérifie l'hypothèse (A), on prend pour ρ la fonction qui intervient dans cette hypothèse, et on trouve :

$$\forall n, \quad B(n) \leq 2t \quad .$$

Dans le cas où σ vérifie l'hypothèse (B), on prend $\rho(x) = x$; on a :

$$B(n) = 2\int_0^t \frac{(\sigma(X_s^n) - \sigma(X_s))^2}{X_s^n - X_s} ds \, 1_{(X_s^n - X_s > 0)} \quad .$$

Le même raisonnement que dans la démonstration du corollaire 2.1 permet de montrer qu'il existe une constante C, ne dépendant que de σ, δ et K, et telle que :

$$\forall n, \quad E[B(n)] \leq C.$$

Dans les deux cas, on peut donc appliquer le lemme 2.0.

THEOREME 2.2 : *Soient* σ_n, σ, b_n, b : $\mathbb{R} \to \mathbb{R}$ *boréliennes, et* X^n, X *des semi-martingales vérifiant* :

$$dX_t^n = \sigma_n(X_t^n) \, dB_t + b_n(X_t^n) \, dt$$

$$dX_t = \sigma(X_t) \, dB_t + b(X_t) \, dt$$

Supposons : $\exists \, \delta, K > 0$:

$$\forall n, \; \delta \leq |\sigma_n| \leq K \quad ; \quad \delta \leq |\sigma| \leq K \quad ;$$

$$\int_{\mathbb{R}} |b_n(u)| \, du \leq K \quad ; \quad \int_{\mathbb{R}} |b(u) \, du| \leq K \; .$$

Supposons de plus :

1) σ *vérifie* (A) *ou* (B)

2) $\sigma_n \xrightarrow[n \to +\infty]{} \sigma$ dans $L^2(\mathbb{R})$

$b_n \xrightarrow[n \to +\infty]{} b$ *dans* $L^1(\mathbb{R})$

3) $E[|X_0^n - X_0|] \xrightarrow[n \to +\infty]{} 0.$

Alors : $\forall t \geq 0, \quad E[|X_t^n - X_t|] \xrightarrow[n \to +\infty]{} 0$

Démonstration :

1ère étape : cas $b_n = b = 0$. On écrit :

$$E[|X_t^n - X_t|] = E[|X_o^n - X_o|] + E[L_t^o(X_n - X)] .$$

Le théorème découle du corollaire 2.1.

2ème étape : cas général. On pose :

$$F_n(x) = \int_o^x \exp(-2 \int_o^y \frac{b_n(u)}{\sigma_n^2(u)} du)\, dy$$

$$F(u) = \int_o^x \exp(-2 \int_o^y \frac{b(u)}{\sigma^2(u)} du)\, dy$$

$$Z_t^n = F_n(X_t^n)$$

$$Z_t = F(X_t) .$$

On a : $dZ_t^n = \bar{\sigma}_n(Z_t^n)\, dB_t$

$dZ_t = \bar{\sigma}\,(Z_t)\, dB_t$,

en posant : $\bar{\sigma}_n = (\sigma_n F_n') \circ F_n^{-1}$

$\bar{\sigma} = (\sigma F') \circ F^{-1}$.

On vérifie que $\bar{\sigma}_n$ et $\bar{\sigma}$ possèdent les même propriétés que σ_n et σ. De la première étape, on déduit :

$$\forall\, t \geq 0,\ E[|Z_t^n - Z_t|] \xrightarrow[n \to +\infty]{} 0 .$$

On en déduit sans difficulté :

$$\forall\, t \geq 0,\ E[|X_t^n - X_t|] \xrightarrow[n \to +\infty]{} 0 .$$

Remarques : a) Par rapport aux résultats de Kawabata et Yamada ([3], p.431), il est intéressant de noter qu'il n'est pas nécessaire que les σ_n vérifient les mêmes hypothèses de régularité que σ. Comme nous l'avions déjà noté, il est indispensable que (σ,b) satisfasse des propriétés qui garantissent l'unicité trajectorielle pour (1) (hypothèse (A) ou (B) sur σ), mais il n'en va pas de même pour (σ_n,b_n).

b) Il est encore possible de donner une version "localisée" du théorème 2.2; on remplace par exemple l'hypothèse 2) par :

$$2)\begin{cases} \sigma_n \to \sigma \quad \text{dans } L^1 \text{ sur tout compact} \\ b_n \to b \quad \text{dans } L^1 \text{ sur tout compact.} \end{cases}$$

On modifie de même les autres hypothèses; la condition devient :

$$\forall r > 0, \quad \forall t \geq 0, \quad E[|X^n_{t\wedge\tau^n_r} - X_{t\wedge\tau^n_r}|] \xrightarrow[n\to+\infty]{} 0 ,$$

où :
$$\tau^n_r = \inf \{s \mid \sup(|X^n_s|, |X_s|) > r\} .$$

c) Les hypothèses du théorème 2.2 entraînent le résultat plus fort :

$$E[\sup_{0\leq s\leq t} |X^n_s - X_s|] \xrightarrow[n\to+\infty]{} 0.$$

Le passage de la conclusion du théorème à ce résultat se fait en utilisant des techniques classiques de majoration d'intégrales stochastiques (on traite d'abord le cas $b_n = b = 0$).

<u>COROLLAIRE 2.3</u> : <u>Soient</u> σ, b_1, b_2 <u>boréliennes</u>, <u>bornées</u>. <u>Supposons</u> $|\sigma| \geq \varepsilon > 0$ <u>et</u> σ <u>vérifie l'une des deux hypothèses</u> (A) <u>ou</u> (B).

<u>Pour</u> $i = 1,2$, <u>soit</u> X^i <u>solution de l'équation différentielle stochastique</u> :

$$dX_t = \sigma(X_t)\, dB_t + b_i(X_t)\, dt$$

<u>Alors</u>, <u>les conditions</u> $b_1 \geq b_2$ <u>et</u> $X^1_o \geq X^2_o$ <u>entraînent</u> :

$$\forall t \geq 0, \quad X^1_t \geq X^2_t \ P \text{ p.s.}$$

<u>Démonstration</u> : On utilise le théorème 2.2 pour déduire, du théorème 1.4, le résultat du corollaire. Précisément, on choisit une fonction ϕ de classe C^∞ à support compact, et telle que :

$$\int_{\mathbb{R}} \phi(x)\, dx = 1.$$

On pose : $\forall n \geq 1, \quad \phi_n(x) = n\, \phi(n\, x)$

puis : $b_1^{(n)} = \phi_n * b_1$

$b_2^{(n)} = \phi_n * b_2$.

Soient Y^n, Z^n définies par :

$$Y_t^n = X_o^1 + \int_o^t \sigma(Y_s^n)\, dB_s + \int_o^t b_1^{(n)}\,(Y_s)\, ds$$

$$Z_t^n = X_o^2 + \int_o^t \sigma(Z_s^n)\, dB_s + \int_o^t b_2^{(n)}\,(Z_s^n)\, ds$$

Pour chaque n, on peut appliquer à (Y^n, Z^n) le théorème 1.4 : P p.s., $\forall\, t \geq 0$, $Y_t^n \geq Z_t^n$.

Le théorème 2.2. entraîne

$$\forall\, t \geq 0, \quad Y_t^n \overset{P}{\to} X_t^1$$

$$Z_t^n \overset{P}{\to} X_t^2$$

On en déduit : P p.s. $\forall\, t \geq 0$, $X_t^1 \geq X_t^2$.

Pour finir, nous allons donner sans démonstration le résultat correspondant au cas où b est lipschitzienne et σ vérifie (A) (voir [3], p. 426). La démonstration de ce dernier résultat utilise les mêmes techniques que celle du théorème 2.2.

<u>THEOREME 2.4</u> : <u>Soient</u> σ_n, σ, b_n, b : $\mathbb{R}^+ \times \mathbb{R} \to \mathbb{R}$ <u>bornées, boréliennes. On se donne</u> X^n, X <u>vérifiant</u> :

$$dX_t^n = \sigma_n(t, X_t^n)\, dB_t + b_n(t, X_t^n)\, dt$$

$$dX_t = \sigma\,(t, X_t)\, dB_t + b\,(t, X_t)\, dt .$$

<u>Supposons de plus</u> : 1) σ <u>vérifie</u> (A) <u>et</u> b <u>lipschitzienne en la variable</u> x.

2) $\begin{cases} \sigma_n \to \sigma & \text{uniformément,} \\ b_n \to b & \text{uniformément.} \end{cases}$

3) $E[|X_o^n - X_o|] \xrightarrow[n \to +\infty]{} 0.$

<u>Alors</u> : $\forall\, t \geq 0$, $E[|X_t^n - X_t|] \xrightarrow[n \to +\infty]{} 0.$

REFÉRENCES

[1] M.T. BARLOW : One dimensional differential equation with no strong solution J. London Math. Soc. (2), 26 (1982), 330-347.

[2] N. IKEDA, S. WATANABE : Stochastic differential equations and diffusion processes. North Holland mathematical library.Kodansha (1981).

[3] S. KAWABATA, T. YAMADA : On some limit theorems for solutions of stochastic differential equations. Séminaire de probabilités XVI. Lecture Notes in Mathematics, 920, Springer Verlag, Berlin (1982).

[4] P.A. MEYER : Un cours sur les intégrales stochastiques. Séminaire de probabilités X. Lecture Notes in Mathematics, 511, p. 245-400, Springer Verlag, Berlin (1976).

[5] S. NAKAO : On the pathwise uniqueness of solutions of stochastic differential equations. Osaka J. of Mathematics, 9 (1972), p. 513-518.

[6] Y. OKABE, A. SHIMIZU : On the pathwise uniqueness of solutions of stochastic differential equations. J. Math. Kyoto University, 15 (1975) p. 455-466.

[7] E. PERKINS : Local time and pathwise uniqueness for stochastic differential equations. Séminaire de probabilités XVI, Lecture notes in Maths. 920 p. 201-208, Springer Verlag, Berlin (1982).

[8] D.W.STROOCK, S.R.S. VARADHAN : Multidimensional diffusion processes, Grundlehren der Math. Wissenschaften, 253 , Springer Verlag, Berlin (1979).

[9] A.Y. VERETENNIKOV : On the strong solutions of stochastic differential equations. Theory of probability and its applications, 29 (1979) p. 354-366.

[10] T. YAMADA : On a comparison theorem for solutions of stochastic differential equations and its applications. J. Math . Kyoto University, 13 (1973), p. 497-512.

[11] T. YAMADA, S. WATANABE : On the uniqueness of solutions of stochastic differential equations. J. Math. Kyoto University 11 (1971), p. 155-167.

[12] M. YOR : Sur la continuité des temps locaux associés à certaines semimartingales, Astérisque 52-53 (1978), p. 23.35.

Strong Existence, Uniqueness and Non-uniqueness in an Equation Involving Local Time

by

M.T. Barlow and E. Perkins

1. Introduction

In [12] Protter and Sznitman proved if $|\alpha|>1$, $\beta\in\mathbb{R}$ and B_t is a Brownian motion, then

$$(1.1) \qquad X_t + \alpha L_t^0(X) = B_t + \beta L_t^0(B)$$

holds if and only if $\alpha=\beta$ and $X=B$. Here $L_t^0(X)$ is the symmetric local time of the semimartingale X . They posed the problem of investigating solutions of (1.1) when $|\alpha|\le 1$. The case $\beta=0$ had already been studied by Harrison and Shepp [4] who showed that (1.1) has a unique solution, distributed as a skew Brownian motion. In this paper we study existence, uniqueness and the structure of solutions of (1.1) for general $\beta\in\mathbb{R}$ and $|\alpha|\le 1$.

Note first that by replacing (B,X) with $(-B,-X)$, we may assume, without loss of generality, that $\alpha\in(0,1]$ (recall that we are working with the symmetric local time). Moreover it is easy to see that nothing is lost by assuming $B_0=0$. Solutions to (1.1), which are adapted to the natural filtration of B, F_t^B , are shown to exist for all $\alpha\in(0,1]$, $\beta\in\mathbb{R}$. If $\alpha\in(0,1)$, the solution is unique if and only if $\beta\le\alpha/(1+\alpha)$ or $\beta\ge\alpha/(1-\alpha)$ (Theorem 3.4). If $\alpha=1$, then uniqueness is established for $\beta\le\frac{1}{2}$, while non-uniqueness is proved for $\beta>\frac{1}{2}$

(Corollary 4.3 and Theorems 4.7 and 4.9). Moreover whenever non-uniqueness is established, F_t^B adapted minimal and maximal solutions of (1.1) are constructed.

A technique of [4] is used to transform (1.1) into an equation of the form

$$(1.2) \qquad dY_t = \sigma(Y_t)d(B + \beta L(B))_t$$

where σ is discontinuous, and also degenerate if $\alpha=1$. Due to the particular nature of σ, existence and uniqueness results for (1.2) may be obtained by studying the simpler equation

$$(1.3) \qquad dY_t = \sigma(Y_t)dB_t + \beta dL_t(B) \quad .$$

It is the study of these transformed equations that lead to our interest in (1.1). In Section 2 the weak existence of a solution to (1.3) is established using nonstandard analysis.

For $0<\alpha<1$, a technique of LeGall [10] is used to prove pathwise uniqueness and hence strong existence for (1.3). A different method must be used for $\alpha=1$ but strong existence and pathwise uniqueness still hold in (1.3) even though σ may be degenerate (see Theorem 4.4). The case $\alpha\in(0,1)$ is studied in Section 3, while $\alpha=1$ is treated in Section 4. In Section 5 the corresponding results are stated without proof for the related equation

$$X_t + \alpha L_t^{0+}(X) = B_t + \beta L_t^0(B) \;,$$

where $L_t^{0+}(X)$ denotes the "right local time" of the semi-martingale X at 0, i.e.

$$L_t^{0+}(X) = \lim_{\varepsilon\to 0+} \varepsilon^{-1} \int_0^t 1_{(X_s\in[0,\varepsilon])} d\langle X,X\rangle_s$$

$$L_t^{0-}(X) = \lim_{\varepsilon\to 0+} \varepsilon^{-1} \int_0^t 1_{(X_s\in[-\varepsilon,0])} d\langle X,X\rangle_s$$

$$L_t^0(X) = \tfrac{1}{2}(L_t^{0+}(X) + L_t^{0-}(X)) \quad .$$

If there is no ambiguity (for example if $X=B$) we simply write $L_t^0(X)$ for the local time at zero.

We shall always work on a probability space (Ω, F, F_t, P) satisfying the usual conditions. B_t will always be an F_t-Brownian motion with $B_0=0$, and L_t or $L_t(B)$ will be its local time at 0. C will denote a constant whose exact value may change from line to line.

2. A Weak Existence Theorem

In this section nonstandard analysis is used to prove an existence theorem for one-dimensional stochastic differential equations of the form

$$Y_t = \int_0^t \sigma(Y_s)dB_s + V_t \ ,$$

where V has sample paths of bounded variation and $\sigma:\mathbb{R}\to\mathbb{R}$ may be degenerate and discontinuous. Results of this type have been proved in d-dimensions by Kosciuk [9] (also using nonstandard analysis). We give a separate proof here since the result we need is not quite covered by Kosciuk's theorem and because the existence of local time makes the proofs in one dimension much simpler.

The reader skilled in weak convergence arguments will undoubtedly be able to give a standard proof but perhaps will also appreciate the brevity of the nonstandard approach. A good introduction to nonstandard probability thoery may be found in Loeb [11], while further material is in Keisler [8] and Hoover and Perkins [5]. Although specific references to [5] and [8] are given freely, the proof may well be inaccessible to the reader who is unfamiliar with nonstandard probability theory.

Let W denote Wiener measure on $C[0,\infty)$, the space of continuous functions on $[0,\infty)$ with its Borel sets for the compact-open topology, and let C_t denote the σ-algebra generated by the coordinate mappings up to t and the W-null sets.

__Definition__ An F_t^B adapted process of finite variation with continuous paths is a measurable mapping $V:C[0,\infty)\to C[0,\infty)$ such that $V(\cdot)(t)$ is C_t-measurable for all t and $t\to V(t)$ has finite variation on compacts W-a.s.

If V is as above, then a weak solution of

$$Y_t = \int_0^t \sigma(Y_s)dB_s + V_t(B) \tag{2.1}$$

is a probability space (Ω,F,F_t,P), satisfying the usual conditions, that carries an F_t Brownian motion B and an optional process Y for which (2.1) holds.

__Theorem 2.1__ __Assume__ $\sigma:\mathbb{R}\to\mathbb{R}$ __is bounded, has limits from the left and right, and__ $\sigma(x)=0$ __whenever__ $|\sigma(x^+)|\wedge|\sigma(x^-)|=0$. __Let__ V __be an__ F_t^B __adapted process of finite variation with continuous paths. Then there is a weak solution of (2.1).__

__Proof__. Let (Ω,F,F_t,P) be an adapted Loeb space carrying an F_t-Brownian motion, B (see [5, Def. 3.1]). Let Δt be a positive infinitesimal and define $T = \{k\Delta t | k\in{}^*\mathbb{N}\}$. Points in T are denoted by $\underline{s}$, $\underline{t}$, etc. By [5, Th.7.6], there is an internal filtration, $\{B_{\underline{t}}, \underline{t}\in T\}$, and a $\{B_{\underline{t}}\}$-semimartingale lifting of $(V_t(B), B_t)$ which we denote by $(\overline{V}_t, \overline{B}_t)$. We define an internal process $\overline{Y}_{\underline{t}}$ inductively by

$$(2.2) \qquad \overline{Y}(\underline{t}+\Delta t) = \sum_{\underline{s}\leq \underline{t}} {}^*\sigma(\overline{Y}_{\underline{s}})(\overline{B}(\underline{s}+\Delta t)-\overline{B}(\underline{s})) + \overline{V}(\underline{t}+\Delta t) \ ,$$

where ${}^*\sigma : {}^*\mathbb{R} \to {}^*\mathbb{R}$ is the nonstandard extension of σ. If $\overline{M}(\underline{t}) = \overline{Y}(\underline{t}) - \overline{V}(\underline{t})$ then $\overline{M}$ is a $\mathcal{B}_{\underline{t}}$-martingale and has S-continuous paths by the continuity theorem for internal martingales (see [5, Th.8.5]). Therefore we may define a continuous local martingale, M, by $M = st(\overline{M})$ (see [5, Th.5.2]) and a semimartingale, Y, by $Y = st(\overline{Y}) = M+V$. Here st is the standard part map on the space of continuous functions with the compact-open topology (see Keisler [8, Prop.1.17]).

Let

$$[\overline{B},\overline{B}](\underline{t}) = \sum_{\underline{s}<\underline{t}} (\overline{B}(\underline{s}+\Delta t)-\overline{B}(\underline{s}))^2 \ ,$$

let $L([\overline{B},\overline{B}])$ be the Loeb measure on T induced by this internal increasing process, and define $[\overline{M},\overline{M}]$ and $L([\overline{M},\overline{M}])$ in a similar way. If H is the countable set of discontinuities of σ, then

$$0 = \int_0^\infty I(Y(s)\in H)\,d[M,M](s)$$

$$= \int_{ns(T)} I(Y({}^\circ\underline{s})\in H)\,dL([\overline{M},\overline{M}]) \qquad \text{(by [5, Lemma 2.7 and Th.6.7])}$$

Therefore

$$(2.3) \qquad 0 = \int_{ns(T)} I(Y({}^\circ\underline{s})\in H)\,{}^\circ{}^*\sigma(\overline{Y}_{\underline{s}})^2\,dL(L[\overline{B},\overline{B}]) \quad .$$

Note that since $Y_{{}^\circ\underline{s}} = {}^\circ\overline{Y}_{\underline{s}}$ for all $\underline{s}\in s(T)$ a.s.,

$$\int_{ns(T)} I(\sigma(Y_{^oS}) \neq {}^o{*\sigma}(\overline{Y}_{\underline{s}}))dL([\overline{B},\overline{B}])$$

$$(2.4) \quad = \int_{ns(T)} I(Y_{^oS} \in H, \sigma({}^o\overline{Y}_{\underline{s}}) \neq {}^o{*\sigma}(\overline{Y}_{\underline{s}}))dL([\overline{B},\overline{B}]) .$$

The hypotheses on σ imply that $|{}^o{*\sigma}(\overline{Y}_{\underline{s}})|>0$ whenever $\sigma({}^o\overline{Y}_{\underline{s}}) \neq {}^o{*\sigma}(\overline{Y}_{\underline{s}})$ and hence (2.3) shows that (2.4) is zero. This means that $*\sigma(\overline{Y}_{\underline{s}})$ is a $\overline{B}$-lifting of $\sigma(Y_s)$ (see [5, Def. 7.4]). Therefore we may take standard parts in (2.2) and use the nonstandard characterization of the stochastic integral ([5, Def. 7.14 and Th. 7.15(b)]) to see that Y is a solution of (2.1). □

Remarks (1) By making only minor changes in the above one can prove weak existence for solutions of

$$(2.5) \qquad Y_t = \int_0^t \sigma(Y_s)dB_s + \int_0^t f(Y_s)dV_s$$

where f is bounded and continuous, σ is as above and V is an F_t^B adapted process of bounded variation with right-continuous paths. Indeed the above method will show the existence of a class of rich probability spaces, (Ω,F,F_t,P) on which there are solutions of (2.5) for every F_t Brownian motion, B . The assumption that $\sigma(x^+)$ and $\sigma(x^-)$ exist may also be weakened (see [9]).

(2) The hypotheses of the above theorem are satisfied by $\sigma_1(x)=I(x>0)$ but not by $\sigma_2(x)=I(x\geq 0)$. Indeed, it is easy to see that no weak solution of (2.1) can exist if $\sigma=\sigma_2$ and $V\equiv 0$.

3. The Case $0<\alpha<1$.

As in [4] we transform (1.1) into a stochastic differential equation. In the applications of the following theorem, the semimartingale Z will be $B + \beta L(B)$, $\beta\in\mathbb{R}$.

Let

$$\operatorname{sign}(x) = \begin{cases} 1 & x>0 \\ 0 & x=0 \\ -1 & x<0 \end{cases}$$

$$s(x) = x + \alpha|x|$$

$$f(x) = 1 + \alpha\operatorname{sign}(x) \qquad \text{(the symmetric derivative of } s).$$

Theorem 3.1 Let $0<\alpha<1$, and let Z be a continuous semimartingale with $Z_0=0$. Then a semimartingale $\tilde{X}_t$ satisfies

$$(3.1) \qquad \tilde{X}_t + \alpha L_t^0(\tilde{X}) = Z_t$$

if and only if $X_t = s(\tilde{X}_t)$ satisfies

$$(3.2) \qquad X_t = \int_0^t f(X_s)dZ_s .$$

If $\tilde{X}$ satisfies (3.1) and in addition

$$\int_0^{\cdot} I(\tilde{X}_s=0)dZ_s=0 ,$$

then

$$L_t^0(\tilde{X}) = \frac{1}{1-\alpha} L_t^{0+}(\tilde{X}) = \frac{1}{1+\alpha} L_t^{0-}(\tilde{X})$$

Proof. The generalized Itô formula shows that (since $X_t=s(\tilde{X}_t)$) ,

$$X_t = \int_0^t f(\tilde{X}_s)dX_s + \alpha L_t^0(\tilde{X})$$

$$(3.3) \qquad = \int_0^t f(\tilde{X}_s)d(X_s + \alpha L_s^0(\tilde{X}))$$

Suppose first that $\tilde{X}$ satisfies (3.1). Using (3.3) and the fact that $f(\tilde{X}_s) = f(X_s)$, we have

$$X_t = \int_0^t f(X_s)dZ_s \quad .$$

If X_t satisfies (3.2), then

$$\int_0^t f(X_s)dZ_s = X_t = \int_0^t f(X_s)d(\tilde{X} + \alpha L^0(\tilde{X}))_s \; ,$$

the last by (3.3), and as $f(X_s)$ does not vanish it follows that

$$Z_t = \tilde{X}_t + \alpha L_t^0(\tilde{X}) \quad .$$

The condition $\int_0^t I(\tilde{X}_s=0)dZ_s = 0$ implies that

$$\tfrac{1}{2}(L_t^{0+}(\tilde{X}) - L_t^{0-}(\tilde{X})) = \int_0^t I(\tilde{X}_s=0)d\tilde{X}_s \qquad \text{(see [14, p.29])}$$

$$= -\alpha L_t^0(\tilde{X})$$

$$= -\frac{\alpha}{2}(L_t^{0+}(\tilde{X}) + L_t^{0-}(\tilde{X})) \; .$$

Rearranging, we have that

$$L_t^{0+}(\tilde{X}) = (1-\alpha)L_t^0(\tilde{X}) \; , \quad L_t^{0-}(\tilde{X}) = (1+\alpha)L_t^0(\tilde{X}) \; . \qquad \square$$

<u>Theorem 3.2</u> <u>Let</u> $\sigma:\mathbb{R}\to\mathbb{R}$ <u>be measurable, positive, bounded and bounded away from</u> 0 , <u>and have finite quadratic variation on compacts. Let</u> V_t^1 , V_t^2 <u>be</u> F_t^B <u>adapted processes of finite</u>

<u>variation with continuous paths, and</u> $V_0^1=V_0^2=0$.

(a) <u>There exist unique solutions</u> X_t^i <u>to the equations</u>

$$(3.4.i) \qquad X_t^i = \int_0^t \sigma(X_s^i)dB_s + V_t^i(B) \ .$$

<u>Moreover the</u> X_t^i <u>are</u> F_t^B<u>-adapted</u>.

(b) $L^0(X^1-X^2) = 0$.

<u>If, in addition,</u> V^1-V^2 <u>is non-decreasing, then</u>

(c) $X^1 \geq X^2$,

(d) $\int_0^\infty I(X_s^1=X_s^2)d(V^1-V^2) = 0$.

<u>Proof</u>. In [10, Lemma 2.1] Le Gall has shown that if X^1 and X^2 are solutions to (3.4) with $V^1=V^2=0$ then $L^0(X^1-X^2)=0$. (His result is actually more general than this.) Only minor alterations are needed to deal with general V^i , proving (b).

For (a) it is enough to consider the first equation. By Theorem 2.1 there is a Brownian motion B and a solution X^1 of (3.4.1) defined on some (Ω,F,F_t,P) . If Y^1 is another solution of (3.4.1), then $L^0(X^1-Y^1) = 0$ by (b), and so, as X^1-Y^1 is a martingale null at 0 , it follows that $X^1=Y^1$. Therefore there is pathwise uniqueness in (3.4.1) and hence X^1 is F_t^B adapted by an extension of the Yamada-Watanabe theorem [13] - see Jacod and Memin [7, T2.25].

Now let V^1-V^2 be non-decreasing. By Tanaka's formula

$$(X_t^1-X_t^2)^- = -\int_0^t I(X_s^1<X_s^2)d(X^1-X^2)_s \ ,$$

so that

$$E((X_t^1-X_t^2)^-) = -E\int_0^t I(X_s^1<X_s^2)d(V^1-V^2)_s$$

$$\le 0 .$$

Therefore $X^1 \ge X^2$, and by (b)

$$0 = \tfrac{1}{2}(L_t^{0+}(X^1-X^2) - L_t^{0-}(X^1-X^2))$$

$$= \int_0^t I(X_s^1-X_s^2 = 0)d(X^1-X^2)_s$$

$$= \int_0^t I(X_s^1=X_s^2)d(V^1-V^2)_s \quad . \qquad \square$$

Now set $Z_t = B_t + \beta L_t^0(B)$. By Theorem 3.1, to study solutions of (1.1) it suffices to consider

$$(3.5) \qquad Y_t = \int_0^t f(Y_s)d(B + \beta L(B))_s .$$

Let $\tilde{B}_t = s(B_t)$. Theorem 3.1 implies that

$$(3.6) \qquad \tilde{B}_t = \int_0^t f(\tilde{B}_s)d(B + \alpha L(B))_s$$

$$= \int_0^t f(\tilde{B})_s dB_s + \alpha L_t(B) ,$$

so that $\tilde{B}$ is a solution of (3.5) with $\alpha=\beta$, and is the unique solution of (3.4) with $V_t = \alpha L_t(B)$. More generally, we suppress the dependence on α, and let Y^γ, $\gamma \in \mathbb{R}$, denote the unique F_t^B adapted solution of (3.4) with $V_t = \gamma L_t(B)$. In particular, $\tilde{B} = Y^\alpha$.

Theorem 3.3 Let $0<\alpha<1$.

(a) If $\gamma_1 \le \gamma_2$ then $Y^{\gamma_1} \le Y^{\gamma_2}$. If $\gamma_1 < \gamma_2$ then $Y^{\gamma_1} \ne Y^{\gamma_2}$.

(b) $\int_0^\infty 1_{(Y_s^\gamma=0)} dL_s(B) = 0$ for all $\gamma \ne \alpha$.

(c) If $\beta \le \frac{\alpha}{1+\alpha}$ then $Y^{\beta(1-\alpha)}$ is the unique solution of (3.5), and satisfies $Y^{\beta(1-\alpha)} \le \tilde{B}$.

(d) If $\beta \ge \frac{\alpha}{1-\alpha}$ then $Y^{\beta(1+\alpha)}$ is the unique solution of (3.5), and satisfies $Y^{\beta(1+\alpha)} \ge \tilde{B}$.

(e) If $\frac{\alpha}{1+\alpha} < \beta < \frac{\alpha}{1-\alpha}$, then

(i) $Y^{\beta(1+\alpha)}$ and $Y^{\beta(1-\alpha)}$ are both solutions of (3.5), and if $\alpha=\beta$ $\tilde{B}$ is also a solution of (3.5).

(ii) $Y^{\beta(1-\alpha)} \le \tilde{B} \le Y^{\beta(1+\alpha)}$, and these three processes are distinct.

(iii) If Y is any solution of (3.5), $Y^{\beta(1-\alpha)} \le Y \le Y^{\beta(1+\alpha)}$.

Proof We write L_t for $L_t(B)$. (a) is immediate from Theorem 3.2(c). By 3.2(d), setting $V^1 = \gamma L_t$, and $V^2 = \alpha L_t$, if $\gamma<\alpha$

$$0 = \int_0^t 1_{(Y_s^\gamma = \tilde{B}_s)} d((\gamma-\alpha)L)_s$$

$$= (\gamma-\alpha) \int_0^t 1_{(Y_s=0)} dL_s ,$$

which proves (b) in the case $\gamma<\alpha$; the case $\gamma>\alpha$ is exactly the same. If $\gamma<\alpha$ then as $Y^\gamma \le Y^\alpha = \tilde{B}$, and as $\{\tilde{B}=0\} = \{B=0\}$, $\int_0^t f(Y_s^\gamma) dL_s = (1-\alpha)L_t + \alpha\int_0^t 1_{(Y_s^\gamma=0)} dL_s = (1-\alpha)L_t$ by (b). Thus

$$Y_t^\gamma = \int_0^t f(Y_s^\gamma) d(B_s+\beta L_s) + (\gamma-\beta(1-\alpha))L_t ,$$

and similarly if $\gamma>\alpha$

$$Y_t^\gamma = \int_0^t f(Y_s^\gamma)d(B_s + \beta L_s) + (\gamma - \beta(1+\alpha))L_t .$$

Hence Y^γ satisfies (3.5) if and only if either

(i) $\gamma<\alpha$ and $\gamma=\beta(1-\alpha)$

or (ii) $\gamma>\alpha$ and $\gamma=\beta(1+\alpha)$

Thus if $\beta\le\alpha/(1+\alpha)$ the only possible value of γ is $\beta(1-\alpha)$, and if $\beta\ge\alpha/(1-\alpha)$, then $\gamma=\beta(1+\alpha)$, while if $\alpha/(1+\alpha)<\beta<\alpha/(1-\alpha)$, $\gamma=\beta(1\pm\alpha)$. To establish uniqueness in (c), let Y be any solution to (3.5). Then since $\beta f(Y_s)\le(1+\alpha)\beta\le\alpha$, by Theorem 3.2(c), $Y\le\tilde{B}$. Hence by 3.2(d),

$$0 = \int_0^t 1_{(Y_s=\tilde{B}_s)}(f(Y_s)\beta-\alpha)dL_s$$

$$= \int_0^t 1_{(Y_s=0)}(\beta-\alpha)dL_s ,$$

and so

$$Y_t = \int_0^t f(Y_s)dB_s + \int_0^t [(1-\alpha)1_{(Y_s<0)} + 1_{(Y_s=0)}]\beta dL_s$$

$$= \int_0^t f(Y_s)dB_s + (1-\alpha)\beta L_t .$$

Uniqueness in (d) is proved in the same manner. As for (e), (i) and (ii) have already been proved, while if Y is any solution of (3.5) then Y is also a solution of (3.4) with $V_t = \beta\int_0^t f(Y_s)dB_s$. Therefore, as $V_t-\beta(1-\alpha)L_t$ is non-decreasing, by Theorem 3.2(c) $Y\ge Y^{\beta(1-\alpha)}$, and similarly $Y\le Y^{\beta(1+\alpha)}$.

The following theorem is an immediate consequence of 3.1 and 3.3.

Theorem 3.4 Let $0<\alpha<1$, and $X_t^\gamma = s^{-1}(Y_t^\gamma)$.

(a) If $\gamma_1 \le \gamma_2$ then $X^{\gamma_1} \le X^{\gamma_2}$. If $\gamma_1<\gamma_2$, $X^{\gamma_1} \ne X^{\gamma_2}$.

(b) $\int_0^\infty 1_{(X_s^\gamma=0)} dL_s(B) = 0$ for $\gamma\ne\alpha$

(c) If $\beta \le \frac{\alpha}{1+\alpha}$ then $X^{\beta(1-\alpha)}$ is the unique solution of (1.1), and satisfies $X^{\beta(1-\alpha)} \le B$.

(d) If $\beta \ge \frac{\alpha}{1-\alpha}$ then $X^{\beta(1+\alpha)}$ is the unique solution of (1.1), and satisfies $X^{\beta(1+\alpha)} \ge B$.

(e) If $\frac{\alpha}{1+\alpha} < \beta < \frac{\alpha}{1-\alpha}$ then

(i) $X^{\beta(1+\alpha)}$ and $X^{\beta(1-\alpha)}$ are solutions of (1.1), and if $\alpha=\beta$, B is also a solution.

(ii) $X^{\beta(1-\alpha)} \le B \le X^{\beta(1+\alpha)}$, and these three processes are distinct.

(iii) If X is any solution of (1.1), $X^{\beta(1-\alpha)} \le X \le X^{\beta(1+\alpha)}$.

4. The case $\alpha=1$.

If $\alpha=1$, Theorem 3.1 breaks down as $s(x)$ is no longer one to one. Nonetheless, it is still useful to consider X_t^+ separately, where X_t is a solution of (1.1).

Proposition 4.1 Let $Z = M+V$ be the canonical decomposition of a continuous semimartingale satisfying $Z_0=0$. If X is a solution of

$$(4.1) \qquad X_t + L_t^0(X) = Z_t ,$$

then

$$(4.2) \qquad X_t^+ = \int_0^t I(X_s^+>0)\,dZ_s + \tfrac{1}{2}\int_0^t I(X_s=0)\,dV_s$$

and

(4.3) $$X_t = Z_t - \sup_{s\le t}(Z_s - X_s^+) .$$

Proof. Apply Tanaka's formula to (4.1) to obtain

$$\begin{aligned} X_t^+ &= \int_0^t I(X_s>0)\,dZ_s + \tfrac{1}{2}\int_0^t I(X_s=0)\,dZ_s - \tfrac{1}{2}L_t^0(X) + \tfrac{1}{2}L_t^0(X) \\ &= \int_0^t I(X_s^+>0)\,dZ_s + \tfrac{1}{2}\int_0^t I(X_s=0)\,dV_s . \end{aligned}$$

To prove (4.3) note first that by (4.1),

$$X_t^- = -Z_t + X_t^+ + L_t^0(X) .$$

Since $X_t^- \ge 0$ and $L_t^0(X)$ only increases on the zero set of X^-, it follows that $(X_t^-, L_t^0(X))$ is the unique solution of the reflection problem for $-Z_t + X_t^+$ (see El Karoui and Chaleyat-Maurel [1]). Therefore

$$X_t^- = -Z_t + X_t^+ + \sup_{s\le t}(Z_s - X_s^+)$$

and (4.3) is immediate. □

We construct solutions to (4.1) with $Z = B + \beta L(B)$ by first finding a candidate, X^+, for a solution to (4.2), then defining X by (4.3) and finally checking that X is in fact a solution of (4.1). Our first candidate for X^+ is 0 .

Theorem 4.2 Let $Z = M+V$ be the canonical decomposition of a continuous semimartingale satisfying $Z_0=0$. Let $S_t = \sup_{s\le t} Z_s$, $X_t^0 = Z_t - S_t$ and assume that

$$(4.4) \qquad \int_0^{\cdot} I(S_t=Z_t)\,dV_t \equiv 0 .$$

(a) X^0 _is the unique non-positive solution of (4.1). Moreover,_ X^0 _is the minimal solution of (4.1), i.e., if_ X _is any solution of (4.1) then_ $X^0 \le X$.

(b) _If_ V _is non-increasing, then_ X^0 _is the unique solution of (4.1)._

Proof. (a) As $(-X^0,S)$ is the unique solution of the reflection problem for $-Z$, Prop.I.2.1 of [1] implies that

$$S_t = \tfrac{1}{2}L_t^{0+}(-X^0) + \int_0^t I(S_u=Z_u)\,dV_u$$

$$= L_t^0(-X^0) \qquad \text{(by (4.4))}$$

$$= L_t^0(X^0) .$$

Therefore

$$X^0 + L^0(X^0) = Z - S + S = Z .$$

It is clear from (4.3) that X^0 is the minimal, and unique non-positive solution of (4.1).

(b) If V is non-increasing, it follows easily from (4.2) that $E(X_t^+) \le 0$, for any solution of (4.1). Therefore $X=X^0$ by (a). □

Corollary 4.3 _Let_

$$X_t^0 = B_t + \beta L_t(B) - \sup_{s\le t}(B_s + \beta L_s(B)) .$$

Then $X=X^0$ _is the minimal, and unique non-positive solution of_

(4.5) $$X_t + L_t^0(X) = B_t + \beta L_t(B) \; .$$

Moreover if $\beta \le 0$, X^0 *is the unique solution of (4.5).*

Proof. We must prove that (4.4) holds with $Z = B + \beta L(B)$. Let τ_t be the right-continuous inverse of $L_t(B)$, and set $Z_u = 0$ for $u<0$. Then, by an argument in Emery and Perkins [3, Prop.1], if t is fixed, $(\tau_t, Z(\tau_t - \cdot) - \beta t)$ is equal in law to $(\tau_t, B(\cdot \wedge \tau_t) - \beta L_{\cdot \wedge \tau_t}(B))$. Therefore

(4.6) $$P(S_{\tau_t} = Z_{\tau_t}) = P(\sup_{u \le \tau_t} Z(\tau_t - u) = \beta t)$$

$$= P(\sup_{u \le \tau_t} B(u) - \beta L_u(B) = 0) \; .$$

A simple scaling argument shows that

$$P(\sup_{u \le \varepsilon} B_u - \beta L_u(B) = 0)$$

is independent of ε and hence must be zero by the 0-1 law. It follows from (4.6) that $P(S_{\tau_t} = Z_{\tau_t}) = 0$ for each t and therefore

$$\int_0^\infty I(S_u = Z_u)\, dL_u(B) = \int_0^\infty I(S_{\tau_t} = Z_{\tau_t})\, dt = 0 \quad \text{a.s.}$$

Hence (4.4) holds with $Z = B + \beta L(B)$ and Theorem 4.2 implies the required result. □

In order to obtain a maximal solution of (4.5) for $\beta > \frac{1}{2}$, we construct another candidate for X^+ .

Theorem 4.4 *Let* $\beta > \frac{1}{2}$. *There is a unique solution* Y *of*

$$(4.7) \qquad Y_t = \int_0^t I(Y_s>0)dB_s + \beta L_t(B) \ .$$

Y *is* F_t^B *adapted,*

$$L_t^{0+}(Y) = 2\beta\int_0^t I(Y_s=0)dL_s(B) = 0 \ ,$$

and if $\hat{Y}$ *is a solution of*

$$(4.8) \qquad \hat{Y}_t = \int_0^t I(Y_s>0)dB_s + V_t \ ,$$

where $\beta L_t(B)-V_t$ *is adapted, continuous and non-decreasing, then* $\hat{Y}\le Y$. *If in addition* $\tfrac{1}{2}L_t(B)-V_t$ *is non-decreasing, then* $\hat{Y}\le B^+$.

Note that (4.7) is not covered by the classical existence and uniqueness results, as the diffusion coefficient is discontinuous and degenerate. Before proving the theorem, we establish two lemmas, the first of which is interesting in its own right.

Lemma 4.5. *For* $\beta>0$, *let*

$$T_\beta = \inf\{t: B_t + \beta L_t = -1\} \ .$$

(a) $P(L_{T_\beta}(B)>t) = (1 + \beta t)^{-\frac{1}{2}\beta}$ *for* $t\ge 0$.

(b) *If* $\gamma>(4\beta)^{-1}$, *there is a* $C_\gamma>0$ *such that* $P(T_\beta>t)\ge C_\gamma t^{-\gamma}$ *for* $t\ge 1$.

Proof. Let τ_t be the right-continuous inverse of L_t , and define a Poisson point process with state space $(0,\infty)$ by

$$E(t) = \begin{cases} \sup\limits_{u\in[\tau_{t-},\tau_t]} B_u^- & \text{if } \tau_{t-}<\tau_t \text{ and this sup is } >0 \\ \delta & \text{otherwise} \end{cases}$$

(see Itô [6]). Using the fact that $L_{T(-x)}$ has an exponential law with mean $2x$ (here $T(-x) = \inf\{t: B_t=-x\}$), it is easily shown that the characteristic measure of E, μ, satisfies $\mu([x,\infty)) = (2x)^{-1}$ for $x>0$. Therefore if $A\subset[0,\infty)\times(0,\infty)$ and $N(A)$ denotes the cardinality of $\{t: (t,E(t))\in A\}$, then $N(A)$ has a Poisson distribution with parameter $m\times\mu(A)$, where m denotes Lebesgue measure. In particular, since

$$L_{T_\beta} = \inf\{u: -E(u)+\beta u\le -1\} = \inf\{u: E(u)\ge 1+\beta u\}$$

one has

$$\begin{aligned} P(L_{T_\beta}>t) &= P(N(\{(u,x): u\le t,\ x\ge 1+\beta u\})=0) \\ &= \exp\{-\int_0^t M([1+\beta u,\infty))du\} \\ &= \exp\{-\int_0^t \frac{1}{2(1+\beta u)}\,du\} \\ &= \exp\{-\frac{1}{2\beta}\log(1+\beta t)\} \\ &= (1+\beta t)^{-\frac{1}{2}\beta}. \end{aligned}$$

If $\gamma>(4\beta)^{-1}$ and $t\ge 1$, then

$$\begin{aligned} P(T_\beta>t) &\ge P(T_\beta>\tau(t^{2\beta\gamma})) - P(\tau(t^{2\beta\gamma})\le t) \\ &\ge P(L_{T_\beta}>t^{2\beta\gamma}) - P(L_1\ge t^{2\beta\gamma-\frac{1}{2}}) \\ &\ge (1+\beta t^{2\beta\gamma})^{-\frac{1}{2}\beta} - \exp\{-t^{4\beta\gamma-1}/2\} \end{aligned}$$

Therefore $P(T_\beta > t) \geq C_\gamma t^{-\gamma}$. □

<u>Lemma 4.6</u> <u>Let</u> H <u>be a non-negative previsible process, and</u> Y <u>be a solution of</u>

$$Y_t = \int_0^t 1_{(Y_s>0)} dB_s + \int_0^t H_s dL_s .$$

Then

(a) $Y \geq 0$

(b) <u>If</u> $D_t = \inf\{s \geq t: B_s = 0, H_s \neq 0\}$ <u>then on</u> $\{Y_t = 0\}$, $Y_s = 0$ <u>for</u> $t \leq s \leq D_t$.

(c) <u>Let</u> $\tau_t = \sup\{s<t: Y_s=0\}$. <u>Then on</u> $\{Y_t>0\}$

$$Y_t = B_t + \int_{\tau_t}^t H_s dL_s .$$

(d) <u>If</u> $H_s \equiv \beta > \frac{1}{2}$, <u>then</u> $L^{0+}(Y-B^+) = 0$, $Y \geq B^+$ <u>and</u> $Y \neq B^+$.

<u>Proof.</u> (a) By Tanaka's formula,

$$Y_t^- = - \int_0^t 1_{(Y_s<0)} H_s dL_s + \tfrac{1}{2} L_t^{0-}(Y) .$$

Thus Y^- is of integrable variation, and therefore $L^0(Y^-) = L^{0-}(Y) = 0$. Hence, as H is non-negative, $EY_t^- \leq 0$, so that $Y^- = 0$.

(b) As $Y \geq 0$ it is enough to show that for each $s>t$, $E\, 1_{(Y_t=0)} Y_{s\wedge D_t} = 0$. However, $\int_t^{D_t} H_s dL_s(B) = 0$ on $\{Y_t=0\}$, and so

$$E\, 1_{(Y_t=0)} Y_{s\wedge D_t} = E\, 1_{(Y_t=0)} \int_t^{s\wedge D_t} 1_{(Y_s>0)} dB_s$$

$$= 0 .$$

(c) Fix $t>0$, and enlarge (F_t) to make the random time τ_t a stopping time. As τ_t is honest (the end of an optional set) stochastic integrals take the same value in both filtrations. Hence, as $B_{\tau_t} = 0$ by (b),

$$Y_t = Y_{\tau_t} + \int_{\tau_t}^{t} 1_{(Y_s>0)} dB_s + \int_{\tau_t}^{t} H_s \, dL_s$$

$$= B_t + \int_{\tau_t}^{t} H_s \, dL_s .$$

(d) Let $\varepsilon>0$, $T_0^\varepsilon=0$, and

$$S_n^\varepsilon = \inf\{t>T_{n-1}^\varepsilon : Y_t - B_t^+>\varepsilon\}$$

$$T_n^\varepsilon = \inf\{t>S_n^\varepsilon : Y_t - B_t^+=0\} .$$

Writing $\tau(S_n^\varepsilon)$ for $\tau_{S_n^\varepsilon} = \sup\{s<S_n^\varepsilon : Y_s=0\}$, by (c), since $Y_{S_n^\varepsilon} > 0$

(4.9) $$Y_{S_n^\varepsilon} - B^+_{S_n^\varepsilon} = -B^-_{S_n^\varepsilon} + \beta(L_{S_n^\varepsilon} - L_{\tau(S_n^\varepsilon)})$$

It follows that $B_{S_n^\varepsilon} = 0$, for if $R = (\sup\{s\le S_n^\varepsilon : B_s=0\}) \vee T_{n-1}^\varepsilon$, by (c); $Y_R - B_R^+ = Y_{S_n^\varepsilon} - B_{S_n^\varepsilon} \ge Y_{S_n^\varepsilon} - B^+_{S_n^\varepsilon}$, so that $R = S_n^\varepsilon$.

Let $B_t = B(S_n^\varepsilon+t)$ be a Brownian motion, and

$$V_n(\varepsilon) = \inf\{t: B_t^n + \beta L_t(B^n) = -\varepsilon\}.$$

We have, therefore, for $S_n^\varepsilon \le t \le T_\varepsilon^n$

$$Y_t = Y_{S_n^\varepsilon} + B_t - B_{S_n^\varepsilon} + \beta(L_t - L_{S_n^\varepsilon})$$

$$= \varepsilon + B^n_{t-S_n^\varepsilon} + \beta L_{t-S_n^\varepsilon}(B^n) ,$$

so that $T_n^\varepsilon = S_n^\varepsilon + V_n(\varepsilon)$. Let

$$N(\varepsilon,t) = \sum_{i=1}^{\infty} I(S_i^\varepsilon \le t) ,$$

then for $\varepsilon > \frac{1}{2}$,

$$t+1 \ge E(\sum_i ((T_i^\varepsilon - S_i^\varepsilon)\wedge 1) I(S_i^\varepsilon \le t))$$

$$= E(\sum_i I(S_i^\varepsilon \le t) E(V_i(\varepsilon)\wedge 1 | F_{S_i^\varepsilon}))$$

$$= E(N(\varepsilon,t)) E(V_1(\varepsilon)\wedge 1)$$

$$= \varepsilon^2 E(N(\varepsilon,t)) E(V_1(1)\wedge \varepsilon^{-2}) \quad \text{(scaling)}$$

$$\ge C\varepsilon^2 E(N(\varepsilon,t)) \int_1^{\varepsilon^{-2}} t^{-\gamma} dt \text{ , where } \gamma \in (\tfrac{1}{4\beta}, \tfrac{1}{2}) \text{ by Lemma 4.5}$$

$$\ge C\varepsilon^{2\gamma} E(N(\varepsilon,t)) .$$

In particular it follows that $\lim_{\varepsilon \to 0+} \varepsilon E(N(\varepsilon,t)) = 0$ for all $t \ge 0$. The downcrossing characterization of local time (see El Karoui[2]) implies that

$$\tfrac{1}{2} L_t^{0+}(Y-B^+) = \lim_{\varepsilon \to 0+} \varepsilon N(\varepsilon,t) \quad (\text{in } L^1)$$

$$= 0 .$$

It remains only to show that $Y \ge B^+$. Apply Tanaka's formula to (4.8) to obtain

$$(Y_t - B_t^+)^- = \int_0^t I(B_s > 0 = Y_s) dB_s - (\beta - \tfrac{1}{2}) \int_0^t I(Y_s \le B_s^+) dL_s^0(B) .$$

As $\beta>\frac{1}{2}$, we see that $E((Y_t-B_t^+)^-)\le 0$. Finally $Y\ne B^+$ is obvious. □

Proof of Theorem 4.4. Let $\beta>\frac{1}{2}$ and assume Y is a solution of (4.7). Let $\beta L_t(B) - V_t$ be an adapted non-decreasing process and suppose that $\hat{Y}$ is a solution of (4.8) (with respect to the same Brownian motion). Then

$$\begin{aligned}
L_t^{0+}(Y-\hat{Y}) &= \lim_{\varepsilon\to 0+} \varepsilon^{-1} \int_0^t I(Y_s-\hat{Y}_s\in(0,\varepsilon))(I(Y_s>0)-I(\hat{Y}_s>0))^2 ds \\
&\le \lim_{\varepsilon\to 0+} \varepsilon^{-1} \int_0^t I(Y_s\in(0,\varepsilon))I(\hat{Y}_s\le 0) ds \\
&\le \lim_{\varepsilon\to 0+} \varepsilon^{-1} \int_0^t I(Y_s\in(0,\varepsilon)) ds \\
&= L_t^{0+}(Y) \\
&= L_t^{0+}(Y) - L_t^{0-}(Y) \qquad \text{(as } Y\ge 0)
\end{aligned}$$

Therefore

$$\text{(4.9)} \qquad L_t^{0+}(Y-\hat{Y}) \le 2\beta\int_0^t I(Y_s=0)dL_s(B) \qquad \text{(by Yor [14])}.$$

As $Y\ge B^+$ by Lemma 4.6, we also have

$$\begin{aligned}
0 = L_t^{0+}(Y-B^+) &= L_t^{0+}(Y-B^+) - L_t^{0-}(Y-B^+) \\
&= (\beta-\tfrac{1}{2})\int_0^t I(Y_s=0)dL_s(B) \\
&\ge (\beta-\tfrac{1}{2})(2\beta)^{-1}L_t^{0+}(Y-\hat{Y}) \qquad \text{(by (4.9))}.
\end{aligned}$$

So $L_t^{0+}(Y-\hat{Y})=0$ and by using Tanaka's formula one can easily see that $Y\ge\hat{Y}$, just as in the proof of $Y\ge B^+$ (see Lemma 4.6(c)).

In particular, if Y and $\hat{Y}$ are both solutions of (4.7) then $Y \geq \hat{Y} \geq Y$ and so pathwise uniqueness holds in (4.7). By Theorem 2.1 there is a weak solution, and so by Theorem 2.25 of [7], Y is F_t^B adapted.

Finally, let $\frac{1}{2}L_t(B)-V_t$ be non-decreasing. Then if, for $\beta>\frac{1}{2}$, Y^β is the unique solution to (4.7), $Y^{\beta_1} \leq Y^{\beta_2}$ when $\beta_1<\beta_2$, since $(\beta_2-\beta_1)L_t(B)$ is non-decreasing. Similarly, $\hat{Y} \leq Y^\beta$, so that $\hat{Y} \leq \lim_{\beta \downarrow \frac{1}{2}} Y^\beta$. Also, $B^+ \leq Y^\beta$ for each $\beta>\frac{1}{2}$, as $(\beta-\frac{1}{2})L_t(B)$ is non-decreasing, and $E(\lim_{\beta \downarrow \frac{1}{2}} Y_t^\beta - B_t^+) = \lim_{\beta \downarrow \frac{1}{2}} E(Y_t^\beta - B_t^+)$ $= \lim_{\beta \downarrow \frac{1}{2}} (\beta-\frac{1}{2}) E\, L_t(B) = 0$. So $B^+ = \lim_{\beta \downarrow \frac{1}{2}} Y^\beta \geq \hat{Y}$.

<u>Theorem 4.7</u> <u>Let</u> $\beta>\frac{1}{2}$, <u>and</u> Y^β <u>be the unique solution of (4.7). Let</u>

$$X_t^1 = B_t + \beta L_t - \sup_{s\leq t}(B_s + \beta L_s - Y_s^\beta) .$$

<u>Then</u>

(a) X^1 <u>is the maximal solution of (4.5), and is distinct from the minimal solution,</u> X^0, <u>constructed in Corollary 4.3, and from</u> B, <u>which if</u> $\beta=1$, <u>is also a solution.</u>

(b) X^1 <u>is</u> F_t^B <u>adapted.</u>

(c) $(X^1)^+ = Y^\beta$, $(X^1)^+ \geq B^+ \geq (X^0)^+ = 0$, <u>and these three processes are distinct.</u>

<u>Proof</u> We fix $\beta>\frac{1}{2}$, and write Y for Y^β, X for X^1. We show first that $X^+=Y$. By Lemma 4.6(b), if $Y_t>0$, then

$Y_t=B_t+\beta(L_t-L_{\tau_t})$, and so $X_t-Y_t=\beta L_{\tau_t}-\sup_{s\le t}(B_s+\beta L_s-Y_s)$ $=\beta L_{\tau_t}-\sup_{s\le\tau_t}(B_s+\beta L_s-Y_s)$. By Theorem 4.4, $Y\ge B^+$, and therefore, if $s\le\tau_t$, $B_s+\beta L_s-Y_s\le B_s^+-Y_s+\beta L_s\le\beta L_s\le\beta L_{\tau_t}$. Therefore $X_t-Y_t=0$ if $Y_t>0$, and as it is clear from the definition of X that $X-Y\le 0$, it follows that $Y=X^+$. The remainder of (c) follows immediately.

(b) is an immediate consequence of Theorem 4.4.

For (a), let $M_s=B_s+\beta L_s-Y_s$, and note that, by (4.7), M is a martingale. We have

$$X_t^-=\sup_{s\le t}M_s-M_t,$$

and therefore, by Prop.I.2.1 of [1], $\frac{1}{2}L_t^{0+}(X^-)=\sup_{s\le t}M_s$. Now $L^{0+}(X)=L^{0+}(X^+)=0$, by Theorem 4.4, and $L^{0-}(X)=L^{0-}(-X^-)$ $=L^{0+}(X^-)$; therefore $L^0(X)=\frac{1}{2}L^{0+}(X)+\frac{1}{2}L^{0-}(X)=\sup_{s\le t}M_s$, and

$$X_t+L_t^0(X)=Y_t+M_t-\sup_{s\le t}M_s+\sup_{s\le t}M_s$$
$$=B_t+\beta L_t.$$

If Z is another solution of (4.5), by (4.2) and Theorem 4.4 $X^+\ge Z^+$, and so $X\ge Z$ by (4.3).

We now turn to the case $0<\beta\le\frac{1}{2}$. The following result is in part a refinement of the estimate used to prove (4.4).

<u>Lemma 4.8.</u> <u>Let</u>

$$\Lambda(\beta)=\{t>0:\ B_t=0, B_t+\beta L_t(B)\ge B_s+\beta L_s(B)\ \text{for}\ 0\le s\le t\}.$$

<u>Then for</u> $0<\beta\le\frac{1}{2}$, $\Lambda(\beta)=\emptyset$ a.s.

Proof. As $\Lambda(\beta)\subseteq\Lambda(\frac{1}{2})$ for $\beta<\frac{1}{2}$, it is enough to prove the result for $\Lambda(\frac{1}{2})$. If $t\in\Lambda(\frac{1}{2})(\omega)$, then $B_t^+(\omega)+\frac{1}{2}L_t(B,\omega)\le B_s^+(\omega)+\frac{1}{2}L_s(B,\omega)$ for $s\le t$, and $B_t^+(\omega)+\frac{1}{2}L_t(B,\omega)=\frac{1}{2}L_t(B,\omega)\le B_u^+(\omega)+\frac{1}{2}L_u(B,\omega)$ for $u\ge t$, so that t is a point of increase of $B_\cdot^+(\omega)+\frac{1}{2}L_\cdot(B,\omega)$.

We shall now show that $B^++\frac{1}{2}L(B)$ has no (non-zero) points of increase. Let W denote a Brownian motion, with $W_0=0$. Points of increase are not removed by time-change, so, time-changing $B^++\frac{1}{2}L(B)$ by the inverse of $\int_0^\cdot I_{(B_s>0)}ds$, it follows that $B^++\frac{1}{2}L(B)$ has points of increase if and only if $|W|+\frac{1}{2}L^{0+}(|W|)$ does. Now $\frac{1}{2}L^{0+}(|W|)=L^0(W)$, and, if $S_t=\sup_{s\le t} W_s$, $(|W|,L^0(W))$ is equal in law to $(S-W,S)$, and so $|W|+\frac{1}{2}L^{0+}(|W|)$ is equal in law to $2S-W$, which, by Pitman's result (see [16]) is a 3-dimensional Bessel process. Thus for $t>0$, the law of $|W_t|+\frac{1}{2}L_t^{0+}(|W|)$ is absolutely continuous with that of Brownian motion, and hence, by the result of Dvoretsky, Erdos and Kakutani [15], $|W_t|+\frac{1}{2}L_t^{0+}(|W|)$ has no non-zero points of increas

Theorem 4.9. Let $0<\beta\le\frac{1}{2}$. Then (4.5) has a unique solution.

Proof. Let X be a solution of (4.5). By Corollary 4.3 it is sufficient to prove that X is non-positive. Let $Y_t=X_t^+$; by Proposition 4.1

$$Y_t = \int_0^t 1_{(Y_s>0)}dB_s + \int_0^t (1_{(Y_s>0)} + \tfrac{1}{2}1_{(X_s=0)})\beta dL_s .$$

Thus, as $\frac{1}{2}L_t(B) - \int_0^t (1_{(Y_s>0)} + \frac{1}{2}1_{(X_s=0)})\beta dL_s(B)$ is non-decreasing, by the final part of Theorem 4.4 $Y_t\le B_t^+$. Y therefore satisfies

$$Y_t = \int_0^t 1_{(Y_s>0)}dB_s + \tfrac{1}{2}\int_0^t 1_{(X_s=0)}\,\beta dL_s(B) .$$

Let $t>0$, and $\tau_t = \sup\{s<t: Y_s=0\}$. By Lemma 4.6(b), on $\{\tau_t<t\}$ $B_{\tau_t}=0$, and by (c), using the fact that $B_s>0$ for $\tau_t<s<t$, we have

$$Y_t = B_t^+ \quad \text{on} \quad \{Y_t>0\} .$$

However, if $S = \inf\{t: Y_t<B_t^+\}$, then $B_S^+-Y_S \geq \frac{1}{4}L_S(B)$, so that $S=0$ a.s. Therefore, by the section theorem, for any $\varepsilon>0$ there exists a stopping time T such that $P(T=\infty)<\varepsilon$, and $0<T<\varepsilon$, $Y_T=0$, $B_T^+>0$ on $\{T<\infty\}$. Let $R=\inf\{s>T: Y_s>0\}$. By Lemma 4.6(b), on $\{R<\infty\}$ $X_R=B_R=0$, so that, by (4.3), on $\{R<\infty\}$

$$0 = B_R + \beta L_R(B) - \sup_{s\leq R}(B_s + \beta L_s(B) - Y_s)$$

$$\leq \beta L_R(B) - \sup_{T\leq s\leq R}(B_s + \beta L_s(B)) .$$

Therefore on $\{R<\infty\}$

$$\beta(L_R(B) - L_T(B)) \geq \sup_{T\leq s\leq R}(B_s + \beta L_s(B) - \beta L_T(B)) .$$

Now let $U = \inf\{s>T: B_s=0\}$; then $X_U \leq -B_T^+$, so that $R>U$. Hence $R(\omega)$ is in the set $\Lambda(\beta)$ for the Brownian motion $B_{U+\cdot}$, and so by Lemma 4.8, $R=\infty$. Thus $P(Y1_{(\varepsilon,\infty)}\neq 0)<\varepsilon$, and as ε is arbitrary, $Y=0$, completing the proof of the theorem.

5. $X + \alpha L^{0+}(X) = B + \beta L(B)$

If instead of (1.1) we consider the equation

$$(5.1) \qquad X_t + \alpha L_t^{0+}(X) = B_t + \beta L_t(B)$$

the results are slightly different. In fact, the same proofs go through with some minor changes and we only state the theorem.

Suppressing dependence on α, we define

$$r(x) = \begin{cases} (2\alpha+1)x, & \text{if } x>0 \\ x, & \text{if } x\le 0 \end{cases}$$

$$g(x) = \begin{cases} 2\alpha+1, & \text{if } x>0 \\ 1, & \text{if } x\le 0 \end{cases}$$

If $\alpha>-\frac{1}{2}$, the proofs of Theorems 3.2 and 3.3 go through without change to show the existence of a unique, and F_t^B adapted solution, $\hat{Y}^\gamma$ of

$$\hat{Y}_t^\gamma = \int_0^t g(\hat{Y}_s^\gamma)\,dB_s + \gamma L_t(B) \qquad (\gamma\in\mathbb{R}).$$

In particular, $\hat{Y}^\alpha = r(B_t)$ by Tanaka's formula. For $\beta<-\frac{1}{2}$, let Z^β denote the unique, and F_t^B adapted solution of

$$Z_t^\beta = -\int_0^t I(Z_s>0)\,dB_s - \beta L_t(B)$$

(apply Theorem 4.4 to $-B$).

<u>Theorem 5.1.</u> (a) <u>If</u> $\alpha<-\frac{1}{2}$, <u>then (5.1) holds if and only if</u> $\beta=\alpha$ <u>and</u> $X=B$.

(b) <u>Let</u> $\alpha>-\frac{1}{2}$.

(i) If $\beta\in(\frac{\alpha}{2\alpha+1},\alpha]$, <u>then</u> $r^{-1}(\hat{Y}^{\beta(2\alpha+1)})$ <u>and</u> $r^{-1}(\hat{Y}^\beta)$ <u>are the (distinct) maximal and minimal solutions of (5.1), respectively</u>.

(ii) <u>If</u> $\beta>\alpha$, $X = r^{-1}(\hat{Y}^{\beta(2\alpha+1)})$ <u>is the unique solution of (5.1)</u>.

(iii) <u>If</u> $\beta\leq\frac{\alpha}{2\alpha+1}$, $X=r^{-1}(\hat{Y}^{\beta})$ <u>is the unique solution of (5.1).</u>

(c) <u>Let</u> $\alpha=-\frac{1}{2}$.

(i) $X_t^0 = B_t + \beta L_t(B) - \inf_{s\leq t}(B_s + \beta L_s(B))$ <u>is the maximal and unique non-negative solution of (5.1).</u>

(ii) <u>If</u> $\beta>-\frac{1}{2}$, X^0 <u>is the unique solution of (5.1).</u>

(iii) <u>If</u> $\beta\leq-\frac{1}{2}$ <u>then</u>

$$X_t^1 = B_t + \beta L_t(B) - \inf_{s\leq t}(B_s + \beta L_s(B) + Z_s^{\beta})$$

<u>is the minimal solution of (5.1), and satisfies</u> $(X^1)^- = Z^{\beta}$. <u>In particular</u> X^1 <u>is distinct from</u> X^0 .

<u>Acknowledgement.</u> We would like to thank Michel Emery for a series of enjoyable and stimulating conversations concerning the case $\alpha=1$.

References

1. N. El Karoui, M. Chaleyat-Maurel. Un problème de réflexion et ses applications au temps local et aux equations différentielles stochastiques sur $\mathbb{R}$. Cas continu. In: Temps Locaux-Astérisque <u>52-53</u>, 117-144 (1978).

2. N. El Karoui. Sur les montées des semi-martingales. In: Temps Locaux-Astérisque <u>52-53</u>, 63-72 (1978).

3. M. Emery, E. Perkins. La Filtration de B+L. Z. Wahrscheinlichkeitstheorie verw. Geb. <u>59</u>, 383-390 (1982).

4. J.M. Harrison, L.A. Shepp. On skew Brownian motion. Ann. of Probability 9, 309-313 (1981).

5. D. Hoover, E. Perkins. Nonstandard construction of the stochastic integral and applications to stochastic differential equations I, II. (To appear in Trans. Amer. Math. Soc.).

6. K. Ito. Poisson point processes attached to Markov processes. Proc. 6th Berk. Symp. Math. Statist. Prob., 225-239 (1970).

7. J. Jacod, J. Memin. Weak and strong solutions of stochastic differential equations: existence and uniqueness. In Stochastic Integrals, Lect. Notes. Math. 851, Springer (1981).

8. H.J. Keisler. An infinitesimal approach to stochastic analysis. (To appear as an A.M.S. Memoir).

9. S. Kosciuk. Stochastic solutions to partial differential equations. Ph.D. thesis, U. of Wisconsin (1982).

10. J.-F. LeGall. Temps locaux et equations différentielles stochastiques. Thèse de troisième cycle, Paris VI (1982).

11. P.A. Loeb. An introduction to nonstandard analysis and hyperfinite probability theory. In: Probabilistic Analysis and Related Topics Vol. 2, 105-142, New York: Academic Press (1979).

12. P. Protter, A.-S. Sznitman. An equation involving local time. Sem. Prob. XVII. Lect. Notes Math. 986, Springer

13. T. Yamada, S. Watanabe. On the uniqueness of solutions of stochastic differential equations I. J. Math. Kyoto Univ. II, 155-167 (1971).

14. M. Yor. Sur la continuité des temps locaux associés à certaines semi-martingales. In: Temps Locaux-Astérisque 52-53, 23-35 (1978).

15. A. Dvoreksky, P. Erdos, S. Kakutani. Non-increasing everywhere of the Brownian motion process. Proc. 4th Berk. Sympl Math. Statist. Prob. II, 103-116 (1961).

16. J.W. Pitman. One dimensional Brownian motion and the three-dimensional Bessel process. Adv. Appl. Prob. 7, 511-526 (1975).

M.T. Barlow,
Statistical Laboratory,
16 Mill Lane,
Cambridge CB2 1SB
ENGLAND.

E. Perkins,
Dept. of Mathematics,
University of British Columbia,
Vancouver, B.C. V6T 1Y4
CANADA.

AN EQUATION INVOLVING LOCAL TIME

by

Philip PROTTER[1] and Alain-Sol SZNITMAN[2]

1. Introduction.

We show there is only one solution X, the obvious one, to the equation

$$X_t + \alpha L(X)_t = B_t + C_t \quad (|\alpha| > 1)$$

where L(X) is the symmetrized local time at 0 of the semimartingale X; B is a given Wiener process; and C is any continuous finite variation process, adapted, whose support is contained in the zero set of B. More precisely: X must be B, and C must be $\alpha L(B)$.

HARRISON and SHEPP [3] have considered the equation $X_t + \beta L(X)_t = B_t$, and they showed that a unique solution X exists if $|\beta| \leq 1$ and that no solution exists if $|\beta| > 1$. In addition, the problem of solving an equation where the solution involves finding a semimartingale together with its local time has recently been receiving attention.

Problems of this type seem to be related to questions of filtering with singular cumulative signals (cf [1]), as well as to questions concerning the equality of filtrations. In particular, it would be interesting to learn what happens when $|\alpha| \leq 1$, which seems to us to be tied to problems such as the equality of the filtrations of B+cL and B (cf EMERY-PERKINS [2], and [1]).

---

[1]Departments of Mathematics and Statistics; Purdue University, West Lafayette, IN 47907 USA. Supported in part by NSF Grant #0464-50-13955; Visitor at Université de Rennes, 1981-1982.

[2]Université de Paris VI, Tour 56, 4 place Jussieu 75230 Paris Cedex 05. Membre du Laboratoire de Probabilité associé au CNRS LA 224.

2. Results.

For all unexplained terminology and notations we refer the reader to JACOD [4]. In particular, we are using the symmetrized local time of [4, p.184], which is also the one HARRISON-SHEPP used. For a semimartingale X, we let L(X) denote its local time, which is known to exist always. We assume we are given a filtered probability space $(\Omega, \mathcal{F}, \mathcal{F}_t, P)$ supporting a standard Brownian motion B and verifying the usual conditions: $\mathcal{F}_0$ is P-complete and $\mathcal{F}_t = \bigcap_{s>t} \mathcal{F}_s$, all $t \geq 0$.

THEOREM. *Let* C *be an adapted process with continuous paths of finite variation on compacts, and* $C_0 = 0$. *Suppose*

$$(1) \qquad C_t = \int_0^t 1_{(B_s = 0)} dC_s$$

Let X *be a continuous semimartingale,* $X_0 = 0$, *verifying*

$$(2) \qquad X_t + \alpha L(X)_t = B_t + C_t$$

where $|\alpha| > 1$. *Then* $(X.) = (B.)$.

COMMENT. An immediate consequence of the theorem is that equation (2) has a solution $(X, L(X))$ only if $C_t = \alpha L(B)_t$.

PROOF. Fix $s > 0$. We define:

$$S = \inf\{t \geq s: \ X_t = 0\}$$
$$T = \inf\{t \geq s: \ B_t = 0\}.$$

Step 1: We show $P\{S \geq T\} = 1$. Let $\Lambda = \{S < T\}$ and suppose $P(\Lambda) > 0$. Since $X_S = 0$ on Λ, we have for all $h > 0$ on Λ:

$$(3)\qquad X_{(S+h)\wedge T} + \alpha[L(X)_{(S+h)\wedge T} - L(X)_S] = B_{(S+h)\wedge T} - B_S + C_{(S+h)\wedge T} - C_S = B_{(S+h)\wedge T} - B_S \text{ (from (1))}.$$

Define $\Omega' = \Omega \cap \Lambda$, $\mathcal{F}'_h = \mathcal{F}_{S+h} \cap \Lambda$, and P' by $P'(A) = P(A \cap \Lambda)/P(\Lambda)$. On $(\Omega', \mathcal{F}', P')$ we have $T' = T-S$ is an $\mathcal{F}'_h$ -stopping time. Letting $B'_h = B_{S+h} - B_S$ one easily checks that B' is an $\mathcal{F}'_h$ Brownian motion; moreover $X'_h = X_{S+h}$ is an $\mathcal{F}'_h$ semimartingale ($S < \infty$ a.s.). Thus equation (3) yields:

$$(4)\qquad X'_{h\wedge T'} + \alpha L(X')_{h\wedge T'} = B'_{h\wedge T'}.$$

Using a technique due to HARRISON-SHEPP, we will show (4) is impossible. By Tanaka's formulas [4, p.184] and (4) we have:

$$(5)\qquad (X')^-_{h\wedge T'} = -\int_0^{h\wedge T'} 1_{(X'_u < 0)} + \frac{1}{2} 1_{(X'_u = 0)} dB'_u + \left(\frac{1+\alpha}{2}\right) L(X')_{h\wedge T'}$$

and

$$(6)\qquad (X')^+_{h\wedge T'} = \int_0^{h\wedge T'} 1_{(X'_u > 0)} + \frac{1}{2} 1_{(X'_u = 0)} dB'_u + \left(\frac{1-\alpha}{2}\right) L(X')_{h\wedge T'}.$$

Both $(X')^+$ and $(X')^-$ are nonnegative processes, zero at zero. Moreover since $|\alpha| > 1$, equations (5) and (6) imply that always one of (X^-) and (X^+) is a nonnegative supermartingale, and hence identically zero, since $X^-_0 = X^+_0 = 0$. This implies (again from (5) and (6)) that $L(X')_{h\wedge T'}$ is identically zero, and hence $X'_{h\wedge T'} = B'_{h\wedge T'}$ from (5); thus $B'_{h\wedge T'}$ never changes sign. Since $B'_0 = 0$ and $T' > 0$ a.s., we have a contradiction. We conclude that $P(\Lambda) = 0$; that is, $P(S \geqq T) = 1$.

<u>Step 2:</u> Recall $s > 0$ is fixed. We will show that $P(\{|B_s| \leqq |X_s|\} \cap \{X_s B_s \geqq 0\}) = 1$. Define:

$\Delta_1 = \{0 < X_s < B_s\}$

$\Delta_2 = \{0 > X_s > B_s\}$

$\Delta_3 = \{-B_s < X_s < 0 < B_s\}$

$\Delta_4 = \{B_s < 0 < X_s < -B_s\}$

We first show $P(\Delta_i) = 0$, $1 \leqq i \leqq 4$. Note that on $[s,T(\omega)[$, we have $B_u - B_s = X_u - X_s$, so on Δ_1 and Δ_2 we have $S < T$; thus step 1 gives us $P(\Delta_1) = P(\Delta_2) = 0$. If $P(\Delta_3) > 0$, we have $P\{\exists\, u \in]s, T(\cdot)$: $B_u = B_s - X_s | \Delta_3\} > 0$, which contradicts the definition of T (since then $X_u = 0$). Analogously, $P(\Delta_4) = 0$. Therefore $P\{|B_s| \leqq |X_s|\} =$ Define:

$\Sigma_1 = \{X_s < -B_s < 0 < B_s\}$

$\Sigma_2 = \{X_s > -B_s > 0 > B_s\}$.

Then $P(\exists u \in [s,T(\cdot)[: B_u - B_s = -B_s$ before $B_u - B_s = -X_s | \Sigma_1) > 0$, since $B_u - B_s = X_u - X_s$ on $]s,T(\cdot)[$. This would contradict that $P(S \geqq T) = 1$, which we showed in step 1. Thus $P(\Sigma_1) = 0$. Analogously $P(\Sigma_2) = 0$, hence $P\{X_s B_s \geqq 0\} = 1$. Thus step 2 is complete.

Step 3: By using step 2 for all s rational and then using the continuity of the paths of B and X we have that a.s., for all $s > 0$, $|B_s| \leqq |X_s|$, and $X_s B_s \geqq 0$.

Step 4: $X_s = B_s$, all $s > 0$. Define

$\Gamma_1 = \{X_s > B_s > 0\}$

$\Gamma_2 = \{X_s < B_s < 0\}$.

Given step (3), it suffices to show $P(\Gamma_1) = P(\Gamma_2) = 0$. For fixed s, we have $\Gamma_1 \leq \{T < S\}$, since for any $u \in]s, T(\cdot)[$ we have $X_u - B_u = X_s - B_s > 0$. Thus by continuity we have $X_T = X_s - B_s > 0$. Since $B'_h = B_{T+h} - B_T = B_{T+h}$ is a new Brownian motion, we have

$$P\{\exists\, u \in]T(\omega), S(\omega)[B_u < 0 | \Gamma_1\} = 1,$$

which contradicts that $B_u X_u > 0$, since $X_u > 0$ in $]T(\omega), S(\omega)[$. Thus $P(\Gamma_1) = 0$. Analogously, $P(\Gamma_2) = 0$. This completes step 4 and the proof of the theorem.

REFERENCES

1. Davis, B.; Protter, P.: Filtering with Singular Cumulative Signals, Purdue Mimeo, Series #81-8, April 1981 (unpublished).

2. Emery, M.; Perkins, E.: La Filtration de B+L; Z. Wahrscheinlichkeitstheorie und verw. Geb. 59, 383-390 (1982).

3. Harrison, J.; Shepp, L.: On skew Brownian Motion; Annals of Probability 9, 309-313 (1981).

4. Jacod, J.: Calcul Stochastique et Problèmes de Martingales. Springer Lecture Notes in Math. 714 (1979).

Ed PERKINS has written us that he and Martin BARLOW have established the non-uniqueness of solutions of $X_t + \alpha L(X)_t = B_t + \alpha L(B)_t$ for $0 < |\alpha| \leq 1$.

Note de la rédaction : Voir l'article précédent dans ce volume.

STOCHASTIC INTEGRALS AND PROGRESSIVE MEASURABILITY -- AN EXAMPLE

by

Edwin Perkins

In this note we construct a measurable set $D \subset [0,\infty) \times \Omega$, a 3-dimensional Bessel process, X , and a filtration, $\{F_t^B\}$, containing the canonical filtration, $\{F_t^X\}$, of X satisfying the following properties:

(i) X is an $\{F_t^B\}$ - semimartingale.

(ii) D is an $\{F_t^X\}$ - progressively measurable set, i.e., $D \cap [[0,t]] \in \text{Borel}([0,t]) \times F_t^X$ for all $t \geq 0$.

(iii) $\int_0^t I_D \, dX = X(t)$, where the left side is interpreted with respect to $\{F_t^X\}$, and I_D denotes the indicator function of D .

(iv) $\int_0^t I_D \, dX$ is an $\{F_t^B\}$ - Brownian motion when the stochastic integral is taken with respect to $\{F_t^B\}$.

As the local martingale part of X with respect to either filtration will be a Brownian motion (since $[X](t) = t$) , $\int_0^t I_D \, dX$ may be defined in the obvious way even though D will not be predictable.

Let B be a 1-dimensional Brownian motion on a complete (Ω, F, P) . If $M(t) = \sup_{s\leq t} B(s)$, $Y = M - B$ and $X = 2M - B$, then Y is a reflecting Brownian motion, and X is a 3-dimensional Bessel process by a theorem of Pitman [4]. $\{F_t^X\}$, respectively $\{F_t^B\}$, will denote the smallest filtration, satisfying the usual conditions, that makes X , respectively B , adapted. $F_\cdot^X \subseteq F_\cdot^B$ is clear, and since $M(t) = \inf_{s\geq t} X(s)$, the inf being assumed at the next zero of Y , we must have $F_t^X \subsetneq F_t^B$ for $t > 0$, as $M(t)$ cannot be F_t^X - measurable. Finally, define

$$D = \{(t,\omega) \mid \lim_{n\to\infty} n^{-1} \sum_{k=1}^{n} I(X(t+2^{-k}) - X(t+2^{-k-1}) > 0) = 1/2\} .$$

Property (i) is immediate and for (ii), fix $t \geq 0$ and note that

$$D \cap [[0,t]] = (\{t\} \times D(t)) \bigcup_{N=1}^{\infty} \{(s,\omega) | s \leq t - 2^{-N},$$

$$\lim_{n\to\infty} \frac{1}{n} \sum_{k=N}^{\infty} I(X(s+2^{-k}) - X(s+2^{-k-1}) > 0) = 1/2\} \in \text{Borel}([0,t]) \times F_t^X .$$

Here $D(t)$ is the t-section of D. To show (iii) choose $t > 0$ and note that

$$X(t+2^{-k}) - X(t+2^{-k-1}) = B(t+2^{-k-1}) - B(t+2^{-k}) \quad \text{for large } k \text{ a.s.}$$

Therefore the law of large numbers implies that

(1) $$P((t,\omega) \in D) = 1 \quad \text{for all } t > 0 .$$

The canonical decomposition of X with respect to $\{F_t^X\}$ is (see McKean [3])

(2) $$X(t) = W(t) + \int_0^t X(s)^{-1} ds ,$$

where W is an $\{F_t^X\}$ - Brownian motion. Therefore with respect to $\{F_t^X\}$ we have

$$\int_0^t I_D \, dX = \int_0^t I_D \, dW + \int_0^t I_D X_s^{-1} ds = X(t) \text{ a.s. (by (1))} .$$

It remains only to prove (iv). If

$$T(t) = \inf\{s | M(s) > t\} ,$$

we claim that

(3) $$P((T(t),\omega) \in D) = 0 \quad \text{for all } t \geq 0 .$$

Choose $t \geq 0$ and assume $P((T(t),\omega) \in D) > 0$. Since $X(T(t) + \cdot) - X(T(t))$ is equal in law to $X(\cdot)$, the 0-1 law implies that $P((T(t),\omega) \in D) = 1$. The dominated convergence theorem and Brownian scaling imply

$$1/2 = n^{-1}\sum_{k=1}^{n} P(X(2^{-k}) - X(2^{-k-1}) > 0)$$

$$= P(X(2) - X(1) > 0)$$

$$= P(B(2) - B(1) < 2(M(2) - M(1)))$$

$$> 1/2 .$$

Therefore (3) holds and, with respect to $\{F_t^B\}$, we have w.p.1

$$\int_0^t I_D\, dX = 2\int_0^t I_D\, dM - \int_0^t I_D\, dB$$

$$= 2\int_0^t I_D(T(s),\omega)ds - B(t) \quad \text{(by (1))}$$

$$= -B(t) \qquad\qquad \text{(by (3))}$$

This completes the proof.

It is not hard to see that the above result implies that the optional projections of I_D with respect to $\{F_t^X\}$ and $\{F_t^B\}$ are distinct. In parti cular D cannot be $\{F_t^X\}$-optional. In fact, D is not $\{F_t^B\}$-optional and both optional projections may be computed explicitly.

Proposition (a) The optional projection of I_D with respect to $\{F_t^X\}$ is $I_{(0,\infty)\times\Omega}$.

(b) The optional projection of I_D with respect to $\{F_t^B\}$ is I_{Z^c} where Z is the zero-set of Y.

(c) D is not $\{F_t^B\}$ - optional.

Proof (a) Let $\infty \geq T \geq \varepsilon > 0$ be an $\{F_t^X\}$ stopping time. The law of large numbers implies that

$$\text{(4)}\qquad \lim_{n\to\infty} \frac{1}{n}\sum_{k=1}^{n} I(W(T+2^{-k}) - W(T+2^{-k-1}) > 0) = 1/2 \quad \text{a.s. on } \{T<\infty\},$$

where W is as in (2). Recall that $M(t) = \inf_{s\geq t} X(s)$. Therefore

$$E(|I(W(T+2^{-k}) - W(T+2^{-k-1}) > 0) - I(X(T+2^{-k}) - X(T+2^{-k-1} > 0)|I(T<\infty))$$

$$\leq P(0 \geq W(T+2^{-k}) - W(T+2^{-k-1}) \geq \int_{T+2^{-k-1}}^{T+2^{-k}} X(s)^{-1}ds\ ,\ T<\infty)$$

$$\leq P(0 \geq (W(T+2^{-k}) - W(T+2^{-k-1}))2^{(-k-1)/2} \geq -2^{(-k-1)/2}M(\varepsilon)^{-1}\ ,\ T<\infty)$$

$$\le CE(\min(1,\ 2^{-(k-1)/2}M(\varepsilon)^{-1}))$$

$$\le C(2^{-(k-1)/4} + P(M(\varepsilon) < 2^{-(k-1)/4}))$$

$$\le C(\varepsilon)2^{-(k-1)/4} .$$

The Borel-Cantelli lemma implies that

(5) $$W(T+2^{-k}) - W(T+2^{-k-1}) > 0 \iff X(T+2^{-k}) - X(T+2^{-k-1}) > 0$$

for large k a.s. on $\{T < \infty\}$.

(4) and (5) imply that $(T,\omega) \in D$ a.s. Moreover by (3) with $t = 0$, $(0,\omega) \notin D$ a.s. Therefore if T is any $\{F_t^X\}$ - stopping time and

$$T' = \begin{cases} T & \text{if } T > 0 \\ \infty & \text{if } T = 0 \end{cases} ,$$

then

$$E(I_D(T,\omega)\ I(T < \infty)) = \lim_{\varepsilon \to 0^+} E(I_D(T' \vee \varepsilon, \omega) I(T' < \infty))$$

$$= P(T' < \infty) \quad \text{(since by the above } (T' \vee \varepsilon, \omega) \in D \text{ a.s. on } \{T' < \infty\})$$

$$= P(0 < T < \infty) .$$

This proves (a) .

(b) Let $T \le \infty$ be any $\{F_t^B\}$ - stopping time. Then just as in the derivation of (1) one has

(6) $$(T,\omega) \in D \quad \text{a.s. on } \{Y(T) \ne 0 ,\ T < \infty\} .$$

Moreover just as in the derivation of (3) one has

(7) $$(T,\omega) \notin D \quad \text{a.s. on } \{Y(T) = 0 ,\ T < \infty\} .$$

Therefore

$$E(I_D(T,\omega) I(T < \infty)) = P(Y(T) \ne 0 ,\ T < \infty) ,$$

and (b) is proved.

(c) If D is $\{F_t^B\}$ - optional then $D = Z^c$ (up to indistinguishability) by the above. Therefore Z is on $\{F_t^X\}$ - progressively measurable set. $M(t)$ is the local time of Z and hence can be constructed from Z as Lévy's mesure du voisinage [2, p.225] . It follows easily from this construction that $M(t)$ is $\{F_t^X\}$ - adapted. As $M(t)$ is the future minimum of X , this is absurd. □

The above example was suggested by joint work with Michel Emery [1], in which the predictable set

$$\{(t,\omega)\,|\,\lim_{n\to\infty} n^{-1} \sum_{k=1}^{n} I((cM-B)(t-2^{-k}) - (cM-B)(t-2^{-k-1}) > 0) = 1/2\}$$

was used to show $F_{\cdot}^{cM-B} = F_{\cdot}^{B} \Longleftrightarrow c \neq 2$.

List of References

1. Emery, M. and Perkins, E. La filtration de B+L. Z.f. Wahrscheinlichkeitstheorie 59, 383-390 (1982).

2. Lévy, P. Processus Stochastiques et Mouvement Brownien. Gauthier-Villars, Paris, 1948.

3. McKean, M.P. The Bessel motion and a singular integral equation. Mem. Coll. Sci. Univ. Kyoto. Ser. A Math. 33, 317-322 (1960).

4. Pitman, J. One-dimensional Brownian motion and the three-dimensional Bessel process. Adv. Appl. Prob. 7, 511-526 (1975).

Edwin Perkins
Mathematics Department
U.B.C.
Vancouver, B.C.
Canada V6T 1Y4

ETUDE D'UNE EQUATION DIFFERENTIELLE STOCHASTIQUE

AVEC TEMPS LOCAL

par Sophie WEINRYB *

1 - Introduction

On étudie ici l'équation stochastique unidimensionnelle :

$$(1) \qquad X_t = x + B_t + \int_0^t \alpha(s) dL_s \ ,$$

où (B_t) désigne un mouvement Brownien réel issu de 0 , (L_t) est le temps local en 0 de la semi-martingale inconnue X , et $\alpha : \mathbb{R}_+ \to \mathbb{R}$ est une fonction déterministe.

Dans le cas où $\alpha(s) \equiv \alpha \leqslant 1/2$, l'équation (1) admet une unique solution trajectorielle, appelée "skew Brownian motion" (voir Harrison-Shepp [1], et, pour d'autres extensions, Stroock-Yor [2]). Des résultats partiels d'existence de solution ont été obtenus par Watanabe ([3], [4]). Bien que le cas où α est constante soit maintenant bien connu, il semble que l'étude de l'équation (1) présente une réelle difficulté, malgré les liens étroits qui existent entre celle-ci et le "skew Brownian motion". Indiquons également que l'équation (1) est apparue de façon naturelle au cours de l'étude d'un phénomène de diffusion à travers une paroi poreuse (voir [5]), question que nous ne détaillerons pas ici. Cette note est consacrée à la démonstration du théorème 1.

Théorème 1

Lorsque $\alpha(t) \leqslant 1/2$ *, il y a unicité trajectorielle pour l'équation* (1) .

Pour la démonstration du théorème, nous utilisons une méthode due à Le Gall [6], inspiré lui-même de Perkins [7], qui consiste à prouver d'abord l'unicité en loi des solutions de (1), puis que, si X^1 et X^2 sont deux solutions de (1), $(X^1_t \vee X^2_t \ ; \ t \geqslant 0)$ en est également une, ce qui implique alors l'unicité trajectorielle.

2 - Démonstration du Théorème 1

2.1. Unicité en loi. Remarquons tout d'abord, en écrivant l'équation stochastique satisfaite par (X_t^2) , que $|X|$ suit la loi du module d'un mouvement Brownien issu de x (cf. Yamada-Watanabe [8]).

a) On en déduit l'unicité de la loi du processus (L_t) . En effet, si l'on note $L_t^- = \lim_{x \uparrow\uparrow 0} L_t^x$, où (L_t^x) désigne le temps local de (X_t) en x , on a, d'après Yor [9] :

$$L_t - L_t^- = 2\int_0^t \alpha(s)\,dL_s \; ; \; A_t = \frac{1}{2}(L_t + L_t^-) = \lim_{(\varepsilon \to 0)} \frac{1}{2\varepsilon}\int_0^t 1_{(0 \leq |X_s| \leq \varepsilon)}\,ds$$

et donc, la loi de $\left(L_t \equiv \int_0^t \frac{dA_s}{1-\alpha(s)}\,,\ t \geq 0\right)$ est déterminée par celle de $|X|$.

b) Montrons maintenant l'unicité, pour tout $t \geq 0$, de la loi de la *variable* X_t .

Notons $g_t(\lambda) = E(e^{i\lambda X_t})$ $(\lambda \in \mathbb{R}\ ;\ t \geq 0)$. D'après la formule d'Ito, pour tout $\lambda \in \mathbb{R}$, $(g_t(\lambda), t \geq 0)$ est solution de l'équation différentielle du 1er ordre :

$$g_t(\lambda) = e^{i\lambda x} - \frac{\lambda^2}{2}\int_0^t g_s(\lambda)\,ds + i\lambda h(t)\ ,$$

où $h(t) = E[\int_0^t \alpha(s)\,dL_s]$ est, d'après a), une fonction uniquement déterminée.

Ainsi, pour tout $t \geq 0$, la loi de la variable X_t est uniquement déterminée.

c) L'argument précédent montre que, pour tout $s,t \geq 0$, la loi conditionnelle de la variable X_{t+s} , connaissant $\sigma\{X_u\ ,\ u \leq s\}$, est uniquement déterminée (la nouvelle fonction déterministe considérée est $\tilde{\alpha}(u) \equiv \alpha(u+s)$) . Ainsi, la loi des marginales de rang fini de toute solution X est uniquement déterminée.

2.2. Le supremum de deux solutions est encore une solution.

a) Si (X_t^1) et (X_t^2) sont deux solutions de (1), le processus $(X_t^1 - X_t^2)$ est à variation bornée, son temps local en 0 est donc nul, et l'on a :

$$X_t^1 \vee X_t^2 = (X_t^1 - X_t^2)^+ + X_t^2 = \int_0^t 1_{(X_s^1 > X_s^2)}\,d(X_s^1 - X_s^2) + X_t^2 \ .$$

$$= x + B_t + \int_0^t \alpha(s)\left\{1_{(X_s^2 < 0)}\,dL_s^1 + 1_{(X_s^1 \leq 0)}\,dL_s^2\right\}\ ,$$

où (L_t^i) $(i = 1,2)$ désigne le temps local en 0 de (X_t^i) .

b) La démonstration sera alors terminée à l'aide du résultat général suivant.

Lemme :

Soient (X_t^i) (i = 1,2) *deux semi-martingales continues telles que le temps local en* 0 *de* $X^1 - X^2$ *soit nul. Alors, si* (L_t^i) (i = 1,2) *désigne le temps local de* (X_t^i) , *le temps local de* $(X_t^1 \vee X_t^2)$ *est donné par :*

$$\mathcal{L}_t^o = \int_o^t 1_{(X_s^2 < 0)} dL_s^1 + \int_o^t 1_{(X_s^1 \leq 0)} dL_s^2 \quad .$$

Démonstration du lemme :

On a, d'après la formule de Tanaka :

$$(2) \qquad (X_t^1 \vee X_t^2)^+ = \int_o^t 1_{(X_s^1 \vee X_s^2 > 0)} d(X_s^1 \vee X_s^2) + \frac{1}{2} \mathcal{L}_t^o \; .$$

On a, d'autre part :

$$(3) \qquad (X_t^1 \vee X_t^2)^+ = X_t^{1+} \vee X_t^{2+} = (X_t^{1+} - X_t^{2+})^+ + X_t^{2+} \; .$$

Ces deux formules permettent d'obtenir $(\mathcal{L}_t^o)$ par identification des processus à variation finie qui y figurent. On obtient aisément :

$$(4) \qquad \mathcal{L}_t^o = A_t + \int_o^t 1_{(X_s^1 \leq 0)} dL_s^2 \; ,$$

où (A_t) désigne le temps local en 0 de $(X_t^{1+} - X_t^{2+})$. Il reste donc à montrer :

$$(5) \qquad A_t = \int_o^t 1_{(X_s^2 < 0)} dL_s^1 \quad .$$

Dans ce but, considérons la transformation Lipschitzienne : $(X_t^i) \to (Z_t^i)$, où l'on pose : $Z_t^i = X_t^i - 2\bar{\alpha} X_t^{i^+} = - X_t^{i-} + (1 - 2\bar{\alpha}) X_t^{i+}$, avec $\bar{\alpha} \in]0,1/2[$.

On vérifie que :

(6)

$(Z_t^1 - Z_t^2)$ est du même signe que $(X_t^1 - X_t^2)$.

si $X_t^1 - X_t^2 \geq 0$, on a : $(1 - 2\bar{\alpha})(X_t^1 - X_t^2) \leq Z_t^1 - Z_t^2 \leq X_t^1 - X_t^2$.

On déduit de (6) deux remarques :

(R1) si $S_t \overset{\text{déf}}{=} [(X_t^1 - X_t^2) - (Z_t^1 - Z_t^2)]^+ \equiv 2\bar{\alpha}(X_t^{1+} - X_t^{2+})^+$, on a :

$$(7) \qquad S_t = (X_t^1 - X_t^2)^+ - (Z_t^1 - Z_t^2)^+ \; .$$

(R2) Le temps local en 0 de $Z^1 - Z^2$ est nul.

Pour prouver (R2), notons $N_{[0,a]}(t)$ le nombre de descentes, pendant l'intervalle de temps $[0,t]$, de $Z^1 - Z^2$, à travers la bande $[0,a]$ $(a>0)$, et $\tilde{N}_{[0,a]}(t)$ la quantité analogue relative à la semi-martingale $X^1 - X^2$. On déduit de (6) que pour tout $t \in \mathbb{R}_+$, $aN_{[0,a]}(t) \leq a\tilde{N}_{[0,a]}(t)$. Ces deux expressions convergent en probabilité, lorsque $a \to 0$, respectivement vers le temps local en 0 de $Z^1 - Z^2$ et $X^1 - X^2$ (cf. [10]) ; la nullité du temps local en 0 de $X^1 - X^2$ entraîne alors celle du temps local en 0 de $Z^1 - Z^2$.

Réécrivons maintenant l'égalité (7). Il vient, à l'aide de la formule de Tanaka et de (R2) :

$$S_t = 2\bar{\alpha} \int_0^t 1_{(X_s^{1+} > X_s^{2+})} d(X_s^{1+} - X_s^{2+}) + \bar{\alpha} A_t \quad \text{, d'une part.}$$

$$= \int_0^t 1_{(X_s^1 > X_s^2)} \{d(X_s^1 - X_s^2) - d(Z_s^1 - Z_s^2)\} \quad \text{, d'autre part.}$$

$$= 2\bar{\alpha} \int_0^t 1_{(X_s^1 > X_s^2)} \, d(X_s^{1+} - X_s^{2+}) \ ,$$

d'où : $A_t = 2 \int_0^t \{1_{(X_s^{1+} > X_s^{2+})} - 1_{(X_s^1 > X_s^2)}\} \, d(X_s^{2+} - X_s^{1+})$, d'où l'on déduit aisément l'identité (5).

3 - Remarques

1°) L'hypothèse : $\alpha(t) \leq 1/2$ n'a quasiment pas servi dans la démonstration; toutefois, on déduit aisément de l'argument utilisé en 2.1. - a), que l'équation (1) n'admet pas de solution dès que $1 - 2\alpha(t) < 0$ sur un ensemble de mesure de Lebesgue positive.

2°) Le théorème 1 s'étend au cas d'une équation plus générale.

Théorème 2

Sous les hypothèses du théorème 1, si l'on suppose en outre que σ *et* b *sont deux fonctions mesurables, bornées et que* σ *est lipschitzienne, minorée par une constante strictement positive, l'équation suivante jouit de l'unicité trajectorielle :*

$$(7) \qquad X_t = x + \int_0^t \sigma(X_s) dB_s + \int_0^t b(X_s) ds + \int_0^t \alpha(s) dL_s \ .$$

Démonstration du théorème 2

On se ramène d'abord au cas où $\sigma \equiv 1$. En effet, grâce aux hypothèses faites sur σ , la fonction $h(x)=\int_0^x \frac{dy}{\sigma(y)}$ est un homéomorphisme de $\mathbb{R}$ dont la dérivée seconde au sens des distributions est une mesure absolument continue par rapport à la mesure de Lebesgue ; nous la noterons $\varphi(a)da$. Soit $(X_t)_{t\geq 0}$ une solution de (7), l'extension de la formule d'Ito permet d'écrire :

$$Y_t \equiv h(X_t) = h(x) + B_t + \int_0^t [\sigma^2(X_s) \frac{\varphi(X_s)}{2} + \frac{b(X_s)}{\sigma(X_s)}]ds + \int_0^t \frac{\alpha(s)}{\sigma(0)} dL_s$$

En remarquant que $h(u^+) = [h(u)]^+$, on montre aisément, à l'aide de la formule de Tanaka, par exemple, que le temps local en 0 , soit $(\tilde{L}_t)_t$, de $Y.$ est $\left(\frac{L_t}{\sigma(0)}\right)_{t\geq 0}$. Posant alors $\tilde{b}(y) = [\sigma^2 \times \frac{\varphi}{2} + \frac{b}{\sigma}] \circ h^{-1}(y)$, l'unicité trajectorielle de (7) découlera de l'unicité trajectorielle de l'équation (8) vérifiée par $Y.$:

$$\text{(8)} \qquad Y_t = h(x) + B_t + \int_0^t \tilde{b}(Y_s)ds + \int_0^t \alpha(s)d\tilde{L}_s \;.$$

Ce dernier résultat est une conséquence de la démonstration du théorème 1 dont on reprend pas à pas les étapes. On montre en effet que (8) admet une unique solution en loi en se ramenant à l'équation (1) par la transformation de Girsanov ; on prouve enfin que le supremum de deux solutions est encore une solution, comme en 2.2., en remarquant qu'alors l'argument essentiel est que le temps local en 0 de la différence de deux solutions est nul.

Je tiens à remercier ici Messieurs Yor et Métivier pour leurs précieuses indications concernant ce travail.

REFERENCES

[1] J.M. HARRISON, L.A. SHEPP, *On skew Brownian motion*, Annals of Probability, Vol. 9, n° 2, April 1981.

[2] D.W. STROOCK, M. YOR, *Some remarkable martingales*, Séminaire Prob. XV, Lectures Notes Math. 850, Springer Verlag, 1979/80.

[3] S. WATANABE, *Applications of Poisson point processes to Markov processes*, Intern. Conf. Prob. Math. Stat. Vilnius, Vol. 1, 1973.

[4] S. WATANABE, *Construction of diffusion processes by means Poisson point process of Brownian excursions*, Proc. Third Japan-USSR Symp. Prob. Theor., Lecture Notes Math. 550, Springer Verlag.

[5] S. WEINRYB, *Limite faible d'un processus de sauts avec frontières de transmission*, Rapport interne 78, Centre de Mathématiques Appliquées de l'Ecole Polytechnique, 1982.

[6] J.F. LE GALL, *Temps locaux et équations différentielles stochastiques*, Thèse 3e cycle, Université de Paris VI, Juin 1982.

[7] E. PERKINS, *Local time and pathwise uniqueness for stochastic differential equations*, Séminaire Prob. XVI, Lecture Notes Math. 920, Springer Verlag, 1982.

[8] T. YAMADA, S. WATANABE, *On the uniqueness of solutions of stochastic differential equations*, J. Math. Kyoto Univ., 11, 1971.

[9] M. YOR, *Continuité des temps locaux*, Astérisque, 52/53, 1978, Soc. Math. Fr.

[10] N. EL KAROUI, *Sur les montées des semi-martingales*, Astérisque, 52/53, Soc. Math. Fr.

(*) Centre de Mathématiques Appliquées
ECOLE POLYTECHNIQUE
91128 - PALAISEAU CEDEX - France.

UNE REMARQUE SUR LES SOLUTIONS FAIBLES DES EQUATIONS DIFFERENTIELLES STOCHASTIQUES UNIDIMENSIONNELLES

par J.A. YAN

En ce qui concerne les solutions faibles de l'équation

$$X_t = x + \int_0^t \sigma(X_s)dB_s \tag{1}$$

où $x\in\mathbb{R}$, $\sigma: \mathbb{R}\to\mathbb{R}$ est une fonction borélienne, et (B_t) est un mouvement brownien réel, on connaît maintenant deux résultats remarquables :

THEOREME 1 (Engelbert-Schmidt [2]). Pour que l'équation (1) ait une solution faible non triviale (i.e. non constante) pour tout $x\in\mathbb{R}$, il faut et il suffit que $\int_K \sigma^{-2}(y)dy <\infty$ pour tout compact $K\subset\mathbb{R}$.

THEOREME 2 (Engelbert-Hess [3], p. 254). Si la condition précédente est satisfaite, il y a unicité en loi pour les solutions faibles de l'équation (1) (quel que soit $x\in\mathbb{R}$) si et seulement si $\sigma(y)\neq 0$ pour tout tout $y\in\mathbb{R}$.

Le but de cette note est d'étendre ces résultats au cas des équations du type un peu plus général :

$$X_t = x + \int_0^t \sigma(X_s)dB_s + \int_0^t a(X_s)ds \tag{2}$$

où a est borélienne. Les méthodes nécessaires pour réaliser cette extension sont tout à fait standard, mais les résultats explicites rendront peut être service.

Dans toute la note, nous faisons les hypotheses suivantes :

(i) $\int_K \frac{|a(u)|}{\sigma^2(u)}du < \infty$ pour tout compact K

(ii) $\int_0^\infty \exp\{-\int_0^y \frac{2a(u)}{\sigma^2(u)}du\}\, dy = \int_{-\infty}^0 \exp\{\int_y^0 \frac{2a(u)}{\sigma^2(u)}du\}\, dy = +\infty$.

Alors les théorèmes 1 et 2 s'étendent sans modification :

THEOREME 1'. La condition $\int_K \sigma^{-2}(y)dy < \infty$ pour tout compact K est nécessaire et suffisante pour l'existence de solutions non triviales

THEOREME 2'. Si cette condition est satisfaite, la condition $\sigma(y)\neq 0$ pour tout y est nécessaire et suffisante pour l'unicité en loi.

Nous signalerons à la fin une légère extension du théorème 1'.

DEMONSTRATION. Posons

$$F(x) = \int_0^x \exp\{-\int_0^y \frac{2a(u)}{\sigma^2(u)}\,du\}\,dy \quad , x\in\mathbb{R}$$

F est alors strictement croissante avec $F(-\infty)=-\infty$ et $F(\infty)=\infty$. Si l'on désigne par G la fonction inverse de F, la relation $F(G(x))=x$, donc

$$F'(G(x))G'(x) = 1 \quad , x\in\mathbb{R}$$

Posons

$$\tau(x) = F'(G(x))\sigma(G(x))$$

Il n'est pas difficile de vérifier que

$$\int_u^v \frac{dy}{\tau^2(y)} = \int_{G(u)}^{G(v)} \frac{dx}{F'(x)\sigma^2(x)}$$

de sorte que l'intégrabilité locale de σ^{-2} équivaut à celle de τ^{-2}. Il suffit donc, d'après le théorème 1, de démontrer que l'équation (2) admet pour tout x une solution faible non triviale, si et seulement si cette propriété est vraie pour l'équation

(3) $$Y_t = y + \int_0^t \tau(Y_s)dB_s$$

Or soit (X_t,B_t) une solution faible non triviale de (2) pour la valeur initiale x ; nous allons vérifier que $(Y_t=F(X_t),B_t)$ est une solution faible non triviale de (3) pour $Y_0=F(x)$. De même, en sens inverse, si (Y_t,B_t) est une solution faible de (3) pour la valeur initiale y, $(X_t=G(Y_t), B_t)$ est une solution faible de (2) pour la valeur initiale G(y). Le même raisonnement permet de traiter l'unicité (th. 2').

Pour établir cela, nous calculons la dérivée seconde de F au sens des distributions, qui est une mesure signée

$$\mu(dy) = -2F'(y)\frac{a(y)}{\sigma^2(y)}dy$$

Désignons par $(L_t^y,\ y\in\mathbb{R}, t\geq 0)$ la famille des temps locaux de (X_t), choisis continus à droite en y et continus en t. En utilisant la formule d'Ito et la formule de densité des temps d'occupation (Azéma-Yor [1])

$$\begin{aligned} Y_t = F(X_t) &= F(x) + \int_0^t F'(X_s)dX_s + \frac{1}{2}\int_{\mathbb{R}} L_t^y\mu(dy) \\ &= F(x) + \dots\dots\dots - \int_{\mathbb{R}} F'(y)\frac{a(y)}{\sigma^2(y)}L_t^y dy \\ &= F(x) + \dots\dots\dots - \int_0^t F'(X_s)\frac{a(X_s)}{\sigma^2(X_s)}d\langle X,X\rangle_s \\ &= F(x) + \int_0^t F'(X_s)\sigma(X_s)dB_s = F(x) + \int_0^t \tau(Y_s)dB_s\ . \end{aligned}$$

La démonstration est la même en sens inverse, et nous n'indiquerons pas les détails.

Si les fonctions a et σ satisfont à la condition (i), mais non à la condition (ii), on peut encore obtenir un résultat analogue au théorème 1', mais en introduisant des solutions faibles << avec explosion >> . Il faut alors utiliser, au lieu du théorème 1, le théorème 5 de [2]. Nous ne donnerons aucun détail.

REFERENCES

[1]. J. Azéma et M. Yor. En guise d'introduction. Temps Locaux. Astérisque 52-53, 1977, p. 3-16.

[2]. H.J. Engelbert et W. Schmidt. On the behaviour of certain functionals of the Wiener process and applications to stochastic differential equations. Stochastic Differential Systems. Lecture Notes on Control and Information, Springer, 1981, n°36, p. 47-55.

[3]. H.J. Engelbert et J. Hess. Stochastic integrals of continuous local martingales II. Math. Nachr. 100, 1981, 249-269.

Yan Jia-An
Institute of Applied Mathem.
Academia Sinica
Beijing (Chine)

SUR L'EQUATION STOCHASTIQUE DE TSIRELSON

J.F. Le Gall (*) et M. Yor (*)

1 - Introduction et énoncé des principaux résultats.

Soit C l'espace des fonctions continues $w : [0,1] \longrightarrow \mathbb{R}$, nulles en 0, et $(\mathcal{C}_t\,;\, t \in [0,1])$ la filtration canonique sur C. D'après le théorème de Girsanov, pour toute fonctionnelle $b : [0,1] \times C \longrightarrow \mathbb{R}$, bornée, $(\mathcal{C}_t)$-prévisible, il existe une unique probabilité P_b sur $(C, \mathcal{C}_1)$ telle que le processus des coordonnées, soit (X_t), soit solution de :

$$(1) \qquad dX_t = dB_t + b(t,X.)\,dt\ , \qquad X_o = 0\ ,$$

où (B_t) désigne un $((\mathcal{C}_t),P)$ mouvement Brownien réel.

Toutefois, Tsirelson [4] a construit une fonctionnelle $b \equiv \tau$ telle que l'équation (1) ne possède pas de solution forte (i.e : telle qu'aucune solution X de (1) ne soit adaptée à la filtration de B). L'équation de Tsirelson a été étudiée notamment par Krylov (voir Lipcer - Shyriaev [2]), Beneš [1], et Stroock - Yor [3]. Rappelons que la fonctionnelle τ est définie par :

$$\tau(t,w) = \sum_{k=-\infty}^{-1} 1_{]t_k,t_{k+1}]}(t) \left[\frac{w(t_k) - w(t_{k-1})}{t_k - t_{k-1}}\right] ,$$

où $[x]$ désigne la partie fractionnaire de $x \in \mathbb{R}$, et $(t_k)_{k \in -\mathbb{N}}$ est une suite de réels décroissant strictement de 1 à 0 (dans toute la suite, la seule fonctionnelle b considérée sera τ).

Dans cette Note, nous poursuivons l'étude de l'équation de Tsirelson, en précisant les relations de dépendance qui existent entre les solutions de (1) correspondant à des mouvements Browniens B corrélés, voire identiques.

Soit donc $(\Omega, \mathcal{F}, \mathcal{F}_t, P)$ espace de probabilité filtré, et $B = (B^1, \text{—}, B^n)$ une $(\mathcal{F}_t,P)$ martingale continue gaussienne telle que, pour tout $(i,j) \in \{1,..,n\}^2$, $\langle B^i,B^j\rangle_t = \rho_{i,j}.t$, avec $\rho_{i,i} \equiv 1$ (i.e : pour tout i, B^i est un $((\mathcal{F}_t),P)$ mouvement Brownien réel).

(*) Laboratoire de Calcul des Probabilités - Tour 56 - 3ème étage
4, Place Jussieu - 75230 Paris -

Pour $\lambda = (\lambda_1,-,\lambda_n) \in \mathbb{R}^n$, on note $Q(\lambda) = \sum_{i,j} \rho_{i,j} \lambda_i\lambda_j$.

Soit enfin, pour $0 \le s \le t$, $\mathcal{B}_t^s = \sigma\{B_u^i ;\ i \in \{1,-,n\},\ s \le u \le t\}$; on note simplement $\mathcal{B}_t$ pour $\mathcal{B}_t^o$.

Théorème 1 :

Notons, pour $i \in \{1,-,n\}$, X^i une solution de :

$$dX_t^i = dB_t^i + \tau(t,X_\cdot^i)\,dt \ ;\ X_o^i = 0.$$

Posons $\mathcal{X}_t = \sigma(X_u^i ;\ i \in \{1,\dots n\},\ u \le t)$ et pour $i \in \{1,\dots n\}$, et tout $t \ge 0$: $\eta_t^i = \sum_{k=-\infty}^{-1} 1_{]t_k;t_{k+1}]}(t)\ \left(\frac{X_t^i - X_{t_k}^i}{t - t_k}\right)$

Alors :

a) La loi de $([\eta_t^1],\dots,[\eta_t^n])$ ne dépend pas de $t \in]0,1]$ et est invariante par les translations $(x_1,\dots,x_n) \longrightarrow (x_1+u_1,\dots,x_n+u_n)$ pour $(u_1,\dots,u_n) \in (\mathrm{Ker}\ Q)^\perp$.

b) pour tout $t \in]0,1]$, $([\eta_t^1],\dots,[\eta_t^n])$ est indépendante de $\mathcal{B}_1$ et pour tout $s \in]0,t]$, on a :

(2) $\quad \mathcal{X}_t = \mathcal{B}_t \vee \sigma([\eta_s^1],\dots,[\eta_s^n]).$

Remarques :

1) Si Q est non dégénérée (en particulier si $n = 1$), la loi de $([\eta_t^1],\dots,[\eta_t^n])$ est nécessairement la mesure de Lebesgue sur $[0,1[^n$.

2) Du théorème 1, on déduit que (1) ne possède pas de solution forte : en prenant $n = 1$, la relation (2) montre que $\mathcal{X}_t$ est strictement plus grande que $\mathcal{B}_t$. □

Dans le cas particulier où $\rho_{i,j} \equiv 1 (i,j \in \{1,\dots,n\})$, on a bien sûr : $B^1 = B^2 = \dots = B^n \equiv B$. On peut alors énoncer une sorte de réciproque au théorème 1.

Théorème 2 :

Soit $(\alpha_1,\dots,\alpha_n)$ une variable aléatoire à valeurs dans $([0,1[)^n$, $\mathcal{F}$-mesurable, indépendante de $\mathcal{B}_1$, et de loi invariante par les translations $(x_1,\dots x_n) \longrightarrow (x_1+u,\dots,x_n+u)$, pour tout $u \in \mathbb{R}$.

Alors, il existe une filtration $(\mathcal{G}_t)$ sur $(\Omega,\mathcal{F})$ et des processus X^i $\mathcal{G}_t$ adaptés tels que :

- B reste un $\mathcal{G}_t$ mouvement brownien
- $X^1,\dots,X^n$ sont solutions de

  $dX_t^i = dB_t + \tau(t,X_\cdot^i)\,dt\ ;\ X_0^i = 0$

- $\forall\ j=1,..,n\ :\ \alpha_j = \left[\dfrac{X_{t_0}^j - X_{t_{-1}}^j}{t_0 - t_{-1}}\right]$

  (avec les notations précédentes : $\alpha_j = [\eta_1^j]$).

2 - Démonstrations des théorèmes 1 et 2.

2.1) Démonstration du théorème 1.

Posons, pour tout $i \in \{1,\dots n\}$, et tout $t \in [0,1]$

$$\varepsilon_t^i = \sum_{k=-\infty}^{-1} 1_{]t_k;t_{k+1}]}(t)\ \left(\frac{B_t^i - B_{t_k}}{t - t_k}\right)$$

On a, pour tout $k \in -\mathbb{N}$:

$\forall\ t \in]t_k;t_{k+1}],\ \eta_t^i = \varepsilon_t^i + [\eta_{t_k}^i]$.

D'où, pour tout $p = (p_1,\dots,p_n) \in \mathbb{Z}^n$,

$$\phi(t;p) \overset{def}{=} E[\exp(2i\Pi \sum_{j=1}^n p_j[\eta_t^j])]$$

$$= E[\exp(2i\Pi \sum_{j=1}^n p_j\ \eta_t^j)]$$

$$= E[\exp(2i\Pi \sum_{j=1}^n p_j(\eta_{t_{k-\ell}}^j + \varepsilon_{t_{k-\ell+1}}^j + \dots + \varepsilon_{t_k}^j + \varepsilon_t^j))]$$

(pour tout $t \in]t_k;t_{k+1}]$, et $\ell \in \mathbb{N}$)

$$= E[\exp(2i\Pi \sum_{j=1}^n p_j(\varepsilon_{t_{k-\ell+1}}^j + \dots + \varepsilon_{t_k}^j + \varepsilon_t^j))]\ \phi(t_{k-\ell};p)$$

$$= \exp(-2\Pi^2 Q(p)\ (\frac{1}{t-t_k} + \frac{1}{t_k - t_{k-1}} + \dots + \frac{1}{t_{k-\ell+1} - t_{k-\ell}})\ \phi(t_{k-\ell};p)$$

Or, on a : $|\phi(t,p)| \leq 1$, et donc :

- si $Q(p) > 0$, $\phi(t;p) = 0$
- si $Q(p) = 0$, $\phi(t;p) = C(p)$,

où $C(p)$ est une constante qui ne dépend que de p.

Cela démontre l'assertion a). En ce qui concerne b), on remarque que :

$$Q(p) = 0 \text{ entraîne } \sum_{j=1}^n p_j\ \varepsilon_t^j = 0 \text{ p.s.}$$

Ensuite, on écrit, pour tout $p \in \mathbb{Z}^n$, et $t \in]t_k, t_{k+1}]$

$$E[\exp(2i\Pi \sum_{j=1}^{n} p_j[\eta_t^j]) \mid \mathcal{B}_1]$$

$$= \lim_{\ell \to -\infty} E[\exp(2i\Pi \sum_{j=1}^{n} p_j[\eta_t^j]) \mid \mathcal{B}_1^{t_\ell}]$$

$$= \lim_{\ell \to -\infty} E[\exp(2i\Pi \sum_{j=1}^{n} p_j(\eta_{t_\ell}^j + \varepsilon_{t_{\ell+1}}^j + \ldots + \varepsilon_{t_k}^j + \varepsilon_t^j)) \mid \mathcal{B}_1^{t_\ell}]$$

$$= \lim_{\ell \to -\infty} (\exp 2i\Pi \sum_{j=1}^{n} p_j(\varepsilon_{t_{\ell+1}}^j + \ldots + \varepsilon_{t_k}^j + \varepsilon_t^j) \phi(t_\ell;p)$$

$$= 0 \text{ si } Q(p) > 0;\ C(p), \text{ si } Q(p) = 0.$$

Ce qui démontre que $([\eta_t^1], \ldots, [\eta_t^n])$ est indépendant de $\mathcal{B}_1$. La relatio (2) est une conséquence facile des définitions. □

2.2) Démonstration du théorème 2.

Remarquons tout d'abord qu'on peut définir les variables η_t^j par récurrence de façon que l'on ait :

$$[\eta_1^j] = \alpha_j \text{ , et}$$

pour tout k, pour tout $t \in]t_k;t_{k+1}]$, pour tout $j \in \{1,\ldots n\}$,

$$\eta_t^j = \varepsilon_t + [\eta_{t_k}^j] \text{ ,}$$

avec $\varepsilon_t \overset{\text{déf}}{=} \sum_{k=-\infty}^{-1} 1_{]t_k;t_{k+1}]}(t) \left(\frac{B_t - B_{t_k}}{t - t_k}\right)$.

Ensuite, on pose, pour $t \in]0,1]$:

$$\mathcal{G}_t = \mathcal{B}_t \vee \sigma([\eta_t^1], \ldots, [\eta_t^n]).$$

La famille de tribus $(\mathcal{G}_t)_{t \in]0,1]}$ forme une filtration.

Puis, on définit X^j (pour $j \in \{1,\ldots n\}$) par :

$X_0^j = 0$, et pour tout ℓ, et tout $t \in]t_\ell;t_{\ell+1}]$:

$$X_t^j = \sum_{k \le \ell} \eta_{t_k}^j (t_k - t_{k-1}) + \eta_t^j (t - t_\ell)$$

$$= B_t + \sum_{k \le \ell} [\eta_{t_{k-1}}^j](t_k - t_{k-1}) + [\eta_{t_\ell}^j](t - t_\ell)$$

Il est immédiat que le processus X^j est $(\mathcal{G}_t)$-adapté.

De plus, on a, par construction :

$$X_t^j = B_t + \int_0^t b(s, X^j)\, ds.$$

Il reste à vérifier que B est un $(\mathcal{G}_t)$-mouvement brownien.

Or, on a, par définition des variables η^j :

pour tout k, pour tout $j = 1,\dots,n$: $[\eta^j_{t_k}] = [\varepsilon_{t_k}] + [\eta^j_{t_{k-1}}]$.

En raisonnant par récurrence, et en utilisant le fait que la loi de $(\alpha^1,\dots,\alpha^n)$ est invariante par les translations $(x_1,\dots,x_n) \longrightarrow (x_1+u,\dots,x_n+u)$ pour $u \in \mathbb{R}$, on voit que :

pour tout $k \in -\mathbb{N}$,

$([\eta^1_{t_k}],\dots,[\eta^n_{t_k}])$ est indépendante de $\mathcal{B}_1$

puis, pour tout $t \in]0,1]$,

$([\eta^1_t],\dots,[\eta^n_t])$ est indépendante de $\mathcal{B}_1$.

On en déduit facilement que B est un $(\mathcal{G}_t)$-mouvement brownien. □

Remarque :

La tribu $\mathcal{G}_o \overset{\text{déf}}{=} \bigcap_{t>0} \mathcal{G}_t$ n'est en général pas triviale (sauf si $n = 1$), Les variables aléatoires $[\eta^i_t] - [\eta^j_t]$ (qui ne dépendent pas de $t \in]0;1]$) étant $\mathcal{G}_o$-mesurables.

3 - Compléments

3.1) Quoique pour toute solution X de (1), et tout $t > 0$, la variable $[\eta_t]$ soit indépendante de $\mathcal{B}_1$ (cf. théorème 1), on peut néanmoins représenter toute variable mesurable par rapport à X comme intégrale stochastique relativement à B. De façon précise, on a le

Théorème 3 :

Soient (B_t) un $\mathcal{F}_t$-mouvement brownien et $X^1,\dots X^n$ n solutions $\mathcal{F}_t$-adaptées de (1).

Notons $\mathcal{X}_t$ la filtration naturelle, rendue $(\mathcal{F},P)$ complète et continue à droite, de $(X^1,\dots X^n)$.

Alors, toute variable aléatoire $Z \in L^2(\Omega,\mathcal{X}_1,P)$ se représente sous la forme :

$$Z = Z_o + \int_0^1 \phi_s \, dB_s.$$

où : Z_o est $\mathcal{X}_o$ mesurable,

et ϕ_s est un processus $\mathcal{X}_s$-prévisible tel que $E[\int_0^1 \phi_s^2 \, ds] < +\infty$

Démonstration :

Notons $(\mathcal{B}_t)$ la filtration naturelle (complétée) de B, et pour $s \leq t$

$$\mathcal{B}_t^s = \sigma(B_u - B_s \ / \ s \leq u \leq t).$$

D'après la relation (2), on a :

pour tout $s \in]0;1]$, $\mathcal{X}_1 = \mathcal{X}_s \vee \mathcal{B}_1^s$.

A l'aide du théorème de représentation des martingales browniennes, un argument de classe monotone montre que, pour tout $s \in]0;1]$, toute variable aléatoire Z de $L^2(\Omega, \mathcal{X}_1, P)$ se représente sous la forme

$$Z = Z_s + \int_s^1 \phi_u \, dB_u$$

avec $Z_s \in L^2(\mathcal{X}_s, P)$, et (ϕ_u) est un processus $(\mathcal{X}_u)$-prévisible tel que

$E[\int_s^1 \phi_u^2 \, du] < \infty$. On termine la démonstration en faisant décroitre s vers 0. □

Remarque :

Compte tenu de la relation (2), on a, pour tout $t > 0$:

$$\mathcal{X}_t = \mathcal{B}_t \vee \sigma([\eta_t^1], \dots, [\eta_t^n]),$$

et il est intéressant d'expliciter la représentation des variables aléatoires

$\exp(2i\Pi \sum_{j=1}^n p_j [\eta_t^j])$ pour $p = (p_1, \dots p_n) \in \mathbb{Z}^n$.

Pour $t = 1$ par exemple, on a :

$$\exp(2i\Pi \sum_{j=1}^n p_j [\eta_1^j]) = \exp(2i\Pi (\sum_{j=1}^n p_j) \varepsilon_1) \exp(2i\Pi \sum_{j=1}^n p_j \eta_{t_{-1}}^j)$$

$$= \exp(2i\Pi \sum_{j=1}^n p_j \eta_{t_{-1}}^j) \exp(-2\Pi^2 \frac{(\Sigma p_j)^2}{t_o - t_{-1}}) \dots$$

$$\dots \left[1 + \int_{t_{-1}}^{t_o} 2i\Pi \left(\frac{\sum_{j=1}^n p_j}{t_o - t_{-1}} \right) \exp(2i\Pi (\sum_{j=1}^n p_j) \frac{B_u - B_{t_{-1}}}{t_o - t_{-1}}) \, dB_u \right]$$

$$= \exp\left(-2\Pi^2 \frac{(\Sigma p_j)^2}{t_o - t_{-1}}\right) \left[\exp\left(2i\Pi \sum_{j=1}^{n} p_j \eta^j_{t_{-1}}\right) + \right.$$

$$\left. \int_{t_{-1}}^{t_o} 2i\Pi \left(\frac{\sum_{j=1}^{n} p_j}{t_o - t_{-1}}\right) \exp\left(2i\Pi \sum_{j=1}^{n} p_j \eta^j_{t_{-1}}\right) \exp\left(2i\Pi \left(\sum_{j=1}^{n} p_j\right) \frac{B_u - B_{t_{-1}}}{t_o - t_{-1}}\right) dB_u \right]$$

et on continue en décomposant à son tour $\exp\left(2i\Pi \sum_{j=1}^{n} p_j \eta^j_{t_{-1}}\right)$

3.2) Pour terminer, nous étudions un exemple d'équation stochastique, sans terme de drift, qui possède des propriétés exactement analogues à celles de l'équation de Tsirel'son.

Considérons l'équation

(3) $dX_t = a(t,X.)\, dB_t \; ; \; X_o = 0$,

où la fonctionnelle $a : [0,1] \times C \longrightarrow \mathbb{R}$ est définie par :

$$a(t,w) = \sum_{k=-\infty}^{-1} 1_{]t_k,t_{k+1}]}(t) \quad \text{sgn}\,(w(t_k) - w(t_{k-1})),$$

(t_k) désignant la suite utilisée dans la définition de τ, et la fonction $\text{sgn}(\cdot)$ valant 1, pour $x > 0$, et -1, pour $x \leq 0$.

On a alors l'analogue suivant du théorème 2, dont la démonstration est laissée au lecteur.

Théorème 4 :

Soit B un $\mathfrak{F}_t$ mouvement brownien et $(\mathcal{B}_t)$ sa filtration canonique.

a) Supposons que, pour $i \in \{1,\ldots n\}$, X^i soit un processus $\mathfrak{F}_t$ adapté solution de (3).

Notons pour tout $t \in]0,1]$:

$$\eta_t = \sum_{k=-\infty}^{-1} 1_{]t_k;t_{k+1}]}(t) \quad \text{sgn}\,(X^i_t - X^i_{t_k})$$

Soit $\mathfrak{X}_t$ la filtration canonique de $(X^1,\ldots X^n)$.

Alors : • La loi de $(\eta^1_t,\ldots\eta^n_t)$ ne dépend pas de $t \in]0,1]$ et est invariante par la symétrie $(x_1,\ldots x_n) \longrightarrow (-x_1,\ldots -x_n)$.

• pour tout $t \in]0,1]$, $(\eta^1_t,\ldots\eta^n_t)$ est indépendant de $\mathcal{B}_1$ et pour tout $s \in]0,t]$,

$$\mathcal{X}_t = \mathcal{B}_t \vee \sigma(\eta_s^1,\dots\eta_s^n).$$

b) Inversement, soit $(\alpha^1,\dots\alpha^n)$ une variable aléatoire à valeurs dans $\{-1,1\}^n$, $\mathcal{F}$ mesurable, indépendante de $\mathcal{B}_1$, et de loi invariante par la symétrie $(x_1,\dots,x_n) \longrightarrow (-x_1,\dots,-x_n)$.

Alors, il existe une filtration $(\mathcal{G}_t)$ sur Ω, et des processus X^i $(\mathcal{G}_t)$ adaptés tels que

- B est un $(\mathcal{G}_t)$ mouvement brownien.
- $X^1,X^2,\dots X^n$ sont solutions de (3).
- $\forall\, j \in \{1,\dots n\}$ $\alpha^j = \operatorname{sgn}(X^j_{t_0} - X^j_{t_{-1}})$

(avec les notations de a) : $\alpha_j = \eta_1^j$).

REFERENCES

[1] V. Beneš : Non existence of strong non-anticipating solutions to Stochastic DEs; Implications for Functional DEs, Filtering and control. In : Stochastic Processes and their applications - Vol 5, 1977, p.243-263.

[2] R. Lipcer, A.N. Shyriaev : Statistics of Random Processes, I. General Theory. Applications of Mathematics, Vol. 5, Springer-Verlag, 1977.

[3] D.W. Stroock, M. Yor : On extremal solutions of martingale problems. Ann.Sci. ENS. 4ème série, t. 13, 1980, p. 95-164.

[4] B. Tsirelson : An example of a stochastic differential equation having no strong solution. Teo. Verojatnost. i. Prim. Vol 20, 1975, p. 427-430.

LE DRAP BROWNIEN COMME LIMITE EN LOI DE TEMPS LOCAUX LINEAIRES

Marc YOR

Laboratoire de Calcul des Probabilités - Université P. et M. Curie - Tour 56 - 4, place Jussieu - 75230 PARIS CEDEX.

INTRODUCTION. Ce travail a été largement inspiré par les conférences de K. Itô, faites à Paris en Mars 1981, ainsi que par le calcul stochastique des variations ("Malliavin Calculus") dans lequel le drap Brownien, indexé par $\mathbb{R}_+^2$, joue un rôle fondamental (voir, par exemple, D. Williams [15]) dans des questions relatives à des processus indexés par $\mathbb{R}_+$.

Il était alors naturel de chercher à "construire" le drap Brownien à partir du mouvement Brownien réel. On obtient ici (cf : théorème (1.1) ci-dessous) un résultat de convergence en loi des temps locaux du mouvement Brownien vers le drap Brownien.

De façon plus précise, soit $(\beta_t, t \geq 0)$ un mouvement Brownien réel, issu de 0. D'après Papanicolaou - Stroock - Varadhan [10], si $\phi : \mathbb{R} \to \mathbb{R}$ est une fonction borélienne, bornée, à support compact, on a :

$$(0.a) \qquad (\beta_t \; ; \; \lambda^{1/2}\int_0^t \phi(\lambda\beta_s)d\beta_s) \xrightarrow[(\lambda\to\infty)]{(d)} (\beta_t \; ; \; \|\phi\|_2 \, \tilde{\beta}_{\ell_t^0}),$$

où (d) désigne ici la convergence étroite de probabilités sur $C(\mathbb{R}_+,\mathbb{R}^2)$, associée à la topologie de la convergence compacte sur cet espace, $(\tilde{\beta}_t)$ est un mouvement Brownien indépendant de β, (ℓ_t^0) est le temps local en 0 de (β_t) et $\|\phi\|_2 = (\int \phi^2(x)dx)^{1/2}$.

Le théorème (1.1) ci-dessous permet d'interpréter $\|\phi\|_2$ comme la variance de l'intégrale de Wiener de ϕ relativement à une mesure Brownienne sur $\mathbb{R}$. On comprend aisément le passage de (0.a) au théorème (1.1) à partir des remarques suivantes :

- soit $f : \mathbb{R} \to \mathbb{R}$, borélienne, bornée, et $F(x) = \int_0^x f(y)dy$. On peut réécrire (cf. [4]) la formule d'Itô sous la forme :

$$(0.b) \qquad F(\beta_t) = \int_0^t f(\beta_s)d\beta_s - \frac{1}{2}\int f(a)d_a\ell_t^a,$$

où (ℓ_t^a) désigne une version bicontinue des temps locaux Browniens, et la seconde intégrale est une intégrale stochastique relative à la semi-martingale $(\ell_t^a\ ;\ a\in\mathbb{R})$ (cf. Perkins [11]).

- si l'on remplace maintenant en (0.b) f par $f_\lambda \equiv \lambda^{1/2}\phi(\lambda\cdot)$, on obtient, en combinant (0.a) et (0.b), après avoir remarqué que $F_\lambda(x) \equiv \int_0^x f_\lambda(y)dy \xrightarrow[(\lambda\to\infty)]{} 0$:

$$(0.c)\qquad \left(\beta_t\ ;\ \frac{\lambda^{1/2}}{2}\int \phi(\lambda x)d_x\ell_t^x\right) \xrightarrow[(\lambda\to\infty)]{(d)} \left(\beta_t\ ;\ \|\phi\|_2\ \tilde{\beta}_{\ell_t^o}\right).$$

L'énoncé du théorème (1.1) est alors suggéré, au moins formellement, par la considération des fonctions $\phi_a(x) = 1_{]0,a]}(x)$ $(a \geq 0)$.

Voici finalement un plan succinct de l'article : le paragraphe 1 est consacré à la discussion du théorème (1.1), le paragraphe 2 à sa démonstration ; on étend, au paragraphe 3, le résultat principal à certaines diffusions réelles, ainsi qu'à la famille des temps locaux unidimensionnels associés au mouvement Brownien à valeurs dans $\mathbb{R}^d$; on y donne également certains résultats d'aproximation - à partir du mouvement Brownien réel - d'un processus gaussien à 2 paramètres, qui est un mouvement Brownien dans la première variable, et un pont Brownien dans la seconde.

Notations.

Dans tout ce travail, $(\beta_t, t \geq 0)$ désigne un mouvement Brownien réel, issu de 0, et $(\ell_t^a\ ;\ a\in\mathbb{R},\ t \geq 0)$ une version bicontinue en (a,t) des temps locaux (au point a, et au temps t) du processus β.
On se servira de façon essentielle de la version suivante de la formule de Tanaka :

$$(1.a)\qquad \beta_t^+ - (\beta_t - a)^+ = \int_0^t 1_{(0\leq\beta_s\leq a)}d\beta_s + \frac{1}{2}(\ell_t^o - \ell_t^a),$$

où $x^+ = x\vee 0$; $a \geq 0$; $t \geq 0$.

1. ENONCE ET DISCUSSION DU RESULTAT PRINCIPAL.

Le résultat principal de cet article est le

Théorème (1.1) : Pour tout $\lambda > 0$, on note P_λ la loi du processus, en $(t,a)\in\mathbb{R}_+^2$, et à valeurs dans R^3 :

$$(1.b)\qquad (\beta_t\ ;\ \ell_t^a\ ;\ \frac{\lambda^{1/2}}{2}(\ell_t^{a/\lambda} - \ell_t^o))$$

sur $C(\mathbb{R}_+^2\ ;\ \mathbb{R}^3)$ muni de sa tribu borélienne (pour la topologie de la convergence uniforme sur les compacts de $\mathbb{R}_+^2$).

Alors, P_λ converge étroitement, lorsque $\lambda \to \infty$, vers la loi de :

$$(1.c)\qquad (\beta_t\ ;\ \ell_t^a\ ;\ B_{(\ell_t^o,a)})$$

où $(B_{(u,a)}\ ;\ (u,a)\in\mathbb{R}_+^2)$ désigne un drap Brownien issu de 0, indépendant de β.

L'énoncé suivant est la version "temporelle" du théorème (1.1), dans lequel ne varie que la variable d'espace des temps locaux de β. On conserve les notations du théorème.

Corollaire (1.1') : La loi du processus :

$$(\frac{1}{\lambda}\beta_{\lambda^2 t}\ ;\ \frac{1}{\lambda}\ell^a_{\lambda^2 t}\ ;\ \frac{1}{2\lambda^{1/2}}(\ell^a_{\lambda^2 t} - \ell^o_{\lambda^2 t}))$$

converge étroitement, lorsque $\lambda \to \infty$, vers celle de :

$$(1.c)\qquad (\beta_t\ ;\ \ell_t^a\ ;\ B_{(\ell_t^o,a)}).\ \square$$

Une conséquence du théorème (1.1) est que, pour tout $x > 0$ donné, si $\tau_x \overset{\text{déf}}{=} \inf\{u\ /\ \ell_u^o > x\}$, alors :

$$(1.d)\qquad \text{le processus}\quad (\frac{\lambda^{1/2}}{2}(\ell_{\tau_x}^{a/\lambda} - x)\ ;\ a \geq 0)$$

converge en loi, lorsque $\lambda \to \infty$, vers $(\sqrt{x}\ \gamma_a, a \geq 0)$, où $(\gamma_a, a \geq 0)$ désigne un mouvement Brownien réel, issu de 0 en $a = 0$.

Ce résultat se déduit bien du théorème (1.1), du fait que $P[\tau_x = \tau_{x-}] = 1$, ce qui entraîne que, en dehors d'un ensemble négligeable pour la mesure de Wiener, l'application : $\omega \to \tau_x(\omega)$ est continue sur $C(\mathbb{R}_t^+,\mathbb{R})$.

Or, le résultat précédent peut se déduire également du théorème suivant, dû à Ray [12] et Knight [8] :

<u>le processus</u> $(Z_a \equiv \ell^a_{\tau_x}, a \geq 0)$ <u>est le carré d'un processus de Bessel de dimension</u> 0, <u>issu de</u> $\sqrt{x}$ <u>en</u> $a = 0$.

Autrement dit, quitte à se placer sur un espace de probabilité élargi (ce qui est nécessaire, car le processus $(Z_a, a \geq 0)$ est absorbé en 0 au "temps" $M_x \equiv \sup_{u \leq \tau_x} \beta_u$), il existe un mouvement Brownien réel $(\tilde{\gamma}_a, a \geq 0)$, issu de 0,

tel que : $Z_a = x + 2 \int_0^a \sqrt{Z_u}\, d\tilde{\gamma}_u$.

Le résultat (1.d) découle alors de ce que, pour tout $A > 0$:

$$E\left[\sup_{0<a<A} \left(\lambda^{1/2} \int_0^{a/\lambda} \sqrt{Z_u}\, d\tilde{\gamma}_u - \sqrt{x}\{\lambda^{1/2}\tilde{\gamma}_{a/\lambda}\}\right)^2\right] \xrightarrow[(\lambda\to\infty)]{} 0,$$

et du fait que $(\lambda^{1/2}\, \tilde{\gamma}_{a/\lambda}, a \geq 0)$ est un mouvement Brownien réel issu de 0.

Le théorème de Ray - Knight rappelé plus haut donne donc uneexplication du comportement asymptotique "de type Brownien", en a, des temps locaux dans l'énoncé du théorème (1.1).

<u>Remarque</u> : On pourrait de même interpréter le résultat donné par le théorème (1.1), en ce qui concerne le processus :

$$\left(\frac{\lambda^{1/2}}{2}\left(\ell^{a/\lambda}_{T_1} - \ell^{o}_{T_1}\right) ; a \geq 0\right),$$

où $T_1 = \inf\{t \,/\, \beta_t > 1\}$, à l'aide d'un second théorème dû à Ray et Knight ([12], [8]) :

<u>le processus</u> $(\ell^{1-a}_{T_1}, 0 \leq a \leq 1)$ <u>est le carré d'un processus de Bessel de dimension</u> 2 <u>issu de 0 en</u> $a = 0$. □

2. DEMONSTRATION DU THEOREME (1.1), ET CRITERES DE RELATIVE ETROITE COMPACITE POUR UNE FAMILLE DE PROBABILITES SUR $C([0,1]^2 ; \mathbb{R})$.

2.1) On s'intéresse maintenant aux différents points de la démonstration du théorème (1.1) :

- on commence par remplacer la troisième composante du processus figurant en (1.b),

$$\text{soit : } \frac{\lambda^{1/2}}{2}(\ell_t^{a/\lambda} - \ell_t^0) \quad \text{par : } \lambda^{1/2}\int_0^t 1_{(0\le\lambda\beta_s\le a)}d\beta_s.$$

[On notera la distribution - sur $C(\mathbb{R}_+^2,\mathbb{R}^3)$ - ainsi obtenue, P'_λ].

Cette substitution de processus est licite, car les deux processus en question ne diffèrent, d'après (1.a), que par : $\lambda^{1/2}[\beta_t^+ - (\beta_t - \frac{a}{\lambda})^+]$, processus qui est majoré en valeur absolue par $\frac{|a|}{\lambda^{1/2}}$, et qui converge donc vers 0, uniformément sur tout compact de $\mathbb{R}_+^2$, lorsque $\lambda \to \infty$.

- la démonstration du théorème se compose alors de deux étapes :

(2.(i)) montrer que les marginales de rang fini des probabilités P'_λ convergent étroitement vers les marginales correspondantes de la loi du processus (1.c).

(2.(ii)) montrer que la famille (P'_λ) est étroitement relativement compacte.

L'étape (i) est franchie à l'aide de la proposition suivante, dûe à Papanicolaou - Stroock - Varadhan ([10]).

Proposition (2.1) : Soient $(f_1,\dots,f_d)$ une suite finie de fonctions, de $\mathbb{R}$ dans $\mathbb{R}$, boréliennes, bornées, dont les supports sont compacts et disjoints deux à deux. Les lois, sur $C(\mathbb{R}_+,\mathbb{R}^{d+2})$ des processus :

$$(2.a) \qquad (\beta_t \; ; \; \ell_t^0 \; ; \; \lambda^{1/2}\int_0^t f_1(\lambda\beta_s)d\beta_s \; ;\dots; \; \lambda^{1/2}\int_0^t f_d(\lambda\beta_s)d\beta_s)$$

convergent étroitement, lorsque $\lambda \to \infty$, vers celle de :

$$(2.b) \qquad (\beta_t \; ; \; \ell_t^0 \; ; \; |f_1|_2\, \Gamma^1_{\ell_t^0} \; ;\dots; \; |f_d|_2\, \Gamma^d_{\ell_t^0}),$$

où $(\Gamma_t^1,\dots,\Gamma_t^d \; ; \; t \ge 0)$ désigne un mouvement brownien à valeurs dans $\mathbb{R}^d$, issu de 0, indépendant de β, et $|f_i|_2$ est la norme de f_i dans l'espace $L^2(\mathbb{R} \; ; \; dx)$.

En ce qui concerne l'étape (2.(i)), il reste à appliquer la proposition (2.1) aux suites de fonctions $f_i(x) = 1_{(a_i < x \leq a_{i+1})}$, avec $0 = a_o < a_1 < \ldots < a_d$; $d \in \mathbb{N}$, et on vérifie aisément que le processus :

$$(\beta_t \,;\, \ell_t^o \,;\, \sqrt{a_1}\,\Gamma^1_{\ell_t^o} \,;\, \ldots \,;\, \sqrt{a_i - a_{i-1}}\,\Gamma^i_{\ell_t^o} \,;\, \ldots \,;\, \sqrt{a_d - a_{d-1}}\,\Gamma^d_{\ell_t^o})$$

a même loi que :

$$(\beta_t \,;\, \ell_t^o \,;\, B_{(\ell_t^o, a_1)} \,;\, \ldots \,;\, B_{(\ell_t^o, a_i)} - B_{(\ell_t^o, a_{i-1})} \,;\, \ldots \,;\, B_{(\ell_t^o, a_d)} - B_{(\ell_t^o, a_{d-1})})$$

Pour être complet, nous esquissons très succinctement la démonstration de la proposition (2.1), dans le cas où $d = 1$ (pour simplifier) ; on note alors f pour f_1.

Le résultat annoncé provient de ce que :

$$<\lambda^{1/2} \int_0^{\cdot} f(\lambda\beta_s)d\beta_s>_t \xrightarrow[(\lambda\to\infty)]{p.s.} |f|_2^2 \cdot \ell_t^o \quad ; \quad <\lambda^{1/2} \int_0^{\cdot} f(\lambda\beta_s) \,;\, \beta>_t \xrightarrow[(\lambda\to\infty)]{p.s.} 0$$

et d'un théorème de Knight ([7]) qui affirme qu'un couple de martingales continues M et N, orthogonales, nulles en 0, peut se représenter comme un mouvement brownien dans $\mathbb{R}^2$ dont chacune des composantes a été changée de temps avec $<M>$ et $<N>$ respectivement.

Enfin, il peut être intéressant de remarquer que, pour tout $t > 0$, les variables $(\lambda^{1/2} \int_0^t f(\lambda\beta_s)d\beta_s,\ \lambda > 0)$ sont uniformément bornées dans L^p, pour tout $p \in]1,\infty[$, et convergent faiblement dans L^2 vers 0, lorsque $\lambda \to \infty$.

En effet, puisqu'elles sont uniformément bornées dans L^2, il suffit [en ce qui concerne la seconde assertion], d'après un théorème bien connu selon lequel les martingales du mouvement brownien se représentent comme intégrales stochastiques, de montrer que :

$$I_\lambda \equiv E\left[(\lambda^{1/2} \int_0^t f(\lambda\beta_s)d\beta_s) \int_0^t H_s d\beta_s\right] \xrightarrow[(\lambda\to\infty)]{} 0,$$

pour tout processus H prévisible, uniformément borné.

$$\text{Or,}\quad I_\lambda = E\left[\lambda^{1/2} \int_0^t f(\lambda\beta_s)H_s ds\right] = E\left[\lambda^{1/2} \int da\, f(\lambda a) \int_0^t H_s d_s \ell_s^a\right],$$

$$\text{et donc :}\quad |I_\lambda| \leq \|H\|_\infty\, \lambda^{-1/2} \int da\, |f(a)|\, (\sup_a E(\ell_t^a)).$$

Comme $\sup_a E(\ell_t^a) \leq c\sqrt{t}$ (avec c, constante universelle), I_λ tend vers 0, lorsque $\lambda \to \infty$.

La convergence en loi énoncée dans la proposition (2.1) ne saurait donc être améliorée en une convergence en probabilité. □

2.2) Il reste à traiter l'étape (ii) de la démonstration. Pour cela, nous rappelons tout d'abord deux critères d'étroite relative compacité pour une famille de probabilités sur $C^{(2)} = C([0,1]^2,\mathbb{R})$, qui étendent de deux façons différentes, le "critère des moments" figurant dans Billingsley ([3], theorem 12.3).

(On suppose ici $C^{(2)}$ muni de sa tribu borélienne, pour la topologie de la convergence uniforme).

On note (s,a), ou (t,b), le point générique de $[0,1]^2$, et x la fonction générique de $C^{(2)}$. En outre, si $s \leq t$, $a \leq b$, on pose :

$$x([s,t] \times [a,b]) \stackrel{\text{déf}}{=} x(t,b) - x(t,a) - x(s,b) + x(s,a).$$

Voici les deux critères en question (pour des références bibliographiques plus complètes, voir M. Straf [13]).

Proposition (2.2) (Centsov [5]) : $(Q_\lambda)_{\lambda \in \Lambda}$, famille de probabilités sur $C^{(2)}$, est étroitement relativement compacte, dès qu'il existe $p_i > 0$ $(i = 1,2,3,4)$, $\alpha,\beta,\lambda > 1$, et une constante C tels que :

$$\sup_\lambda E_\lambda(|x(0,0)|^{p_1}) < \infty$$

$$\sup_\lambda E_\lambda(|x(0,a) - x(0,b)|^{p_2}) \leq C|a-b|^\alpha$$

$$\sup_\lambda E_\lambda(|x(t,0) - x(s,0)|^{p_3}) \leq C|t-s|^\beta$$

$$\text{(2.c)} \qquad \sup_\lambda E_\lambda(|x([s,t] \times [a,b])|^{p_4}) \leq C\{(t-s)(b-a)\}^\gamma$$

Proposition (2.3) (Stroock - Varadhan [14]) : $(Q_\lambda)_{\lambda \in \Lambda}$, famille de probabilités sur $C^{(2)}$ est étroitement relativement compacte dès qu'il existe $p',p > 0$, $\delta > 2$, et une constante C tels que : $\sup_\lambda E_\lambda(|x(0,0)|^{p'}) < \infty$, et

$$\text{(2.d)} \qquad \sup_\lambda E_\lambda\left[|x(s,a) - x(t,b)|^p\right] \leq C(|s-t| + |a-b|)^\delta.$$

Comparons maintenant les critères (2.c) et (2.d) : supposons le critère (2.d) vérifié. On a alors, lorsque $|s-t| \geq |a-b|$:

$$E_\lambda\left[|x([s,t] \times [a,b])|^p\right]$$

$$\leq c_p\{E_\lambda(|x(t,b) - x(t,a)|^p) + E_\lambda(|x(s,b) - x(s,a)|^p)$$

$$\leq 2C\cdot c_p\cdot|a-b|^\delta \leq 2C\cdot c_p\cdot|a-b|^{\delta/2}|s-t|^{\delta/2}.$$

Ainsi, les deux variables jouant le même rôle, le critère (2.c) est satisfait, avec $\gamma = \delta/_2$. □

2.3) Montrons maintenant que, pour tout $T > 0$, et $A > 0$, les lois des processus :

$$(X_\lambda(t,a) = \lambda^{1/2} \int_0^t 1_{(0\leq\lambda\beta_s\leq a)} d\beta_s \ ;\ 0 \leq t \leq T,\ 0 \leq a \leq A)\ ;$$

indexés par $\lambda > 0$, sont étroitement relativement compactes.

Pour simplifier les notations, on prendra $T = A = 1$.

Remarquons que, si $X(t,a) \equiv \int_0^t 1_{(0\leq\beta_s\leq a)} d\beta_s$, on a :

$$\text{(2.e)} \quad X_\lambda(t,a) = \lambda^{1/2}\, X(t, \tfrac{a}{\lambda}).$$

D'autre part, d'après les inégalités de Burkholder, il existe, pour tout $p \geq 2$, une constante c_p telle que : pour tous $0 \leq s \leq t \leq 1$, et $0 \leq a \leq b \leq 1$,

$$E\left[|X([s,t] \times [a,b])|^p\right]$$

$$\leq c_p\, E\left[\left(\int_s^t du\, 1_{(a\leq\beta_u\leq b)}\right)^{p/2}\right]$$

$$= c_p\, E\left[\left(\int_a^b dy\, (\ell_t^y - \ell_s^y)\right)^{p/2}\right]$$

$$\leq c_p(b-a)^{p/2}\, E\left[\frac{1}{b-a}\int_a^b dy\, (\ell_t^y-\ell_s^y)^{p/2}\right]$$

$$\leq c_p(b-a)^{p/2} \sup_y E\left[(\ell_t^y-\ell_s^y)^{p/2}\right].$$

Les inégalités de Burkholder, et l'identité (1.a), entraînent l'existence d'une seconde constante c'_p telle que :

$$\sup_y E\left[(\ell^y_t-\ell^y_s)^{p/2}\right] \leq c'_p(t-s)^{p/4}.$$

Finalement, il existe une constante C_p telle que :

$$E\left[|X([s,t] \times [a,b])|^p\right] \leq C_p(b-a)^{p/2} (t-s)^{p/4}.$$

D'après (2.e), on a donc :

$$E\left[|X_\lambda([s,t]\times[a,b])|^p\right] \leq C_p(b-a)^{p/2} (t-s)^{p/4} \leq C_p\left[(b-a)\ (t-s)\right]^{p/4},$$

ce qui entraîne que, pour $p > 4$, le critère (2.c) est satisfait avec $\gamma = p/4$.

Remarque : On peut également montrer, avec une démonstration analogue, que le critère (2.d)est satisfait, avec $\delta = p/4$, pour $p > 8$. □

2.4) Nous terminons ce paragraphe par une autre application du critère (2.c), en donnant une redémonstration du théorème suivant, obtenu par D. Nualart [9], de façon tout à fait différente.

Théorème (2.4) : Soient $(B^n(s)\ ;\ s\in[0,1],\ n\in\mathbb{N})$ et $(C^n(t)\ ;\ t\in[0,1],\ n\in\mathbb{N})$ une double infinité de mouvements browniens réels, indépendants, issus de 0. Alors, la suite des lois des processus :

$$X_n(s,t) = \frac{1}{\sqrt{n}} \sum_{i=1}^{n} B^i(s)\ C^i(t)$$

converge étroitement vers celle du drap Brownien.

Démonstration : 1) Pour tous $0 \leq s_1 \leq s_2 \leq 1$, et $0 \leq t_1 \leq t_2 \leq 1$, on a :

$$X_n([s_1,s_2] \times [t_1,t_2]) = \left[(s_2-s_1)\ (t_2-t_1)\right]^{1/2}\left(\frac{1}{\sqrt{n}} \sum_{i=1}^{n} \xi_i\ \eta_i\right),$$

avec $(\xi_i, \eta_i\ ;\ i\in\mathbb{N})$ une double suite de v.a. gaussiennes, centrées, réduites, indépendantes.

Ainsi, pour tout nombre $\gamma > 0$, il existe une constante universelle c_γ telle que :

$$E\left[|X_n([s_1,s_2] \times [t_1,t_2])|^\gamma\right]$$

$$= \left[(s_2-s_1)\ (t_2-t_1)\right]^{\gamma/2} E\left[\left|\frac{1}{\sqrt{n}} \sum_{i=1}^{n} \xi_i\ \eta_i\right|^\gamma\right]$$

$$= \left[(s_2-s_1)\ (t_2-t_1)\right]^{\gamma/2} \frac{c_\gamma}{n^{\gamma/2}}\ E\left[\left(\sum_{i=1}^{n} \xi_i^2\right)^{\gamma/2}\right].$$

Pour vérifier le critère (2.c), il reste à montrer que, pour un nombre $\gamma > 2$, la suite $\left(\frac{1}{n^{\gamma/2}} E\left[\left(\sum_{i=1}^{n} \xi_i^2\right)^{\gamma/2}\right]\right)_n$ est bornée. Or, pour $\gamma = 4$, on a :

$$\frac{1}{n^2} E\left[\left(\sum_{i=1}^{n} \xi_i^2\right)^2\right] = \frac{1}{n^2} \{3n + n(n-1)\} \leq 4.$$

2) Montrons maintenant que les marginales de rang fini de la suite $\{X_n\}$ convergent étroitement vers les marginales correspondantes du drap Brownien.

Il suffit de montrer que, pour toute suite finie de rectangles 2 à 2 disjoints $(R_j,\ 1 \leq j \leq k)$, de côtés parallèles aux axes, et pour toute suite $(\lambda_j,\ 1 \leq j \leq k)$ de réels, la suite :

$$\left(\sum_{j=1}^{k} \lambda_j\ X_n(R_j)\ ;\ n \in \mathbb{N}\right) \text{ a pour distribution limite } N\left(0\ ;\ \sum_{j=1}^{k} \lambda_j^2\ |R_j|\right),$$

où $|R|$ désigne la mesure de Lebesgue de R.

Or, on a : $\displaystyle\sum_{j=1}^{k} \lambda_j\ X_n(R_j) = \frac{1}{\sqrt{n}} \sum_{i=1}^{n} \left\{\sum_{j=1}^{k} \lambda_j (B^i \otimes C^i)\ (R_j)\right\}$, où

$(B^i \otimes C^i)\ (s,t) = B^i(s)\ C^i(t)$.

D'après le théorème de la limite centrale sur $\mathbb{R}$, la suite précédente converge en loi vers $N(0,\mu)$, où :

$$\mu = E\left[\left(\sum_{j=1}^{k} \lambda_j (B^1 \otimes C^1)\ (R_j)\right)^2\right] = \sum_{j=1}^{k} \lambda_j^2\ |R_j|.\ \square$$

3. RESULTATS COMPLEMENTAIRES.

3.1) Considérons tout d'abord (β_t) mouvement Brownien réel relatif à une filtration $(\mathcal{F}_t)$, et (X_t) solution forte (c'est à dire : adaptée à la filtration naturelle de (β_t)) de l'équation stochastique :

$$X_t = x + \int_0^t \sigma(X_s)d\beta_s + \int_0^t b(X_s)ds,$$

pour laquelle on suppose $\sigma, b : \mathbb{R} \to \mathbb{R}$ boréliennes, bornées, et l'existence de $\varepsilon > 0$ tel que : $\forall x, \ |\sigma(x)| \geq \varepsilon$.

D'après [16], il existe une version bicontinue (L_t^a) des temps locaux de X, et à l'aide de estimations obtenues en [16], la démonstration du théorème (1.1) faite dans le paragraphe précédent permet d'énoncer le

Théorème (3.1) : Les hypothèses ci-dessus étant supposées satisfaites, les processus (indexés par : $(t,a) \in \mathbb{R}_+^2$) :

$$(X_t \ ; \ L_t^a \ ; \ \frac{\lambda^{1/2}}{2} (L_t^{a/\lambda} - L_t^o))$$

convergent en loi, lorsque $\lambda \to \infty$, vers :

$$(X_t \ ; \ L_t^a \ ; \ B_{(L_t^o, a)}),$$

où $(B_{(u,a)} \ ; \ (u,a) \in \mathbb{R}_+^2)$ désigne un drap Brownien, indépendant de X.

3.2) Considérons maintenant (X_t) mouvement Brownien d-dimensionnel, issu de 0. A tout $\theta \in S_{d-1}$, on associe, en suivant Bass [2], le mouvement Brownien réel (θ, X_t), et sa famille de temps locaux, notée $(L_t^a(\theta) \ ; \ a \in \mathbb{R}, \ t \geq 0)$.
Bass [2] a montré l'existence d'une version $(L_t^a(\theta) \ ; \ \theta \in S_{d-1}, \ a \in \mathbb{R}, \ t \geq 0)$ continue dans les 3 variables. On peut maintenant énoncer le

Théorème (3.2) : Soient $(\theta_i)_{i=1,2,\dots,n}$ n points distincts de S_{d-1}.
Alors, les processus (indexés par $(t,a) \in \mathbb{R}_+^2$) :

$$\text{(3.a)} \quad (X_t \ ; \ L_t^a(\theta_i) \ (1 \leq i \leq n) \ ; \ \frac{\lambda^{1/2}}{2} \ (L_t^{a/\lambda}(\theta_i) - L_t^o(\theta_i)) \ (1 \leq i \leq n))$$

convergent en loi, lorsque $\lambda \to \infty$, vers :

(3.b) $\quad (X_t \; ; \; L_t^a(\theta_i) \; (1 \leq i \leq n) \; ; \; B^i_{(L_t^o(\theta_i),a)} \; (1 \leq i \leq n)),$

où $(B^i_{(u,a)} \; ; \; u,a) \in \mathbb{R}_+^2)_{1 \leq i \leq n}$ désignent n draps Browniens indépendants entre eux, et indépendants du mouvement Brownien (X_t).

Démonstration : 1) On a déjà prouvé, au cours de la démonstration du théorème (1.1), que les lois des processus (3.a) sont étroitement relativement compactes, lorsque λ varie.

2) Il reste donc à identifier toute valeur d'adhérence des probabilités correspondantes, lorsque $\lambda \to \infty$, comme loi de (3.b), ce qui se ramène, à l'aide des arguments développés dans la démonstration du théorème (1.1) (lesquels reposent finalement sur le théorème de Knight [7]) à montrer le résultat suivant :

si l'on note $M^i(\lambda,a) = \lambda^{1/2} \int_0^{\cdot} 1_{(0 \leq (\theta_i,X_s) \leq a/\lambda)} d(\theta_i,X_s)$, alors :

(3.c) $\quad \langle M^i(\lambda,a) \; ; \; M^j(\lambda,b)\rangle_t \xrightarrow[(\lambda\to\infty)]{} 0$, pour tout couple (i,j), avec $i \neq j$.

Or, on a :

$$\langle M^i(\lambda,a),M^j(\lambda,b)\rangle_t = \lambda(\theta_i,\theta_j) \int_0^t 1_{(0 \leq \lambda(\theta_i,X_s) \leq a)} \, 1_{(0 \leq \lambda(\theta_j,X_s) \leq b)} ds$$

Le résultat cherché est immédiat, dans le cas où $(\theta_i,\theta_j) = 0$, et également lorsque $\theta_i = -\theta_j$. Une fois ces cas écartés, décomposons θ_i en $\theta_i = \alpha\theta_j + ku$, avec $\alpha = (\theta_i,\theta_j)$; $u \in S_{d-1}$; $(\theta_j,u) = 0$. On a alors :

$$\langle M^i(\lambda,a),M^j(\lambda,b)\rangle_t = (\theta_i,\theta_j)\, \lambda \int_0^t ds \; \phi(\lambda Y_s),$$

où $Y_s = ((\theta_j,X_s) \; ; \; (u,X_s))$ est un mouvement Brownien bidimensionnel, et

$$\phi(x,y) = 1_{(0 \leq \alpha x+ky \leq a)} \, 1_{(0 \leq x \leq b)}.$$

Le résultat suivant montre que (3.c) est satisfait, et donne une estimation de la vitesse de convergence vers 0 en (3.c).

Lemme (3.3) (cf : Kasahara - Kotani [6]) : Si (Y_t) désigne un mouvement Brownien bidimensionnel, et $\phi : \mathbb{R}^2 \to \mathbb{R}$ est borélienne, bornée, à support compact, on a :

$$\frac{\lambda^2}{\log \lambda} \int_0^t ds\ \phi(\lambda Y_s) \xrightarrow[(\lambda\to\infty)]{(d)} \bar{\phi}\cdot V,$$

où $\bar{\phi} = \int \phi(x,y)dx\,dy$, et V est une variable exponentielle, de paramètre $1/2$.

3.3) Retournons au résultat (0.a) de Papanicolaou - Stroock - Varadhan [10], et remarquons que, mis à part le théorème de Knight [7], (0.a) repose sur le résultat d'approximation élémentaire suivant : si $\phi \in L^1(\mathbb{R},du)$, et g est continue, à support compact, alors : $n \int \phi(nu)\ g(u)du \xrightarrow[(n\to\infty)]{} \bar{\phi}\cdot g(0)$, où $\bar{\phi} = \int \phi(u)du$.

Les résultats ci-dessous reposent sur un autre type d'approximation, également élémentaire.
A toute fonction $\phi : [0,1[\to \mathbb{R}$, on associe $\tilde{\phi} : \mathbb{R} \to \mathbb{R}$, périodique, de période 1, telle que $\tilde{\phi}|_{[0,1[} = \phi$. On a donc $\tilde{\phi}(x) = \phi(x-k)$, pour $k \le x < k+1$. On peut alors énoncer le

Lemme (3.4) : Soient $g \in L^1(\mathbb{R},du)$, et $\phi : [0,1[\to \mathbb{R}$, borélienne, bornée. Alors,

$$\int \tilde{\phi}(nu)\ g(u)du \xrightarrow[(n\to\infty)]{} \bar{\phi}\cdot\bar{g}.$$

Démonstration : 1) On suppose tout d'abord g continue à support compact. Alors,

$$\int \tilde{\phi}(nu)\ g(u)du = \Sigma_k \int du\ g(u)\ 1_{]k,k+1]}(nu)\ \phi(nu-k)$$

$$= \Sigma_k \int_0^1 \frac{dv}{n}\ \phi(v)\ g(\frac{k+v}{n}).$$

Soit A tel que $(\mathrm{supp}\ g) \subset [-A,A]$. Il y a alors $(2An)$ entiers k qui contribuent à la somme précédente, que l'on peut donc remplacer, grâce à l'uniforme continuité de g, par :

$$\Sigma_k \int_0^1 \frac{dv}{n}\ \phi(v)\ g(\frac{k}{n}) = \bar{\phi}\cdot\Sigma_k \frac{1}{n}\ g(\frac{k}{n}) \xrightarrow[(n\to\infty)]{} \bar{\phi}\cdot\bar{g}.$$

2) Dans le cas général, on approche $g(\in L^1)$ dans L^1 par une suite (g_k) de fonctions continues, à support compact. Le résultat cherché découle alors de 1), et de l'inégalité triangulaire :

$$\left|\int \tilde{\phi}(nu)\, g(u)du - \overline{\phi}\cdot\overline{g}\right| \leq \|\phi\|_\infty \int du\, |g(u) - g_k(u)| + \left|\int \tilde{\phi}(nu)\, g_k(u)du - \overline{\phi}\cdot\overline{g}_k\right|$$

$$+ |\overline{\phi}| \int du\, |g(u) - g_k(u)|.$$

A l'aide du lemme (3.4), et du théorème de Knight [7], on montre aisément les deux résultats suivants, analogues à (0.a) :

$\phi : [0,1[\to \mathbb{R}$ est une fonction borélienne, bornée ; $(\beta(t))$ et $(\tilde{\beta}(t))$ sont deux mouvements Browniens réels indépendants. Alors :

$$\text{(3.d)} \quad \left(\beta(t)\ ;\ \int_0^t \tilde{\phi}(nu)d\beta_u\right) \xrightarrow[(n\to\infty)]{(d)} \left(\beta(t)\ ;\ \overline{\phi}\cdot\beta(t) + \|\phi-\overline{\phi}\|_2\, \tilde{\beta}(t)\right)$$

$$\text{(3.e)} \quad \left(\beta(t)\ ;\ \int_0^t \tilde{\phi}(n\beta_u)d\beta_u\right) \xrightarrow[(n\to\infty)]{(d)} \left(\beta(t)\ ;\ \overline{\phi}\cdot\beta(t) + \|\phi-\overline{\phi}\|_2\, \tilde{\beta}(t)\right).$$

On peut maintenant énoncer le

<u>Théorème (3.5)</u> : <u>Soit</u> $(\beta(t))$ <u>mouvement Brownien réel, issu de</u> 0, <u>et</u> (ℓ_t^a) <u>le processus de ses temps locaux (bicontinu en</u> (a,t)).
<u>Alors, les processus suivants</u> (indexés par $(t,a)\in \mathbb{R}_+ \times [0,1]$)

$$\text{(3.d')} \quad \left(\beta(t)\ ;\ \Sigma_k\{\beta(\tfrac{k+a}{n}\wedge t) - \beta(\tfrac{k}{n}\wedge t)\}\right)$$

$$\text{(3.e')} \quad \left(\beta(t)\ ;\ \tfrac{1}{2}\,\Sigma_k\{\ell_t^{\frac{k+a}{n}} - \ell_t^{\frac{k}{n}}\}\right)$$

<u>convergent en loi, lorsque</u> $n \to \infty$, <u>vers</u> :

$$\text{(3.f)} \quad \left(\beta(t)\ ;\ B^i_{(t,a)} - aB^i_{(t,1)}\right) \qquad (i = 1,2)$$

<u>où, pour</u> $i = 1,2$, $(B^i_{(u,a)}\ ;\ (u,a)\in \mathbb{R}_+^2)$ <u>désigne un drap Brownien indépendant de</u> β.

<u>Démonstration</u> : 1) A l'aide de (3.d) et (3.e), on obtient la convergence en loi des marginales de rang fini (en a) de (3.d') et (3.e'), considérés comme processus indexés par $t \in \mathbb{R}_+$, vers les marginales correspondantes de (3.f) (on prend pour cela $\phi_a(x) = 1_{(0 \leq x \leq a)}$).

2) Pour conclure, il reste à vérifier le critère d'étroite relative compacité (2.c), par exemple. Soient $0 \leq b \leq a \leq 1$, et $0 < s < t \leq T$.

- On a, en ce qui concerne (3.d') :

$$E\left[\left|\int_s^t (\tilde{\phi}_a(nu) - \tilde{\phi}_b(nu))d\beta_u\right|^p\right] \leq C_p\left(\int_s^t du(\tilde{\phi}_a(nu) - \tilde{\phi}_b(nu))^2\right)^{p/2}$$

$$\leq C_p\left[((nt)\cdot\frac{b-a}{n}) \wedge (t-s)\right]^{p/2}$$

$$\leq C_p\left[(b-a)\ t(t-s)\right]^{p/4} \leq C_p\ T^{p/4}\left[(b-a)(t-s)\right]^{p/4},$$

et le critère (2.c) est donc satisfait dès que $p > 4$.

- En ce qui concerne (3.e'), on a :

$$E\left[\left|\int_s^t (\tilde{\phi}_a(n\beta_u) - \tilde{\phi}_b(n\beta_u))d\beta_u\right|^p\right] \leq C_p\ E\left[\left(\int_s^t du(\tilde{\phi}_a(n\beta_u) - \tilde{\phi}_b(n\beta_u))^2\right)^{p/2}\right].$$

Or, on a :

$$\int_s^t du(\tilde{\phi}_a-\tilde{\phi}_b)^2\ (n\beta_u) = \int dx(\tilde{\phi}_a-\tilde{\phi}_b)^2\ (x)(\ell_t^x-\ell_s^x)$$

$$\leq \Sigma_k\int_{-\beta_t^*}^{\beta_t^*} dx\ 1_{(\frac{k+b}{n} \leq x \leq \frac{k+a}{n})}\ \sup_x(\ell_t^x-\ell_s^x)$$

$$\leq (\frac{a-b}{n})\ (\beta_t^* + 1)2n\ \sup_x(\ell_t^x-\ell_s^x)$$

$$\leq (a-b)(\beta_t^* + 1)2\ \sup_x(\ell_t^x-\ell_s^x),$$

et, finalement, le critère (2.c) est satisfait, lorsque l'on prend p suffisamment grand à l'aide de l'inégalité de Hölder, et de la majoration

$$E\left[\sup_x (\ell_t^x - \ell_s^x)^\gamma\right] \leq C_\gamma (t-s)^{\gamma/2} \qquad \text{(cf. [1])}. \qquad \square$$

Remarque finale : D'autres applications du lemme (3.4) à des résultats de convergence en loi seront développées dans une publication ultérieure.

-:-:-:-:-:-:-

Je tiens à remercier J. Deshayes, D. Picard et L.C.G. Rogers pour plusieurs discussions au sujet de ce travail.

-:-:-:-:-:-:-

REFERENCES :

[1] M. BARLOW, M. YOR : (Semi)-martingale inequalities and local times. Zeitschrift für Wahr, 55, 237-254 (1981).

[2] R. BASS : A representation of additive functionals of d-dimensional Brownian motion. Preprint (1981).

[3] P. BILLINGSLEY : Convergence of probability measures. Wiley, New-York, 1968.

[4] N. BOULEAU, M. YOR : Sur la variation quadratique des temps locaux de certaines semi-martingales. C.R.A.S. Paris, t. 291 (2 Mars 1981), 491-494.

[5] N.N. CENTSOV : Limit theorems for some classes of random functions. in : Selected Translations in Math. Statistics and Probability, 9, 37-42, 1971.

[6] Y. KASAHARA, S. KOTANI : On limit processes for a class of additive functionals of recurrent diffusion processes. Zeitschrift für Wahr., 49, 133-153 (1979).

[7] F.B. KNIGHT : A reduction of continuous square-integrable martingales to Brownian motion. Lect. Notes in Maths, n° 190, Springer (1971).

[8] F.B. KNIGHT : Random Walks and the sojourn density process of Brownian motion. Trans. Amer. Math. Soc. 109, p. 56-86, 1963.

[9] D. NUALART : Weak Convergence to the law of two-parameter Continuous processes.
Zeitschrift für Wahr. 55, 255-269, 1981.

[10] G.C. PAPANICOLAOU, D.W. STROOCK, S.R.S. VARADHAN : Martingale approach to some limit theorems.
Duke Univ. Maths. Series III, Statistical Mechanics and Dynamical Systems (1977).

[11] E. PERKINS : Local time is a semi-martingale. Zeitschrift für Wahr, 60, 79-117 (1982).

[12] D.B. RAY : Sojourn Times of diffusion processes.
Ill. J. Maths 7, p. 615-630, 1963.

[13] M.L. STRAF : Weak convergence of stochastic processes with several parameters.
Proc. of 6th Berkeley Symp. on Math. Statistics and Probability, Vol 2, 187-221 (1971).

[14] D.W. STROOCK, S.R.S. VARADHAN : Multidimensional Diffusion processes.
Grundlehren der mathematischen Wissenschaften 233.
Springer (1979).

[15] D. WILLIAMS : "To begin at the beginning..." (Part III)
in : Stochastic Integrals.
Lect. Notes 851, Springer, 1981.

[16] M. YOR : Sur la continuité des temps locaux associés à certaines semi-martingales.
Astérisque 52-53, 23-35, 1978.

A Local Time Inequality For Martingales

by S.D. Jacka*

M.T. Barlow and M. Yor [1] have established the existence of universal constants $c_p, C_p > 0$ such that, for all continuous martingales M, with $M_0 = 0$:

$$c_p \| \langle M \rangle_\infty^{\frac{1}{2}} \|_p \le \| \sup_a L_\infty^a(M) \|_p \le C_p \| \langle M \rangle_\infty^{\frac{1}{2}} \|_p . \qquad \text{(A)}$$

One is naturally led to consider possible extensions of these inequalities involving the term $\sup_a \sup_t |L_t^a(M) - L_t^a(N)|$ and in this paper we establish the existence of a universal constant c_p such that

$$\| (\langle M-N \rangle_\infty - \langle M-N \rangle_0)^{\frac{1}{2}} \|_p \le C_p \| \sup_a \sup_t |L_t^a(M) - L_t^a(N)| \|_p$$

for all continuous martingales M and N (Theorem 1).

Conversely, Barlow and Yor [2], have recently established the inequality:

$$\| \sup_a \sup_t |L_t^a(M) - L_t^a(N)| \|_p \le C_p \| (M-N)_\infty^* \|_p^{\frac{1}{2}} \| M_\infty^* + N_\infty^* \|_p^{\frac{1}{2}} \left\{ 1 \vee \ln \left(\frac{\| M_\infty^* + N_\infty^* \|_p}{\| (M-N)_\infty^* \|_p} \right) \right\}^{\frac{1}{2}} \qquad \text{(B)}$$

We also establish (Theorem 2) the ess sup equality:

$$\operatorname{ess\,sup} \sup_t |L_t^a(M) - L_t^a(N)| = \operatorname{ess\,sup} |L_\infty^a(M) - L_\infty^a(N)|$$

for each $a \in \mathbb{R}$.

---

* This research was supported by the SERC

Let $(\Omega, F, (F_t; t\geq 0))$ be a filtered probability space satisfying the usual conditions. For any random variable f and any $p\in(0,\infty)$ we set $\|f\|_p = (E[|f|^p])^{1/p}$ and we set $\|f\|_\infty$ = ess sup$|f|$. For any continuous local F_t-martingale X and any $p\in(0,\infty)$ we set $\|X\|_{H^p} = \|\langle X\rangle_\infty^{\frac{1}{2}}\|_p$ where $\langle X\rangle_t$ is the unique, increasing adapted process such that $\langle X\rangle_0 = X_0^2$ and $X_t^2 - \langle X\rangle_t$ is a local F_t-martingale, and define $H^p = \{X : \|X\|_{H^p}<\infty\}$.

We recall the Burkholder-Davis-Gundy inequalities which state that for each $p\in(0,\infty)$ there exist universal constants $c_p, C_p>0$ such that, for all $X\in H^p$

$$c_p \|X_\infty^*\|_p \leq \|\langle X\rangle_\infty^{\frac{1}{2}}\|_p \leq C_p \|X_\infty^*\|_p$$

where $X_t^* = \sup_{s\leq t}|X_s|$.

Following [5] we define the local time of X by Tanaka's formula:

$$|X_t-a| = |X_0-a| + \int_{0+}^t \mathrm{sgn}(X_s-a)\,dX_s + L_t^a(X) \quad ,$$

we recall that, for each a , $L_t^a(X)$ is increasing in t , [6], and the support of the measure dL_t^a is contained in $\{t : X_t=a\}$. Furthermore, since we are working with continuous local martingales we may take a version of $(L_t^a(X);\ a\in\mathbb{R},\ t\geq 0)$ which is jointly continuous in a and t, [3].

For any $X\in H^p$ set $\hat{X} = X-X_0$. Finally we recall two definitions : if $F : \mathbb{R}^+\to\mathbb{R}^+$ is an increasing function with $F(0)=0$, $F(x)\neq 0$ for $x\neq 0$ we say that F is <u>moderate</u> if there exists an $\alpha>1$ such that

$$\sup_{x>0} \frac{F(\alpha x)}{F(x)} < \infty$$

and that F is <u>slowly increasing</u> if there exists an $\alpha>1$ such that

$$\sup_{x>0} \frac{F(\alpha x)}{F(x)} < \alpha.$$

<u>Theorem 1</u> <u>For each $p>0$ there exists a universal constant c_p such that</u>

$$c_p \| \sup_a \sup_t |L_t^a(M) - L_t^a(N)| \|_p \geq \| (\langle M-N\rangle_\infty - \langle M-N\rangle_0)^{\frac{1}{2}} \|_p \qquad (1)$$

<u>for all M and N in H^p.</u>

The proof is obtained via several lemmas.

For $M,N\in H^p$ define, for each $c>0$, the stopping time

$$\tau_c = \inf\{t\geq 0 : |M_t-N_t| \geq |M_0-N_0|+c\}$$

where the infimum of the empty set is taken as $+\infty$.

<u>Lemma 2</u> <u>For M and N in H^1</u>

$$8E\left[\sup_a \sup_t |L_t^a(M)-L_t^a(N)| I_{(\tau_c<\infty)}\right] \geq cP(\tau_{2c}<\infty) \qquad (2)$$

<u>Proof</u> Define

$$\sigma_c = \inf\{t\geq\tau_c : |M_t-M_{\tau_c}| \vee |N_t-N_{\tau_c}| \geq \tfrac{1}{2}c\}$$

Now, by the continuity of M and N, $|M_{\tau_c}-N_{\tau_c}| = |M_0-N_0|+c$ on $(\tau_c<\infty)$, and so N_t does not hit M_{τ_c} and M_t does not hit N_{τ_c} on the interval $[\tau_c,\sigma_c]$; therefore

$$\left.\begin{aligned} L_{\sigma_c}^{M_{\tau_c}}(N) &= L_{\tau_c}^{M_{\tau_c}}(N) \\ L_{\sigma_c}^{N_{\tau_c}}(M) &= L_{\tau_c}^{N_{\tau_c}}(M) \end{aligned}\right\} \qquad (3)$$

setting

$$U(a,t) = L_t^a(M) - L_t^a(N)$$

$$D_t = \sup_a \sup_{s\le t} U(a,s)$$

we see that

$$4D_{\sigma_c} I_{(\tau_c<\infty)} \ge [U(M_{\tau_c},\sigma_c) - U(M_{\tau_c},\tau_c)] - [U(N_{\tau_c},\sigma_c) - U(N_{\tau_c},\tau_c)]$$

Using (3) we obtain

$$4D_\infty I_{(\tau_c<\infty)} \ge (L_{\sigma_c}^{M_{\tau_c}}(M) - L_{\tau_c}^{M_{\tau_c}}(M)) + (L_{\sigma_c}^{N_{\tau_c}}(N) - L_{\tau_c}^{N_{\tau_c}}(N)) \qquad (4)$$

Applying Tanaka's formula we see that the right-hand side of (4) is

$$|M_{\sigma_c} - M_{\tau_c}| + |N_{\sigma_c} - N_{\tau_c}| - \int_{\tau_c}^{\sigma_c} \operatorname{sgn}(M_s - M_{\tau_c})\,dM_s - \int_{\tau_c}^{\sigma_c} \operatorname{sgn}(N_s - N_{\tau_c})\,dNs \qquad (5)$$

The two stochastic integrals in (5) are martingales in H^1, as M and N are in H^1, and so, applying the optional sampling theorem we obtain

$$4E(D_\infty I_{(\tau_c<\infty)}) \ge E[\,|M_{\sigma_c} - M_{\tau_c}| + |N_{\sigma_c} - N_{\tau_c}|\,] \qquad (6)$$

Finally, $\sigma_c<\tau_{2c}$, and on $(\sigma_c<\infty)$, $|M_{\sigma_c}-M_{\tau_c}|+|N_{\sigma_c}-N_{\tau_c}|\geq c/2$ so, substituting in (6) we obtain (2) □.

The following is a slight adaptation of lemma 1.4 of [4].

Lemma 3 [4, lemma 1.4] If X is a positive, right-continuous adapted process and B is an increasing, previsible process with $X_0=B_0=0$, such that for all finite stopping times T; $E[X_T] \leq E[B_T]$, then for each slowly increasing function F there exists a constant C_F such that

$$C_F\, E[F(X^*_\infty)] \leq E[F(B_\infty)] \quad .$$

Lemma 4 There exists a universal constant K such that for all $M,N\in H^1$

$$KE\left[\sup_a \sup_t |L^a_t(M)-L^a_t(N)|\right] \geq E[(M-N)^*_\infty-|M_0-N_0|] \qquad (7)$$

Proof Integrating the inequality (2) with respect to c we obtain

$$8E[D_\infty[(M-N)^*_\infty-|M_0-N_0|]] = 8\int_0^\infty E[D_\infty I_{(\tau_c<\infty)}]dc$$

$$\geq \int_0^\infty c\ P(\tau_{2c}<\infty)dc = \tfrac{1}{2}E[((M-N)^*_\infty-|M_0-N_0|)^2]$$

which gives, using Hölder's inequality

$$KED^2_\infty \geq E[((M-N)^*_\infty - |M_0-N_0|)^2] \qquad (8)$$

$(M-N)^*_t - |M_0-N_0|$ is a positive right-continuous adapted process whilst D is continuous (and so previsible) as a consequence of the joint continuity in (a,s) of $(L^a_s(M)$ and $(L^a_s(N).)$ Applying (8) to the martingales M^T and N^T we see that $[(M-N)^*_t-|M_0-N_0|]^2$ and KD^2_t satisfy the conditions of lemma 3 so setting $F(x) = x^{\frac{1}{2}}$ we obtain (7) □.

<u>Lemma 5</u> <u>There exists a universal constant c such that</u>

$$c\, E[\sup_a \sup_t |L_t^a(M)-L_t^a(N)|] \geq E[\widehat{\langle M-N\rangle}_\infty^{\frac{1}{2}}] \tag{9}$$

<u>Proof</u> Set

$$\nu = \inf\{t\geq 0 : |M_t-M_0| \vee |N_t-N_0| \geq \tfrac{1}{2}|M_0-N_0|\}.$$

As the ranges of $(M_t \ ; t\leq\nu)$ and $(N_t ; t\leq\nu)$ are disjoint $L_t^a(M)\wedge L_t^a(N)=0$ for each a, for $t\leq\nu$. Thus

$$D_\nu = (\sup_a L_\nu^a(M)) \vee (\sup_a L_\nu^a(N)) \geq \tfrac{1}{2}(\sup_a L_\nu^a(M))+\tfrac{1}{2}(\sup_a L_\nu^a(N))$$

and so by theorem 3.1 of [1]

$$c\, ED_\infty \geq E(\hat{M}_\nu^* + \hat{N}_\nu^*)$$

which leads to

$$4c\, ED_\infty \geq 4E((\hat{M}_\nu^*+\hat{N}_\nu^*)I_{(\nu<\infty)})+4E((\hat{M}_\infty^*+\hat{N}_\infty^*)I_{(\nu=\infty)})$$

$$\geq 2E(|M_0-N_0|I_{(\nu<\infty)})+E((\hat{M}-\hat{N})_\infty^* I_{(\nu=\infty)}) \tag{10}$$

Adding (7) and (10) we obtain

$$CED_\infty \geq E((M-N)_\infty^*-|M_0-N_0|)+2E(|M_0-N_0|I_{(\nu<\infty)})+E((\hat{M}-\hat{N})_\infty^* I_{(\nu=\infty)})$$

$$= E[((M-N)_\infty^*-|M_0-N_0|)I_{(\nu=\infty)} + ((M-N)_\infty^*+|M_0-N_0|)I_{(\nu<\infty)}]$$

$$+ E((\hat{M}-\hat{N})_\infty^* I_{(\nu=\infty)})$$

$$\geq E[(\hat{M}-\hat{N})_\infty^*]$$

We obtain (9) by observing that $(\hat{M}-\hat{N}) = (\widehat{M-N})$ and by applying the Burkholder-Davis-Gundy inequality with $p=1$ □.

<u>Lemma 6 [4, lemma 1.1]</u> <u>If A and B are increasing, previsible processes and there exist $a,q>0$ such that for all pairs of finite stopping times $S\leq T$</u>

$$E[(A_T I_{(T>0)} - A_S I_{(S>0)})^q] \leq aE[B_T^q I_{(T>S)}]$$

<u>then for every moderate function F there exists a $c=c(a,q,F)$ such that</u>

$$E[F(A_\infty)] \leq c\ E[F(B_\infty)]$$

<u>Proof of theorem 1</u> For $M,N\in H^1$ set

$$m_t = M^T_{(S+t)}$$

$$n_t = N^T_{(S+t)}$$

We see that

$$L_t^a(m) = L_{S+t}^a(M^T) - L_S^a(M^T)$$

$$L_t^a(n) = L_{S+t}^a(N^T) - L_S^a(N^T)$$

and, applying lemma 5 to these (F_{S+t})-martingales we obtain, with some simple manipulation

$$2ED_T I_{(S<T)} \geq E[\sup_{S\leq s\leq T} \sup_a |(L_s^a(M) - L_S^a(M)) - (L_s^a(N) - L_S^a(N))|]$$

$$\geq cE[<\hat{m}-\hat{n}>^{\frac{1}{2}}_{T-S}]$$

$$\geq cE[<\hat{M}-\hat{N}>^{\frac{1}{2}}_T - <\hat{M}-\hat{N}>^{\frac{1}{2}}_S]$$

So we obtain (1) by lemma 6 with $F(x) = x^p$. To complete the proof in the case $p<1$, we apply the above inequality to M^{S_n} and N^{S_n}, where $S_n = \inf\{t : |M_t| \vee |N_t| \geq n\}$. and then use monotone convergence to obtain the result. □

Corollary 7 *If F is a moderate function there exists a universal constant C_F such that*

$$C_F\, E(F(\sup_a \sup_t |L_t^a(M) - L_t^a(N)|) \geq E(F((\langle M-N\rangle_\infty - \langle M-N\rangle_0)^{\frac{1}{2}}))$$

for all continuous local martingales M and N.

The proof follows immediately from the above.

Remark Inequality (B) [Barlow and Yor] leads one to ask whether there exists a universal c such that

$$c\, E[\sup_a \sup_t |L_t^a(M) - L_t^a(N)|] \geq \|(M-N)_\infty^*\|_1^{1-\varepsilon} \|M_\infty^* + N_\infty^*\|_1^{\varepsilon}$$

for some $\varepsilon>0$. The answer is no. For, take a brownian motion B with $B_0=0$, let $T = \inf\{t\geq 0 : |B_t|=1\}$ and take $\delta>0$; setting $M = B^{T+\delta}$ $N = B^T$ we find that

$$D_\infty = \sup_a \sup_{T\leq t\leq T+\delta} |L_t^a(B) - L_T^a(B)| = \sup_a (L_{T+\delta}^a(B) - L_T^a(B)) \text{ and so,}$$

by [1], $ED_\infty \leq c\,\delta^{\frac{1}{2}}$ whilst $E(M_\infty^* + N_\infty^*) \geq 2$ and $E[(M-N)_\infty^*] \geq C\delta^{\frac{1}{2}}$ so that

$$\frac{\|(M-N)_\infty^*\|_1^{1-\varepsilon} \|M_\infty^* + N_\infty^*\|_1^{\varepsilon}}{ED_\infty} \geq K\delta^{-\frac{1}{2}\varepsilon} \longrightarrow \infty \quad \text{as} \quad \delta\downarrow 0 .$$

We now present our second result.

Theorem 8 *If M and N are in H^1 then, for each $a\in\mathbb{R}$,*

$$\|L^a_\infty(M) - L^a_\infty(N)\|_\infty = \|\sup_t |L^a_t(M) - L^a_t(N)|\|_\infty$$

<u>Proof</u> Let $\eta = \text{ess sup}|L^a_\infty(M) - L^a_\infty(N)|$, and define

$$\sigma = \inf\{t\geq 0 : L^a_t(M) - L^a_t(N) \geq \eta + 2\varepsilon\}$$

$$\tau = \inf\{t\geq\sigma : L^a_t(M) - L^a_t(N) \leq \eta + \varepsilon\}$$

Since $L^a_\infty(M) - L^a_\infty(N) \leq \eta$ we see that $(\sigma<\infty) = (\tau<\infty)$. Consider

$$|N_\tau - a| - |N_\sigma - a| = (|N_\tau - a| - |N_\sigma - a|)I_{(\sigma<\infty)} =$$

$$L^a_\tau(N) - L^a_\sigma(N) - \int_\sigma^\tau \text{sgn}(N_s - a)\,dN_s \qquad (11)$$

$N\in H^1$ so the stochastic integral in (11) is uniformly integrable so, by the optional sampling theorem

$$E[(|N_\tau - a| - |N_\sigma - a|)I_{(\sigma<\infty)}] = E[L^a_\tau(N) - L^a_\sigma(N)]$$

But on $(\tau<\infty) = (\sigma<\infty)$, $N_\tau = a$ so

$$0 \geq E[(|N_\tau - a| - |N_\sigma - a|)I_{(\sigma<\infty)}] = E[L^a_\tau(N) - L^a_\sigma(N)] \geq 0 \quad (12)$$

Now

$$[L^a_\tau(N) - L^a_\sigma(N)]I_{(\sigma<\infty)} = [(L^a_\tau(M) - (\eta+\varepsilon)) - (L^a_\sigma(M) - (\eta+2\varepsilon))]I_{(\sigma<\infty)}$$

$$\geq \varepsilon I_{(\sigma<\infty)} ,$$

so we conclude from (12) that $0 \geq \varepsilon P(\sigma<\infty)$. As ε is arbitrary

$$\sup_t (L^a_t(M) - L^a_t(N)) \overset{a.s.}{\leq} \eta$$

and we may deduce the same inequality with M and N reversed.□

<u>Corollary 9</u> <u>If M and N are in H^1 with $M \neq M_0$ then $M=N$ if and only if for each a $L^a_\infty(M)=L^a_\infty(N)$.</u>

<u>Proof</u> The reverse implication is clear. Now suppose $M_0=N_0$ then, since $D_\infty=0$, theorem 1 implies that $E(M-N)^*_\infty=0$ so that $M=N$. Suppose now $M_0 \neq N_0$, set $\nu=\inf\{t\geq 0 : |M_t-M_0| \vee |N_t-N_0| = \frac{1}{2}|M_0-N_0|\}$ then, since the ranges of $(M_t;t\leq\nu)$ and $(N_t;t\leq\nu)$ are distinct we may conclude that $L^a_\nu(M) \wedge L^a_\nu(N)=0$ but $L^a_\nu(M)=L^a_\nu(N)$ so $L^a_\nu(M)=L^a_\nu(N)=0$ $a\in\mathbb{R}$ and so we conclude that $E((M-M_0)^*_\infty)=0$ and so $M_0=M_t$ for $t\leq\nu$ and thus $(\nu=\infty)$ and $M=M_0$ which contradicts the initial assumption. □

<u>Remark</u> In fact, to conclude that $M=N$, it is sufficient that $L^a_\infty(M)=L^a_\infty(N)$ holds for all $a\in$range (M); the proof is left to the reader.

Acknowledgements

The author would like to thank M.T. Barlow for suggesting this problem and would like to thank M.T. Barlow, M. Yor and D.P. Kennedy for helpful criticism on its presentation.

References

[1] Barlow, M.T. and Yor, M.: (Semi-) Martingale inequalities and local times. <u>Z. Wahrscheinlichkeitstheorie verw. Gebiete</u> <u>55</u>, 237-254 (1981).

[2] Barlow, M.T. and Yor, M.: Semimartingale inequalities via the Garsia-Rodemich-Rumsey lemma, and applications to local times. (To appear in Journal of Funct. Anal.)

[3] Yor, M.: Sur la continuité des temps locaux associés à certaines semi-martingales. <u>Temps Locaux. Astérisque.</u> <u>52-53</u>, 23-36 (1978).

[4] Lenglart, E., Lépingle, D., Pratelli, M.: Présentation unifiée de certaines inégalités de la théorie des

martingales. Sém. Probab. XIV, Lect. Notes in Maths. 784, Berlin-Heidelberg-New York: Springer (1980).

[5] Azéma, J. and Yor, M.: En guise d'introduction. Temps Locaux. Astérisque 52-53, 3-16 (1978)

[6] Yor, M.: Rappels et préliminaires généraux. Temps Locaux. Astérisque 52-53, 17-22 (1978)

[7] Ray, D.: Sojourn times of diffusion processes. Ill.J.Math. 7, 615-630 (1963).

[8] Knight, F.: Random walks and the sojourn density process of brownian motion. Trans. Amer. Math. Soc. 109, 58-86 (1963).

[9] Meyer, P.A.: Un cours sur les intégrales stochastiques. Sém. Probab. Strasbourg X Lect. Notes in Maths. 511, Berlin-Heidelberg-New York: Springer (1976)

[10] Jacod, J.: Calcul Stochastique et Problèmes de Martingales Lect. Notes in Maths 714, Berlin-Heidelberg-New York: Springer (1979).

[11] Dellacherie, C. and Meyer, P.A.: Probability and Potential Amsterdam-New York-Oxford: North Holland (1978).

Statistical Laboratory,
16 Mill Lane,
University of Cambridge,
CAMBRIDGE CB2 1SB
England.

SUR CERTAINES INEGALITÉS DE THEORIE DES MARTINGALES

par C.S. CHOU

Dans cette note, nous indiquons une généralisation des inégalités de théorie de martingales dues à Chevalier. Cette généralisation s'applique en particulier aux fonctionnelles introduites par Barlow-Yor en théorie des martingales. Elle est aussi valable en présence d'un poids.

NOTATIONS. Nous ne travaillons ici que sur des martingales locales <u>continues.</u> La notation M_t^* a son sens habituel, on écrit simplement $\langle M\rangle_t$ au lieu de $\langle M,M\rangle_t$. On désigne par $L_t^a(M)$ le temps local de M en a, donc on choisit toujours une version continue en (t,a) - ce qui est possible d'après les travaux de Yor(1) et on pose $L_t^* = \sup_a L_t^a$.

Les constantes c,c'... figurant dans les inégalités (et dont la valeur explicite est sans importance) peuvent varier de place en place. Elles ne dépendent pas du choix des processus ou de l'espace probabilisé. Une relation écrite $a\sim b$ entre deux nombres signifie que l'on a une inégalité du type $ca \leqq b \leqq c'a$, c et c' étant comme ci-dessus.

Rappelons un lemme fondamental de l'article [4], p. 29 :

LEMME 1. Soient A, B deux processus croissants continus, adaptés, positifs. On convient que $A_{0-}=B_{0-}=0$, et que $\underline{\underline{F}}_{0-}$ est la tribu dégénérée. On suppose que pour tout couple (S,T) de temps d'arrêt bornés tels que $0_-\leqq S\leqq T$ on a pour un $q>0$:

(1) $$E[|A_T-A_S|^q] \leqq E[B_T^q I_{\{S<T\}}]$$

Alors pour toute fonction F sur $\mathbb{R}_+$, nulle en 0, croissante, modérée (non nécessairement convexe) on a

(2) $$E[F(A_\infty)] \leqq cE[F(B_\infty)] .$$

SUR UNE INEGALITÉ DE CHEVALIER

Avec les notations introduites ci-dessus, les inégalités de Burkholder-Davis-Gundy pour les martingales locales continues peuvent s'écrire

(3) $$E[F(M_\infty^*)] \sim E[F(\langle M\rangle_\infty^{1/2})] .$$

Chevalier [2] a eu l'idée (lorsque $F(x)=x^p$: le cas général est dû à Lenglart-Lépingle-Pratelli [4]) de renforcer cette inégalité en montrant l'équivalence de $E[F(M_\infty^*\wedge\langle M\rangle_\infty^{1/2})]$ et $E[F(M_\infty^*\vee\langle M\rangle_\infty^{1/2})]$. Nous allons modifier la démonstration de [3] de telle sorte, qu'elle nous

1. Ou simplement d'après le théorème de Trotter.

donnera par exemple l'équivalence de

(4) $E[F(M^*_\infty \wedge \langle M\rangle^{1/2}_\infty \wedge L^*_\infty(M))]$ et $E[F(M^*_\infty \vee \langle M\rangle^{1/2}_\infty \vee L^*_\infty(M))]$

Considérons une application $M \mapsto U(M)$ qui associe à toute martingale continue bornée M (sur un espace probabilisé donné $(\Omega,\underline{\underline{F}},P,(\underline{\underline{F}}_t))$ satisfaisant aux conditions habituelles) un processus croissant $U(M)$, adapté à la même filtration, continu, positif (on convient que $U(M)_{0-}$ est nul). Nous faisons les hypothèses suivantes :

i) $U(M)_\infty=0$ sur $\{M^*_\infty=0\}$; $U(M)^T = U(M^T)$ pour tout t. d'a. T .

Cette hypothèse permet de définir $U(M)$ pour une martingale locale continue M , mais nous laisserons au lecteur cette extension.

ii) $E[M^*_\infty] \sim E[U(M)_\infty]$.

Pour la troisième condition, nous considérons deux temps d'arrêt S,T tels que $0_- \leq S \leq T \leq \infty$, et nous introduisons la martingale $N=I_{]S,T]}\cdot M$. Nous faisons l'hypothèse

iii)$_a$ $E[U(M)_T-U(M)_S] \leq cE[N^*_\infty]$

iii)$_b$ $U(N)_\infty \leq cU(M)_T$.

On remarquera que iii)$_a$, pour $S=0-$ et $T=\infty$, entraîne la moitié $\geq$ de l'équivalence ii) . D'autre part, si $A\in\underline{\underline{F}}_S$ on peut remplacer S,T par S_A,T_A et en déduire

$$E[U(M)_T-U(M)_S|\underline{\underline{F}}_S] \leq cE[N^*_\infty|\underline{\underline{F}}_S] .$$

En pratique, on obtient iii)$_a$ en vérifiant d'abord la moitié $\geq$ de l'équivalence ii) (donc $E[N^*_\infty] \geq cE[U(N)_\infty]$), et d'autre part que

iv) $U(M)_T - U(M)_S \leq cU(N)_\infty$.

Par exemple, $U(M)=M^*$ satisfait à iv) avec $c=1$, et iii)$_b$ avec $c=2$; $U(M)=\langle M\rangle^{1/2}$ satisfait à iv) avec $c=1$ et à iii)$_b$ avec $c=1$, l'équivalence en ii) étant l'inégalité de Davis. Enfin, $U(M)=L^*(M)$ satisfait à l'équivalence en ii) d'après les inégalités de Barlow-Yor, et à iii)$_a$ et iv) avec $c=1$ d'après la formule

(5) $$L^a_T(M) = L^a_S(M) + L^{a+M_S}_\infty(N) .$$

L'application du lemme 1 va nous donner :

THEOREME 1. Pour toute fonction modérée F on a $E[F(U(M)_\infty)] \sim E[F(M^*_\infty)]$.

<u>Démonstration</u>. Pour montrer l'inégalité dans le sens $\leq$ on applique le lemme 1 avec $A=U(M)$, $B=cM^*$, $q=1$; la relation (1) est fournie par iii)$_a$, en se rappelant que $N^*_\infty \leq 2M^*_T$. Pour montrer l'inégalité dans le sens $\leq$ on prend $A=M^*$, $B=cU(M)$, $q=1$, la relation (1) étant

$$E[M^*_T-M^*_S] \leq E[N^*_\infty] \underset{(ii)}{\leq} cE[U(N)_\infty] \underset{iii)_b,\ i)}{\leq} c'E[U(M)_T I_{\{S<T\}}] .$$

Voici notre résultat principal, qui contient le théorème de Chevalier. Nous ne saurions pas le démontrer en remplaçant $iii)_a$ par iv).

THEOREME 2. Soient $M \mapsto U(M)$, $V(M)$ deux applications satisfaisant à i), ii), iii). Alors $I(M) = U(M) \wedge V(M)$ et $S(M) = U(M) \vee V(M)$ y satisfont aussi.

COROLLAIRE. Si $U^1,..,U^n$ satisfont à i), ii), iii), on a pour F modérée

$$E[F(U^1(M)_\infty \wedge \ldots \wedge U^n(M)_\infty)] \sim E[F(M^*_\infty)] \sim E[F(U^1(M)_\infty \vee \ldots \vee U^n(M)_\infty)]$$

Démonstration. Il est évident que i), $iii)_b$ passent au sup et à l'inf. Pour $iii)_a$, cela résulte des inégalités évidentes

$$\begin{matrix} I(M)_T - I(M)_S \\ S(M)_T - S(M)_S \end{matrix} \leq (U(M)_T - U(M)_S) + (V(M)_T - V(M)_S) \quad ;$$

et on a remarqué plus haut que $iii)_a$ entraîne la moitié $\geq$ de l'équivalence ii). Reste donc seulement la moitié $\leq$: celle-ci est évidente pour le sup $S(M)$, pour laquelle le théorème 2 est établi (et donc aussi le théorème 1). Reste la partie délicate

$$E[M^*_\infty] \leq cE[I(M)_\infty] ,$$

pour laquelle nous allons suivre le raisonnement de [4]. Nous écrivons (en omettant la mention de M lorsqu'il n'y a pas d'ambiguïté)

$$E[U_T-U_S] \underset{iii)_a}{\leq} cE[N^*] \underset{ii)}{\leq} c'E[V(N)_\infty] \underset{iii)_b,\ i)}{\leq} c''E[V(M)_T I_{\{S<T\}}]$$

ce qui nous donne, en remplaçant S,T par S_A,T_A puis en faisant $T=\infty$

$$E[U_\infty - U_S | \underline{\underline{F}}_S] \leq cE[V_\infty | \underline{\underline{F}}_S]$$

Alors

$$E[U^2_\infty] = 2E[\int_0^\infty (U_\infty - U_s)dU_s] \leq cE[\int_0^\infty V_\infty dU_s] = cE[U_\infty V_\infty]$$

D'autre part, on a d'après le théorème 1

$$E[V^2_\infty] \leq cE[U^2_\infty] .$$

D'après le théorème 1 aussi, M étant bornée, toutes ces espérances sont finies, et l'inégalité de [4] p. 39 montre que

$$E[U^2_\infty \vee V^2_\infty] \leq cE[U^2_\infty \wedge V^2_\infty]$$

Appliquant ceci à la martingale $N = I_{]S,T]} \cdot M$, nous en déduisons

$$E[(M^*_T - M^*_S)^2] \leq cE[N^{*2}_\infty] \leq cE[S(N)^2_\infty] \leq cE[I(N)^2_\infty] \leq cE[I(M)^2_T I_{\{S<T\}}]$$

Alors le lemme 1, avec q=2, nous donne pour F modérée

$$E[F(M^*_\infty)] \leq cE[F(I_\infty)]$$

On prend $F(x)=x$, et la démonstration est achevée.

APPLICATION AUX INEGALITÉS AVEC POIDS

Considérons maintenant une seconde loi de probabilité $\hat{P} = Z_{\infty} P$ sur l'espace Ω, équivalente à P, telle que la martingale $(Z_t) = E[Z_{\infty} | \underline{\underline{F}}_t]$ satisfasse à la condition $(\hat{A}_p)$ pour un $p>1$

$$\frac{1}{Z_t}(E[Z_{\infty}^{p/p-1} | \underline{\underline{F}}_t])^{1/p} \leqq c_p \ .$$

Nous continuons à considérer l'application $M \mapsto U(M)$ définie sur la classe des P-martingales continues, mais nous modifions les conditions ii) et $iii)_a$ en remplaçant partout les espérances E par rapport à P, par des espérances $\hat{E}$ par rapport à $\hat{P}$. La nouvelle classe d'applications U ainsi définie contient encore $U(M)=M^*$ ou $\langle M\rangle^{1/2}$ (Kazamaki) et $U(M)=L^*(M)$ (Barlow-Yor). Nous avons

THEOREME 3. La classe des applications $U(M)$ satisfaisant à i),ii),iii) pour les P-martingales continues, mais relativement à $\hat{P}$, est encore stable pour $\vee$ et $\wedge$.

Démonstration. Remplacer E par $\hat{E}$ dans la démonstration du th. 2 .

En particulier, nous retrouvons ainsi les inégalités de Chevalier avec poids, que nous avons établies dans [3] par une autre méthode.

Nous remercions P.A. Meyer pour ses commentaires sur une première version du manuscrit.

REFERENCES

[1]. BARLOW (M.T.) et YOR (M.). Semimartingale inéqualities via Garsia-Rodemich-Rumsey lemma. Application to local times. A paraître.

[2]. CHEVALIER (L.). Un nouveau type d'inégalités pour les martingales discrètes. ZW 49, 1979, p. 249-256.

[3]. CHOU (C.S.). Une inégalité de martingales avec poids. Sém. Prob. XV, 1981, p. 285-289. Lecture Notes in M. 850.

[4]. LENGLART (E.), LEPINGLE (D.) et PRATELLI (M.). Présentation unifiée de certaines inégalités de la théorie des martingales. Sém. Prob. XIV, 1980, p. 26-48. Lecture Notes in M. 784.

CHOU Ching-Sung
Mathematics Department
National Central University
Chung-Li, TAIWAN

SUR UN THEOREME DE KAZAMAKI-SEKIGUCHI

par J.A. YAN

Tout récemment, N. Kazamaki et T. Sekiguchi ont établi dans [1] un résultat très remarquable sur les martingales continues de BMO. Malheureusement, leur démonstration est assez compliquée. Cette note a pour but d'en donner une démonstration simplifiée.

Voici l'énoncé de Kazamaki-Sekiguchi :

THEOREME 1. Si (M_t) est une martingale continue appartenant à BMO, alors il existe un $\alpha \neq 1$ tel que

(1) $$\sup_{T \in \tau_b} E[\exp\{\alpha M_T + (\tfrac{1}{2}-\alpha)\langle M,M\rangle_T\}] < \infty ,$$

τ_b désignant l'ensemble des temps d'arrêt bornés.

Le point de départ de cette note est la remarque suivante : la condition (1) est en fait équivalente à

(1') $$E[\exp\{\alpha M_\infty + (\tfrac{1}{2}-\alpha)\langle M,M\rangle_\infty\}] < \infty .$$

Posons en effet

$$L_t = \exp\{\alpha M_t + (\tfrac{1}{2}-\alpha)\langle M,M\rangle_t\} , \quad A_t = \exp\{\frac{(1-\alpha)^2}{2}\langle M,M\rangle_t\}$$

On a

$$L_t = \mathcal{E}(\alpha M)_t A_t$$

Comme $\alpha M \in$ BMO, un résultat de Kazamaki nous affirme que $\mathcal{E}(\alpha M)$ est une martingale positive uniformément intégrable. Donc pour tout temps d'arrêt T

$$E[L_T] = E[\mathcal{E}(\alpha M)_T A_T] = E[\mathcal{E}(\alpha M)_\infty A_T] \leqq E[\mathcal{E}(\alpha M)_\infty A_\infty] = E[L_\infty]$$

On en déduit sans peine, grâce au lemme de Fatou

$$\sup_{T \in \tau_b} E[L_T] = E[L_\infty]$$

et donc (1)<=>(1').

Démontrons maintenant une forme un peu plus précise du théorème 1 :

THEOREME 2. Si (M_t) est une martingale continue appartenant à BMO, il existe $\delta>0$ tel que, pour tout $\alpha \in [1-\delta, 1+\delta]$, on ait

(2) $$E[\exp\{\alpha M_\infty + (\tfrac{1}{2}-\alpha)\langle M,M\rangle_\infty\}] < \infty .$$

En effet, soit Q la loi de probabilité de densité $\mathcal{E}(M)_\infty$. D'après un résultat de Kazamaki-Sekiguchi [2], le processus

$$N = M - \langle M,M\rangle$$

est une martingale sous la loi Q, appartenant à BMO. L'inégalité de John-Nirenberg nous dit alors qu'il existe $\delta>0$ tel que

$$E_Q[\ e^{\delta N^*}\ ] < \infty$$

Par conséquent, si l'on prend β tel que $|\beta|\leqq\delta$, on a

$$E_Q[\ \exp(\beta N_\infty)\ ] = E_Q[\ \exp(\beta(\ M_\infty - \langle M,M\rangle_\infty)\ ] < \infty$$

d'où immédiatement (2) avec $\alpha=1+\beta$.

REMARQUE. La condition (1) est une condition suffisante d'intégrabilité de la martingale locale exponentielle $\mathcal{E}(M)$ (critères du type de Novikov). Le résultat que nous venons d'établir s'énonce donc : toute martingale $M\in BMO$ satisfait à un critère du type de Novikov. Mais notre démonstration repose sur le théorème de Kazamaki, suivant lequel $\mathcal{E}(\alpha M)$ est uniformément intégrable pour tout α, et ne constitue donc pas une nouvelle démonstration de ce dernier résultat.

Toutefois, cet inconvénient n'est pas grave, car Kazamaki et Sekiguchi en donnent dans [1] une démonstration très courte (dans le cas continu).

REFERENCES

[1]. N. Kazamaki et T. Sekiguchi. Uniform integrability of continuous exponential martingales. A paraître, Tôhoku Math. J..

[2]. -------------------------- . On the transformation of some classes of martingales by a change of law. Tôhoku Math. J. 31, 1979, p. 261-279

YAN Jia-An
Institut de Mathématiques Appliquées
Academia Sinica
Beijing , Chine

en 1981/82 : Institut für Angewandte Mathematik der Universität Heidelberg, R.F.A.

Note. La démonstration s'applique aussi aux martingales discontinues $M\in BMO$, telles que $\Delta M\geqq -1+\gamma$ ($\gamma>0$). Il faut utiliser au lieu de N ci-dessus le processus suivant qui d'après Kazamaki (ZW 46, 1979, p. 343-349) est une martingale de BMO sous la loi Q :

$$N_t = M_t - \int_0^t \frac{1}{\mathcal{E}(M)_s} d[M,\mathcal{E}(M)]_s = M_t - \langle M^c,M^c\rangle_t + \Sigma_{s\leqq t} \frac{\Delta M_s}{1+\Delta M_s} .$$

Yan Jia-An
Institute of Applied Mathematics
Academia Sinica, Beijing (Chine)

SUR LES FONCTIONS HOLOMORPHES A VALEURS DANS L'ESPACE DES MARTINGALES LOCALES

par M.O. GEBUHRER

Cette note est la rédaction de conversations avec M. Emery et P.A. Meyer. Elle a surtout pour but d'attirer l'attention sur un problème intéressant, que nous ne savons traiter que de manière très partielle.

Soit (sur un espace probabilisé satisfaisant aux conditions habituelles de la théorie des processus) (M_t) une martingale locale, continue et nulle en 0 . Posons pour λ complexe

(1) $$e_\lambda(x,t) = \exp(\lambda x - \frac{\lambda^2}{2}t)$$

Alors le processus $e_\lambda(M_t, \langle M,M\rangle_t)$ est l'exponentielle de Doléans de λM , et il est bien connu que c'est une martingale locale. D'autre part, $e_\lambda(x,t)$ est holomorphe en λ

(2) $$e_\lambda(x,t) = \Sigma_n \frac{\lambda^n}{n!} h_n(x,t) \quad ; \quad h_n(x,t) = t^{n/2}H_n(x/\sqrt{t})$$

où H_n est le n-ième polynôme d'Hermite. Il est alors <u>formellement</u> évident que les processus $h_n(M_t, \langle M,M\rangle_t)$, étant les coefficients de Taylor à l'origine d'une martingale locale dépendant de manière holomorphe d'un paramètre, doivent eux mêmes être des martingales locales. Cette idée heuristique conduit à un résultat correct. En effet, les fonctions $e_\lambda(x,t)$, $h_n(x,t)$ sont des solutions de l'équation

(3) $$\frac{1}{2}\frac{\partial^2 f}{\partial t^2} + \frac{\partial f}{\partial t} = 0$$

et si f(x,t) satisfait à (3), $f(M_t, \langle M,M\rangle_t)$ est une martingale locale d'après la formule d'Ito.

Mais il est naturel de chercher à justifier le raisonnement heuristique lui même.[1] Nous posons donc le problème suivant :

PROBLEME. Soit $(M_t(\lambda))$ une famille de processus complexes, indexée par un paramètre complexe λ ($|\lambda|<1$ par exemple). On suppose :

- pour tout λ , $(M_t(\lambda))$ est une semimartingale (martingale locale),
- pour presque tout ω , l'application $(t,\lambda)\mapsto M_t(\lambda,\omega)$ est holomorphe en λ pour t fixé, càdlàg. en t pour λ fixé.

Sous quelles conditions peut on affirmer que les coefficients de Taylor $C_t^k(\omega)$ de $M_t(.,\omega)$ en 0 sont des semimartingales (martingales locales) ?

1. Naturellement, dans ce cas particulier, il suffit d'arrêter à $T_n = \inf\{t : |M_t| + \langle M,M\rangle_t \geq n\}$.

Toute la difficulté du problème tient au fait que la condition imposée est trajectorielle, et qu'on ignore si $M_t(.)$ est une semimartingale ou martingale locale à valeurs dans l'espace $\mathcal{H}$ des fonctions holomorphes dans le disque unité.

Nous ne savons résoudre ce problème que dans le cas suivant :

1) pour chaque λ , $(M_t(\lambda))$ est une <u>martingale locale continue</u> ,

2) pour presque tout ω , l'application $t \mapsto M_t(.)$ est <u>continue à valeurs dans</u> $\mathcal{H}$.

Alors la réponse est positive. On notera que la condition 2) est trajectorielle, et à peine plus forte que notre condition de départ : en effet, il est « pathologique » que des fonctions holomorphes convergent vers une fonction holomorphe pour la convergence simple, sans converger au sens de $\mathcal{H}$.

Voici la démonstration. Quitte à oublier un ensemble de mesure nulle (qui appartient à $\underline{\underline{F}}_0$), nous pouvons supposer que 2) a lieu pour tout ω . Pour tout t fixé, l'ensemble des fonctions holomorphes $M_s(.,\omega)$ ($s \leq t$) est compact dans $\mathcal{H}$, donc le processus

$$A_t(\omega) = \sup_{s \leq t,\ |\lambda| \leq r} |M_s(\lambda,\omega)| \qquad (r \text{ fixé} < 1)$$

est à valeurs finies. Comme il est croissant prévisible, il existe des temps d'arrêt $T_n \uparrow +\infty$ tels que

$$A_{T_n}(\omega) I_{\{T_n > 0\}} \leq n \quad .$$

Si l'on pose alors $M_t^n(\lambda) = M_{t \wedge T_n} I_{\{T_n > 0\}}$, nous avons là de vraies martingales bornées par n , et l'on vérifie immédiatement, par convergence dominée, que $\lambda \mapsto M_t^n(\lambda)$ est holomorphe à valeurs dans L^1 . D'autre part, le k-ième coefficient de Taylor $C_t^{k,n}(\omega)$ de $M_t^n(\lambda,\omega)$ à l'origine est donné par l'intégrale de Cauchy

$$C_t^{k,n}(\omega) = (2i\pi)^{-k} \int_{|\lambda|=r} dM_t^n(\lambda,\omega) \frac{d\lambda}{\lambda^k}$$

donc il est continu en t , et il est immédiat de vérifier la propriété de martingale. On conclut en remarquant que le coefficient de Taylor $C_t^k(\omega)$ correspondant à $M(\lambda)$ est tel que

$$C_t^{k,n} = C_{t \wedge T_n}^k I_{\{T_n > 0\}}$$

donc (C_t^k) est bien une martingale locale.

REMARQUE. Un résultat analogue peut être énoncé et démontré pour les fonctions de plusieurs variables complexes, sans difficultés nouvelles.

MAJORATIONS DANS L^p DU TYPE METIVIER-PELLAUMAIL POUR LES SEMIMARTINGALES.

PAR MAURIZIO PRATELLI.

Dans son cours à l'école d'été de Probabilités de Saint Flour (voir [3]), Kunita démontre des résultats de regularité des intégrales stochastiques $\int H_s(\omega,\lambda)dX_s(\omega)$ (X martingale continue) par rapport au paramètre λ par deux méthodes différentes : par application du lemme de Kolmogorov au "processus à deux indices" $(\lambda,t) \to \int_{]0,t]} H_s(\lambda)dX_s$ (mais cette méthode ne peut s'appliquer si X n'est pas continue), et en utilisant les espaces de Sobolev. L'outil essentiel de cette deuxième méthode est l'inégalité de Burkholder pour les martingales continues : on n'a aucune difficulté à étendre les résultats de Kunita à toutes les semimartingales si l'on dispose d'une inégalité qui puisse jouer le rôle de l'inégalité de Burkholder. L'objet de cette note est d'établir une telle inégalité: il s'agit d'une extension de l'inégalité, démontrée par Métivier et Pellaumail, qui caractérise les semimartingales.

En rédigeant cette note, je me suis aperçu que le livre tout récent de Métivier [5] contient le corollaire 1.3 ci-dessous (voir chapitre 8, exercice E.5) ; le résultat que je démontre toutefois est un peu plus général et sa démonstration une simple conséquence des méthodes de [4] : on remarquera qu'on peut montrer le résultat principal sans parler de semimartingales!

Il faut aussi signaler que Meyer [8] obtient des résultats de régularité par des méthodes assez différentes : les inégalités pour les intégrales stochastiques établies dans [2]. Je crois toutefois que la méthode du "processus de contrôle" garde de l'intérêt par sa simplicité.

1. UNE INEGALITE.

Soit $(\Omega,\underline{F},(\underline{F}_t),\mathbb{P})$ un espace probabilisé filtré, vérifiant les conditions habituelles de [1] ; X est un processus adapté à trajectoires c.à.d.l.à.g. , et on écrit comme d'habitude $X_{t-} = \lim_{s\uparrow t} X_s$ et $\Delta_t X = X_t - X_{t-}$.

Je désigne par S(X) le processus croissant $S(X)_t = (\sum_{s\leq t} (\Delta_s X)^2)^{1/2}$; on remarquera que si M est une martingale purement discontinue on a $S(M)_t^2=[M]_t$, et que si X est une semimartingale on a $S(X)_t<+\infty$ p.s. pour tout t.

Je rappelle que Métivier et Pellaumail ont montré (voir [7] pag.129) que X est une semimartingale si et seulement s'il existe un processus croissant adapté A tel que pour tout processus prévisible élémentaire H et tout temps d'arrêt T on ait

$$(1.1)\qquad E[\sup_{0<s<T}(\int_{]0,s]}HdX)^2] \leq E[A_{T-}.\int_{]0,T[}H_s^2dA_s]$$

(on dit alors que A contrôle X) ; l'inégalité (1.1) s'étend alors évidemment à tous les processus prévisibles bornés. J'écris comme d'habitude $H.X=\int HdX$ et $X_t^*=\sup_{s\leq t}|X_s|$, et encore $H.X_t^*$ au lieu de $(H.X)_t^*$ (sans danger de confusion, car je n'intégrerai jamais par rapport au processus croissant X^*) : on peut aussi écrire plus simplement $(H.X_{T-}^*)^2$ au lieu de $\sup_{0<s<T}(\int_{]0,s]}HdX)^2$.

Dans toute la suite, F désigne une fonction réelle définie sur $\mathbb{R}_+$, nulle en zéro, croissante, continue à droite, telle que $F(x)>0$ pour $x>0$; on dit que F est <u>modérée</u> (à croissance modérée) s'il existe une constante k telle que $F(2x)\leq k.F(x)$ pour tout $x>0$.

<u>THEOREME</u> 1.2 <u>Soit</u> X <u>une semimartingale contrôlée par</u> A, <u>et soit</u> $B_t=A_t+S(X)_t$: <u>pour toute fonction modérée</u> F <u>il existe une constante</u> c (<u>ne dépendant que de</u> F) <u>telle que l'on ait, pour tout processus prévisible borné</u> H

$$E[F(H.X_{T-}^*)] \leq c\, E[F(\,(B_{T-}.\int_{]0,T[}H_s^2dB_s)^{1/2})]\ .$$

<u>Démonstration</u> Soient a_t et b_t les deux processus croissants $a_t=H.X_t^*$ et $b_t=(B_t.\int_{]0,t]}H_s^2dB_s)^{1/2}$. Il suffit de montrer que pour tout couple R,T de temps d'arrêt avec $R\leq T$ on a $E[(a_{T-}-a_{R-})^2]\leq h.E[b_{T-}^2.I_{\{R<T\}}]$ (avec h constante convénable) et d'appliquer ensuite le lemme 1.1 de [4] (voir aussi les remarques aux pages 31 et 35) pour avoir le résultat.

Le processus $HI_{]R,+\infty[}$ est encore prévisible : si $t\geq R$ on a

$(H.X)_t-(H.X)_{R-}=(HI_{]R,+\infty[}.X)_t+H_R\Delta_R X$. On vérifie aisément l'inégalité suivante :

$$H.X^*_{T-}-H.X^*_{R-}\leq HI_{]R,+\infty[}.X^*_{T-}+|H_R\Delta_R X|\, I_{\{R<T\}} \qquad \text{et donc}$$

$$(H.X^*_{T-}-H.X^*_{R-})^2\leq 2(HI_{]R,+\infty[}.X^*_{T-})^2+2\,H_R^2(\Delta_R X)^2 I_{\{R<T\}}.$$

Pour le premier terme, on a

$$E[(HI_{]R,+\infty[}.X^*_{T-})^2]\leq E[A_{T-}.\textstyle\int_{]0,T[}(HI_{]R,+\infty[})^2dA_r]=E[A_{T-}.\int_{]R,T[}H_r^2dA_r]$$

$$\leq E[(A_{T-}.\textstyle\int_{]0,T[}H_r^2dA_r)I_{\{R<T\}}]\ .$$

Pour le deuxième, on a

$$H_R^2(\Delta_R X)^2=H_R^2(S(X)_R+S(X)_{R-})(S(X)_R-S(X)_{R-})\leq 2\,S(X)_R\,H_R^2(S(X)_R-S(X)_{R-})$$

$$\leq 2\,S(X)_R.\textstyle\int_{]0,R]}H_s^2dS(X)_s \quad , \qquad \text{et donc}$$

$$H_R^2(\Delta_R X)^2 I_{\{R<T\}}\leq 2(S(X)_{T-}.\textstyle\int_{]0,T[}H_s^2dS(X)_s)I_{\{R<T\}}.$$

On vérifie donc sans peine que

$$E[(H.X^*_{T-}-H.X^*_{R-})^2]\leq 6\,E[(B_{T-}.\textstyle\int_{]0,T[}H_s^2dB_s)I_{\{R<T\}}]$$

ce qui achève la démonstration.

La majoration dans L^p proprement dite est le corollaire suivant :

<u>COROLLAIRE</u> 1.3 <u>Avec les notations du théorème précédent, on a pour tout</u> $p>2$

$$E[(H.X^*_{T-})^p]\leq c_p\,E[B_{T-}^{p-1}.\textstyle\int_{]0,T[}|H_s|^pdB_s].$$

<u>Démonstration</u> En prenant $F(x)=x^p$, on a (compte tenant de l'inégalité de Holder) :

$$E[(H.X^*_{T-})^p]\leq c_p\,E[(B_{T-}.\textstyle\int_{]0,T[}H_s^2dB_s)^{p/2}]\leq c_p\,E[B_{T-}^{p-1}.\int_{]0,T[}|H_s|^pdB_s]\ .$$

<u>REMARQUE</u> 1.4 L'inégalité du théorème 1.2 n'est pas vraie, en général, avec le processus croissant A_t au lieu de B_t (voir à cet effet l'exemple 2.2). Toutefois on a l'inégalité $E[F(H.X^*_{T-})]\leq c\,E[F(\,(A_{T-}.\int_{]0,T[}H_s^2dA_s)^{1/2})]$ dans les deux cas suivants :

a) $F(x)=G(x^2)$ avec G concave (il suffit pour cela de remarquer que l'inégalité (1.1) permet d'appliquer directement le lemme 1.3 de [4], qui donne aussi la constante c=2).

b) X est une semimartingale restreinte strictement contrôlée par A (voir [9] définition 1.1 et théorème 1.3) : dans ce cas H est plus généralement optionnel borné. On doit cette fois répéter la démonstration du théorème 1.2 avec $HI_{[R,+\infty[}$ au lieu de $HI_{]R,+\infty[}$.

2. QUELQUES CONSEQUENCES.

Soit M une martingale de carré intégrable, $M=M^c+M^d$ sa décomposition en une somme d'une martingale continue et d'une somme compensée de sauts, et $M^d=M^p+M^i$ où M^p est la somme compensée des sauts prévisibles et M^i des sauts totalement inaccessibles. Métivier et Pellaumail (voir [7] pag. 124) ont montré l'inégalité

$$E[(M^*_{T-})^2] \leq 4\, E[\, \langle M\rangle_{T-} + [M^p]_{T-}\,].$$

Nous avons l'extension suivante :

THEOREME 2.1 Pour toute F modérée, on a

$$E[F(M^*_{T-})] \leq c\, E[F((\langle M\rangle_{T-}+[M^d]_{T-})^{1/2})]$$

avec c constante ne dépendante que de F.

Démonstration Soit H prévisible borné : on a

$$E[(H.M^*_{T-})^2] \leq 4\, E[\, \langle (H.M)\rangle_{T-}+[(H.M)^p]_{T-}] = 4\, E[\textstyle\int_{]0,T[} H^2_s d(\langle M\rangle_s+[M^p]_s)]$$

$$\leq 8\, E[A_{T-}.\textstyle\int_{]0,T[} H^2_s dA_s] \qquad \text{avec } A_t=(\langle M\rangle_t+[M^p]_t)^{1/2}$$

(pour la dernière inégalité, on rappellera que $dA^2_t=(A_t+A_{t-})dA_t\leq 2A_t dA_t$). En remarquant que $S(M)^2_t=[M^d]_t=[M^p]_t+[M^i]_t$, on a $A_t+S(M)_t \leq 2(\langle M\rangle_t+[M^d]_t)^{1/2}$, et en prenant H=1 , la thèse du théorème 1.2 est précisément l'inégalité cherchée.

On montre dans l'exemple suivant que l'inégalité précédente n'est pas vraie en général avec $[M^p]_t$ au lieu de $[M^d]_t$; on considère à cet effet une martingale

M somme compensée de sauts totalement inaccessibles (donc $[M^p]_t=0$) et la fonction $F(x)=x^p$ avec $p>2$.

EXEMPLE 2.2 Soit $\Omega=]0,+\infty]$, $d\mathbb{P}(x)=e^{-x}dx$, $T(x)=x$ et $\underline{F}_t$ la plus petite filtration (completée et rendue continue à droite) pour laquelle T est un temps d'arrêt: $\underline{F}_t$ contient les boréliens de $]0,t]$ et l'atome $]t,+\infty[$, et T est totalement inaccessible. Soit A borélienne positive, telle que $\int_0^{+\infty} A(x)d\mathbb{P}(x)=\int_0^{+\infty} A(x)e^{-x}dx<+\infty$: considérons le processus croissant adapté $A_t(x)=A(x)I_{\{t\geq T\}}(x)=A(x)I_{]0,t]}(x)$, dont le compensateur prévisible est $\tilde{A}_t(x)=\int_0^{t\wedge x} A(y)dy$. En effet, puisque sur $]0,s]$ on a $A_t-A_s=\tilde{A}_t-\tilde{A}_s=0$, il suffit de vérifier que $\int_s^{+\infty}(A_t-A_s)e^{-x}dx=\int_s^{+\infty}(\tilde{A}_t-\tilde{A}_s)e^{-x}dx$. Le premier terme coincide avec $\int_s^t A(x)e^{-x}dx$ et le deuxième avec $\int_s^t(\int_s^x A(y)dy)e^{-x}dx + \int_t^{+\infty}(\int_s^t A(y)dy)e^{-x}dx$: l'égalité entre ces deux derniers est un simple exercice. Soit maintenant $M_t=A_t-\tilde{A}_t$: on a $[M]_t(x)=A^2(x)I_{]0,t]}(x)$ et $\langle M\rangle_t(x)=\int_0^{t\wedge x} A^2(y)dy$.

Si l'inégalité $E[(M^*_{T-})^p]\leq c_p.E[\langle M\rangle^{p/2}_{T-}]$ $(p>2)$ était vraie, on aurait pour $T=+\infty$ $E[(M^*_\infty)^p]\leq c_p.E[\langle M\rangle^{p/2}_\infty]$ et aussi $E[\,[M]^{p/2}_\infty]\leq c'_p.E[\langle M\rangle^{p/2}_\infty]$ (on rappellera que $E[\,[M]^{p/2}_\infty]\leq d_p.E[(M^*_\infty)^p]$: inégalité de Burkholder-Davis-Gundy, voir par example [4]). Mais $[M]_\infty(x)=A^2(x)$ et $\langle M\rangle_\infty(x)=\int_0^x A^2(y)dy$; on peut trouver facilement A telle que $\int_0^{+\infty} A^p(x)e^{-x}dx=+\infty$ et $\int_0^{+\infty} A^2(y)dy<+\infty$, et dans ce cas $E[\,[M]^{p/2}_\infty]=+\infty$ et $E[\langle M\rangle^{p/2}_\infty]<+\infty$.

REMARQUE 2.3 Je signale brièvement, sans entrer dans les détails, que l'inégalité du th. 2.1 peut s'appliquer à l'integrale stochastique par rapport aux mesures aléatoires-martingales (je suis de très près la présentation donnée dans [6] pag.111-119) : si on considère, à la pag. 117 de [6], une suite de temps d'arrêt à graphes disjoints qui porte tous les sauts du processus F^q (pas seulement les sauts prévisibles) on obtient une inégalité analogue à la (1.4.6) avec une fonction moderée quelconque F au lieu de $F(x)=x^2$.

Montrons maintenant, à titre d'exemple, la "traduction" pour les semimartingales générales du th.6.2 de [3].

Soit Λ un domaine borné de $\mathbb{R}^d$: je rappelle que l'espace de Sobolev $W_{p,m}(\Lambda)$ est le complété de $C^m(\Lambda)$ pour la norme $\|f\|^p_{p,m}=\Sigma_{|\alpha|\leq m}\int_\Lambda |D^\alpha f|^p d\lambda$.
Si $f\varepsilon W_{p,m}(\Lambda)$ et α est un multi-indice avec $|\alpha|\leq m$, il existe une fonction $f^\alpha \varepsilon L^p(\Lambda)$ et une suite f_n d'éléments de $C^m(\Lambda)$ telle que $f_n\to f$ et $D^\alpha f_n\to f^\alpha$ dans $L^p(\Lambda)$: on dit que f^α est la dérivée forte de f (qui est aussi dérivée faible, c'est-à-dire dérivée au sens des distributions) et on écrit, avec la notation des dérivées classiques, $f^\alpha=D^\alpha f$. Soit maintenant $H(\omega,s,\lambda)$ définie sur $\Omega\times]0,\infty[\times\Lambda$, mesurable pour la tribu $\underline{P}\times\underline{B}(\Lambda)$ ($\underline{P}$ tribu prévisible sur $\Omega\times]0,\infty[$, $\underline{B}(\Lambda)$ tribu de Borel sur Λ) ; supposons que, pour presque tout ω, pour tout s $H(\omega,s,.)$ soit un élément de $W_{p,m}(\Lambda)$ $(p\geq 2)$ et que $D^\alpha H$ soit encore mesurable pour la tribu $\underline{P}\times\underline{B}(\Lambda)$.

Soit X une semimartingale, B le processus croissant qui résulte du th.1.2 et supposons que $\int_{]0,t]}\|H\|^p_{p,m}dB_s<+\infty$ p.s. pour tout t : <u>il existe une version $L_t(\lambda)$ de l'intégrale $\int H(\lambda)dX$ telle que, pour presque tout ω, pour tout t $L_t(\lambda)\varepsilon W_{p,m}(\Lambda)$ et telle que $D^\alpha L_t=\int_{]0,t]}(D^\alpha H)dX$</u> .

On peut supposer, par arrêt, que $E[B_\infty^{p-1}.\int_{]0,\infty[}\|H\|^p_{p,m}dB_s]<+\infty$; la thèse est évidemment vraie pour un processus (prévisible élémentaire) de la forme $\sum_{i=1}^n H_i(\omega,\lambda)I_{]t_i,t_{i+1}]}(s)$. Pour un tel processus on a

$$E[\sup_{0<t<\infty}\|\int_{]0,t]}HdX\|^p_{p,m}]=E[\sup_{0<t<\infty}\Sigma_{|\alpha|\leq m}\int_\Lambda d\lambda|\int_{]0,t]}(D^\alpha H)dX|^p]$$

$$\leq\Sigma_{|\alpha|\leq m}\int_\Lambda d\lambda\ E[\sup_{0<t<\infty}|\int_{]0,t]}(D^\alpha H)dX|^p]$$

$$\leq c_p.\Sigma_{|\alpha|\leq m}\int_\Lambda d\lambda\ E[B_\infty^{p-1}.\int_{]0,\infty[}|D^\alpha H|^p dB_s]=c_p.E[B_\infty^{p-1}.\int_{]0,\infty[}\|H\|^p_{p,m}dB_s] .$$

Soit maintenant H^n une suite de processus prévisibles élémentaires telle que $\lim_{n\to\infty}E[B_\infty^{p-1}.\int_{]0,\infty[}\|H-H^n\|^p_{p,m}dB_s]=0$. En posant $L_t^n=\int H^n dX$, quitte à extraire une sous-suite, $L_t^n(\lambda)$ converge p.s. dans $D([0,\infty[,W_{p,m}(\Lambda))$ (espace des fonctions c.à.d.l.à.g. définies sur $[0,\infty[$ à valeurs dans $W_{p,m}(\Lambda)$, avec la norme uniforme) : soit L_t la limite, qui est évidemment une version de l'intégrale $\int HdX$.

Puisque $L_t^n \to L_t$ dans $L^p(\Omega, \underline{F}_t, \mathbf{P}, W_{p,m}(\Lambda))$, on a $D^\alpha L_t^n \to D^\alpha L_t$ dans $L^p(\Omega, \underline{F}_t, \mathbf{P}, L^p(\Lambda))$; mais aussi $\int_{]0,t]}(D^\alpha H^n)dX \to \int_{]0,t]}(D^\alpha H)dX$ dans $L^p(\Omega, \underline{F}_t, \mathbf{P}, L^p(\Lambda))$ (remarquer que

$E[\int_\Lambda d\lambda |\int_{]0,t]} D^\alpha(H^n-H)dX|^p] \le c_p . \int_\Lambda d\lambda \; E[B_t^{p-1} . \int_{]0,t]} |D^\alpha(H^n-H)|^p dB_s]$

$\le c_p . E[B_t^{p-1} . \int_{]0,t]} ||H^n-H||^p_{p,m} \; dB_s]$).

L'égalité $D^\alpha L_t^n = \int(D^\alpha H^n)dX$ permet de conclure la démonstration.

BIBLIOGRAPHIE.

[1] DELLACHERIE C. MEYER P. A. Probabilités et potentiel. Chapitres V-VIII Hermann-Paris (1980)

[2] EMERY M. Stabilité des solutions des équations différentielles stochastiques; application aux intégrales multiplicatives stochastiques. Z. Wahrscheinlichkeitstheorie v. G. 41 (1978) pag. 241-262

[3] KUNITA H. Stochastic differential equations and stochastic flows of diffeomorphisms. Cours à l'école d'été de Probabilités de Saint Flour 1982. A paraitre

[4] LENGLART E. LEPINGLE D. PRATELLI M. Présentation unifiée de certaines inégalités de la théorie des martingales. Séminaire de Probabilités XIV (pag. 26-48) Lecture Notes 784. Springer Verlag (1980)

[5] METIVIER M. Semimartingales. A course on stochastic processes. A paraitre.

[6] METIVIER M. Stability theorems for stochastic integral equations driven by Random measures and Semimartingales. Journal of Integral Equations 3 (1981) pag. 109-135

[7] METIVIER M. PELLAUMAIL J. Stochastic Integration. Academic Press (1980)

[8] MEYER P. A. Flot d'une équation differentielle stochastique. Séminaire de Probabilités XV (pag. 103-117) Lecture Notes 850. Springer Verlag (1981)

[9] PRATELLI M. La classe des semimartingales qui permettent d'intégrer les processus optionnels . Dans ce volume.

Maurizio PRATELLI
Istituto di Statistica
Via S. Francesco 122
35122 PADOVA Italie.

CALCUL DE MALLIAVIN POUR LES DIFFUSIONS AVEC SAUTS : EXISTENCE D'UNE DENSITE DANS LE CAS UNIDIMENSIONNEL

Klaus BICHTELER et Jean JACOD

1 - INTRODUCTION.

L'un des objectifs du "calcul de Malliavin" est de redémontrer par des techniques probabilistes le théorème d'hyppoellipticité d'Hörmander. Plus précisément on considère un opérateur de diffusion sur $\mathbb{R}^d$:

$$(1.1) \qquad \mathcal{L} = \sum_{(i)} a^i(x) \frac{\partial}{\partial x_i} + \frac{1}{2} \sum_{(i,j)} \beta^{ij}(x) \frac{\partial^2}{\partial x_i \partial x_j}$$

et on s'intéresse au problème suivant :

Problème (1) : A quelles conditions sur (a,β) le semi-groupe engendré par $\mathcal{L}$ admet-il des densités, éventuellement C^∞ ?

Les idées de Malliavin ([6],[7]) ont été développées par Stroock ([11],[12]) et reposent sur une étude délicate du processus d'Ornstein-Uhlenbeck infini-dimensionnel (voir aussi Meyer [9]). Bismut a proposé dans [3] une autre méthode, basée sur le calcul des variations et la transformations de Girsanov. Cette méthode ne permet peut-être pas d'aborder des problèmes aussi généraux que ceux (dépassant largement le cadre du théorème d'Hörmander) étudiés par Stroock, mais pour l'étude du problème (1) elle semble plus simple.

Surtout, elle s'étend au cas des générateurs des "diffusions avec sauts" (au sens de Stroock [10]) :

$$(1.2) \qquad \mathcal{L}' = \mathcal{L} + \mathcal{K}, \quad \mathcal{K}f(x) = \int K(x,dy)\,[f(x+y) - f(x) - \sum \frac{\partial f(x)}{\partial x_i}\, y_i 1_{\{|y|\le 1\}}]$$

où K est un noyau positif sur $\mathbb{R}^d$ intégrant la fonction $|y|^2 \wedge 1$ et ne chargeant pas $\{0\}$. Bismut a partiellement résolu dans [4] le :

Problème (1') : A quelles conditions sur (a,β,K) le semi-groupe engendré par $\mathcal{L}'$ admet-il des densités, éventuellement C^∞ ?

Les résultats de Bismut sont dans un sens très fins mais ils sont aussi très restrictif dans le cas où $\mathcal{L}' = \mathcal{K}$ ($\mathcal{L} = 0$) et si $(\Omega, (X_t), P^x)$ est un processus de Markov de générateur $\mathcal{L}'$, ses conditions impliquent que la loi du processus X sous P^x est, pour chaque x, absolument continue par rapport à la loi d'un processus à accroissements indépendants fixe, dont on sait que le semi-groupe admet des densités : ainsi, la partie du problème (1') concernant l'existence de densités est-elle triviale.

Or, il y a une autre manière de poser le problème. Soit $W = (W^i)_{i\leq d}$ un brownien d-dimensionnel, et μ une mesure de Poisson sur $\mathbb{R}_+ \times E$, où $(E,\underline{\underline{E}})$ est un espace auxiliaire ; on suppose que la mesure intensité (ou compensateur) de μ est $\nu(dt\times dz) = dt\times G(dz)$, où G est une mesure positive infinie, σ-finie, sans atome, sur $(E,\underline{\underline{E}})$. On peut alors trouver :

$$(1.3)\quad \begin{cases} \text{- une fonction matricielle } b = (b^{ij}) \text{ sur } \mathbb{R}^d \text{ avec } \beta = b\,{}^t b \\ \text{- une fonction } c : \mathbb{R}^d\times E \to \mathbb{R}^d, \text{ avec} \\ \quad Kf(x) = \int_E G(dz)\, f\circ c(x,z)\, 1_{\{c(x,z)\neq 0\}}. \end{cases}$$

Dans ce cas, on sait (voir par exemple [5]) que si l'équation différentielle stochastique

$$(1.4)\quad \begin{cases} X_0 = x \\ dX_t = a(X_t)dt + b(X_t)dW_t + c(z,X_{t-})\,(d\mu - d\nu) \end{cases}$$

admet une solution et une seule pour chaque valeur initiale $x \in \mathbb{R}^d$, et si P^x désigne la loi de la solution X lorsque $X_0 = x$ sur l'espace de Skorokhod $\mathbb{D} = \mathbb{D}(\mathbb{R}_+,\mathbb{R}^d)$, alors le processus canonique de $\mathbb{D}$ et la famille des lois (P^x) constituent un processus de Markov de générateur $\mathcal{L}'$. Ainsi on peut poser le problème suivant :

<u>Problème (2)</u> : A quelles conditions sur (a,b,c) la loi de X_t, où X est la solution de (1.4), admet-elle une densité, éventuellement C^∞, pour tout $t>0$ et tout $x\in\mathbb{R}^d$?

Nous nous proposons de montrer qu'on peut résoudre le problème sous des conditions relativement simples sur (a,b,c). Bien entendu, seul le cas multi-dimensionnel, et à moindre degré le caractère C^∞, sont réellement intéressants, mais ils conduisent à des calculs fort longs et fastidieux, sinon difficiles. Il nous a donc semblé utile de traiter à part le problème de l'existence d'une densité dans le cas unidimensionnel, ce qui limite grandement les calculs (le cas général sera traité dans un article ultérieur : voir les commentaires à la fin).

Cela nous permettra de dégager les principes, très simples, de la méthode de Bismut (en particulier, on n'utilise pas les "flots d'équations différentielles stochastiques", qui jouent un grand rôle apparent dans [3]). Cela nous permettra aussi de dégager quelques unes des limitations intrinsèques, malheureusement considérables, de cette méthode, notamment lorsqu'on veut résoudre le problème (1') en passant par l'intermédiaire du problème (2) : voir les exemples à la fin du § 2.

L'un des outils, constamment utilisé, est la différenciation des solutions d'équations du type (1.4) lorsque les coefficients dépendent d'un paramètre : nous avons assemblé en annexe les résultats nécessaires.

2 - ENONCE DU RESULTAT PRINCIPAL.

Pour simplifier on suppose l'intervalle des temps fini, soit $[0,T]$. Pour permettre une étude plus facile des rapports entre les problèmes (1') et (2) de l'introduction, on introduit une équation (apparemment) plus compliquée que (1.4), avec deux mesures de Poisson. A cet effet, on se donne :

- un espace mesurable $(E,\underline{\underline{E}})$ avec une mesure positive σ-finie $\overline{G}$;
- un ouvert U de $\mathbb{R}$, sur lequel la mesure de Lebesgue est notée G.

Soit $(\Omega,\underline{\underline{F}},(\underline{\underline{F}}_t)_{t\leq T},P)$ une base stochastique, munie de

$$(2.1)\quad \begin{cases} W, \text{ un mouvement brownien ;} \\ \mu, \text{ une mesure de Poisson sur } \Omega\times[0,T]\times U, \text{ de compensateur } \nu(dt\times dz) = dt\times G(dz); \\ \overline{\mu}, \text{ une mesure de Poisson sur } \Omega\times[0,T]\times E, \text{ de compensateur } \overline{\nu}(dt\times dz) = dt\times\overline{G}(dz). \end{cases}$$

On utilise les notations usuelles : cf. [8], ou [5] pour les mesures aléatoires. Rappelons que l'intégrale stochastique d'un processus prévisible H par rapport à W est notée $H.W$. Si V est une fonction sur $\Omega\times[0,T]\times U$, on pose

$$V * \mu_t(\omega) = \int_0^t \int_U \mu(\omega;ds\times dz)\, V(\omega,s,z)$$

si cette intégrale existe, et de même pour $V * \nu$, etc... L'intégrale stochastique de V par rapport à $\mu-\nu$ est notée $V * (\mu-\nu)$; pour qu'elle existe il suffit que V soit prévisible et que $V^2 * \nu_T<\infty$ p.s. Enfin si H est un processus intégrable, on note $H.t$ le processus

$$(2.2)\qquad H.t\ (\omega) = \int_0^{\cdot} H_s(\omega)\, ds.$$

On considère l'équation suivante :

$$(2.3)\qquad X = x_0 + a(X_-).t + b(X_-).W + c(X_-) * (\mu-\nu) + \overline{c}(X_-) * (\overline{\mu}-\overline{\nu}),$$

où $x_0 \in \mathbb{R}^d$ est donné, et où on fait les hypothèses suivantes sur les coefficients :

(2.4) <u>Hypothèses</u> : a) a et b sont des fonctions réelles deux fois dérivables sur $\mathbb{R}$, à dérivées bornées.

b) c est une fonction deux fois dérivable sur $U\times\mathbb{R}$; les dérivées partielles c'_z , c''_{z^2}, c''_{zx} sont bornées ; il existe une fonction $\rho\in L^2(U,G)\cap L^4(U,G)$ telle que $|c(z,0)|\leq\rho(z)$, $|c'_x(z,x)|\leq\rho(z)$ et $|c''_{x^2}(z,x)|\leq\rho(z)$.

c) $\overline{c}$ est une fonction $\underline{\underline{E}}\otimes\underline{\underline{R}}$- mesurable sur $E\times\mathbb{R}$; $\overline{c}(z,.)$ est deux fois dérivable sur $\mathbb{R}$; il existe une fonction $\overline{\rho}\in L^2(E,\overline{G})\cap L^4(E,\overline{G})$ telle que $|\overline{c}(z,0)|\leq \overline{\rho}(z)$, $|\overline{c}'_x(z,x)|\leq\overline{\rho}(z)$ et $|\overline{c}''_{x^2}(z,x)|\leq\overline{\rho}(z)$. ∎

(2.5) THEOREME : *On suppose* (2.4). *L'équation* (2.3) *admet une solution et une seule, et si on suppose*

condition (H) : *pour tout* $x \in \mathbb{R}$ *on a* $b(x) \neq 0$ *ou* $G(\{z : c'_z(z,x) \neq 0\}) = \infty$

alors pour tout $x_0 \in \mathbb{R}$, *la loi de* X_T *admet une densité sur* $\mathbb{R}$.

Avant de démontrer ce théorème on va donner quelques exemples d'application au problème (1') de l'introduction, ce qui en montrera les limitations. D'abord, l'opérateur infinitésimal associé à l'équation (2.3) est :

$$(2.6)\begin{cases} \mathcal{L}' = \mathcal{L} + \mathcal{K} + \bar{\mathcal{K}}, \text{ avec } \mathcal{L}f(x) = a(x)f'(x) + \frac{1}{2} b^2(x)f''(x) \\ \mathcal{K}f(x) = \int_U dz\, [f(x+c(z,x)) - f(x) - f'(x)c(z,x)\, 1_{\{|c(z,x)|\leq 1\}}] \\ \bar{\mathcal{K}}f(x) = \int_E \bar{G}(dz)\, [f(x+\bar{c}(z,x)) - f(x) - f'(x)\bar{c}(z,x)\, 1_{\{|\bar{c}(z,x)|\leq 1\}}] \end{cases}$$

On considère maintenant le problème inverse : on se donne $\mathcal{L}'$, et on veut retrouver l'équation correspondante (noter qu'il y a évidemment une infinité de choix possibles pour c et $\bar{c}$, permettant de retrouver $\mathcal{K} + \bar{\mathcal{K}}$).

<u>Exemple 1</u>. Soit $\mathcal{L}_1$ donné par

$$(2.7)\quad \mathcal{L}_1 f(x) = a(x)f'(x) + \frac{1}{2}b^2(x)f''(x) + \int g(x,y)\, dy\, [f(x+y) - f(x) - f'(x)y 1_{\{|y|\leq 1\}}],$$

où g est une fonction sur $\mathbb{R}^2$, positive, telle que :

$$\int g(x,y)\, y^2 \wedge 1\, dy < \infty .$$

On va écrire $\mathcal{L}_1$ sous la forme (2.6), avec $\bar{c} = 0$. Parmi les multiples manières de construire c, nous n'en voyons qu'une, essentiellement, qui permette de transporter la régularité éventuelle de g sur c, et qui est la suivante : on pose

$$\text{si } y>0, \quad h_+(x,y) = \int_y^\infty g(x,u)\, du$$

$$\text{si } y<0, \quad h_-(x,y) = -\int_{-\infty}^y g(x,u)\, du\ ;$$

on prend $U =]-\infty,0[\, \cup\,]0,\infty[$; sur $]0,\infty[$, $c(.,x)$ est l'inverse continu à droite de $h_+(x,.)$; sur $]-\infty,0[$, $c(.x)$ est l'inverse continu à gauche de $h_-(x,.)$.

A condition que les dérivées requises existent, on calcule facilement que si $z>0$, on a :

$$c'_z(z,x) = -g(x,c(z,x))^{-1}$$

$$c'_x(z,x) = -h'_{+x}(x,c(z,x))\, g(x,c(z,x))^{-1}$$

$$c''_{z^2}(z,x) = -g'_y(x,c(z,x))\, g(x,c(z,x))^{-3}$$

$$c''_{zx}(zx) = [g(x,c(z,x))\, g'_x(x,c(z,x)) - h'_{+x}(x,c(z,x))\, g'_y(x,c(z,x))]\, g(x,c(z,x))^{-3}$$

$$c''_{x^2}(z,x) = [2\, g(x,c(z,x))\, g'_x(x,c(z,x))\, h'_{+x}(x,c(z,x)) - g(x,c(z,x))^2\, h''_{+x^2}(x,c(z,x)) - h'_{+x}(x,c(z,x))^2\, g'_y(x,c(z,x))]\, g(x,c(z,x))^{-3}$$

et des formules analogues si $z<0$, avec h_-.

Il reste alors à exprimer qu'on a (2.4) (avec $\bar{c}=0$), ce qui n'est pas simple ! remarquons toutefois que (2.4) se traduit par une série de conditions relativement anodines sur g, plus <u>une</u> condition extrêmement restrictive, due à ce que c'_z doive être bornée, et qui s'écrit :

(2.8) $\begin{cases} \text{il existe des fonctions } \alpha \text{ et } \beta \text{ sur } \mathbb{R} \text{ avec } \alpha\leq\beta \text{ et une constante } \gamma>0, \text{ telles} \\ \text{que } g(x,y) \geq \gamma \text{ si } \alpha(x)<y<\beta(x) \text{ et } g(x,y) = 0 \text{ sinon.} \end{cases}$

Par contre, la condition (H) est extrêmement simple à exprimer :

(2.9) pour tout $x \in \mathbb{R}$, on a $b(x) \neq 0$ ou $\int_{-\infty}^{\infty} g(x,y)\, dy = \infty$.

<u>Exemple 2</u>. Soit toujours $\mathcal{L}_1$ donné par (2.7), mais on suppose cette fois-ci que la condition (2.8) n'est pas satisfaite. Tirant partie de ce que dans (2.4) il n'y a pas de régularité requise "en z" sur $\bar{c}$, on peut décomposer g en $g = g_1 + g_2$, où g_1 vérifie (2.8). On construit c_i correspondant à g_i comme dans l'exemple précédent, et on considère l'équation (2.3) avec $c = c_1$ et $\bar{c} = c_2$. Il faut bien-sûr que la condition (2.9) soit satisfaite par g_1, et pas seulement par g.

<u>Exemple 3</u>. Soit $\mathcal{L}_2$ donné par

(2.10) $$\mathcal{L}_2\, f(x) = \sum_{n\geq 0} \alpha_n(x)[f(x+\beta_n(x)) - f(x) - f'(x)\beta_n(x)\, 1_{\{|\beta_n(x)|\leq 1\}}]$$

où les α_n sont positives, et $\sum\alpha_n(x)\, (\beta_n^2(x)\wedge 1)<\infty$. Le noyau K correspondant à cet opérateur est

(2.11) $$K(x,dy) = \sum_{n\geq 0} \alpha_n(x)\, \varepsilon_{\beta_n(x)}(dy)$$

et si on le met sous la forme (1.3) il est clair que la fonction $c(.,x)$ ne prend que les valeurs $\beta_n(x)$. Elle ne peut donc pas être continue, sauf si elle est constante sur chaque composante connexe de U ; mais alors $c'_z(.,x) = 0$ sur chacune de ces composantes connexes, et on ne saurait avoir la condition (H).
Par conséquent, dans ce cas il n'est pas question d'appliquer le théorème (2.5), alors que le semi-groupe engendré par $\mathcal{L}_2$ peut fort bien admettre des densités.

<u>Exemple 4</u>. Soit $\mathcal{L}_3$ de la forme $\mathcal{L}_3 = \mathcal{L}_1 + \mathcal{L}_2$, somme de (2.7) et (2.10). Dans ce cas, il est naturel de définir (au moins si on a (2.8)) U et c comme dans l'exemple 1, et de mettre le noyau K donné par (2.11) sous la forme (1.3), avec la fonction $\bar{c}$. Comme ci-dessus, $\bar{c}(.,x)$ ne prend que les valeurs $\beta_n(x)$; comme la mesure $\bar{G}$ est

fixe et qu'on doit avoir (1.3) pour tout x, il est facile de voir que $\overline{c}(z,x)$ ne peut être continue en x que sous l'hypothèse suivante :

(2.12) chaque fonction α_n est constante.

Dans ce cas, on peut prendre $E = \mathbb{N}$, $\overline{G}(dz) = \sum \alpha_n \varepsilon_n(dz)$ et $\overline{c}(n,x) = \beta_n(x)$.

La conclusion qu'on peut tirer de ces exemples est donc que le théorème (2.5) est plutôt inadapté à l'étude du problème (1'), dès que le noyau K a des atomes.

3 - PERTURBATION DE L'EQUATION.

§ 3-a. Pour obtenir le théorème (2.5), on s'appuie sur la propriété bien connue suivante : supposons qu'il existe une variable aléatoire intégrable δ et une constante C telles que

(3.1) $\forall f$, C^∞ à support compact, $|E[f'(X_T)\delta]| \leq C\,||f||_\infty$;

si alors $\delta \neq 0$ p.s., la loi de X_T admet une densité (en fait, le résultat est classique si $\delta=1$; sinon, (3.1) implique que la loi de X_T sous la mesure $Q(d\omega) = P(d\omega)\delta(\omega)$ admet une densité ; mais si $\delta\neq 0$ p.s., on a $Q\sim P$, donc X_T admet aussi une densité sous P).

Raisonnons alors de manière heuristique. Pour chaque λ appartenant à un voisinage de 0, on va faire une perturbation sur les termes directeurs $W,\mu,\overline{\mu}$ de l'équation (2.4), en les remplaçant par W^λ, par μ^λ et par $\overline{\mu}^\lambda = \overline{\mu}$, cette perturbation étant nulle pour $\lambda = 0$. La solution de (2.3) devient alors X^λ. Cette perturbation est telles que la loi de $(W^\lambda, \mu^\lambda, \overline{\mu})$ soit équivalente à celle de $(W,\mu,\overline{\mu})$, avec une densité G^λ_T qu'on peut calculer ; de cette manière on a

(3.2) $$E[f(X^\lambda_T)\,G^\lambda_T] = E[f(X_T)]$$

pour toute fonction bornée f. Cette perturbation est aussi telle que G^λ_T et X^λ_T soient dérivables en λ pour $\lambda=0$, dans L^2 pour X^λ_T et dans tous les L^p pour G^λ_T ; on peut alors dériver (3.2) sous le signe espérance, ce qui donne en notant DX_T et DG_T les dérivées de X^λ_T et G^λ_T :

(3.2) $$E[f'(X_T)\,DX_T] = -E[f(X_T)\,DG_T].$$

On a donc (3.1) avec $C = E(|DG_T|)$ et $\delta = DX_T$, et il reste à montrer que DX_T est p.s. non nul.

Tout ceci va être explicité et rendu rigoureux dans ce qui suit.

§ 3-b. Le changement de probabilité. Il est facile de construire une fonction α : $\mathbb{R} \to \mathbb{R}_+$ qui est C^∞, qui vérifie $\{\alpha>0\} = U$, qui est bornée ainsi que toutes ses dérivées, qui est intégrable (donc toutes ses puissances sont aussi intégrables) par rapport à la mesure de Lebesgue et telle que $\alpha(z)$ soit majorée par la distance de z au complémentaire de U. On considère cette fonction fixée une fois pour toutes.

On fixe ensuite un processus u et une fonction v sur $\Omega \times [0,T] \times U$ jouissant des propriétés suivantes

(3.4) (a) u est prévisible borné

(b) v est prévisible, $v(\omega,t,.)$ est continûment dérivable, et $|v(\omega,t,z)| \leq \alpha(z)$, $|v'(\omega,t,z)| \leq \frac{1}{2}\Lambda\ \alpha(z)$.■

Ces termes seront choisis judicieusement dans le § 4.

Pour chaque fonction prévisible $h : \Omega \times [0,T] \times U \longrightarrow U$, on note $h(\mu)$ la mesure aléatoire

$$h(\mu)(\omega;A) = \int \mu(\omega;dt\times dz)\, 1_A(t,h(\omega,t,z)), \qquad A\subset [0,T]\times U,$$

et de même pour $h(\nu)$, etc... Soit $\Lambda = [-1,1]$. Si $\lambda \in \Lambda$ on pose

$$\gamma^\lambda(\omega,t,z) = z + v(\omega,t,z)\lambda.$$

D'après (3.4), la fonction $\gamma^\lambda(\omega,t,.)$ est une bijection de U sur lui-même. On pose

$$(3.5) \qquad \begin{cases} W_t^\lambda = W_t + \lambda\int_0^t u_s\, ds \\ \mu^\lambda = \gamma^\lambda(\mu) \end{cases}$$

$$(3.6) \qquad Y^\lambda(\omega,t,z) = 1 + v'(\omega,t,z)\lambda .$$

D'après (3.4) on a $|Y^\lambda - 1| \leq \alpha$, et $\alpha \in L^2(G)$, donc on peut définir la martingale locale

$$M^\lambda = -\lambda u_\bullet W + (Y^\lambda - 1) * (\mu - \nu)$$

et son exponentielle de Doléans-Dade $G^\lambda = \mathcal{E}(M^\lambda)$. Le lemme suivant montre en particulier que G^λ est une martingale. Rappelons que pour tout processus H, on note $H^*(\omega) = \sup_{(s)} |H_s(\omega)|$.

(3.7) LEMME : *Pour tout* $p \in [1,\infty[$, *on a* $|G^\lambda|^* \in L^p(P)$, *et la martingale*

$$DG = -u_\bullet W + v' * (\mu-\nu)_\lambda$$

est la dérivée de $(G^\lambda)_{\lambda\in\Lambda}$ *en 0, au sens où* $|\frac{G^\lambda - 1}{\lambda} - DG|^* \to 0$ *dans* $L^p(P)$ *lorsque* $\lambda \to 0$.

Démonstration. G^{λ} est la solution de l'équation linéaire

$$G^{\lambda} = 1 - (G_{-}^{\lambda} u \lambda) \cdot W + G_{-}^{\lambda}(Y^{\lambda} - 1) * (\mu - \nu).$$

On applique alors le théorème (A.12) de l'annexe, avec $A^{\lambda} = 0$, $B'^{\lambda} = 0$, $B''^{\lambda} = -u\lambda$, $C'^{\lambda} = 0$ et $C''^{\lambda} = Y^{\lambda} - 1$: avec les notations de ce théorème, et pour $p = 2^q$ avec q quelconque dans $\mathbb{N}^*$, on a évidemment (i), et (ii) avec $\rho = \alpha$; on a (iii) pour B''^{λ} avec $DG'' = -u$ (trivial), et pour C''^{λ} avec $\rho = \alpha$ et $DC'' = v'$ (également trivial). On en déduit que $|G^{\lambda}|^* \in L^p(P)$ et que (G^{λ}) est dérivable dans $L^p(P)$ avec la dérivée $DG = -u \cdot W + v' * (\mu - \nu)$, pour tout $p = 2^q$ $(q \in \mathbb{N}^*)$, donc aussi pour tout $p \in [1, \infty[$. ■

On a en particulier $E(G_T^{\lambda}) = 1$, et comme $\Delta M^{\lambda} \geq -1/2$ par construction, on a $G_T^{\lambda} > 0$ p.s. Donc $P^{\lambda} = G_T^{\lambda} \cdot P$ est une probabilité équivalente à P.

(3.8) LEMME : *La loi de* $(W^{\lambda}, \mu^{\lambda}, \bar{\mu})$ *sous la probabilité* $P^{\lambda} = G_T^{\lambda} \cdot P$ *est la même que la loi de* $(W, \mu, \bar{\mu})$ *sous* P.

Démonstration. Il suffit de montrer les trois assertions suivantes :

a) Pour P^{λ}, W^{λ} est une martingale (continue par construction) de variation quadratique t : c'est le théorème de Girsanov usuel.

b) Pour P^{λ}, la projection prévisible duale de μ^{λ} est ν. Mais d'après la définition de G^{λ} et le théorème de Girsanov pour les mesures ponctuelles [5], la projection prévisible duale de μ pour P^{λ} est $Y^{\lambda} \cdot \nu$, donc celle de $\mu^{\lambda} = \gamma^{\lambda}(\mu)$ est $\gamma^{\lambda}(Y^{\lambda} \cdot \mu)$. Mais d'après la formule du changement de variable, et comme $\gamma^{\lambda}(\omega, t, .)$ est une bijection sur U, on a

$$\gamma^{\lambda}(Y^{\lambda} \cdot \nu)(\omega; A) = \int 1_A(t, \gamma^{\lambda}(\omega, t, z))\, Y^{\lambda}(\omega, t, z)\, ds\, G(dz)$$
$$= \int dt \int_U 1_A(t, z + v(\omega, t, z)\lambda)\, [1 + v'(\omega, t, z)\lambda]\, dz = \int dt \int_U 1_A(t, z)\, dz.$$

Par suite, la projection prévisible duale de μ^{λ} pour P^{λ} est ν.

c) Pour P^{λ}, la projection prévisible duale de $\bar{\mu}$ est $\bar{\nu}$. Mais par construction M^{λ} et G^{λ} ne "sautent" pas en même temps que $\bar{\mu}$, donc on a de nouveau le résultat par le théorème de Girsanov. ■

On en déduit alors que si θ est une fonction mesurable des "trajectoires" de W, $\mu, \bar{\mu}$, on a

$$(3.9) \qquad E[\theta(W^{\lambda}, \mu^{\lambda}, \bar{\mu})\, G_T^{\lambda}] = E[\theta(W, \mu, \bar{\mu})].$$

§ 3-c. Perturbation de l'équation. On considère maintenant l'équation

$$(3.10)\quad \begin{aligned} X^\lambda &= x_0 + a(X^\lambda_-)\bullet t + b(X^\lambda_-)\bullet W + \lambda u\, b(X^\lambda_-)\bullet t + c(\gamma^\lambda(z), X^\lambda_-) * (\mu-\nu) \\ &\quad - \lambda\int_0^\cdot ds \int_U G(dz)\, c(\gamma^\lambda(z), X^\lambda_-)\, v'(z) + \bar{c}(X^\lambda_-) * (\bar{\mu}-\bar{\nu}) \end{aligned}$$

(pour $\lambda = 0$ on retombe sur (2.3)).

(3.11) LEMME : *Pour tout $\lambda \in \Lambda$ l'équation (3.10) admet une solution et une seule X^λ, qui vérifie $|X^\lambda|^* \in L^2(P)$. De plus $(X^\lambda)_{\lambda\in\Lambda}$ est dérivable en 0 dans $L^2(P)$ (au sens du lemme (3.7)), et son processus dérivée DX est l'unique solution de l'équation linéaire :*

$$(3.12)\quad \begin{aligned} DX &= a'(X_-)DX_-\bullet t + b'(X_-)DX_-\bullet W + u\, b(X_-)\bullet t + c'_x(X_-)DX_- * (\mu-\nu) \\ &\quad + c'_z(X_-)v * (\mu-\nu) - c(X_-)v' * \nu + \bar{c}'_x(X_-)DX_- * (\bar{\mu}-\bar{\nu}) \end{aligned}$$

Démonstration. On va appliquer le théorème (A.10) de l'annexe, avec la remarque (A.4), pour $p = 2$ et les coefficients suivants qui font de (3.10) une équation de type (A.3) :

$$A^\lambda(\omega,t,x) = a(x) + \lambda u_t(\omega)b(x) - \lambda\int G(dz)\, c(z+v(\omega,t,z)\lambda, x)\, v'(\omega,t,z)$$

$$B^\lambda(\omega,t,x) = b(x)$$

$$C^\lambda(\omega,t,z,x) = c(z+v(\omega,t,z)\lambda, x)$$

$$\bar{C}^\lambda(\omega,t,z,x) = \bar{c}(z,x).$$

On utilise la nomenclature de l'hypothèse (Hp) de l'annexe. On note k une constante qui majore $|a'|$, $|b'|$, $|c'_z|$, $|c''_{z^2}|$, $|c''_{zx}|$ et $|u|$; quitte à remplacer la fonction ρ de (2.4) par $\rho\vee\alpha$, on peut supposer que $\alpha\leq\rho$. On va montrer qu'on a (Hp) pour $p = 2$, avec la fonction ρ pour C^λ et la fonction $\bar{\rho}$ pour $\bar{C}^\lambda$.

D'abord, les conditions (a) et (b-i) de (H2) découlent immédiatmenet de (2.4) : pour A^λ, noter que

$$(3.13)\quad |c'_x(z+v(z)\lambda, x)| \leq |c'_x(z,x)| + k|\lambda||v(z)| \leq (1+k)\,\rho(z)$$

et comme $\rho\alpha \in L^1(G)$ on peut dériver (en x) le dernier terme de A sous le signe somme.

Ensuite, les conditions (b-ii, iii, iv) découlent aussi immédiatement de (2.4) pour B^λ et $\bar{C}^\lambda$. Pour C^λ elles découlent des majorations :

$|D_x\, C^\lambda(z,x)| \leq (1+k)\, \rho(z)$ (utiliser (3.13)).

$|C^\lambda(z,x) - C^0(z,x)| \leq k|\lambda|\ |v(z)| \leq k\ |\lambda|\rho(z)$

$|D_x\, C^\lambda(z,x) - D_x\, C^0(z,x)| \leq k|\lambda||v(z)| \leq k|\lambda|\ \rho(z)$

Pour A^λ, ces conditions découlent des majoration suivantes (rappelons que $|v'|\leq\alpha$) :

$|D_x\, A^\lambda(x)| \leq k + k^2 + (1+k)\, G(\rho\alpha)$ (utiliser (3.13)).

$|b(x)| \leq |b(0)| + k\ |x|$

(3.14) $|c(z+v(z)\lambda,x)| \leq k\ \alpha(z) + |c(z,x)| \leq k\alpha(z) + |x|\rho(z) + |c(z,0)|$

$\leq (k + 1 + |x|)\ \rho(z).$

(3.15) $|A^\lambda(x) - A^0(x)| \leq [k|b(0)| + k^2|x| + (k+1\ +|x|)\ G(\rho\alpha)]\ |\lambda|$

$|D_x\ A^\lambda(x) - D_x A^0(x)| \leq k^2|\lambda| + |\lambda|\ (1+k)\, G(\rho\alpha)$ (utiliser (3.13)).

On a donc montré (H2-a,b), ce qui d'après le théorème (A.6) de l'annexe entraîne que (3.10) a une solution et une seule X^λ, qui vérifie $|X^\lambda|^* \in L^2(P)$.

Il reste à montrer la condition (H2-c). C'est évident pour B^λ et $\overline{C}^\lambda$, avec DB=0 et $D\overline{C}$=0 (en effet $|B^\lambda(X^0_-)| \leq |b(0)| + k|X^0|^*$ et $|C^\lambda(X^0_-)| \leq c'_z(z,X^0_{t-}(\omega))v(\omega,t,z)$; cela découle des majorations

$|C^\lambda(z,X^0_-)| \leq (k + 1 + (X^0)^*)\rho(z)$ (d'après (3.14)).

$|DC(z)| \leq k\alpha(z)$,

$|C^\lambda\ (z,X^0_-) - C^0(z,X^0_-) - DC(z)\lambda| \leq \frac{k}{2}\ |\lambda|^2\ \alpha(z)$

(formule de Taylor au deuxième ordre). Enfin (A^λ) est L^2-dérivable, de dérivée $DA = ub(X^0_-) - \int G(dz)\ c(z,X^0_-)\ v'(z)$; cela découle des majorations :

$|A^\lambda\ (X^0_-)| \leq |A^0(X^0_-)| + |A^\lambda(X^0_-) - A^0(X^0_-)|$

$\leq |a(0)| + k(X^0)^* + k|b(0)| + k^2(X^0)^* + (k + 1 + (X^0)^*)G(\rho\alpha)$ (utiliser 3.15)).

$|DA| \leq k\ |b(0)| + k^2|X^0|^* + (1 + |X^0|^*)\ G(\rho\alpha)$

$|A^\lambda(X^0_-) - A^0(X^0_-) - DA.\lambda| = |\lambda|\ \left|\int G(dz)\ [C^\lambda(z,X^0) - C^0(z,X^0)]\ v'(z)\right|$

$\leq k\ |\lambda|^2\ G(\rho\alpha).$

Enfin la formule (A.11) de l'annexe nous donne l'équation linéaire satisfaite par le processus dérivée DX : compte-tenu des valeurs précédemment calculées de DA,DB,DC,

$D\overline{C}$, cette équation est exactement (3.12). ∎

La solution X est une fonction de $(W,\mu,\overline{\mu})$, car elle est mesurable par rapport à la tribu engendrée par ces termes (c'est une solution "forte") : on l'écrit $X = \theta(W,\mu,\overline{\mu})$. Si maintenant on pose $Y^\lambda = \theta(W^\lambda,\mu^\lambda,\overline{\mu})$, comme la loi de $(W^\lambda,\mu^\lambda,\overline{\mu})$ sous P^λ est la même que celle de $(W,\mu,\overline{\mu})$ sous P, il est évident que Y^λ est solution pour P^λ de la même équation que X pour P, mais relativement à W^λ, μ^λ, $\overline{\mu}$ (voir par exemple les théorèmes classiques sur les changements d'espace : [5]). Autrement dit, Y^λ est l'unique solution de l'équation suivante, écrite pour P^λ :

(3.16) $Y^\lambda = x_0 + a(Y^\lambda_-)\cdot t + b(Y^\lambda_-)\cdot W^\lambda + c(Y^\lambda_-) * (\mu^\lambda - \nu) + \overline{c}(Y^\lambda_-) * (\overline{\mu} - \overline{\nu})$

(3.17) LEMME : *Les processus* Y^λ *et* X^λ *sont* P- *et* P^λ-*indistinguables.*

Démonstration. Considérons la solution X^λ de l'équation (3.10) . D'abord,

$$b(X^\lambda_-)\cdot W + \lambda\, ub(X^\lambda_-)\cdot t = b(X^\lambda_-)\cdot W^\lambda$$

au sens de l'intégrale stochastique par rapport à la P-semimartingale W^λ ; comme $P^\lambda \sim P$, c'est aussi l'intégrale stochastique par rapport à la P^λ-martingale W^λ, pour P^λ. Par ailleurs,

$$c(\gamma^\lambda(z), X^\lambda_-) * (\mu-\nu) = c(z,X^\lambda_-) * (\mu^\lambda - \gamma^\lambda(\nu))$$

pour P, par définition de μ^λ et de $\gamma^\lambda(\nu)$. D'après [5, ch. 7] , ce processus s'écrit comme suit pour P^λ (car ν est la projection prévisible duale de μ^λ pour P^λ) :

$$c(z,X^\lambda_-) * (\mu^\lambda-\nu) + [c(\gamma^\lambda(z),X^\lambda_-)(Y^\lambda(z) - 1)] * \nu ,$$

où la seconde intégrale est de Stieltjes. Enfin, comme $\overline{\nu}$ est la projection prévisible duale de $\overline{\mu}$ pour P^λ, le même résultat montre que $\overline{c}(X^\lambda_-) * (\overline{\mu}-\overline{\nu})$ est défini indifféremment pour P et P^λ.

On a donc démontré que, pour P^λ , on a :

$$X = X_0 + a(X^\lambda_-)\cdot t + b(X^\lambda_-)\cdot W^\lambda + c(X^\lambda_-) * (\mu^\lambda - \nu) + \overline{c}(X^\lambda_-) * (\overline{\mu}-\overline{\nu})$$

Si on compare à (3.16), on voit que X^λ est P^λ-indistinguable, donc aussi P-indistinguable (car $P \sim P$), de Y^λ . ∎

D'après (3.9), on a donc :

(3.18) COROLLAIRE : *Pour toute fonction mesurable bornée, on a*

$$E[f(X^\lambda_T)\, G^\lambda_T] = E[f(X^\lambda_T)] .$$

Terminons ce paragraphe par un résultat technique :

(3.19) LEMME : *On a l'égalité*

$c'_z(X_-)v * (\mu-\nu) - c(X_-)v' * \nu = c'_z(X_-)v * \mu$

Démonstration. Comme $|c'_z(z,X_-)\, v(z)| \leq k\, \alpha(z)$, la fonction $c'_z(z,X_-)\, v(z)$ est intégrable au sens de Stieltjes par rapport à μ et à ν. Il suffit donc de montrer que

$$c'_z(X_-)v * \nu + c(X_-)\, v' * \nu = 0 \qquad \text{p.s.}$$

Etant donné la forme de ν, il suffit donc de montrer que pour $dP\times dt$-presque tous (ω,t) et pour toute composante connexe $]\gamma,\beta[$ de U, on a :

$$(3.20) \qquad \int_\gamma^\beta dz\, [c'_z(z,X_{t-}(\omega))v(\omega,t,z) + c(z,X_{t-}(\omega))\, v'(\omega,t,z)] = 0$$

Comme $|c(z,x)| \leq \rho(z)(1+|x|)$ et $|v(z)| \leq \alpha(z)$ et $|v'(z)| \leq \alpha(z)$ et comme ρ^2,α et $\alpha\rho$ sont dans $L^2(G)$, on a $dP\times dt$-p.s :

$$(3.21) \qquad \int_\gamma^\beta dz[\, |c'_z(z,X_-)v(z)| + |c(z,X_-)v'(z)|\,] < \infty$$

$$(3.22) \qquad \int_\gamma^\beta dz\; c(z,X_-)^2 < \infty$$

Si $[\gamma',\beta'] \subset]\gamma,\beta[$, on a bien-sûr

$$\int_{\gamma'}^{\beta'} dz\; [c'_z(z,X_-)v(z) + c(z,X_-)v'(z)] = c(\beta',X_-)v(\beta') - c(\gamma',X_-)v(\gamma')$$

et d'après (3.21), cette expression tend vers une limite finie lorsque $\beta' \uparrow \beta$, $\gamma' \downarrow \gamma$, et cette limite est la valeur du premier membre de (3.20).

Supposons alors que $c(\gamma',X_-)v(\gamma')$ tende vers une limite non nulle. Examinons d'abord le cas où $\gamma>-\infty$. On a $|v(\gamma')| \leq \alpha(\gamma') \leq \gamma'-\gamma$, donc il existe une constante $K>0$ telle que $|c(\gamma',X_-)| \geq \frac{K}{\gamma'-\gamma}$ pour tout γ' assez proche de γ: cela contredit (3.21). Examinons ensuite le cas où $\gamma = -\infty$. On a $|v(\gamma')| \leq \alpha(\gamma')$ donc il existe une constante $K>0$ telle que $|c(\gamma',X_-)| \geq K$ pour tout γ' assez proche de $-\infty$: cela contredit encore (3.21). On en déduit que nécessairement $c(\gamma',X_-)v(\gamma')$ tend vers 0 quand $\gamma' \downarrow \gamma$, et on montre de même que $c(\beta',X_-)v(\beta') \to 0$ quand $\beta' \uparrow \beta$. Par suite on a (3.20), d'où le résultat. ∎

4 - DEMONSTRATION DU THEOREME (2.5).

D'après (3.7) et (3.11), on peut dériver (3.18) sous le signe somme en $\lambda = 0$ dès que f est dérivable à dérivée bornée, ce qui donne :

(4.1) $$E[f'(X_T)\, DX_T] = -E[f(X_T)\, DG]$$

et on a donc (3.1) avec $C = E(|DG_T|)$. Pour obtenir le résultat, il suffit donc de montrer qu'on peut choisir la perturbation (c'est-à-dire u et v vérifiant (3.4)) de sorte que

(4.2) $$DX_T \neq 0 \quad \text{p.s.}$$

On va d'abord calculer explicitement DX_T en fonction de u et v. Soit

(4.3) $$\begin{cases} H = u\, b(X_-)\cdot t + c_z'(X_-)v * \mu \\ K = a'(X_-)\cdot t + b'(X_-)\cdot W + c_x'(X_-)*(\mu-\nu) + \bar{c}_x'(X_-)*(\bar{\mu}-\bar{\nu}), \end{cases}$$

de sorte que, compte-tenu du lemme (3.19), la formule (3.12) s'écrit :

$$DX = H + DX_- \cdot K.$$

On sait résoudre explicitement cette équation, qui généralise l'équation de Doléans-Dade ([13], [5]) ; on définit d'abord les temps d'arrêt

$$S_0 = 0, \quad S_{n+1} = \inf(t>S_n = t \leq T,\ \Delta K_t = -1)$$

(avec $\inf(\emptyset) = \infty$). On sait alors que, comme H est à variation finie, et avec la convention $\Delta H_0 = H_0$ (= 0 ici), on a

(4.4) $$DX_t = \mathcal{E}(K-K^{S_n})_t\, [\Delta H_{S_n} + \int_{]S_n,t]} (1+\Delta K_s)^{-1}\, \mathcal{E}(K-K^{S_n})_{s-}^{-1}\, dH_s]$$

$$\text{si } S_n \leq t < S_{n+1} \quad \text{et} \quad t \leq T.$$

Commes les temps S_n sont totalement inaccessibles, on a $P(S_n = T) = 0$; comme $\mathcal{E}(K-K^{S_n})_T \neq 0$ si $S_n < T < S_{n+1} = \infty$, pour obtenir (4.2) il suffit de montrer que :

(4.5) $$\begin{cases} Y_n \neq 0 \quad \text{p.s.} \quad \text{sur} \quad \{S_n < T < S_{n+1} = \infty\}, \text{ où} \\ \qquad Y_n = \Delta H_{S_n} + \int_{S_n}^T (1+\Delta K_s)^{-1}\, \mathcal{E}(K-K^{S_n})_{s-}^{-1}\, dH_s \end{cases}$$

pour tout $n \geq 0$ (en posant $Y_n = \infty$ si l'intégrale ci-dessus n'a pas de sens, une éventualité qui ne peut pas se produire si $S_n < T < S_{n+1}$).

Passons maintenant au choix de u et v. Soit d'abord g une fonction C^∞ à dérivées bornées, telles que

$$g(x) = \begin{cases} -1 & \text{si } x \leq -1 \\ x & \text{si } |x| \leq 1/2 \\ 1 & \text{si } x \geq 1. \end{cases}$$

Puis on définit u et v prévisibles par

$$(4.6)\quad \begin{cases} u_0 = 0,\ v(.,0,z) = 0\ ; \\ u_s = \operatorname{sgn}[b(X_{s-})]\ \operatorname{sgn}[\mathcal{E}(K-K^{S_n})_{s-}] \\ v(s,z) = \eta(z)\ g\circ c'_z\ (z,X_{s-})\ g[1 + c'_x(z,X_{s-})]\ \operatorname{sgn}[\mathcal{E}(K - K^{S_n})_{s-}] \end{cases} \Big\}\ \text{si } S_n < s \le S_{n+1}$$

où η est une fonction : $\mathbb{R} \to \mathbb{R}_+$, de classe C^2, avec $\{\eta>0\} = U$, et $\eta \le \alpha$, et "assez petite" pour que (3.4) soit satisfaite : étant donné que c''_{z^2} et c''_{zx} sont bornés, c'est clairement possible.
On a donc (3.4), et il reste à prouver que $Y_n \neq 0$ p.s. sur $\{S_n < T < S_{n+1}\}$. On va calculer Y_n. Rappelons qu'on peut représenter la mesure de Poisson μ comme suit :

il existe un processus optionnel β à valeurs dans $U \cup |\Delta|$, tel que

$$\mu(\omega;dt\times dz) = \sum_{s>0,\beta_s(\omega)\in U} \varepsilon_{(s,\beta_s(\omega))}(dt\times dz)$$

et on a une formule analogue pour $\overline{\mu}$ avec un processus $\overline{\beta}$ à valeurs dans $E \cup \{\Delta\}$. De plus, comme μ et $\overline{\mu}$ sont des mesures de Poisson indépendantes, les ensembles $\{s : \beta_s \in U\}$ et $\{s : \overline{\beta}_s \in E\}$ sont p.s. disjoints.

Si $0 < S_n \le T$, on a donc d'après (4.3) et (4.6) :

$$-1 = \Delta K_{S_n} = \begin{cases} c'_x(\beta_{S_n}, X_{S_n-}) & \text{si } \beta_{S_n} \in U \\ \overline{c}'_x(\overline{\beta}_{S_n}, X_{S_n-}) & \text{si } \overline{\beta}_{S_n} \in E \end{cases}$$

$$\Delta H_{S_n} = \begin{cases} c'_z(\beta_{S_n}, X_{S_n-})\ \eta(\beta_{S_n})\ g\circ c'_z(\beta_{S_n},X_{S_n-})\ g[1 + c'_x(\beta_{S_n},X_{S_n-})]\ \operatorname{sgn}[\mathcal{E}(K - K^{S_{n-1}})_{S_n-}] \\ \qquad\qquad \text{si } \beta_{S_n} \in U \\ 0 \quad \text{si } \overline{\beta}_{S_n} \in E \end{cases}$$

Mais $g(0) = 0$, donc dans les deux cas on a $\Delta H_{S_n} = 0$. Par ailleurs H ne saute qu'aux instants de saut de μ, donc dans l'intégrale (4.5) on peut remplacer $1 + \Delta K_s$ par 1 chaque fois que $\beta_s \notin U$, donc en particulier lorsque $\overline{\beta}_s \in E$. Par suite on a

$$(4.7)\quad \begin{cases} Y_n = \int_{S_n}^{T} |b(X_{s-})/\mathcal{E}(K-K^{S_n})_{s-}|\ ds + h_n * \mu_T, \text{ où} \\ h_n(s,z) = [1 + c'_x(z,X_{s-})]^{-1}\ \mathcal{E}(K-K^{S_n})^{-1}_{s-}\ v(s,z)\ c'_z(z,X_{s-})\ 1_{\{S_n<s\le T\wedge S_{n+1}\}}. \end{cases}$$

On a alors $h_n \geq 0$ d'après (4.6). Posons enfin

$$B = \{x : b(x) \neq 0\} , \quad B' = \{x : G(\{z : c'_z(z,x) \neq 0\}) = +\infty\},$$

$$A_n = \{(\omega,s,z) : h_n(\omega,s,z) > 0\} ,$$

$$S'_n = \inf(t>S_n : h_n * \mu_t > 0) = \inf(t>S_n : 1_{A_n} * \mu_t > 0).$$

D'après les définitions de v et S_{n+1}, on a

(4.8) $S_n(\omega) < s \leq T$, $s < S_{n+1}(\omega) \Rightarrow \{(\omega,s,z) \in A_n \Leftrightarrow c'_z(z,X_{s-}(\omega)) \neq 0\}$.

Par ailleurs $1_{A_n} * \mu_{S'_n} \leq 1$ par définition de S'_n, donc $E(1_{A_n} * \nu_{S'_n}) \leq 1$ et quitte à enlever un ensemble négligeable on peut supposer qu'on a identiquement $1_{A_n} * \nu_{S'_n}(\omega) < \infty$. Cela entraîne

$\int G(dz) 1_{A_n}(\omega,s,z) < \infty$ pour presque tout $s \in]S_n(\omega), S'_n(\omega)] \cap [0,T]$.

Etant donné (4.8), on obtient donc

$$(4.9) \quad \int_{S_n \wedge T}^{S'_n \wedge S_{n+1} \wedge T} 1_{B'}(X_{s-})\, ds = 0$$

Plaçons-nous sur l'ensemble $\{S_n < T < S_{n+1} = \infty\}$. Si $S'_n = S_n$, il est clair que la seconde intégrale de (4.7), donc Y_n aussi, est strictement positive. Si $S'_n > S_n$, comme $B \cup B' = \mathbb{R}$ d'après l'hypothèse (H) du théorème, (4.9) implique que

$$\int_{S_n}^{T} 1_B(X_{s-})\, ds > 0,$$

et ceci entraîne à l'évidence que la première intégrale de (4.7), donc Y_n aussi, est strictement positive. On a donc montré (4.5), et le théorème est complètement démontré.

5 - EXTENSIONS.

Si on veut obtenir une densité C^∞ il faut généraliser ainsi (3.1) : pour tout n il existe une constante C_n avec

(5.1) $\quad \forall f$, C^∞ à support compact, $|E[f^{(n)}(X_T)]| \leq C_n \|f\|_\infty$.

Dans le cas multi-dimensionnel, (5.1) entraîne encore l'existence d'une densité C^∞ si on remplace $f^{(n)}$ par toutes les dérivées partielles possibles d'ordre n ; et dans ce cas, même pour l'existence d'une densité, il ne suffit pas d'avoir l'équivalent de (3.1) avec une matrice aléatoire δ, mais il faut avoir (5.1) pour $n = 1$, et toutes les dérivées partielles du premier ordre.

Pour obtenir (5.1) avec $n = 1$, l'idée consiste à appliquer (3.18) avec $f(X_T^\lambda)$ remplacé par $f(X_T^\lambda)/DX_T^\lambda$, où DX^λ est construit à partir de $(W^\lambda, \mu^\lambda, \bar{\mu})$ comme DX à partir de $(W,\mu,\bar{\mu})$; puis on dérive, en espérant que tout marche bien : si D^2X désigne la dérivée de (DX^λ), on obtient

$$E[f'(X_T)] = E[f(X_T)\, D^2X_T/(DX_T)^2] - E[f(X_T)\, DG_T/DX_T]$$

d'où (5.1) pour $n = 1$ si tout est intégrable. Si maintenant on veut obtenir (5.1) pour $n = 2$, l'expression précédente montre qu'il faut pouvoir appliquer (3.18) (et dériver) pour $f(X_T^\lambda)$ remplacé par $f(X_T^\lambda)D^2X_T^\lambda/(DX_T^\lambda)^3$ et par $f(X_T^\lambda)DG_T^\lambda/(DX_T^\lambda)^2$.

Cette procédure d'itération est très simple dans son principe, et elle marche bien, quoiqu'elle donne lieu à des calculs plutôt compliqués (lorsqu'il n'y a pas de sauts, et dans le cas unidimensionnel, cette itération reste simple : voir [2]) : nous espérons le prouver dans un article actuellement en préparation.

ANNEXE

DIFFERENTIABILITE DANS L^p ET EQUATIONS DIFFERENTIELLES STOCHASTIQUES

Cette note est la $n^{\text{ième}}$ sur la stabilité (avec comme corollaire la différentiabilité) pour les solutions d'équations différentielles stochastiques. Et les ingrédients sont toujours les mêmes : un peu de majorations type "Burkhölder-Davis-Gundy", et beaucoup de lemme de Gronwall.

La seule excuse est que nous avons besoin de ces résultats dans le corps de cet article, et qu'il faut bien démontrer les résultats utilisés. La seule originalité vient de ce qu'on étudie des équations avec mesure de Poisson. Il va sans dire que nous ne démontrons que le strict nécessaire (à ceci près que nous considérons le cas multi-dimensionnel, en vue d'un article à venir sur le calcul de Malliavin multidimensionnel).

1 - LES RESULTATS.

On suppose l'intervalle des temps fini, soit $[0,T]$. On part d'une base stochastique $(\Omega,\underline{F},(\underline{F}_t)_{t\leq T},P)$ et d'un espace mesurable auxiliaire $(E,\underline{E})$ muni d'une mesure positive σ-finie G. On se donne :

$$\text{(A.1)}\quad \begin{cases} W = (W^i)_{i\leq n} \text{ un brownien n-dimensionnel ;} \\ \mu \text{ une mesure de Poisson homogène sur } [0,T]\times E, \text{ de mesure intensité (ou} \\ \text{compensateur, ou projection prévisible duale) } \nu(dt\times dz) = dt\times G(dz). \end{cases}$$

On utilise les mêmes notations que dans le reste de l'article (cf. § 2) : $\underline{\underline{P}}$ est la tribu prévisible de $\Omega\times[0,T]$. Si $H = (H^i)_{i\leq n}$ est un processus prévisible convenable, on note $H\bullet W$ l'intégrale stochastique par rapport à W (qui sera toujours ici $\sum_{(i)} H^i\bullet W^i$), et on note $H\bullet t$ le processus intégral (vectoriel) défini par (2.2) lorsqu'il est bien défini.

Soit Λ un voisinage de 0 dans $\mathbb{R}^m$. Pour chaque $\lambda\in\Lambda$ on considère les "coefficients" suivants :

$$\text{(A.2)}\quad \begin{cases} A^\lambda = (A^{\lambda,i})_{i\leq d}, & \underline{\underline{P}}\otimes\underline{\underline{\mathbb{R}}}^d\text{-mesurable : } \Omega\times[0,T]\times\mathbb{R}^d \to \mathbb{R}^d \\ B^\lambda = (B^{\lambda,ij})_{i\leq d,j\leq n}, & \underline{\underline{P}}\otimes\underline{\underline{\mathbb{R}}}^d\text{-mesurable : } \Omega\times[0,T]\times\mathbb{R}^d \to \mathbb{R}^d\otimes\mathbb{R}^n \\ C^\lambda = (C^{\lambda,i})_{i\leq d}, & \underline{\underline{P}}\otimes\underline{\underline{E}}\otimes\underline{\underline{\mathbb{R}}}^d\text{-mesurable : } \Omega\times[0,T]\times E\times\mathbb{R}^d \to \mathbb{R}^d \end{cases}$$

et on étudie l'équation suivante :

$$\text{(A.3)}\qquad X^\lambda = x + A^\lambda(X_-^\lambda)\bullet t + B^\lambda(X_-^\lambda)\bullet W + C^\lambda(X_-^\lambda)*(\mu-\nu)$$

où $x\in\mathbb{R}^d$ est fixé et où la solution $X^\lambda = (X^{\lambda,i})_{i\leq d}$ est à valeurs dans $\mathbb{R}^d$. Dans (A.3) il faudrait écrire $A^\lambda(\omega,t,X_{t-}^\lambda(\omega))$, etc...

(A.4) REMARQUE : On pourrait considérer une équation du type (A.3), mais faisant intervenir une famille finie (μ_α) de mesures de Poisson, de compensateurs ν_α :

$$X^\lambda = x + A^\lambda(X_-^\lambda)\bullet t + B^\lambda(X_-^\lambda)\bullet W + \textstyle\sum_{(\alpha)} C_\alpha^\lambda(X_-^\lambda) * (\mu_\alpha-\nu_\alpha).$$

On aurait exactement les mêmes résultats que ceux qui suivent (on pourrait d'ailleurs ramener l'équation ci-dessus à (A.3)). ■

Commençons par énoncer un théorème d'existence et d'unicité (classique dans L^2). Pour cela, rappelons que pour tout processus H,

$$|H|_t^*(\omega) = \sup_{s\leq t}|H_s(\omega)|\ , \qquad |H|^* = |H|_T^*$$

(la "valeur absolue" d'un vecteur ou d'une matrice sera la somme des valeurs absolues de ses composantes). De même si U est une fonction sur $\Omega\times[0,T]\times E$ on pose

$$\text{(A.5)}\qquad |U|^*(\omega) = \sup_{s\leq T,z\in E}|U(\omega,s,z)|.$$

(A.6) THEOREME : *Soit ρ de la forme $p = 2^q$, où $q \in \mathbb{N}^*$. Supposons qu'il existe une fonction strictement positive ρ sur E appartenant à $L^2(G) \cap L^p(G)$, avec :*

(i) $|A^\lambda(0)|^*$, $|B^\lambda(0)|^*$, $|\frac{1}{\rho} C^\lambda(0)|^*$ *sont dans $L^p(P)$;*

(ii) $A^\lambda(\omega,t,.)$, $B^\lambda(\omega,t,.)$, $C^\lambda(\omega,t,z,.)$ *sont dérivables sur $\mathbb{R}^d$, et les modules des dérivées $|D_x A^\lambda|$, $|D_x B^\lambda|$, $|\frac{1}{\rho} D_x C^\lambda|$ sont bornés uniformément en ω,t,z,x. Alors, l'équation (A.3) admet une solution et une seule X^λ, qui vérifie $|X^\lambda|^* \in L^p(P)$.*

(A.7) REMARQUE : On aurait un résultat analogue pour tout $p \in [2,\infty[$, en utilisant une interpolation. Mais nous n'aurons l'usage que du cas $p = 2$, du cas $p = 4$, et du cas où les résultats sont vrais pour tout p réel dans $[2,\infty[$. ■

Passons à la dérivabilité : il s'agit de dérivabilité au sens de Fréchet, pour la topologie de la convergence uniforme en temps, dans L^p.

(A.8) DÉFINITION :

a) Une famille $(H^\lambda)_{\lambda\in\Lambda}$ de processus réels est L^p-dérivable en 0, de dérivée $DH = (DH^i)_{i\leq m}$, si

(i) $|H^\lambda|^*$ et $|DH|^*$ sont dans $L^p(P)$,

(ii) $E(|H^\lambda - H^0 - DH.\lambda|^{*p}) = o(|\lambda|^p)$ quand $\lambda \to 0$.

b) Une famille $(U^\lambda)_{\lambda\in\Lambda}$ de fonctions réelles sur $\Omega \times [0,T] \times E$ est ρ-L^p-dérivable en 0, de dérivée $DU = (DU^i)_{i\leq m}$, si ρ est une fonction strictement positive sur E et si

(i) $|\frac{1}{\rho} U^\lambda|^*$ et $|\frac{1}{\rho} DU|^*$ sont dans $L^p(P)$,

(ii) $E(|\frac{1}{\rho}[U^\lambda - U^0 - DU.\lambda]|^{*p} = o(|\lambda|^p)$ quand $\lambda \to 0$.

■

Ces notions s'étendent de manière triviale aux processus ou fonctions multidimensionnels.

(A.9) <u>Hypothèse (Hp)</u>

a) $A^\lambda(\omega,t,.)$, $B^\lambda(\omega,t,.)$, $C^\lambda(\omega,t,z,.)$ sont continûment dérivables sur $\mathbb{R}^d$ pour tous ω,t,z,λ, et deux fois dérivables pour $\lambda = 0$ et tous ω,t,z.

b) Il existe une constante $\zeta > 0$ et une fonction strictement positive ρ sur E appartenant à $L^2(G) \cap L^{2p}(G)$, telles que

(i) $|A^0(0)|^*$, $|B^0(0)|^*$, $|\frac{1}{\rho} C^0(0)|^*$ sont dans $L^{2p}(P)$;

(ii) $|D_x A^\lambda|$, $|D_x B^\lambda|$, $|\frac{1}{\rho} D_x C^\lambda|$, $|D^2_{x^2} A^0|$, $|D^2_{x^2} B^0|$, $|\frac{1}{\rho} D^2_{x^2} C^0|$ sont majorés par ζ uniformément en ω, t, z, x, λ.

(iii) $|A^\lambda(x) - A^0(x)|^*$, $|B^\lambda(x) - B^0(x)|^*$, $|\frac{1}{\rho}[C^\lambda(x) - C^0(x)]|^*$ sont majorés par $\zeta|\lambda|(1 + |x|)$ pour tous ω, x, λ.

(iv) $|D_x A^\lambda - D_x A^0|^*$, $|D_x B^\lambda - D_x B^0|^*$, $[|\frac{1}{\rho} D_x C^0]|^*$ sont majorés par $\zeta|\lambda|$ pour tous ω, x, λ.

c) Les familles de processus $\{A^\lambda(X^0_-)\}_{\lambda\in\Lambda}$ et $\{B^\lambda(X^0_-)\}_{\lambda\in\Lambda}$ sont L^p-dérivables en 0 ; il existe une fonction strictement positive ρ' sur E, appartenant à $L^2(G) \cap L^p(G)$, telle que la famille $\{C^\lambda(X^0_-)\}_{\lambda\in\Lambda}$ soit ρ'-L^p-dérivable en 0. ■

(A.10) THEOREME : *Soit* p *de la forme* $p = 2^q$, *où* $q \in \mathbb{N}^*$. *Supposons qu'on ait* (Hp) . *Alors pour chaque* $\lambda \in \Lambda$ *l'équation* (A.3) *a une solution et une seule* X^λ, *et la famille* $(X^\lambda)_{\lambda\in\Lambda}$ *est* L^p*-dérivable en* 0 . *Le processus dérivée* DX *est l'unique solution de l'équation linéaire*

$$(A.11)\qquad DX = [DA + D_x A^0(X^0_-).DX_-]\bullet t + [DB + D_x B^0(X^0_-).DX_-]\bullet W$$
$$+ [DC + D_x C^0(X^0_-).DX_-] * (\mu-\nu) .$$

Ainsi, comme d'habitude, (A.11) revient à dériver "naïvement" l'équation (A.3). Si on veut être plus précis, $DA^{i,k}$ représente "$\frac{\partial}{\partial\lambda_k} A^{\lambda,i}(X^0_-)|_{\lambda=0}$" et de même pour $DB^{ij,k}$, $DC^{i,k}$, $DX^{i,k}$. L'équation (A.11) s'écrit alors

$$DX^{i,k} = [DA^{i,k} + \sum_{\ell\leq d} \frac{\partial}{\partial x_\ell} A^{0,i}(X^0_-)(DX^{k,\ell})_-]\bullet t$$
$$+ \sum_{j\leq n} [DB^{ij,k} + \sum_{\ell\leq d} \frac{\partial}{\partial x_\ell} B^{0,ij}(X^0_-)(DX^{k,\ell})_-]\bullet W^j$$
$$+ [DC^{i,k} + \sum_{\ell\leq d} \frac{\partial}{\partial x_\ell} C^{0,i}(X^0_-)(DX^{k,\ell})_-] * (\mu-\nu) .$$

(A.12) THEOREME : *Supposons que les coefficients soient de la forme*

$$(A.13)\quad \begin{cases} A^{\lambda}(\omega,t,x) = A'^{\lambda}(\omega,t) + A''^{\lambda}(\omega,t).x \\ B^{\lambda}(\omega,t,x) = B'^{\lambda}(\omega,t) + B''^{\lambda}(\omega,t).x \\ C^{\lambda}(\omega,t,z,x) = C'^{\lambda}(\omega,t,z) + C''^{\lambda}(\omega,t,z).x \end{cases}$$

(donc $A'^{\lambda} = (A'^{\lambda,i})_{i\leq d}$ et $A''^{\lambda} = (A''^{\lambda,ik})_{i,k\leq d}$ et de même pour les autres coefficients).

Les conclusions du théorème (A.10) *sont valides si* $p = 2^q$ $(q\in\mathbb{N}^*)$ *dès qu'on a :*

(*i*) *Il existe* $\rho \in L^2(G)\cap L^{4p}(G)$ *avec* $|A'^0|^*$, $|B'^0|^*$, $|\frac{1}{\rho}C'^0|^* \in L^{4p}(P)$.

(*ii*) *Il existe* $\rho \in L^2(G)\cap L^{4p}(P)$ *avec* $|A''^{\lambda}|$, $|B''^{\lambda}|$, $|\frac{1}{\rho}C''^{\lambda}|$ *bornés uniformément en* ω,t,z,λ.

(*iii*) *Il existe* $\rho \in L^2(P)\cap L^{4p}(G)$ *tel que* $(A'^{\lambda})_{\lambda\in\Lambda}$, $(B'^{\lambda})_{\lambda\in\Lambda}$, $(A''^{\lambda})_{\lambda\in\Lambda}$, $(B''^{\lambda})_{\lambda\in\Lambda}$ *soient* L^{4p}*-dérivables en* 0 *et que* $(C'^{\lambda})_{\lambda\in\Lambda}$ *et* $(C''^{\lambda})_{\lambda\in\Lambda}$ *soient* ρ-L^{4p}*-dérivables en* 0.

2 - LES DEMONSTRATIONS

La base des démonstrations est le lemme suivant, inspiré de [1] pour la partie (c).

(A.14) LEMME : *Soit* $p = 2^q$ *avec* $q \in \mathbb{N}^*$. *Il existe une constante* β_p *ne dépendant que de* T *et de la dimension des processus ci-dessous, telle que*

a) H *processus mesurable* $\Rightarrow E[|\int_0^{\cdot} H_s\, ds|_t^{*\,p}] \leq \beta_p \int_0^t ds\, E(|H|_s^{*\,p})$

b) H *processus prévisible* $\Rightarrow E(|H\bullet W|_t^{*\,p}) \leq \beta_p \int_0^t ds\, E(|H|_s^{*\,p})$

c) H *processus prévisible*, U *fonction* $\underline{\underline{P}}\otimes\underline{\underline{E}}$*-mesurable sur* $\Omega\times[0,T]\times E$, *et* $|U(\omega,t,z)|\leq|H_t(\omega)|\rho(z)$ *avec* $\rho\in L^2(G)\cap L^p(G)$ $\Rightarrow$

$$E(|U * (\mu-\nu)|_t^*)^p \leq \beta_p[G(\rho^2)^{p/2} + G(\rho^p)]\int_0^t ds\, E(|H|_s^{*\,p}).$$

Démonstration. (a) est évident, et (b) découle des inégalités de Burkhölder-Davis-Gundy, car $[H\bullet W, H\bullet W] = \sum_{i<n}(H^i)^2\bullet t$, et des inégalités de Hölder. Pour (c), on ne considèrera pas que le cas unidimensionnel. Soit $M = U * (\mu-\nu)$, qui existe dès que $E(|H|^{*2}) < \infty$ et $G(\rho^2) < \infty$. On a

$$(A.15)\quad [M,M] = U^2 * \mu = N + U^2 * \nu$$

si $N = U^2 * (\mu-\nu)$. Donc $\langle M,M\rangle = U^2 * \nu$ et pour $p = 2$, (c) découle de l'inégalité de Doob (avec $\beta_2 = 2$).

Supposons (c) vraie pour $p = 2^q$, et soit $p' = 2^{q+1} = 2p$. D'après (c) appliqué à U^2 et à p, on a

$$E(|N|_t^{*p}) \leq \beta_p [G(\rho^4)^{p/2} + G(\rho^{2p})] \int_0^t ds\, E(|H|_s^{*\,2p}),$$

et (A.15) implique

$$[M,M]^p \leq 2^{p-1}|N|^p + 2^{p-1}(U^2 * \nu)^p \leq 2^{p-1}\{|N|^{*p} + [\int_0^{\cdot} |H_s|^2 ds\, G(\rho^2)]^p\}.$$

D'après l'inégalité de Burkhölder-Davis-Gundy , il existe une constante c_p telle que

$$E(|M|_t^{*p'}) \leq c_p E([M,M]_t^p) \leq c_p 2^{p-1}\{\beta_p[G(\rho^4)^{p/2} + G(\rho^{2p})] \int_0^t ds\, E(|H|_s^{*2p})$$

$$+ G(\rho^2)^p T^{p/p-1} \int_0^t ds\, E(|H|_s^{*2p})\}$$

et on en déduit le résultat pour p', car il existe une constante γ indépendante de ρ telle que $G(\rho^4)^{p/2} + G(\rho^{2p}) \leq \gamma [G(\rho^2)^p + G(\rho^{2p})]$. ■

<u>Démonstration du théorème (A.6)</u> . Comme λ est fixé, on ne l'écrira pas. (ii) entraine que les coefficients de l'équation sont uniformément lipschitziens (au sens de [5] pour C), donc avec (i) on sait que cela entraine l'existence et l'unicité de la solution X. De plus X est la limite uniforme en t, dans L^2, de la suite X^m construite ainsi :

$$\text{(A.16)} \quad \begin{cases} X^0 = x \\ X^{m+1} = x + A(X^m_-)\cdot t + B(X^m_-)\cdot W + C(X^m_-) * (\mu-\nu) \end{cases}$$

En particulier, $|X^0|^* \in L^p$. Comme (i) et (ii) entrainent que $|A(x)|^*$, $|B(x)|^*$, $|\frac{1}{\rho}C(x)|^*$ sont dans L^p, et comme $X^0 = x$, une application du lemme (A.15) entraine que $|X^1|^* \in L^p$.

Soit α la borne intervenant dans la condition (ii) et

$$\gamma = \alpha^p \beta_p 6^{p-1} [2 + G(\rho^2)^{p/2} + G(\rho^p)],$$

où β_p figure dans (A.15). Soit $0 = s_0 < \ldots < s_r = T$ avec $s_{i+1} - s_i \leq 1/2\gamma$

Posons

$$Y_t^{m,i} = X^m_{t\vee s_i} - X^{m-1}_{t\vee s_i} - X^m_{s_i} + X^{m-1}_{s_i}$$

$$y_{m,i}(t) = E(|Y^{m,i}|_t^{*p}) \quad , \quad x_{m,i} = E(|X^m - X^{m-1}|_{s_i}^{*p}).$$

D'après (A.3), on a

$$\text{(A.17)} \quad Y^{m+1,i} = [A(X^m_-) - A(X^{m-1}_-)] 1_{]s_i,T]} \cdot t + [B(X^m_-) - B(X^{m-1}_-)] 1_{]s_i,T]} \cdot W$$

$$+ [C(X^m_-) - C(X^{m-1}_-)] 1_{]s_i,T]} * (\mu-\nu)$$

tandis que si $t > s_i$, on a

$$|A(X^m_{t-}) - A(X^{m-1}_{t-})| \leq \alpha \{|Y^{m,i}_{t-}| + |X^m_{s_i} - X^{m-1}_{s_i}|\} ,$$

et des majorations analogues pour B et C. Une application du lemme (A.15) entraine alors (car $|\sum_{1\leq i\leq 6} a_i|^p \leq 6^{p-1} \sum_{1\leq i\leq 6} |a_i|$), d'après (A.17) :

$$y_{m+1,i}(t) \leq 6^{p-1} \alpha^p \beta_p [2 + G(\rho^2)^{p/2} + G(\rho^p)] [\int_{s_i}^t y_{m,i}(s)\, ds + (t-s_i)x_{m,i}]$$

lorsque $t > s_i$. Donc

$$\text{(A.18)} \qquad y_{m+1,i}(s_{i+1}) \leq \frac{1}{2} y_{m,i}(s_{i+1}) + \frac{1}{4\gamma} x_{m,i}.$$

Remarquons enfin que, comme $|X^0|^*, |X^1|^* \in L^p$, on a $y_{1,i}(s_{i+1}) < \infty$, tandis que

$$\text{(A.19)} \qquad x_{m,0} = 0 \, , \quad x_{m,i+1} \leq 2^{p-1}(x_{m,i} + y_{m,i}(s_{i+1})).$$

En utilisant (A.18) et (A.19) on vérifie aisément, par récurrence sur i, que $\sum_{m\geq 1} x_{m,i} < \infty$. Comme $E(|X|^{*p} \leq 2^{p-1}(\sum_{m\geq 1} x_{m,r} + |x|^p)$, on a le résultat. ■

On va démontrer maintenant le théorème (A.10) sous l'hypothèse (Hp), et aussi sous une autre hypothèse (H'p) légèrement différente, ce qui permettra d'obtenir (A.12) comme un corollaire.

<u>Hypothèse (H'p)</u> : La même chose que (Hp), sauf que dans (b) on impose $\rho \in L^2(G) \cap L^{4p}(G)$, et on remplace (i,iii,iv) de (b) par : il existe des variables Z^λ telles que $\sup_\lambda (E\, |Z^\lambda|^{4p}) < \infty$, et on a

(i) $|A^0(0)|^*$, $|B^0(0)|^*$, $|\frac{1}{\rho} C^0(0)|^*$ sont dans $L^{4p}(P)$;

(iii) $|A^\lambda(x) - A^0(x)|^*$, $|B^\lambda(x) - B^0(x)|^*$, $|\frac{1}{\rho} [C^\lambda(x) - C^0(x)]|^*$ sont majorés par $Z^\lambda|\lambda|$ $(1+|x|)$ pour tous ω,x,λ;

(iv) $|D_xA^\lambda - D_xA^0|^*$, $|D_xB^0|^*$, $|\frac{1}{\rho}[D_xC^\lambda - D_xC^0(x)]|^*$ sont majorés par $Z^\lambda|\lambda|$ pour tous ω,x,λ. ∎

(A.20) LEMME : *Soit* $p = 2^q$, $q \in \mathbb{N}^*$, *et supposons* (Hp) *ou* (H'p) .

a) L'équation (A.3) *admet une solution et une seule* X^λ *,qui vérifie* $|X^\lambda|^* \in L^{2p}(P)$ *sous* (Hp), *et* $|X^\lambda|^* \in L^{4p}(P)$ *sous* (H'p).

b) On a $E(|X^\lambda - X^0|^{*2p}) = O(|\lambda|^{2p})$ *quand* $\lambda \to 0$.

Démonstration . a) découle de (A.6), en remarquant que d'après les conditions (i) et (iii) de (Hp) (resp. (H'p)) on a $|A^\lambda(0)|^*$, $|B^\lambda(0)|^*$, $|\frac{1}{\rho} C^\lambda(0)|^* \in L^{2p}$ (resp. L^{4p}).

b) Soit $x_\lambda(t) = E(|X^\lambda - X^0|_t^{*\,2p})$. On a

$$X^\lambda - X^0 = [A^\lambda(X^\lambda_-) - A^\lambda(X^0)].t + [B^\lambda(X^\lambda_-) - B^\lambda(X^0_-)].W + [C^\lambda(X^\lambda_-) - C^\lambda(X^0)] * (\mu-\nu)$$

$$+ [A^\lambda(X^0_-) - A^0(X^0_-)].t + [B^\lambda(X^0_-) - B^0(X^0_-)].W + [C^\lambda(X^0_-) - C^0(X^0_-)] * (\mu-\nu)$$

Soit $\beta = 6^{2p-1} \beta_p[2 + G(\rho^2)^p + G(\rho^{2p})]$. Les conditions (b-ii, iii) de (Hp) entrainent, grâce au lemme (A.15), que

$$x_\lambda(t) \le [\beta \; \zeta^{2p} \int_0^t x_\lambda(s)\,ds + T\,\zeta^{2p}\; |\lambda|^{2p}\, E([1 + |X^0|^*]^{2p})] .$$

Si au contraire on a (H'p), il vient

$$x_\lambda(t) \le \beta\,[\zeta^{2p} \int_0^t x_\lambda(s)\,ds + T|\lambda|^{2p}\, E([1 + |X^0|^*]^{2p}\,(Z^\lambda)^{2p})] .$$

Dans ce dernier cas, on applique l'inégalité de Hölder et (a), pour obtenir dans les deux cas une constante γ telle que

$$x_\lambda(t) \le \gamma \int_0^t x_\lambda(s)\,ds + \gamma\,|\lambda|^{2p}$$

et on sait que $x_\lambda(t) < \infty$ pour tout t. Le lemme de Gronwall permet alors de conclure. ∎

Démonstration du théorème (A.10), sous (Hp) ou (H'p). On a vu que $|X^\lambda|^* \in L^{2p}(P)$. L'équation (A.11) est une équation du type (A.3), avec les coefficients (indépendants de λ) :

$$\tilde{A}(\omega,t,y) = DA(\omega,t) + D_xA^0(\omega,t,X^0_{t-}(\omega))\,y, \qquad y \in \mathbb{R}^d \otimes \mathbb{R}^m,$$

et de même pour $\tilde{B}$ et $\tilde{C}$. On a $\tilde{A}(0) = DA$ et $D_y\tilde{A}(y) = D_xA^0(X^0_-)$, et de même pour $\tilde{B}$ et $\tilde{C}$, et donc (Hp-b,ii) et (Hp-c) impliquent que ces coefficients vérifient les hypothèses de (A.6) : donc l'unique solution DX de (A.11) vérifie $|DX|^* \in L^p(P)$.

Soit alors

$$Y^\lambda = X^\lambda - X^0 - DX.\lambda, \qquad y_\lambda(t) = E(|Y|^{*\,p}_t).$$

Il nous reste à montrer que $y_\lambda(T) = o(|\lambda|^p)$ quand $\lambda \to 0$. Mais on a

$$Y^\lambda = \xi^\lambda + \eta^\lambda + \phi^\lambda + \psi^\lambda,$$

où :

$$\xi^\lambda = D_xA^0(X^0_-)Y_-\bullet t + D_xB^0(X^0_-)Y_-\bullet W + D_xC^0(X^0_-)Y_-*(\mu-\nu)$$

$$\eta^\lambda = [A^\lambda(X^0_-) - A^0(X^0_-) - DA.\lambda]\bullet t + [B^\lambda(X^0_-) - B^0(X^0_-) - DB.\lambda]\bullet W + [C^\lambda(X^0_-) - C^0(X^0_-) - DC.\lambda] * (\mu-\nu)$$

$$\phi^\lambda = [D_xA^\lambda(\hat{X}^\lambda_-) - D_xA^0(X^\lambda_-)]\,(X^\lambda_- - X^0_-)\bullet t + [D_xB^\lambda(\tilde{X}^\lambda_-) - D_xB^0(\tilde{X}^\lambda_-)]\,(X^\lambda_- - X^0_-)\bullet W + [D_xC^\lambda(\check{X}^\lambda_-) - D_xC^0(\check{X}^\lambda_-)]\,(X^\lambda_- - X^0_-)*(\mu-\nu)$$

$$\psi^\lambda = [D_xA^0(\hat{X}^\lambda_-) - D_xA^0(X^0_-)]\,(X^\lambda_- - X^0_-)\bullet t + [D_xB^0(\tilde{X}^\lambda_-) - D_xB^0(X^0_-)]\,(X^\lambda_- - X^0_-)\bullet W + [D_xC^0(\check{X}^\lambda_-) - D_xC^0(X^0_-)\,(X^\lambda_- - X^0_-)] * (\mu-\nu)$$

où pour chaque (ω,t), les vecteurs $\hat{X}^\lambda(\omega,t)$, $\tilde{X}^\lambda(\omega,t)$, $\check{X}^\lambda(\omega,t)$ sont sur les segments d'extrémités $X^0(\omega,t)$ et $X^\lambda(\omega,t)$ (appliquer le formule des accroissements finis à $A^\lambda(X^\lambda_-) - A^\lambda(X^0_-)$, ...).

Soit $\beta = \beta_p\, 3^{p-1}\,[2 + G(\rho^2)^{p/2} + G(\rho^p)]$ et $\beta' = \beta_p\, 3^{p-1}[2 + G(\rho'^2)^{p/2} + G(\rho'^p)]$, où ρ et ρ' interviennent dans les conditions (b) et (c) de (Hp) ou (H'p). D'après le lemme (A.15) et la condition (b,ii), on a

(A.21) $$E(|\xi^\lambda|^{*\,p}_t) \leq \beta\, \zeta^p \int_0^t y_\lambda(s)\, ds.$$

De même si

$$\tilde{Z}^\lambda = \mathrm{Max}\ \{|A^\lambda(X_-^0) - A^0(X_-^0) - DA.\lambda|^*\ ,\ |B^\lambda(X_-^0) - B^0(X_-^0) - DB.\lambda|^*,$$

$$|\tfrac{1}{\rho}.[C^\lambda(X_-^0) - C^0(X_-^0) - DC.\lambda]|^*\}\ ,$$

on a d'après (A.15) : $E(|\eta|^{*p}) \leq \beta' T E(|\tilde{Z}^\lambda|^p)$. La condition (c) implique que $E(|\tilde{Z}^\lambda|^p) = o(|\lambda|^p)$, donc

(A.22) $\quad E(|\eta^\lambda|^{*p}) = o(|\lambda|^p) \quad$ si $\quad \lambda \to 0.$

D'après (A.15) et la condition (ii) de (Hp) ou (H'p), on a

(A.23) $\quad E(|\psi^\lambda|^{*p}) \leq \beta \zeta^p T E(|X^\lambda - X^0|^{*2p}) = O(|\lambda|^{2p}) = o(|\lambda|^p)$

car $|\hat{X}^\lambda - X^0|$, $|\tilde{X}^\lambda - X^0|$, $|\check{X}^\lambda - X^0|$ sont majorés par $|X^\lambda - X^0|$, et on peut appliquer (A.20,b).

Enfin la condition (iv) de (Hp) avec (A.15) et (A.20,b) entraine

$$E(|\phi^\lambda|^{*p}) \leq \beta T \zeta^p |\lambda|^p E(|X^\lambda - X^0|^{*p}) = o(|\lambda|^p),$$

tandis que si on a (iv) de (H'p), il vient

$$E(|\phi^\lambda|^{*p}) \leq \beta T|\lambda|^p E(|X^\lambda - X^0|^{*p} (Z^\lambda)^p)$$

$$\leq \beta T|\lambda|^p E(|X^\lambda - X^0|^{*2p})^{1/2} E(|Z^\lambda|^{2p})^{1/2} = o(|\lambda|^p).$$

En rassemblant ceci avec (A.21), (A.22) et (A.23), on voit que

$$y_\lambda(t) \leq \beta \zeta^p \int_0^t y_\lambda(s)\, ds + \gamma(\lambda),$$

où $\gamma(\lambda) = o(|\lambda|^p)$. Comme $y_\lambda(t) < \infty$ pour tout t, le lemme de Gronwall donne le résultat. ■

<u>Démonstration du théorème (A.12)</u>. Il suffit de montrer que les hypothèses impliquent (H'p). On peut choisir une fonction ρ qui convient pour (i), (ii) et (iii). La condition (Hp-a) est triviale, ainsi que (i) (resp.(ii) de (H'p-b), qui provient de (i) (resp. (ii) de (A.12)). Enfin, (Hp-c) et les conditions (iii) et (iv) de (H'p-b) découlent à l'évidence de (A.12-iii) : prenons l'exemple d'un des coefficients, soit A^λ ; on a $|X^0|^* \in L^{4p}(P)$ d'après le théorème (A.6), et (A''^λ) est L^{4p}-dérivable, donc $(A''^\lambda.X_-^0)$ est clairement L^{2p}-dérivable, donc $(A^\lambda.X_-^0))$ aussi. Par ailleurs si $\tilde{Z}^\lambda = |A''^\lambda - A''^0 - DA''.\lambda|^*$ on a

$$|D_x A^\lambda - D_x A^0|^* = |A''^\lambda - A''^0|^* \leq |\lambda|(|DA''|^* + \frac{\tilde{Z}^\lambda}{|\lambda|})$$

et (A.12,iii) entraine que $\sup_\lambda E(|Z^\lambda|^{4p}/|\lambda|^{4p}) < \infty$ et $|DA''|^* \in L^{4p}(P)$, donc A vérifie (H'p-b,iv) ; on montre de même qu'on a (H'p-b,iii). ■

BIBLIOGRAPHIE

[1] K. BICHTELER : Stochastic integrators with stationary independent icrements. Z. für Wahr 58, 529-548, 1981.

[2] K. BICHTELER, D. FONKEN : A simple version of the Malliavin Calculus in dimension one. A paraître.

[3] J.M. BISMUT : Martingales, the Malliavin Calculus and Hypoellipticity under general Hörmander's conditions. Z.W. 56, 469-505, 1981.

[4] J.M. BISMUT : Calcul des variations stochastiques et processus de sauts. A paraître.

[5] J. JACOD : Calcul stochastique et problèmes de martingales. Springer Lect. Notes in Math. 714, 1979.

[6] P. MALLIAVIN : Stochastic calculus of variations and hypoelliptic Operators. Conf. Stoch. Diff. Equa. Kycto, 195-263, Wiley, 1978.

[7] P. MALLIAVIN : C^k-hypoellipticity with degeneracy ; Stochastic Analysis. (Friedman et Pinsky ed.) Acad. Press, 199-214, 1978.

[8] P.A. MEYER : Un cours sur les intégrales stochastiques. Séminaire Proba. X, Springer Lect. Notes in Math. 511, 245-400, 1976.

[9] P.A. MEYER : Note sur les processus d'Ornstein-Uhlenbeck. Séminaire Proba. XVI, Springer Lect. Notes in Math. 920, 95-132, 1982.

[10] D.W. STROOCK : Diffusion processes associated with Lévy generators. Z.W. 32, 209-244, 1975.

[11] D.W. STROOCK : The Malliavin calculus and its applications to second order parabolis differential equations. Math. Systems Theory, 14 (25-65) et 14 (141-171), 1981.

[12] D.W. STROOCK : The Malliavin Calculus and its applications. In "Stochastic integrals", Lect. Notes in Math. 851, 394-432, 1981.

[13] C. YOEURP, M. YOR : Espace orthogonal à une semi-martingale et applications. 1977 (non paru).

K. BICHTELER : Department of Mathematics
The University of Texas
AUSTIN, Texas, 78712 U.S.A.

J. JACOD : Département de Mathématiques
et Informatique
Université de Rennes I
Campus de Beaulieu
35042 RENNES CEDEX - FRANCE

UN EXEMPLE EN THEORIE DES FLOTS STOCHASTIQUES

par R. LEANDRE

Considérons une équation différentielle stochastique

(1) $$dY_t = F(Y_t)dX_t \quad , \; Y_0=y$$

où l'inconnue Y est une semimartingale continue à valeurs dans $\mathbb{R}^n$, où la semimartingale directrice continue X est à valeurs dans $\mathbb{R}^p$, et où F est une fonction C^∞ sur $\mathbb{R}^n$, à valeurs dans l'espace $M(n,p)$ des matrices à n lignes et p colonnes. On sait (d'après les travaux de nombreux auteurs : Malliavin, Bismut, Kunita...) que si la matrice F est lipschitzienne sur $\mathbb{R}^n$, il existe une fonction $Y_t(y,\omega)$ des trois variables (t,y,ω), qui possède les propriétés suivantes :

Pour tout ω, elle est continue en (t,y), et admet des dérivées partielles de tous ordres en y, qui sont elles aussi des fonctions continues du couple (t,y).

Pour tout y, on a $Y_0(y,\omega) = y$, et la fonction $Y_.(y,.)$ est solution de l'e.d.s. (1).

Pour tout ω et tout t, $y \mapsto Y_t(y,\omega)$ est un difféomorphisme de $\mathbb{R}^n$.

Ces résultats sont exposés par P.A. Meyer dans le Sém. Prob. XV, pages 103-118. Un procédé de localisation permet de se débarrasser en partie de la condition de Lipschitz globale, en introduisant une <u>durée de vie</u> $\zeta(\omega,y)$ (ou <u>temps d'explosion</u>) qui peut être finie. La fonction $\zeta(\omega,.)$ est alors s.c.i. strictement positive, et les propriétés précédentes ont lieu << avant ζ >> .

Dans son exposé (p. 107), Meyer pose la question suivante : pour une e.d.s. (1) à valeurs dans $\mathbb{R}^n$, est ce que la non-explosion au sens ordinaire ($\zeta(.,y) = +\infty$ p.s. pour tout y fixé) entraîne que $\zeta(\omega,.)$ est identiquement $+\infty$ pour presque tout ω ? Nous allons montrer ici que la réponse est négative.

Après avoir partiellement rédigé ce travail, nous avons appris qu'un exemple a déjà été publié par D. Elworthy : voir Stochastic dynamical systems and their flows, p. 91 , <u>Stochastic analysis</u>, Academic Press 1978. Le principe de cet exemple est exactement le même, mais l'équation n'est pas à valeurs dans un $\mathbb{R}^n$, et il faut un peu plus de travail pour l'y ramener . Nous avons inclus dans cette note une discussion un peu plus détaillée de l'exemple d'Elworthy .

REMARQUE. P.A. Meyer nous demande de signaler que le résultat du haut de la p. 115 du même exposé (croissance linéaire => $\zeta\equiv+\infty$) n'a pas été établi par lui, sa démonstration étant incomplète. Cependant, il semble qu'il ait été établi par Elworthy (brèves indications, l. 14 p. 82 de la référence mentionnée plus haut).

2. UN EXEMPLE DANS $\mathbb{R}^n$, $n\geqq 3$.

Nous considérons sur $\mathbb{R}^n$ l'équation différentielle stochastique la plus simple de toutes

$$dY_t = dB_t \quad , \quad Y_0=y \tag{2}$$

où (B_t) est le mouvement brownien dans $\mathbb{R}^n$ issu de 0 . La solution est évidemment

$$Y_t(y,\omega) = y + B_t(\omega) \ . \tag{3}$$

Si U est un ouvert de $\mathbb{R}^n$, nous pouvons aussi considérer (2) comme une e.d.s. <u>à valeurs dans la variété</u> U , le mouvement brownien directeur restant dans $\mathbb{R}^n$. La solution est toujours représentée par (3) avec $y\in U$, mais elle possède une durée de vie

$$\zeta(y,\omega) = \inf\{\ t\ :\ y+B_t(\omega)\in U^c\ \}$$

et il est clair que $\zeta(\cdot,\omega)$ ne peut être identiquement égal à $+\infty$ pour <u>aucun</u> ω , si $U\neq\mathbb{R}^n$. En revanche, si le fermé U^c est <u>polaire</u>, on a $\zeta(y,\cdot) = +\infty$ p.s. pour tout $y\in U$, et l'e.d.s. est non-explosive pour y fixé.

Cela ne répond pas à la question posée, car il s'agit d'une e.d.s. sur une variété, et non sur $\mathbb{R}^n$. Pour lever cette difficulté, on prend $n\geqq 3$, U étant le complémentaire d'une <u>demi-droite fermée</u> ; alors il existe un difféomorphisme C^∞ $\varphi : U \to \mathbb{R}^n$ (si x est le vecteur unitaire de la demi-droite, les coordonnées polaires réalisent un difféomorphisme de U sur $]0,\infty[\ \times (S^{n-1}\setminus\{x\})$, difféomorphe à $\mathbb{R}\times\mathbb{R}^{n-1}$). Transportant alors l'e.d.s. sur $\mathbb{R}^n$, on a l'exemple désiré.

Notons pour la suite que, si ψ est le difféomorphisme inverse de φ, l'équation s'écrit sur $\mathbb{R}^n$ $d(\psi(Z_t)) = dB_t$, $Z_0=z$, à transformer par la formule d'Ito pour la mettre sous la forme résolue (1) - cela fait apparaître en général la semimartingale directrice supplémentaire t, provenant des crochets de B_t . La solution est donnée explicitement par $Z_t = \varphi(\ \psi(z)+B_t\ )$.

3. LE CAS DE $\mathbb{R}^2$.

Dans $\mathbb{R}^2$, l'exemple d'Elworthy consiste à prendre pour U le complémentaire de l'origine. La situation est géométriquement plus compliquée, car $\mathbb{R}^2\setminus\{0\}$ n'est pas difféomorphe à $\mathbb{R}^2$; on peut s'en tirer en remarquant que $\mathbb{R}^2\setminus\{0\}$ est difféomorphe à un cylindre, et en " déroulant" ce cylindre sur $\mathbb{R}^2$. Mais il est plus instructif (comme l'a suggéré Emery) d'obtenir la forme explicite de l'équation (1), qui dans ce cas est particulièrement simple.

Considérons (B_t) comme un mouvement brownien <u>complexe</u>. La fonction exponentielle $\psi(z)=e^z$ de $\mathbb{R}^2$ sur $\mathbb{R}^2\setminus\{0\}$ réalise le "déroulement du cylindre" , et l'équation différentielle $d(e^{Z_t})=dB_t$ s'écrit simplement sous la forme (1)

$$(4) \qquad dZ_t = e^{-Z_t}dB_t \qquad Z_0=z$$

parce que B est une martingale conforme, et ψ est holomorphe. La solution peut être donnée explicitement :

$$Z_t(z,\omega) = \log (e^z +B_t(\omega))$$

la valeur du log choisie étant telle que $\log(e^{z_0})=z_0$, et suivie par continuité le long de la trajectoire .

Dans (4), la fonction qui figure au second membre est à croissance très rapide à l'infini : on rencontre le même phénomène avec la fonction à croissance quadratique $\psi(z)=z^2$. En effet, l'équation

$$(5) \qquad dZ_t = -Z_t^2 dB_t$$

admet pour solutions explicites

$$(6) \qquad Z_t(z,\omega) = \frac{z}{1+zB_t(\omega)}$$

non explosives pour z fixé (le point -1/z étant polaire), mais à durée de vie non identiquement infinie.

4. LE CAS DE $\mathbb{R}$.

Nevenons à l'équation (1), et considérons l'équation

$$(7) \qquad dY_t^k = F_k(Y_t^k)dX_t \qquad Y_0^k=y$$

où F_k est une application lipschitzienne de $\mathbb{R}$ dans $\mathbb{R}^p$, égale à F sur $[-k,+k]$, nulle hors de $[-k-1, k+1]$. On peut choisir les flots correspondants $Y_t^k(y,\omega)$, et le flot $Y_t(y,\omega)$ de l'équation (1), de telle sorte que, pour presque tout ω, et tout t

- $y \mapsto Y_t^k(y,\omega)$ soit un <u>difféomorphisme</u> de $\mathbb{R}$ sur $\mathbb{R}$, égal à l'identité hors de l'intervalle $[-k-1, k+1]$;
- On a pour tout k et tout $y\in]-k,+k[$

$$T^k(y,\omega) = \inf\{\ t : |Y_t(y,\omega)| \geqq k\ \} = \inf\{\ t : Y_t^k(y,\omega)| \geqq k\ \}$$

$$Y_t(y,\omega) = Y_t^k(y,\omega) \quad \text{si} \quad t \leqq T^k(y,\omega)\ .$$

Un difféomorphisme de $\mathbb{R}$ égal à l'identité au voisinage de l'infini est nécessairement une application <u>croissante</u> de $\mathbb{R}$ sur $\mathbb{R}$. On en déduit que pour $y \in [y_1,y_2] \subset]-k,+k[$

$$|Y_t^k(y,\omega)| \geqq k \Rightarrow Y_t^k(y_2,\omega) \geqq k \quad \text{ou} \quad Y_t^k(y_1,\omega) \leqq -k$$

et par conséquent $T^k(y,\omega) \leqq T^k(y_1,\omega) \vee T^k(y_2,\omega)$. Laissant $[y_1,y_2]$ fixe et faisant tendre k vers $+\infty$, on obtient

$$\zeta(y,\omega) \leqq \zeta(y_1,\omega) \vee \zeta(y_2,\omega) \quad \text{si} \quad y_1 \leqq y \leqq y_2$$

d'où il résulte aussitôt que, si $\zeta(y,\omega)<\infty$ pour y rationnel, on a aussi $\zeta(y,\omega)<\infty$ pour y réel. La non-explosion pour chaque y fixé entraîne donc que $\zeta(.,\omega)$ est p.s. une fonction finie.

<u>Note du séminaire</u>. Le cas de $\mathbb{R}$ est aussi traité par Kunita (1981) : On backward stochastic differential equations. A paraître dans Stochastics. Voir aussi sur les sujets ci-dessus un article à paraître de Carverhill et Elworthy : Flows of stochastic dynamical systems : the functional analytic approach (1982 ; à paraître).

SUR LES MARTINGALES LOCALES CONTINUES INDEXÉES PAR $]0,\infty[$

J.Y. CALAIS ; M. GENIN

0. INTRODUCTION

Dans un article publié en 1980, Sharpe a étudié le comportement en 0 des martingales locales continues indexées par $]0,\infty[$ (cf. [9]).

Si $(M_t)_{t>0}$ désigne une telle martingale, Sharpe a montré, qu'en 0, trois possibilités s'offraient à M :

i) $\lim\limits_{t\downarrow 0} M_t$ existe dans $\mathbb{R}$.

ii) $\lim\limits_{t\downarrow 0} |M_t| = +\infty$.

iii) $\underline{\lim}_{t\downarrow 0} M_t = -\infty$ et $\overline{\lim}_{t\downarrow 0} M_t = +\infty$.

Dans la première partie de cet article, nous proposons de nouvelles démonstrations des résultats de Sharpe, en particulier du théorème précédent.

Dans la deuxième partie, nous étudions le cas $\lim\limits_{t\downarrow 0} M_t = +\infty$. Nous donnerons un théorème de représentation pour de tels processus. Plus précisément, nous montrerons, qu'à un changement de temps près, les trajectoires de M sont celles du processus $-\text{Log}(\rho)$, où ρ est un processus de Bessel de dimension 2, issu de 0.

Si, de plus, $M > 0$ (condition toujours réalisée au voisinage de 0), nous montrerons, qu'à un changement de temps près, les trajectoires de M sont celles du processus $\frac{1}{\rho}$ où ρ est un processus de Bessel de dimension 3, issu de 0.

Ce dernier résultat nous permettra de généraliser un théorème de Pitman ([8]).

Walsh s'est intéressé, dans un article publié en 1977 (cf.[11]) au comportement en 0 des martingales conformes indexées par $]0,\infty[$.

Si $(Z_t)_{t>0}$ désigne une telle martingale, Walsh a montré qu'une des éventualités suivantes était réalisée :

i) $\lim\limits_{t\downarrow 0} Z_t$ existe dans $\mathbb{C}$

ii) $\lim\limits_{t\downarrow 0} |Z_t| = +\infty$

iii) $\forall\, \delta > 0$, $\{Z_t(\omega) \; ; \; 0 < t < \delta\}$ est dense dans $\mathbb{C}$.

Ce théorème est démontré très simplement dans la première partie de cet article.

Dans la troisième partie nous montrerons que dans le cas ii), les trajectoires de Z sont, à un changement de temps près, celle du processus $\frac{1}{U}$ où U est un mouvement brownien complexe issu de 0.

Nous montrerons aussi qu'on ne peut trouver de théorème de représentation pour le cas iii).

Enfin, soit $M_t = (M_t^i)_{t>0,\ 1<i\leq n}$ $(n \geq 3)$ une martingale locale, continue, indexée par $]0,\infty[$ telle que :

$$d<M^i,M^j> = 0 \ (i \neq j) \quad \text{et} \quad d<M^i> = d<M^j> \quad (1 \leq i,j \leq n) .$$

Nous montrerons que cette martingale converge nécessairement lorsque t tend vers 0.

DEMONSTRATION NOUVELLE DE RESULTATS CONNUS

Dans cette première partie, nous nous proposons de démontrer plus simplement un théorème de Walsh [11], les principaux théorèmes de Sharpe sur $\mathcal{L}_c^{open}$, et d'améliorer le théorème (3.16;[9]) sur $\mathcal{L}_c^{inc}$.

Rappelons quelques définitions et résultats dont nous aurons besoin (cf. [9]).

Soit $(\Omega, \mathcal{F}_t, \mathcal{F}, P)$ l'espace de probabilité filtré de référence, supposé satisfaire les conditions habituelles.

$\mathcal{L}_c^{open}$ désigne l'ensemble des processus $(M_t)_{t>0}$ tels que :

i) pour presque toute trajectoire : $t \to M_t$ est continue

ii) $\forall \varepsilon > 0$, $(M_{\varepsilon+t})_{t\geq 0}$ est une $(\mathcal{F}_{\varepsilon+t})_{t\geq 0}$ martingale locale

$\mathcal{L}_c^{inc}$ désigne l'ensemble des processus $(M_{s,t})_{0<s\leq t}$ tels que :

i) $\forall s > 0, (M_{s,t})_{t\geq s}$ est une $(\mathcal{F}_t)_{t\geq s}$ martingale locale continue

ii) pour tout triplet (r,s,t) tel que $0 < r \leq s \leq t$, on a : $M_{r,t} = M_{r,s} + M_{s,t}$.

A un processus $M \in \mathcal{L}_c^{open}$ (resp. $M \in \mathcal{L}_c^{inc}$), est associée une unique mesure aléatoire positive $d<M>$ sur $]0,\infty[$, telle que :

$\forall \varepsilon > 0$, $\{M^2_{\varepsilon+t} - <M>(.,]\varepsilon,\varepsilon+t])\}$ est une $(\mathcal{F}_{\varepsilon+t})_{t\geq 0}$ martingale locale continue (resp. $M^2_{s,t} - <M>(.,]s,t])$, $t \geq s$, est une $(\mathcal{F}_t)_{t\geq s}$ martingale locale continue.

La classe $\mathcal{L}_c^{open}$ est stable par les opérations suivantes :

1) Arrêt : $M \in \mathcal{L}_c^{open}$ et T un $(\mathcal{F}_t)_{t\geq 0}$ temps d'arrêt, alors $M^T 1_{\{T>0\}} \in \mathcal{L}_c^{open}$

2) Localisation : si $M \in \mathcal{L}_c^{open}$ et $A \in \mathcal{F}_0$ alors $1_A . M \in \mathcal{L}_c^{open}$.

De plus, nous utiliserons fréquemment le raisonnement suivant :

Soient $A \in \mathcal{F}_0$, $B \in \mathcal{F}_0$; pour établir que $A \subset B$ p.s., on peut, quitte à changer de probabilité (prendre $P_A = P(./A)$) supposer que $A = \Omega$ p.s. et montrer qu'alors $P(B) = 1$.

I.1.- LEMME : Soit $X_t = X_o + M_t + A_t$ la décomposition canonique d'une sous-martingale continue, positive, bornée par une constante c. On a :

$$E(A_\infty) \le c, \text{ A admet des moments de tous ordres et } M \in BMO.$$

Démonstration : On se ramène par arrêt, au cas où M est bornée, ce qui entraîne $\forall t > 0 \quad E(A_t) \le c$ et donc :
$E(A_\infty) \le c$. De plus, $E(A_\infty - A_t | \mathcal{F}_t) \le c$ et $E(|M_\infty - M_t| \mid \mathcal{F}_t) \le 3c$; d'après [2], A admet des moments de tous ordres, et $M \in BMO$.

Le théorème des surmartingales inverses permet de démontrer simplement la proposition suivante :

I.2.- PROPOSITION : ([9] , 2-15(i)). Soit $M \in \mathcal{L}_c^{open}$; notons $A = \{\omega \; ; \lim_{t \downarrow 0} M_t(\omega) \text{ existe dans } \mathbb{R}\}$ et $B = \{\omega \; ; \langle M \rangle(\omega \; ;]0,1]) < \infty\}$, alors : $A = B$ p.s. et $1_A M$ est une martingale locale continue.

Démonstration : A l'évidence, $A \in \mathcal{F}_o$. Supposons que $A = \Omega$ p.s. Par localisation et arrêt, on se ramène au cas où M est bornée par c. D'après le théorème des sur martingales inverses, M est alors une martingale continue bornée, donc:
$\langle M \rangle(.,]0,1]) < \infty$ p.s. et $P(B) = 1$.

De même, $B \in \mathcal{F}_o$; supposons que $B = \Omega$ p.s. ; pour tout $t \ge 0$, $C_t = \langle M \rangle(.,]0,t])$ est un processus croissant, continu, nul en 0. Par arrêt, on se ramène au cas où $C_\infty \le k$ ($k > 0$). Puisque M et $M^2 - C$ appartiennent à $\mathcal{L}_c^{open}$, on a, lorsque $0 < u \le s \le t$:

$$E(M_t - M_s)^2 = E(C_t - C_s) \le k \quad \text{et} \quad E(M_t - M_u \mid \mathcal{F}_s) = M_s - M_u \; .$$

Soit $s_n \downarrow 0$ avec $s_o < 1$; notons $Z_n = M_1 - M_{s_n}$. On a :

$$E(Z_n - Z_m)^2 = E(|C_{s_n} - C_{s_m}|) \xrightarrow[n,m \to \infty]{} 0, \quad \text{donc } Z_n \xrightarrow[n \to \infty]{L^2} Z \; .$$

Il existe donc une suite $u_n \downarrow 0$ et $M_o \in \mathcal{F}_o$ tels que : $M_{u_n} \xrightarrow[n \to \infty]{p.s.} M_o$, $M_1 - M_o = Z$ p.s. $\forall t \ge 0$, $M_t - M_o = (M_t - M_1) + Z \in L^2$, et on a, lorsque $s < t$ et $u_n \le s$:

$$E(M_t - M_o \mid \mathcal{F}_s) = E(M_t - M_{u_n} + M_{u_n} - M_o \mid \mathcal{F}_s) = M_s - M_{u_n} + M_{u_n} - M_o = M_s - M_o \; .$$

D'après le théorème des surmartingales inverses, $\lim_{t \downarrow 0} M_t = M_o$ p.s., donc $P(A) = 1$.

I.3.- THEOREME : ([9] ; 2-4). Soit $M \in \mathcal{L}_c^{open}$. Pour presque tout ω, une des éventualités suivantes est réalisée :

i) $\lim_{t \downarrow o} M_t(\omega)$ existe et est finie

ii) $\lim_{t \downarrow o} |M_t(\omega)| = +\infty$

iii) $\underline{\lim}_{t \downarrow o} M_t(\omega) = -\infty$ et $\overline{\lim}_{t \downarrow o} M_t(\omega) = +\infty$.

Démonstration : Soient $C = \{\omega \,;\, \overline{\lim}_{t\downarrow o} M_t(\omega) \in \mathbb{R}\}$ et $D = \{\omega \,;\, \lim_{t\downarrow o} M_t(\omega)$ existe et est finie$\}$. Pour démontrer le théorème, il suffit, quitte à changer M en $-M$, de montrer que $C = D$ p.s.

On a, de toute évidence, $D \subset C$ et $C \in \mathcal{F}_o$; supposons que $C = \Omega$ p.s. Par localisation et arrêt, on se ramène à : $M_t \leq k$, $\forall\, t > 0$.

Appliquons la formule d'Ito à M et à $x \to (k+1-x)^{-1}$; on a :

$$(1)\qquad \frac{1}{k+1-M_t} = \frac{1}{k+1-M_\varepsilon} + \int_\varepsilon^t \frac{dM_s}{(k+1-M_s)^2} + \int_\varepsilon^t \frac{d<M>_s}{(k+1-M_s)^3} \qquad (0 < \varepsilon \leq t)$$

Remarquons que : $\forall\, t > 0,\ 0 < \frac{1}{k+1-M_t} \leqslant 1$; on déduit alors du lemme I.1 que :

$\forall\, \varepsilon > 0,\ E\left(\int_\varepsilon^1 \frac{d<M>_s}{(k+1-M_s)^3}\right) \leq 1$ et donc que : $\int_o^1 \frac{d<M>_s}{(k+1-M_s)^3} < \infty$ p.s.

Soit $A_t = \int_o^t \frac{d<M>_s}{(k+1-M_s)^3}$. A est un processus croissant continu, nul en 0, à valeurs finies. Posons $V_t = \frac{1}{k+1-M_t} - A_t$ pour $t > 0$.

D'après (1), $V \in \mathcal{L}_c^{open}$ et $<V>(\cdot,]0,1]) = \int_o^1 \frac{d<M>_s}{(k+1-M_s)^4} \leq A_1$. On déduit alors de la proposition I.2 que $\lim_{t\downarrow o} V_t$ existe dans $\mathbb{R}$, ce qui entraîne que $\lim_{t\downarrow o} M_t$ existe p.s. dans $\mathbb{R}$ et donc que $P(D) = 1$.

Soit $\mathcal{C}_c^{open} \overset{def}{=} \{Z = X + iY \,;\, X,Y \in \mathcal{L}_c^{open},\ d<X> = d<Y>$ et $d<X,Y> = 0\}$. Remarquons que $Z \in \mathcal{C}_c^{open}$ si et seulement si $\forall\, \varepsilon > 0$, $(Z_{\varepsilon+t})_{t\geq o}$ est une $(\mathcal{F}_{\varepsilon+t})_{t\geq o}$ martingale conforme (cf. [3]).

I.4.- PROPOSITION : Soit $Z \in \mathcal{C}_c^{open}$; alors :

$$\{\omega \,;\, \overline{\lim_{t\downarrow o}}\, |Z_t(\omega)| < \infty\} \overset{p.s.}{=} \{\omega \,;\, \lim_{t\downarrow o} Z_t(\omega) \text{ existe dans } \mathbb{C}\}.$$

Démonstration : Soient $A = \{\omega \,;\, \overline{\lim}_{t\downarrow o} |Z_t(\omega)| < \infty\}$ et $B = \{\omega \,;\, \lim_{t\downarrow o} Z_t(\omega)$ existe dans $\mathbb{C}\}$. On a $B \subset A$ et $A \in \mathcal{F}_o$; supposons que $A = \Omega$ p.s. Par localisation et arrêt, on se ramène au cas où $|Z_t| \leq k$, $\forall\, t > 0$; donc : $X_t^2 \leq k^2$ et $Y_t^2 \leq k^2$ $\forall\, t > 0$; d'après le théorème I.3, $\lim_{t\downarrow o} X_t$ et $\lim_{t\downarrow o} Y_t$ existent dans $\mathbb{R}$ p.s., donc $\lim_{t\downarrow o} Z_t$ existe p.s. dans $\mathbb{C}$ et $P(B) = 1$.

A l'aide de cette proposition, nous pouvons démontrer simplement le théorème suivant :

I.5.- THEOREME : (Walsh [11]). Soit $Z \in \mathcal{C}_c^{open}$; pour presque tout ω, une des éventualités suivantes est réalisée :

i) $\lim_{t \downarrow 0} Z_t(\omega)$ existe dans $\mathbb{C}$

ii) $\lim_{t \downarrow 0} |Z_t(\omega)| = +\infty$

iii) $\forall \delta > 0$, $\{Z_t(\omega)\ ;\ 0 < t < \delta\}$ est dense dans $\mathbb{C}$.

Démonstration : Supposons i) et ii) non réalisées p.s. Soit $z \in \mathbb{C}$, $r > 0$ et $T = \inf\{t>0\ ;\ |Z_t - z| < r\}$. T est un $(\mathcal{F}_t)$ temps d'arrêt et, $\mathbb{C}$ étant à base dénombrable, le théorème sera démontré si : $P\{T > 0\} = 0$. Supposons que $P\{T > 0\} > 0$. $\{T > 0\} \in \mathcal{F}_0$; supposons donc que $\{T > 0\} = \Omega$ p.s.

Soit $V = \dfrac{1}{Z^T - z}$; d'après la formule d'Ito, $V \in \mathcal{C}_c^{open}$ et $|V_t| \leq \frac{1}{r}$ pour $t > 0$.

D'après la proposition I.4, $\lim_{t \downarrow 0} V_t$ existe dans $\mathbb{C}$ p.s. ce qui est impossible.

Nous allons établir maintenant, pour les processus de $\mathcal{L}_c^{inc}$, un théorème analogue du théorème I.3 relatif à $\mathcal{L}_c^{open}$. $\mathcal{L}_c$ désigne l'espace des martingales locales continues.

Commençons par démontrer quelques résultats sur $\mathcal{L}_c^{inc}$.

I.6.- PROPOSITION : Soit $M \in \mathcal{L}_c^{inc}(\mathcal{F}_t)$, T un $(\mathcal{F}_t)$ temps d'arrêt tel que $P\{T > 0\} = 1$. Alors :

$$N = (M_{s\wedge T,\, t\wedge T}\ ;\ 0 < s \leq t) \in \mathcal{L}_c^{inc}(\mathcal{F}_{t\wedge T}) .$$

Démonstration : Soit $s > 0$ fixé ; $s \wedge T$ est un $(\mathcal{F}_t)$ temps d'arrêt, et $P(0 < s \wedge T < \infty) = 1$. $t \to N_{s,t}$ est continue sur $[s,\infty[$ et $N_{r,t} = N_{r,s} + N_{s,t}$ pour $0 < r \leq s \leq t$. Reste à montrer que : $\forall s > 0$, $(N_{s,t})_{t\geq s}$ est une $(\mathcal{F}_{t\wedge T})_{t\geq s}$ martingale locale.

D'après le lemme (3.7;[9]), $M_{s\wedge T,(s\wedge T)+u}$ est une $(\mathcal{F}_{(s\wedge T)+u})$ martingale locale continue, $T - s\wedge T$ est un $(\mathcal{F}_{(s\wedge T)+u})_{u\geq 0}$ temps d'arrêt ; donc :

$$(M_{s\wedge T,(s\wedge T)+(u\wedge(T-s\wedge T))})_{u\geq 0} \text{ est une } (\mathcal{F}_{(s\wedge T)+(u\wedge(T-s\wedge T))})_{u\geq 0} \text{ martingale}$$

locale continue.

La proposition résulte alors de l'égalité : $(s \wedge T) + (u \wedge (T - s \wedge T)) = (s + u) \wedge T$.

Etablissons l'analogue, pour les processus de $\mathcal{L}_c^{inc}$ de la proposition I.2 relatif à $\mathcal{L}_c^{open}$.

I.7.- PROPOSITION : ([9], 3.8,9 et 10). Soit $M \in \mathcal{L}_c$, $A = \{\omega \,;\, \exists N \in \mathcal{L}_c,$ $\forall s < t, N_t - N_s = M_{s,t}\}$, $B = \{\omega;\ \lim_{t\downarrow 0} M_{s,1}$ existe dans $\mathbb{R}\}$ et $C = \{\omega \,;\, \langle M\rangle(\omega\,;\,]0,1]) < \infty\}$

On a : $A = B = C$ p.s.

Démonstration : On a : $A \subset B$, $B \in \mathcal{F}_o$; supposons que $B = \Omega$ p.s. ; et soit $N_t = \lim_{s\downarrow o} M_{s,t}$, alors : $N_t - N_s = M_{s,t}$, donc $N \in \mathcal{L}_c^{open}$; puisque $\lim_{t\downarrow o} N_t = 0$, $N \in \mathcal{L}_c$ et par conséquent $P(A) = 1$.

On a d'autre part : $A \subset C$ et $C \in \mathcal{F}_o$; supposons que $C = \Omega$ p.s. Soit $J_t = \langle M\rangle\,(.,\ ]0,t])$ J est un processus croissant continu, nul en 0, à valeurs finies. Par arrêt, on se ramène, à l'aide de la proposition I.6, à : $J_\infty \leq c$ $(c > 0)$. On a pour $0 < s \leq t$: $E(M^2_{s,t}) = E(J_t - J_s) \leq c$. Soit $s_n \downarrow 0$ avec $s_o < 1$, posons $Z_n = M_{s_n,1}$. On a : $E(Z_n - Z_p)^2 = E(|J_{s_n} - J_{s_p}|) \xrightarrow[n,p\to\infty]{} 0$, donc $Z_n \xrightarrow[n\to\infty]{L^2} Z$.

Il existe donc une suite $u_n \downarrow 0$ telle que : $M_{u_n,1} \xrightarrow[L^2]{p.s.} Z$. Posons, pour $t > 0$, $V_t = (M_{1,t} + Z)1_{t\geq 1} + (Z - M_{t,1})1_{t<1}$; $V_t = \lim_{n\to\infty} M_{u_n,t}$ et $V_t - V_s = M_{s,t}$, donc $V \in \mathcal{L}_c^{open}$. Comme $\langle V\rangle\,(.,\ ]0,1]) = J_1 < \infty$ p.s., il en résulte que $V \in \mathcal{L}_c$ et donc que $P(A) = 1$.

Nous pouvons maintenant démontrer, pour les éléments de $\mathcal{L}_c^{inc}$, l'analogue du théorème I.3.

I.8.- THEOREME : Soit $M \in \mathcal{L}_c^{inc}$; pour presque tout ω, une des éventualités suivantes est réalisée :

i) $\lim_{s\downarrow o} M_{s,1}$ existe dans $\mathbb{R}$.

ii) $\lim_{s\downarrow o} M_{s,1} = \pm\infty$

iii) $\underline{\lim}_{s\downarrow o} M_{s,1} = -\infty$ et $\overline{\lim}_{s\downarrow o} M_{s,1} = +\infty$.

Démonstration : Soient $A = \{\omega \,;\, \overline{\lim}_{s\downarrow o} M_{s,1} \in \mathbb{R}\}$ et $B = \{\omega \,;\, \lim_{s\downarrow o} M_{s,1}$ existe dans $\mathbb{R}\}$
Pour démontrer le théorème il suffit, quitte à changer M en - M, de montrer que $A = B$ p.s. On a : $B \subset A$, $A \in \mathcal{F}_o$; supposons que $A = \Omega$ p.s. et soit $X = \overline{\lim}_{s\downarrow o} M_{s,1}$.

Pour $t > 0$, posons

$$V_t = (M_{1,t} + X)1_{t\geq 1} + (X - M_{t,1})1_{t<1} \ ;\ V_t = \overline{\lim}_{s\downarrow o} M_{s,t} \text{ et } V_t - V_s = M_{s,t}$$

$(0 < s \leq t)$, donc $V \in \mathcal{L}_c^{open}$; comme $\lim_{t\downarrow 0} V_t = 0$, on déduit du théorème I.3 que $V \in \mathcal{L}_c$ et donc, d'après la proposition I.7, que $P(B) = 1$.

REPRESENTATION ET PROPRIETES DES MARTINGALES OUVERTES QUI CONVERGENT VERS $+\infty$

Dans cette deuxième partie, nous nous proposons d'étudier l'ensemble :

$$\mathcal{H} \stackrel{def}{=} \{M \in \mathcal{L}_c^{open} \; ; \; \lim_{t\downarrow 0} M_t = +\infty\}$$

Rappelons tout d'abord qu'un processus de Bessel ρ, de dimension $q \geq 2$, issu de 0, est l'unique solution trajectorielle (et donc en loi) [cf. Yamada-Watanabe, [4], théorème 3.2, p.168) de l'équation :

$$\rho_t = \beta_t + \frac{1}{2}(q-1)\int_0^t \frac{ds}{\rho_s} \qquad (\beta \text{ mouvement brownien réel, issu de } 0)$$

Notation : Nous désignons par BES(q) tout processus de Bessel de dimension $q \geq 2$ issu de 0.

Rappelons ensuite le théorème de caractérisation des mouvements browniens arrêtés.

THEOREME : Soit M une $(\mathcal{F}_t, P)$ martingale locale continue, issue de 0 ; T un $(\mathcal{F}_t)$ temps d'arrêt tel que : $\langle M \rangle_t = t \wedge T$.
Soit $B' = (\Omega', (\mathcal{F}'_t), B'_t, P')$ un mouvement brownien réel issu de 0. Alors sur l'espace $\bar{\Omega} = \Omega \times \Omega'$, muni de la filtration $(\mathcal{F}_t \otimes \mathcal{F}'_t)_{t\geq 0}$ convenablement complétée pour la probabilité $P \otimes P'$, il existe un mouvement brownien réel issu de 0, $\bar{B}$, tel que si on pose $\bar{M}_t(\omega,\omega') = M_t(\omega)$, $\bar{T}(\omega,\omega') = T(\omega)$, on ait :

$$\bar{M}_t = B_{t\wedge\bar{T}} \quad .$$

N.B.-Dans ce qui suit, le lecteur doit avoir à l'esprit que, si nécessaire, nous utilisons le théorème ci-dessus et les techniques de relèvement d'espace (cf. [4], p.89-91 et [3], p.292 (cas complexe)) sans le préciser, de manière à obtenir des énoncés plus concis et à éviter des changements inutiles de notations.

Voici une représentation des éléments de $\mathcal{H}$.

II.1.- THEOREME : Soit $M \in \mathcal{H}$. Alors le processus croissant continu $A_t = \int_0^t \exp(-2M_s)\, d\langle M \rangle_s$ est à valeurs finies et il existe ρ, BES(2), tel que

$$\exp(-M_t) = \rho_{A_t} \quad .$$

Démonstration : Appliquons la formule d'Ito à $x \to \exp(-x)$ et à $M \in \mathcal{H}$, on a :

$$(2) \quad \exp(-M_t) = \exp(-M_\varepsilon) - \int_\varepsilon^t \exp(-M_s)\, dM_s + \frac{1}{2}\int_\varepsilon^t \exp(-M_s)\, d\langle M\rangle_s \qquad (0 < \varepsilon \leq t)$$

Quitte à arrêter M, on peut supposer $M \geq 0$ donc $0 \leq \exp(-M_t) \leq 1$ et on déduit du lemme I.i que $\int_0^t \exp(-M_s)\, d\langle M\rangle_s < \infty$ p.s. donc que $\int_0^t \exp(-2M_s)\, d\langle M\rangle_s < \infty$.

De la proposition I.7, il résulte que $N_t = -\int_0^t \exp(-M_s)\, dM_s \in \mathcal{L}_c$. On a :

$$\langle N\rangle_t = \int_0^t \exp(-2M_s)\, d\langle M\rangle_s$$

Lorsque l'on fait tendre ε vers 0 dans l'égalité (2), il vient, en faisant apparaître $d\langle N\rangle_s$:

$$\forall\, t \geq 0,\ \exp(-M_t) = N_t + \frac{1}{2}\int_0^t \exp(M_s)\, d\langle N\rangle_s \ .$$

Soit τ l'inverse à droite de $\langle N\rangle$; $\tau(0) = 0$, car $\langle N\rangle_t > 0$, $\forall\, t > 0$. On a :

$$\forall\, t \geq 0,\ \exp(-M_{\tau(t)}) = N_{\tau(t)} + \frac{1}{2}\int_0^{t\wedge\langle N\rangle_\infty} \exp(M_{\tau(s)})\, ds$$

$(N_{\tau(t)})_{t\geq 0}$ étant un mouvement brownien réel, issu de 0, arrêté à $\langle N\rangle_\infty$, $\exp(-M_{\tau(t)})_{t\geq 0}$ est, d'après le théorème de Yamada-Watanabe, un BES(2) arrêté à $\langle N\rangle_\infty$. On termine la démonstration en remarquant que les intervalles de constance de M et de $\langle N\rangle$ sont les mêmes.

Ce théorème montre, qu'à un changement de temps près, les trajectoires de $M \in \mathcal{H}$ sont celles du processus $(-\mathrm{Log}\,(\rho_t))_{t>0}$ où ρ est un BES(2).

II.2.- <u>COROLLAIRE</u> : <u>Soit</u> ρ <u>un</u> BES(q), $q > 2$. <u>Il existe un processus croissant continu, nul en</u> 0, A, <u>et</u> ρ' <u>un BES(2) tels que</u> : $\exp\left(-\frac{1}{\rho_t^{q-2}}\right) = \rho'_{A_t}$.

Démonstration : D'après la formule d'Ito, $\frac{1}{\rho^{q-2}} \in \mathcal{H}$. Le résultat se déduit du théorème II.1 avec $A_t = (q-2)^2 \int_0^t \exp\left(-\frac{2}{\rho_s^{q-2}}\right) \frac{ds}{\rho_s^{2(q-1)}}$

Le résultat suivant est l'analogue d'un théorème de F. Knight [5] sur la représentation de deux martingales continues, orthogonales.

II.3.- <u>PROPOSITION</u> : <u>Soient</u> M <u>et</u> $M' \in \mathcal{H}$ <u>telles que</u> $d\langle M,M'\rangle = 0$. <u>Alors il existe</u> ρ <u>et</u> ρ' <u>deux</u> BES(2) <u>indépendants tels que</u> :

$$\exp(-M_t) = \rho_{A_t} \ ; \ \exp(-M'_t) = \rho'_{A'_t} \ .$$

Démonstration :

$$\exp(-M_t) = N_t + \frac{1}{2}\int_0^t \exp(M_s)\, d\langle N\rangle_s, \quad \exp(-M'_t) = N'_t + \frac{1}{2}\int_0^t \exp(M'_s)\, d\langle N'\rangle_s$$

$$\text{avec } N_t = -\int_0^t \exp(-M_s)\, dM_s \in \mathscr{L}_c \text{ et } N'_t = -\int_0^t \exp(-M'_s)\, dM'_s \in \mathscr{L}_c .$$

On a : $d\langle N,N'\rangle = 0$ car $d\langle M,M'\rangle = 0$; d'après le théorème de Knight [5], N_τ et $N'_{\tau'}$, sont deux mouvements browniens réels, arrêtés, issus de 0, indépendants, τ et τ' désignant les inverses à droite respectifs de $\langle N\rangle$ et $\langle N'\rangle$. On en déduit donc que ρ et ρ' sont deux BES(2) indépendants.

Remarque : Soit $M \in \mathscr{H}$, $M > 0$; en appliquant la formule d'Ito à $x \mapsto \frac{1}{x}$ et à M, le lemme I.1., et le théorème de Yamada-Watanabe pour caractériser BES(3), on obtient le théorème suivant, qui est une représentation des éléments positifs de $\mathscr{H}$.

II.4.- THEOREME : Soit $M \in \mathscr{H}$, $M > 0$. Alors le processus croissant continu $A_t = \int_0^t \frac{d\langle M\rangle_s}{M_s^4}$ est à valeurs finies et il existe un BES(3) noté ρ, tel que

$$\frac{1}{M_t} = \rho_{A_t} .$$

De ce théorème, on déduit, en suivant le raisonnement du corollaire II.2 et de la proposition II.3, le corollaire et la proposition suivants :

II.5.- COROLLAIRE : Soit ρ un BES(q), $q > 2$; il existe un processus croissant continu A, nul en 0, et un BES(3), ρ', tels que : $\rho_t^{q-2} = \rho'_{A_t}$ avec $A_t = (q-2)^2 \int_0^t \rho_s^{2(q-3)}\, ds$.

II.6.- PROPOSITION : Soient M et M' orthogonales, $M > 0$, $M' > 0$, alors $\frac{1}{M_t} = \rho_{A_t}$, $\frac{1}{M'_t} = \rho'_{A'_t}$, ρ et ρ' étant deux BES(3) indépendants.

Le théorème de représentation II.4 des processus strictement positifs de l'ensemble $\mathscr{H}$ permet de généraliser le théorème de Pitman ([8]) dont nous rappelons une version :

Soit ρ un $(\mathscr{F}_t)$ processus de Bessel de dimension 3, issu de 0 et $J_t(\rho) = \inf_{s\geq t} \rho_s$. Alors $B_t = 2\, J_t(\rho) - \rho_t$ est un $(\mathscr{F}_t \vee \sigma(J_t))$ mouvement brownien.

II.7.- THEOREME :

1) Soit $M \in \mathscr{H}$, $M > 0$. Alors $\frac{2}{J_t(-M)} + \frac{1}{M_t}$ est une martingale locale continue

nulle en 0.

2) En particulier, soit X une diffusion strictement positive, $X(0) = 0$, $X(t) \xrightarrow[t \to +\infty]{} +\infty$, s sa fonction d'échelle telle que $s(x) \xrightarrow[x \to +\infty]{} 0$. Alors :

$\frac{2}{s(J_t(X))} - \frac{1}{s(X_t)}$ est une martingale locale continue, nulle en 0.

Démonstration :

1) D'après le théorème II.4, on a : $\frac{1}{M_t} = \rho_{A_t}$ où ρ est un BES(3) et $A_t = \int_0^t \frac{d\langle M\rangle_s}{M_s^4} < \infty$. Alors :

$2\, J_t(\frac{1}{M}) - \frac{1}{M_t} = 2J_t(\rho_A) - \rho_{A_t} = \beta_{A_t}$; A_t est un $(\mathcal{F}_t \vee \sigma(J_t))$ temps d'arrêt,

donc $2J_t(\frac{1}{M}) - \frac{1}{M_t}$ est une martingale locale continue, nulle en 0.

De l'égalité $J_t(\frac{1}{M}) = -\frac{1}{J_t(-M)}$ on déduit la première partie du théorème.

2) On choisit s de sorte que $s < 0$ ([10]). Dans ce cas, $-s(X_t) \in \mathcal{H}$ et $-s(X_t) > 0$. Par application de 1) à $-s(X_t)$, on obtient :

$$\frac{2}{J_t(s(X))} - \frac{1}{s(X_t)} \text{ est une martingale locale continue, nulle en 0.}$$

s étant continue et croissante, $J_t(s(X)) = s(J_t(X))$, la deuxième partie en résulte.

Nous allons maintenant démontrer une propriété de la mesure aléatoire $d\langle M\rangle$ associée à $M \in \mathcal{H}$, qui permettra de montrer que $d\langle M\rangle$ n'est pas déterministe.

Commençons par une remarque :

Soit $M \in \mathcal{H}$, $M > 0$; alors en appliquant la formule d'Ito à $x \to \mathrm{Log}\, x$, puis à $x \to \frac{1}{x^\alpha}$, $\alpha > 0$, on obtient :

$$\int_{0^+}^{\cdot} \frac{d\langle M\rangle_s}{M_s^{2+\alpha}} \begin{cases} = +\infty & (\alpha \le 0) \\ < \infty & (\alpha > 0) \end{cases}$$

II.8.- PROPOSITION : Soient $M \in \mathcal{H}$, $N \in \mathcal{L}_c^{open}$ telles que $d\langle M\rangle = d\langle N\rangle$. Alors $MN \notin \mathcal{L}_c^{open}$.

Démonstration : Quitte à arrêter M, on peut supposer $M > 0$. Supposons $MN \in \mathcal{L}_c^{open}$ ce qui équivaut à $d\langle M,N\rangle = 0$, et appliquons la formule d'Ito à $(n,m) \to \mathrm{Arctg}\,(\frac{n}{m})$ et à (N,M). On obtient :

$$\operatorname{Arctg}\frac{N_t}{M_t} = \operatorname{Arctg}\frac{N_\varepsilon}{M_\varepsilon} + \int_\varepsilon^t \frac{M_s\,dN_s - N_s\,dM_s}{N_s^2 + M_s^2} \qquad (0 < \varepsilon \leq t).$$

On a bien sûr : $\left|\operatorname{Arctg}\frac{N_t}{M_t}\right| \leq \frac{\pi}{2}$. On déduit alors, du théorème I.3 et de la proposition I.2, que :

$$\lim_{t\downarrow o} \operatorname{Arctg}\frac{N_t}{M_t} \in \mathbb{R}, \text{ donc que } \lim_{t\downarrow o} \frac{N_t}{M_t} \in \overline{\mathbb{R}} \text{ et que } \operatorname{Arctg}\frac{N}{M} \in \mathcal{L}_c.$$

Il découle alors de la proposition I.2 que :

(3) $$\int_{o+}^{\cdot} \frac{d\langle M\rangle_s}{N_s^2 + M_s^2} < \infty$$

En étudiant les différents comportements en 0 de N (par application du théorème I.3), nous allons montrer que (3) n'a pas lieu, ce qui terminera la démonstration.

a) $N \in \mathcal{L}_c$

Ceci est impossible car $d\langle N\rangle = d\langle M\rangle$ et $M \in \mathcal{H}$.

b) $\lim_{t\downarrow o} N_t = +\infty$

Au voisinage de 0, $\frac{1}{N_s^2 + M_s^2} \geq \frac{1}{(N_s + M_s)^2}$ donc

$\int_{o+}^{\cdot} \frac{d\langle N+M\rangle_s}{(N_s + M_s)^2} \leq 2\int_{o+}^{\cdot} \frac{d\langle M\rangle_s}{N_s^2 + M_s^2} < \infty$, ce qui, d'après la remarque précédente, est impossible puisque $N + M \in \mathcal{H}$.

c) $\lim_{t\downarrow o} N_t = -\infty$

On applique le raisonnement du cas b) à $(-N)$.

d) $\underline{\lim}_{t\downarrow o} N_t = -\infty$ et $\overline{\lim}_{t\downarrow o} N_t = +\infty$

Dans ce cas, $\lim_{t\downarrow o} \frac{N_t}{M_t} = 0$, donc, au voisinage de 0, $N_s^2 \leq M_s^2$, et par conséquent : $\frac{1}{N_s^2 + M_s^2} \geq \frac{1}{2M_s^2}$. Donc : $\int_{o+}^{\cdot} \frac{d\langle M\rangle_s}{M_s^2} \leq 2\int_{o+}^{\cdot} \frac{d\langle M\rangle_s}{N_s^2 + M_s^2} < \infty$ ce qui contredit encore la même remarque.

II.9.- COROLLAIRE : Soit $M \in \mathcal{H}$. Alors, la mesure de Radon $d\langle M\rangle$ n'est pas déterministe.

Démonstration : Supposons qu'il existe $(\Omega,(\mathcal{F}_t),\mathcal{F},P,(M_t)_{t>0})$ "processus" tel que : $M \in \mathcal{H}(\Omega,(\mathcal{F}_t),\mathcal{F},P), M>0$ (ce à quoi on peut toujours se ramener par arrêt), et $<M>(.,]\varepsilon,t]) = \mu(]\varepsilon,t])$, avec μ mesure de Radon déterministe, positive, sur $]0,\infty[$, $\mu(]\varepsilon,1]) \underset{\varepsilon\downarrow 0}{\nearrow} +\infty$.

Soit $(\Omega',(\mathcal{F}'_t),\mathcal{F}',(M'_t),P')$ une copie du processus précédent. Sur l'espace produit convenablement complété, posons : $X_t(\omega,\omega') = M_t(\omega)$ et $Y_t(\omega,\omega') = M'_t(\omega')$. Alors :

$$X \in \mathcal{H},\ Y \in \mathcal{H},\ X>0,\ Y>0,\ <X>(.,]\varepsilon,t]) = \mu(]\varepsilon,t]) = <Y>(.,]\varepsilon,t]).$$

De plus, par construction, $XY \in \mathcal{H}$, ce qui, d'après la proposition II.8 est impossible.

- REPRESENTATION DE CERTAINES MARTINGALES CONFORMES OUVERTES, ET APPLICATIONS

Dans cette troisème partie, nous nous proposons d'étudier, pour $n \geq 2$, l'espace :

$$\mathcal{C}_c^{open}(\mathbb{R}^n) \overset{def}{=} \{M = (M^i)_{1\le i\le n}\ ;\ \forall i \in \{1,..,n\},\ M^i \in \mathcal{L}_c^{open},$$
$$d<M^i> = d<M^j>,\ d<M^i,M^j> = 0,\ i\neq j\}$$

Cette étude nous permettra de résoudre le problème suivant :

Soient B un mouvement brownien réel, issu de 0, et $f :]0,\infty[\to \mathbb{R}$ une application continue. Sous quelles hypothèses existe-t-il $V \in \mathcal{L}_{\mathbb{C}}^{open}$ telle que :

$$V_t - V_s = \int_s^t f(u)\, dB_u \quad (0<s\le t)\ ?$$

$\mathcal{C}_c^{open}(\mathbb{R}^2)$ s'identifie de manière évidente à l'espace :

$$\mathcal{C}_c^{open} = \{Z = X+iY\ ;\ X,Y \in \mathcal{L}_c^{open},\ d<X> = d<Y> \text{ et } d<X,Y> = 0\} \quad . \text{ (cf. I).}$$

Le théorème I.5 donne le comportement en 0 des trajectoires des éléments de $\mathcal{C}_c^{open}$.

Nota bene : Soient $W = A + iB$ et $Z = X + iY$ deux martingales locales,continues, complexes ; on prend pour définition de $<W,Z> \equiv <A+iB, X+iY>$ le processus $<A,X> - <B,Y> + i(<B,X> + <A,Y>)$. En particulier, si $Z = X + iY$ est une martingale conforme, on a :

$$<Z,Z> = <\bar{Z},\bar{Z}> = 0, \qquad <Z,\bar{Z}> = 2<X>$$

III.1.- THEOREME : Soit $Z \in \mathcal{C}_c^{open}$ tel que $\lim_{t \downarrow o} |Z_t| = +\infty$. Le processus croissant continu $A_t = \frac{1}{2}\int_o^t \frac{d<Z,\bar{Z}>_s}{|Z_s|^4}$ est à valeurs finies et il existe un mouvement brownien complexe, U, issu de 0, tel que : $\frac{1}{Z_t} = U_{A_t}$.

Démonstration : D'après la formule d'Ito, $\frac{1}{Z} \in \mathcal{C}_c^{open}$; comme $\lim_{t\downarrow o} \frac{1}{Z_t} = 0$, on déduit de la proposition I.2 que $\frac{1}{Z}$ est une martingale conforme, nulle en 0. Il existe donc (cf. [3]) $U \in BM_o(\mathbb{C})$ tel que : $\frac{1}{Z_t} = U_{A_t}$, avec $A_t = <\mathrm{Re}(\frac{1}{Z})>_t = \frac{1}{2}\int_o^t \frac{d<Z,\bar{Z}>_s}{|Z_s|^4}$.

Remarque : Soit $Z \in \mathcal{C}_c^{open}$ tel que $\lim_{t\downarrow o} |Z_t| = +\infty$. On obtient, en appliquant la formule d'Ito à $z \to \mathrm{Log}(|z|)$, puis à $z \to |z|^{-q/2}$ $(q > 0)$, que :

$$\int_{o+}^{\cdot} \frac{d<Z,\bar{Z}>_s}{|Z_s|^{q+2}} \begin{cases} = +\infty & (q \leq 0) \\ < +\infty & (q > 0) \end{cases}$$

Remarquons également que la proposition II.8 permet de montrer que les éléments de $\mathcal{H}$ ne peuvent être partie réelle d'éléments de $\mathcal{C}_c^{open}$.

Il reste à étudier le troisième cas du théorème de Walsh qui correspond à :

$$\underline{\lim}_{t\downarrow o} |Z_t| = 0 \qquad \text{et} \qquad \overline{\lim}_{t\downarrow o} |Z_t| = +\infty .$$

Le théorème suivant montre que dans ce cas il n'est pas possible d'obtenir un résultat analogue au théorème III.1.

III2.- THEOREME : Il n'existe pas de loi μ de martingale de $\mathcal{C}_c^{open}$ telle que :

$$\forall V \in \mathcal{C}_c^{open}, \ \underline{\lim}_{t\downarrow o} |V_t| = 0 \text{ et } \overline{\lim}_{t\downarrow o} |V_t| = +\infty,$$

$\exists$ A processus croissant continu nul en 0, $A_t > 0$ $\forall t > 0$, et M de loi μ tel que $V_t = M_{A_t}$.

Démonstration : Supposons l'existence d'une telle loi μ. Soit U un mouvement brownien complexe issu de 0, et posons : $V_t = \exp(\frac{1}{U_t})$, $W_t = \exp(V_t)$. De la formule d'Ito, on déduit que V et W appartiennent à $\mathcal{C}_c^{open}$; de plus on a :

$$\underline{\lim}_{t\downarrow o} |V_t| = \underline{\lim}_{t\downarrow o} |W_t| = 0 , \quad \overline{\lim}_{t\downarrow o} |V_t| = \overline{\lim}_{t\downarrow o} |W_t| = +\infty .$$

Par hypothèse, on a alors : $V_t = M_{A_t}$, $W_t = M'_{A'_t}$ où $M \in \mathscr{C}_c^{open}$, $M' \in \mathscr{C}_c^{open}$, M et M' ont pour loi μ. Ceci est impossible puisque $|\mathrm{Log}(M_{A_t})| \underset{t\downarrow o}{\longrightarrow} +\infty$, $\underline{\lim}_{t\downarrow o} |\mathrm{Log}\, M'_{A'_t}| = 0$. □

Soit $\mathscr{C}_c(\mathbb{R}^n) = \{M = (M^i)_{1\le i\le n}$; $\forall\, i \in \{1,..,n\}$, $M^i \in \mathscr{L}_c$; $d<M^i> = d<M^j>$ et $d<M^i,M^j> = 0\}$. Il est clair que $\mathscr{C}_c(\mathbb{R}^n) \subsetneq \mathscr{C}_c^{open}(\mathbb{R}^n)$ pour $n \in \{1,2\}$. Pour les dimensions supérieures, on a le :

III.3.- <u>THEOREME</u> : $\mathscr{C}_c(\mathbb{R}^n) = \mathscr{C}_c^{open}(\mathbb{R}^n)$, <u>pour tout</u> $n \ge 3$.

<u>Démonstration</u> : Soit $n \ge 3$. Supposons qu'il existe $M = (M^i) \in \mathscr{C}_c^{open}(\mathbb{R}^n)$, $M \notin \mathscr{C}_c(\mathbb{R}^n)$. Du théorème I.3, on déduit que : $\lim_{t\downarrow o} |M_t| = +\infty$ ou $\underline{\lim}_{t\downarrow o} |M_t| < \overline{\lim}_{t\downarrow o} |M_t| = +\infty$.

a) $\lim_{t\downarrow o} |M_t| = +\infty$

Dans ce cas, on peut, quitte à arrêter $|M|$, supposer que $|M_t| > 1$, $\forall\, t > 0$. Appliquons la formule d'Ito à $(M_i)_{1\le i\le n}$ et à $(x_i)_{1\le i\le n} \rightarrow (\sum_{i=1}^n x_i^2)^{-n/2+1}$: il vient :

$$\frac{1}{|M_t|^{n-2}} = \frac{1}{|M_\varepsilon|^{n-2}} + (2-n) \sum_{i=1}^n \int_\varepsilon^t \frac{M_s^i\, dM_s^i}{|M_s|^n}$$

Comme $\frac{1}{|M_t|^{n-2}} \underset{t\downarrow o}{\longrightarrow} 0$ $(n \ge 3)$, $\frac{1}{|M|^{n-2}}$ appartient à $\mathscr{L}_c$, est nulle en 0, positive, continue. Or c'est une surmartingale, elle est donc nulle partout, ce qui est impossible.

b) $\underline{\lim}_{t\downarrow o} |M_t| < \overline{\lim}_{t\downarrow o} |M_t| = +\infty$.

Appliquons la formule d'Ito à $(M^i)_{1\le i\le n}$ et à $(x_i)_{1\le i\le n} \longrightarrow (1 + \sum_{i=1}^n x_i^2)^{-q}$ avec $q = \frac{n}{2} - 1 > 0$. On obtient :

$$\frac{1}{(1+|M_t|^2)^q} = \frac{1}{(1+|M_\varepsilon|^2)^q} - 2q \sum_{i=1}^n \int_\varepsilon^t \frac{M_s^i\, dM_s^i}{(1+|M_t|^2)^{q+1}} - nq \int_\varepsilon^t \frac{d<M^1>_s}{(1+|M_s|^2)^{q+2}}$$

Comme $0 < \frac{1}{(1+|M_t|^2)^q} \le 1$, $\forall\, t > 0$, on a : $E(\int_\varepsilon^t \frac{d<M^1>_s}{(1+|M_s|^2)^{q+2}}) \le \frac{1}{nq}$

et par conséquent $\displaystyle\int_{0+}^{\cdot} \frac{d\langle M^1\rangle}{(1+|M_s|^2)^{q+2}} < \infty$.

On en déduit alors, en appliquant le théorème I.8, que $\displaystyle\int_0^t \sum_{i=1}^n \frac{M_s^i\, dM_s^i}{(1+|M_s|^2)^{q+1}}$ appartient à $\mathcal{L}_c$ et donc que $\displaystyle\lim_{t\downarrow 0} \frac{1}{(1+|M_t|^2)^{q+2}}$ existe et est finie, ce qui contredit les hypothèses sur $|M|$. □

III.4. <u>PROPOSITION</u> : <u>Soit</u> $M \in \mathcal{L}_c^{open}$, $M \notin \mathcal{L}_c$. <u>Alors</u> $d\langle M\rangle$ <u>n'est pas une mesure de Radon déterministe</u>.

<u>Démonstration</u> : Cette proposition n'est autre que le corollaire II.9, dans le cas où $M \in \mathcal{H}$. Il nous reste donc à établir ce résultat pour $M \in \mathcal{L}_c^{open}$, $\underline{\lim}_{t\downarrow 0} M_t = -\infty$ et $\overline{\lim}_{t\downarrow 0} M_t = +\infty$.

Supposons qu'il existe $M \in \mathcal{L}_c^{open}$, $M \notin \mathcal{L}_c \cup \mathcal{H}$ vérifiant $\langle M\rangle(.,]\varepsilon,t]) = \mu(]\varepsilon,t])$ $(0 < \varepsilon \le t)$ avec μ mesure de Radon positive sur $]0,\infty[$, $\mu(]\varepsilon,1]) \underset{\varepsilon\downarrow 0}{\nearrow} +\infty$. Donnons-nous deux copies M' et M" du processus précédent et sur l'espace produit convenablement complété, définissons :

$$X_t(\omega,\omega',\omega'') = M_t(\omega) \quad , \quad Y_t(\omega,\omega',\omega'') = M'_t(\omega') \quad , \quad Z_t(\omega,\omega',\omega'') = M''_t(\omega'') \quad (t>0).$$

$X \in \mathcal{L}_c^{open}$, $Y \in \mathcal{L}_c^{open}$, $Z \in \mathcal{L}_c^{open}$, $d\langle X\rangle = d\langle Y\rangle = d\langle Z\rangle$ et par construction $d\langle X,Y\rangle = d\langle X,Z\rangle = d\langle Y,Z\rangle = 0$, donc $V = (X,Y,Z) \in \mathcal{C}_c^{open}(\mathbb{R}^3)\setminus \mathcal{C}_c(\mathbb{R}^3)$, ce qui est impossible car cet ensemble est vide.□

<u>Remarque</u> :

a) Soit $Z = X + iY \in \mathcal{C}_c^{open}$, $Z \notin \mathcal{C}_c$; posons $U = X$. Alors

$$d\langle U\rangle = d\langle X\rangle = d\langle Y\rangle,\ d\langle U,Y\rangle = d\langle X,Y\rangle = 0.$$

Par contre, $d\langle U,X\rangle = d\langle X\rangle \neq 0$.

b) Soit $Z = X + iY \in \mathcal{C}_c^{open}$, $Z \notin \mathcal{C}_c$, $M \in \mathcal{L}_c^{open}$; en se plaçant sur un espace produit, on définit trois processus M', X', Y' tels que :

$$d\langle X'\rangle = d\langle Y'\rangle \neq d\langle M'\rangle \text{ et } d\langle M',X'\rangle = d\langle M',Y'\rangle = d\langle X',Y'\rangle = 0$$

Ces deux exemples montrent que l'on ne peut appauvrir les hypothèses définissant $\mathcal{C}_c^{open}(\mathbb{R}^3)$ tout en conservant un résultat analogue au théorème III,3

On déduit de la proposition III.4, le corollaire suivant :

III.5.- <u>COROLLAIRE</u> : <u>Soient</u> B <u>un mouvement brownien issu de</u> 0 <u>et</u> f : $]0,\infty[\to \mathbb{R}$ <u>une fonction continue. Les assertions a) et b) sont équivalentes</u> :

a) $\exists\, M \in \mathcal{L}_c^{open}$, $\forall\, 0 < s \leq t$: $M_t - M_s = \int_s^t f(u)\, dB_u$

b) $\int_{0+}^1 f^2(u)\, du < \infty$

<u>De plus</u>, $M \in \mathcal{L}_c$.

<u>Démonstration</u>: b) $\Longrightarrow$ a) d'après la proposition I.7.
Montrons que a) $\Longrightarrow$ b).

Soit $M \in \mathcal{L}^{open}$, telle que $M_t - M_s = \int_s^t f(u)\, dB_u$ $(0 < s \leq t)$. On a donc $\langle M \rangle\, (.,]\varepsilon,t]) = \int_\varepsilon^t f^2(u)\, du$ et $d\langle M \rangle$ est déterministe. De la proposition III.4, on déduit que $M \in \mathcal{L}_c$ et, d'après la proposition I.2, que $\int_{0+}^1 f^2(s)\, ds < \infty$. □

Ce corollaire met en évidence l'existence d'éléments de $\mathcal{L}_c^{inc}$ qui ne sont pas accroissements d'éléments de $\mathcal{L}_c^{open}$, par exemple $\int_s^t \frac{dB_u}{u}$.

Nous terminons cet article en donnant des exemples illustrant les théorèmes I.3 et I.5.

- Toute martingale locale, continue, étant un mouvement brownien changé de temps, il suffit pour illustrer I.3,i) de prendre le mouvement brownien standard.

- De même, le théorème II.4 montre que pour illustrer le cas I.3,ii), il suffit de prendre $\frac{1}{\rho}$ où ρ est un BES(3).

- Soit $U = X + iY$ un mouvement brownien complexe issu de 0, alors $\mathrm{Re}(\frac{1}{U}) = \frac{X}{X^2 + Y^2} \in \mathcal{L}_c^{open}$ et vérifie I.3,iii).

En fait, la proposition II.8 montre que si $Z \in \mathscr{C}_c^{open} \setminus \mathscr{C}_c$ alors $\mathrm{Re}(Z) \in \mathcal{L}_c^{open}$ et vérifie I.3,iii).

Soit $U = X + iY$ un mouvement brownien complexe issu de 0. U est un exemple du cas I.5,i), $\frac{1}{U}$ est un exemple du cas I.5,ii), et $\exp(\frac{1}{U})$ est un exemple du cas I.5,iii).

Remarquons que, d'une manière générale, si $Z \in \mathscr{C}_c^{open} \setminus \mathscr{C}_c$, alors $\exp(Z)$ vérifie toujours I.5,iii), car $\underline{\lim}_{t \downarrow 0} |\exp(Z_t)| = 0$.

REFERENCES

[1] J. AZEMA et M. YOR : En guise d'introduction - Astérisque 52-53 (Temps Locaux), 3-16 (1978).

[2] C. DELLACHERIE et P.A. MEYER : Probabilités et potentiel (Théorie des martingales). Hermann - 1980.

[3] R.K. GETOOR, M.J. SHARPE : Conformal martingales. Invent. Math. - 16 - 271-308 (1972).

[4] N. IKEDA, S. WATANABE : Stochastic differential equations and diffusion processes. North Holland - Kodansha - 1981.

[5] F.B. KNIGHT : A reduction of continuous square integrable martingale to brownian motion. Lecture Notes in Math. 190, Springer-Verlag, Berlin. (1971)

[6] P.A. MEYER : Un cours sur les intégrales stochastiques. Sem. de proba. X Springer Lecture Notes. 511 (1976).

[7] P.A. MEYER, C. STRICKER : Sur les semi-martingales au sens de L. Schwarz. Mathematical analysis and application, Part B. Advances in Math. Supplementary Studies; vol. 7 B, (1981).

[8] J.W. PITMAN : One dimensional Brownian motion and the three-dimensional Bessel process, Adv. Appl. Prob., 7 (1975), 511-526.

[9] M.J. SHARPE : Local times and singularities of continuous local martingales. Sem. de proba. XIV. Springer Lecture Notes (1980).

[10] M.J. SHARPE : Some transformations of diffusion by time reversal. Ann. proba. 8, n°6 , 1156-1163 (dec. 1980).

[11] J.B. WALSH : A property of conformal martingales. Sem. de proba. XI. Springer Lecture Notes 581 (1977).

Rectificatif à l'énoncé du théorème II.7.

Il faut ajouter, dans les hypothèses, en i) : $\lim_{t\uparrow\infty} M_t=0$, ce qui entraîne $A_\infty = \infty$ p.s., et donc : $J_t(\rho_{A_.}) = J_{A_t}(\rho_.)$.

Marc YOR a contribué, par les discussions fructueuses que nous avons eues ensemble, à l'élaboration de ce travail. Nous l'en remercions vivement.

Signalons également que le problème de la représentation des martingales locales continues, indexées par $]0,\infty[$, a été posé par M. Sharpe à J. Azema et M. Yor.

Laboratoire de Probabilités
Université Pierre et Marie CURIE,
4, Place Jussieu - Tour 56, 3è étage. 75005 PARIS

SUR LA CONVERGENCE DES SEMIMARTINGALES CONTINUES DANS $\mathbb{R}^n$ ET DES MARTINGALES DANS UNE VARIETE

par S.W. He , J.A. Yan*, W.A. Zheng

Soit $X_t = (X_t^1, \ldots, X_t^n)$ une semimartingale continue à valeurs dans $\mathbb{R}^n$ et du type suivant :

$$(*) \qquad X_t^i = X_0^i + M_t^i + A_t^i = X_0^i + M_t^i + \Sigma_{j,k} \int_0^t H_{jk}^i(s) d\langle M^j, M^k\rangle_s$$

où les M^i sont des martingales locales continues, et les H_{jk}^i sont des processus prévisibles. Tout récemment, l'un d'entre nous a montré dans [3] que sur l'ensemble

$$\bigcap_{i,j,k} \{ \limsup_t |H_{jk}^i(t)| < \infty \}$$

la convergence de X_t ($t\to\infty$) entraîne p.s. la convergence séparée des parties martingales M_t^i et des variations totales $\int_0^t |dA_s^i|$. Cela permet de montrer que le crochet d'une martingale à valeurs dans une variété riemannienne V admet une limite finie là où la martingale converge.

Nous nous proposons dans cette note de préciser le résultat de convergence, pour des semimartingales qui ne sont pas nécessairement du type (*). Nous donnerons aussi une application géométrique : contrairement au cas de $\mathbb{R}^n$, où toute martingale bornée est p.s. convergente, une martingale à valeurs dans V dont les trajectoires sont contenues dans un compact K de V n'est pas nécessairement convergente (il suffit de penser au cas où V elle même est compacte : le mouvement brownien de V est récurrent). Mais nous montrerons que tout point de V possède un voisinage K pour lequel la propriété est vraie.

NOTATIONS. La décomposition canonique d'une semimartingale continue réelle X est notée $X=X_0+M+A$ (même notation avec des indices pour le cas de $\mathbb{R}^n$). Nous posons $[\![A]\!]_t = \int_0^t |dA_s|$, $\overset{+}{A} = \frac{1}{2}([\![A]\!]+A)$, $\bar{A} = \frac{1}{2}([\![A]\!]-A)$.

Nous adopterons dans cette note une terminologie commode en disant que X <u>converge</u> en $\omega\in\Omega$ si $\lim_t X_t(\omega)$ existe et est finie, et que X <u>converge parfaitement</u> en ω si $\lim_t M_t(\omega)$ et $\lim_t [\![A]\!]_t(\omega)$ existent et sont finies. L'ensemble de convergence parfaite dépend de la décomposition choisie, et n'est défini qu'à un ensemble de mesure nulle près.

(*) Boursier de la Alexander von Humboldt Stiftung à Heidelberg (RFA).

Ces définitions s'étendent évidemment aux semimartingales à valeurs dans $\mathbb{R}^n$.

REMARQUE. Il est bien connu qu'il existe des semimartingales convergente sans être parfaitement convergentes, mais en voici un exemple particulièrement clair. On prend $X_t = B_t - C_t$ ($t \geq 1$), où B_t est le mouvement brownien et $C_t = e^t \int_{t-e^{-t}}^{t} B_s ds$. Alors $X_t \rightarrow 0$ p.s., mais B et C ne convergent pas.

RESULTATS SUR LES SEMIMARTINGALES REELLES

LEMME 1 . La semimartingale X est parfaitement convergente sur l'ensemble

$$U = \{ \liminf_t X_t > -\infty , \overset{+}{A}_\infty < \infty \} .$$

<u>Démonstration</u>. Comme $A \leq \overset{+}{A}$ on a sur U $\limsup_t A_t < \infty$, donc $\liminf_t M_t > -\infty$. D'après un résultat de Lenglart [1], cela entraîne la convergence de M . On en déduit par différence $\liminf_t A_t > -\infty$, donc $\limsup_t |A_t| < \infty$. Comme $[\![A]\!] = 2\overset{+}{A} - A$, on a $\limsup_t [\![A]\!]_t < \infty$, et la variation totale est finie.

Nous allons améliorer le résultat de [3], en remplaçant (dans le cas réel) la condition bilatérale sur H par une condition unilatérale.

PROPOSITION 2. Supposons que X soit du type (*) à une dimension :

$$(1) \qquad X_t = X_0 + M_t + A_t = X_0 + M_t + \int_0^t H_s d\langle M,M\rangle_s$$

Alors X converge parfaitement sur l'ensemble

$$(2) \qquad V = \{ \sup_t |X_t| < \infty , \limsup_t H_t < \infty \}$$

<u>Démonstration</u>. Soit $k > 0$, et soit $V_k = \{ \sup_t |X_t| < \infty , \limsup_t H_t < k \}$

Il nous suffit de montrer que X converge parfaitement sur V_k pour tout k fixé. Nous allons montrer que $\langle M,M\rangle_\infty < \infty$ p.s. sur V_k , cela entraînera (comme $A_t = \int_0^t H_s d\langle M,M\rangle_s$) que $\overset{+}{A}_\infty < \infty$ p.s. sur V_k , d'où la convergence parfaite grâce au lemme 1. Nous pouvons supposer que $X_0 = 0$.

Considérons la semimartingale $Y_t = e^{-2kX_t}$, de décomposition canonique $Y = 1+N+B$ donnée par la formule d'Ito

$$N_t = -2k \int_0^t e^{-2kX_s} dM_s \ , \quad B_t = 2k \int_0^t e^{-2kX_s}(k-H_s) d\langle M,M\rangle_s$$

Sur V_k on a $\limsup_t Y_t < +\infty$, $\bar{B}_\infty < \infty$, donc Y est parfaitement convergente d'après le lemme 1 . Donc $\langle N,N\rangle_\infty = 4k^2 \int_0^\infty e^{-4kX_s} d\langle M,M\rangle_s$ est fini sur V_k , et comme $e^{-4kX.}$ y est bornée inférieurement, $\langle M,M\rangle_\infty$ est fini sur V_k . La proposition est établie.

Nous passons à l'étude de semimartingales réelles qui ne sont pas du type (*) . Nous désignons par $\overline{S}_t$ et $\underline{S}_t$ les bornes supérieure et inférieure de X sur $[0,t]$, par λ l'oscillation de X à l'infini ($\lambda = \limsup_t X_t - \liminf_t X_t$).

LEMME 3. Sur l'ensemble $L = \{ \sup_t |X_t| < \infty , \langle M,M\rangle_\infty = \infty \}$, on a p.s. pour tout $k > 0$

(3) $$\lim_t \frac{\int_0^t e^{-2kX_s} dA_s}{k\int_0^t e^{-2kX_s} d\langle M,M\rangle_s} = 1$$

(4) $$\liminf_t \frac{1}{k} e^{2k(\overline{S}_t - \underline{S}_t)} \frac{\overset{+}{A}_t}{\langle M,M\rangle_t} \geqq 1$$

(5) $$\liminf_t \frac{\overset{+}{A}_t}{\langle M,M\rangle_t} \geqq ke^{-2k\lambda} \quad (\text{ donc } \geqq \sup_k ke^{-2k\lambda} = 1/2e\lambda)$$

Démonstration. Nous supposons toujours $X_0=0$, et considérons la même semimartingale $Y_t = e^{-2kX_t} = 1+N+B$ que plus haut. Cette fois

$$N_t = -2k \int_0^t e^{-2kX_s} dM_s \quad , \quad B_t = 2k\int_0^t e^{-2kX_s}(kd\langle M,M\rangle_s - dA_s)$$

Comme $\sup_t |X_t| < \infty$ sur L , le rapport $\langle M,M\rangle_t/\langle N,N\rangle_t$ est borné supérieurement et inférieurement en t , et donc $\langle N,N\rangle_\infty = \infty$ sur L .

D'après le "lemme de Borel-Cantelli" de Lévy, $\lim_t N_t/\langle N,N\rangle_t = 0$ p.s. sur L.

Or $N_t = Y_t - 1 - B_t$, et donc $\lim_t B_t/\langle N,N\rangle_t = 0$, soit

$$\lim_t \frac{\int_0^t e^{-2kX_s}(kd\langle M,M\rangle_s - dA_s)}{\int_0^t e^{-4kX_s} d\langle M,M\rangle_s} = 0 \quad \text{p.s. sur L}$$

Il n'y a aucun inconvénient à remplacer au dénominateur e^{-4kX_s} par e^{-2kX_s} , car $\langle M,M\rangle$ est croissant et $|X|$ borné. On obtient alors (3). Pour en déduire (4) on majore le numérateur et minore le dénominateur respectivement par

$$e^{-2k\underline{S}_t} \overset{+}{A}_t \qquad \text{et} \quad ke^{-2k\overline{S}_t} \langle M,M\rangle_t \quad .$$

Enfin, pour obtenir (5) on remplace X par $X_t^n = X_{n+t} - X_n$ et on fait tendre n vers l'infini : le premier facteur de (4), pour n assez grand, est voisin (uniformément en t) de $e^{2k\lambda}/k$, et l'on peut donc remplacer le second facteur par sa liminf, qui ne dépend pas de n.

On en déduit très facilement le résultat suivant, qui est le principal dans cette section :

PROPOSITION 4. a) Sur l'ensemble où $\liminf_t \overset{+}{A}_t/\langle M,M\rangle_t < \infty$, la convergence de X entraîne la convergence parfaite.
b) Sur l'ensemble où $\liminf_t \overset{+}{A}_t/\langle M,M\rangle_t = 0$, $\langle M,M\rangle_\infty = \infty$, les trajectoires de X ne sont p.s. pas bornées.

c) Sur l'ensemble où M diverge ($\langle M,M\rangle_\infty = \infty$) et X est bornée , la condition

$$\liminf_t \dot{A}_t/\langle M,M\rangle_t \leqq \Theta < \infty$$

entraîne

$$\lambda = \limsup_t X_t - \liminf_t X_t \geqq 1/2e\,\Theta.$$

Démonstration. a) Sur l'ensemble où

i) $\sup_t |X_t| < \infty$, ii) $\liminf_t \dot{A}_t/\langle M,M\rangle_t < \infty$, iii) $\lambda=0$ (X converge)

on ne peut p.s. pas avoir $\langle M,M\rangle_\infty = \infty$, car cela contredirait ii) d'aprè (5). On a donc $\langle M,M\rangle_\infty < \infty$, et ii) entraîne alors $\dot{A}_\infty < \infty$. On conclut à la convergence parfaite par le lemme 1.

b) Sur l'ensemble où $\sup_t |X_t| < \infty$, donc $\lambda<\infty$, et $\langle M,M\rangle_\infty = \infty$, l'inégalité (5) entraîne que $\liminf_t \dot{A}_t/\langle M,M\rangle_t > 0$.

c) ne fait que réénoncer l'inégalité (5).

RESULTATS SUR LES SEMIMARTINGALES VECTORIELLES

Rappelons d'abord le principal résultat de [3] : si X est une semimartingale vectorielle du type (*), la convergence de X entraîne la convergence parfaite sur l'ensemble $\{\forall i,j,k \ \limsup_t |H^i_{jk}(t)|<\infty\}$. La proposition 2 suggère de remplacer la condition " X converge " par la condition " X est bornée" . Mais c'est impossible, comme le montre l'exemple très simple suivant.

Soit B_t un mouvement brownien réel, et soit $X_t = e^{iB_t}$, qui est borné dans $\mathbb{C}=\mathbb{R}^2$. On a

$$dM^1_s = -\sin(B_s)dB_s \ , \ dA^1_s = -\tfrac{1}{2}\cos(B_s)ds$$
$$dM^2_s = \cos(B_s)dB_s \ , \ dA^2_s = -\tfrac{1}{2}\sin(B_s)ds$$

et $d(\langle M^1,M^1\rangle+\langle M^2,M^2\rangle)_s = ds$, de sorte que X est du type (*) avec des coefficients H^i_{jk} tous bornés par 1/2 en valeur absolue. Cependant X ne converge pas. On remarquera que l'application $t \mapsto e^{it}$ peut être considérée comme une géodésique de la sphère S^1 , donc X_t est une martingale à valeurs dans S^1 : c'est en fait le mouvement brownien de cette variété riemannienne compacte, et on constate élémentairement le fait mentionné dans l'introduction sur les martingales à valeurs dans une variété compacte . Cette remarque est due à Emery.

Voici tout de même un résultat analogue à la proposition 2, mais plus faible :

PROPOSITION 5. Soit X une semimartingale du type (*) à valeurs dans $\mathbb{R}^n$. Pour tout $k>0$ il existe $C=C(k,n)>0$ tel que X soit parfaitement convergente sur l'ensemble

$$\{ \sup_i \sup_t |X^i_t| \leq k \ , \ \sup_{ijk} \limsup_t |H^i_{jk}(t)| \leqq C \} .$$

Démonstration. Posons $\langle M,M\rangle_t = \Sigma_i \langle M^i,M^i\rangle_t$, $H_t = \sup_{ijk} |H^i_{jk}(t)|$. Soit $Y_t = Y_0+N_t+B_t$ la semimartingale réelle $\Sigma_i e^{X^i_t}$; on a

$$dN_t = \Sigma_i e^{X^i_t} dM^i_t \quad , \; dB_t = \tfrac{1}{2}\Sigma_i e^{X^i_t}(d\langle M^i,M^i\rangle_t+2\Sigma_{jk} H^i_{jk}(t)d\langle M^j,M^k\rangle_t)$$

sur l'ensemble où $\sup_{i,t} |X^i_t| \leqq k$, on a donc

$$2dB_t \geqq e^{-k}d\langle M,M\rangle_t -2ne^kH(t)\Sigma_{jk} |d\langle M^j,M^k\rangle_t|$$

et comme $|d\langle M^j,M^k\rangle| \leqq \frac{1}{2}(d\langle M^j,M^j\rangle+d\langle M^k,M^k\rangle)$

(6) $$2dB_t \geqq e^{-k}(1 - 2n^2e^{2k}H(t))d\langle M,M\rangle_t$$

Prenons alors $C < 1/2n^2e^{2k}$; sur l'ensemble

$$W = \{ \sup_{i,t} |X_t| \leqq k \; , \; \limsup_t H_t \leqq C \}$$

montrons que X <u>converge parfaitement</u>. Il suffit de prouver que $\langle M,M\rangle_\infty$ y est fini , car cela entraîne la convergence de tous les M^i et $\int_0^\infty |d\langle M^i,M^j\rangle_s|$, et aussi des $\int_0^\infty |dA^i_s|$ puisque $dA^i = \Sigma_{jk} H^i_{jk} d\langle M^j,M^k\rangle$ et H^i_{jk} est borné à l'infini. Or sur l'ensemble $W\cap\{\langle M,M\rangle_\infty = \infty\}$ on a $\lim_t B_t = +\infty$ d'après (6) et le choix de C ; d'autre part, Y reste bornée ; donc $\lim_t N_t=-\infty$, ce qui est p.s. impossible pour une martingale locale. Autrement dit, $W\cap\{\langle M,M\rangle_\infty =\infty\}$ est de mesure nulle, et la proposition est établie.

REMARQUE (due à M. Emery). Nous avons vu que l'ensemble

$$\{ \sup_t|X_t| \leqq k \; , \; \limsup_t H_t < e^{-2k}/2n^2\}$$

est un ensemble de convergence parfaite pour X . Remplaçant X par λX, H par H/λ , k par λk permet de remplacer $e^{-2k}/2n^2$ par $\lambda e^{-2\lambda k}/2n^2$. Prenant la réunion en λ (i.e., minimisant en λ) on voit que l'ensemble

$$\{ \sup_t|X_t| \leqq k \; , \; \limsup_t H_t < 1/4en^2k \}$$

est un ensemble de convergence parfaite. Remplaçant $\sup_t$ par $\limsup_t$ et prenant la réunion sur k, on obtient finalement le même résultat pour l'ensemble

$$\{ \limsup_t |X_t| < \infty, \; \limsup_t H_t|X_t| < 1/4en^2 \}.$$

UNE APPLICATION GEOMETRIQUE

PROPOSITION 6. Soit V une variété de dimension n, munie d'une connexion Γ sans torsion. Alors tout point p de V admet un voisinage relativement compact U_p possédant la propriété suivante : pour toute Γ-martingale (X_t) à valeurs dans V , presque toute trajectoire $X_.(\omega)$ qui reste dans U_p pour t suffisamment grand est convergente.

Démonstration. En considérant les processus (X_{r+t}) arrêtés à la première sortie de U_p (r rationnel $\geqq 0$), on se ramène à démontrer que toute Γ-martingale (X_t) prenant ses valeurs dans U_p est convergente. Soit V_p le domaine d'une carte normale de centre p, que nous noterons $(x^i)_{i=1,..,n}$, et soient Γ^i_{jk} les symboles de Christoffel de la connexion Γ dans cette carte. Soit (X_t) une Γ-martingale à valeurs dans V_p ; nous désignerons aussi par (X_t) la semimartingale à valeurs dans $\mathbb{R}^n$ de composantes $X^i_t = x^i \circ X_t$. Par définition des Γ-martingales, nous avons (en écrivant $X^i = X^i_0 + M^i + A^i$ comme dans toute cette note)

$$dA^i_t = -\frac{1}{2}\Sigma_{jk}\Gamma^i_{jk}(X_t)d\langle M^j,M^k\rangle_t$$

Il est bien connu que tous les symboles de Christoffel sont nuls au centre de la carte. Soit donc U_p un voisinage de p de la forme $\{\sup_i |x^i| \leqq r\}$, contenu dans V_p, et tel que

$$|\Gamma^i_{jk}(x)| \leqq 1/3n^2e^{2r} \quad \text{pour tout } x \in U_p .$$

Alors la proposition 5 entraîne que si (X_t) prend ses valeurs dans U_p, elle est parfaitement convergente.

REMARQUE. Si (X_t) est une Γ-martingale à valeurs dans V, toute trajectoire qui converge vers un point de V se trouve contenue, pour t suffisamment grand, dans un voisinage de ce point du type de la prop. 6. Elle est donc parfaitement convergente (cf. plus loin la note d'Emery) et on peut à partir de là retrouver immédiatement le résultat principal de Zheng [3].

REMERCIEMENTS

Nous remercions M. Emery pour de fructueuses discussions au cours de la préparation du manuscrit, M. Emery et P.A. Meyer pour leurs remarques sur les versions préliminaires.

REFERENCES.

[1] LENGLART (E.). Sur la convergence presque sûre des martingales locales. CRAS Paris, t. 284, 1977, p. 1085.

[2] MEYER (P.A.). Le théorème de convergence des martingales dans les variétés riemanniennes, d'après Darling et Zheng. A paraître.

[3] ZHENG (W.-A.). Sur le théorème de convergence des martingales dans une variété riemannienne. A paraître.

HE Sheng Wu, ZHENG Wei An

Ecole Normale Supérieure de Chine Orientale

SHANGHAI, Chine et

Institut de Recherche Math. Avancée, Strasbourg, France

YAN Jia An

Institut de Mathématiques Appliquées, Académie des Sciences

PEKIN, Chine et

Institut fur Angew. Mathematik, Heidelberg (Allemagne Féd.)

NOTE SUR L'EXPOSÉ PRECEDENT

par M. Emery

Dans l'exposé qui précède, He, Yan et Zheng étudient la <u>convergence parfaite</u> d'une semimartingale continue vectorielle $X=X_0+M+A$, i.e. la convergence séparée des parties martingales et des variations totales. Nous allons montrer ici que

<u>L'ensemble sur lequel</u> X <u>converge parfaitement est le plus grand ensemble</u> (aux ensembles négligeables près) <u>sur lequel</u> X <u>est une semimartingale jusqu'à l'infini</u>.

Cette remarque donne encore plus d'intérêt aux conditions suffisantes de convergence parfaite : elle montre en effet que, sur l'ensemble de convergence parfaite, <u>toutes les constructions usuelles</u> de la théorie des semimartingales (solutions d'équations différentielles stochastiques...[1]) peuvent être prolongées jusqu'à l'infini. Elle montre aussi que cet ensemble n'est pas modifié si l'on remplace la loi par une loi équivalente. Elle montre que la convergence parfaite est préservée par composition avec les applications de classe C^2, qu'elle a un sens pour les semimartingales continues à valeurs dans les variétés...

<u>Démonstration</u>. Pour simplifier, nous traiterons le cas des semimartingales continues $X=X_0+M+A$ à valeurs réelles, sur l'espace $(\Omega,F,\underline{\underline{F}}_t,P)$

1) D'après le théorème de convexité de Jacod, il existe un plus grand ensemble U (défini à un ensemble négligeable près) tel que X soit une semimartingale jusqu'à l'infini pour la mesure $I_U P$. Sur cet ensemble toute intégrale stochastique prévisible $H\cdot X$ (H borné) converge p.s., et le crochet $[X,X]$ converge p.s..

Comme $[X,X]=[M,M]$, on voit que $[M,M]$ converge, donc aussi $H^2\cdot[M,M]$. Donc la martingale locale $H\cdot M$ converge p.s. sur U . Par différence, $H\cdot A$ converge p.s..

Prenant $H=1$, on voit que M converge p.s. sur U ; prenant pour H une densité de $|dA|$ par rapport à dA, on voit que la variation totale $\int_0^t |dA_s|$ converge p.s. sur U. Finalement, X converge parfaitement sur U .

2) Soit V l'ensemble de convergence parfaite de X ; les temps d'arrêt

$$T_n = \inf\{ t : |M_t|>n \text{ ou } \int_0^t |dA_s|>n \}$$

tendent vers $+\infty$ stationnairement sur V. Ils tendent donc stationnairement vers $+\infty$ p.s. pour la mesure $Q=I_V P$. D'autre part, X^{T_n} est une

1. En particulier, on peut établir ainsi la convergence de <u>développements</u> d'une semimartingale à valeurs dans une variété V, relativement à des connexions arbitraires sur V.

semimartingale jusqu'à l'infini sous la loi P, donc aussi sous la mesure Q . Finalement, X est une semimartingale jusqu'à l'infini sous la mesure Q, et l'on a $V \subset U$ p.s. ; comme la partie 1) a montré que $U \subset V$, la propriété annoncée est prouvée.

LE THEOREME DE CONVERGENCE DES MARTINGALES DANS LES VARIETES RIEMANNIENNES

d'après R.W. DARLING et W.A. ZHENG

par P.A. Meyer

I. INTRODUCTION

Considérons une martingale continue réelle (X_t), nulle en 0 pour fixer les idées, et le processus croissant associé $<X,X>_t$. Il est bien connu que les deux ensembles

$$C_1 = \{ \omega : X_\infty(\omega) = \lim_t X_t(\omega) \text{ existe dans } \mathbb{R} \}$$

$$C_2 = \{ \omega : <X,X>_\infty < \infty \}$$

ne diffèrent que par un ensemble négligeable. On se propose d'établir ce résultat pour des martingales (locales) continues à valeurs dans une variété riemannienne V . Voici les énoncés obtenus par Darling et Zheng ; les termes exigeant une définition seront soulignés, et expliqués ensuite.

Soit (X_t) une martingale (locale) à valeurs dans V, à trajectoires continues, et soit $<X,X>_t$ son processus croissant associé. Alors :

Théorème 1 (Darling). Sur l'ensemble où $<X,X>_\infty < \infty$, X_∞ existe p.s. dans le compactifié d'Alexandrov de V.

Théorème 2 (Zheng). Sur l'ensemble où X_∞ existe et appartient à V, on a p.s. $<X,X>_\infty < \infty$.

Je voudrais ici rendre ces énoncés compréhensibles pour les probabilistes, en laissant de côté certains détails (que l'on trouvera bien sûr dans les articles définitifs de R.W.R. Darling et W.A. Zheng, à paraître). Les éléments de géométrie différentielle nécessaire sont donnés dans le Sém. Prob. XV, ou dans le Sém. Prob. XVI (article de L. Schwartz). On va revoir dans un cas particulier les notions indispensables.

EXPLICATION DES TERMES : UN CAS PARTICULIER

Supposons que V soit $\mathbb{R}^n$; nous voulons exprimer les résultats usuels sur les martingales locales continues, non pas dans le système usuel de coordonnées linéaires $(u^1,\dots,u^n)$, mais dans un système quelconque de coordonnées curvilignes, $(x^1,\dots,x^n)$. Soit donc (X_t) une semimartingale à valeurs dans V, à trajectoires continues. Nous posons $U^i_t=u^i\circ X_t$, $X^i_t = x^i\circ X_t$ (coordonnées du même processus dans deux cartes différentes).

1) Le « principe de Schwartz » . Soit f une fonction C^∞ sur V. La

formule d Ito nous dit que le processus $(f\circ X_t)$ est une semimartingale réelle (en particulier, les U_t^i, X_t^i sont des semimartingales réelles), et nous avons (en écrivant Ito, puis prenant un compensateur prévisible)

$$d(f\circ X_t)^{\sim} = \Sigma_i\ D_i f(X_t)d\tilde{X}_t^i + \tfrac{1}{2}\Sigma_{ij}\ D_{ij}f(X_t)d\langle X^i,X^j\rangle_t \text{ (carte curviligne)}$$
$$= \Sigma_i\ \bar{D}_i f(X_t)d\tilde{U}_t^i + \tfrac{1}{2}\Sigma_{ij}\ \bar{D}_{ij}f(X_t)d\langle U^i,U^j\rangle_t \text{ (carte linéaire)}$$

avec bien sûr $D_i f=\partial f/\partial x^i$, $\bar{D}_i f=\partial f/\partial u^i$... Puisque cela est vrai pour toute fonction f, nous pouvons écrire formellement

(1) $$\Sigma\ d\tilde{X}_t^i D_i + \tfrac{1}{2}d\langle X^i,X^j\rangle_t D_{ij} = \Sigma\ d\tilde{U}_t^i\ \bar{D}_i + \tfrac{1}{2}d\langle U^i,U^j\rangle_t \bar{D}_{ij}$$

les deux membres étant considérés comme des opérateurs différentiels du second ordre au point X_t . Je noterai $d^2\tilde{X}_t$ cet opérateur d'ordre 2.

EXEMPLE. Dire que (X_t) est un mouvement brownien revient à dire que cet opérateur différentiel formel est égal à $\frac{1}{2}\Delta dt$ (au point X_t). Plus généralement, dire que (X_t) est une diffusion gouvernée par un opérateur du second ordre

(2) $$L_t f = \Sigma\ \bar{a}^i(t,u)\bar{D}_i f + \bar{a}^{ij}(t,u)\bar{D}_{ij}f \quad \text{(carte linéaire)}$$
$$= \Sigma\ a^i(t,x)D_i f + a^{ij}(t,x)D_{ij}f \quad \text{(carte curviligne)}$$

revient à dire que $d^2\tilde{X}_t=L(t,X_t)dt$. Cette écriture ne dépend pas de la carte.

2) <u>Le processus croissant associé à</u> X.

Dans la carte linéaire, il s'écrit $d\langle X,X\rangle_t = \Sigma_i\ d\langle U^i,U^i\rangle_t$. On interprète cela comme une métrique riemannienne en tout point de $\mathbb{R}^n$

$$\Sigma_i\ (du^i)^2 = \Sigma_{ij}\ g_{ij}(x)dx^i dx^j$$

et alors on a l'expression invariante pour le même processus croissant

(3) $$d\langle X,X\rangle_t = \Sigma_{ij}\ g_{ij}(X_t)d\langle X^i,X^j\rangle_t \quad .$$

3) <u>Définition intrinsèque des martingales locales</u>. Dans la carte linéaire, dire que (X_t) est une martingale locale signifie que $d\tilde{U}_t^i=0$. Par exemple, si (X_t) est une diffusion gouvernée par L_t, cela revient à dire que l'opérateur L_t, écrit dans la carte linéaire, est <u>purement d'ordre</u> 2. Mais cela n'est pas invariant par changement de cartes. Il faut interpréter ainsi l'opération << prendre la partie d'ordre un d'un opérateur >> :

En tout point x, on se donne une <u>application linéaire</u> Γ des opérateurs d'ordre 2 en x dans les opérateurs d'ordre 1, qui est <u>l'identité</u> sur les opérateurs d'ordre 1. Dans la carte linéaire, Γ s'écrit

$$\Gamma(\bar{D}_i)=\bar{D}_i \ ,\quad \Gamma(\bar{D}_{ij})=0$$

mais dans la carte curviligne, elle s'écrit avec des coefficients

(4) $$\Gamma(D_i) = D_i \quad ,\quad \Gamma(D_{ij}) = \Sigma_k\ \Gamma_{ij}^k(x)D_k$$

Dans ces conditions, dire que (X_t) est une martingale locale au sens usuel s'écrit $\Gamma(d^2\tilde{X}_t)=0$, soit dans la carte curviligne

(5) $$\forall\, k\ ,\ d\tilde{X}_t^k + \Sigma_{ij}\ \frac{1}{2}\Gamma_{ij}^k(X_t)d\langle X^i,X^j\rangle_t = 0\ .$$

EXTENSION AUX VARIETES

On voit que pour donner un sens aux énoncés des théorèmes 1 et 2, il faut s'être donné sur la variété V :

- Une métrique riemannienne, qui permettra de définir $d\langle X,X\rangle_t$,
- Une application Γ, donnant en tout point la << partie d'ordre 1 >> d'un opérateur d'ordre 2. Une telle application est appelée, en géométrie différentielle, une connexion (plus précisément, une connexion linéaire, sans torsion) et les coefficients Γ_{ij}^k sont appelés les symboles de Christoffel de la connexion (dans la carte (x^i)). On les supposera C^∞. La donnée de la connexion permet de définir les martingales locales (continues). La condition reste $\Gamma(d^2\tilde{X}_t)=0$.

[Le mot << locale >> est souvent omis lorsqu'on travaille dans les variétés, car la notion << globale >> correspondante n'a pas de sens].

Soulignons que la validité des théorèmes 1 et 2 n'exige aucune relation entre la donnée de la métrique riemannienne et celle de la connexion . Les théorèmes 1 et 2 ne sont donc pas des résultats fins, mais ils montrent où se trouvent les vrais problèmes : ceux-ci consistent à exclure l'ambiguïté du théorème 1, i.e. à trouver des critères pour que $\langle X,X\rangle_\infty<\infty$ entraîne $X_\infty \in V$.

II. LE THEOREME DE DARLING (TH. 1)

Pour simplifier, nous allons continuer à raisonner sur $\mathbb{R}^n$ muni de la carte curviligne (x^i). La seule différence, c'est que la structure riemannienne (g_{ij}) et la connexion (Γ_{jk}^i) sont quelconques - à coefficients C^∞. Pour le cas général, se reporter à l'article à paraître de Darling et Zheng.

Il nous faut d'abord rappeler un fait sur les semimartingales, et énoncer un petit lemme d'algèbre linéaire.

Les processus $\langle X^i,X^j\rangle_t$ sont à variation finie, continus, nuls en 0. Il existe un processus croissant scalaire A_t, continu, nul en 0, tel que tous les $d\langle X^i,X^j\rangle_t$ soient absolument continus par rapport à dA_t . Nous désignerons par λ_t^{ij} une densité prévisible $d\langle X^i,X^j\rangle_t/dA_t$. Il est bien connu que ces coefficients peuvent être choisis de telle sorte que les formes quadratiques $\Sigma_{ij}\ \lambda_t^{ij}(\omega)\xi_i\xi_j$ soient positives pour tout (t,ω).

LEMME 1. Soient E un e.v. de dimension finie, E' son dual. On se donne

1) Une forme quadratique g sur E, strictement positive (une base (e_i) de E étant choisie, g s'écrit $\Sigma\, g_{ij}x^ix^j$) .

2) Une forme quadratique positive (mais peut être dégénérée) λ sur E'.

3) Une forme quadratique c sur E (sans autre restriction).

(on écrira $\lambda(\xi) = \Sigma_{ij} \lambda^{ij}\xi_i\xi_j$, et de même pour c). Alors on a

(6) $$| \Sigma_{ij} c_{ij}\lambda^{ij}| \leqq |\Sigma_{ij} g_{ij}\lambda^{ij}| . \|c\|_g$$ ($\|c\|_g$ est le sup de $|c(x)|$ sur la g-boule unité)

Si de plus c est positive, $\Sigma c_{ij}\lambda^{ij}$ est positif, et l'on peut remplacer $\|c\|_g$ par $Tr_g(c) = \Sigma_{ij} g^{ij}c_{ij}$ ((g^{ij}) est la forme duale de g).

DEMONSTRATION. Nous supposons bien connu le fait que des expressions comme $\Sigma_{ij} g_{ij}\lambda^{ij}$, $\Sigma_{ij} g^{ij}c_{ij}$ ne dépendent pas de la base utilisée. Alors nous choisissons une base de E, g-orthonormale , et dans laquelle λ est diagonale (à coefficients positifs). Donc

$$g(x) = \Sigma_i x^{i2} \quad , \quad g_{ij}=\delta_{ij} \; , \; g^{ij}=\delta^{ij}$$
$$\lambda(\xi) = \Sigma_i \lambda^{ii}\xi_i^2 \; , \; \xi\in E'$$

et (6) provient des inégalités triviales

$$|\Sigma_i c_{ii}\lambda^{ii}| \leqq (\Sigma_i \lambda^{ii}).\sup_i|c_{ii}| \; , \text{ or } \Sigma_i \lambda^{ii} = \Sigma_i g_{ij}\lambda^{ij}$$
$$|c_{ii}|=|c(e_i,e_i)|\leqq\|c\|_g .$$

Pour la seconde inégalité, on majore plutôt par l'inégalité de Schwarz Sans supposer la positivité de c

$$|\Sigma_i c_{ii}\lambda^{ii}|\leqq (\Sigma_i c_{ii}^2)^{1/2}(\Sigma_i(\lambda^{ii})^2)^{1/2} \leqq (\Sigma_i |c_{ii}|)(\Sigma_i \lambda^{ii})$$

Si c est positive, les c_{ii} le sont, et $\Sigma_i c_{ii} = Tr_g(c)$.

DEMONSTRATION DU THEOREME 1 . Il suffit de démontrer que, pour toute fonction f sur V, C^∞ à support compact, $f(X_t)$ a une limite à l'infini sur l'ensemble où $<X,X>_\infty < \infty$. Pour cela, on écrit la formule d'Ito sous la forme

$$f(X_t) = f(X_0) + \Sigma_i \int_0^t D_if(X_s)(dX_s^i + \tfrac{1}{2}\Sigma_{jk} \Gamma_{jk}^i(X_s)d<X^j,X^k>_s)$$
$$+\tfrac{1}{2}\Sigma_{jk} \int_0^t d<X^j,X^k>_s (D_{jk}f -\Gamma_{jk}^i D_i f)(X_s) = f(X_0)+M_t+C_t ,$$

où (M_t) est une martingale locale, et (C_t) un processus à variation finie. On va montrer que $<M,M>_\infty < \infty$, $\int_0^\infty |dC_s|<\infty$, sur l'ensemble où $<M,M>_\infty < \infty$, et on aura terminé.

Premier terme : on a $d<M,M>_t = \Sigma_{ij} D_if(X_s)D_jf(X_s)d<X^i,X^j>_s$, et $d<X,X>_s = \Sigma_{ij} g_{ij}(X_s)d<X^i,X^j>_s$. Remplaçons $d<X^i,X^j>_s$ par $\lambda_s^{ij}dA_s$, et appliquons le lemme avec $c_{ij}= D_if(x)D_jf(x)$: comme f est à support compact, $\|c\|_g$ est une fonction bornée de x, et nous pouvons écrire

$$d<M,M>_t \leqq k\, d<X,X>_t$$, d'où la convergence.

[En fait, la forme c est ici positive, et de rang 1 : il est plus intéressant d'appliquer l'autre majoration, qui fait apparaître la norme riemannienne de la forme df . Nous n'insistons pas].

Second terme. On applique l'inégalité du lemme 1 avec

$$c_{jk} = D_{jk}f(x) - \Sigma_i \Gamma^i_{jk}(x)D_i f(x)$$

et $\|c\|_g$ est encore une fonction continue et bornée de x . Ici non plus, nous n'insistons pas sur le cas intéressant où cette forme est positive (f est alors dite convexe : cela ne peut s'appliquer à une fonction à support compact, mais permet de préciser l'étude à l'infini). Voir le travail définitif de Darling et Zheng.

III. LE THEOREME DE ZHENG (TH. 2)

La démonstration du théorème 2 fait intervenir des idées probabilistes intéressantes (assez proches, me semble-t-il, de certaines idées de Lenglart). Pour la clarté, nous présenterons le lemme de Zheng d'abord dans $\mathbb{R}$.

L'idée qui me semble la plus intéressante consiste à introduire la classe - invariante par changement de loi - des semimartingales continues réelles de la forme

(7) $$X=X_0+M+A \quad , \text{ telles que } dA_t \ll d\langle M,M\rangle_t$$

Il s'agit ici de la décomposition canonique : M est une martingale locale continue, nulle en 0, A est continu à variation finie, nul en 0. Nous pouvons alors écrire $A_t = \int_0^t H_s d\langle M,M\rangle_s$, avec H prévisible.

LEMME 2 . Soient λ,μ,K trois nombres >0. On a si $X_0=0$

(8) $$P\{X^*_\infty \leqq \lambda \ , \ M^*_\infty > \lambda+\mu \ , \ H^*_\infty \leqq K\} \leqq K(\lambda+\mu)^2/\mu$$

[Note : le processus (H_s) n'étant défini qu'à un processus négligeable pour $d\langle M,M\rangle$ près, le sup H^* peut être interprété comme un sup ess : nous omettrons désormais ce genre de petites améliorations].

DEMONSTRATION. Soit U l'ensemble à gauche de (8), et soit S le temps d'arrêt $\inf\{t : |M_t|>\lambda+\mu\}$; sur U on a $S<\infty$. D'autre part, M^S est une martingale locale nulle en 0 et bornée, donc une vraie martingale, et l'on a

$$(\lambda+\mu)^2 \geqq E[M_S^2] = E[\langle M,M\rangle_S] \geqq E[I_U\langle M,M\rangle_S] \geqq \frac{1}{K}E[I_U\int_0^S |H_t|\,d\langle M,M\rangle_t]$$
$$\geqq \frac{1}{K}E[I_U|A_S|] \geqq \frac{1}{K}E[I_U(|M_S|-|X_S|) \geqq \frac{1}{K}E[\mu I_U]$$

car sur U on a $|M_S|=\lambda+\mu$ et $|X_S|\leqq\lambda$. [En fait, l'inégalité vaut aussi sans la condition $X_0=0$: pour le voir, se ramener par conditionnement à $X_0=x$, et faire entrer X_0 dans M : la seule modification est $(\lambda+\mu)^2 \geqq E[M_S^2 I_{\{S>0\}}] \geqq E[\langle M,M\rangle_S]$. Nous n'aurons pas besoin de cette extension.]

Le résultat suivant a vraiment un intérêt probabiliste !

LEMME 3. <u>Avec les notations</u> (7), $dA_t=H_t d\langle M,M\rangle_t$, <u>sur l'ensemble</u>

(9) $$C=\{X_\infty \text{ existe et est fini, } \limsup_t |H_t|<\infty\}$$

<u>les limites</u> M_∞ <u>et</u> $\int_0^\infty |dA_s|$ <u>existent et sont finies p.s.</u>.

DEMONSTRATION. Il nous suffit de démontrer que, sur C, on a p.s. $M^*_\infty<\infty$. En effet, il est bien connu que sur l'ensemble $\{M^*_\infty<\infty\}$, M_∞ existe et est fini, ainsi que $\langle M,M\rangle_\infty$; comme $dA_t=H_t d\langle M,M\rangle_t$ et $|H_t|$ est borné sur C pour t assez grand, cela entraîne enfin $\int_0^\infty |dA_s|<\infty$ sur C.

Tout revient donc à montrer que, pour tout $K>0$, l'ensemble

$$D=\{X_\infty \text{ existe et est fini, } M^*_\infty=+\infty \text{ , } \limsup_t |H_t|<K/2\}$$

est négligeable. Supposons au contraire $P(D)>0$, et soit $\varepsilon<P(D)$. Soit $t_0\geq 0$; posons

$$X'_t=X_{t_0+t}-X_{t_0} \text{ , } M'_t=M_{t_0+t}-M_{t_0} \text{ , } H'_t=H_{t_0+t}$$

Nous avons encore, pour t_0 assez grand

$$P\{X'^*_\infty\leq\varepsilon^2,\ M'^*_\infty=+\infty\ ,\ H'^*_\infty\leq K\}>\varepsilon$$

et le lemme 2, appliqué à X' (nulle en 0) avec $\lambda=\mu=\varepsilon^2$ nous donne $\varepsilon\leq K(2\varepsilon^2)^2/\varepsilon^2$ pour $0<\varepsilon<P(D)$, qui est absurde pour ε petit.

Passons aux semimartingales vectorielles. Nous supposons que X est à valeurs dans $\mathbb{R}^m$, nous écrivons chaque composante sous la forme $X^i=X^i_0+M^i+A^i$, et nous faisons l'hypothèse

(10) $$dA^i_t=\Sigma_{jk}\, H^i_{jkt}\, d\langle M^j,M^k\rangle_t \qquad (\ H^i_{jk}=H^i_{kj}\ )$$

Pour appliquer le raisonnement du lemme 2, puis du lemme 3, nous devons interpréter $|M_t|$, $|X_t|$, $|A_t|$ comme les normes euclidiennes de M,X,A , $\langle M,M\rangle$ comme le processus croissant scalaire $\Sigma_i \langle M^i,M^i\rangle_t$, et il nous faut interpréter $|H|$ de manière à avoir

$$|dA_t|\leq |H_t|\, d\langle M,M\rangle_t$$

Le lemme 1 nous permet de choisir de telles normes. En voici une, relativement grossière :

$$|H|=\Sigma_i \sup_{|x|\leq 1} \Sigma_{jk}|H^i_{jk}x^j x^k|$$

Le lemme 3 subsiste alors sans modification : <u>sur l'ensemble</u> $\{\limsup |H_t|<\infty\}$, <u>l'existence de</u> X_∞ <u>dans</u> $\mathbb{R}^n$ <u>entraîne</u> $\langle M,M\rangle_\infty<\infty$.

APPLICATION AUX VARIETES

Nous présentons d'abord le raisonnement sous sa forme la plus simple, dans $\mathbb{R}^n$ avec ses coordonnées curvilignes $(x^1,\dots,x^n)$ comme au début : comme X est une martingale dans la variété, nous avons

$$dA_t^i = d\tilde{X}_t^i = -\Sigma_{jk}\ \Gamma_{jk}^i(X_t)d\langle X^i,X^j\rangle_t$$

Comme $\langle X^i,X^j\rangle_t = \langle M^i,M^j\rangle_t$, l'hypothèse (10) est satisfaite. D'autre part, si X_∞ existe dans V , la trajectoire $X_.(\omega)$ reste dans un compact K de V , et les fonctions $\Gamma_{jk}^i(x)$ sont bornées sur K , donc la condition $|H|_\infty^* < \infty$ est automatiquement satisfaite. Par conséquent, on a $\Sigma_i \langle X^i,X^i\rangle_\infty < \infty$. Mais d'autre part, sur K on a une inégalité de la forme

$$|\Sigma_{ij}\ g_{ij}(x)\xi^i\xi^j\ | \leqq C\Sigma_i\ |\xi^i|^2$$

et par conséquent, pour une trajectoire qui reste dans K, on peut affirmer que le processus croissant scalaire $\langle X,X\rangle_t$ est majoré par $C\Sigma_i\langle X^i,X^i\rangle_t$. Finalement, on voit que l'existence de X_∞ dans V entraîne $\langle X,X\rangle_\infty < \infty$.

Le cas d'une << vraie >> variété est un peu plus compliqué, et nous ne le traiterons pas : un moyen consiste à plonger V dans $\mathbb{R}^m$, avec m suffisamment grand, et à appliquer le raisonnement précédent dans $\mathbb{R}^m$ au lieu de $\mathbb{R}^n$: le principe est exactement le même, mais il faut un peu de travail pour écrire explicitement les H_{jk}^i avec ces m-n coordonnées << de trop >>.

ROLLING WITH 'SLIPPING' : I

by

Gareth C. Price and David Williams

Throughout this note, ∂ will denote the Stratonovich differential, and d will denote the Itô differential.

Let B be a $BM(\mathbb{R}^3)$, a Brownian motion on $\mathbb{R}^3$. Let Z be a process on $\mathbb{R}^3$ with $|Z(0)| = 1$ and

$$\partial Z = Z \times \partial B, \tag{1}$$

where $\times$ is the vector product. Then Z is a $BM(S^2)$, a Brownian motion on the unit sphere S^2 in $\mathbb{R}^3$.

Though the representation (1) of a $BM(S^2)$ is very simple, it appears to suffer from the disadvantage that "there is too much freedom in B". Only the component

$$\partial Y = \partial B - (Z.\partial B)Z$$

of ∂B 'tangential' to S^2 really matters. Now, of course, we have

$$\partial Y = (\partial Z) \times Z$$

and the proper driving equation for Z:

$$\partial Z = Z \times \partial Y.$$

The apparent defect of redundancy in (1) is illusory. We have the very satisfying situation that the equation

$$\partial b = Z.\partial B, \qquad b(0) = 0,$$

defines a $BM(\mathbb{R}^1)$ process b <u>independent</u> of the process Z. We think of b as providing the information about B which is missing from Z.

Suppose now that $\tilde{Z}$ is a $BM(S^2)$ adapted to the filtration of Z. Let

$$\partial\tilde{Y} = (\partial\tilde{Z}) \times \tilde{Z}.$$

THEOREM. *We have*

$$d\tilde{Y} = H dY \qquad \text{(an } \textit{Itô} \text{ equation),}$$

where

(i) for each t, H_t is an orthogonal transformation such that

$$H_t Z_t = \tilde{Z}_t,$$

(ii) the process $H = \{H_t\}$ is Z previsible.

Proof that Z is a $BM(S^2)$. We have $\partial(Z.Z) = 2Z.\partial Z = 0$, so that Z stays on S^2. It is clear that Z is invariant under $O(3)$, whence Dynkin's formula shows that the infinitesimal generator of Z is a constant multiple of the spherical Laplacian. Of course, the usual argument for Stratonovich equations shows that if G is the generator of Z, then, with $\partial_k = \partial/\partial Z_k$,

$$2G = (Z_3\partial_2 - Z_2\partial_3)^2 + (Z_1\partial_3 - Z_3\partial_1)^2 + (Z_2\partial_1 - Z_1\partial_2)^2,$$

and this 'squared angular momentum' operator is known to be the Laplacian on S^2. □

Proof that b is a $BM(\mathbb{R}^1)$ independent of Z. The generator of the 4-dimensional process (b,Z) is

$$\tfrac{1}{2}(Z_1\partial_b + Z_3\partial_2 - Z_2\partial_3)^2 + \text{two cyclic permutations},$$

where $\partial_b = \partial/\partial b$. This operator splits as

$$\tfrac{1}{2}\partial_b^2 + G.$$ □

Martingale characterization of $BM(S^2)$. A process U on $\mathbb{R}^3$ with $|U(0)| = 1$ is a $BM(S^2)$ if and only if U is a continuous semimartingale such that

(i) $dU + Udt = dM$, where M is a martingale,

(ii) $d\langle U_m, U_n\rangle = (\delta_{mn} - U_m U_n)dt$.

A 'trick' way to prove this is to apply stereographic projection of S^2 to $\mathbb{R}^2 \cup \{\infty\}$, and then apply the Stroock-Varadhan result to the resulting process on $\mathbb{R}^2$.

<u>Proof of Theorem</u>. By Jacod's Theorem that "martingale characterization implies martingale representation" (see [1], and especially result (11) there), we have

$$d\tilde{Z}_m + \tilde{Z}_m dt = A^{(m)}.dN \tag{2}$$

where $A^{(m)}$ is a Z previsible process with values in $\mathbb{R}^3$, and

$$dN = dZ + Zdt = Z \times dB. \tag{3}$$

Thus,

$$d\tilde{Z}_m + \tilde{Z}_m dt = K^{(m)}.dB,$$

where

$$K^{(m)} = A^{(m)} \times Z.$$

We have

$$d\langle \tilde{Z}_m, \tilde{Z}_n \rangle /dt = \delta_{mn} - \tilde{Z}_m \tilde{Z}_n = K^{(m)}.K^{(n)},$$

and, also, the vectors $K^{(m)}$ are perpendicular to Z. But, the vectors

$$J^{(1)} = (0, -\tilde{Z}_3, \tilde{Z}_2),\ J^{(2)} = (\tilde{Z}_3, 0, -\tilde{Z}_1),\ J^{(3)} = (-\tilde{Z}_2, \tilde{Z}_1, 0) \tag{4}$$

satisfy

$$J^{(m)}.J^{(n)} = \delta_{mn} - \tilde{Z}_m \tilde{Z}_n,$$

and the vectors $J^{(m)}$ are perpendicular to $\tilde{Z}$. Hence, for some (in fact, unique) orthogonal matrix H_t with $H_t Z_t = \tilde{Z}_t$,

$$K_t^{(m)} = J_t^{(m)} H_t.$$

The process H is Z previsible, and

$$d\tilde{B} = HdB$$

defines a B Brownian motion. On combining (2), (3), and (4), we find that

$$d\tilde{Z} + \tilde{Z}dt = \tilde{Z} \times d\tilde{B}, \quad \partial\tilde{Z} = \tilde{Z} \times \partial\tilde{B}.$$

Of course, since H is orthogonal,

$$\tilde{Z}.d\tilde{B} = Z.dB,$$

so that, with an obvious notation, we have the satisfying relation

$$\tilde{b} = b.$$

Next,

$$\partial\tilde{Y} = (\partial\tilde{Z}) \times \tilde{Z}, \qquad d\tilde{Y} = (d\tilde{Z}) \times \tilde{Z},$$

so that

$$d\tilde{Y} = (\tilde{Z} \times d\tilde{B}) \times \tilde{Z} = d\tilde{B} - (\tilde{Z}.d\tilde{B})\tilde{Z}$$

$$= d\tilde{B} - (Z.dB)\tilde{Z} = HdY,$$

and our theorem is proved. □

The title indicates the 'frame-bundle' significance, something we hope to explain in a wider context. There seem to be some very nice - and potentially important - applications.

Acknowledgement. We wish to thank Professor A. Truman for helpful discussions on these topics. A.T. and D.W. intend to publish follow-up work. [The representation

$$dX = n(X) \times dB$$

for Brownian motion on a surface $(n(\cdot)$ is the unit normal) allows some neat formulae.]

REFERENCE

[1] J. JACOD, A general theorem of representation for martingales, Probability (ed. J.L. Doob), Proc. Symp. Pure Math. Amer. Math. Soc. XXXI (1977), 37-54.

Department of Mathematics
University College
SWANSEA SA2 8PP
Great Britain

GIRSANOV TYPE FORMULA FOR A LIE GROUP VALUED BROWNIAN MOTION

by

R.L. KARANDIKAR

Let G be a Lie group of $d\times d$ matrices and X^1 be a G-valued continuous semimartingale, P^1 be its distribution on $\Omega = \mathcal{C}([0,1],G)$. Let $X^2 = AX^1$ be the left translate of X^1 by a G-valued adapted continuous process with finite variation paths, and P^2 be the distribution of X^2 on Ω. The question analogous to the classical Girsanov theorem is : Under what conditions on A,X is $P^2 \ll P^1$, and what is the density $\frac{dP^2}{dP^1}$?

We denote by $\mathcal{G}$ the Lie algebra of G, and by W the sample space $\mathcal{C}([0,1],\mathcal{G})$. Using the pathwise integration formula (see Karandikar [3]) for multiplicative stochastic integration, we may define an " exponential" mapping $\mathcal{E} : W \to \Omega$ and a "logarithm" $\mathcal{L} : \Omega \to W$, which are independent of the chcice of the laws and, in a reasonable sense, inverse to each other. Then we may denote by Y^1, Y^2 the processes $\mathcal{L}(X^1)$, $\mathcal{L}(X^2)$ and by Q^1,Q^2 the corresponding laws on W. Next, using the " integration by parts formula " for multiplicative stochastic integration (Karandikar [4]), we show that $Y^2 = Y^1+B$, where the process B is expressible in terms of A. Therefore the ordinary Girsanov theorem in the additive set-up will give conditions for the absolute continuity $Q^2 \ll Q^1$, and explicit expressions for the density. Returning to Ω by the exponential mapping $\mathcal{E}$, we can in this way solve a multiplicative Girsanov problem.

We study in particular the case where X^1 is a G-valued (multiplicative) brownian motion.

I. GENERALITIES

We first introduce some notation. Let U,V be continuous semimartingales (on some fixed probability space Ω with a filtration $(\mathcal{F}_t)$, not necessarily the same Ω as above), taking values in the space $L(d)$ of all $d\times d$ matrices. We denote by $\langle U,V\rangle$ the $L(d)$ valued process defined by

$$\langle U,V\rangle^i_j = \Sigma_k \langle U^i_k, V^k_j\rangle$$

The paths of $\langle U,V\rangle$ are continuous with finite variation, equal to 0 for $t=0$. We denote by $V\cdot U$ and $V\circ U$ the Ito stochastic integral and the Stratonovich stochastic integral of V with respect to U:

$$(V\cdot U)_t = \int_0^t V_s dU_s \quad (\text{ matrix product }) \;, \quad (V\circ U)_t = \int_0^t V_s \circ dU_s$$

and we denote by $U{:}V$, $U\overset{\circ}{:}V$ the similar integrals, with matrix products on the right side $((U{:}V)_t = \int_0^t (dU_s)V_s \;\ldots\;)$. As usual, we may express Stratonovich integrals in terms of Ito integrals

(1) $$V\circ U = V\cdot U + \tfrac{1}{2}\langle V,U\rangle \quad , \quad U\overset{\circ}{:}V = U{:}V + \tfrac{1}{2}\langle U,V\rangle \,.$$

These formulas can be verified by looking at the entries and using the 1-dimensional relation (see Ito-Watanabe [2]). In the Lie group - Lie algebra setting, the Stratonovich integrals arise naturally.

We now assume that $U_0=0$. The Ito exponential of U, denoted by $\varepsilon(U)$, is the only solution to the stochastic differential equation

(2) $$V = I + V\cdot U \qquad .$$

More precisely, this is the <u>left</u> exponential (see Karandikar [3]. The right exponential will not be used here). It can be shown that $\varepsilon(U)=V$ is invertible (see Karandikar [3]) and we can recover U from V by the formula

(3) $$U = \ell(V) = V^{-1}\cdot V \quad (\text{ hence } \varepsilon(U)=\varepsilon(U') \Rightarrow U=U') \,.$$

Similarly, we define the Stratonovich (left) exponential $\varepsilon^*(U)$ as the solution to

(4) $$V = I + V\circ U$$

It can be easily seen that if V is a solution to (4), then $\langle V,U\rangle = V\cdot\langle U,U\rangle$, and therefore $V = I+V\cdot(U + \tfrac{1}{2}\langle U,U\rangle)$, hence

(5) $$\varepsilon^*(U) = \varepsilon(U + \tfrac{1}{2}\langle U,U\rangle)$$

and $\varepsilon^*(U)$ is invertible. Just as above, one can recover U from $V=\varepsilon^*(U)$ by the formula

(6) $$U = \ell^*(V) = V^{-1}\circ V \quad (\text{ hence } \varepsilon^*(U)=\varepsilon^*(U') \Rightarrow U=U') \,.$$

Let U and U' denote two continuous semimartingales, such that $U_0=U'_0=0$, and let W denote $\varepsilon(U')$. Then we have the <u>integration by parts</u> formula for multiplicative stochastic integrals

(7) $$\varepsilon(U + U' + \langle U,U'\rangle) = \varepsilon(W\cdot U{:}W^{-1})\varepsilon(U') \quad .$$

This is a direct consequence of Ito's formula (Karandikar [4]). The same arguments with Stratonovich integrals in place of Ito's integrals will give

(8) $$\varepsilon^*(U+U') = \varepsilon^*(W\circ U\overset{\circ}{\circ} W^{-1})\varepsilon^*(U') \text{ with } W=\varepsilon^*(U').$$

Also, (8) can be deduced from (7) and (5).

We are going to apply this formula in the situation described in the introduction. Let X be a continuous semimartingale such that $X_0=I$, and let A be a continuous semimartingale with finite variation paths, such that $A_0=I$. We assume that these two processes take their values in the set of invertible matrices, and define

(9) $$Y_t = \int_0^t X_s^{-1}\circ dX_s$$

(10) $$B_t = \int_0^t (A_sX_s)^{-1}dA_s X_s \quad \text{(Stieltjes integral)}$$

Then the paths of B have finite variation, and we have :

THEOREM 1. $AX = \varepsilon^*(Y+B)$.

Proof. We have $X=\varepsilon^*(Y)$ according to (9) and (6). Similarly, we set $\alpha = A^{-1}\circ A$, so that $A=\varepsilon^*(\alpha)$. Then $AX = \varepsilon^*(\alpha)\varepsilon^*(Y)$, which we try to identify with the right side of (8). We must have $\varepsilon^*(U')=\varepsilon^*(Y)$, hence $U'=Y$, $W=X$. Then we must have $W\circ U\overset{\circ}{\circ} W^{-1}= \alpha$, and therefore since $W=X$, $U=X^{-1}\circ\alpha\overset{\circ}{\circ}X = X^{-1}\circ(A^{-1}\circ A)\overset{\circ}{\circ}X = (AX)^{-1}\circ A\overset{\circ}{\circ}X = B$. Note that we didn't really use in this proof the fact that A has finite variation.

II. CONSTRUCTION OF THE MAPS $\mathcal{E}$ AND $\mathcal{L}$

Let $\mathbb{W}$ be the set of all continuous mappings $w : [0,1] \longrightarrow L(d)$ such that $w(0)=0$. We denote by Y_t the coordinate mapping $w\mapsto w(t)$ on W , and by $\mathcal{G}_t$ the σ-field $\sigma(Y_s,\ s\leq t)$.

Let Ω be the set of all continuous mappings $\omega : [0,1] \longrightarrow L(d)$ such that $\omega(0)=I$, and $\omega(t)$ is invertible for every t . The coordinate mappings and fields are denoted here by X_t and $\mathcal{F}_t$.

If one is interested in a particular pair $(\mathcal{G},G)$, the mappings in W will be restricted to be $\mathcal{G}$-valued, and those in Ω to be G-valued. This makes no essential difference, as we shall see.

We say that a probability law on W (Ω) is a semimartingale measure if the corresponding coordinate process is a semimartingale (w.r. to the corresponding filtration, made right-continuous and complete).

Our aim in this section consists in constructing Borel mappings $\mathcal{E} : W \to \Omega$, $\mathcal{L} : \Omega \to W$ such that, for any semimartingale measure on W, $X\circ\mathcal{E}$ is a version of the Stratonovich exponential $\varepsilon^*(Y)$, and for any semimartingale measure on Ω , $Y\circ\mathcal{L}$ is a version of the Stratonovich " logarithm" $\ell^*(X)$. These mappings, however, do not depend on the choice of a measure on W or Ω .

For $n \geq 1$, $w \in W$, $\omega \in \Omega$, define $s_i^n(w)$ and $t_i^n(\omega)$ for $i \geq 0$ inductively by

$$s_0^n(w) = t_0^n(w) = 0 \quad \text{and for} \quad i \geq 0$$

$$s_{i+1}^n(w) = \inf\{ s \geq s_i^n(w) : |Y(s,w)-Y(s_i^n(w),w)| \geq 2^{-n} \text{ or } s \geq 1\}$$

$$t_{i+1}^n(\omega) = \inf\{ t \geq t_i^n(\omega) : |X(t,\omega)-X(t_i^n(\omega),\omega)| \geq 2^{-n} \text{ or } |X^{-1}(t,\omega)-X^{-1}(t_i^n(\omega),\omega)| \geq 2^{-n} \text{ or } |X^{-1}(t_i^n,\omega)X(t(\omega),\omega) - I| \geq 2^{-n} \text{ or } t \geq 1 \}.$$

Here the norm $|\ |$ is chosen so that the logarithm of a matrix (i.e. the inverse mapping of the usual matrix exponential exp) is defined on the neighbourhood $|x-I|<1$ of the identity. We now set for $s,t \in [0,1]$

$$\mathcal{L}_n(t,\omega) = \sum_{i \geq 0} \log(X^{-1}(t \wedge t_i^n(\omega),\omega)\, X(t \wedge t_{i+1}^n(\omega),\omega))$$

$$\mathcal{E}_n(s,w) = \prod_{i \geq 0} \exp(Y(s \wedge s_{i+1}^n(w),w) - Y(s \wedge s_i^n(w),w))$$

It is easy to see that if ω is G-valued , then $\mathcal{L}_n(\cdot,\omega)$ is $\mathcal{G}$-valued, and similarly in the other direction. Let

$$W_0 = \{ w \in W : \mathcal{E}_n(\cdot,w) \text{ converges uniformly } \}$$

$$\Omega_0 = \{ \omega \in \Omega : \mathcal{L}_n(\cdot,\omega) \text{ converges uniformly } \}$$

We denote the corresponding limits by $\mathcal{E}(w)=\mathcal{E}(\cdot,w)$ and $\mathcal{L}(\omega)=\mathcal{L}(\cdot,\omega)$; outside W_0 or Ω_0 we set $\mathcal{E}(t,w)=I$, $\mathcal{L}(t,\omega)=0$ for all t . Of course, since the coordinate mappings are denoted by Y_t on W , X_t on Ω , we may write $Y_t(\mathcal{L}(\omega))$ instead of $\mathcal{L}(t,\omega)$, $X_t(\mathcal{E}(w))$ instead of $\mathcal{E}(t,w)$.

THEOREM 2. _Let_ Z _be a continuous_ $L(d)$-_valued semimartingale defined on some filtered probability space_ $(\Theta, \mathcal{H}, (\mathcal{H}_t)_{t \leq 1}, \mu)$.

1) _Assume that_ $Z_0=0$. _Then for_ μ-_a.e._ $\theta \in \Theta$ _the path_ $Z_\cdot(\theta)$ _belongs to_ W_0 _and the path_ $\varepsilon^*(Z)(\cdot,\theta)$ _of the Stratonovich exponential_ $\varepsilon^*(Z)$ _is equal to_ $\mathcal{E}(Z_\cdot(\theta))$.

2) _Assume that_ $Z_0=I$ _and_ Z _takes its values in the set of invertible matrices. Then for_ μ-_a.e._ $\theta \in \Theta$ _the path_ $Z_\cdot(\theta)$ _belongs to_ Ω_0 , _and the path_ $\ell^*(Z)(\cdot,\theta)$ _of the Stratonovich logarithm_ $\ell^*(Z)$ _is equal to_ $\mathcal{L}(Z_\cdot(\theta))$.

COROLLARY . _Let_ P _be a semimartingale measure on_ Ω (Q _be a semimartingale measure on_ W). _Then the image measure_ $\mathcal{L}(P)$ _is a semimartingale measure on_ W ($\mathcal{E}(Q)$ _a semimartingale measure on_ Ω) _and we have_

(11) $$\mathcal{E}(\mathcal{L}(\omega)) = \omega \ \text{ a.s. } P \qquad (\ \mathcal{L}(\mathcal{E}(w)) = w \ \text{ a.s. } Q \ ).$$

Proof. The proof relative to the exponential is outlined in Karandikar [3] (Sém. Prob. XVI), and fully given in Karandikar [5]. Keeping the notation $t_i^n(\theta)$ for $t_i^n(Z_.(\theta))$, the statement amounts to the fact that

$$J_n(t,\theta) = \sum_{i\geq 0} \log(Z^{-1}(t\wedge t_i^n(\theta),\theta)Z(t\wedge t_{i+1}^n(\theta),\theta))$$

converges μ-a.s. to $\mathcal{L}^*(Z)(t,\theta)$, uniformly in $t\in[0,1]$. We rewrite $J_n(t,\theta)$ as

$$\sum_{i=0}^{\infty} \log(I + Z^{-1}(t\wedge t_i^n)[Z(t\wedge t_{i+1}^n)-Z(t\wedge t_i^n)])$$

$$= \sum_{i=0}^{\infty} Z^{-1}(t\wedge t_i^n)[Z(t\wedge t_{i+1}^n)-Z(t\wedge t_i^n)]$$

$$- \frac{1}{2}\sum_{i=0}^{\infty} (Z^{-1}(t\wedge t_i^n)[Z(t\wedge t_{i+1}^n)-Z(t\wedge t_i^n)])^2$$

$$+ \text{ higher order terms.}$$

By the methods used in Karandikar [3], [5] it can be shown that a.s. J_n converges uniformly to $Z^{-1}.Z - \frac{1}{2}< Z^{-1}.Z, Z^{-1}.Z >$. Denoting this process by U , we have $< U,U > = < Z^{-1}.Z,Z^{-1}.Z >$ and

$$U + \frac{1}{2}<U,U> = Z^{-1}.Z .$$

Therefore, applying (5) and (3)

$$\varepsilon^*(U) = \varepsilon(U + \frac{1}{2}<U,U>) = \varepsilon(Z^{-1}.Z) = Z$$

Which implies that $U=\mathcal{L}^*(Z)$ according to (6). The corollary is almost obvious, and left to the reader.

III. THE MAIN RESULT

We may now translate theorem 1 in the situation of path spaces, to get our main result. Let $P=P^1$ be a semimartingale measure on Ω , and let $A(t,\omega)$ be a G-valued, $\mathcal{F}_t$-adapted continuous process with finite variation paths, such that $A(0,\omega)=I$. Let φ be the mapping from Ω to Ω defined by

(12) $$X(t,\varphi(\omega)) = A(t,\omega)X(t,\omega)$$

We denote by P^2 the image law of P^1 under φ .

We now denote by α the process on W ($\mathcal{G}$-valued)

(13) $$\alpha_t(w) = \int_0^t A_s^{-1}(\varepsilon(w))dA_s(\varepsilon(w))$$

and by B_t the process on W ($\mathcal{G}$-valued) .

(14) $$B_t(w) = \int_0^t X_s^{-1}(\varepsilon(w))d\alpha_s(w)X_s(\varepsilon(w)) .$$

Finally, let $Q=Q^1$ be the image of P^1 under $\mathcal{L}$, and Q^2 be the image of Q^1 under the mapping ψ from W to W defined by

(15) $$Y(t,\psi(w)) = B(t,w) + Y(t,w) .$$

Then theorem 1 gives at once the following result :

THEOREM 3 . 1) $\psi(\mathcal{L}(\omega)) = \mathcal{L}(\varphi(\omega))$ a.s. P^1. Hence Q^2 is the image of P^2 under $\mathcal{L}$, and P^2 the image of Q^2 under $\mathcal{E}$.
2) $Q^2 \ll Q^1$ if and only if $P^2 \ll P^1$. Further, if $Q^2 \ll Q^1$, then

$$(16) \qquad \frac{dP^2}{dP^1}(\omega) = \frac{dQ^2}{dQ^1}(\mathcal{L}\omega) \quad \text{a.e. } P^1 .$$

Proof. The first statement follows from theorem 1 and theorem 2, 2), both processes being versions of the Stratonovich logarithm of AX under the law P^1. The other statements follow from the fact that P^1, P^2, Q^1, Q^2 are semimartingale measures, and therefore $\mathcal{E}$ and $\mathcal{L}$ are almost inverse to each other under any of them (theorem 2, (11)).

Let us apply this to the case of brownian motions on G : we choose some euclidean norm on the Lie algebra $\mathcal{G}$, and an orthonormal basis $(D_1,\ldots,D_m)$ relative to it (we denote by $\tilde{D}_1,\ldots\tilde{D}_m$ the corresponding left invariant vector fields on G). Let Q^1 be the probability law on W for which (Y_t) is a m-dimensional motion in the euclidean space $\mathcal{G}$ (that is, the components Y_t^i of Y_t in the basis D_i are independent real-valued standard brownian motions). Then, according to Ibéro [1], the Stratonovich exponential $\varepsilon^*(Y)$ is a G-valued brownian motion corresponding to the left invariant " laplacian" $L = \Sigma_1^m \tilde{D}_i^2$. Otherwise stated, the law P^1 of this G-valued brownian motion on Ω is the image of Q^1 under $\mathcal{E}$, and Q^1 is the image of P^1 under $\mathcal{L}$.

The classical Girsanov theorem asserts that the law Q^2 of $Y+B$ under Q^1 will be absolutely continuous with respect to Q^1 , if the $\mathcal{G}$-valued process B on W is continuous, of finite variation, with a density b (progressively measurable) such that

$$(17) \qquad E_{Q^1}[\int_0^1 b_s\cdot dY_s - \int_0^1 |b_s|^2\, ds\,] = 1$$

Here $|\ |$ is the euclidean norm in $\mathcal{G}$ and $\cdot$ denotes the corresponding scalar product. Besides that, the function under the sign E is equal to the density dQ^2/dQ^1 .

In the multiplicative set up, this corresponds to the absolute continuity with respect to P^1 of the law P^2 of the process AX , where A is a G-valued process given as a (deterministic) multiplicative integral :

$$(18) \quad A(t,\omega) = I + \int_0^t A(u,\omega)d\alpha(u,\omega) \quad , \quad \alpha(t,\omega) = \int_0^t A^{-1}(u,\omega)dA(u,\omega)$$

where the $\mathcal{G}$-valued process $\alpha(t,\omega)$ on Ω is absolutely continuous with a progressively measurable density $a(t,\omega)$, and a,b are related by

(19) $$b(t, \mathcal{E}(\omega)) = X_t^{-1}(\omega)a(t,\omega)X_t(\omega)$$

Therefore, the condition for absolute continuity is the uniform integrability of the local martingale $\varepsilon(M)$, where

(20) $$M_t(\omega) = \int_0^t (X_s^{-1}a_sX_s)\cdot(X_s^{-1}dX_s)$$

and in that case, the density is equal to $\varepsilon(M)_1$. There is no obvious sufficient condition for absolute continuity, except the case where G is compact and the density a is bounded.

REFERENCES

[1] IBERO (M.). Intégrales stochastiques multiplicatives ét construction de diffusions sur un groupe de Lie. Bull. Soc. M. France, 100, 1976, p. 175-191

[2] ITO (K.) and WATANABE (S.). Introduction to stochastic differential equations. Proc. Intern. Symp. S.D.E. Kyoto, 1976. Kinokuniya publ. Tokyo.

[3] KARANDIKAR (R.L.). A.s. approximation results for multiplicative stochastic integrals. Sém. Prob. XVI, p. 384-391. Lecture Notes in M. n° 920, Springer-Verlag 1982.

[4] KARANDIKAR (R.L.). Multiplicative decomposition of non singular matrix valued continuous semimartingales. Ann. Prob., to appear.

[5] KARANDIKAR (R.L.). Pathwise stochastic calculus of continuous semimartingales. Ph.D. Thesis, Indian Statistical Institute, 1981.

Rajeeva L. Karandikar
Indian Statistical Institute
Stat-Math Division
Calcutta, India

in 1983 : Center for Stochastic Processes
University of North Carolina
Department of Statistics
Chapel Hill 27514, USA

The author wishes to thank Prof. K.R. Parthasarathy for repeatedly raising the above problem and Prof. P.A. Meyer for pointing out an error in an earlier version of the article.

λ_π-invariant Measures

Mu Fa Chen
Department of Mathematics
Bejing Normal University
Bejing
People's Republic of China

Daniel W. Stroock*
Department of Mathematics
University of Colorado
Boulder, Colorado 80309

§1. Introduction

1. Notations and assumptions.

Let E be a locally compact, separable metric space, and use $\mathfrak{B}$ to denote the Borel field over E. Suppose that $P_t(x,\cdot)$ is a sub-Markovian transition function on $(E,\mathfrak{B})$ satisfying

i) $(t,x) \to P_t\phi(x)$ is continuous on $[0,\infty) \times E$ for each $\phi \in C_0(E) \equiv \{\phi : \phi \in C(E)$ has compact support$\}$,

ii) there exists a $\phi_0 \in C_0^+(E)$ such that for each $K \subset\subset E$ (i.e. K is a compact subset of E) there is a $t > 0$ and an $\varepsilon > 0$ for which $\varepsilon I_K \leq P_t\phi_0$.

Let

$$X^+ = \{\mu : \mu \text{ and } \mu P_t \text{ are non-negative Radon measures on } (E,\mathfrak{B}) \text{ for each } t > 0\}.$$

We endow X^+ with the vague topology.

For $\lambda \in R$, we put

$$\mathfrak{E}_\lambda = \{\mu \in X^+ : e^{-\lambda t}\mu P_t \uparrow \mu \text{ as } t \downarrow 0\}$$

$$\tilde{\mathfrak{E}}_\lambda = \{\mu \in \mathfrak{E}_\lambda : \mu \neq 0\},\ \mathfrak{E}_\lambda(g) = \{\mu \in \mathfrak{E}_\lambda : \mu(g) = 1\}$$

$$\lambda_\pi = \inf\{\lambda \in R : \tilde{\mathfrak{E}}_\lambda \neq \phi\}$$

One basic theorem of [9] is the following:

2. Theorem. $\lambda_\pi \in (-\infty,0]$,

$$\mathfrak{E}'_{\lambda_\pi} \equiv \{\mu \in X^+ : e^{\lambda_\pi t}\mu \geq \mu P_t \text{ for each } t > 0\} \neq \{0\}.$$

*Partially supported by NSF grant MCS 80-07300.

We note that if $\mu \in \mathfrak{C}'_{\lambda_\pi}$ and $\mu \neq 0$, then $\nu \equiv \lim_{t \downarrow 0} e^{\lambda_\pi t} \mu P_t$ satisfies

$$e^{-\lambda_\pi t} \nu P_t \leq e^{\lambda_\pi t} \mu P_t \leq \nu .$$

From this fact and (1.ii) it is easy to see that $\nu \in \mathfrak{C}_{\lambda_\pi}$ and $\nu \neq 0$, hence $\tilde{\mathfrak{C}}_{\lambda_\pi} \neq \phi$.

In order to describe the number λ_π, the second author showed in [9] that λ_π is closely related to the rate at which the process exists from open sets and also to the spectrum of the operators $\{P_t\}$. His conclusions confirm that the number λ_π is a critical point. In some sense, it is a border between recurrence and transience. These considerations led him to rephrase a conjecture of D. Sullivan as follows.

3. Conjecture. [9, (3.1)]. Under reasonably general hypotheses about $\{P_t : t > 0\}$, there exists a positive Radon measure μ satisfying

$$e^{\lambda_\pi t} \mu = \mu P_t \quad \text{for each} \quad t > 0 .$$

The second author already proved this conjecture in some cases. One of his general results is:

4. Theorem. If $\{e^{-\lambda_\pi t} P_t : t > 0\}$ is recurrent in the sense that there is no positive Radon measure ν for which $\int_0^\infty e^{-\lambda_\pi t} \nu P_t dt$ is a Radon measure, then each $\mu \in \mathfrak{C}_{\lambda_\pi}$ satisfies $e^{\lambda_\pi t} \mu = \mu P_t$, $t \geq 0$. In particular, there is a positive Radon measure which is $\{e^{-\lambda_\pi t} P_t : t > 0\}$ invariant.

Unfortunately, this conjecture is not true in general. The original counterexample was found in the context of Markov chains. This example, along with other related examples, is given in the next section. Later, S.R.S. Varadhan suggested a method of producing a counterexample with a diffusion process. We now present an example based on Varadhan's idea.

Let Δ the ordinary Laplacian on R^3. Choose a smooth $\rho : R^3 \to (0,\infty)$ so that the diffusion generated by $L = \frac{1}{2} \rho\Delta$ explodes with positive probability (cf. Exercise 10.3.3 on p. 260 of [10]). Denote by

$\{P_t : t > 0\}$ the minimal Markov semigroup generated by L (i.e. $\{P_t : t > 0\}$ is the semigroup associated with the process which is "killed" when it explodes). Set $m(dy) = 1/\rho(y)dy$. Then $P_t f(x) = \int_{R^3} p(t,x,y)f(y)m(dy)$, $f \in C_b(R^3)$ where $p: (0,\infty) \times R^3 \times R^3 \to (0,\infty)$ is smooth and is symmetric with respect to x and y. Moreover, if $\tilde{L}$ denotes the Friedrich's extension in $L^2(m)$ of $L\big|_{C_0^\infty(R^3)}$, then $P_t = e^{t\tilde{L}}\big|_{C_b(R^3)}$. (These facts can be checked directly or as a consequence of the results in [6]). Combining these observations with (2.6) in [9], one concludes that $\lambda_\pi = \sup\{(\phi,L\phi)_{L^2(m)} : \phi \in C_0^\infty(R^3)$ and $\|\phi\|_{L^2(m)} = 1\}$. But $(\phi,L\phi)_{L^2(m)} = (\phi,1/2\Delta\phi)_{L^2(\text{Lebesgue})}$, and so $\lambda_\pi = 0$. Thus, we will have a counterexample once we show that there is no non-zero Radon measure μ satisfying $\mu P_t = \mu$, $t > 0$. But if $\mu P_t = \mu$, $t > 0$, then $\mu(dy) = f(y)dy$ where $f \in C^\infty(R^3)^+$ and $\Delta(\rho\cdot f) = 0$. Hence, $\rho\cdot f$ would be constant, and so we would conclude that $mP_t = m$, $t > 0$. In particular, we would have

$$\int_{R^3} g(x)(1-P_t 1(x))m(dx) = \int_{R^3} g(x)m(dx) - \int_{R^3} P_t g(x)m(dx) = 0$$

for all $t > 0$ and $g \in C_b(R^3)$. Since this would mean that $P_t 1 = 1$ for all $t > 0$, we see that no such μ exists.

5. Definition. Let $\lambda \in R$ be given. Each μ in $\mathfrak{E}_\lambda$ is called a λ-excessive measure. $\mu \in \mathfrak{E}_\lambda$ is said to be a λ-invariant measure if

$$e^{\lambda t}\mu = \mu P_t \quad \text{for each } t > 0 .$$

Denote the set of all λ-invariant measures by $\mathfrak{I}_\lambda$. We also write $\tilde{\mathfrak{I}}_\lambda = \mathfrak{I}_\lambda \cap \tilde{\mathfrak{E}}_\lambda$, $\mathfrak{I}_\lambda(g) = \mathfrak{E}_\lambda(g) \cap \mathfrak{I}_\lambda$ and put

$$P_t^\lambda = e^{-\lambda t}P_t , \quad t > 0 .$$

Finally, a non-negative $\mathfrak{B}$-measurable function h is called a λ-excessive function, if

$$P_t^\lambda h \uparrow h \quad \text{as} \quad t \downarrow 0$$

and $h < \infty$ a.e. with respect to $P_t(x,\cdot)$ for each $t > 0$ and $x \in E$.

In §3 we will give a limit procedure for computing the elements of $\mathfrak{I}_0$ by the Dynkin's machine [5] . As for $\mathfrak{I}_{\lambda_\pi}$ when $\lambda_\pi < 0$, we already know from (4) that it is enough to study non-recurrent $\{P_t^{\lambda_\pi} : t > 0\}$, and in that case we are able to reduce the study of $\mathfrak{I}_{\lambda_\pi}$ to the study of $\mathfrak{I}_0$ for a new transition function.

In §4 , we use the following lemma from [8] :

<u>6. Lemma.</u> Replace (1.i) with the assumption that for each $t > 0$, $P_t\phi_0$ is positive everywhere. Let $\lambda \in R$ and $\mu \in \mathfrak{I}_\lambda$. Then $\mu \in \mathfrak{I}_\lambda$ if and only only if there is a $T > 0$ for which $\mu\phi_0 = \mu P_T^\lambda \phi_0$.

This lemma allows us to focus on the discrete case which is discussed in §4 . In particular, we will show how to extend a result due to Harris [7] and Veech [11] .

§2. Counterexamples From Markov Chains

Let $E = \{0,1,2,\cdots\}$. We call $P(t) = (P_{ij}(t) : i,j \in E)$ $(t > 0)$ a sub-Markov transition function, if

$$P_{ij}(t) \geq 0 , \quad \sum_{j\in E} P_{ij}(t) \leq 1 , \quad P_{ij}(t+s) = \sum_{k\in E} P_{ik}(t)P_{kj}(s)$$

and $\lim_{t\downarrow 0} P_{ij}(t) = \delta_{ij}$ $(\delta_{ii} = 1 , \delta_{ij} = 0 \ (i \neq j))$ for any i and j in E
It is well known that the following limits:

$$\lim_{t\downarrow 0} \frac{P_{ij}(t)}{t} = q_{ij} \quad (i \neq j) \quad \text{and} \quad \lim_{t\downarrow 0} \frac{1-P_{ii}(t)}{t} = q_i$$

all exist. We set $q_{ii} = -q_i$. Then

(7) $$0 \leq q_i \leq \infty , \quad 0 \leq q_{ij} < \infty \quad (i \neq j) , \sum_{j\neq i} q_{ij} \leq q_i$$

The matrix $Q = (q_{ij})$ is called a Q-matrix. A sub-Markov transition function with this matrix (q_{ij}) is called a Q-process.

In this context, (1.i) and (1.ii) become the assumption that for all $i,j \in E$, $P_{ij}(t) > 0$. Thus we make this assumption about $P(t)$. Also, it is natural to fix

$$g(x) = I_{\{0\}}(x) .$$

8. Theorem. If $\mu \in \mathfrak{C}_\lambda(g)$, then

$$\lambda > -q_i \quad \text{and} \quad (\lambda+q_i)\mu_i \geq \sum_{j\neq i} \mu_j q_{ji}$$

for each $i \in E$. In particular, we have

$$\lambda_\pi \geq -\inf_{i\in E} q_i .$$

Proof. Let

(9) $$\tilde{P}_{ij}(t) = \mu_j P^\lambda_{ji}(t)/\mu_i \quad , \quad i,j \in E$$

It is easy to check that $\tilde{P}(t)$ is a Q-process with Q-matix $\tilde{Q} = (\tilde{q}_{ij})$:

$$\tilde{q}_i = -\tilde{q}_{ii} = \lambda_\pi + q_i \quad , \quad \tilde{q}_{ij} = \mu_j q_{ji}/\mu_i \quad (i \neq j)$$

hence the assertions follow from (7) and the fact that $\tilde{P}(t) > 0$.

In order to remove time from our consideration, we will need the next lemma.

10. Lemma. Assume that $P(t)$ is a Q-process, totally stable (i.e. $q_i < \infty$ for each $i \in E$), and satisfies the forward Kolmogorov equations:

(11) $$P'_{ij}(t) = -P_{ij}(t)q_j + \sum_{k\neq j} P_{ik}(t)q_{kj}$$

Also assume that $\mu = \mu P(t)$. Then

(12) $$\mu_j q_j = \sum_{i\neq j} \mu_i q_{ij} , \quad \forall j \in E .$$

Proof. [8] We have

(13) $$\sum_{i=0}^{N} \mu_i P'_{ij}(t) = -q_j \sum_{i=1}^{N} \mu_i P_{ij}(t) + \sum_{i=1}^{N} \sum_{k\neq j} \mu_i P_{ik}(t) q_{kj}$$

The sum $\sum_{i=0}^{N} \mu_i P_{ij}(t)$ is non-negative, continuous in t and it monotonically increases to μ_j as $N \to \infty$. Similarly, the second sum on the right side in (13) is non-negative, continuous in t and it monotonically increases to $\sum_{i\neq j} \mu_i q_{ij}$, which is finite by (8) (cf. [1, II§3, Theorem 1]). Hence, by Dini's theorem, these sums converge uniformly for t in a finite interval. Consequently, differentiation and summation can be interchanged in (13) when

$N = \infty$ and so (12) follows.

<u>14. Lemma.</u> Equations $\mu_j q_{ij} = \sum_{i \neq j} \mu_i q_{ij}$ $(j \in E)$ have a positive solution (μ_i) if and only if the equation $\nu = \nu\overline{P}$ has a positive solution (ν_i), where $\overline{P}_{ii} = 0$, $\overline{P}_{ij} = q_{ij}/q_i$ $(i \neq j)$. Moreover, we can pass from one to the other by taking $\nu_i = \mu_i q_i$ $(i \in E)$.

<u>Proof.</u> Obvious.

<u>15. Theorem</u>*). Let $Q = (q_{ij})$ be a totally stable, irreducible and conservative (i.e. $q_i = \sum_{j \neq i} q_{ij}$ for each $i \in E$) Q-matrix. Suppose that there is precisely one Q-process and that it is transient. Then, in order that $\tilde{\mathfrak{Z}}_0 \neq 0$, the following condition is necessary: there exists an infinte subset $\{i_1, i_2, \cdots\}$ of distinct integers such that

$$\overline{P}_{i_2 i_1} > 0 \;,\; \overline{P}_{i_3 i_2} > 0 \;,\; \cdots \;,\; \overline{P}_{i_{n+1} i_n} > 0 \tag{16}$$

where $\overline{P} = (\overline{P}_{ij})$ is defined in (14). In particular, if $\lambda_\pi = 0$, then this gives a necessary condition for $\mathfrak{Z}_{\lambda_\pi} \neq \emptyset$.

<u>Proof.</u> Because of (10) and (14), we need only consider the solutions to $\nu = \nu\overline{P}$. But now our condition comes from Harris' observation [7, Theorem 1].

<u>17. Example.</u> Take $\overline{P}_{00} = 0$; $\overline{P}_{0i} = p_i > 0$ $(i \geq 1)$, $\sum_{i=1}^{\infty} p_i < 1$; $p_{i0} = 1$ $(i \geq 1)$. It is clear that this $\overline{P}$ does not satisfy the condition (16). So the equation $\nu = \nu\overline{P}$ has no positive solution. This fact is also very easy to check directly.

We now take $0 < q_i \downarrow 0$ as $i \uparrow \infty$, $q_{ij} = \overline{P}_{ij} q_i$ $(i \neq j)$. With this Q-matrix, the Q-process is unique (since $Q = (q_{ij})$ is bounded). Hence the unique Q-process $P(t)$ satisfies the Kolmogorov forward equations. Moreover, $P(t)$ is transient since $\overline{P}$ is. Finally, (8) implies that $\lambda_\pi = 0$ since $q_i \downarrow 0$. We therefore see that $\tilde{\mathfrak{Z}}_{\lambda_\pi} \neq \tilde{\mathfrak{Z}}_0 = \emptyset$.

---

*) We will give a more general result later (see (32)).

Notice that $P(t)$ is symmetric, because $\overline{P}$ is symmetric with respect to $\{\mu_0 = 1 , \mu_i = P_i , i \geq 1\}$ and therefore $Q = (q_{ij})$ is symmetric with respect to $(\mu_i/q_i = i \in E)$ which, by uniqueness, means that $P(t)$ is. On the other hand, $\sum_{j\in E} P_{ij}(t) < 1 \quad (\forall i \in E)$, hence, we now have a counterexample which is symmetric but also a stopped Q-process.

To get an example of a non-stopped (conservative) Q-process for which the conjecture fails, we proceed as follows.

18. Example [2]. Take $\overline{P}_{i,i+1} = P_i > 0$, $\overline{P}_{i0} = 1 - P_i \quad (i \in E)$. It is easy to see that there is a (unique) positive solution to $v = v\overline{P} \quad (v_0 = 1)$ if and only if $\lim_{n\to\infty} \prod_{k=0}^{n} P_k = 0$. We now take (P_i) satisfying $\lim_{n\to\infty} \prod_{k=0}^{n} P_k \neq 0$ and take $0 < q_i \downarrow 0$ as $i \uparrow \infty$. By (10) , (14) and (8) we see that $\lambda_\pi = 0$ and $\tilde{\mathfrak{J}}_{\lambda_\pi} = \tilde{\mathfrak{J}}_0 = \emptyset$.

We note that if we take $p_0 = 1$ then $\sum_{j\in E} P_{ij}(t) = 1 \quad (\forall i \in E)$, i.e. $P(t)$ is non-stopped, since $Q = (q_{ij})$ is conservative and bounded.

Before moving on from Markov chains, we note that in the chain setting Theorem (4) can be improved. Namely,

19. Theorem. If $\{e^{-\lambda_\pi t} P_{ij}(t)\}$ is recurrent in the sense that $\int_0^\infty e^{-\lambda_\pi t} P_{ii}(t)dt = \infty$ for each $i \in E$, then there is precisely one $\mu \in \mathfrak{J}_{\lambda_\pi}(g)$ and μ satisfies:

$$\mu_i = \lim_{n\to\infty} \Big[\sum_{r=1}^{n} P_{0i}^{(r)} e^{-\lambda_\pi r} \Big] / \Big[\sum_{r=0}^{n} P_{00}^{(r)} e^{-\lambda_\pi r} \Big] \tag{20}$$

for each $i \in E$,

where $(P_{ij}^{(r)}) = (P_{ij}(1))^r$.

Proof. The existence comes from (4) . To prove the uniqueness and (20) notice that if $\mu \in \mathfrak{J}_{\lambda_\pi}(g)$ then the corresponding $\tilde{P}(t)$ defined in (9) is a recurrent process and

$$\frac{\sum_{r=1}^{n} \tilde{P}_{i0}(rt)}{\sum_{r=0}^{n} \tilde{P}_{00}(rt)} = \frac{1}{\mu_i} \cdot \frac{\sum_{r=1}^{n} P_{0i}^{(r)}(t) e^{-\lambda_\pi tr}}{\sum_{r=0}^{n} P_{00}^{(r)}(t) e^{\lambda_\pi tr}} \qquad (\forall i , \forall t)$$

Hence

$$\mu_i = \frac{\sum_{r=1}^{n} p_{0i}^{(r)} e^{-\lambda_\pi r}}{\sum_{r=0}^{n} p_{00}^{(r)} e^{-\lambda_\pi r}} \left(\frac{\sum_{r=1}^{n} \tilde{p}_{i0}^{(r)}}{\sum_{r=0}^{n} \tilde{p}_{00}^{(r)}} \right)^{-1} , \quad \forall i$$

But $\lim_{n\to\infty} (\sum_{r=1}^{n} \tilde{p}_{i0}^{(r)})^{-1} (\sum_{r=0}^{n} \tilde{p}_{00}^{(r)}) = 1$ by [1; I.§9. Theorem 5).

§3. Minimal λ_π-invariant Measures

We begin this section with a description of the minimal elements of $\mathfrak{I}_0$.

Fix a strictly positive function $g \in \mathfrak{B}$. Denote the set of all extreme points of $\mathfrak{C}_0(g)$ by $\mathfrak{C}_0^e(g)$. As in [4] or [5], we can endow a convex measurable structure to $\mathfrak{C}_0(g)$: the σ-algebra in $\mathfrak{C}_0(g)$ is generated by the sets $\{\mu \in \mathfrak{C}_0(g) : \mu(B) < u\}$, $B \in \mathfrak{B}$, $u \in R$. A measurable subset $\mathfrak{D} \subset \mathfrak{C}_0(g)$ is called a face if for every probability measure on $\mathfrak{C}_0(g)$ the measure μ_η given by

$$\mu_\eta(B) = \int_{\mathfrak{C}_0^e(g)} \tilde{\mu}(B)\eta(d\tilde{\mu}) , \quad B \in \mathfrak{B} \tag{21}$$

is in $\mathfrak{D}$ when and only when η is concentrated on $\mathfrak{D}$.

<u>22. Lemma.</u> $\mathfrak{I}_0(g)$ is a face of $\mathfrak{C}_0(g)$.

<u>Proof.</u> By (6), we have for any $t > 0$:

$$\mathfrak{I}_0(g) = \bigcap_{\phi \in C_0(E)} \{\mu \in \mathfrak{C}_0(g) : \mu(\phi) = \mu P_T(\phi)\}$$

Hence $\mathfrak{I}_0(g)$ is measurable in $\mathfrak{C}_0(g)$. It is clear that μ_η defined in (21) belongs to $\mathfrak{I}_0(g)$ if η is concentrated on $\mathfrak{I}_0(g)$. We now assume that μ_η defined in (21) belongs to $\mathfrak{I}_0(g)$. Then

$$\mu(\phi) = \int_{\mathfrak{C}_0^e(g)} \tilde{\mu}(\phi)\eta(d\tilde{\mu}) = \int_{\mathfrak{C}_0^e(g)} \tilde{\mu}P_T(\phi)\eta(d\tilde{\mu})$$

hence

$$\int_{\mathfrak{C}_0^e(g)\setminus\mathfrak{I}_0(g)} (\tilde{\mu}(\phi)-\tilde{\mu}P_T(\phi))\eta(d\tilde{\mu}) = 0 , \quad \forall \phi \in C_0(E) . \tag{23}$$

Put

$$\mathfrak{D}' = \mathfrak{C}_0^e(g) \setminus \mathfrak{J}_0(g)$$

$$\mathfrak{D}'_\phi = \{\tilde{\mu} \in \mathfrak{D}' : \tilde{\mu}(\phi) - \tilde{\mu}P_T(\phi) > 0\}$$

then, by (23), we have

$$\eta(\mathfrak{D}) = \eta(\bigcup_{\phi \in C_0(E)} \mathfrak{D}'_\phi)$$

$$\leq \sum_{\phi \in C_0(E)} \eta(\mathfrak{D}'_\phi) = 0$$

Therefore η is concentrated on $\mathfrak{J}_{0,g}$.

It was shown in [4; 6.1] that the set of all extreme points of a face is just $\mathfrak{D} \cap \mathfrak{C}_0^e(g)$. Hence the set of all extreme points of $\mathfrak{J}_0(g)$, denoted by $\mathfrak{J}_0^e(g)$, is the subset $\mathfrak{J}_0^e(g) \cap \mathfrak{C}_0^e(g)$ of $\mathfrak{C}_0^e(g)$.

Let M be the class of non-negative measures. We say that $m \in M$ is minimal, if the relation $m = m_1 + m_2$, $m_1, m_2 \in M$ implies that m_1 and m_2 are proportional to m . It is now easy to see that μ is a minimal elements of $\tilde{\mathfrak{C}}_0$ if and only if μ is an extreme point of $\mathfrak{C}_0(g)$ for some g Thus, we may use [5; Lemma 2.2, Theorem 2.1 and Theorem 2.2] to give some limit procedures for computing the minimal elements of $\tilde{\mathfrak{J}}_0$.

Set

$$E_c = \{x \in E : \int_0^\infty P_t g(x)dt = \infty\}$$

$$E_d = \{x \in E : \int_0^\infty P_t g(x)dt < \infty\}$$

$$\mu_c = \mu|_{E_c} \quad , \quad \mu_d = \mu|_{E_d} \quad , \quad \mu \in \tilde{\mathfrak{C}}_0$$

$$\mathfrak{J}_{0,c} = \{\mu \in \tilde{\mathfrak{J}}_0 : \mu = \mu_c\} \quad ,$$

$$\mathfrak{J}_{0,d} = \{\mu \in \tilde{\mathfrak{J}}_0 : \mu = \mu_d\} \quad .$$

<u>24. Theorem.</u> Let μ be a minimal element of $\tilde{\mathfrak{J}}_0$.

i) If $\mu(g) < \infty$, then either μ belongs to $\mathfrak{J}_{0,c}$ or μ belongs to $\mathfrak{J}_{0,d}$;

ii) If $\mu \in \mathfrak{J}_{0,c}$, $\phi, \psi \in L^1(\mu)$ and $\mu(\psi) \neq 0$, then

$$\frac{\mu(\phi)}{\mu(\psi)} = \lim_{u\to\infty} \frac{\int_0^u P_t(\phi(x)dt}{\int_0^u P_t\psi(x)dt}$$

for μ-almost all x ,

iii) If $\mu \in \mathfrak{I}_{0,d}$, then there exists a probability measure P on the space E^∞ of all sequences $x_1, x_2, \cdots, x_k, \cdots$ in E such that if

$\phi, \psi \in L^1(\mu)$ and $\mu(\psi) \neq 0$, then

$$\frac{\mu(\phi)}{\mu(\psi)} = \lim_{k\to\infty} \frac{\int_0^\infty P_t(x_k)dt}{\int_0^\infty P_t\psi(x_k)dt}$$

and

$$\lim_{k\to\infty} \frac{\int_0^\infty P_t\phi(x_k)dt}{\int_0^\infty P_t\psi(x_k)dt} = 0$$

for P-almost all sequences $\{x_k\}$ and $s \in (0,\infty)$.

In order to use these results to study $\tilde{\mathfrak{I}}_{\lambda_\pi}$, we now reduce the general case to the case where $\lambda_\pi = 0$.

Let f be a λ_π-excessive function which is finite and trictly positive everywhere. Then we may define

(25) $$\hat{P}_t(x,dy) = f(x)^{-1} P_t(x,dy)f(y)$$

It is easy to check that $\hat{P}_t(x,\cdot)$ is a sub-Markovian transition function.

Denote the set of all non-trivial invariant measures for $\{\hat{P}_t : t > 0\}$ by $\hat{\mathfrak{I}}_0$.

<u>26. Theorem.</u> $\tilde{\mathfrak{I}}_{\lambda_\pi} \neq \emptyset$ is equivalent to $\hat{\mathfrak{I}}_0 \neq \emptyset$. In detail, the corresponding between $\mu \in \mathfrak{I}_{\lambda_\pi}$ and $\nu \in \hat{\mathfrak{I}}_0$ is the following:

$$\nu(dx) = f(x)\mu(dx)$$

<u>Proof.</u> If $\nu \in \hat{\mathfrak{I}}_0$ and $\nu(dx) = f(x)\mu(dx)$, then

$$\int_B f(x)\mu(dx) = \nu(B) = \int \nu(dx)\hat{P}_t(x,B)$$

$$= \int \mu(dx) \int_B \overset{\lambda_\pi}{P_t}(x,dy) f(y)$$

$$= \int_B (\mu \overset{\lambda_\pi}{P_t})(dx) f(x) \quad \text{for each } B \in \mathfrak{B} \ .$$

Hence $\mu = \mu \overset{\lambda_\pi}{P_t}$, that is $\mu \in \tilde{\mathfrak{J}}_{\lambda_\pi}$. The converse can be proved similarly.

Since we have a complete answer to the problem "$\tilde{\mathfrak{J}}_{\lambda_\pi} \neq \emptyset$?" in case that $\{\overset{\lambda_\pi}{P_t} : t > 0\}$ is recurrent, it is important to construct a λ_π-excessive function only when $\{\overset{\lambda_\pi}{P_t} : t > 0\}$ is non-recurrent. We will assume slightly more than non-recurrence. Namely, we assume that

(27) $$\int_0^\infty \overset{\lambda_\pi}{P_t} \psi_0(x) dt < \infty \quad \text{for each } x \in E \ .$$

In many cases (cf. [8]) , (27) is equivalent to non-recurrence.

<u>28. Lemma.</u> Under the condition (27) , the function f defined by

$$f(x) = \int_0^\infty \overset{\lambda_\pi}{P_t} \psi_0(x) dt$$

is a λ_π-excessive, finite and positive everywhere function.

<u>Proof.</u> The positive property comes from (1.i) and (1.ii) . The λ_π-excessive property follows from

$$\overset{\lambda_\pi}{P_t} f(x) = \int_t^\infty \overset{\lambda_\pi}{P_s} \psi_0(x) ds \uparrow f(x) \quad \text{as} \quad t \downarrow 0 \ .$$

Sometimes it is convenient to use the following decomposition:

For a strictly positive function $g \in \mathfrak{B}$, put

$$\hat{E}_c = \{x \in E : \int_0^\infty \overset{\lambda_\pi}{P_t} g(x) dt = \infty\}$$

$$\hat{E}_d = \{x \in E : \int_0^\infty \overset{\lambda_\pi}{P_t} g(x) dt < \infty\}$$

$$\hat{\mu}_c = \mu|_{\hat{E}_c} \ , \quad \hat{\mu}_d = \mu|_{\hat{E}_d} \ , \quad \mu \in \tilde{\mathfrak{E}}_{\lambda_\pi}$$

By [5; Theorem 3.2] , we have the following:

<u>29. Theorem.</u> If $\mu \in \tilde{\mathfrak{E}}_{\lambda_\pi}$, $\mu(g) < \infty$ and $\hat{\mu}_d = 0$, then $\mu \in \tilde{\mathfrak{I}}_{\lambda_\pi}$.

This is an improvement of (4) . Indeed, for each $\mu \in \tilde{\mathfrak{E}}_{\lambda_\pi}$, we may choose a strictly positive function $g \in C(E)$ (for example, $g(x) \equiv \int_0^\infty P_t^\lambda \phi_0(x)dt$ $(\lambda > 0)$), such that $\mu(g) < \infty$. Suppose that $\{P_t^{\lambda_\pi} : t > 0\}$ is recurrent and $\mu(\hat{E}_d) \neq 0$, then there exists $0 < c_1 < c_2 < \infty$ and a compact subset K such that if

$$G \equiv \{x : c_1 \leq \int_0^\infty P_t^{\lambda_\pi} g(x)dt \leq c_2\} \cap K$$

then $0 < \mu(G) < \infty$. Put $\nu = \mu|_G$, then ν is a Radon measure and

$$\int_0^\infty \nu P_t^{\lambda_\pi} g dt \begin{cases} \geq c_1\mu(G) > 0 \\ \leq c_2\mu(K) < \infty \end{cases} .$$

For each $\phi \in C_0^+(E)$, we have

$$\int_0^\infty \nu P_t^{\lambda_\pi} \phi dt \leq \frac{\|\phi\|}{a} \int_0^\infty \nu P_t^{\lambda_\pi} g dt$$

$$\leq \frac{\|\phi\| c_2}{a} \mu(K) < \infty$$

where $a = \inf_{x \in \text{supp}(\phi)} g(x) > 0$. Hence $\int_0^\infty \nu P_t^{\lambda_\pi} dt$ is a Radon measure. This is a contradiction.

In particular, we have

<u>30. Corollary.</u> If $P(t)$ is recurrent, then $\lambda_\pi = 0$ and $\tilde{\mathfrak{I}}_0 \neq \emptyset$. In fact, for each $\mu \in \tilde{\mathfrak{E}}_0$, $\hat{\mu}_d = 0$.

§4. Markov Chains

We first discuss the discrete time case.

<u>31. Theorem.</u> Suppose that $P = (P_{ij})$ is an irreducible matrix on E and satisfies

$$\sum_{n=0}^\infty P^n < \infty$$

Define

$${}_HP^{(0)}_{ij} = \delta_{ij}$$

$${}_HP^{(n)}_{ij} = \sum_{k_1,\cdots,k_{n-1}\in H} P_{ik_1}P_{k_1k_2}\cdots P_{k_{n-1},j} \qquad (n \geq 1)$$

$$L_{ki}(j) = \sum_{r=j}^{\infty}\sum_{n=1}^{\infty} {}_iP^{(n)}_{kr}P_{ri} + P_{ki}$$

where $H \subset E$. Then the equation $\mu = \mu P$ has a positive solution if and only if there exists an infinite subset K of E such that

$$\lim_{j\to\infty}\ \lim_{K\ni k\to\infty} L_{ki}(j)/L_{ki}(0) = 0$$

<u>Proof.</u> This theorem was proved by Harris [7] and Veech [11] in the case that P is a strictly stochastic matrix. Their arguments are also available for us. We have need only to point out some changes.

Define

$$Q = \sum_{n=1}^{\infty} P^n$$

$$\phi_{ij} = (\sum_{n=0}^{\infty} {}_iP^{(n)}_{ii})^{-1}$$

$$\theta_{ij} = \sum_{n=1}^{\infty} {}_{\{i,j\}}P^{(n)}_{ij} \qquad (i \neq j)$$

Then, it is easy to see that $0 < \theta_{ij}, \phi_{ij} < \infty$ and that

$${}_HP^{(n)}_{ij} = \sum_{\ell\notin H} {}_HP^{(m)}_{i\ell}\,{}_HP^{(n-m)}_{\ell j} \qquad (i,j \in E\ ,\ 0 \leq m \leq n)$$

$${}_iP^{(n)}_{ij} = \sum_{m=1}^{n} {}_{\{i,j\}}P^{(m)}_{ij}\,{}_iP^{(n-m)}_{jj}$$

$$\theta_{ij} = \theta_{ij}(\sum_{n=0}^{\infty} {}_iP^{(n)}_{jj})\theta$$

$$= \sum_{m=1}^{\infty} {}_{\{i,j\}}P^{(m)}_{ij}\sum_{n=0}^{\infty} {}_iP^{(n)}_{jj}\,\phi_{ji}$$

$$= \sum_{n=1}^{\infty}\sum_{m=1}^{n} {}_{\{i,j\}}P^{(m)}_{ij}\,{}_iP^{(n-m)}_{jj}\,\phi_{ji}$$

$$= \Big(\sum_{n=1}^{\infty} {}_iP_{ij}^{(n)}\Big)\phi_{ji} \ , \quad i \neq j$$

$$\sum_{n=2}^{\infty} \sum_{i \in \{k_1,\cdots,k_{n-1}\}} P_{kk_1} P_{k_1k_2} \cdots P_{k_{n-1}j}$$

$$= \sum_{n=2}^{\infty} \sum_{m=1}^{n-1} \sum_{k_1\cdots k_{m-1}} P_{kk_1} P_{k_1k_2} \cdots P_{k_{m-1}i} \ \cdot$$

$$\cdot \sum_{k_{m+1}\neq i,\cdots,k_{n-1}\neq i} P_{ik_{m+1}} \cdots P_{k_{n-1}j}$$

$$= \sum_{n=2}^{\infty} \sum_{m=1}^{n-1} P_{ki}^{(m)} \, {}_iP_{ij}^{(n-m)}$$

$$= \sum_{m=1}^{\infty} \sum_{n=1}^{\infty} P_{ki}^{(m)} \, {}_iP_{ij}^{(n)}$$

$$= Q_{ki} \sum_{n=1}^{\infty} {}_iP_{ij}^{(n)}$$

and

$$Q_{kj} = \sum_{n=2}^{\infty} \sum_{i\in\{k_1,\ldots,k_{n-1}\}} P_{kk_1} P_{k_1k_2} \cdots P_{k_{n-1}j} + \sum_{n=1}^{\infty} {}_iP_{kj}^{(n)}$$

$$= Q_{ki} \sum_{n=1}^{\infty} {}_iP_{ij}^{(n)} + \sum_{n=1}^{\infty} {}_iP_{kj}^{(n)}$$

$$= Q_{ki} \ \theta_{ij}/\phi_{ji} + \sum_{n=1}^{\infty} {}_iP_{kj}^{(n)} \ , \quad i \neq j$$

We now arrive at the same decomposition as in [7] :

$$\frac{Q_{ki}}{Q_{k0}} = \sum_{r=0}^{j-1} \frac{Q_{kr}}{Q_{k0}} P_{ri} + \frac{Q_{ki}}{Q_{k0}} \sum_{r=j}^{\infty} \Big(\frac{\theta_{ir}}{\phi_{ri}}\Big) P_{ri} + \frac{L_{ki}(j)}{Q_{k0}} \ .$$

We can now state the last result.

32. Theorem. Let $Q = (q_{ij})$ be a totally stable and irreducible Q-matrix, $P(t)$ a Q-process such that $\overset{\lambda}{P}{}^{\pi}(t)$ is non-recurrent. Define

$$f_i = \int_0^{\infty} \overset{\lambda}{P}{}^{\pi}_{ij}(t)dt < \infty$$

$$\hat{P}_{ij}(t) = f_i^{-1} \overset{\lambda}{P}{}^{\pi}_{ij}(t) f_j$$

$$\hat{P}_{ii} = 0 \quad , \quad \hat{P}_{ij} = f_i^{-1} q_{ij} f_j (\lambda_\pi + q_i)^{-1} \qquad (i \neq j)$$

then $\hat{P}_t$ is a Q-process with Q-matrix $\hat{Q} = (q_{ij})$:

$$\hat{q}_i = \lambda_\pi + q_i \quad , \quad \hat{q}_{ij} = f_i^{-1} q_{ij} f_j \qquad (i \neq j)$$

$\hat{P}(t)$ satisfies the forward Kolmogorov equations with $\hat{Q}$ if and only if $P(t)$ satisfies the forward Kolmogorov equations with Q . Finally, if $P(t)$ satisfies the equations, then, in order that $\tilde{\mathfrak{J}}_{\lambda_\pi} \neq \emptyset$ the following condition is necessary: there exists an infinite subset K of E such that

$$\lim_{j\to\infty} \lim_{K\ni k\to\infty} \hat{L}_{ki}(j)/\hat{L}_{ki}(0) = 0$$

where for fixed i and j , $\hat{L}_{ki}(j)$ is the minimal non-negative solution to

$$x_k = \sum_{\ell\neq i} \hat{P}_{k\ell} x_\ell + \sum_{r=j}^{\infty} \delta_{kr} \hat{P}_{ri} \quad , \quad k \in E$$

This can be obtained by the formula

$$\hat{L}_{ki}(j) = \sum_{n=1}^{\infty} x_k^{(n)}$$

where

$$x_k^{(1)} = \sum_{r=j}^{\infty} \delta_{kr} \hat{P}_{ri} \qquad , \quad k \in E$$

$$x_k^{(n+1)} = \sum_{\ell\neq i} \hat{P}_{k\ell} x_\ell^{(n)} \qquad , \quad n \geq 1 \ , \ k \in E$$

<u>Proof.</u> 1^0 . As mentioned in (8) , it is easy to check the first assertion.

2^0 . We now prove the second assertion.

$$\sum_k \hat{P}_{ik}(t)\hat{q}_{kj} = f_i^{-1} \sum_{k\neq j} P_{ik}^{\lambda_\pi}(t) q_{kj} f_j - f_i^{-1} e^{-\lambda_\pi t} P_{ij}(t) f_j \ .$$

$$\cdot (\lambda_\pi + q_j)$$

$$= f_i^{-1} e^{\lambda_\pi t} f_j \Big(\sum_{k\neq j} P_{ik}(t) q_{kj} - P_{ij}(t)(\lambda_\pi + q_j)\Big)$$

$$= f_i^{-1} e^{-\lambda_\pi t} f_j (P'_{ij}(t) - \lambda_\pi P_{ij}(t))$$

$$= \hat{P}'_{ij}(t) \quad .$$

3^0 . By (26) , $\tilde{\mathfrak{I}}_{\lambda_\pi} \neq \emptyset \Leftrightarrow \hat{\mathfrak{I}}_0 \neq \emptyset$. Thus, if $\tilde{\mathfrak{I}}_{\hat{\lambda}_\pi} \neq \emptyset$, then by (10) and (14) , there is a positive solution to $\nu = \nu\hat{P}$. Notice that $\hat{P}$ is transient, it is not hard to prove that the condition given here is equivalent to the one given in (31) .

References

[1] Chung, K.L. Markov Chains with Stationary Transition Probabilities, Springer-Verlag (1967).

[2] Derman, C. A solution to a set of fundamental equations in Markov chains, Proc. Amer. Math. Soc. 5, (1954), 332-334.

[3] Derman, C. Some contributions to the theory of denumerable Markov chains, Trans. Amer. Math. Soc. 39, (1955), 541-555.

[4] Dynkin, E.B. Integral representation of excessive measures and excessive functions, Uspehi Mat. Nauk 27 (163), (1972), 43-80.

[5] Dynkin, E.B. Minimal excessive measures and functions, Trans. Amer. Math. Soc. 258, (1980), 217-240.

[6] Fukushima, M. and Stroock D.W. Reversibility of solutions to martingale problems, to appear in Adv. Math.

[7] Harris, T.E. Transient Markov chains with stationary measures, Proc. Amer. Math. Soc. 8, (1957), 937-942.

[8] Miller, R.G. Stationary equations in continuous time Markov chains, Trans. Amer. Math. Soc. 109, (1963), 35-44.

[9] Stroock D.W. On the spectrum of Markov semigroups and the existence of invariant measures, Functional Analysis in Markov Processes, Proceedings. Edited by M. Fukushima Springer-Verlag, (1981), 287-307.

[10] Stroock D.W. and Varadhan S.R.S. Multidimensional Diffusion Processes. Springer-Verlag, (1979).

[11] Veech W. The necessity of Harris' condition for the existence of a statinary measure, Proc. Amer. Math. Soc. 14, (1863), 856-860.

Skorokhod Imbedding via Stochastic Integrals

Richard F. Bass
Department of Mathematics
University of Washington
Seattle, WA 98195

Given a Brownian motion L_t and a probability measure μ on $\mathbb{R}$ with mean 0, a Skorokhod imbedding of μ is a stopping time T adapted to the sigma fields of L_t such that L_T has distribution μ. We give here a new method of constructing such an imbedding using results from the representation of martingales as stochastic integrals.

We first construct a Brownian motion N_t and a stopping time W such that N_W has law μ. We then show how, given an arbitrary Brownian motion L_t, one can construct a stopping time T such that L_T has law μ.

Define $p_t(y) = (2\pi t)^{-1/2} e^{-y^2/2t}$, $q_t(y) = \partial p_t(y)/\partial y = -(2\pi t)^{-1/2}(y/t)e^{-y^2/2t}$. Let X_t be a Brownian motion, $\underline{\underline{F}}_t$ its filtration, and g a real-valued function.

Lemma 1. *Suppose* $E|g(X_1)| < \infty$. *Then*

a) $\sup_{|y|\le y_0} \int g(z)|z-y|^k e^{-(z-y)^2/2t} dz < \infty$ *for all positive* k, *all* y_0, all $t<1$.

b) $g(X_1) = Eg(X_1) + \int_0^1 a(s,X_s)dX_s$, *where* $a(s,y) = \int q_{1-s}(z-y)g(z)dz$ *for* $s<1$;

furthermore $\int_0^1 a^2(s,X_s)ds < \infty$, a.s.

c) $E(g(X_1)|\underline{\underline{F}}_s) = b(s,X_s)$ *for* $s<1$, *where* $b(s,y) = \int p_{1-s}(z-y)g(z)dz$.

Proof. a) follows from the formula for the normal density and the fact that $|z-y|^k e^{-(z-y)^2/2t} \le e^{-z^2/2}$ for z large.

b) Suppose first that g is bounded, has compact support, and is in C^2. By Clark's formula [1] applied to the functional $g(X_1)$,

$$g(X_1) = Eg(X_1) + \int_0^1 E[g'(X_1)|\underline{\underline{F}}_s]dX_s .$$

(Another derivation of this representation is to use Ito's lemma to take care of the case $g(x) = e^{iux}$ and then use linearity and a limiting process.)

By the Markov property, if $s < 1$,

$$E[g'(X_1)|\underline{\underline{F}}_s] = \int g'(z)p_{1-s}(X_s - z)dz .$$

An integration by parts gives the result for such g; the result for general g follows by a limit argument.

c) By the Markov property, if $s < 1$,

$$E[g(X_1)|\underline{\underline{F}}_s] = \int g(z)p_{1-s}(X_s - z)dz . \qquad \square$$

Lemma 2. Suppose g is nondecreasing and not identically constant. Then

a) On compact subsets of $[0,1) \times \mathbb{R}$, $a(s,y)$ is bounded above, bounded below away from 0, and uniformly Lipschitz in s and y.

b) For each $s < 1$, $b(s,y)$ is continuous and strictly increasing as a function of y.

c) For each $s < 1$, let $B(s,\cdot)$ be the inverse of $b(s,\cdot)$; then on compact subsets of its domain, $B(s,y)$ is uniformly Lipschitz in s and jointly continuous in s and y.

Proof. a) Suppose $|y| \le y_0, s \le s_0 < 1$. $a(s,y)$ is bounded above by lemma 1a. An integration by parts argument shows that $a(s,y) = \int p_{1-s}(y-z)dg(z)$, hence a is bounded below. Using the definition of $a(s,y)$, appropriate bounds on $\partial q_{1-s}/\partial s$ and $\partial q_{1-s}/\partial y$, and lemma 1a gives the uniformly Lipschitz result.

b) The definition of b shows that $b(s,\cdot)$ is continuous. Since we also have $b(s,y) = \int g(y+z)p_{1-s}(z)dz$, it follows that $b(s,\cdot)$ is nondecreasing, and in fact, strictly increasing since g is not constant. Note that this implies that the range of $b(s,\cdot)$ must be an open (possibly infinite) interval.

c) Since $b(s,\cdot)$ is continuous and strictly increasing, we can define its inverse $B(s,\cdot)$ on the range of $b(s,\cdot)$. $B(s,y)$ will be continuous in y.

Integrating by parts,

$$\partial b/\partial y = \int p_{1-s}(y-z)dg(z) ,$$

which is uniformly > 0 for s,y in a compact subset of $[0,1) \times \mathbb{R}$. $\partial b/\partial s$ is bounded above on compact sets since $\partial p_{1-s}/\partial s$ is, using lemma 1a again.

We now show that B is uniformly Lipschitz in s, s,y in a compact subset of the domain of B. Let $w = B(s+h,y)$, $x = B(s,y)$, and suppose $w \le x$, the other case being similar. Then

$$0 = b(s+h,w) - b(s,x) = b(s+h,w) - b(s,w) + b(s,w) - b(s,x) \le C|h| - c(x-w),$$

or $|x-w| \le C|h| / c$,

where C and c are upper and lower bounds for $\partial b/\partial s$ and $\partial b/\partial y$, respectively. This proves that B is uniformly Lipschitz in s , and it follows immediately that B is jointly continuous. □

Now let μ be a probability measure on $\mathbb{R}$ and suppose $\int |x| \, d\mu(x) < \infty$ and $\int x \, d\mu(x) = 0$. Let $F(x) = \mu(-\infty, x]$, let $F^{-1}(y) = \inf\{x: F(x) \ge y\}$, let $\Phi(x) = \int_{-\infty}^{x} p_1(y)dy$, and let $g(x) = F^{-1}(\Phi(x))$. Then $g(X_1)$ has distribution μ and $Eg(X_1) = 0$.

Define $M_t = \int_0^t a(s,X_s)dX_s$, where $a(s,y)$ is given by lemma 1 for $s < 1$, $a(s,y) = 1$ for $s \ge 1$. Note $M_1 = g(X_1)$ has law μ , and if $s < 1$, $M_s = b(s,X_s)$. Let $R(t) = \int_0^t a^2(s,X_s)$, define $S(t) = \inf\{r:R(r) \ge t\}$, and let $N_t = M_{S(t)}$. Since the quadratic variation of the continuous martingale N is t , N is a Brownian motion.

$N_{R(1)} = M_1$, which has law μ . Letting $W = R(1)$, it suffices to show that $R(1)$ is a stopping time of the N_t process.

<u>Proposition</u> 3. (cf. Yershov, [2]). $(W \ge u)$ *is in the right continuous completion of* $\sigma(N_s; s \le u)$.

<u>Proof</u>. Since $W = R(1) = \lim_{s \to 1} R(s)$ by monotone convergence, it suffices to consider $R(s)$, $s < 1$. $(R(s) \ge u) = (s \ge S(u))$.

It is not hard to see that $S(t)$ satisfies the equation

$$\frac{dS(t)}{dt} = a^{-2}(S(t), X_{S(t)})$$

if $S(t) < 1$. But $X_{S(t)} = B(S(t), M_{S(t)}) = B(S(t), N_t)$. Thus, for each ω , $S(t)$ satisfies the ordinary differential equation

$$(1) \quad \frac{dS(t)}{dt} = a^{-2}(S(t), B(S(t), N_t)) .$$

For each ω , $\{(S(t), N_t): S(t) \le s\}$ is contained in a compact subset of the domain of B . This, lemma 2, and a theorem on uniqueness of solutions of differential equations [3, pp.1-6] show that there is a unique solution $S(t)$ to (1) up to the first t for which $S(t) = s$. Moreover, this solution may be constructed via Picard iteration. But then $(s \geq S(u))$ is in the right continuous completion of $\sigma(N_s; s \leq u)$ as required. □

Suppose now that L is any Brownian motion. We construct an L-measurable stopping time T such that L has law μ . Let $V(t)$ be the unique solution to

$$\frac{dV(t)}{dt} = a^{-2}(V(t), B(V(t), L_t))$$

for each ω . (Since L_t has the same law as N_t , $\{(V(t), L_t): V(t) \leq s\}$ will be in a compact subset of the domain of B, a.s.) Let $U(t) = V^{-1}(t)$, $t < 1$ and let $T = U(1) = \sup_{s<1} U(s)$. Clearly the law of (L,T) is the same as the law of (N,W) , and so L_T has distribution μ .

$T^{1/2}$ will satisfy certain moment conditions if μ does. For example, suppose $\Psi: [0,\infty) \to [0,\infty)$ is continuous, $\int \Psi(|x|)d\mu(x) < \infty$, and for some $\varepsilon > 0$, $\Psi^{1/(1+\varepsilon)}$ is convex and increasing. By Doob's inequality applied to the submartingale $\Psi^{1/(1+\varepsilon)}(|M_s|)$, $E \sup_{s\leq 1} \Psi(|M_s|) < \infty$ since $E\,\Psi(|M_1|) < \infty$. Then by Burkholder's inequality, $E\,\Psi(W^{1/2}) < \infty$.

If Y_t is a d-dimensional Brownian motion, $d \geq 2$, it is known that there are measures μ for which one cannot find a stopping time T with μ the law of Y_T : just take μ atomic and recall that d-dimensional Brownian motion does not hit points. However, one can always find $f : \mathbb{R} \to \mathbb{R}^d$ such that the law of $f(X_1)$ is μ , X_t a 1-dimensional Brownian motion. (The coordinate functions of f are not assumed to be nondecreasing.) One can then use lemma 1 to find a vector-valued function $A:[0,1) \times \mathbb{R} \to \mathbb{R}^d$ such that $f(X_1) = Ef(X_1) + \int_0^1 A(s, X_s)dX_s$.

REFERENCES

1. J.M.C. Clark, The Representation of Functionals of Brownian Motion by Stochastic Integrals, Ann. Math Stat 41 (1970) 1282-1295.

2. M.P. Yershov, On Stochastic Equations, Proceedings 2nd Japan-USSR Symposium on Probability Theory. Lec. Notes in Math. 330, 527-530, Springer-Verlag, Berlin, 1973.

3. K. Yosida, Lectures on Differential and Integral Equations, Interscience, New York, 1960.

ON THE AZEMA-YOR STOPPING TIME

by

Isaac Meilijson*
School of Mathematical Sciences
Tel-Aviv University

Azema and Yor [1] presented a stopping time that embeds in Brownian motion distributions with mean zero. Various other methods have been suggested in the literature (Dubins, Root, Rost, Chacon and Walsh, and others), starting with the original randomized method of Skorokhod. All of these methods are defined in terms of decompositions of distributions, limiting processes or existence proofs. The Azéma-Yor stopping time is explicit and extremely simple to describe:

Let $\{B_t \mid t \geq 0\}$ be standard Brownian motion and let $S_t = \sup\{B_s | s \leq t\}$. Let $F = L(X)$ with $E(X) = 0$ and let $\psi(x) = E(X|X \geq x)$. Let $\tau = \inf\{t | S_t \geq \psi(B_t)\}$. Then (i) $\tau < \infty$ a.s., (ii) $B_\tau \sim F$ and (iii) $E(\tau) = Var(X)$.

Property (i) is trivial. If $P(X = 0) = 1$ then $\tau = 0$. Otherwise take any $x < 0 < y = E(X|X \geq x)$ and let τ_x be the first visit to x following the first visit to y. Then $\tau \leq \tau_x < \infty$ a.s.

The proof of property (ii) given in [1] is very hard. By continuity and the oscillatory nature of Brownian motion, it is clearly enough to prove the statement for random variables X with finite support. The purpose of this note is to remark that for this case the Azéma-Yor stopping time is a special case of the Chacon-Walsh [2] family of stopping times. Property (ii) becomes then clear. Property (iii) can be obtained as in [2] or [3] by a monotone convergence argument on stopping times.

A Chacon-Walsh stopping time (of which Dubins' [3] is a special case) is built as follows:

Express X as the limit of a martingale with almost surely dichotomous transitions. Embed this martingale in Brownian motion successively by first hitting times of one of the two points. To accomplish this, express the potential function $U(x) = - E \mid X - x \mid$ of the distribution of X as the (decreasing) limit of a sequence $U_n(x)$ of functions defined as $U_0(x) = -|x|$, $U_{n+1}(x) = \min(U_n(x), a_n x + b_n)$, where $a_n x + b_n$ is tangent to U(x). The endpoints of the newly added linear piece are the support of the abovementioned dichotomous transition.

If X lives on a finite set, then U is a broken line that breaks at the atoms of X. If the Chacon-Walsh construction is done by taking as straight lines the ones through these broken pieces, one at a time, from left to right, the result is the Aźema-Yor stopping time.

For the sake of completeness, here is a direct description of the procedure. Consider $P(X = x_i) = P_i > 0$, $1 \leq i \leq n$, $x_1 \leq x_2 < \ldots < x_n$. Now let $Y_i = E(X \mid 1_{\{X=x_1\}}, 1_{\{X=x_2\}}, \ldots, 1_{\{X=x_i\}})$. Then $0 = Y_0, Y_1, Y_2, \ldots, Y_{n-2}, Y_{n-1} = X$ is a martingale with dichotomous transition distributions, which becomes constant (and equal to X) as soon as it decreases. If Y is embedded in Brownian motion by first hitting times, then, clearly, the eventual stopping time embeds L(X). But, what we have done is exactly the Aźema-Yor prescription.

REFERENCES

[1] Azéma, J. and Yor, M. Une solution simple au probléme de Skorokhod. Sem. Probab. XIII, Lecture Notes in Math., Springer (1979).

[2] Chacon, R.V. and Walsh, J.B. One-dimensional potential embedding. Sem. Probab. X, Lecture Notes in Math. 511, Springer (1976).

[3] Dubins, L.E. On a theorem of Skorokhod. Ann.Math.Statist., 39 (1968), 2094-2097.

* This work was performed during the author's visit to the Free University, Amsterdam, 1980/1.

LE PROBLEME DE SKOROKHOD SUR $\mathbb{R}$:

UNE APPROCHE AVEC LE TEMPS LOCAL

Pierre VALLOIS

1.- INTRODUCTION

$(X_t)_{t\in\mathbb{R}_+}$ désigne, dans tout ce travail, un mouvement brownien sur $\mathbb{R}$, issu de 0, $(L_t)_{t\in\mathbb{R}_+}$ son temps local en 0, $S_t \stackrel{def}{=} \sup_{s\le t} X_s$, et μ une mesure de probabilité sur $\mathbb{R}$. Lorsque μ vérifie $\int |x|\,d\mu(x) < +\infty$ et $\int x\,d\mu(x) = 0$, Azéma et Yor ont introduit ([1],[2]) le temps d'arrêt $T_\mu \stackrel{def}{=} \inf\,(t \mid S_t \ge \Psi_\mu(X_t)) = \inf\,\{t \mid \Phi_\mu(S_t) \ge X_t\}$, où Ψ_μ est la fonction "barycentre" de μ et Φ_μ son inverse continue à droite, et ont montré que X_{T_μ} a pour loi μ ; si de plus $\int |x|^2 d\mu(x) < +\infty$, alors $E(T_\mu) = E(X^2_{T_\mu}) = \int x^2 d\mu(x)$.

Jeulin et Yor ([3]) ont étudié les temps d'arrêt $T^{h,k} \stackrel{def}{=} \inf\,\{t \mid X_t^+ h(L_t) + X_t^- k(L_t) = 1\}$, ce qui, compte tenu de l'équivalence en loi des processus $(S_t - X_t,\, S_t)$ et $(|X_t|, L_t)$ généralise l'étude faite par Azéma et Yor.

La construction d'Azéma-Yor est très asymétrique : les grandes valeurs de (S_t) y jouent un rôle privilégié. L'objet de notre travail est de donner, dans le cadre de [3], une construction plus symétrique pour laquelle le résultat suivant sera vrai : lorsque $\mu(\{0\}) > 0$, S_T est intégrable si et seulement si :
$\int_0^\infty \frac{\rho^-(x)-\rho^+(x)}{x}]\, 1_{\{\rho^-(x)>\rho^+(x)\}}dx < +\infty$, et $\int |x|\,d\mu(x) < +\infty$ (avec
$\rho^+(x) = \int_{[0,x]} t\,d\mu(t)$ et $\rho^-(x) = -\int_{[-x,0]} t\,d\mu(t)$, $x > 0$).

2.- RAPPELS DES RESULTATS DE L'ARTICLE DE JEULIN et YOR

a) Soient h^+ et h^- deux fonctions boréliennes de $\mathbb{R}_+$, à valeurs dans $\mathbb{R}_+^*$ sur $[0,\delta[$ et nulles sur $[\delta,+\infty[$, $0 \le \delta \le +\infty$ et vérifiant :

(2.1) $\quad \forall\, x,\ 0 \le x < \delta, \quad \int_0^x \left(\frac{1}{h^+} + \frac{1}{h^-}\right)(u)\, du < +\infty$,

(2.2) $\quad \int_0^\infty \left(\frac{1}{h^+} + \frac{1}{h^-}\right)(u)\, du = +\infty$ $\quad$ (avec la convention $\frac{1}{0} = +\infty$).

On note $T_x \overset{def}{=} \inf\{t \mid L_t = x\}$ pour $x \ge 0$, et $T = T_\delta \wedge (\inf\{t > 0\,;\, X_t^+ = h^+(L_t)$ ou $X_t^- = h^-(L_t)\})$ (avec la convention $\inf(\emptyset) = +\infty$).

b) On peut donner une traduction géométrique de T :

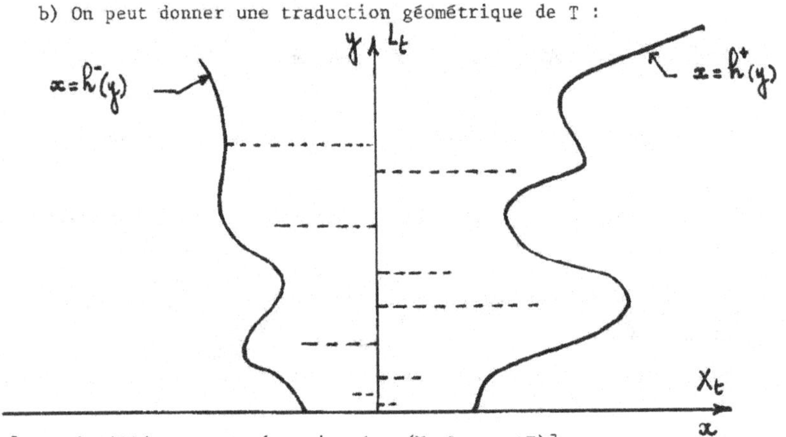

[en pointillé : une trajectoire de $(X_t, L_t;\ t \le T)$]

c) La loi de X_T est donnée :

$$E(f(X_T)) = f(0) \exp -\frac{1}{2}\int_0^\delta \left(\frac{1}{h^+} + \frac{1}{h^-}\right)(t)\,dt + \tag{2.3}$$

$$+ \frac{1}{2}\int_0^\delta dx \left\{\frac{f(h^+(x))}{h^+(x)} + \frac{f(-h^-(x))}{h^-(x)}\right\} \exp -\frac{1}{2}\int_0^x \left(\frac{1}{h^+} + \frac{1}{h^-}\right)(u)\,du$$

pour toute fonction f borélienne, positive.

On dispose aussi de la loi du couple (X_T, T) :

$$E[f(X_T) \exp - \frac{p^2}{2} T] = f(0) \exp -\frac{1}{2}\int_0^\delta p(\coth(ph^+(x)) + \coth(ph^-(x))dx \tag{2.4}$$

$$+ \frac{p}{2}\int_0^\delta dx[\{\frac{f(h^+(x))}{sh(ph^+(x))} + \frac{f(-h^-(x))}{sh(ph^-(x))}\} \exp -\frac{p}{2}\int_0^x (\coth(ph^+(s) + \coth(ph^-(s))ds]$$

pour toute fonction f borélienne positive et tout réel p.

3.- RESOLUTION DU PROBLEME DE SKOROKHOD

a) Soit μ^+ la restriction de μ à $\mathbb{R}_+$. Si X_T a pour loi μ et si l'on fait les hypothèses simplificatrices suivantes : $\mu(0) = 0$, h^+ continue à droite et strictement croissante, en notant $\widetilde{h}^+$ l'inverse continue à droite de h^+ et en prenant f fonction borélienne de $\mathbb{R}_+$ dans $\mathbb{R}_+$, d'après (2.3), il existe $\phi : \mathbb{R}_+ \to \mathbb{R}_+$ telle que : $\int f(x)\, d\mu^+(x) = \int \frac{f(h^+(x))}{h^+(x)} \phi(x)\, dx =$
$= \int \frac{f(x)}{x} \phi(\widetilde{h}^+(x))\, d\widetilde{h}^+(x)$; on en déduit que $\widetilde{h}^+$ vérifie l'équation
$d\widetilde{h}^+(x) = \phi(\widetilde{h}^+(x))\, d\,[\int_{[o,x]} t\, d\mu^+(t)]$, ce qui met en évidence $\widetilde{h}^+$ (et non h^+) et suggère de poser $\widetilde{h}^+(x) = F(\int_{[o,x]} t\, d\mu(t))$.

NOTATIONS :

- $\rho^+(t) = \int_{[o,t]} u\, d\mu(u)$; $\rho^-(t) = -\int_{[-t,o]} u\, d\mu(u)$; $a_o = \rho^+(+\infty) \vee \rho^-(+\infty)$
- si f est une fonction croissante et continue à droite, on note $\widetilde{f}$ son inverse continue à droite.

THEOREME 3.1 : Il existe δ, $0 \le \delta \le +\infty$ et une fonction F définie sur $[0,+\infty]$ à valeurs dans $[0,+\infty]$, finie sur $[0,\delta[$, tels que si l'on pose $\widetilde{h}^+ = \widetilde{\rho}^+ \circ \widetilde{F}$ et $h^- = \widetilde{\rho}^- \circ \widetilde{F}$ sur $[0,\delta[$, $h^+ = h^- \equiv 0$ sur $[\delta,+\infty[$ et $T \overset{def}{=} T_\delta \wedge (\inf\{t>0 \mid X_t^+ = h^+(L_t)$ ou $X_t^- = h^-(L_t)\})$, alors X_T a pour loi μ.

Démonstration : On remarque que $\int_0^{\rho^+(\infty)} \frac{dt}{\widetilde{\rho}^+(t)} = \mu(\mathbb{R}_+^*)$ et $\int_0^{\rho^-(\infty)} \frac{dt}{\widetilde{\rho}^-(t)} = \mu(\mathbb{R}_-^*)$;
on peut alors définir la fonction λ :

$$(3.2)\qquad \begin{cases} \lambda(t) = 1 - \int_0^t \left(\frac{1}{\widetilde{\rho}^+(s)} + \frac{1}{\widetilde{\rho}^-(s)}\right) ds & \text{pour } 0 \le t < a_o \\ \lambda(t) = \mu(\{0\}) & \text{pour } a_o \le t < +\infty \end{cases}$$

λ est continue sur $\mathbb{R}_+$.

Notons F la fonction définie sur $[0,+\infty]$ dans $[0,+\infty]$ par :

$$F(x) = \begin{cases} \int_0^x \frac{2\,du}{\lambda(u)} & \text{pour } x \in [0,a_o[\\ +\infty & \text{pour } x \in [a_o,+\infty] \text{ si } \mu(\{0\}) = 0 \\ \int_0^{a_o} \frac{2\,du}{\lambda(u)} < +\infty & \text{pour } x \in [a_o,+\infty] \text{ si } \mu(\{0\}) > 0 \end{cases}$$

F est croissante sur $[0,+\infty]$, strictement croissante, continue et dérivable sur $[0,a_o[$.

On introduit les deux fonctions H^+ et H^- définies par :

(3.3) $\quad H^+(x) = F(\rho^+(x))$ et $H^-(x) = F(\rho^-(x))$ pour tout x de $\mathbb{R}_+$.

Nous pouvons à présent définir les deux fonctions h^+ et h^- :

(3.4) $\quad$ * si $\mu(\{0\}) = 0$, on note $h^+ = \tilde{H}^+$ et $h^- = \tilde{H}^-$, et on prend $\delta = +\infty$.

* si $\mu(\{0\}) > 0$, on pose $\delta = F(a_o) < +\infty$, $h^+ = \tilde{H}^+$ et $h^- = \tilde{H}^-$ sur $[0,\delta[$, et $h^+ = h^- \equiv 0$ sur $[\delta,+\infty[$.

Pour montrer que X_T a pour loi μ, nous procédons en quatre lemmes. Le premier permet de simplifier les expressions de h^+ et h^- :

<u>LEMME (3.5)</u> : <u>Pour tout</u> x <u>de</u> $\mathbb{R}_+$, <u>on a</u> : $h^+(x) = \tilde{\rho}^+(\tilde{F}(x))$ <u>et</u> $h^-(x) = \tilde{\rho}^-(\tilde{F}(x))$

<u>Démonstration</u> : Il suffit bien sûr d'établir la première formule. Soit $x \in \mathbb{R}_+$.

1) si $x < H^+(+\infty) = F(\rho^+(\infty)) \leq F(a_o)$, alors $x < F(a_o)$, et donc $x = F(\tilde{F}(x))$.
Mais, $h^+(x) = \tilde{H}^+(x) = \inf\{t \mid H^+(t) > x\} = \inf\{t \mid F(\rho^+(t)) > F(\tilde{F}(x))\} =$

$$= \inf\{t \mid \rho^+(t) > \tilde{F}(x)\} ,$$

d'où $h^+(x) = \tilde{\rho}^+(\tilde{F}(x))$.

2) si $x \geq H^+(+\infty)$, alors $\tilde{F}(x) \geq \rho^+(+\infty)$, et donc $\tilde{\rho}^+(\tilde{F}(x)) = +\infty = \tilde{H}^+(x) = h^+(x)$.

Le lemme (3.5) permet de montrer le résultat intermédiaire suivant :

<u>LEMME (3.6)</u> : <u>Si</u> x <u>est un réel positif</u>, $x < F(a_o)$, <u>on pose</u>
$\beta(x) = \int_o^x \left(\frac{1}{h^+(t)} + \frac{1}{h^-(t)}\right) dt$, <u>alors</u> $\beta(x) = -2\log[\lambda(\tilde{F}(x))]$.

Grâce à ce résultat, les fonctions h^+ et h^- vérifient les deux conditions (2.1) et (2.2) nécessaires pour la définition de T :

<u>LEMME (3.7)</u> : <u>Pour tout</u> x <u>de</u> $\mathbb{R}_+$, $x < \delta$, <u>on a</u> $\int_o^x \left(\frac{1}{h^+} + \frac{1}{h^-}\right)(u)du < +\infty$ <u>et</u> $\int_o^\infty \left(\frac{1}{h^+} + \frac{1}{h^-}\right)(u)\, du = +\infty$.

Enfin, on a le :

<u>LEMME (3.8)</u> : <u>Si</u> f <u>est borélienne positive</u>, <u>on a</u> $E(f(X_T)) = \int f(x)\, d\mu(x)$.

Démonstration : Notons $I_1 = \frac{1}{2}\int_o^\delta \frac{f(h^+(t))}{h^+(t)} \exp - \frac{\beta(t)}{2} dt$ et

$$I_2 = \frac{1}{2}\int_o^\delta \frac{f(-h^-(t))}{h^-(t)} \exp - \frac{\beta(t)}{2}\, dt$$

en utilisant successivement les lemmes (3.5), (3.6) et la définition de F :

$$I_1 = \frac{1}{2}\int_o^{\rho^+(\infty)} \frac{f(\widetilde{\rho}(t))}{\widetilde{\rho}(t)}\,\lambda(t)\, dF(t) = \int_o^{\rho^+(\infty)} \frac{f(\widetilde{\rho}(t))}{\widetilde{\rho}(t)}\, dt = \int_{]o,+\infty[} f(t)\, d\mu(t)$$

On obtient de même $I_2 = \int_{]-\infty,o[} f(t)\, d\mu(t)$, mais d'après (3.6), $\mu(\{0\})$ est donnée par $\mu(\{0\}) = \exp - \frac{1}{2}\int_o^\delta (\frac{1}{h^+} + \frac{1}{h^-})(t)dt$.

QUELQUES EXEMPLES

Exemple 1 : $\mu(dx) = \frac{1}{2\alpha} 1_{[-\alpha,\alpha]}(x)\, dx$, $\alpha > 0$; alors, $H^+(x) = H^-(x) = -x - \alpha\log(1 - \frac{x}{\alpha})$ (dans [1], les formules obtenues pour cette loi sont plus simples).

Exemple 2: $\mu(dx) = \alpha\delta_a + (1-\alpha)\,\delta_b$; $0 \le \alpha \le 1$, a et b réels, $a \le b$. On distingue :

1) $a = b$; alors, $T = \inf\{t \mid X_t = a\}$;

2) $0 \le a < b$; $0 < \alpha < 1$.

Si $0 < a < b$ et si $c = -2a\log(1-\alpha)$, alors sur $[0, T_c[$, $T = \inf\{t \mid X_t = a\}$ et sur $[T_c, +\infty[$, $T = \inf\{t \mid X_t = b\}$.

Si $a = 0 < b$ et $c = -2b\log\alpha$, alors $T = \inf\{t \mid X_t = b\} \wedge T_c$.

3) $a < 0 < b$; $0 < \alpha < 1$

$$\text{en notant } c = \begin{cases} \frac{2ab}{b-a}\log(\frac{\alpha a + (1-\alpha)b}{a}) & \text{si } \alpha a + (1-\alpha)b = \int x\, d\mu(x) \le 0 \\ \frac{2ab}{b-a}\log(\frac{\alpha a + (1-\alpha)b}{b}) & \text{si } \int x\, d\mu(x) \ge 0 . \end{cases}$$

Si $\int x\, d\mu(x) \le 0$, alors, sur $[0, T_c[$, $T = \inf\{t \mid X_t = a \text{ ou } X_t = b\}$ et sur $[T_c, +\infty[$, $T = \inf\{t \mid X_t = a\}$; si $\int x\, d\mu(x) > 0$, il suffit de changer a en b et b en a.

Exemple 3 : $\mu(dx) = A[1_{\{x \ge a\}} \frac{dx}{x^2} + 1_{\{x \le -b\}} \frac{dx}{x^2}]$ avec $a > 0$, $b > 0$ et A réel vérifiant $A(\frac{1}{a} + \frac{1}{b}) = 1$. Alors

$$h^{+}(x) = a(1 + \frac{x}{2A}) \quad \text{et} \quad h^{-}(x) = b(1 + \frac{x}{2A}) .$$

Exemple 4 : $\mu(dx) = \frac{1}{a^2} \exp - \frac{2|x|}{a^2} dx$, alors $h^{+}(x) = h^{-}(x) = a\sqrt{x}$.

4.- QUELQUES QUESTIONS D'INTEGRABILITE

Rappelons que μ est une mesure de probabilité sur $\mathbb{R}$, et T le temps d'arrêt défini par le théorème (3.1).

a) Uniforme intégrabilité de $(X_{t\wedge T})_{t\in \mathbb{R}_+}$

On se propose ici de donner une condition nécessaire et suffisante portant sur μ pour que $(X_{t\wedge T})_{t\in \mathbb{R}_+}$ soit uniformément intégrable. Lorsque la loi μ est symétrique et ne charge pas 0, la condition cherchée est très simple à établir ; nous obtenons :

PROPOSITION (4.1) : Si μ est une loi symétrique : $\forall\, x \in \mathbb{R}_+$, $\mu[0,x] = \mu[-x,0]$ et $\mu(\{0\}) = 0$; alors les assertions suivantes sont équivalentes :

(i) $(X_{t\wedge T})_{t\in \mathbb{R}_+}$ appartient à H^1 ;

(ii) $(X_{t\wedge T})_{t\in \mathbb{R}_+}$ est uniformément intégrable ;

(iii) $\int |x|\, d\mu(x) < +\infty$.

Démonstration : Il suffit bien sûr de prouver iii) $\Longrightarrow$ ii). Mais si $\int |x|\, d\mu(x) < +\infty$, μ étant symétrique, on a $\rho^{+}(\infty) = \rho^{-}(\infty)$ et $h^{+} = h^{-}$; de plus, $\mu(\{0\}) = 0$, donc $\forall\, s$, $s \le T$, $|X_s| \le h^{+}(L_s) \le h^{+}(L_T) = |X_T|$; X_T admettant pour loi μ et $\int |x|\, d\mu(x) < +\infty$, alors i) est réalisé.

Si μ n'est pas symétrique, on procède par approximation ; d'après la définition de T, on a le :

LEMME (4.2) : Si μ est une mesure à support compact vérifiant $\int x\, d\mu(x) = 0$, alors $(X_{t\wedge T})_{t\in \mathbb{R}_+}$ est une martingale bornée.

Remarque (4.3) Si μ vérifie $\int |x|\, d\mu(x) < +\infty$ et $\int x\, d\mu\,(x) = 0$, et μ n'est pas à support compact, par exemple sur $\mathbb{R}_+$, alors pour tout n de $\mathbb{N}$, il existe ε_n, réel positif tel que $\rho^{-}(\varepsilon_{n-}) \le \rho^{+}(n) \le \rho^{-}(\varepsilon_n)$.

Définissons à présent une suite de mesures μ_n qui approxime μ :

LEMME (4.4) : Soit μ vérifiant $\int |x|\, d\mu(x) < +\infty$ et $\int x\, d\mu(x) = 0$. Si μ est à support compact, on pose $\mu_n = \mu$ pour tout n de $\mathbb{N}^*$, sinon on peut supposer par exemple que $\mu_{|\mathbb{R}_+}$ n'est pas à support compact. On définit K_n^+ et K_n^- par :

$$K_n^+(x) = h^+(x) \quad \text{et} \quad K_n^-(x) = h^-(x) \quad \text{pour} \quad x \in [0,H^+(n-)[\ , \ K_n^+(x) = K_n^-(x) = 0$$

pour $x \in [H^+(n-),+\infty[$; on note $\delta_n = H^+(n-)$ (les fonctions h^+, h^-, H^+ étant relatives à μ). Alors :

1°. les fonctions K_n^+ et K_n^- et le réel δ_n vérifient les conditions (2.1) et (2.2). On note T_n le temps d'arrêt défini par $T_n = \inf(T,T_{\delta_n})$ (il est associé à K_n^+ et K_n^-) et μ_n la loi de X_{T_n}.

2°. $(T_n)_{n\in \mathbb{N}^*}$ est une suite croissante de temps d'arrêt qui converge vers T.

3°. pour tout n de $\mathbb{N}^*$, μ_n est à support compact et $\int x\, d\mu_n(x) = 0$.

Grâce au lemme précédent, on a, à l'aide du principe de démonstration du théorème (3.4) de [1] :

PROPOSITION (4.5) : La martingale $(X_{t\wedge T})_{t\in \mathbb{R}_+}$ est uniformément intégrable si et seulement si : $\int |x|\, d\mu(x) < +\infty$ et $\int x\, d\mu(x) = 0$.

PROPOSITION (4.6) : Si μ vérifie les conditions $\int |x|\, d\mu(x) < +\infty$ et $\int x\, d\mu(x) = 0$, alors $E(X_T^2) = E(T)$.

Démonstration : Il suffit en effet de remarquer que, si f est borélienne, $f(0) = 0$, on a : $E(f(X_{T_n})) = E(f(X_T) 1_{\{L_T<\delta_n\}})$ où (T_n) est défini en (4.4), 1°), et donc : $\lim_{n\to+\infty} E(f(X_{T_n})) = \lim_{n\to+\infty} \int f(x)\, d\mu_n(x) = \int f(x)\, d\mu(x)$.

b) Appartenance de $(X_{t\wedge T})_{t\in \mathbb{R}_+}$ à H^1

Soit S_t le processus défini par $S_t = \sup_{s\leq t} X_s$. Afin de mettre en évidence le caractère symétrique de notre étude, donnons une condition nécessaire et suffisante portant sur μ pour que S_T soit intégrable :

PROPOSITION (4.7) : Les assertions suivantes sont équivalentes :

i) $E(S_T) < +\infty$;

ii) $\begin{cases} E(X_T^-) < E(X_T^+) \ \underline{\text{et}}\ E[(X_T^+ \log^+(X_T)] < +\infty \quad \underline{\text{si}}\ \mu(\{0\}) > 0 \\ E(X_T^+) + \int_0^\infty [\frac{\rho^-(x) - \rho^+(x)}{x}]\, 1_{\{\rho^-(x) \le \rho^+(x)\}}\, dx < +\infty \quad \underline{\text{si}}\ \mu(\{0\}) = 0. \end{cases}$

__Démonstration__ : D'après [3], si $R \overset{\text{def}}{=} \sup\{s \mid s \le T, X_s = 0\}$, on remarque que : $S_T = X_T^+$ sur $\{X_T^+ > 0\}$, $S_T = S_R$ sur $\{X_T^+ < 0\}$ et $S_T = S_{T_\delta}$ sur $\{X_T^+ = 0\}$ et on peut alors expliciter la loi de S_T :

$$(4.8) \quad E[f(S_T)] = \int_0^\infty f(x)\, d\mu(x) + \frac{1}{2}\int_0^\delta \frac{1}{h^-(u)} E\, f(S_{T_u})\, 1_{\{T_u \le T\}}]du + E[f(S_{T_\delta})\, 1_{\{T_\delta = T\}}],$$

pour toute fonction f borélienne de $\mathbb{R}_+$ dans $\mathbb{R}_+$.

Introduisons les notations suivantes :

$$(4.9) \quad \alpha(u,x) = P(S_{T_u} < x,\ T_u \le T) \quad \text{avec} \quad u \in \overline{\mathbb{R}}_+,\ u \le \delta\ ,\ x \in \mathbb{R}_+$$

$$g_1(x) = \frac{1}{2}\int_0^\delta \frac{1}{h^-(u)} [\lambda(\tilde{F}(u)) - \alpha(u,x)]\, dx$$

en appliquant la formule (4.8) avec $f = 1_{[x,+\infty[}$, puis le lemme (3.6), il vient :

$$(4.10) \quad P(S_T \ge x) = \mu[x,+\infty[+ g_1(x) + \mu(\{0\}) - \alpha(\delta,x)\ .$$

__Remarque__ : Si $E(S_T) < +\infty$, alors $E(X_T^-) = \rho^-(\infty) \le E(X_T^+) = \rho^+(\infty) < +\infty$, si $E(S_T) < +\infty$. Sachant que $X_t^+ - \frac{1}{2} L_t$ est une martingale locale continue, et que de plus : $X_t^+ \le S_T$ pour tout $t \in [0,T]$, et $E(S_T) < +\infty$, il vient, en localisant :

$$E(X_T^+) = \frac{1}{2} E(L_T) \le E(S_T) < +\infty\ .$$

Mais en raisonnant cette fois avec $X_t^- - \frac{1}{2} L_t$, en localisant à nouveau, et en appliquant le lemme de Fatou, on obtient : $E(X_T^-) \le \frac{1}{2} E(L_T) = E(X_T^+)$.

On supposera dans la suite de la démonstration $\rho^-(\infty) \le \rho^+(\infty) < +\infty$.

Le lemme suivant nous donne l'expression de $\alpha(u,x)$:

__LEMME (4.11)__ : __Pour tout__ u, $u \in \overline{\mathbb{R}}_+$, $u \le \delta$, __et tout__ x __de__ $\mathbb{R}_+$, __on a__ :

$$\alpha(u,x) = P(S_{T_u} < x,\ T_u \le T) = \exp - \frac{1}{2}\int_0^u \left(\frac{1}{h^+(t)\wedge x} + \frac{1}{h^-(t)}\right) dt$$

Démonstration : Soit $u \in [0,\delta]$; notons $h_1^+(t) = h^+(t) \wedge x$ et $h_1^-(t) = h^-(t)$ pour $t < u$ et $h_1^+(t) = h_1^-(t) = 0$ pour $t \geq u$. (les fonctions h^+ et h^- étant relatives à μ). On introduit le temps d'arrêt $T_1' = \inf\{t \mid t \geq 0,\ X_t^+ = h_1^+(L_T)$ ou $X_t^- = h_1^-(L_T)\} \wedge T_u$. Alors, $\{S_{T_u} < x\} \cap \{T_u \leq T\} = \{X_{T_1'} = 0\}$. Il suffit maintenant d'appliquer la formule (4.1) de [3] et (4.9).

On constate que pour $u \in [0,H^+(x) \wedge H^-(x)[$, on a : $h^-(u) \leq x$, $h^+(u) \leq x$ et $\alpha(u,x) = \lambda(\widetilde{F}(u))$; en utilisant le lemme (3.5), on peut modifier g_1 :

$$(4.12) \qquad g_1(x) = \int_{\rho^+(x)}^{a_o} \frac{1}{\widetilde{\rho}^-(t)} (1 - \exp - b(t,x))\, dt, \qquad \text{avec}$$

$$b(t,x) = 1_{\{t \geq \rho^+(x)\}} \int_{\rho^+(x)}^{t} \left(\frac{1}{x} - \frac{1}{\widetilde{\rho}^+(s)}\right) \frac{ds}{\lambda(s)} .$$

Remarque (4.13) : Puisque $\rho^-(\infty) \leq \rho^+(\infty) < +\infty$, $\int_{\rho^+(x)}^{a_o} \frac{1}{\widetilde{\rho}^+(t)} dt = \mu[x,+\infty[$ et $\int_{\rho^-(x)}^{a_o} \frac{1}{\widetilde{\rho}^-(t)} dt = \mu]-\infty,x]$ sont intégrables par rapport à $(1_{\mathbb{R}_+} dx)$.

LEMME (4.14) : Soit ϕ la fonction définie par : $\phi(x) = \frac{a_o - \rho^+(x)}{x}$ si $\mu(\{0\}) > 0$, $\phi(x) = \frac{[\rho^-(x) - \rho^+(x)] \vee 0}{x}$ si $\mu(\{0\}) = 0$. Alors, il existe $c, 0 < c \leq \frac{1}{2}$, tel que pour tout x, $x \geq 1$:

$$c\, \phi(x) - \frac{3}{2} P(|X_T| \geq x) \leq P(S_T \geq x) \leq \phi(x) + 2\, P(|X_T| \geq x)$$

Démonstration du lemme (4.14) : D'après (4.12), (4.13), et en notant $g_2(x) = \int_{\rho^+(x)}^{a_o} \left(\frac{1}{\widetilde{\rho}^+(t)} + \frac{1}{\widetilde{\rho}^-(t)}\right)(1 - \exp - b(t,x))\, dt$, on a :

$$(4.15) \qquad g_2(x) - \mu[x,+\infty[\leq g_1(x) \leq g_2(x) .$$

En intégrant g_2 par parties avec $\lambda'(t) = -\left(\frac{1}{\widetilde{\rho}^+(t)} + \frac{1}{\widetilde{\rho}^-(t)}\right)$ et en remarquant que $\lambda(a_o) \exp - b(a_o,x) = \alpha(\delta,x)$ et $\mu(\{0\}) = \lambda(a_o)$, il vient :

$$g_2(x) + \mu(\{0\}) - \alpha(\delta,x) = \int_{\rho^+(x)}^{a_o} \left(\frac{1}{x} - \frac{1}{\widetilde{\rho}^+(t)}\right) \exp - b(t,x)\, dt.$$

Si l'on utilise (4.10), (4.15) et (4.13), on obtient les inégalités :

(4.16) $\quad g_3(x) - \mu[x,+\infty[\leq P(S_T \geq x) \leq g_3(x) + \mu[x,+\infty[$, avec :

(4.17) $\quad g_3(x) = \frac{1}{x}\int_{\rho^+(x)}^{a_o} \exp - b(t,x)\, dt$.

Nous distinguerons deux cas :

1°.- $\mu(\{0\}) > 0$

Mais $\lambda(t) \geq \mu(\{0\})$; pour $x \geq 1$ et $t \geq \rho^+(x)$, il suffit alors de remarquer :

$$b(t,x) \leq \int_{\rho^+(x)}^{t} \frac{1}{x} \cdot \frac{ds}{\lambda(s)} \leq \frac{1}{x\mu(\{0\})}(t - \rho^+(x)) \leq \frac{a_o}{\mu(\{0\})} < +\infty$$

2°.- $\mu(\{0\}) = 0$

Soit t, $t \geq \rho^+(x) \vee \rho^-(x)$, $\lambda_1(t) \overset{\text{def}}{=} \mu]-\infty,-x] + \int_t^{a_o} \frac{ds}{\tilde{\rho}^+(s)}$, on a successivement : $\lambda(t) \leq \lambda_1(t)$ et $b(t,x) \geq \int_{\rho^+(x)\vee\rho^-(x)}^{t} (\frac{1}{x} - \frac{1}{\tilde{\rho}^+(s)}) \frac{ds}{\lambda_1(s)}$, on en déduit

$$\frac{1}{x}\int_{\rho^+(x)\vee\rho^-(x)}^{a_o} \exp - b(t,x)dt \leq \lambda_1(\rho^+(x)\vee\rho^-(x))[1 - \exp -\frac{1}{x}\int_{\rho^+(x)\vee\rho^-(x)}^{a_o} \frac{ds}{\lambda_1(s)}]$$

$$\leq \lambda_1(\rho^+(x) \vee \rho^-(x)) \;;$$

en utilisant de plus la remarque (4.13), il vient :

(4.18) $\quad g_4(x) \leq g_3(x) \leq g_4(x) + \mu]-\infty,-x] + \mu[x,+\infty[$, avec

(4.19) $\quad g_4(x) = 1_{\{\rho^+(x)<\rho^-(x)\}} \int_{\rho^+(x)}^{\rho^-(x)} \exp - b(t,x)\, dt$.

Mais la définition de g_4 prouve :

(4.20) $\quad g_4(x) \leq \frac{1}{x} 1_{\{\rho^+(x)<\rho^-(x)\}} (\rho^-(x) - \rho^+(x)) = \phi(x).$

Soit $t \in [\rho^+(x),\rho^-(x)]$, alors $\tilde{\rho}^-(t) \leq x$, $\lambda(t) \geq \lambda_2(t) \overset{\text{def}}{=} \lambda(\rho^-(x)) +$

$+ \int_t^{\rho^-(x)} (\frac{1}{x} + \frac{1}{\tilde{\rho}^+(s)})\, ds$ et $b(t,x) \leq \int_{\rho^+(x)}^{t} (\frac{1}{x} - \frac{1}{\tilde{\rho}^+(t)})\frac{dt}{\lambda_2(t)} = \frac{2}{x}\int_{\rho^+(x)}^{t} \frac{ds}{\lambda_2(s)}$

$- \log [\frac{\lambda_2(\rho^+(x))}{\lambda_2(t)}]$; en intégrant, on obtient :

$$(4.21)\quad \frac{1}{x}\int_{\rho^+(x)}^{\rho^-(x)} \exp - b(t,x)dt \geq \frac{\lambda_2(\rho^+(x))}{2}\left(1-\exp -\frac{2}{x}\int_{\rho^+(x)}^{\rho^-(x)} \frac{ds}{\lambda_2(s)}\right) .$$

Mais $\log(\lambda_2(\rho^+(x))) - \log(\lambda_2(\rho^-(x))) - \frac{2}{x}\int_{\rho^+(x)}^{\rho^-(x)} \frac{ds}{\lambda_2(s)} = \int_{\rho^+(x)}^{\rho^-(x)} \left(\frac{1}{\tilde{\rho}^+(s)} - \frac{1}{x}\right) \frac{ds}{\lambda_2(s)} \leq 0,$

donc :

$$(4.22)\quad \lambda_2(\rho^+(x))\exp-\left(\frac{2}{x}\int_{\rho^+(x)}^{\rho^-(x)} \frac{ds}{\lambda_2(s)}\right) \leq \lambda_2(\rho^-(x)) = \lambda(\rho^-(x)) \leq \mu[x,+\infty[+ \mu]-\infty,-x]$$

En remarquant que $\lambda_2(\rho^+(x)) \geq \frac{1}{x}(\rho^-(x) - \rho^+(x)) = \phi(x)$, et en utilisant (4.22), (4.21) et (4.19), on montre $g_4(x) \geq \frac{1}{2}[\phi(x) - \mu(y \mid |y| \geq x)]$. Grâce à (4.18), (4.20) et (4.16), il vient :

$$\frac{1}{2}\phi(x) - \frac{3}{2}P(|X_T| \geq x) \leq P(S_T \geq x) \leq \phi(x) + 2P(|X_T| \geq x) \quad ,$$

ce qui achève les démonstrations du lemme (4.14), et de la proposition (4.7), en utilisant (4.14) et à nouveau (4.13).

L'énoncé suivant donne une caractérisation de l'appartenance à H^1 de $(X_{t\wedge T})_{t\in\mathbb{R}_+}$:

<u>PROPOSITION (4.23)</u> : <u>La martingale</u> $(X_{t\wedge T})_{t\in\mathbb{R}_+}$ <u>appartient à</u> H^1 <u>si et seulement si</u> :

- X_T <u>appartient à</u> $L \log L$ <u>lorsque</u> $P(X_T = 0) > 0$
- $E|X_T| + \int_0^\infty \frac{1}{x}|E[X_T, |X_T| \geq x]|\,dx < +\infty$ <u>lorsque</u> $P(X_T = 0) = 0$.

<u>Remarque (4.24)</u> : <u>Lorsque</u> $\mu(\{0\}) = 0$ <u>et</u> μ <u>symétrique, en notant</u> $X_T^* = \sup_{s\leq t}|X_s|$, <u>on a l'égalité</u> : $X_T^* = |X_T|$; <u>il est ainsi clair que</u> $(X_{t\wedge T})_{t\in\mathbb{R}_+}$ <u>appartient à</u> H^1 <u>si et seulement si</u> $\int |t|\,d\mu(t) < +\infty$.

5.- <u>CALCUL DE LA LOI DU COUPLE</u> (X_T,T) .

Etudions d'abord le cas symétrique.

<u>PROPOSITION (5.1)</u> : <u>Si</u> μ <u>est une mesure de probabilité symétrique</u> ($\mu[0,x] = \mu[-x,0]$ $\forall x > 0$) <u>sur</u> $\mathbb{R}$, <u>ne chargeant pas les points, on a</u> :

$$E\,[f(X_T)\exp - \frac{p^2}{2}T] = \int_0^\infty \{(f(x)+f(-x))\frac{px}{sh(px)}\frac{1}{(1-2\mu[0,x])}$$

$$\exp - 2p\int_0^x \frac{u\coth pu}{1-2\mu[0,u]}d\mu(u)\}d\mu(x)\ ,$$

pour toute fonction f borélienne de $\mathbb{R}_+$ dans $\mathbb{R}_+$ et tout réel p, $p \neq 0$.

Pour l'étude du cas général, on utilisera le :

LEMME (5.2) : Si f_1 et g_1 sont deux fonctions boréliennes de $\mathbb{R}_+$ dans $\mathbb{R}_+$ que l'on prolonge à $\overline{\mathbb{R}_+}$ en posant $f_1(+\infty) = g_1(+\infty) = 0$, alors :

$$\int_0^{a_o} f_1(\tilde{\rho}^+(t))g_1(t)dt = \int_{\mathbb{R}_+^*} f_1(u)u\, g_1^+(u)\, d\mu(u) \quad \text{et}$$

$$\int_0^{a_o} f_1(\tilde{\rho}^-(t))g_1(t) = -\int_{\mathbb{R}_-^*} f_1(-u)u\, g_1^-(u)\, d\mu(u)$$

avec $g_1^+(t) = g_1(\rho^+(t))$ si $t \geq 0$ et $\mu(\{t\}) = 0$; $g_1^+(t) = \frac{1}{\Delta\rho^+(t)}\int_{\rho^+(t-)}^{\rho^+(t)} g_1(u)du$ si $t \geq 0$, $\mu(\{t\}) > 0$

$g_1^-(t) = g_1(\rho^-(-t))$ si $t \leq 0$ et $\mu(\{t\}) = 0$; $g_1^-(t) = \frac{1}{\Delta\rho^-(-t)}\int_{\rho^-((-t)-)}^{\rho^-(-t)} g_1(u)du$ si $t \leq 0$ et $\mu(\{t\}) > 0$.

On peut alors énoncer le résultat général :

PROPOSITION (5.3) : Notons $a_p(x) = \frac{1}{\lambda(x)}\exp[-p\int_0^x \{\coth(p\tilde{\rho}^+(t)) + \coth(p\tilde{\rho}^-(t))\}\frac{dt}{\lambda(t)}]$ où $p \in \mathbb{R}_+^*$, $0 \leq x$. Pour toute fonction borélienne positive de $\mathbb{R}$ dans $\mathbb{R}_+$, et tout réel p non nul, on a :

$$E[f(X_T)\exp(-\frac{p^2}{2}T)] = f(0)\exp[-p\int_0^{a_o}\{\coth(p\tilde{\rho}^+(t)) + \coth(p\tilde{\rho}^-(t))\}\frac{dt}{\lambda(t)}] +$$

$$+ \int_{\mathbb{R}^*} f(u)\frac{pu}{sh(pu)}\bar{a}_p(u)\, d\mu(u)$$

avec $\bar{a}_p(u) = a_p^+(u)$ si $u > 0$ et $\bar{a}_p(u) = a_p^-(u)$ si $u < 0$ et $\coth(p\infty) = 0$.

Dans le cas où μ est diffuse, on a le :

COROLLAIRE (5.4) : Si μ ne charge pas les points, on a :

$$E[f(X_T)\exp(-\frac{p^2}{2}T)] = \int_{\mathbb{R}} f(u)\,\frac{pu}{\operatorname{sh} pu}\,\bar{a}_p(u)\,d\mu(u) \quad ,$$

pour toute fonction f borélienne de $\mathbb{R}$ dans $\mathbb{R}_+$ et tout réel p, non nul, avec $\bar{a}_p(u) = a_p(\rho^+(u))$ si $u > 0$ et $\bar{a}_p(u) = a_p(\rho^-(-u))$ si $u < 0$, a_p étant la fonction définie en (5.3).

BIBLIOGRAPHIE

[1] J. AZEMA et M. YOR : Une solution simple au problème de Skorokhod. Séminaire de probabilités XIII, Lecture Notes in Math., 721 Springer (1979).

[2] J. AZEMA et M. YOR : Le problème de Skorokhod : compléments à l'exposé précédent. Même référence.

[3] T. JEULIN et M. YOR : Sur les distributions de certaines fonctionnelles du mouvement brownien. Séminaire de probabilités XV, Lecture Notes, 850, Springer (1981).

Pierre VALLOIS

3, rue Victor Hugo

92700 COLOMBES.

NOTE ON THE CENTRAL LIMIT THEOREM FOR STATIONARY PROCESSES

by

P.J. Holewijn [1] and I. Meilijson [2].

SUMMARY

A very simple proof, using a Skorokhod type embedding, of Billingsley's and Ibragimov's central limit theorem for sums of stationary ergodic martingale differences is presented.

INTRODUCTION

Various invariance and central limit theorems for sums of stationary ergodic processes have been obtained by showing the process to be homologous (see Gordin [4] or Bowen [2]) to a stationary ergodic martingale difference process. The central limit theorem of Billingsley (and Ibragimov, see [1]) for such processes can then be applied. This theorem is proved by showing that stationary ergodic martingale differences in L_2 satisfy the Lindeberg-Lévy conditions for asymptotic normality of martingales (see Scott [5]). Skorokhod's representation of a martingale as optionally sampled standard Brownian motion plays an important role in some of the proofs, but any such a representation is as good as any other.

In the present note we will present a particular Skorokhod representation that will make the incremental stopping times stationary ergodic in L_1. This will provide a simple direct proof of Billingley's theorem.

THEOREM

Let $(X_1, X_2, \ldots, X_n, \ldots)$ be a stationary and ergodic process such that $EX_1 = 0$, $EX_1^2 \in (0,\infty)$ and $E(X_n | X_1, X_2, \ldots, X_{n-1}) = 0$ a.s., $n = 2,3,\ldots$. Then there exists a sequence of (randomized) stopping times $0 \le \tau_1 \le \tau_2 \le \ldots \le \tau_n \le \ldots$ in Brownian motion $B(t)$, $t \ge 0$, such that

(i) $(B(\tau_1), B(\tau_2), \ldots, B(\tau_n), \ldots)$ is distributed as $(X_1, X_2, \ldots, X_n, \ldots)$;

(ii) The process of pairs $((B(\tau_1), \tau_1), (B(\tau_2)-B(\tau_1), \tau_2-\tau_1), \ldots, (B(\tau_n)-B(\tau_{n-1}), \tau_n-\tau_{n-1}), \ldots)$ is stationary and ergodic;

---

1) The Free University of Amsterdam

2) University of Tel-Aviv, temporarily the Free University of Amsterdam.

and

(iii) $E(\tau_1) < \infty$.

PROOF

Extend $(X_1, X_2, \dots, X_n, \dots)$ to a doubly infinite sequence. The martingale difference property carries over to infinite pasts since $E(X_0 | X_{-n}, X_{-n+1}, \dots, X_{-1}) = 0$ a.s. and converges a.s. as $n \to \infty$ to $E(X_0 | \dots, X_{-2}, X_{-1})$. Let the probabilityspace contain random variables $(\dots, X_{-2}, X_{-1}, X_0)$ with the correct joint distribution, and a standard Brownian motion $B(t)$, $t \geq 0$, starting at zero, and independent of $(\dots, X_{-2}, X_{-1}, X_0)$. Fix any of the methods to embed in Brownian motion, in finite expected time, distributions with mean zero and finite variance. Let $\tau_0 = 0$ and suppose, inductively, that stopping times $\tau_0 \leq \tau_1 \leq \dots \leq \tau_{n-1}$ on B have been defined. For $1 \leq i \leq n-1$, let X_i denote $B(\tau_i) - B(\tau_{i-1})$. On the Brownian motion $B^*(t) = B(\tau_{n-1} + t) - B(\tau_{n-1})$, $t \geq 0$, use the rule fixed above to embed the conditional distribution of X_n given $(\dots, X_{n-3}, X_{n-2}, X_{n-1})$. If τ is the embedding stopping time, let $\tau_n = \tau_{n-1} + \tau$, $X_n = B^*(\tau) = B(\tau_n) - B(\tau_{n-1})$.
By construction,

(iv) $((X_1, \tau_1), (X_2, \tau_2 - \tau_1), \dots, (X_n, \tau_n - \tau_{n-1}), \dots)$ is stationary;

(v) $(\tau_1, \tau_2 - \tau_1, \dots, \tau_n - \tau_{n-1}, \dots)$ are conditionally independent given $(\dots, X_{-1}, X_0, X_1, \dots)$; and

(vi) $E(\tau_1) < \infty$.

By (iv), any L_1-function of the process of pairs depending on finitely many coordinates has an almost surely convergent average of its shifts. This (limiting) average is a tail function in $(\tau_1, \tau_2 - \tau_1, \dots, \tau_n - \tau_{n-1}, \dots)$ given $(\dots, X_{-1}, X_0, X_1, \dots)$. Hence, by Kolmogorov's 0-1 law (because of (v)), the average is measurable $(\dots, X_{-1}, X_0, X_1, \dots)$. But as such, it is an invariant function because the shifted X sequence can be realized as the above construction is read from the second step onwards; the average will thus be unchanged. Since X is ergodic, the average is a.s. constant. This implies the ergodicity of the sequence of pairs. □

COROLLARY

(Billingsley, Ibragimov). Under the conditions of the theorem,

$W_n(t) = \frac{1}{\sqrt{n}} \sum_{i=1}^{[nt]} X_i$, $t \geq 0$, converges in distribution to standard Brownian motion.

PROOF

Let $B(t)$, $t \geq 0$ be standard Brownian motion and consider for each n Brownian motion $\sqrt{n}B(t/n)$, $t \geq 0$, in which $W_n(t)$ is embedded at time $\tau_{[nt]}$. Now $\tau_{[n\cdot]}$ converges a.s. to t by the theorem and following Breiman [3] pp. 279-281 we can conclude that

$\sup_{0 \leq t \leq 1} |W_{n_k}(t) - B(t)| \to 0$ a.s. as $k \to \infty$ for subsequences $\{n_k\}$ that increase fast enough. But then, if f is a bounded continuous function on the space $D[0,1]$ endowed with the sup.norm metric of paths that are rights continuous and have left hand limits it follows by the bounded convergence theorem along the same subsequence $\{n_k\}$ that $Ef(W_{n_k}(\cdot)) \to Ef(B(\cdot))$, which implies the convergence of the full sequence and therefore the convergence in distribution. □

REFERENCES

[1] Billingley, P: Convergence of probability measures, Wiley New York.

[2] Bowen, R: Equilibrium States and the ergodic theory of Anosov diffeomorphisms; Lecture Notes in Mathematics (470), Springer, Berlin.

[3] Breiman, L: Probability; Addison-Wesley, London.

[4] Gordin, M.J.: The central limit theorem for stationary processes; Soviet Math. Dokl. Vol.10 (1969), No 5, pp. 1174-1176.

[5] Scott, D.J: Central limit theorems for martingales and for processes with stationary increments using a Skorokhod representation approach; Adv. Appl. Prob. 5, 119-137 (1973).

RANDOM WALKS ON FINITE GROUPS AND RAPIDLY MIXING MARKOV CHAINS

by

David Aldous*

Department of Statistics
University of California at Berkeley

1. Introduction

This paper is an expository account of some probabilistic techniques which are useful in studying certain finite Markov chains, and in particular random walks on finite groups. Although the type of problems we consider and the form of our results are perhaps slightly novel, the mathematical ideas are mostly easy and known: our purpose is to make them well-known! We study two types of problems.

(A) Elementary theory says that under mild conditions the distribution of a Markov chain converges to the stationary distribution. Consider the (imprecise) question: how long does it take until the distribution is close to the stationary distribution? One might try to answer this using classical asymptotic theory, but we shall argue in Section 3 that this answers the wrong question. Instead, we propose that the concept "time until the distribution is close to stationary" should be formalized by a parameter τ, defined at (3.3). Since it is seldom possible to express distributions of a chain at time t in tractable form, it is seldom possible to get τ exactly, but often τ can be estimated by the coupling technique. One situation where these problems arise naturally is in random card-shuffling, where τ can be interpreted as the number of random shuffles of a particular kind needed to make a new deck well-shuffled. In Section 4 we illustrate the coupling technique by analysing several card-shuffling schemes.

(B) Some chains have what we call the "rapid mixing" property: for a random walk on a group G, this is the property that τ is small compared to $\#G$, the size of the group. When this property holds, probabilistic techniques give simple yet widely-applicable estimates for hitting time

*Research supported by National Science Foundation Grant MCS80-02698.

distributions. These are discussed in Section 7. The fundamental result (7.1) (7.18) is that for a rapidly mixing random walk with uniform initial distribution, the first hitting time on a single state is approximately exponentially distributed with mean $R\#G$. Here R, defined at (6.4), is a parameter which can be interpreted as the mean number of visits to the initial state in the short term. This result, and its analogue for rapidly mixing Markov chains, has partial extensions to more complicated problems involving hitting times on arbitrary sets of states, and hitting times from arbitrary initial distributions.

This paper is about approximations, which may puzzle the reader: since for finite Markov chains there are of course exact expressions for distributions at time t and hitting time distributions in terms of the transition matrix. However, we have in mind the case where the state space is large, e.g., 52! in the case of card-shuffling. Exact results in terms of $52! \times 52!$ matrices are seldom illuminating.

In principle, and sometimes in practice, random walks on groups can be studied using group representation theory, the analogue of the familiar Fourier theory in the real-valued case. Diaconis (1982) studies convergence to stationarity, and Letac (1981) studies hitting times, using this theory. Our arguments use only the Markov property; we are, so to speak, throwing away the special random walk structure. So naturally our results applied to a particular random walk give less precise information than can be obtained from the analytic study of that random walk, if such a study is feasible. Instead, our results reveal some general properties, such as exponential approximations for hitting times, which are not apparent from ad hoc analyses of particular cases.

Finally, we should point out two limitations of our techniques. To apply the Markov chain results it is usually necessary to know the stationary distribution, at least approximately: one reason for concentrating on random walk examples is that then the stationary distribution is uniform. Second, the rapid mixing property on which our hitting time results depend seems characteristic of complicated "high-dimensional" processes, rather than the elementary one-dimensional examples of Markov chains, for which our techniques give no useful information.

2. Notation

The general case we shall consider is that of a continuous-time irreducible Markov process (X_t) on a finite state space $G = \{i,j,k,\dots\}$. Let $Q(i,j)$, $j \neq i$, be the transition rates, $q_i = \sum_{j \neq i} Q(i,j)$, and let $p_{i,j}(t) = P_i(X_t = j)$ be the transition probabilities. By classical theory there exists a unique stationary distribution π, and

(2.1) $$p_{i,j}(t) \to \pi(j) \quad \text{as } t \to \infty ;$$

(2.2) $$t^{-1}\text{time}(s \le t\colon X_s = j) \to \pi(j) \text{ a.s.} \quad \text{as } t \to \infty ,$$

where $\text{time}(s \le t\colon X_s = j) = \int_0^t 1_{(X_s = j)}\,ds$ is the random variable measuring the amount of time before time t spent in state j.

The same results hold for a discrete-time chain (X_n), except that for the analogue of (2.1) we need aperiodicity:

(2.3) $$p_{i,j}(n) \to \pi(j) \quad \text{as } n \to \infty, \quad \text{provided } X \text{ is aperiodic.}$$

In Section 3 we study convergence to stationarity in the continuous-time setting; the results hold in the discrete-time aperiodic setting with no essential changes.

Given a discrete-time chain (X_n) with transition matrix $P(i,j)$ we can define a corresponding continuous-time process (X^*_t) with transition rates $Q(i,j) = P(i,j)$, $j \neq i$. In fact we can represent (X^*_t) explicitly as

(2.4) $$X^*_t = X_{N_t} \quad \text{where } N_t \text{ is a Poisson counting process of rate 1.}$$

Let T_A (resp. T^*_A) be the first hitting time of X (resp. X^*) on a set A from some initial distribution. Then $T_A = N_{T^*_A}$ by (2.4), and it is easy to see

(2.5) $$ET^*_A = ET_A \ ; \quad T_A/T^*_A \xrightarrow{p} 1 \quad \text{as } T^*_A \xrightarrow{p} \infty .$$

In Section 7 we study hitting time distributions for continuous-time processes;

by (2.5) our results extend to discrete-time chains. It is important to realise that even though the results in Section 7 use rapid mixing, they may be used for periodic discrete-time chains by the observation (2.5) above, since it is only required that the corresponding continuous-time process be rapid mixing.

We shall illustrate our results by discussing the special case of random walks on finite groups. Suppose G has a group structure, under the operation $\oplus$. Let μ be a probability measure on G such that

$$\text{(2.6)} \qquad \text{support}(\mu) \text{ generates } G.$$

The discrete-time random walk on G associated with μ is the process

$X_{n+1} = X_n \oplus \xi_{n+1}$, where (ξ_n) are independent with distribution μ.

Equivalently, X_n is the Markov chain with transition matrix of the special form

$$P(i,j) = \mu(i^{-1} \oplus j) .$$

By (2.6) the chain is irreducible. The stationary distribution is the uniform distribution $\pi(i) = 1/\#G$. As at (2.4) there is a corresponding continuous-time random walk (X_t), and it is for this process that our general results are stated, although in the examples we usually remain with the more natural discrete-time random walks. The results in the general Markov case become simpler to state when specialized to the random walk case, because of the "symmetry" properties of the random walk. For example, $E_\pi T_i$, the mean first hitting time on i from the stationary distribution, is clearly not dependent on i in the random walk case.

When stating the specializations in the random walk case we shall assume

$$\text{(2.7)} \qquad q_i = 1 .$$

This is automatic if μ assigns probability zero to the identity; otherwise we need only change time scale by a constant factor to attain (2.7).

We shall avoid occasional uninteresting complications by assuming

(2.8) $$\max_i \pi(i) \le \frac{1}{2} ,$$

which in the random walk case is merely the assumption that G is not the trivial group.

We should make explicit our definition of hitting times:

$$T_i = \min\{t \ge 0: X_t = i\} ;$$
$$T_A = \min\{t \ge 0: X_t \in A\} ;$$

as distinct from the first return times

(2.9) $$T_i^+ = \min\{t > 0: X_t = i, X_{t-} \ne i\} .$$

Elementary theory gives

(2.10) $$E_i T_i^+ = 1/\pi(i) q_i ,$$

where we are using the convention $a/bc = a/(bc)$.

For sequences (a_n), (b_n) of reals,

$a_n \sim b_n$ means $\lim a_n/b_n = 1$;

$a_n \lesssim b_n$ means $\limsup a_n/b_n \le 1$.

Finally, the total variation distance between two probability measures on G is

$$\|\mu-\nu\| = \max_{A\subset G} |\mu(A)-\nu(A)| = \frac{1}{2}\sum|\mu(i)-\nu(i)| \le 1 .$$

3. The time to approach stationarity

In the general Markov case write

(3.1) $$d_i(t) = \|P_i(X_t \in \cdot) - \pi\|$$

for the total variation distance between the stationary distribution and the distribution at time t for the process started at i. Let

$$d(t) = \max_i d_i(t) .$$

Note that in the random walk case $d_i(t)$ does not depend on i, by symmetry, so $d(t) = d_i(t)$. In general the elementary limit theorem (2.1) implies

$$d(t) \to 0 \quad \text{as} \quad t \to \infty .$$

Moreover, classical Perron-Frobenius theory gives

$$d(t) \sim C\lambda^t \quad \text{as } t \to \infty; \text{ some } C > 0,\ 0 < \lambda < 1 .$$

(In discrete time, λ is the largest absolute value, excepting 1, of the eigenvalues of the transition matrix.) Thus λ describes the asymptotic speed of convergence to stationarity. However, in our examples of rapidly mixing random walks the function $d(t)$ looks qualitatively like

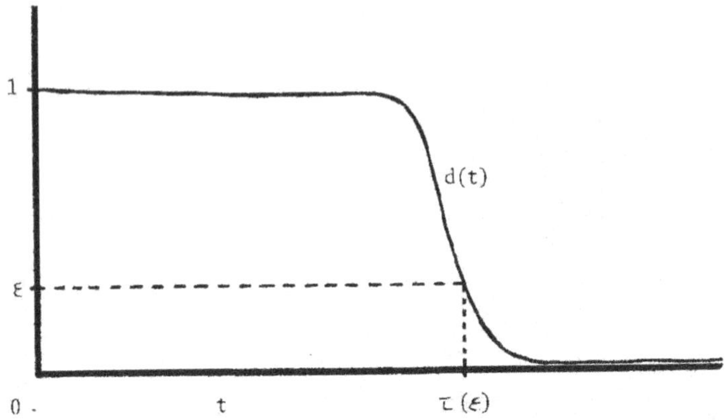

That is, $d(t)$ makes a fairly abrupt switch from near 1 to near 0. It seems natural to use the time of this switch rather than the asymptotic behaviour of $d(t)$ to express the idea of "the time taken to approach uniformity". Informally, think of this switch occurring at a time τ. Formally, define

(3.2) $$\tau(\varepsilon) = \min\{t\colon d(t) \leq \varepsilon\}$$

(3.3) $$\tau = \tau(1/2e)$$

where the constant $1/2e$ is used merely for algebraic convenience; replacing it by a different constant would merely alter other numerical constants in the sequel.

The idea that $d(t)$ makes an "abrupt switch" can be formalized by considering a sequence of processes. For example, in applying a particular shuffling scheme to an N-card deck we will get functions $d^N(t)$, $\tau^N(\varepsilon)$. In some examples we can prove (and we believe it holds rather generally) that there exist constants a_N such that

(3.4) $$\tau^N(\varepsilon) \sim a_N \text{ as } N \to \infty; \text{ for each } 0 < \varepsilon < 1 .$$

In other words, the scaled total variation distance function $d^N(t/a_N)$ converges to the step function $1_{(t<1)}$ for $t \neq 1$. An example is shown in Fig. 3.24.

The next lemma gives some elementary properties of $d(t)$, which can probably be traced back to Doeblin.

(3.5) LEMMA. *Define*

$$\rho_{i,j}(t) = \|P_i(X_t \in \cdot) - P_j(X_t \in \cdot)\| ; \quad \rho(t) = \max_{i,j} \rho_{i,j}(t) .$$

Then (a) $\rho(t) \leq 2d(t)$.

(b) ρ *is submultiplicative:* $\rho(s+t) \leq \rho(s)\rho(t)$.

(c) $d(t)$ *is decreasing.*

Proof. Assertion (a) follows from the triangle inequality for the total variation distance. The other assertions can be proved algebraically, but the proof is more transparent when coupling ideas are used. The key idea is the following fact, whose proof is easy.

(3.6) LEMMA. *Let* Z_1, Z_2 *have distributions* ν_1, ν_2. *Then*

$$\|\nu_1 - \nu_2\| \leq P(Z_1 \neq Z_2) .$$

Conversely, given ν_1, ν_2, *we can construct* (Z_1, Z_2) *such that*

$$\|\nu_1 - \nu_2\| = P(Z_1 \neq Z_2) ;$$

$$Z_n \text{ has distribution } \nu_n \quad (n = 1,2).$$

To prove (b), fix i_1, i_2, s, t. Construct (Z_s^1, Z_s^2) such that

$$Z_s^n \text{ has the distribution of } X_s \text{ given } X_0 = i_n \ ;$$
$$P(Z_s^1 \neq Z_s^2) = \rho_{i_1,i_2}(s) \ .$$

Then on the sets $A_j = \{Z_s^1 = j,\ Z_s^2 = j\}$ construct (Z_{s+t}^1, Z_{s+t}^2) such that

$$Z_{s+t}^1 = Z_{s+t}^2$$
$$P(Z_{s+t}^1 \in \cdot \mid A_j) = P_j(X_t \in \cdot) \ .$$

And on the sets $A_{j,k} = \{Z_s^1 = j,\ Z_s^2 = k\}$ $(j \neq k)$ construct (Z_{s+t}^1, Z_{s+t}^2) such that

$$P(Z_{s+t}^1 \in \cdot \mid A_{j,k}) = P_j(X_t \in \cdot) \ ; \quad P(Z_{s+t}^2 \in \cdot \mid A_{j,k}) = P_k(X_t \in \cdot) \ ;$$

(3.7)
$$P(Z_{s+t}^1 \neq Z_{s+t}^2 \mid A_{j,k}) = \rho_{j,k}(t) \le \rho(t) \ .$$

Now Z_{s+t}^1 (resp. Z_{s+t}^2) has the distribution of X_{s+t} given $X_0 = i_1$ (resp. i_2), and so

$$\begin{aligned}\rho_{i_1,i_2}(s+t) &\le P(Z_{s+t}^1 \neq Z_{s+t}^2) \\ &\le \rho(t) P(Z_s^1 \neq Z_s^2) \quad \text{by (3.7)} \\ &\le \rho(t)\rho(s) \ .\end{aligned}$$

To prove (c), use the same construction except for giving Z_s^2 the stationary distribution π, and having $P(Z_s^1 \neq Z_s^2) = d_{i_1}(s)$. Then

$$d_{i_1}(s+t) \le P(Z_{s+t}^1 \neq Z_{s+t}^2) \le P(Z_s^1 \neq Z_s^2) = d_{i_1}(s) \ .$$

This result is useful because it shows that an upper bound on ρ at a particular time t_0 gives an upper bound for later times:

$$\rho(t) \le (\rho(t_0))^n \ ; \quad nt_0 \le t \le (n+1)t_0 \ .$$

Translating this into an expression involving t explicitly,

$$\rho(t) \le (\rho(t_0))^{(t/t_0 - 1)} \ .$$

In particular the definition (3.3) of τ makes $\rho(\tau) \le e^{-1}$, and we obtain the following bound, which we shall use extensively.

(3.8) COROLLARY. $d(t) \leq \exp(1 - t/\tau)$, $t \geq 0$.

REMARKS. (a) We are here stating results for continuous time; the same results hold in the discrete time aperiodic case.

(b) Note that the exponential rate of convergence in finite state processes is a simple consequence of the basic limit theorem (2.1). The Perron-Frobenius theory is only needed if one wants an expression for the asymptotic exponent.

(c) Corollary 3.8 can be rephrased as

$$\tau(\varepsilon) \leq \tau(1 + \log(1/\varepsilon)) , \quad 0 < \varepsilon < 1 .$$

As mentioned in the Introduction, it is seldom possible to get useful exact expressions for $p_{i,j}(t)$, and hence for $d(t)$ or $\tau(\varepsilon)$. We shall instead discuss how to get bounds. The basic way to get *lower* bounds on $d(t)$ and $\tau(\varepsilon)$ is to use the obvious inequality

$$d(t) \geq |P(X_t \in A) - \pi(A)|$$

for some $A \subset G$ for which the right side may be conveniently estimated. We should however mention another general method which gives effortless, though usually rather weak, lower bounds. Recall that the *entropy* of a distribution μ is $\mathrm{ent}(\mu) = -\sum \mu(i) \log \mu(i)$. In particular, the uniform distribution π on G has $\mathrm{ent}(\pi) = \log \#G$. We quote two straightforward lemmas.

LEMMA. *Let* (X_n) *be the discrete-time random walk associated with* μ, *and let* μ_n *be the distribution of* X_n. *Then* $\mathrm{ent}(\mu_n) \leq n\, \mathrm{ent}(\mu)$.

LEMMA. *If* ν *is a distribution on* G *such that* $\|\nu - \pi\| \leq \varepsilon$ *then* $\mathrm{ent}(\nu) \geq (1-\varepsilon) \log \#G$.

From these lemmas we immediately obtain the lower bounds

$$(3.9) \qquad d(n) \geq 1 - \frac{n\, \mathrm{ent}(\mu)}{\log \#G} ; \qquad \tau(\varepsilon) \geq \frac{(1-\varepsilon) \log \#G}{\mathrm{ent}(\mu)}$$

for discrete-time random walks.

Our next topic is the coupling method, which is a widely-applicable method of getting *upper* bounds on τ. We remark that for the applications later to hitting time distributions we need only upper bounds on τ; and often rather crude upper bounds will suffice.

Let (X_t) be a Markov process. Fix states i, j. Suppose we can construct a pair of processes (Z_t^1, Z_t^2) such that

(3.10) $\quad Z^1$ (resp. Z^2) is distributed as X given $X_0 = i$ (resp. j);

(3.11) $$Z_t^1 = Z_t^2 \text{ on } \{t \geq T\}, \text{ where}$$
$$T \;(= T^{i,j}) = \inf\{t: Z_t^1 = Z_t^2\}.$$

Call (Z^1, Z^2) a *coupling*, and T a *coupling time*. By Lemma 3.6

(3.12) $$\rho_{i,j}(t) \leq P(Z_t^1 \neq Z_t^2) = P(T^{i,j} > t).$$

Thus from estimates of the tails of the distributions of coupling times we can get estimates for $d(t)$. A crude way is to take expectations. Suppose we have constructed couplings for each pair i, j. Then

(3.13) $$\tau \leq 2e\tau_c, \quad \text{where } \tau_c = \max_{i,j} ET^{i,j},$$

because by (3.12) $\rho(t) \leq \tau_c/t$.

To summarize: to get good estimates of the time taken for the process to approach stationarity, we seek to construct couplings for which the coupling time is as small as possible.

We now outline the strategy we shall use in constructing couplings. It is conceptually simpler to discuss the discrete-time case first. Suppose we have a function $f: G \times G \to \{0,1,2,\ldots\}$ such that $f(i,j) = 0$ iff $i = j$: call f a *distance function.* Suppose that for each pair (i,j) there is a joint distribution

(3.14) $$\theta_{i,j} = \mathcal{L}(V,W) \text{ such that}$$
$$\mathcal{L}(V) = P(i,\cdot); \quad \mathcal{L}(W) = P(j,\cdot); \quad V = W \text{ if } i = j.$$

Then we can construct the bivariate Markov process (Z_n^1, Z_n^2) such that

$$P((Z_{n+1}^1, Z_{n+1}^2) \in \cdot \mid (Z_n^1, Z_n^2) = (i,j)) = \theta_{i,j} .$$

This is plainly a coupling. Think of the process $D_n = f(Z_n^1, Z_n^2)$ as measuring the distance between the two processes; the coupling time is

$$T = \min(n: D_n = 0) .$$

All our couplings will be of this Markovian form. To specify the coupling, we need only specify the "one-step" distributions $\theta_{i,j}$. Of course there will be many possible choices for these joint distributions with prescribed marginals: since our aim is to make D_n decrease it is natural to choose the distribution (V,W) to minimize $Ef(V,W)$, and indeed it is often possible to arrange that $f(V,W) \leq f(i,j)$ with some positive probability of a strict decrease. Once the coupling is specified, estimating the coupling time (and hence τ) is just estimating the time for the integer-valued process D_n to hit 0. Note, however, that D_n need not be Markov.

In the continuous-time setting, we merely replace the joint transition probabilities $\theta_{i,j}(k,\ell)$ by joint transition *rates* $\Lambda_{i,j}(k,\ell)$ such that

(3.15) $\sum_\ell \Lambda_{i,j}(k,\ell) = Q(i,k)$; $\sum_k \Lambda_{i,j}(k,\ell) = Q(j,\ell)$; $\Lambda_{i,i}(k,k) = Q(i,k)$.

We should mention the useful trick of time-reversal. Suppose (X_n) is the random walk associated with μ. Let $\mu^*(j) = \mu(j^{-1})$. Then the random walk (X_n^*) associated with μ^* is called the *time-reversed* process, because of the easily-established properties

(a) $P_j(X_n^* = k) = P_k(X_n = j)$;

(b) when X_0 and X_0^* are given the uniform distribution,

$$(X_0^*, X_1^*, \ldots, X_K^*) \overset{\mathcal{D}}{=} (X_K, X_{K-1}, \ldots, X_0) .$$

The next lemma shows that when estimating $d(n)$ we may replace the original random walk with its time-reversal, if this is more convenient to work with.

(3.16) LEMMA. *Let* $d(n)$ *(resp.* $d^*(n)$*) be the total variation function for a random walk* X_n *(resp. the time-reversed walk* X_n^**). Then* $d(n) = d^*(n)$.

Proof. Writing i for the identity of G,

$$\begin{aligned} d(n) &= \sum_j |P_i(X_n = j) - 1/\#G| \\ &= \sum_j |P_{j^{-1}}(X_n = i) - 1/\#G| \quad \text{by the random walk property} \\ &= \sum_j |P_j(X_n = i) - 1/\#G| \quad \text{re-ordering the sum} \\ &= \sum_j |P_i(X_n^* = j) - 1/\#G| \quad \text{by (a)} \\ &= d^*(n) \ . \end{aligned}$$

Of course it may happen that $\mu = \mu^*$, so the reversed process is the same as the original process: call such a random walk *reversible*. In the general continuous-time Markov setting, a process is reversible if it satisfies the equivalent conditions

$$(3.17) \qquad \begin{aligned} \pi(i)Q(i,j) &= \pi(j)Q(j,i) \\ \pi(i)p_{i,j}(t) &= \pi(j)p_{j,i}(t) \end{aligned}$$

Although we lose the opportunity of taking advantage of our trick, reversible processes do have some regularity properties not necessarily possessed by non-reversible processes. For instance, another way to formalize the concept of "the time to approach stationarity" is to consider the random walk with $X_0 = i$ and consider stopping times S such that X_S is uniform; let $\hat{\tau}_i$ be the infimum of $E_i S$ over all such stopping times, and let $\hat{\tau} = \min_i \hat{\tau}_i$. It can be shown that $\hat{\tau}$ is equivalent to τ for reversible processes, in the following sense.

(3.18) PROPOSITION. *There exist constants* C_1, C_2 *such that* $C_1\tau \le \hat{\tau} \le C_2\tau$ *for all reversible Markov processes.*

This and other results on reversible processes are given in Aldous (1982a).

The rest of this section is devoted to one example, in which there is an exact analytic expression for $d(t)$ which can be compared with coupling estimates.

(3.19) EXAMPLE. *Random walk on the* N-*dimensional cube.* The vertices of the unit cube in N dimensions can be labelled as N-tuples $i = (i_1,\dots,i_N)$ of 0's and 1's, and form a group G under componentwise addition modulo 2. There is a natural distance function $f(i,j) = \sum|i_r-j_r|$. Write $0 = (0,\dots,0)$, $u^r = (0,\dots,0,1,0,\dots,0)$ with 1 at coordinate r,

$$\mu(u^r) = 1/N \quad 1 \le r \le N ,$$
$$\mu(j) = 0 \qquad \text{otherwise.}$$

The random walk associated with μ is the natural "simple random walk" on the cube, which jumps from a vertex to one of the neighboring vertices chosen uniformly at random. The discrete-time random walk is periodic: we shall consider the continuous-time process, though similar results would hold for the discrete-time random walk modified to become aperiodic by putting

$$\mu(u^r) = 1/(N+1) \quad 1 \le r \le N$$
$$\mu(0) = 1/(N+1)$$

We now describe a coupling, which will give an upper bound for τ. Fix i, j; let $L = f(i,j)$ and let $C = \{c_1,\dots,c_L\}$ be the set of coordinates c for which $j_c \neq i_c$. Define $\Lambda_{i,j}(k,\ell)$ as follows.

$$\Lambda_{i,j}(i \oplus u^c,\ j \oplus u^c) = 1/N , \quad c \notin C .$$

(if $L > 1$) $$\Lambda_{i,j}(i \oplus u^{c_r},\ j \oplus u^{c_{r+1}}) = 1/N , \quad 1 \le r \le L$$

(interpret c_{L+1} as c_1).

(if $L = 1$) $$\Lambda_{i,j}(i \oplus u^c, j) = \Lambda_{i,j}(i, j \oplus u^c) = 1/N , \quad c \in C.$$

Let (Z_t^1,Z_t^2) be the associated coupling, i.e. the Markov process with transition rates $\Lambda_{i,j}(k,\ell)$. It is plain that the distance process $D_t = f(Z_t^1,Z_t^2)$ evolves as the Markov process on $\{0,1,\dots,N\}$ with transition rates $Q(n,n-2) = n/N$ $(2 \le n \le N)$, $Q(1,0) = 2/N$. It is not hard to deduce that the coupling time T is stochastically dominated by the sum

$$T^* = T_1^* + T_3^* + T_5^* + \cdots + T_M^* ; \quad M = \begin{cases} N & (N \text{ odd}) , \\ N-1 & (N \text{ even}), \end{cases}$$

where the summands are independent exponential random variables, T_m^* having mean N/m. To estimate the tail of the distribution of T^* we calculate

$$ET^* = N(1+1/3+1/5+\cdots+1/M) \sim \tfrac{1}{2}N\log(N)$$
$$\mathrm{var}(T^*) = N^2(1+(1/3)^2+\cdots+(1/M)^2) \sim CN^2 .$$

So for $\alpha > \frac{1}{2}$,

$$d(\alpha N\log(N)) \le P(T^* > \alpha N\log(N))$$
$$\to 0 \quad \text{as} \quad N\to\infty \quad \text{by Chebyshev's inequality.}$$

So we conclude

$$\tau(\varepsilon) \lesssim \tfrac{1}{2}N\log(N) \ ; \quad 0<\varepsilon<1 .$$

We shall now show how to get an exact analytic formula for $d(t)$. Write the continuous-time random walk X_t componentwise as $(X_t^1,\ldots,X_t^N)$. It is easy to verify that the component processes X_t^c are independent Markov processes on $\{0,1\}$ with transition rates $Q(0,1) = Q(1,0) = 1/N$. So the component processes have transition probabilities

$$P_0(X_t^c=0) = \tfrac{1}{2}\{1+\exp(-2t/N)\} , \quad P_0(X_t^c=1) = \tfrac{1}{2}\{1-\exp(-2t/N)\} .$$

So the transition probabilities for the random walk are

$$(3.20)\quad P_{\underset{\sim}{0}}(X_t=\underset{\sim}{j}) = 2^{-N}\{1+\exp(-2t/N)\}^{N-L}\{1-\exp(-2t/N)\}^L \ ; \quad L = f(\underset{\sim}{j},\underset{\sim}{0}) .$$

Thus we obtain the formula

$$(3.21)\quad d(t) = 2^{-N-1}\sum_{L=0}^{N}\binom{N}{L}\left|\{1+\exp(-2t/N)\}^{N-L}\{1-\exp(-2t/N)\}^L-1\right| .$$

Elementary but tedious calculus shows

$$(3.22)\quad \lim_N d(t/\tfrac{1}{4}N\log(N)) = 1 , \quad t<1$$
$$= 0 , \quad t>1 ,$$

and hence

$$(3.23)\quad \tau(\varepsilon) \sim \tfrac{1}{4}N\log(N) , \quad 0<\varepsilon<1.$$

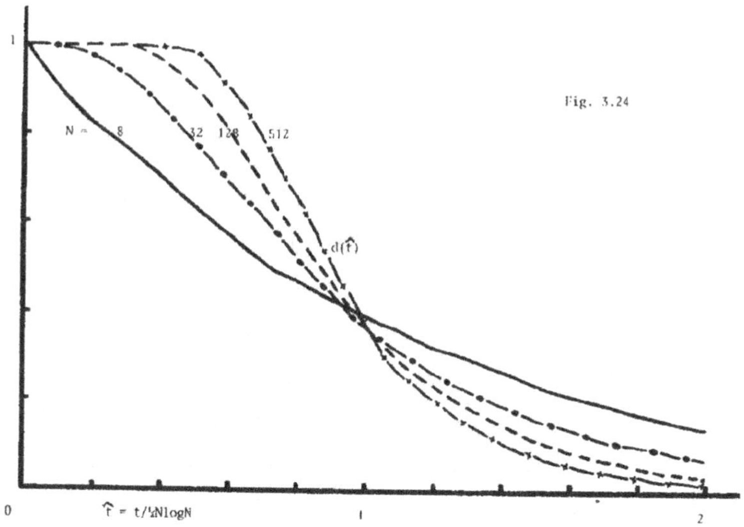

Fig. 3.24

Thus we see that the upper bound for τ derived by the coupling technique gives the correct order of magnitude, though not the correct constant, in this example.

Figure 3.24 shows computer-calculated graphs of $d(t\,/\,\frac{1}{4}N\ \log N)$ for $N = 8, 32, 128, 512$, to illustrate the convergence in (3.22).

REMARK. Our use of total variation distance to measure how close a distribution is to the stationary distribution may seem an arbitrary choice. What if we used another indicator, say entropy? In this example the entropy $\mathcal{E}_N(t)$ of the distribution of X_t has the form

$$\mathcal{E}_N(t) = N\phi(t/N)$$

for a certain $\phi(\cdot)$. Thus $\phi_N(\cdot)$ does not exhibit the "abrupt switch" of $d_N(\cdot)$ for large N. So it is hard to see how to define a parameter analogous to τ in terms of entropy; and it is not clear that the hitting time approximations of Section 7 would be valid under some definition of "rapid mixing" which used entropy rather than total variation distance.

4. Card-shuffling models

Imagine a deck of N cards, labelled 1 to N. The state of the deck may be described by a permutation π of $\{1,\ldots,N\}$, the card labelled i being in position $\pi(i)$, where position 1 is the top of the deck and position N the bottom. So the card in position j is labelled $\pi^{-1}(j)$. A *shuffle* of the deck may also be described by a permutation σ, indicating that the card at position i has moved to position $\sigma(i)$. A probability distribution μ on the group G_N of permutations describes the *random shuffle* in which σ is picked according to the distribution μ. Write $X_n(i)$ for the position of the card labelled i after n independent such random shuffles. Then $X_n = (X_n(i))$ is the random walk on the group G_N associated with μ.

Let Π be the uniform distribution on G_N. Imagine starting with a *new* deck (i.e. with the card labelled i in position i). As in section 3 let d(n) be the total variation distance between the distribution of X_n and Π. Think of the parameter τ at (3.3) as measuring the number of shuffles needed to get the deck well-shuffled. Our purpose in this section is to estimate τ for some specific shuffles μ. More precisely, we shall try to find the asymptotic behaviour of τ_N as the number of cards N tends to infinity. We shall get upper bounds by coupling. To describe couplings, we imagine two decks, in states π, σ, say, and then specify dependent random shuffles (Σ_1,Σ_2) of the two decks, each Σ_r having distribution μ. The joint distribution $\theta_{\pi,\sigma}$ of $(\pi\Sigma_1,\sigma\Sigma_2)$ is the transition matrix for the coupled processes. One way of getting lower bounds is to consider the motion of a particular card: this motion $Y_n = X_n(i)$, i fixed, forms the Markov chain on $\{1,\ldots,N\}$ with transition matrix

(4.1) $$P(j,k) = \mu\{\pi\colon \pi(j) = k\} \quad ;$$

the stationary distribution is uniform. Writing d_Y for the total variation distance function for Y_n, we have the obvious inequality

(4.2) $$d(n) \geq d_Y(n) \ .$$

We shall need three famous results from elementary probability theory, which we now describe.

Given two decks, say a *match* occurs whenever one position is occupied by the same labelled card in both decks. Let $M(\pi,\sigma) = \{i: \pi(i) = \sigma(i)\}$ be the number of matches between decks in states π and σ. Then (Feller (1968) p. 107)

(4.3) CARD-MATCHING LEMMA. *For* X *uniform on* G_N, $M(X,\sigma) \xrightarrow{\mathcal{D}}$ *Poisson* (1) *as* $N \to \infty$.

Note that $f(\pi,\sigma) = N - M(\pi,\sigma)$, the number of *un*matched cards, is a natural distance function on G_N.

Second, let R_n be the number of distinct cards obtained in n uniform random draws with replacement from the deck. That is, $R_n = \#\{C_1,\ldots,C_n\}$, where C_i are i.i.d. uniform on $\{1,\ldots,N\}$. Let

$$L_j = \min\{n: R_n = N-j\}$$

be the number of draws needed to get all but some j cards. Then from Feller (1968) pp. 225 and 239

(4.4) COUPON-COLLECTORS LEMMA. *If* $0 \leq \alpha \leq 1$ *and if* $j = j(N)$ *satisfies* $0 < \lim j/N^{\alpha} < \infty$, *then* $\frac{L_j}{N \log(N)} \to 1-\alpha$ *in probability. In particular, for fixed* j *we have* $\frac{L_j}{N \log(N)} \to 1$ *in probability.*

Third, consider again random draws with replacement, and let U be the number of the first draw on which we obtain some previously-drawn card:

$$U = \min\{n: C_n = C_i \text{ for some } i < n\} .$$

(4.5) BIRTHDAY LEMMA. $U/N^{1/2} \xrightarrow{\mathcal{D}} V$, *where* $0 < V < \infty$.

We now describe and analyse some examples. Several of these are in Diaconis (1982).

(4.6) EXAMPLE. "*Top to random*". Here we shuffle by removing the top card and replacing it in a random position in the deck. For a formal description, for $1 \leq j \leq N$ define the permutation π^j by

$$\pi^j(1) = j$$
$$\pi^j(i) = i-1\ , \quad i \le j$$
$$= i\ , \quad i > j.$$

Then the random shuffle is π^J, for J uniform on $\{1,\dots,N\}$. We shall prove

(4.7) $$\tau(\varepsilon) \sim N\log(N)\ ; \quad 0 < \varepsilon < 1\ .$$

To analyse this example it is convenient to use the time-reversed process, as discussed in section 3. Here, the time-reversed process is "random to top". That is, a card is chosen uniformly at random, and moved to the top of the deck. To construct a coupling, consider two decks. Choose a label C uniformly from $\{1,\dots,N\}$ and in each deck move the card labelled C to the top. Plainly this *is* a coupling. The coupling time T is the time at which the decks are completely matched. Now matches, once created, are not destroyed, so at the time L_0 at which each label has been chosen at least once, the decks are completely matched. So

$$d(n) \le P(T > n) \le P(L_0 > n)\ .$$

By the Coupon-Collectors Lemma,

(4.8) $$d(\alpha N\log(N)) \to 0 \quad \text{as} \quad N \to \infty; \quad \alpha > 1.$$

To get the lower bound, consider the set A_j of states π for which the bottom j cards have increasing labels: that is, $\pi^{-1}(N-j+1) < \pi^{-1}(N-j+2) < \cdots < \pi^{-1}(N)$. Suppose we start with a new deck. Let L_j be the number of shuffles until all but some j labels have been chosen. If $L_j > n$ then the bottom j cards after n "random to top" shuffles have never been chosen to be moved, so remain in their original relative order with increasing labels. So $P(X_n \in A_j) \ge P(L_j > n)$. Since $\Pi(A_j) = 1/j!$,

$$d(n) \ge P(L_j > n) - 1/j!\ .$$

Using the Coupon-Collectors Lemma, we find

$$d(\alpha N \log(N)) \to 1 \quad \text{as} \quad N \to \infty \; ; \quad \alpha < 1.$$

This and (4.8) establish (4.7).

In the example above the coupling is very simple. And in fact the upper bound could be obtained without using coupling, by observing that the order of the already-chosen cards in "random to top" shuffling is uniform. But here is a minor modification for which the coupling argument is equally trivial but where a direct argument seems hard. Diaconis (1982) records that Borel proposed this shuffle.

(4.9) EXAMPLE. "*Top to random, bottom to random*". Here we alternate between picking the top and the bottom card to be removed and replaced at random. Again we get

$$\tau(\varepsilon) \sim N \log(N) \; ; \quad 0 < \varepsilon < 1,$$

using the obvious modifications of the arguments above (for the lower bound, consider the set A_j^* of states for which some j successive cards have increasing labels).

(4.10) EXAMPLE. "*Transposing neighbours*". Here we pick at random a pair of adjacent cards, and transpose them. To eliminate periodicity, we also allow the possibility of doing nothing. Formally, let π^0 be the identity permutation, and π^j the permutation transposing j and $j+1$. Then the random shuffle is π^J, for J uniform on $\{0,\dots,N-1\}$. We shall prove

$$C_1 N^3 \lesssim \tau \lesssim C_2 N^3 \log(N) \tag{4.11}$$

for constants C_1, C_2.

We need first some results about the motion (Y_n) of a single card under this shuffle. This motion is the Markov chain on $\{1,\dots,N\}$ with transitions

$$P(j,j+1) = P(j+1,j) = 1/N \quad (1 \le j \le N-1)$$
$$P(j,j) = 1 - 2/N \quad (2 \le j \le N-1)$$
$$P(1,1) = P(N,N) = 1 - 1/N .$$

This is a symmetric random walk with reflecting boundaries. It is a straightforward exercise in weak convergence theory to show that, suitably normalised, this converges weakly to Brownian motion B_t on $[0,1]$ with reflecting boundaries:

$$N^{-1}Y_{[2t/N^3]} \Rightarrow B_t .$$

The first assertion of the lemma below is now immediate, and the second is not hard.

(4.12) LEMMA. *Let* S_1 *be the number of shuffles until the card initially at the top reaches the* $[N/2]^{th}$ *position (i.e. the middle). Then*

$$S_1/N^3 \xrightarrow{\mathcal{D}} V , \quad \textit{where} \quad V > 0.$$

Let S_2 *be the number of shuffles until the card in an arbitrary initial position reaches the bottom. Then there exist constants* K, $\beta > 0$, *such that*

$$P(S_2/N^3 > s) \leq Ke^{-\beta s} ; \qquad s \geq 0, \ N \geq 1.$$

Suppose $Y_0 = 1$, and write $d_Y(n)$ for the total variation distance between the distribution of Y_n and uniform. Then

$$\begin{aligned} d_Y(n) &\geq |P(Y_n \leq [N/2]) - [N/2]/N| \\ &\geq P(S_1 > n) - \tfrac{1}{2} \end{aligned}$$

and so

$$d(\alpha N^3) \geq d_Y(\alpha N^3) \gtrsim P(V > \alpha) - \tfrac{1}{2}$$

by the first assertion of Lemma 4.12. For small α the right is greater than $1/2e$, and so we get the lower bound $\tau \gtrsim \alpha N^3$.

To get the upper bound, suppose we can produce a coupling (X_n^1, X_n^2) with the following two properties.

(a) Matches are not destroyed. That is, if $X_n^1(i) = X_n^2(i)$ then $X_m^1(i) = X_m^2(i)$ for $m > n$.

(b) A card in one deck cannot jump over the same card in the other deck. That is, if $X_0^1(i) \geq$ (resp. $\leq$) $X_0^2(i)$ then $X_n^1(i) \geq$ (resp. $\leq$) $X_n^2(i)$

for $n > 0$.

Given such a coupling, the coupling time is $T = \max T_i$, where T_i is the time until the cards labelled i are matched. But by (b) we have $T_i \leq S_2^i$, the number of shuffles for the card labelled i to reach the bottom of the deck (in the deck where this card is initially higher). So

$$\begin{aligned} P(T > CN^3 \log(N)) &\leq \sum_i P(S_2^i/N^3 > C \log(N)) \\ &\leq NKe^{-\beta C \log(N)} \qquad \text{by Lemma 3.10} \\ &\to 0 \quad \text{provided } C > 1/\beta, \end{aligned}$$

and then $\tau \lesssim CN^3 \log(N)$.

To exhibit a coupling satisfying (a) and (b), consider two decks in states π, σ, Let S be the set of j such that neither the cards in position j are matched nor the cards in position $j+1$ are matched. List S as $\{j_1, \ldots, j_L\}$ and add $j_0 = 0$ to S. Let J be uniform on $\{0, \ldots, N-1\}$ and define J^* by

$$\begin{aligned} J^* &= J \qquad \text{if } J \notin S \\ &= j_{k+1} \quad \text{if } J = j_k \in S \quad (\text{interpreting } j_{L+1} \text{ as } j_0). \end{aligned}$$

The coupling is produced by applying shuffle π^J to the first deck and π^{J^*} to the second deck. This is a coupling, because J^* is uniform. Property (a) is immediate. And the only way in which (b) could fail is if the same transposition π^j were applied to both decks when the card at position j in one deck had the same label as the card at position $j+1$ in the other deck: and the coupling is designed so this cannot happen.

REMARKS. (a) This shuffle generates a reversible random walk.

(b) The lower bound obtained by considering entropy (3.9) gives $\tau \gtrsim CN$ in this example, which is rather crude.

(4.13) EXAMPLE. "*Random transpositions*". Here we shuffle by transposing a randomly chosen pair of cards. To avoid periodicity, we again allow the pair to be identical. For the formal description, let π_{j_1,j_2} be the permutation transposing j_1 and j_2. Then the shuffle is π_{J_1,J_2}, where

J_1 and J_2 are independent, uniform on $\{1,\dots,N\}$. We shall prove

(4.14) $$\tfrac{1}{2}N\log(N) \lesssim \tau \lesssim CN^2 \ ; \quad \text{for some constant } C.$$

Diaconis and Shahshahani (1981) use group representation techniques to analyse this shuffle. From their results one can obtain the precise result

(4.15) $$\tau(\varepsilon) \sim \tfrac{1}{2}N\log(N) \ ; \quad 0 < \varepsilon < 1 \ .$$

To describe the coupling, note that the random shuffle may be described as: pick a label C and a position J at random (independent, uniform), and then transpose the card labelled C with the card at position J. Given two decks in states π, σ, pick C and J and shuffle each deck as described above. Plainly this is a coupling: let (Y_1,Y_2) be the states of the decks after this shuffle. Then $Y_1(C) = Y_2(C) = J$. Thus we see

(a) if neither the cards labelled C were matched, nor the cards at position J were matched, in the decks π, σ, then at least one new match has been created, so $M(Y_1,Y_2) \geq M(\pi,\sigma)+1$;

(b) otherwise the number of matches remains the same, $M(Y_1,Y_2) = M(\pi,\sigma)$.

Now the chance that the event in (a) happens is $(f(\pi,\sigma)/N)^2$, where $f(\pi,\sigma) = N - M(\pi,\sigma)$ is the number of unmatched cards. Let (Z_n^1,Z_n^2) be the coupled process, and $D_n = f(Z_n^1,Z_n^2)$ the number of unmatched cards in the coupled process. By (a) and (b), the process D_n is stochastically dominated by the Markov process D_n^* on $\{0,1,\dots,N\}$ with transition matrix

$$P(i,i-1) = (i/N)^2 \ ; \quad P(i,i) = 1-(i/N)^2 \ .$$

So the coupling time T is at most the first passage time T^* of D_n^* from N to 0. So

$$ET \leq ET^* = \sum_{i=1}^{N} (N/i)^2 \leq CN^2 \ ,$$

and (3.13) gives the upper bound in (4.14).

To get the lower bound, suppose we start with a new deck (state π^0, say). Let L_j be the number of shuffles needed until the jth last card has been picked. By the Coupon-Collectors Lemma, recalling that two cards are picked on each shuffle,

$$(4.16) \qquad P(L_j > \alpha N \log(N)) \to 1 \; ; \quad \alpha < \frac{1}{2} .$$

Let A_j be the set of states π for which $\#\{i : \pi(i) = i\} \geq j$. Then $X_n \in A_j$ if $L_j > n$. So

$$d(n) \geq P(X_n \in A_j) - P(X \in A_j) \; ; \quad \text{where } X \text{ is uniform on } G_N$$
$$\geq P(L_j > n) - P(M(X,\pi^0) \geq j)$$

and (4.16) and the Card-Matching Lemma give

$$d(\alpha N \log(N)) \to 1 \; ; \quad \alpha < \frac{1}{2} .$$

This establishes the lower bound in (4.14).

REMARKS. (a) This shuffle also is reversible.

(b) For this example the lower bound (3.9) obtained from entropy considerations is $\tau \gtrsim CN$.

(4.17) EXAMPLE. "*Uniform riffle*". We now want to model the riffle shuffle, which is the way card-players actually shuffle cards: by cutting the deck into two roughly equal piles, taking one pile in each hand, and merging the two piles into one. If the top pile has L cards, this gives a permutation π such that

$$(4.18) \qquad \pi(1) < \pi(2) < \cdots < \pi(L) \quad \text{and} \quad \pi(L+1) < \pi(L+2) < \cdots < \pi(N) .$$

Call a shuffle satisfying (4.18) for some L a *riffle* shuffle. Such a shuffle can alternatively be described by a 0-1 valued sequence $(b(1),\ldots,b(N))$, where $b(j) = 0$ (resp. 1) indicates that the card at position j after the shuffle came from the top (resp. bottom) pile: formally,

$$\pi(1) = \min\{j : b(j) = 0\}$$
$$\pi(i) = \min\{j > \pi(i-1) : b(j) = 0\} \; , \quad i \leq L = \#\{j : b(j) = 0\}$$
$$\pi(L+1) = \min\{j : b(j) = 1\}$$
$$\pi(i) = \min\{j > \pi(i-1) : b(j) = 1\} \; , \quad L+1 < i \leq N .$$

To model a random riffle shuffle we specify some probability measure μ on the set R of riffles. The easiest way is to take μ uniform on R. In terms of the second description, this means we take $(B(1),\dots,B(N))$ to be independent, $P(B(i)=1) = P(B(i)=0) = \frac{1}{2}$. Call this the *uniform* riffle. This process has been investigated in detail by Reeds (1982) (see also Diaconis (1982)), whose technique we shall use to prove

$$(4.19) \qquad \tau(\varepsilon) \sim \tfrac{3}{2}\log_2 N\,, \quad 0 < \varepsilon < 1\,.$$

In actual riffle shuffles, successive cards tend to come from alternate piles: see Diaconis (1982), Epstein (1977) for discussion. A more realistic model would be to take $(B(i),\ 1 \le i \le N)$ to be Markov, with transition matrix $P(0,1) = P(1,0) = \theta$, say (Epstein suggests $\theta = 8/9$). The only result known for this model is the lower bound given by entropy (3.9): for fixed θ,

$$\tau(\varepsilon) \gtrsim \frac{(1-\varepsilon)}{\&(\theta)}\log_2 N \quad \text{as} \quad N \to \infty\,,$$

where $\&(\theta) = -\theta\log_2\theta - (1-\theta)\log_2(1-\theta)$. It is natural to conjecture

$$\tau(\varepsilon) \sim C_\theta \log_2 N \quad \text{as} \quad N \to \infty \quad (\theta,\ \varepsilon \text{ fixed})\,.$$

But the argument we shall use for the uniform riffle $(\theta = \frac{1}{2})$ does not extend to general θ, for which no reasonable upper bound is known.

The uniform riffle is another example for which it is easier to analyse the time-reversed process. This reversed shuffle can be described as follows. For each c write on the card labelled c the number $B_1(c)$, where $(B_1(c):\ 1 \le c \le N)$ are independent as before; form one pile consisting of the cards with 0 written on them, in their original order, thereby leaving another pile of cards with 1 written on them; and place the first pile on top of the second pile. Imagine now doing this reverse shuffle again with independent numbers $B_2(c)$; this will produce a deck with a sequence of cards on top which have $(B_1,B_2) = (0,0)$, followed by a sequence with $(1,0)$, followed by $(0,1)$, followed by $(1,1)$. Continuing, after n reverse shuffles let $D_n(c) = \sum_{m=1}^{n} 2^{m-1}B_m(c)$, and then

(4.20a) the random variables $(D_n(c): 1 \leq c \leq N)$ are independent, uniform on $\{0,\ldots,2^n-1\}$

(4.20b) the order of the deck is such that D_n is increasing, and cards with identical values of D_n are in their original relative order.

We shall now use this description to get bounds on the total variation distance $d(n)$. We first present a coupling argument for a crude upper bound. Consider two decks, and apply the reverse shuffle to each using the same $(B_m(c))$. Let F_n be the event that the numbers $(D_n(c): 1 \leq c \leq N)$ are distinct. Then the coupling time T satisfies $T \leq n$ on F_n, by (b). So $d(n) \leq 1 - P(F_n)$. But the Birthday Lemma shows that $P(F_n) \to 1$ when $n \to \infty$, $N \to \infty$ in such a way that $N/(2^n)^{1/2} \to 0$. Hence $d(\alpha \log_2 N) \to 0$ for $\alpha > 2$, which gives the crude upper bound $\tau(\varepsilon) \lesssim 2 \log_2 N$.

We turn now to the lower bound. For a deck in state π let $\theta(\pi)$ be the number of adjacent pairs of cards with increasing labels:

$$\theta(\pi) = \#\{j: \pi^{-1}(j) < \pi^{-1}(j+1)\} = \sum a_j(\pi) ,$$

where a_j is the indicator function of $\{\pi: \pi^{-1}(j) < \pi^{-1}(j+1)\}$. Consider first X uniform on G_N. Then the random variables $\{a_j(X),\ j \text{ even (resp. odd)}\}$ are independent, and we easily get

(4.21) $$E\theta(X) = (N-1)/2 \ ; \quad \text{var } \theta(X) \leq N/2 .$$

Now imagine starting with a new deck, and performing n reverse shuffles, leaving the deck in state X_n. Since D_n has at most 2^n distinct values, (b) implies $\theta(X_n) \geq N - 2^n$. From this and (4.21) we can immediately get $\tau(\varepsilon) \gtrsim \log_2 N$. However, a slightly more delicate analysis will improve this bound. We first quote a straightforward variation of the Birthday Lemma.

(4.22) LEMMA. *Let* (C_i) *be independent, uniform on* $\{1,\ldots,M\}$. *Let* $U_N = \#\{n \leq N: C_n = C_i$ *for some* $i < n\}$. *If* $N \to \infty$ *and* $M \sim N^\alpha$ *for some* $\alpha > 1$ *then*

$$EU_M \sim \tfrac{1}{2}N^{2-\alpha} \ ; \qquad \text{var}(U_M) \sim \tfrac{1}{2}N^{2-\alpha} .$$

Let $V_N = \#\{n \leq N: C_n = C_i = C_j \text{ for some } i < j < n\}$. *If* $N \to \infty$ *and* $M \sim N^\alpha$ *for some* $\alpha > 3/2$ *then* $EV_N \to 0$.

Recall X_n is the state of the deck after n reverse shuffles. Let J_n be the (random) set of positions j for which the cards at positions j and $j+1$ after the shuffles have the same value of D_n:

$$J_n = \{j: D_n(X_n^{-1}(j)) = D_n(X_n^{-1}(j+1))\} .$$

Then, conditional on J_n,

(i) $a_j(X_n) = 1$; $j \in J_n$

(ii) the random variables $\{a_j(X_n), j \notin J_n, j \text{ even (resp. odd)}\}$ are independent.

From this we can calculate

$$(4.23) \qquad E(\theta(X_n)|J_n) = (N-1)/2 + \tfrac{1}{2}\#J_n \ ; \qquad \mathrm{var}(\theta(X_n)|J_n) \leq N/2 .$$

Now by (a) the distribution of $\#J_n$ is the same as the distribution of U_N in Lemma 4.22, for $M = 2^n$. So, putting

$$n = \alpha \log_2 N , \quad \text{for some } 1 < \alpha < \frac{3}{2} .$$

Lemma 4.22 gives

$$E\#J_N \sim \tfrac{1}{2}N^\beta \ ; \qquad \mathrm{var}\ \#J_N \sim \tfrac{1}{2}N^\beta \ ; \qquad \frac{1}{2} < \beta = 2-\alpha < 1 .$$

So using (4.23)

$$(4.24) \qquad E\theta(X_n) = (N-1)/2 + v_N N^{1/2} \ ; \quad \text{where } v_N \to \infty , \quad \mathrm{var}\ \theta(X_n) \lesssim N/2 .$$

Chebyshev's inequality applied to (4.21) and (4.24) gives

$$P(\theta(X) \geq (N-1)/2 + \tfrac{1}{2}v_N N^{1/2}) \to 0$$
$$P(\theta(X_n) \geq (N-1)/2 + \tfrac{1}{2}v_N N^{1/2}) \to 1$$

and so $d(n) \to 1$, giving the lower bound in (4.19).

We shall now return to the upper bound. Fix $\alpha > \frac{3}{2}$, $n = 1 + [\alpha \log_2 N]$, so $2^n \geq N^\alpha$. Let X_n be the state of the deck, described at (4.20), after

n reverse shuffles starting with a new deck. The random variables $(D_n(c) : 1 \le c \le N)$ define a random partition $\mathcal{A}$ of the shuffled deck into sets consisting of the positions of cards with common values of D_n. Thus if the numbers $D_n(c)$ are $(15,2,8,15,15,2)$, then when put in increasing order, they become $(2,2,8,15,15,15)$, and this defines the partition $\{1,2\}$, $\{3\}$, $\{4,5,6\}$. Denote a partition by $A = \{A_1, A_2, \ldots\}$, and let $|A|_r$ be the number of sets with exactly r elements in the partition A. Let P be the set of partitions consisting only of singletons and consecutive pairs. Using Lemma 4.22

(4.25) $$E|\mathcal{A}|_2 \lesssim N^{2-\alpha} \quad \text{as } N \to \infty .$$

(4.26) $$P(\mathcal{A} \in P) \to 1 \quad \text{as } N \to \infty .$$

And by conditioning on the set of distinct values taken by $(D_n(c) : 1 \le c \le N)$, we obtain

(4.27) for $A \in P$ the probability $P(\mathcal{A} = A)$ depends only on $|A|_2$.

Now for $m \ge 0$ let $W_1, \ldots, W_m$ be i.i.d. uniform on $\{1, \ldots, N-1\}$, and let A_m^* be the collection of sets $\{W_j, W_j+1\}$, $1 \le j \le m$. If these sets are disjoint, extend A_m^* to a partition by including the remaining elements of $\{1, \ldots, N\}$ as singletons. Given that A_m^* is such a partition, it is plainly distributed uniformly over the partitions $A \in P$ with $|A|_2 = m$. So by (4.27)

(4.28) $$\begin{aligned} P(\mathcal{A} = A \mid |\mathcal{A}|_2 = m, \mathcal{A} \in P) &= P(A_m^* = A \mid A_m^* \text{ is a partition}) \\ &\ge P(A_m^* = A) , \quad A \in P . \end{aligned}$$

Now let π be a state of the deck, and as before let $\theta(\pi)$ be the number of successive pairs with increasing labels. Say a partition $A = \{A_1, A_2, \ldots\}$ is *consistent* with π if π^{-1} is increasing on each A_j. Fix γ, β such that $\gamma > \frac{1}{2} > \beta > 2-\alpha$, $\gamma + \beta < 1$.

(4.29) LEMMA. $P(A_m^*$ *is some partition consistent with* $\pi) \ge$
$$\left(\tfrac{1}{2}\right)^m \{1 - \psi(\tfrac{\theta(\pi) - N/2}{N^\gamma}, \tfrac{m}{N^\beta}, N)\}$$

where $\psi(x,y,N) \to 0$ *as* $x \to 0$, $y \to 0$, $N \to \infty$.

PROOF. Given that the pairs $\{W_1, W_1+1\}, \ldots, \{W_{i-1}, W_{i-1}+1\}$ are disjoint and that π^{-1} is increasing on each, there are at least $\theta(\pi) - 3(i-1)$ choices for W_i which have π^{-1} increasing on $\{W_i, W_i+1\}$ and $\{W_i, W_i+1\}$ disjoint from the previous pairs. So

$$P(A_m^* \text{ is some partition consistent with } \pi) \geq \prod_{i=1}^{m} \{\frac{\theta(\pi)-3(i-1)}{N-1}\}$$

$$\geq (\tfrac{1}{2})^m \prod_{i=1}^{m} \{1 + 2xN^{\gamma-1} - 6iN^{-1}\}\ , \quad \text{where} \quad x = \frac{\theta(\pi) - N/2}{N^{\gamma}}\ .$$

Calculus shows the product tends to 1 as $N \to \infty$, $x \to 0$, $m/N^{\beta} \to 0$.

We can express the distribution of X_n by conditioning on the partition $\mathcal{A}$, using description (4.20), as

$$N!P(X_n = \pi) = \sum_A P(\mathcal{A} = A)(2!)^{|A|_2}(3!)^{|A|_3}\cdots 1_{(A \text{ consistent with } \pi)}$$

$$\geq \sum_A P(\mathcal{A} = A,\ \mathcal{A} \in P)2^{|A|_2} 1_{(A \text{ consistent with } \pi)}$$

$$= P(\mathcal{A} \in P) \sum_m P(|\mathcal{A}|_2 = m \mid \mathcal{A} \in P) 2^m \sum_A P(\mathcal{A} = A \mid |\mathcal{A}|_2 = m,\ \mathcal{A} \in P) \cdot 1_{(A \text{ consistent with } \pi)}$$

(4.30) $$\geq P(\mathcal{A} \in P) \sum_m P(|\mathcal{A}|_2 = m \mid \mathcal{A} \in P)(1 - \psi(\frac{\theta(\pi) - N/2}{N^{\gamma}}, \frac{m}{N^{\beta}}, N))\ ,$$

by (4.28) and Lemma 4.29.

By (4.21) we can find $\varepsilon_N \to 0$ such that the set F_N of states π such that $|\frac{\theta(\pi) - N/2}{N^{\gamma}}| \leq \varepsilon_N$ satisfies $\#F_N/N! \to 1$.

By (4.25) we can find $\delta_N \to 0$ such that $P(|\mathcal{A}|_2 \leq \delta_N N^{\beta}) \to 0$. Applying these observations and (4.26) to (4.30) we obtain

$$N!P(X_n = \pi) \geq 1 - \lambda_N\ , \quad \pi \in F_N, \quad \text{where} \quad \lambda_N \to 0\ .$$

So the total variation distance $d(n)$ between X_n and the uniform distribution satisfies $d(n) \leq \lambda_N + (1 - \frac{\#F_N}{N!}) \to 0$, establishing the upper bound in (4.19).

(4.31) EXAMPLE. "*Overhand shuffle*". Here is an example of a random shuffle for which no good upper bound for τ is known. Overhand shuffling is where the deck is divided into a number of blocks, and the order of the blocks is reversed. To make a model, let $2 \le K \le N/2$ be a parameter which will represent the mean length of the blocks. Let $(V_i : 1 \le i < N)$ be independent, $P(V_i = 1) = 1/K$, and let $V_0 = V_N = 1$. Let

$$J_1 = 0 \; ; \quad J_i = \min\{j > J_{i-1} : V_j = 1\} \; ; \quad B_i = \{j : J_i < j \le J_{i+1}\} \; .$$

Then B_i represents the ith block, and the random shuffle is:

$$\pi(j) = (N - J_{i+1}) + (j - J_i) \; ; \qquad j \in B_i \; .$$

The only result known is the following lower bound, whose proof we shall merely indicate.

$$\tau \ge C \max(K, (N/K)^2) \; ; \quad \text{some constant } C \; .$$

Note that the right side is minimized by $K = N^{2/3}$, for which $\tau \ge CN^{2/3}$.

First, consider two cards which are initially adjacent. On each shuffle, the chance they are separated is at most $2/K$, and this leads to the inequality $\tau \ge CK$. Second, consider the motion Y_n of a particular card after n shuffles, where we measure its position from the top for even n and from the bottom for odd n. Then Y_n is a Markov process on $\{1, \ldots, N\}$ which, away from 1 and N, is approximately a random walk whose increments have mean 0 and standard deviation $2^{1/2}K$. It can be shown that Y_n has standard deviation at most $CKn^{1/2}$, and this leads to the other inequality.

REMARK. One would like to conjecture that for any "reasonable" way of shuffling cards, τ is at most polynomial in N. But it is not clear what "reasonable" means. Note that for our applications to hitting times, we only need τ small compared to $N!$

5. Rapidly mixing Markov chains

In this section we mention a few Markov chain examples, and discuss informally the "rapid mixing" property.

(5.1) EXAMPLE. "*Ehrenfest urn model*". We discuss the continuous-time version, which is the Markov process Y_t on $\{0,1,\dots,N\}$ with transition rates

$$Q(i,i+1) = 1 - i/N\ , \quad Q(i,i-1) = i/N\ .$$

Think of N balls distributed among two boxes, with a Poisson (rate 1) process of selections of balls chosen uniformly at random and transferred to the other box; Y_t describes the number of balls in a particular box at time t. Now we can represent Y_t as $f(X_t)$, where X_t is the random walk on the N-dimensional cube (Example 3.19), and $f(i_1,\dots,i_N) = \sum i_r$. In fact, the random walk describes the process of balls in boxes where the balls are labelled $1,\dots,N$, and state $i = (i_1,\dots,i_N)$ indicates that ball r is in box i_r.

From this representation we see that the stationary distribution π for Y is the Binomial $(N,\frac{1}{2})$ distribution. And $d(t)$ is the same for Y as for X, so

$$\tau(\varepsilon) \sim \tfrac{1}{4}N\log(N) \tag{5.2}$$

by (3.23).

(5.3) EXAMPLE. "*Random subsets*". Let $1 \le M < N$, $N \ge 3$, and let $\mathcal{B}$ be the set of all subsets B of $\{1,2,\dots,N\}$ with $\#B = M$. Consider a random subset B evolving by elements being deleted and replaced by outside elements. Formally, consider the $\mathcal{B}$-valued process X_t with transition rates

$$\begin{aligned} Q(B,B') &= \frac{1}{M(N-M)}\ ; \quad \#(B\cap B') = M-1 \\ &= 0 \qquad\quad\ ; \quad \text{other } B' \ne B. \end{aligned}$$

The stationary distribution is uniform on $\mathcal{B}$. The reader may like to construct a coupling argument similar to that of Example 3.19 to show

$$\tau \lesssim CN\log(1+\min(M,N-M)) \quad \text{as } N\to\infty; \text{ for some constant } C. \tag{5.4}$$

(5.5) EXAMPLE. "*Sequences in coin-tossing*". Let (ξ_i) be independent, $P(\xi_i = H) = 1/2$, $P(\xi_i = T) = 1/2$, representing repeated tosses of a fair coin. For fixed $N \geq 1$ the process $X_n = (\xi_{n+1}, \ldots, \xi_{n+N})$ is a Markov chain on $\{H,T\}^N$. For this chain the stationary distribution is uniform and

$$d(n) = 1 - (\tfrac{1}{2})^{N-n}, \quad 0 \leq n \leq N$$
$$= 0 \quad , \quad n \geq N. \tag{5.6}$$

(5.7) EXAMPLE. "*Random walk in a d-dimensional box*". We want to consider the random walk on the d-dimensional integers restricted to a box of side N by boundaries. Formally, let $G = \{i = (i_1, \ldots, i_d) : 0 \leq i_r < N\}$ and consider the Markov chain with transition matrix

$$P(i,j) = 1/(2d+1) \quad \text{for } \sum |i_r - j_r| = 1;$$
$$= 0 \quad \text{for other } j \neq i;$$
$$P(i,i) = 1 - \sum_{j \neq i} P(i,j) .$$

(We use $1/(2d+1)$ instead of $1/2d$ to avoid periodicity problems.) The stationary distribution is uniform, and using the Central Limit Theorem we see

$$\tau \sim C_d N^2 \quad \text{as } N \to \infty; \text{ for fixed } d. \tag{5.8}$$

(5.9) EXAMPLE. "*Rubic's cube*". One may consider the random walk on Rubic's cube obtained by choosing one of the 27 possible rotations at random at each step. It would be interesting to estimate τ for this random walk. Perhaps one of the algorithms to "solve" (i.e. reach a specific state of) the cube could be used to construct a coupling. But this seems difficult.

We now introduce informally the "rapid mixing" proeprty. For a discrete-time random walk, this is the property

$$\tau \text{ is small compared to } \#G . \tag{5.10}$$

The intuitive idea here is that the distribution of the chain approaches stationarity while only a small proportion of states have been visited. For the general discrete-time chain, we measure "proportion of states" using the stationary distribution, and so formulate the rapid mixing property as

(5.11) τ is small compared to $\min(1/\pi(i))$.

For continuous-time processes we must take into account the rate at which transitions occur. Recall $q_i = \sum_{j \neq i} Q(i,j)$ is the rate of leaving state i. In the general Markov case the rapid mixing property becomes

(5.12) τ is small compared to $\min(1/\pi(i)q_i)$.

Recall (2.7) that in the random walk case we normalize to make $q_i \equiv 1$, so then (5.12) is the same as (5.10).

Almost all the examples mentioned have this rapid mixing property. It is particularly noticeable in the card-shuffling examples, where $\#G = N!$ but τ is at most polynomial in N. An exception is the random walk in the d-dimensional box for $d = 1$ or 2. Indeed, it is easy to see that the familiar examples of 1-dimensional Markov processes do *not* have the rapid mixing property. For instance, consider the single server queue process on $\{0,1,\ldots,N\}$, with transition rates

$$Q(i,i-1) = 1 \ ; \quad Q(i,i+1) = \lambda < 1 \ ;$$

and stationary distribution $\pi(i) = \lambda^i(1-\lambda)/(1-\lambda^{N+1})$. Very roughly, τ must be of the same order as the passage time from N to 0, which is of order $N/(1-\lambda)$: to put it another way, the process starting at N must pass through most states before approaching the stationary distribution.

We thus have a curious paradox: the rapid mixing property, which we use in the sequel to get approximations for hitting times, seems characteristic of complicated high-dimensional processes rather than simple one-dimensional processes. A possible explanation is that rapid mixing is a kind of "local transience" property, and we recall that mean zero random walks are transient only in three or more dimensions. This analogy is pursued a little in the next section.

6. The mean occupation function

In this section we discuss the mean occupation function $R_i(t)$, which plays a major role in the behaviour of rapidly mixing Markov processes. For a Markov process (X_t) and a state i define

(6.1)
$$R_i(t) = \int_0^t p_{i,i}(s)ds$$
$$= E_i \text{time}(s \le t: X_s = i)$$

where $\text{time}(s \le t: X_s = i)$ is the random variable indicating the amount of time X spends at state i before time t.

In the next paragraph we describe informally the behaviour of $R_i(t)$ in a rapidly mixing process: the rest of the section contains lemmas formalizing these assertions.

The function $R_i(t)$ looks roughly like

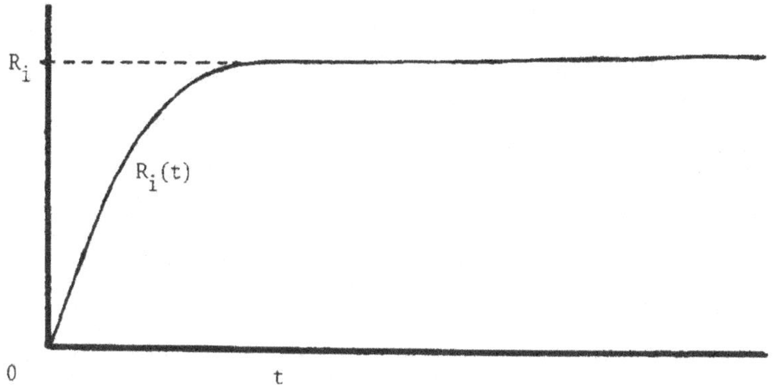

That is, $R_i(t)$ initially tends to increase to a value which must be at least $1/q_i$, the mean length of the initial sojourn in i (6.2). It then starts to level off, and remains essentially constant over the interval of t large compared to τ but small compared to $1/\pi(i)q_i$ (6.5). So we can define a parameter R_i as the approximate value of $R_i(t)$ on this interval. Interpret R_i as the mean length of time (mean number of visits, in the random walk case) spent at i in the short term. For another interpretation, recall that in the infinite state space setting the condition $R_i(\infty) < \infty$ is equivalent to transience, and then $R_i(\infty) = 1/q_i(1-\rho_i)$, where ρ_i is the probability of return to i. Analogously, in the rapid mixing case we may think of R_i as approximately $1/q_i(1-\rho_i^*)$, where ρ_i^* is the probability of return to i in the short term (6.17). In particular, if ρ_i^* is close to 0 then R_i is close to $1/q_i$. Finally, note that in the random walk case R_i and $R_i(t)$ are quantities R and $R(t)$ not dependent on i.

We now start the formalities. First, $P_{i,i}(s) \geq e^{-q_i s}$, so

$$(6.2) \qquad R_i(t) \geq \int_0^t e^{-q_i s}\,ds = q_i^{-1}(1-e^{-q_i t}) .$$

Second, by integrating the inequality $|p_{i,i}(s)-\pi(i)| \leq d(s)$ we get, for $t_1 \leq t_2$,

$$(6.3) \qquad |R_i(t_2)-R_i(t_1)-(t_2-t_1)\pi(i)| \leq \int_{t_1}^{\infty} d(s)ds$$

$$\leq \tau \exp(1-t_1/\tau) \quad \text{by (3.8)}.$$

So the limit

$$(6.4) \qquad R_i = \lim_{t\to\infty} R_i(t) - t\pi(i)$$

exists and is finite. This quantity occurs in the traditional analytic treatment of Markov process theory; one reason for its significance will become clear in the next section. To compute R_i directly would require knowing $p_{i,i}(t)$, which is rarely available explicitly in practice. But by (6.3) we see

$$(6.5) \qquad |R_i - R_i(t)| \leq t\pi(i) + \tau \exp(1-t/\tau) .$$

If t is large compared to τ then the second term on the right is small; if t is small compared to $1/\pi(i)q_i$ then the first term on the right is small compared to $1/q_i$; in the rapidly mixing case we can find t satisfying both these conditions and then $R_i(t)$ approximates R_i. This is the informal description of R_i given earlier. Specifically, from (6.5) we get

$$(6.6) \qquad |R_i - R_i(\tau_i^*)| \leq 2\tau_i^*\pi(i) \ ; \quad \text{for} \quad \tau_i^* = \tau(1-\log \pi(i))$$

in general; and in the random walk case

$$(6.7) \qquad |R - R(\tau^*)| \leq 2\tau^*/\#G \ ; \quad \text{for} \quad \tau^* = \tau(1+\log \#G) .$$

In Section 8 we shall see examples where R is estimated in this way.

Our informal discussion earlier suggested that for rapidly mixing processes, R_i should not be much smaller than $1/q_i$. Lemma 6.8 formalizes this idea. To state such a result we introduce a notational device, to be used extensively in the next section. Call a function $\psi(x) \geq 0$, $x \geq 0$ *vanishing* if $\psi(x) \to 0$ as $x \to 0$, and adopt the convention that a function asserted to be vanishing is a "universal" function, that is to say the function does not depend on the particular process under consideration. The symbol ψ will denote different functions in different assertions.

(6.8) LEMMA. $R_i \geq q_i^{-1}\{1 - \psi(q_i \tau \pi(i) \log(1 + q_i \tau))\}$, *for some vanishing* ψ.

Specializing to the random walk case,

$$R \geq 1 - \psi(\tfrac{\tau}{\#G}\log(1+\tau)) \; . \tag{6.9}$$

Results like this could equivalently be formulated as limit theorems for sequences of processes. For instance, Lemma 6.8 is equivalent to:

Let X^n *be processes on state spaces* G^n; *let* $i^n \in G^n$; *suppose*

$$q_{i_n}^n \tau^n \pi^n(i_n) \log(1 + q_{i_n}^n \pi^n(i_n)) \to 0 \; ;$$

then $R_{i_n}^n \gtrsim 1/q_{i_n}^n$.

Both formulations have the same interpretation:

> If $\pi(i)$ is small compared to $1/q_i\tau \log(1+q_i\tau)$ then R_i is not much less than $1/q_i$.

The formulation involving vanishing functions seems to convey this idea more directly.

PROOF OF LEMMA 6.8. By (6.2) and (6.5)

$$R_i \geq q_i^{-1}(1-e^{-q_i t}) - t\pi(i) - \exp(1 - t/\tau) \; ; \quad t \geq 0 \; . \tag{6.10}$$

We want to evaluate this at a time t_0 which is large compared to $\tau \log(1+q_i\tau)$

but small compared to $1/q_i\pi(i)$. To do so, define

$$\alpha = \pi(i)q_i\log(1+q_i\tau) \tag{6.11}$$
$$t_0 = \alpha^{-1/2}\tau\log(1+q_i\tau) = \alpha^{1/2}/q_i\pi(i) .$$

Note that $d(t) \geq p_{i,i}(t) - \pi(i) \geq e^{-q_i t} - \frac{1}{2}$ by assumption (2.8), so the definition of τ gives

$$q_i\tau \geq c = -\log(\tfrac{1}{2} + \tfrac{1}{2e}) > 0 . \tag{6.12}$$

Evaluating (6.10) at $t = t_0$,

$$q_iR_i \geq 1 - \exp(-\alpha^{1/2}c\log(1+c)) - \alpha^{1/2} - eq_i\tau(1+q_i\tau)^{-\alpha^{-1/2}} . \tag{6.13}$$

Now each of the functions

$$\begin{array}{l} \exp(-\alpha^{1/2}c\log(1+c)) \\ \alpha^{1/2} \\ \sup_{y>0} y(1+y)^{-\alpha^{-1/2}} \end{array} \tag{6.14}$$

is a vanishing function of α, and the result follows.

We remark that for non-rapidly mixing processes there is the weaker lower bound

$$R_i \geq \frac{1}{2q_i} \tag{6.15}$$

which cannot be improved: see Section 7. Of course for non-rapidly mixing processes, R_i does not have the intuitive meaning described earlier. We also remark that for reversible processes (6.15) can be improved. In a reversible process the function $p_{i,i}(t)$ is decreasing (in fact, completely monotone: Keilson (1979)). So

$$\begin{aligned} R_i &= \lim \int_0^t \{p_{i,i}(s)-\pi(i)\}ds \\ &\geq \int_0^{t_0} \{e^{-q_is} - \pi(i)\}ds , \quad \text{where } e^{-q_it_0} = \pi(i) \\ &\geq q_i^{-1}\{1 - \pi(i)(1-\log\pi(i))\} \quad (X_t \text{ reversible}). \end{aligned} \tag{6.16}$$

Let F_i be the distribution function of the first return to i:

$$F_i(t) = P_i(T_i^+ \le t) .$$

(6.17) LEMMA. $|R_i q_i(1 - F_i(\tau^*)) - 1| \le \psi(\frac{\tau^* q_i \pi(i)}{1-F_i(\tau^*)})$ *where* ψ *is vanishing and* $\tau^* = \tau(1 - \log \pi(i))$.

In other words, for rapidly mixing processes we can approximate R_i by $1/q_i(1-F_i(\tau^*))$, as discussed informally earlier.

As a preliminary, we need

(6.18) LEMMA. (a) $q_i R_i(t) \le \frac{1}{1-F_i(t)}$

(b) $q_i R_i(n(t+1/q_i)) \ge (1-e^{-n})\frac{1-\{F_i(t)\}^{n+1}}{1-F_i(t)}$, $n \ge 1$.

PROOF. Let $X_0 = i$. Let $[U_n, V_n)$ be the nth sojourn interval at i. Then

$$\begin{aligned} R(t) &\le \sum_{n\ge 1} E(V_n - U_n) 1_{(U_n \le t)} \\ &= \sum_{n\ge 1} q_i^{-1} P(U_n \le t) \\ &\le q_i^{-1} \sum_{n\ge 1} P(U_m - U_{m-1} \le t;\ 1 < m \le n) \\ &= q_i^{-1} \sum_{n\ge 1} \{F_i(t)\}^{n-1} \\ &= q_i^{-1}\{1 - F_i(t)\}^{-1}, \text{ giving (a).} \end{aligned}$$

To prove (b),

$$\begin{aligned} q_i R_i(n(t+1/q_i)) &\ge q_i E \sum_{m=1}^{n+1} \{(V_m - U_m) \wedge n/q_i\} 1_{(U_m \le (m-1)t)} \\ &\ge E(Z \wedge n) \sum_{m=1}^{n+1} P(U_r - U_{r-1} \le t,\ 1 < r \le m) \end{aligned}$$

where Z has exponential (1) distribution,

$$= (1-e^{-n}) \sum_{m=1}^{n+1} \{F_i(t)\}^{m-1}, \text{ giving (b).}$$

PROOF OF LEMMA 6.17. By Lemma 6.18(a) and (6.6),

$$q_i R_i - (1-F_i(\tau^*))^{-1} \le 2 q_i \tau^* \pi(i) ,$$

giving one side of the inequality. For the other, write $\alpha = q_i\tau^*\pi(i)(1-F_i(\tau^*))$ and let n be the integer part of

$$\alpha^{-1/2}(1-F_i(\tau^*))^{-1} = \alpha^{1/2}(q_i\tau^*\pi(i))^{-1} .$$

Note $n \geq \{\psi(\alpha)\}^{-1}$, for some vanishing ψ. Setting $t_1 = n(\tau^* + 1/q_i)$, Lemma 6.18(b) gives

$$\begin{aligned}(1 - F_i(\tau^*))q_iR_i(t_1) &\geq (1-e^{-n})(1 - \{F_i(\tau^*)\}^{n+1}) \\ &\geq 1 - \psi(\alpha) ,\end{aligned} \tag{6.19}$$

using the fact that $n(1-F_i(\tau^*)) \geq \{\psi(\alpha)\}^{-1}$ for some vanishing ψ. Finally, by (6.5) $q_i(R_i(t_1)-R_i) \leq \theta_1 + \theta_2$, say, where

$$\begin{aligned}\theta_1 &= q_i\tau^*\pi(i) \leq \alpha \\ \theta_2 &= q_i\tau^*\exp(1 - t_1/\tau) \\ &\leq q_i\tau^*e\ \exp(-n\tau^*/\tau) \\ &\leq \frac{\alpha}{\pi(i)}e\{\pi(i)\}^n \leq \psi(\alpha)\end{aligned}$$

which with (6.19) establishes the lower bound in Lemma 6.17.

Lemma 6.17 implies that if the process started at i is unlikely to return in the short term, then R_i should be about $1/q_i$. Our final two lemmas in this section give upper bounds in this situation. The first is applicable if the transition rates into i from other states are all small.

(6.20) LEMMA. $q_iR_i \leq 1 + \psi(\alpha)$, *where* $\alpha = (q^* + q_i\pi(i))\tau\log(1+q_i\tau)$ *and* $q^* = \max_{j \neq i} q_{j,i}$.

PROOF. Set $t_2 = \alpha^{-1/2}\tau\log(1+q_i\tau)$, so $t_2 \leq \alpha^{1/2}/q^*$ and $t_2 \leq \alpha^{1/2}/q_i\pi(i)$. Since the rate of return to i is at most q^*, we have $F_i(t) \leq q^*t$. By Lemma 6.18(a),

$$q_iR_i(t_2) \leq (1-q^*t_2)^{-1} \leq (1-\alpha^{1/2})^{-1} \leq 1 + \psi(\alpha) .$$

And by (6.5)

$$q_i R_i - q_i R_i(t_2) \le q_i t_2 \pi(i) + q_i \tau \exp(1 - t_2/\tau)$$
$$\le \alpha^{1/2} + q_i \tau e(1+q_i\tau)^{-\alpha^{-1/2}} \le \psi(\alpha) .$$

The final lemma is applicable when there is a distance function f such that $f(X_t,i)$ tends to increase away from $X_0 = i$.

(6.21) LEMMA. *Let* f *be a distance function on* G. *Let* $0 < s < 1$. *Suppose* c *is a constant such that for each* $j \ne i$,

$$c \ge \sum_{k:\, k \ne j} \{s^{f(k,i)} - s^{f(j,i)}\} q_{j,k} .$$

Then $q_i R_i(t) \le \{1 - (s+ct)\}^{-1}$, $0 \le t < (1-s)/c$.

PROOF. Fix i. Consider the process

$$Y_t = s^{f(X(t \wedge T_i),i)} - ct .$$

The definition of c ensures that Y_t is a supermartingale. So for $j \ne i$, $E_j Y_t \le E_j Y_0 = s^{f(j,i)} \le s$. But $f(X(t \wedge T_i),i) = 0$ on $\{T_i \le t\}$, so $E_j Y_t \ge P_j(T_i \le t) - ct$. This implies

$$P_j(T_i \le t) \le s + ct ; \quad j \ne i.$$

Hence $F_i(t) \le s + ct$, and the result follows from Lemma 6.18(a).

7. Hitting times

Mean hitting times $E_i T_j$, and more generally hitting distributions, have been studied for many years, but there is no single method which yields tractable results in all cases. Kemeny and Snell (1959) give elementary matrix results; Kemperman (1961) presents an array of classical analytic techniques. Our purpose is to give approximations which are applicable to rapidly mixing processes. Keilson (1979) gives a different style of approximation which seems applicable to different classes of processes.

We first give two well-known exact results, which concern the case of hitting a single state from the stationary initial distribution.

(7.1) PROPOSITION. $E_\pi T_i = R_i/\pi(i)$

In the random walk case, $E_\pi T_i = R\#G$.

(7.2) PROPOSITION. $P_\pi(T_i \in dy) = q_i \pi(i)(1-F_i(y))$

Proposition 7.1 is useful because it shows we can estimate $E_\pi T_i$ by estimating R_i. Proposition 7.2 is less useful, because estimating $F_i(y)$ in practice may be hard. We shall give "probabilistic" proofs, quoting renewal theory. First, a lemma about reward renewal processes. Informally, if you are paid random amounts of money after random time intervals, then your long-term average income per unit time should be E(money paid per interval)/E(duration of interval).

(7.3) LEMMA. *Let* (V_n, W_n), $n \geq 1$, *be positive random variables. Let* $Z(t)$ *be an increasing process such that* $Z(\sum_1^n V_i) = \sum_1^n W_i$.

(a) *If* (V_n, W_n), $n \geq 1$, *are i.i.d. and* $EV_1 = v$, $EW_1 = w$, *then* $\lim t^{-1}Z(t) = w/v$ *a.s.*

(b) *Suppose* $\sup EW_n^2 < \infty$, $\sup EV_n^2 < \infty$, *and there exist constants* v, w *such that* $E(V_n|F_{n-1}) \leq v$, $E(W_n|F_{n-1}) \geq w$ *for all* n, *where* $F_n = \sigma(V_m, W_m;\ m \leq n)$. *Then* $\liminf t^{-1}Z(t) \geq w/v$ *a.s.*

PROOF. In case (a), the strong law of large numbers says that a.s.

$$\bar{V}_n = n^{-1}\sum_1^n V_i \to v\ , \quad \bar{W}_n = n^{-1}\sum_1^n W_i \to w\ , \quad \bar{V}_{n+1} - \bar{V}_n \to 0\ ,$$

and the result follows easily. In case (b) we can use the strong law for square-integrable martingales (Stout (1974) Theorem 3.3.1) to show that a.s.

$$\limsup \bar{V}_n \leq v\ , \quad \liminf \bar{W}_n \geq w\ , \quad \bar{V}_{n+1} - \bar{V}_n \to 0\ ,$$

and again the result follows easily.

PROOF OF PROPOSITION 7.1. Fix i, $t_1 > 0$, let $\rho(\cdot) = P_i(X_{t_1} \in \cdot)$ and let

$$U_1 = \min\{t\colon X_t = i\}$$
$$U_n = \min\{t \geq U_{n-1} + t_1\colon X_t = i\}\ .$$

Let Y^n be the block of X over the interval $[U_n, U_{n+1}]$; that is,

$$Y^n_s = X_{U_n+s} , \qquad 0 \le s < U_{n+1}-U_n .$$

The blocks (Y^n), $n \ge 1$, are i.i.d. So we can apply Lemma 6.3(a) to

$$V_n = U_{n+1} - U_n$$
$$W_n = \text{time}(s: U_n \le s < U_{n+1}, X_s = i)$$
$$Z(t) = \text{time}(s: U_1 \le s < t, X_s = i)$$

and the lemma shows

(7.4) $$\lim t^{-1} Z(t) = EV_1/EW_1 \text{ a.s.}$$

Now $EV_1 = t_1 + E_\rho T_i$, $EW_1 = R_i(t_1)$, and $\lim t^{-1}Z(t) = \pi(i)$. Substituting into (7.4) and rearranging,

(7.5) $$E_\rho T_i = \{R_i(t_1) - \pi(i)t_1\}/\pi(i) .$$

Letting $t_1 \to \infty$, we have $\|\rho - \pi\| \to 0$, so $E_\rho T_i \to E_\pi T_i$, and the result follows. •

PROOF OF PROPOSITION 7.2. Let $X_0 = i$. Let $S_0 = 0$,

$$S_n = \text{time of } n^{th} \text{ return to } i$$
$$Y(t) = \min\{S_n - t: S_n \ge t\} .$$

Then $Y(t)$ has distribution $P_{\rho_t}(T_i \in \cdot)$, where $\rho_t = P_i(X_t \in \cdot)$. So $Y(t) \xrightarrow{\mathcal{D}} P_\pi(T_i \in \cdot)$ as $t \to \infty$.

But (S_n) are the epochs of a renewal process with inter-renewal distribution $P_i(T_i^+ \in \cdot)$, and for such a process (Karlin and Taylor (1975)) we have

$$Y(t) \xrightarrow{\mathcal{D}} Y ,$$

where $P(Y \in dy) = P_i(T_i^+ \ge y)/E_i T_i^+$.

The result follows from (2.10).

We can deduce a useful lower bound.

(7.6) COROLLARY. $E_\pi T_i \geq (2q_i\pi(i))^{-1}$.

PROOF. Fix $c > 0$. Consider the class C of distributions on $[0,\infty)$ which have a decreasing density $f(t)$ with $f(0) = c$. The distribution in C with minimal mean is plainly the distribution uniform on $[0,c^{-1}]$. So every distribution in C has mean at least $(2c)^{-1}$. The result now follows from Proposition 7.2.

In view of Proposition 7.1, the Corollary is equivalent to

$$R_i \geq 1/2q_i \ . \tag{7.7}$$

Inequalities (7.6) and (7.7) cannot be improved, even for the random walk case: consider the cyclic motion $Q(0,1) = Q(1,2) = \cdots = Q(N-1,N) = Q(N,0) = 1$. Of course, in the rapidly mixing case R_i is essentially at least $1/q_i$ by Lemma 6.8.

We now start the approximation results. The first says that for rapidly mixing processes the exact value $R_i/\pi(i)$ of the mean hitting time on i from the stationary distribution is an approximate upper bound for the mean hitting time from an *arbitrary* initial distribution.

(7.8) PROPOSITION. *For any state* i *and any initial distribution* ν,

$$E_\nu T_i \leq \frac{R_i}{\pi(i)}\{1 + \psi(q_i\pi(i)\tau)\}$$

where ψ *is vanishing.*

In the random walk case, this says $E_\nu T_i \leq R\#G\{1+\psi(\tau/\#G)\}$. In words, when τ is small compared to $\#G$ then the mean hitting time on a state from any other state cannot be much more than $R\#G$.

We need the following lemma.

(7.9) LEMMA. *Fix* t, *and let* $\rho_i = P_i(X_t \in \cdot)$. *Then*

$$\max_i E_i T_A \leq t + \max_i E_{\rho_i} T_A \leq (1-d(t))^{-1}(t+E_\pi T_A) \ .$$

PROOF. First recall

(7.10) $$|E_\rho T_A - E_\pi T_A| \le \|\rho-\pi\| \max_j E_j T_A .$$

So

(7.11) $$E_{\rho_i} T_A \le E_\pi T_A + d(t) \max_j E_j T_A .$$

But obviously $E_i T_A \le t + E_{\rho_i} T_A$ (giving the first inequality), so $\max_i E_i T_A \le t + E_\pi T_A + d(t) \max_j E_j T_A$ by (7.10). Rearranging,

$$\max_i E_i T_A \le (1-d(t))^{-1}(t+E_\pi T_A) .$$

Substituting into (7.11) gives the second inequality.

PROOF OF PROPOSITION 7.8. By Lemma 7.9,

$$\frac{E_\nu T_i}{E_\pi T_i} \le (1-d(t))^{-1}(1 + t/E_\pi T_i) , \quad t > 0 .$$

So by Proposition 7.1 and Corollary 7.6,

$$E_\nu T_i \cdot \pi(i)/R_i \le (1-d(t))^{-1}(1+2q_i t\pi(i)) , \quad t > 0 .$$

Evaluating the right side at t large compared to τ, small compared to $1/q_i\pi(i)$, we see from (3.8) that the right side is at most $1 + \psi(\tau q_i \pi(i))$.

Consider for fixed i how the mean hitting times $E_j T_i$ vary with j. Proposition 7.1 says that the π-average of these hitting times is $R_i/\pi(i)$; Proposition 7.8 says that each $E_j T_i$ is not much more than $R_i/\pi(i)$; these imply that $E_j T_i$ must be approximately equal to $R_i/\pi(i)$ for π-most j. It is straightforward to formalize and prove such a result: let us just state the random walk case.

(7.12) COROLLARY. *There is a vanishing function* ψ *such that for random walks*

$$\#\{j: |\frac{E_j T_i}{R\#G} - 1| > \varepsilon\} \le \varepsilon \#G , \quad \text{for } \varepsilon = \psi(\tau/\#G) .$$

So rapidly mixing processes have the property that $E_j T_i$ is almost constant, over most j. It can be shown that for reversible processes this property is actually equivalent to rapid mixing, see Aldous (1982a).

Of course one cannot expect to have E_jT_i approximately equal to $R_i/\pi(i)$ for *all* j, since there will often be states j such that the process started at j is likely to hit i quickly.

We now consider the time to hit subsets of states, rather than single states. Here even approximations are hard to find: let us give some lower bounds on the mean time to hit a subset from the stationary initial distribution

(7.13) PROPOSITION. *Suppose* $q_i \equiv 1$. *Then*

(a) $E_\pi T_A \geq \frac{1}{2\pi(A)} - \frac{3}{2}$

(b) $E_\pi T_A \geq \min_{i\in A} R_i \cdot \frac{1}{\pi(A)}\{1 - \psi(\pi(A)\tau \log(1+\tau))\}$, *where* ψ *is vanishing.*

PROOF. (a) By (2.5) it suffices to prove this for a discrete-time chain. There, $P_\pi(T_A = n) \leq P_\pi(X_n \in A) = \pi(A)$, and so $P_\pi(T_A < n) \leq n\pi(A)$. Let $N = [\frac{1}{\pi(A)}]$. Then

$$\begin{aligned}
E_\pi T_A &\geq \sum_{n=1}^{N} P_\pi(T_A \geq n) \\
&\geq \sum_{1}^{N}(1 - n\pi(A)) \\
&= N - \tfrac{1}{2}N(N+1)\pi(A) \\
&\geq \frac{1}{\pi(A)} - 1 - \frac{1}{2}\,\frac{1}{\pi(A)}\left(\frac{1}{\pi(A)} + 1\right)\pi(A)
\end{aligned}$$

giving (a).

The proof of (b) is similar to the proofs of Lemma 6.8 and Proposition 7.1. Analogously to the latter proof, fix t_1 and set

$$\begin{aligned}
U_1 &= \min\{t: X_t \in A\} \\
U_n &= \min\{t \geq U_{n-1} + t_1 : X_t \in A\} \\
V_n &= U_{n+1} - U_n \\
W_n &= \text{time}\{s: U_n \leq s < U_{n+1},\ X_s \in A\} \\
Z(t) &= \text{time}\{s: U_1 \leq s < t,\ X_s \in A\} \\
F_n &= \sigma(X_s : s \leq U_{n+1}) \\
\rho_i(\cdot) &= P_i(X_{t_1} \in \cdot)\quad .
\end{aligned}$$

Then

$$E(V_n|F_{n-1}) \le v(t_1) = t_1 + \max_i E_{\rho_i} T_A$$
$$E(W_n|F_{n-1}) \ge w(t_1) = \min_{i\in A} R_i(t_1) \ .$$

Also $W_n \le t_1$; and $\max_i E_i T_A^2 < \infty$ because the state space is finite, so $\max_n EV_n^2 < \infty$. So we can apply Lemma 7.3(b) to obtain

$$\pi(A) = \lim t^{-1} Z(t) \ge w(t_1)/v(t_1) \ .$$

Estimating $v(t_1)$ by Lemma 7.9 and rearranging,

$$(7.14) \qquad E_\pi T_A \ge \frac{w(t_1)}{\pi(A)}(1 - d(t_1)) - t_1 \ .$$

We want to evaluate this at a time t_1 large compared to $\tau \log(1+\tau)$ but small compared to $1/\pi(A)$. So set

$$\alpha = \pi(A)\tau \log(1+\tau)$$
$$t_1 = \alpha^{-1/2}\tau \log(1+\tau) = \alpha^{1/2}/\pi(A) \ .$$

Then, setting $w = \min_{i\in A} R_i$,

$$|w - w(t_1)| \le t_1\pi(A) + \exp(1 - t_1/\tau) \quad \text{by (6.5)}$$
$$\le \psi(\alpha)$$

and since $w \ge \frac{1}{2}$ by (7.7),

$$(7.15) \qquad \left|\frac{w(t_1)}{w} - 1\right| \le \psi(\alpha) \ .$$

Also $t_1\pi(A)/w = \alpha^{1/2}/w$

$$(7.16) \qquad \le \psi(\alpha) \ .$$

And by (3.8), $d(t_1) \le \psi(\alpha)$. Putting this, (7.16) and (7.15) into (7.14) gives the result.

In the rapidly mixing random walk case, Proposition 7.13 gives an approximate lower bound of $R\#G/\#A$ for $E_\pi T_A$. If the subset A is "sparse' in the sense that, starting at one element of A, the random walk is unlikely to hit any different element of A in the short term, then this lower bound is approximately the correct value of $E_\pi T_A$. Such a result can be proved by the techniques of Proposition 7.13: but since the conditions are hard to check in practice, we shall merely state one form of this idea.

(7.17) PROPOSITION. *There is a vanishing function* ψ *such that for random walks*

$$\left|\frac{\#A}{R\#G}E_\pi T_A - 1\right| \leq \psi\left(\frac{\#A}{\#G}\tau \log \#G + b_A\right)$$

where $b_A = \max_{i \in A} P_i(T_{A\setminus\{i\}} \leq \tau(1 + 2\log \#G))$.

We shall now discuss the distribution of hitting times T_A. At first sight, the difficulty of estimating the mean $E_\pi T_A$ for general A suggests that one could say little about the distribution. But it turns out that, in the rapidly mixing case, the hitting time distribution on A from a stationary initial distribution is approximately exponential, provided $\pi(A)$ is sufficiently small.

(7.18) PROPOSITION. *There is a vanishing function* ψ *such that*

$$\sup_{t \geq 0} |P_\pi(T_A > t) - \exp(-t/E_\pi T_A)| \leq \psi(\tau/E_\pi T_A) .$$

In other words, the distribution is approximately exponential provided $E_\pi T_A$ is large compared to τ. In the random walk case, it is sufficient by Proposition 7.13 that $\#A$ be small compared to $\#G/\tau$. In particular, our informal definition of "rapid mixing" (5.10) ensures that in a rapidly mixing random walk the exponential approximation for the hitting time on a single state will be valid.

Proposition 7.18 is proved in Aldous (1982b), and we will not repeat the details. The main idea is that the conditional distributions $\nu_t = P_\pi(X_t \in \cdot | T_A > t)$ must stay close to π, because the tendency of ν_t to drift away from π (due to paths hitting A being eliminated) is counteracted by the rapid mixing. So $P_\pi(T_A > t+s | T_A > t) = P_{\nu_t}(T_A > s)$ is approximately $P_\pi(T_A > s)$, and this makes T_A be close to exponential.

We now discuss the distribution of T_A for rapidly mixing processes when the initial distribution ν is arbitrary: our remarks are formalized in Proposition 7.19 below. There is a certain probability p, say, that the process hits A in the short term (compared to $E_\pi T_A$). Given this does not happen, the distribution of T_A is approximately exponential, mean $E_\pi T_A$. In other words, the P_ν-distribution of $T_A/E_\pi T_A$ will be a mixture of a distribution concentrated near 0 (with weight p) and a distribution close to the exponential mean 1 distribution (with weight $1-p$). So $E_\nu T_A$ is approximately $(1-p)E_\pi T_A$. So assuming $E_\pi T_A$ is known, estimates of either p or $E_\nu T_A$ give estimates of the other.

Of course if p is close to 1, these arguments tell us only that $E_\nu T_A$ is small compared to $E_\pi T_A$.

(7.19) PROPOSITION. *For arbitrary* ν, A, *let* $\hat{m} = E_\nu T_A$, $m = E_\pi T_A$. *There is a vanishing function* ψ *such that*

$$\sup_{t \geq \varepsilon m} |P_\nu(T_A > t) - \frac{\hat{m}}{m}\exp(-t/m)| \leq \varepsilon$$

where $\varepsilon = \psi(\tau/m)$.

Analogously to (7.12), when A is a "small" subset in a rapidly mixing process, then $E_j T_A$ will be close to $E_\pi T_A$ for "most" j, and so for "most" j the P_j-distribution of T_A will be approximately exponential.

PROOF OF PROPOSITION 7.19. Set $\alpha = \tau/m$, and suppose $\alpha < 1$. Set

$$t_0 = \tau\alpha^{-1/3}$$
$$J = \{j : P_j(T_A \leq t_0) \leq \alpha^{1/3}\} .$$

We assert

$$E_\nu \min(T_A, T_J) \leq \alpha^{1/3} m . \tag{7.20}$$

Indeed, by definition of J we have, for $j \notin J$,

$$P_\nu(\min(T_A,T_J) > (n+1)t_0 | \min(T_A,T_J) > nt_0, X_{nt_0} = j) \leq 1 - \alpha^{1/3}$$

and so $P_\nu(\min(T_A,T_J) > nt_0) \le (1-\alpha^{1/3})^n$, giving

$$E_\nu \min(T_A,T_J) \le t_0\alpha^{-1/3} = \alpha^{1/3}m .$$

Next we assert

$$(7.21) \qquad |P_j(T_A > t) - \exp(-t/m)| \le \psi(\alpha) \; ; \quad j \in J, \quad t \ge 0 .$$

For, setting $\rho_j = P_j(X_{t_0} \in \cdot)$,

$$|P_j(T_A > t) - P_{\rho_j}(T_A > t-t_0)| \le \alpha^{1/3}, \quad j \in J, \text{ by definition of } J;$$
$$|P_{\rho_j}(T_A > t-t_0) - P_\pi(T_A > t-t_0)| \le \|\rho_j - \pi\| \le d(t_0) \le \psi(\alpha) \text{ by (3.8)};$$
$$|P_\pi(T_A > t-t_0) - \exp(-(t-t_0)/m)| \le \psi(\alpha) \text{ by Proposition 7.18};$$
$$|\exp(-(t-t_0)/m) - \exp(-t/m)| \le t_0/m = \alpha^{2/3} .$$

Next, set $t_2 = \alpha^{1/4}m$ and let B be the event $\{T_J \le \min(T_A,t_2)\}$. For $t \ge t_2$,

$$|P_\nu(T_A > t) - P_\nu(T_A > t,B)| \le P_\nu(T_A > t,\ T_J \ge t_2)$$
$$\le \alpha^{1/3}m/t_2 \quad \text{by (7.20)}$$
$$(7.22) \qquad \le \psi(\alpha) .$$

And for $t \ge t_2$,

$$\min_{j\in J} P_j(T_A > t) \le P_\nu(T_A > t|B) \le \max_{j\in J} P_j(T_A > t-t_2) ,$$

so from (7.21)

$$|P_\nu(T_A > t|B) - \exp(-t/m)| \le \psi(\alpha) + t_2/m$$
$$\le \psi(\alpha) \; ; \quad t \ge t_2 .$$

Using (7.22),

$$(7.23) \qquad |P_\nu(T_A > t) - P(B)\cdot\exp(-t/m)| \le \psi(\alpha) \; ; \quad t \ge t_2 .$$

It remains to estimate $P(B)$. First,

$$\max_i E_i T_A \le \frac{t_0 + m}{1-d(t_0)} \quad \text{by Lemma 7.9}$$
$$(7.24) \qquad \le m(1+\psi(\alpha)) .$$

Second, note the elementary inequality

$$\|P(Y\in\cdot) - P(Y\in\cdot|D)\| \le 1 - P(D) . \tag{7.25}$$

Now for $j \in J$ and $\rho = P_j(X_{t_0} \in \cdot | T_A > t_0)$,

$$\begin{aligned}\|\pi-\rho\| &\le \|P_j(X_{t_0} \in \cdot) - \pi\| + P_j(T_A \le t_0) \quad \text{by (7.25)}\\ &\le d(t_0) + \alpha^{1/3} \le \psi(\alpha) ;\\ E_jT_A &\ge E_\rho T_A \ge m - \|\rho-\pi\| \max_i E_iT_A\end{aligned}$$

and so by (7.24)

$$E_jT_A \ge m(1-\psi(\alpha)) ; \quad j \in J .$$

Using (7.24) again,

$$|E_iT_A - m| \le m\psi(\alpha) ; \quad j \in J . \tag{7.26}$$

Now from the definition of B,

$$P(B) \min_{j\in J} E_jT_A \le ET_A1_B \le P(B)\{\max_{j\in J} E_jT_A + t_2\} .$$

Combining this fact with (7.26),

$$|E_\nu T_A1_B - P(B)m| \le m\psi(\alpha) . \tag{7.27}$$

Now Ω is covered by $\{B,B_1,B_2\}$, where

$$\begin{aligned}B_1 &= \{t_2 \le \min(T_A,T_J)\}\\ B_2 &= \{T_A \le \min(T_J,t_2)\} .\end{aligned}$$

So we estimate the contribution to the expectation of T_A made over these sets.

$$\begin{aligned}E_\nu T_A1_{B_1} &\le P(B_1)(t_2 + \max_i E_iT_A)\\ &\le \psi(\alpha)(t_2 + \max_i E_iT_A) \quad \text{by the argument for (7.22)}\\ &\le \psi(\alpha)m \quad \text{using (7.24)}\\ E_\nu T_A1_{B_2} &\le t_2 = \alpha^{1/4}m .\end{aligned}$$

Combining these with (7.27),

$$|E_\nu T_A - P(B)m| \le m\psi(\alpha) .$$

This estimate for $P(B)$, substituted into (7.23), establishes the Proposition.

REMARK. By applying Proposition 7.19 to the distribution ν of the position after the first jump out of state i, we see that in a rapidly mixing process the distribution of T_i^+, the return time to i, is approximately a mixture of an exponential distribution and a distribution comparatively small. Precisely, we obtain

(7.28) COROLLARY. $$\sup_{t \ge \varepsilon R_i/\pi(i)} |P_i(T_i^+ > t) - \frac{\exp\{-t\pi(i)/R_i\}}{q_i R_i}| \le \varepsilon$$

for $\varepsilon = \psi(\tau\pi(i)/R_i)$.

Then from Proposition 7.2 one can obtain estimates of the density function of $P_\pi(T_i \in \cdot)$.

It seems reasonable to hope that the ideas here will be useful in studying properties of rapidly mixing processes other than first hitting time distributions. Let us merely mention one slightly different result. Let $V = \max_i T_i$ be the time taken for the process to visit every state. The following result, proved in Aldous (1983), says that in the random walk case V is approximately $R\#G \log \#G$ provided $\log \tau$ is small compared to $\log \#G$.

(7.29) PROPOSITION. *There is a vanishing function* ψ *such that for random walks*

$$E\left|\frac{V}{R\#G \log \#G} - 1\right| \le \psi\left(\frac{\log(1+\tau)}{\log \#G}\right) .$$

8. Hitting times - Examples

Here we apply the theory of Sections 6 and 7 to the examples described previously.

EXAMPLE 3.19. *Random walk on the N-dimensional cube.* In this example, the explicit formula (3.20) for $p_{i,i}(t)$ gives an explicit formula for $R^N(t)$:

$$R^N(t) = \int_0^t 2^{-N}(1+e^{-2s/N})^N ds .$$

Calculus gives

$$R^N(t_N) \to 1 \quad \text{for} \quad t_N \to \infty, \quad t_N/2^N \to 0 .$$

Recalling from (3.23) that $\tau \sim \frac{1}{4}N \log N$, we have from (6.7)

$$R^N \to 1 \quad \text{as} \quad N \to \infty .$$

In other words, for large N there is only a small chance of the process returning to its starting state in the short term.

We can now apply the results of Section 7. Proposition 7.1 says

$$E_\pi T_i \sim 2^N \quad \text{as} \quad N \to \infty .$$

Proposition 7.18 says that the P_π-distribution of $T_i/2^N$ converges to exponential as $N \to \infty$. In this example, one could obtain this result analytically. But Proposition 7.18 also says that for subsets A_N such that $\#A_N N \log(N)/2^N \to 0$, the P_π-distribution of $T_{A_N}/E_\pi T_{A_N}$ converges to exponential; even in such a simple example analytic techniques do not readily yield such results.

Donnelly (1982), in the context of a problem in genetics, compares the exponential approximation with the exact distribution in several particular cases: the approximation is rather good, even in low dimensions.

EXAMPLE 5.1. *Ehrenfest urn model.* Kemperman (1961) investigates this example in detail by analytic techniques. Let us indicate how some of the results are special cases of our general results.

Consider hitting times on i_N, where $i_N/N \to c < \frac{1}{2}$ as $N \to \infty$. We assert

(8.1) $$R_{i_N} \sim (1-2c)^{-1} \quad \text{as} \quad N \to \infty .$$

The idea is that, starting (X_t) at i_N, the process $(X_t - i_N)$ behaves initially like the simple random walk on $\mathbb{Z}$ with drift: $Q(j,j-1) = c$, $Q(j,j+1) = 1-c$. This transient process has $R(\infty) = (1-2c)^{-1}$, and it is not hard to justify (8.1).

Recall that π is Binomial $(N,\frac{1}{2})$ and $\tau \sim \frac{1}{4}N\log N$. We can now apply the results of Section 7. Proposition 7.1 says

(8.2) $$E_\pi T_{i_N} \sim (1-2c)^{-1}2^N/\binom{N}{i_N} = m_N \quad \text{say} ,$$

and $\log m_N \sim N(\log 2 + c\log c + (1-c)\log(1-c))$. Proposition 7.18 says

(8.3) the P_π-distribution of T_{i_N}/m_N converges to exponential (1).

Moreover Proposition 7.8 shows $\max_j E_j T_{i_N} \le m_N(1+\varepsilon_N)$, where $\varepsilon_N \to 0$. Since $E_j T_{i_N}$ is plainly monotone in $j > i_N$, it follows that (8.2) holds also for the process started at $j_N \ge N/2$. Then Proposition 7.19 shows that (8.3) also holds for the process started at $j_N \ge N/2$. Finally, consider the first return time $T^+_{i_N}$. Corollary 7.28 shows

$$T^+_{i_N}/m_N \xrightarrow{\mathcal{D}} Y ,$$

where $P(Y=0) = 2c$, $P(Y>t) = (1-2c)e^{-t}$, $t \ge 0$.

Let us now consider the card-shuffling models. As explained at (2.5), the continuous-time theory of Section 7 extends to discrete-time random walks. In card-shuffling models it is often true that

(8.4) $$R^N \to 1 \quad \text{as} \quad N \to \infty ;$$

in other words when starting with a new deck one is unlikely to get back to the new deck state in the short term. When (8.4) holds, Propositions 7.1 and 7.18 show that the P_π-distribution of T_i is asymptotically exponential with mean $N!$, as $N \to \infty$.

In the cases of the uniform riffle shuffle (4.17) and random transpositions (4.13), assertion (8.4) is an immediate consequence of Lemma 6.21, since

(for uniform riffle) $q^* = 2^{-N}$, $\tau \sim \frac{3}{2}\log_2 N$

(for random transpositions) $q^* = 2/N^2$, $\tau \sim \frac{1}{2}N\log N$.

Let us now prove (8.4) for the "transposing neighbours" shuffle (4.10), using

Lemma 6.21. Let $f(\pi,\sigma) = \#\{i: \pi(i) \neq \sigma(i)\}$ be the number of unmatched cards in decks π, σ. Fix π, σ and let $m = f(\pi,\sigma)$. Let X_1 be the distribution of the deck initially in state π after one shuffle, and let $Y = f(X_1,\sigma)$. To apply Lemma 6.21 we need c, $0 < s < 1$ such that

$$c \geq Es^Y - s^m \; ; \quad m \geq 2 \; . \tag{8.5}$$

(Note m cannot equal 1.) So we want to estimate the distribution of Y. Plainly $m-2 \leq Y \leq m+2$. And the number of successive pairs which are both matched is at least $N-1-2m$. If such a pair is transposed, then two new cards become unmatched. So $P(Y=m+2) \geq 1-(2m+1)/N$. Hence we obtain

$$\begin{aligned} Es^Y &\leq s^{m-2} \; ; && m \geq 2 \\ Es^Y &\leq \frac{2m+1}{N}s^{m-2} + \left(1-\frac{2m+1}{N}\right)s^{m+2} \; ; && 2 \leq m < N/2 \; . \end{aligned} \tag{8.6}$$

Setting $s = N^{-1/3}$ and $m_0 = [\frac{1}{2}(N^{1/3}-2)]$ we have, for $m \leq m_0$,

$$\begin{aligned} Es^Y - s^m &\leq s^m\{\frac{2m+1}{N}s^{-2} + s^2 - 1\} \\ &\leq 0 \quad \text{after some algebra.} \end{aligned}$$

Thus (8.5) holds for $c = s^{m_0-2}$. Applying Lemma 6.21,

$$R(t) \leq \{1-(s+ct)\}^{-1} \; .$$

Applying this to $\tau^* = \tau(1+\log(N!)) \lesssim N^5$, we have $s + c\tau^* \to 0$ as $N \to \infty$, and so $R(\tau^*) \to 1$. And (6.7) gives

$$|R - R(\tau^*)| \leq 2\tau^*/N! \to 0$$

establishing (8.4) for this model.

EXAMPLE 5.5. *Sequences in coin-tossing.* For a prescribed sequence $i = (i_1,\ldots,i_N)$ of Heads and Tails, let $\hat{T}_i$ be the number of tosses of a fair coin until sequence i appears. Studying $\hat{T}_i$ is a classical problem in elementary probability: see Feller (1968). We shall derive some known results. As at (5.5) let X_n be the Markov chain of sequences of length N, with uniform initial distribution. Let $T_i = \min\{n \geq 0: X_n = i\}$, and note

$\hat{T}_i = T_i + N$. The discrete-time analogue of Proposition 7.1 is

$$E_\pi T_i = R_i/\pi(i) \;; \quad R_i = \lim_n \sum_{m=0}^{n} (p_{i,i}(m)-\pi(i)) .$$

In this example we have

$$\pi(i) = 2^{-N}$$
$$p_{i,i}(m) = 2^{-N} , \quad m \geq N$$
$$= 1_{(i_q = i_{q+m} :\ 1 \leq q \leq N-m)} , \quad 0 \leq m < N.$$

Hence we find

$$E\hat{T}_i = 2^N\{1 + \sum_{m=1}^{N-1} 2^{-m} 1_{(i_q = i_{q+m} :\ 1 \leq q \leq N-m)}\} .$$

This is well-known: see Li (1980) for recent extensions and references. Proposition 7.18 says that as $N \to \infty$ the distribution of $\hat{T}_i/E\hat{T}_i$ converges to exponential: this fact is implicit in the generating function approach to this problem (Gerber and Li (1981)) but seems not to have been explicitly noted. Moreover, Li (1980) discusses the time $\hat{T}_A$ until some one of a set A of sequences of length N occurs: by Propositions 7.19 and 7.13 the distribution of $\hat{T}_{A_N}/E\hat{T}_{A_N}$ converges to exponential when $\#A_N/2^N \to 0$.

EXAMPLE 5.7. *Random walk in a d-dimensional box.* Fix $d \geq 3$. Consider points $x = x^N$ in boxes of side N, which are away from the sides in the sense $\min_{1 \leq i \leq d} (x_i^N, N-x_i^N) \to \infty$ as $N \to \infty$. For such points it is not difficult to see that $R_x \to (1-F_d)^{-1}$, where F_d is the return probability for the unrestricted d-dimensional simple random walk. Thus Proposition 7.1 implies $E_\pi T_x \sim N^d(1-F_d)^{-1}$, and Proposition 7.18 implies that the distribution of T_x/ET_x converges to exponential.

References

ALDOUS, D. J. (1982a). Some inequalities for reversible Markov chains. *J. London Math. Soc.* **25** 564-576.

ALDOUS, D. J. (1982b). Markov chains with almost exponential hitting times. *Stochastic Processes Appl.* **13**, to appear.

ALDOUS, D. J. (1983). On the time taken by a random walk on a finite group to visit every state. *Zeitschrift fur Wahrscheinlichkeitstheorie*, to appear.

DIACONIS, P. (1982). Group theory in statistics. Preprint.

DIACONIS, P. and SHAHSHAHANI, M. (1981). Generating a random permutation with random transpositions. *Zeitschrift fur Wahrscheinlichkeitstheorie* **57** 159-179.

DONNELLY, K. (1982). The probability that a relationship between two individuals is detectable given complete genetic information. *Theoretical Population Biology*, to appear.

EPSTEIN, R. A. (1977). *The Theory of Gambling and Statistical Logic* (Revised Edition). Academic Press.

FELLER, W. (1968). *An Introduction to Probability Theory* (3rd Edition). Wiley.

GERBER, H. U. and LI, S.-Y. R. (1981). The occurrence of sequence patterns in repeated experiments and hitting times in a Markov chain. *Stochastic Processes Appl.* **11** 101-108.

KARLIN, S. and TAYLOR, H. M. (1975). *A First Course in Stochastic Processes.* Academic Press.

KEILSON, J. (1979). *Markov Chain Models--Rarity and Exponentiality.* Springer-Verlag.

KEMENY, J. G. and SNELL, J. L. (1959). *Finite Markov Chains.* Van Nostrand.

KEMPERMAN, J. (1961). *The First Passage Problem for a Stationary Markov Chain.* IMS Statistical Research Monograph 1.

LETAC, G. (1981). Problèmes classiques de probabilité sur un couple de Gelfand. *Analytical Methods in Probability Theory*, ed. D. Duglé et al. Springer Lecture Notes in Mathematics 861.

LI, S.-Y. R. (1980). A martingale approach to the study of occurrence of sequence patterns in repeated experiments. *Ann. Probability* **8** 1171-1176.

REEDS, J. (1982). Unpublished notes.

STOUT, W. F. (1974). *Almost Sure Convergence.* Academic Press.

VARIATION DES PROCESSUS MESURABLES

par Rajae ABOULAICH et Christophe STRICKER

ABSRACT : In the first part of this paper we prove that if X is a measurable process then its variation is a random variable. In the second part we study the case of progressive, optional or predictable processes. At the end we study some examples. In particular we prove that f(B) is of bounded variation, where B is a brownian motion, if and only if f is constant.

I) VARIATION D'UN PROCESSUS.

THEOREME I.I Soient $(\Omega,\mathcal{F},P)$ un espace probabilisé complet, $X=(X_t)_{t\geq 0}$ un processus mesurable à valeurs dans un espace de Banach séparable E. Alors la variation de X, notée $v(X)$, est une variable aléatoire.

La démonstration se fera en plusieurs étapes.

LEMME I.2 Soit X un processus mesurable à valeurs réelles. Alors le nombre de montées de X par-dessus l'intervalle $[a,b]$, noté $M(X,[a,b])$, est une variable aléatoire.

Démonstration. Posons $T_1=0$, $T_2=\inf\{t\geq 0, X_t<a\}$ etpour $i>1$ $T_{2i-1}=\inf\{t>T_{2i-2}, X_t>b\}$, $T_{2i}=\inf\{t>T_{2i-1}, X_t<a\}$. X étant un processus mesurable et $\mathcal{F}$ une tribu complète, les T_n sont des variables aléatoires, si bien que pour $m\geq 0$ l'ensemble suivant: $A_m=\{M(X,[a,b])=m\}=\{T_{2m+1}<\infty \ , \ T_{2m+3}=\infty\}$ appartient à $\mathcal{F}$. Ainsi $M(X,[a,b])$ est une variable aléatoire et le lemme I.2 est établi.

Notons que $B=\{\omega$, X n'admet pas de discontinuité oscillatoire$\}=\bigcap_{a,b}\{M(X,[a,b])<\infty\}$ où a,b parcourent les rationnels, est un ensemble mesurable d'après le lemme I.2. Ainsi le processus $Y=I_B X$ est aussi mesurable. Comme $v(X)$ est infinie sur B^c, nous allons étudier $v(Y)$ qui est égale à $v(X)$ sur B.

LEMME I.3. Il existe une suite de subdivisions aléatoires : $\mathcal{S}_n=\{U_1\leq U_2\leq \ldots \leq U_n\}$ telles que $v(Y)=\lim_n \sum_{p=1}^{n} |Y_{U_{i+1}} - Y_{U_i}|$.

Démonstration. L'ensemble des temps de discontinuités de Y est un ensemble mesurable à coupes dénombrables. Il existe une suite (R_n) de variables aléatoires positives telles que $\{t,\ Y_t\neq Y_{t-}$ ou $Y_t\neq Y_{t+}\}$ soit contenu dans $\bigcup_n [R_n]$. On note $S_s=s$ la variable aléatoire constante égale à s pour tout s rationnel positif. Lorsque $V_1,\ldots,V_n$ est une suite finie de variables positives, on construit aisément une suite croissante $U_1,\ldots,U_n$ de variables aléatoires positives telles que $\bigcup_{i=1}^{n}[V_i] = \bigcup_{i=1}^{n}[U_i]$. En effet $U_1=\inf_i V_i$, $U_2=\inf\{t,\ t\in \bigcup_{i=1}^{n} ([V_i]-[U_1])\}\wedge \sup_i V_i$, etc... Notons $\mathcal{S}$ l'ensemble des suites croissantes ainsi construites à partir d'un nombre fini de variables aléatoires de la forme R_k ou S_s. $\mathcal{S}$ est la réunion d'une suite $\mathcal{S}_n$ de subdivisions aléatoires de plus en plus fines. Comme pour presque tout ω de Ω , $\mathcal{S}(\omega)$ est partout dense dans R^+ et contient les points de discontinuités de Y, $v(Y)=\lim_n \sum_{U_i\in\mathcal{S}_n} |Y_{U_{i+1}}-Y_{U_i}|$ ce qui achève la démonstration du lemme I.3.

En combinant les lemmes I.2 et I.3 on voit que si X est un processus mesurable à valeurs réelles, $v(X)$ est une variable aléatoire. Lorsque E est un espace de Banach séparable, on choisit une suite (x_n) de points de E qui sont partout denses. Alors les fonctions continues q_n, définies par $q_n(x)=\|x_n-x\|$, séparent les points de E. Soit $B=\bigcup_n\{\omega,\exists t, q_n\circ X$ admet une discontinuité oscillatoire au point $t\}$. C'est un ensemble mesurable d'après le lemme I.2. Comme $v(X)\geq v(q_n oX)$, $v(X)=\infty$ sur B.
Etudions maintenant la variation de $Y=I_{B^c} X$.
Soit $C=\bigcup_n\{t,(q_n oY)(t+)\neq(q_n oY)(t)$ ou $(q_n oY)(t-)\neq(q_n oY)(t)\}$. Comme pour tout n, $q_n oY$ a des limites à droite et à gauche, C est un ensemble mesurable à coupes dénombrables, donc contenu dans la réunion des graphes d'une suite dénombrable de variables aléatoires (T_k). En dehors des points T_k le processus Y est continu et on procède alors comme pour le lemme I.3.

2) QUELQUES PROPRIETES DE LA VARIATION.

On suppose maintenant que l'espace probabilisé complet $(\Omega,\mathcal{F},P)$ est muni d'une filtration $(\mathcal{F}_t)$ vérifiant les conditions habituelles. On note $v(X,t)$ la variation de X sur l'intervalle $[0,t]$.

PROPOSITION 2.1. Si (X_t) est progressif (resp. optionnel, prévisible), alors $v(X,t)$ est aussi progressif (resp. optionnel, prévisible).

Démonstration. On note $Y_t=v(X,t)$. Le processus Y est croissant, à valeurs dans $[0,\infty]$. Lorsque X est progressif, le théorème I.1 montre que Y l'est aussi, si bien que (Y_{t+}) et (Y_{t-}) sont optionnels. Comme l'ensemble où ces deux processus diffèrent est optionnel et à coupes dénombrables, il existe une suite de temps d'arrêt (T_n) tels que Y soit continu en dehors de la réunion des graphes des T_n et que pour tout n la variable $I_{\{T_n<\infty\}}Y_{T_n-}$ soit finie. Ainsi l'ensemble progressif $A=\{t, X_t\neq X_{t-}$ et Y_{t-} fini$\}$ qui est contenu dans la réunion des graphes des T_n, est lui aussi égal à la réunion d'une suite de graphes de temps d'arrêt (R_n). En outre lorsque X est prévisible, A est prévisible et les temps d'arrêt (R_n) peuvent être choisis prévisibles. Or pour $t>0$ $Y_t=Y_{t-}+\sum_n|X_{R_n}-X_{R_n-}|I_{\{t\geq R_n\}}$. Donc si X est progressif (resp. optionnel, prévisible), Y est aussi progressif (resp. optionnel, prévisible).

REMARQUES 2.2. i) Lorsque X est à variation finie et $X_0=0$, on sait qu'il existe une décomposition unique de $X=X'-X''$ où X' et X'' sont des processus croissants positifs vérifiant $v(X,t)=X'_t+X''_t$ pour tout $t\geq 0$. La proposition 2.1. montre que si X est progressif (resp. optionnel, prévisible), alors X' et X'' le sont aussi. Lorsque X n'est pas à variation finie, on introduit le temps d'arrêt $T=\inf\{t, Y_{t-}$ infini$\}$ et on procède à la même décomposition sur $[0,T[$. Toutefois dans le cas prévisible il y a une petite difficulté car T n'est pas nécessairement prévisible. Mais le lemme 1.0 de [4] assure l'existence d'une suite de temps d'arrêt prévisibles (T_n) tendant en croissant vers T tels que pour tout n Y_{T_n-} soit fini et on remplace $[0,T[$ par la réunion des $[0,T_n]$ qui est prévisible. On peut démontrer des résultats analogues pour les parties continue et purement discontinue de Y.

ii) Rappelons que si X est une semimartingale, X est à variation finie si et seulement si sa partie continue est nulle et si pour tout $t\geq 0$, $\sum_{s\leq t}|X_s-X_{s-}|$ est finie (on pourra trouver une démonstration de ce résultat dans [4]).

3) FONCTION OPERANT SUR LES PROCESSUS A VARIATION FINIE.

PROPOSITION 3.1. Soit f une fonction de R^p dans R. Pour toute fonction à variation finie g de R dans R^p, fog est à variation finie si et seulement si f est localement lipschitzienne.

Avant de passer à la démonstration de cette proposition, nous allons établir les deux lemmes suivants :

LEMME 3.2. S'il existe deux suites (x_n) et (y_n) de R^p telles que $\|x_n-y_n\|<2^{-n-1}$, $\|x_n-x_{n-1}\|<2^{-n-1}$ et $|f(x_n)-f(y_n)|>2^n\|x_n-y_n\|$, alors il existe une fonction g de R dans R^p à variation bornée telle que fog ne soit pas à variation bornée.

Démonstration. Supposons qu'il existe deux telles suites et soit p_n le nombre entier $\sup\{p\in N,\ p\|x_n-y_n\|<2^{-n}\}+1$. On a $2^{-n-1}\leq p_n\|x_n-y_n\|\leq 2^{-n+1}$. Soient (t_n) une suite strictement décroissante tendant vers 0 et g une fonction nulle en dehors de $[0,t_o]$, prenant les valeurs x_n ou y_n au point t_n, affine par morceaux et oscillant p_n fois sur $[t_{2n+1},t_{2n}]$ entre x_n et y_n. La fonction g est à variation bornée mais la variation de fog sur $[t_{2n+1},t_{2n}]$ est égale à $p_n|f(x_n)-f(y_n)|$, donc supérieure à 2^{-1}. Ainsi la variation de fog sur $[0,t_o]$ est infinie.

LEMME 3.3. Si f opère sur les fonctions à variation bornée, alors f est localement bornée.

Démonstration. Si f n'est pas localement bornée, il existe une suite bornée (u_n) telle que $|f(u_n)|>2^n+|f(u_{n-1})|$. On peut en extraire une sous-suite (u_{n_k}) vérifiant de plus $\|u_{n_k}-u_{n_{k-1}}\|<2^{-k-1}$. Les suites $x_k=u_{n_k}$ et $y_k=u_{n_{k-1}}$ satisfont aux hypothèses du lemme 3.2. Donc f n'opère pas sur les fonctions à varation bornée, ce qui est absurde.

4) PROCESSUS EQUIVALENTS.

Nous dirons que deux processus X et Y sont équivalents si pour toute suite (t_i) les variables $(X_{t_1},X_{t_2},\dots)$ et $(Y_{t_1},Y_{t_2},\dots)$ ont mêm loi.
Si X et Y sont deux processus mesurables équivalents, v(X) et v(Y) n'ont pas né-

cessairement la même loi . Il suffit de prendre $\Omega=[0,1]$, pour P la mesure de Lebesgue sur Ω, $X_t=1_{\{t\}}$ et $Y_t=0$ pour tout t. Ces deux processus ont même loi mais $v(X)=2$ et $v(Y)=0$. Toutefois lorsque X et Y sont deux processus continus à droite (ou à gauche) ayant même loi , $v(X)$ et $v(Y)$ sont deux variables aléatoires de même loi car il suffit de calculer la variation sur les rationnels par exemple.

PROPOSITION 4.1. Soient X et Y deux processus continus à droite, équivalents, à valeurs dans un espace de Banach séparable E et f une fonction borélienne de E dans R. Alors les variables aléatoires $v(f\circ X)$ et $v(f\circ Y)$ ont même loi.

Démonstration. Les processus X et Y étant continus à droite et équivalents, ils déterminent la même loi sur l'espace canonique W des fonctions continues à droite de R^+ dans E. Si U est une fonction universellement mesurable sur W et si $U[X]$ désigne la variable aléatoire $\omega \longrightarrow U(t \longrightarrow X_t(\omega))$, on voit que $U[X]$ et $U[Y]$ ont même loi. En particulier soit U la fonction définie par : $U(w)$ est la variation de la fonction $f(w)$. U est une fonction universellement mesurable sur W d'après le théorème I.I, si bien que $U[X]$ et $U[Y]$ ont même loi, ce qui démontre la proposition 4.1.

5) ETUDE D'UN EXEMPLE.

Soient B un mouvement brownien réel et V un processus continu, nul en 0, adapté, à variation finie. Dans ce paragraphe, nous étudions les fonctions f de R dans R telles que $f(X)$ soit à variation bornée lorsque $X=B+V$. Rappelons d'abord le théorème 5.5 de [2].

THEOREME 5.1. Si B est un mouvement brownien réel et si $f(B)$ est une semimartingale, alors f est la différence de deux fonctions convexes.

Lorsque f est continue, le théorème 5.1. et la formule d'Ito généralisée montrent que $Y=f(B)$ est à variation finie si et seulement si f est une constante. En effet, on a la proposition suivante :

PROPOSITION 5.2. Si f est la différence de deux fonctions convexes et si $f(X)$ est à variation finie, alors f est constante sur $I=\{x,\ P[\exists t,\ X_t=x]>0\}$.

LEMME 5.3. Si (L_t^x) désigne la famille des temps locaux de X, pour tout intervalle ouvert non vide J inclus dans I, $\{x$ de J, $P[L_\infty^x>0]>0\}$ a une mesure de Lebesgue strictement positive.

Démonstration. Rappelons d'abord la formule de densité d'occupation des temps locaux. Pour toute fonction borélienne positive h et tout $t\geq 0$ on a l'égalité $\int_0^t h(X_s)ds=\int_{-\infty}^{+\infty} h(x)L_t^x dx$. En prenant $h=I_J$ et $t=\infty$ on a $P[\int_0^\infty I_{\{X_s\in J\}}ds>0]>0$, c'est-à-dire $P[\int_J L_\infty^x dx>0]>0$. Donc $\{x$ de J, $P[L_\infty^x>0]>0\}$ a une mesure de Lebesgue strictement positive.

Démonstration de la proposition 5.2. D'après la formule d'Ito généralisée, il existe un processus continu à variation finie A tel que $f(X)=f_g'(x).B+A$. Comme $f(X)$ est à variation finie, sa partie martingale continue est nulle ; donc $\int_0^\infty (f_g'(X_s))^2ds=0$. Grâce à la formule de densité d'occupation des temps locaux et grâce aussi au lemme 5.3. on en déduit que f_g' est nulle sur un ensemble partout dense dans I, donc $f_g'=0$ sur I et f est constante sur I.

PROPOSITION 5.4. Soit f une fonction borélienne. Si $f(X)$ est à variation finie, alors f est à variation finie sur I, sa partie continue f^c est localement constante sur $K=\{x,P[L_\infty^x>0]>0\}$ et la partie purement discontinue de f, notée f^d, ne charge pas $E=\{x,\ P[L_\infty^x L_\infty^{x-}>0]>0\}$.

LEMME 5.5. Soient f une fonction de R dans R et g une fonction continue de R^+ dans R, nulle en 0. Si fog est à variation finie, f est à variation finie sur l'image de g.

Démonstration. Soit I=Im g. Comme g est continue, I est un intervalle contenant $g(0)$. Considérons une subdivision $x_1<x_2<\ldots<x_p\leq 0<x_{p+1}<\ldots<x_n$ de I et posons pour $1\leq i\leq m$ $t_i=\inf\{t\geq 0,\ g(t)=x_i\}$. Alors $t_p<t_{p-1}<\ldots<t_1$ et $t_{p+1}<t_{p+2}<\ldots<t_n$. D'où l'inégalité : $\sum_{i=1}^{n-1} |f(x_{i+1})-f(x_i)|\leq 2v(fog)$. Et par conséquent, la variation de f sur l'image de g est inférieure ou égale à $2v(fog)$ qui est finie.

Démonstration de la proposition 5.4. Grâce au lemme 5.5. f est à variation finie sur . Comme la somme des sauts de $f(X)$ converge absolument, $f^d(X)$ est à variation finie, donc aussi $f^c(X)$. En vertu de la continuité à droite des temps locaux, K est une réunion d'intervalles de la forme $[a,b[$ et si x appartient à K, il existe $t>0$ et $\varepsilon>0$

tel que $P[\forall y \in [x,x+\varepsilon],\ L_t^y>0]>0$. Or d'après [3], L_t^y est la limite p.s. de la suite $n^{-1}M(X^t,]y,y+n^{-1}[)$ lorsque n tend vers ∞ et L_t^{y-} est la limite p.s. de la suite $n^{-1}M(X^t,]y-n^{-1},y[)$, si bien que f^d ne charge pas E. En outre si $L_t^y>0$, le cardinal, noté Card, de $\{u,X_u=y\}$ est infini. Comme $v(f^c oX)=\int Card\{u,f^c(X_u)=y\}dy$, la mesure de Lebesgue de $f^c(K)$ est nulle, c'est-à-dire f^c est localement constante sur K.

REMARQUES 5.6. i) On peut retrouver, grâce à la proposition 5.4., que f(B) est à variation finie si et seulement si f est constante. En effet, K=E=R lorsque X=B, si bien que f^d est nulle et f^c est constante lorsque f(B) est à variation finie.

ii)Toutefois, lorsque V n'est pas absolument continu, f(X) peut être à variation finie sans que f^d soit nulle. Si $T=\inf\{t,B_t=1\}$, $V_t=I_{\{T\leq t\}} \sup_{s\leq t} (1-B_s)^+$ et $f=aI_{]-\infty,1[}+bI_{[1,+\infty[}$, alors f(B+V) est un processus continu à droite, à variation finie.

iii) On peut se poser le problème plus général : quelles sont les fonctions f de R^n dans R telles que f(X) soit une semimartingale pour toute semimartingale à valeurs dans R^n ? Nous ne sommes pas parvenus à caractériser cette classe de fonctions mais le paragraphe 3 nous permet d'affirmer qu'une telle fonction est nécessairement localement lipschitzienne. En effet si A est un processus déterministe à variation finie à valeurs dans R^n, f(A) est une semimartingale déterministe; mais une semimartingale déterministe est aussi une semimartingale par rapport à sa filtration naturelle, si bien que f(A) est à variation finie. Donc f est localement lipschitzienne d'après la proposition 3.1.

REFERENCES

[1] ABOULAICH R. et STRICKER C. : Quelques compléments à l'étude des fonctions semimartingales. C.R.A.S. Paris, t. 294 (15 mars 1982), p. 373-375.

[2] CINLAR E., JACOD J., PROTTER P., SHARPE M.J. : Semimartingales and Markov processes. Z.W. 54, 161-219 (1980).

[3] EL KAROUI N. : Sur les montées des semimartingales. Le cas continu. Astérisque 52-53, Société Mathématique de France, (1978), 63-73.

[4] LENGLART E., LEPINGLE D. et PRATELLI M. : Présentation unifiée de certaines iné-

galités de la théorie des martingales. Séminaires de probabilités XIV, Lecture Notes in M., (1980), 26-48.

[5] YOEURP C. : Décomposition des martingales locales et formules exponentielles. Séminaire de Probabilités X, Lecture Notes in M.,(1976), 432-479.

R. ABOULAICH
Ecole Normale Supérieure de Souissi
Département de Mathématiques
B.P. 773
RABAT (Maroc)

C. STRICKER
Département de Mathématiques
Université de Besançon
Route de Gray
25030 BESANCON CEDEX

SUR UN THEOREME DE TALAGRAND

par ABOULAÏCH Rajae et STRICKER Christophe

Nous nous proposons de donner quelques conséquences d'un remarquable théorème de Talagrand [6] concernant les mesures à valeurs dans l'espace vectoriel topologique des variables aléatoires p. s. finies, muni de la topologie de la convergence en probabilité.

Soit (Ω, F, P) un espace probabilisé complet muni d'une filtration $(F_t)_{t \geq 0}$ vérifiant les conditions habituelles. Cette note est essentiellement consacrée au résultat suivant qui, dans le cas déterministe où Ω n'a qu'un seul point, se confond avec le théorème de Vitali-Hahn-Saks pour les mesures de Radon sur $\mathbb{R}^+$:

THEOREME 1 : Soit (X^n) une suite de semimartingales jusqu'à l'infini. On suppose que pour tout ensemble prévisible A, la suite $(1_A \cdot X^n)_\infty = \int_0^\infty 1_A \, dX^n$ converge en probabilité vers une variable aléatoire J(A). Il existe alors une semimartingale jusqu'à l'infini X telle que, pour tout ensemble prévisible A, la suite $(1_A \cdot X^n)_\infty$ converge en probabilité vers $(1_A \cdot X)_\infty$.

Compte tenu du théorème de Talagrand, on pourrait donner une démonstration directe et rapide de ce théorème grâce aux travaux de Bichteler [1] et Drewnowski [2]. Toutefois nous préférons utiliser des outils plus familiers aux lecteurs de ce séminaire et par souci de complétude nous détaillerons les différentes étapes de la démonstration. Pour démontrer que J est une mesure, nous aurons besoin d'un lemme auxiliaire analogue au lemme 1 d'Emery [3]. Il existe une loi Q équivalente à P telle que toutes les semimartingales X^n appartiennent à l'espace normé $\mathcal{M} \oplus \mathcal{A}$: autrement dit, pour la loi Q, X^n est spéciale de décomposition canonique $X^n = M^n + A^n$, M^n appartenant à l'espace vectoriel $\mathcal{M}$ des martingales de carré intégrable muni de la norme $\|M^n\|^2_{\mathcal{M}} = E[M^n, M^n]_\infty$, A^n appartenant à l'espace vectoriel $\mathcal{A}$ des processus à variation intégrable muni de la norme $\|A^n\|_{\mathcal{A}} = E[\int_0^\infty |dA^n|]$. $\widetilde{\mathcal{P}}$ désigne la tribu quotient de la tribu prévisible $\mathcal{P}$ par la relation d'équivalence : $A \sim B$ si et seulement si pour tout n, $1_A . X^n = 1_B . X^n$.

On pose :

$$\|X^n\| = \|M^n\|_{\mathcal{M}} + \|A^n\|_{\mathcal{A}},$$

$$d(A,B) = \sum_n \frac{\|(1_A - 1_B) . X^n\|}{2^n(1 + \|X^n\|)} \qquad \text{pour tout } A, B \in \widetilde{\mathcal{P}},$$

$$J^n(A) = (1_A . X^n)_\infty \qquad \text{pour tout } A \in \widetilde{\mathcal{P}},$$

$$J(A) = \lim_{n\to\infty} J^n(A), \quad \text{la limite étant prise en probabilité.}$$

On désigne par L^0 l'espace vectoriel topologique des variables aléatoires p. s. finies, muni de la topologie de la convergence en probabilité avec la quasinorme $\|U\|_{L^0} = E[1 \wedge |U|]$.

LEMME 1. <u>d est une distance sur $\widetilde{\mathcal{P}}$ pour laquelle $\widetilde{\mathcal{P}}$ est complet. Les applications J^n de $\widetilde{\mathcal{P}}$ dans L^0 sont continues pour tout n et J est aussi continue.</u>

<u>Démonstration</u>. d est évidemment une distance sur $\widetilde{\mathcal{P}}$. Si (B_n) est une suite de

Cauchy pour d, c'est aussi une suite de Cauchy dans

$$L^2\left(\mathcal{P}, \sum_n \frac{d[M^n, M^n] dQ}{2^n(1+\|X^n\|)}\right) \cap L^1\left(\mathcal{P}, \sum_n \frac{|dA^n| dQ}{2^n(1+\|X^n\|)}\right).$$

Donc $\left(1_{B_n}\right)$ converge dans $L^2(\ldots) \cap L^1(\ldots)$ vers l'indicatrice d'un ensemble prévisible B. Par conséquent $\left(B_n\right)$ converge aussi vers B dans $\widetilde{\mathcal{P}}$. Les applications J^n sont lipschitziennes, donc continues. Il en résulte que J admet aussi un point de continuité. Comme J est additive, on vérifie aisément que J est continue partout.

Nous abordons maintenant la deuxième étape de notre démonstration du théorème 1.

LEMME 2. J est une mesure sur $\left(\mathbb{R}^+ \times \Omega, \mathcal{P}\right)$ à valeurs dans L^o.

Démonstration. J est évidemment une mesure additive. D'après le lemme 1 si $\left(A_k\right)$ est une suite d'ensembles prévisibles de limite A, $J\left(A_k\right)$ tend vers $J(A)$ dans L^o. Donc J est aussi σ-additive.

Enonçons maintenant le théorème de Talagrand [6] :

THEOREME 2 : Soit μ une mesure sur un espace mesurable $(E, \mathfrak{J})$ à valeurs dans L^o. Alors μ est bornée. De plus il existe une loi Q' équivalente à P, de densité bornée, telle que μ soit une mesure à valeurs dans $L^2(Q')$.

Pour tout t, on pose $X_t = J\left([0, t]\right)$. Ceci définit à modification près un processus adapté X tel que, pour tout ensemble prévisible élémentaire H, $J(H) = \int_0^\infty 1_H \, dX$. D'après le théorème 2, $\sup_H E^{Q'}[J(H)]^2$ est fini, si bien que X est une quasimartingale continue à droite en probabilité d'après le lemme 1. Or la démonstration du théorème 1.5. de [5] montre qu'une quasimartingale continue à droite en probabilité admet une version continue à droite. Ainsi après le choix de la bonne version, X est une semimartingale et l'égalité $J(H) = \int_0^\infty 1_H \, dX$ a lieu pour tout ensemble prévisible élémentaire H. Par classe monotone, on obtient l'égalité $J(H) = \int_0^\infty 1_H \, dX$ pour tout ensemble prévisible H et le théorème 1 est démontré.

REMARQUES.

1) Si on suppose que les semimartingales $\left(X^n\right)$ appartiennent à $\mathcal{S}^1$ et si on remplace dans les hypothèses du théorème 1 la convergence dans L^0 par la convergence dans L^1, on peut montrer que $\left(H.X^n\right)_\infty$ converge dans L^1 vers $\left(H.X\right)_\infty$ pour tout processus prévisible borné H. A-t-on dans le cas L^0 un résultat analogue ?

2) Le théorème de Talagrand permet aussi d'améliorer un peu la caractérisation des semimartingales donnée par Métivier, Pellaumail, Bichteler et Dellacherie (voir par exemple : Probabilités et Potentiel de C. Dellacherie et P.A. Meyer, chapitre V à VIII) : Soit X un processus continu à droite et adapté. Alors X est une semimartingale jusqu'à l'infini si et seulement s'il existe une mesure m sur $\left(\mathbb{R}^+ \times \Omega, \mathcal{P}\right)$ à valeurs dans L^0 telle que pour tout couple (u,v) avec $0 \leq u < v$ et tout $A \in \mathcal{F}_u$, $m\left(A \times \left]u,v\right]\right) = 1_A\left(X_v - X_u\right)$.

REFERENCES

[1] BICHTELER K. :
On sequences of measures.
Bulletin of the American Mathematical Society, vol. 80, 5, pp. 839-844, 1974.

[2] DREWNOWSKI L. :
Topological Rings of Sets, continuous Set Functions, Integration I.
Bulletin de l'Académie Polonaise des Sciences. Série des Sciences math., vol. XX, n°4, 1972.

[3] EMERY M. :
Un théorème de Vitali-Hahn-Saks pour les semimartingales.
Z. W. 51, 95-100, 1980.

[4] STRICKER C. :
Quelques remarques sur la topologie des semimartingales. Applications aux intégrales stochastiques.
Séminaire de Probabilités XV, Lecture Notes in M. 850, 490-520, 1981.

[5] STRICKER C. :
Mesure de Föllmer en théorie des quasimartingales.
Séminaire de Probabilités IX, Lecture Notes in M. 465, 409-419, 1975.

[6] TALAGRAND M. :
Les mesures vectorielles à valeurs dans L^0 sont bornées.
A paraître.

LA CLASSE DES SEMIMARTINGALES QUI PERMETTENT D'INTEGRER LES PROCESSUS OPTIONNELS.

Par Maurizio PRATELLI.

On connait deux définitions de l'intégrale stochastique d'un processus optionnel K par rapport à une semimartingale X : l'intégrale stochastique compensée $K \underset{c}{.} X$ (voir [2] pag. 356) qui n'est définie que si X est une martingale locale (et qui d'ailleurs n'est pas invariante par changement de loi) et l'intégrale selon la définition de Yor (voir [6]) dans laquelle X est une semimartingale quelconque mais il faut se restreindre à certaines sous-classes de processus optionnels.

Dans cet article on caractérise la classe des semimartingales qui permettent d'intégrer tous les processus optionnels (bornés) en conservant les traits essentiels du calcul stochastique : une modification du théorème de Dellacherie-Meyer-Mokobodzki montre que cette classe est formée par les processus qui sont la somme d'une martingale continue et d'un processus à variation finie.

On étudie dans la deuxième partie une topologie convenable pour cet espace de processus.

1. LES SEMIMARTINGALES RESTREINTES.

Soit $(\Omega, \underline{F}, (\underline{F}_t), \mathbb{P})$ un espace probabilisé filtré, vérifiant les conditions habituelles de [2] et tel que $\underline{F}_\infty = \bigvee_t \underline{F}_t$. On désigne par X un processus adapté, indexé par $[0,\infty[$, à trajectoires c.à.d.l.à.g. (y compris une limite finie à l'infini $X_\infty = \lim_{t\to\infty} X_t$); on peut supposer sans inconvénient que $X_0=0$, et on écrit comme d'habitude $\Delta_s X = X_s - \lim_{t\uparrow s} X_t$.

DEFINITION 1.1 On dit que X est une semimartingale restreinte (en abrégé s.m.r.) si X est une semimartingale telle que, pour tout t, on ait

$\sum_{s\leq t} |\Delta_s X| < \infty$ p.s.

Il est connu (voir [1] pag. 19) que X est une s.m.r. si et seulement si $X = M+V$, où M est une martingale locale continue et V un processus adapté à variation finie. Le résultat principal est le théorème suivant, qui est une modification du th. 80 pag. 401 de [2], et qui caractérise les semimartingales restreintes ; je préfère travailler avec les s.m.r. jusqu'à l'infini (les semimartingales jusqu'à l'infini telles que $\sum_{s<+\infty} |\Delta_s X| <+\infty$ p.s.) car cela simplifie les notations, surtout dans la deuxième partie (si l'on veut caractériser les s.m.r. ordinaires, on ne doit faire que des modifications formelles).

On appelle <u>processus optionnel élémentaire</u> un processus K de la forme

$$K(s,w) = \sum_{i=1}^{n} K_i(w)\, I_{[[T_i,T_{i+1}[[}(s,w)$$

où $T_1 \leq T_2 \ldots$ sont des temps d'arrêt et chaque variable K_i est $\underline{F}_{T_i}$ mesurable bornée. On peut toujours définir l'intégrale stochastique élémentaire

$$(K.X)_\infty = \int_{]0,\infty]} K_s\, dX_s = \sum_{i=1}^{n} K_i (X^-_{T_{i+1}} - X^-_{T_i})$$

où X^- est le processus des limites à gauche, c'est-à-dire $X^-_t = \lim_{s\uparrow t} X_s$.

(On convient que $X^-_0=0$).

<u>THEOREME</u> 1.2 X <u>est une s.m.r. jusqu'à l'infini si et seulement si pour toute suite</u> K^n <u>de processus optionnels élémentaires qui converge uniformément vers</u> 0, <u>les intégrales</u> $(K^n.X)_\infty$ <u>convergent vers</u> 0 <u>en probabilité</u>.

<u>Démonstration</u> Si Θ est l'ensemble des processus optionnels élémentaires K tels que $|K| \leq 1$, la condition du théorème équivaut à dire que l'ensemble $\{ (K.X)_\infty : K\epsilon\Theta \}$ est borné dans L^0.

Pour vérifier que la condition est suffisante, montrons d'abord que la v.a $X^* = \sup_t |X_t|$ est p.s. finie. Supposons au contraire que $\mathbb{P}\{X^*=+\infty\}=a>0$; il existe b tel que, si $K\in\Theta$, $\mathbb{P}\{\ |(K.X)_\infty|\ >b\} \leq a/2$. Soit

$T = \inf\ \{s: |X_s| \geq 2b\}$ et soit $K^n = I_{[[0,T+\frac{1}{n}[[}$; remarquons que $(K^n.X)_\infty = X^-_{T+\frac{1}{n}}$.

On a que $\mathbb{P}\{|X_T|>b\}\geq a$, ce qui est contrédit par l'inégalité

$\mathbb{P}\{|X_T|>b\} \leq \min\lim_{n\to\infty} \mathbb{P}\{|X^-_{T+\frac{1}{n}}|>b\} \leq a/2$ (due au fait que $\{|X_T|>b\} \subseteq$ $\min\lim_{n\to\infty}\{|X^-_{T+\frac{1}{n}}|>b\}$). Quitte à remplacer $\mathbb{P}$ par une probabilité équivalente, on peut donc supposer que l'ensemble $\{(K.X)_\infty|K\in\Theta\}$ soit convexe, borné dans $L^0(\mathbb{P})$ et contenu dans $L^1(\mathbb{P})$: le théorème 83 pag. 403 de [2] montre alors l'existence d'une probabilité $\mathbb{Q}$ équivalente à $\mathbb{P}$, admettant une densité bornée et telle que $\sup_{K\in\Theta} E_{\mathbb{Q}}[(K.X)_\infty] = c<+\infty$.

Interprétons maintenant cette condition :

(1) On peut approcher le processus prévisible élémentaire $H = H_0 I_{]]0,t_1]]} + .. + H_n I_{]]t_n,\infty[[}$ (avec H_i $\underline{F}_{t_i}$-mesurable, bornée par 1) par les processus $K^\varepsilon = H_0 I_{[[\varepsilon,t_1+\varepsilon[[} + \ldots + H_n I_{[[t_n+\varepsilon,\infty[[}$ $(\varepsilon>0)$: puisque $\lim_{\varepsilon\downarrow 0}(K^\varepsilon.X)_\infty = (H.X)_\infty$ p.s. et X^* est $\mathbb{Q}$-intégrable, on obtient $E_{\mathbb{Q}}[(H.X)_\infty] \leq c$, ce qui montre (voir [2] pag. 402) que X est une $\mathbb{Q}$-quasi martingale (donc une $\mathbb{P}$-semimartingale) jusqu'à l'infini.

(2) Soient $T_1<T_2<..<T_n$ des temps d'arrêt, $\varepsilon>0$, $S_i=(T_i+\varepsilon)\wedge T_{i+1}$ et $K^\varepsilon = \sum_i \mathrm{sgn}(\Delta_{T_i}X) I_{[[T_i,S_i[[}$. Puisque $\lim_{\varepsilon\downarrow 0}(K^\varepsilon.X)_\infty = \sum_{i=1}^n |\Delta_{T_i}X|$ p.s. , on obtient $E_{\mathbb{Q}}[\sum_{i=1}^n |\Delta_{T_i}X|] \leq c$. Si on considère une suite T_n de temps d'arrêt à graphes disjoints tels que $\bigcup_n [T_n] = \{\Delta X\neq 0\}$, on trouve $E_{\mathbb{Q}}[\sum_{s<+\infty}|\Delta_s X|] \leq c$, donc

$\sum_{s<+\infty}|\Delta_s X| < \infty$ $\mathbb{P}$ p.s.

Soit par contre X une s.m.r. et M+V sa décomposition avec M martingale locale continue: si K est un processus optionnel borné quelconque, on peut définir aisément l'intégrale K.X=K.M+K.V . En effet la deuxième est une intégrale de Stieltjès qui se calcule trajectoire par trajectoire, et pour la première on a K.M=H.M où H est un processus prévisible tel que $\{K\neq H\}$ soit contenu dans une réunion dénombrable de graphes de temps d'arrêt (et le résultat ne dépend pas du choix de H, voir [5] pag. 274). On n'a aucune difficulté à vérifier que la condition de continuité est satisfaite, ce qui achève la démonstration du théorème.

On vérifie immédiatement que si X est une s.m.r. et K un processus optionnel borné, le processus K.X est encore une s.m.r. ; en outre f(X) est une s.m.r si f est ou bien de classe C^2 (grâce à la formule d'Ito) ou bien convexe (grâce à la formule (4) pag.21 de [1]).

On peut aussi caractériser les s.m.r. par la méthode de Metivier-Pellaumail:

THEOREME 1.3 X est une s.m.r. si et seulement s'il existe un processus croissant adapté A tel que pour tout processus optionnel élémentaire K et tout temps d'arrêt T on ait

$$(1.4) \qquad E[\sup_{0<s<T} (\int_{]0,s]} KdX)^2] \leq E[A_{T-}.\int_{]0,T[} K_s^2 dA_s]$$

(Plus précisement X est une s.m.r. jusqu'à l'infini et A est tel que $A_\infty = \sup_{s<+\infty} A_s <+\infty$ p.s.). En effet Métivier et Pellaumail ont montré (voir [4] pag. 129) que X est une semimartingale si et seulement s'il existe un processus croissant A qui vérifie l'inégalité (1.4), où toutefois K est supposé prévisible élémentaire: on dit alors que A contrôle X. Nous dirons donc que A contrôle strictement X si la condition du théorème 1.3 est vérifiée.

Démonstration du théorème 1.3. Il est évident que si X est strictement contrôlé par A, il vérifie la condition du théorème 1.2 et donc est une s.m.r. Soit par contre X=M+V une s.m.r. : pour ce qui concerne la partie martingale continue on a:

$$E[\sup_{0<s<T} (\int_{]0,s]} KdM)^2] = E[\sup_{0<s\leq T} (\int_{]0,s]} KdM)^2] \leq 4\, E[(\int_{]0,T]} KdM)^2]$$

$$= 4\, E[\int_{]0,T]} K_s^2 d\langle M\rangle_s] \leq 8\, E[\langle M\rangle_T^{1/2} . \int_{]0,T]} K_s^2 d(\langle M\rangle_s^{1/2})] .$$

(Je rappelle que si B est continu, $d(B_t^2)=2B_t dB_t$).

Si $|V|_t$ est la variation du processus V sur $[0,t]$, on a aussi

$$E[\sup_{0<s<T} (\int_{]0,s]} KdV)^2] \leq E[(\int_{]0,T[} |K_s| d|V|_s)^2] \leq E[|V|_{T-} . \int_{]0,T[} K_s^2 d|V|_s] .$$

On peut ainsi choisir $A_t = 4\langle M\rangle_t^{1/2} + 2|V|_t$.

2. LA TOPOLOGIE DES SEMIMARTINGALES RESTREINTES.

Soient $\underline{S}$ l'espace des semimartingales et $\underline{SR}$ le sous-espace des s.m.r. (jusqu'à l'infini) : la topologie de $\underline{S}$ a été introduite indépendamment par M. Emery et Métivier-Pellaumail. $\underline{SR}$ (comme nous verrons) est dense dans $\underline{S}$, et si K est optionnel borné, l'operation $X \to K.X$ n'est pas continue dans $\underline{SR}$ pour la topologie de $\underline{S}$: on étudie donc dans ce paragraphe une topologie convénable pour l'espace $\underline{SR}$.

Pour ce qui concerne la topologie de $\underline{S}$, je suivrai la présentation donnée dans [2] pag. 308-324, et je ne donnerai que des démonstrations sommaires lorsqu'elles seront des modifications faciles des démonstrations de [2].

Si X est une s.m.r. , X=M+V désigne toujours l'unique décomposition dans laquelle M est une martingale locale continue et V un processus à variation finie; si X est une semimartingale, X=N+A est une décomposition quelconque (avec N martingale locale et A processus à variation finie), et si de plus X est spéciale, $X=\overline{N}+\overline{A}$ est la décomposition canonique (dans laquelle $\overline{A}$ est prévisible).

Je rappelle que $\underline{S}^p$ est l'espace de Banach des semimartingales X pour lesquelles la norme $\|X\|_{\underline{S}^p} = \inf_{X=N+A} \| [N]_\infty^{1/2} + |A|_\infty \|_p$ est finie; si X appartient à $\underline{S}^p$, X est spéciale et la norme ainsi définie est équivalente à $\| [\bar{N}]_\infty^{1/2} + |\bar{A}|_\infty \|_p$.

<u>DEFINITION</u> 2.1 <u>On appelle espace SR^p l'espace des s.m.r. pour lesquelles la norme</u> $\|X\|_{\underline{SR}^p} = \| \langle M\rangle_\infty^{1/2} + |V|_\infty \|_p$ <u>est finie</u>.

<u>PROPOSITION</u> 2.2 <u>Les trois normes suivantes sont équivalentes</u>:

(1) $\|X\|_{\underline{SR}^p}$ (2) $\|X\|_{\underline{S}^p} + \| \Sigma_s |\Delta_s X| \|_p$

(3) $\sup_{|K|\leq 1} \|(K.X)_\infty\|_p$, <u>où</u> K <u>parcourt l'ensemble des processus optionnels uniformément bornés par</u> 1.

<u>Démonstration</u> On a évidemment $\|X\|_{\underline{S}^p} \leq \|X\|_{\underline{SR}^p}$ et $\| \Sigma_s |\Delta_s X| \|_p \leq$ $\leq \| |V|_\infty \|_p$ (cela car $\Sigma_s |\Delta_s X| - \Sigma_s |\Delta_s V| \leq |V|_\infty$). Soit par contre $X=M+V=\bar{N}+\bar{A}$: si on indique par $\tilde{V}$ le compensateur prévisible du processus V, on a $\bar{A}=\tilde{V}$ et $\bar{N}=M+(V-\tilde{V})$. Donc $[\bar{N}]_\infty = \langle M\rangle_\infty + \Sigma_s \Delta_s (V-\tilde{V})^2$ et, par conséquent, $\| \langle M\rangle_\infty^{1/2} \|_p \leq \|X\|_{\underline{S}^p}$. Si on écrit $V=V^c+V^d$ (où V^c est la partie continue et V^d la partie purement discontinue du processus V), on a $\tilde{V}=V^c+\tilde{V}^d$ (car V^c est prévisible). On a ainsi $|V|=|V^c|+|V^d|=|V^c|+\Sigma_s |\Delta_s X|$.
En remarquant que $V^c=\tilde{V}-\tilde{V}^d=\bar{A}-\tilde{V}^d$, on trouve $|V^c| \leq |\bar{A}|+|\tilde{V}^d|$ et enfin que $|V| \leq |\bar{A}|+|V^d|+|\tilde{V}^d|$. Mais l'inégalité de Burkholder-Davis-Gundy ([2] pag. 183) affirme que $\| |\tilde{V}^d| \|_p \leq p.\| |V^d| \|_p$ et on trouve finalement que $\| |V|_\infty \|_p \leq c_p (\|X\|_{\underline{S}^p} + \| \Sigma_s |\Delta_s X| \|_p)$: on a ainsi démontré l'équivalence entre (1) et (2).

Si K est optionnel uniformément borné par 1, on a $(K.X)_\infty = (K.M)_\infty + (K.V)_\infty$:

$\| (K.M)_\infty \|_p \leq c_p . \| (\int_{]0,\infty]} K_s^2 d\langle M\rangle_s)^{1/2} \|_p \leq c_p . \| \langle M\rangle_\infty^{1/2} \|_p$

$\| (K.V)_\infty \|_p \leq \| \int_{]0,\infty]} |K_s| d|V|_s \|_p \leq \| \, |V|_\infty \|_p$.

On a ainsi montré que $\| (K.X)_\infty \|_p \leq (c_p+1) \| X \|_{\underline{SR}^p}$. Rappelons que (voir [2] pag. 319) on a $\| X \|_{\underline{S}^p} \leq c. \sup_{|H|\leq 1} \| (H.X)_\infty \|_p$, où H parcourt l'ensemble des processus prévisibles uniformément bornés par 1. Si on prend une suite de temps d'arrêt à graphes disjoints telle que $\{X\neq 0\} \subseteq \bigcup_n [[T_n]]$, et on considère le processus optionnel $K = \Sigma_n \, \mathrm{sgn}(\Delta_{T_n} X).I_{[[T_n]]}$, on a $|K(s,w)| \leq 1$ et $(K.X)_\infty = \Sigma_s |\Delta_s X|$, ce qui permet de montrer que $\| \Sigma_s |\Delta_s X| \|_p \leq \sup_{|K|\leq 1} \| (K.X)_\infty \|_p$.

PROPOSITION 2.3 $\underline{SR}^p$ est dense dans $\underline{S}^p$.

Démonstration. Puisque tout élément de $\underline{S}^p$ est somme d'un processus à variation finie prévisible, d'une martingale continue (et cette somme est une s.m.r.) et d'une martingale "somme compensée de sauts", on peut se borner à ce dernier cas, et supposer que X soit de la forme $X_t = \Sigma_{n\geq 1} (A_t^n - \tilde{A}_t^n)$, où $A_t^n = I_{\{t\geq T_n\}}.\Delta_{T_n} X$. Chaque martingale $(A^n - \tilde{A}^n)$ est à variation finie (donc une s.m.r.) et la série converge dans $\underline{S}^p$ (la norme de X dans $\underline{S}^p$ est équivalente à $\| (\Sigma_n (\Delta_{T_n} X)^2)^{1/2} \|_p$) , ce qui achève la démonstration.

Je rappelle que la topologie de $\underline{S}$ est engedrée par la distance à l'origine $d(X,0) = \inf_{X=N+A} \left(E[1 \wedge ([N]_\infty^{1/2} + |A|_\infty)] + \sup_T E[|\Delta_T N|] \right)$

(et plus généralement $d(X,Y) = d(X-Y,0)$). Introduisons dans $\underline{SR}$ la nouvelle distance $d'(X,0) = E[1 \wedge (\langle M\rangle_\infty^{1/2} + |V|_\infty)]$, et appelons topologie de $\underline{SR}$ la topologie engendrée par cette nouvelle distance. Nous dirons que les X^n convergent vers X prélocalement dans $\underline{SR}^p$ s'il existe une suite T_k de temps d'arrêt, qui tende stationnairement vers $+\infty$ (i.e. $\lim_{k\to+\infty} \mathbb{P}\{T_k=+\infty\}=1$) et telle que les processus "arrêtés avant T_k" $a_{T_k-}(X^n)$ convergent vers $a_{T_k-}(X)$ dans $\underline{SR}^p$ (on pose $a_{T-}(X)_s=X_s.1_{\{s<T\}} + X_T^-.I_{\{s\geq T\}}$).

On a le résultat suivant, dont une conséquence immédiate est que $\underline{SR}$ est complet.

THEOREME 2.4 1) _Si_ X^n _converge vers_ X _prélocalement dans_ $\underline{SR}^p$, X^n _converge vers_ X _dans_ $\underline{SR}$.

2) _Si_ X^n _est de Cauchy dans_ $\underline{SR}$, _il en existe une sous-suite qui converge prélocalement dans_ $\underline{SR}^p$.

Démonstration. (la démonstration est un peu sommaire car elle est proche de celle du th. 101 pag. 315 de [2]). 1) On peut supposer X=0. Pour tout $\varepsilon>0$, il existe T tel que $\mathbb{P}\{T<+\infty\}<\varepsilon$, et que $\lim_n \| a_{T-}(X^n)\|_{\underline{SR}^p} = 0$.

Si X=M+V, $a_{T-}(X)=a_{T-}(M)+a_{T-}(V)$ et sur l'ensemble $\{T=+\infty\}$ on a $\langle a_{T-}(M)\rangle_\infty=\langle M\rangle_\infty$ et $|a_{T-}(V)|_\infty=|V|_\infty$.

$$\text{Donc}\quad d'(X^n,0) \leq \mathbb{P}\{T<+\infty\} + E[1\wedge(\langle a_{T-}(M^n)\rangle_\infty^{1/2} + |a_{T-}(V^n)|_\infty)]$$

$$\leq \mathbb{P}\{T<+\infty\} + \| a_{T-}(X^n)\|_{\underline{SR}^p} \leq 2\varepsilon \qquad \text{pour n assez grand.}$$

2) Il suffit de prouver que si $d'(X^n,0)\leq 2^{-n}$, alors la série $\Sigma_n X^n$ converge prélocalement dans $\underline{SR}^p$. Le processus croissant $C_t=\Sigma_n(\langle M^n\rangle_t^{1/2}+|V^n|_t)$ est à valeurs finies sur $[0,\infty]$ et les temps d'arrêt $T_k=\inf\{t : C_{t-}\geq k\}$ tendent stationnairement vers $+\infty$. On n'a aucune difficulté à montrer que la série $\Sigma_n a_{T_k-}(X^n)$ converge dans $\underline{SR}^p$, et que les limites se recollent bien vers une s.m.r. X.

PROPOSITION 2.5 _La topologie de_ $\underline{SR}$ _est engendrée aussi par la distance_

$d''(X,0)=d(X,0)+E[1\wedge(\Sigma_s|\Delta_s X|)]$.

Donc X^n converge vers X dans SR si et seulement si X^n converge vers X dans S et $\Sigma_s|\Delta_s(X^n-X)|$ converge vers 0 en probabilité.

Démonstration. Il est d'abord évident que $d''(X,0) \leq 2d'(X,0)$. Quitte à extraire une sous-suite, le th.101 pag. 315 de [2] montre que si $\lim_n d(X^n,0)=0$ alors X^n converge vers 0 prélocalement dans S^1; on montre avec de petites modifications sur la partie 2) du th.2.4 que si $\lim_n E[1\wedge(\Sigma_s|\Delta_s X^n|)]=0$, alors $\Sigma_s|\Delta_s X^n|$ converge vers 0 prélocalement dans L^1. On a ainsi la convergence prélocale dans SR^1, donc la convergence dans SR.

PROPOSITION 2.6 SR est dense dans S .

Démonstration. S^1 est dense dans S (c'est une conséquence immédiate du th. 101 pag.315 de [2]) et SR^1 est dense dans S^1 pour la topologie de S^1, donc aussi pour la topologie de S .

Disons enfin (sans entrer dans les détails) que la topologie de SR peut aussi être caractérisée par les processus qui contrôlent strictement les s.m.r. D'abord, la norme de X dans SR^2 est équivalente à la pseudonorme $\inf_A \| A_\infty \|_2$ où A parcourt l'ensemble des processus croissants qui contrôlent strictement X. En effet, d'une part $A_t=\langle M\rangle_t^{1/2}+|V|_t$ contrôle strictement X; et de l'autre si A_t contrôle strictement X et si $|K(s,w)|\leq 1$, on a $\|(K.X)_\infty\|_2 \leq \|A_\infty\|_2$.

On peut donc adapter les arguments de [3] et montrer que:

THEOREME 2.7 X^n converge vers X dans SR si et seulement s'il existe des processus croissants A^n tels que:

1) A^n contrôle strictement (X^n-X)

2) $\lim_{n\to\infty} A^n_\infty = 0$ en probabilité.

BIBLIOGRAPHIE.

[1] AZEMA J. YOR M. Temps Locaux. Astérisque 52-53 (1978)

[2] DELLACHERIE C. MEYER P.A. Probabilités et Potentiel. Chapitres V-VIII Hermann-Paris (1980)

[3] EMERY M. Equations differentielles stochastiques: la méthode de Métivier et Pellaumail. Séminaire de Probabilités XIV (pag.118-124) Lecture Notes 784. Springer Verlag (1980).

[4] METIVIER M. PELLAUMAIL J. Stochastic Integration. Academic Press (1980)

[5] MEYER P.A. Un cours sur les intégrales stochastiques. Séminaire de Probabilités XIV (pag.118-124) Lecture Notes 511. Springer Verlag (1976)

[6] YOR M. En cherchant une définition naturelle des intégrales stochastiques optionnelles. Séminaire de Probabilités XIII (pag.407-426) Springer Verlag (1979).

Maurizio PRATELLI
Istituto di Statistica.
Via S. Francesco
35100 PADOVA. Italie

DESINTEGRATION REGULIERE DE MESURE SANS CONDITIONS HABITUELLES

par E. Lenglart

INTRODUCTION.

Cet article traite d'un sujet similaire à celui étudié en [3] et [4] en collaboration avec C. Dellacherie : il s'agit encore de " recoller" des familles de v.a. bien indéxées par une chronologie de temps d'arrêt d' une tribu de Meyer, l'originalité venant ici de ce que nos v.a. sont à valeurs dans un espace de mesures.

Nous dégageons d'abord un théorème très simple et très général qui montre que ce problème est en fait relié très simplement au cas ou nos v.a. sont à valeurs réelles (on peut alors consulter nos deux premiers articles).

Une première application de ce résultat permet de généraliser, et en fait de placer dans le bon cadre, le théorème de Schwartz [14] sur l'existence de version régulière de surmartingales à valeurs mesure; ici, la chronologie est quelconque au lieu de $\mathbb{R}_+$, le système de surmartingale est quelconque au lieu d'être " continu à droite", enfin les conditions ne sont pas nécessairement "habituelles".

Une seconde application fournit un théorème général d'existence de version régulière de probabilités conditionnelles conditionnées par un processus et soumis à la mesurabilité par rapport à une tribu de Meyer. Ce théorème comporte comme cas particulier de nombreuses constructions dues notamment à Knight [7], Aldous [1], Schwartz [14] et Lanery [9] .

En dernier lieu, nous considérons le cadre de la théorie des processus avec paramètre ("à la Jacod"). Nous démontrons alors l'existence en général (dans notre cadre) de la projection duale d'une mesure aléatoire (sans conditions habituelles), ce qui permet un théoreme de section, l'existence d'une projection à un paramètre, etc... (cf. Meyer [13]).

Nous avons ajouté en appendice une étude des limites faibles de $\underline{\underline{A}}$-noyaux du type "théorème de Mokobodzki" [12].

I REGULARISATION DE SYSTEMES DE PSEUDO NOYAUX.

Nous considérons fixé un espace de Probabilité $(\Omega,\underline{\underline{F}},P)$, ainsi qu'une tribu de Meyer $\underline{\underline{A}}$ incluse dans $\underline{\underline{B}}_{\mathbb{R}_+} \otimes \underline{\underline{F}}$. Rappelons ce que cela signifie (cf. [10]) :

* $\underline{\underline{A}}$ est une tribu sur $\mathbb{R}_+ \times \Omega$, engendrée par une famille de processus càdlàg ou càglàd, et $(t,\omega) \longrightarrow t$.
* Si X est un processus $\underline{\underline{A}}$-mesurable et $t \in \mathbb{R}_+$, alors X^t est encore $\underline{\underline{A}}$-mesurable.

Si $t \in \mathbb{R}_+$, on appelle $\underline{\underline{A}}_t$ la tribu sur Ω engendrée par les v.a. X_t, X décrivant les processus $\underline{\underline{A}}$-mesurables. La famille $(\underline{\underline{A}}_t)$ est une filtration, appelée la filtration de $\underline{\underline{A}}$. On note $\underline{\underline{A}}_\infty$ la tribu $\bigvee_t \underline{\underline{A}}_t$. Un processus X, défini à l'infini, est encore appelé $\underline{\underline{A}}$-mesurable si sa restriction à $\mathbb{R}_+ \times \Omega$ l'est et si X_∞ est $\underline{\underline{A}}_\infty$-mesurable.

Si T est une application de Ω dans $[0,\infty]$, on note $\underline{\underline{A}}_T$ la tribu sur Ω engendrée par les applications X_T, X décrivant les processus $\underline{\underline{A}}$-mesurables définis à l'infini.

Un temps d'arrêt de $\underline{\underline{A}}$ est, par définition, un temps T (i.e. une application de Ω dans $[0,\infty]$) tel que l'intervalle stochastique $[\![T,\infty[\![$ soit $\underline{\underline{A}}$-mesurable. On montre alors que si X est $\underline{\underline{A}}$-mesurable, X^T est encore $\underline{\underline{A}}$-mesurable.

Les théorèmes de section, de projection et de projection duale sont encore valides dans ce cadre [10].

Dans le cas où l'on part d'une filtration $\mathbb{F} = (\underline{\underline{F}}_t)$, la tribu optionnelle $\underline{\underline{O}}$ (resp. prévisible $\underline{\underline{P}}$) associée est la tribu engendrée par les processus càdlàg (resp. càglàd) adaptés. Ce sont des tribus de Meyer et on a : $\underline{\underline{O}}_T = \underline{\underline{F}}_T$, $\underline{\underline{P}}_T = \underline{\underline{F}}_{T-}$ (avec les notations habituelles). Les t.a. de $\underline{\underline{O}}$ sont les t.a. de la filtration $\mathbb{F}$, les t.a. de $\underline{\underline{P}}$ sont les t.a. prévisibles de $\mathbb{F}$.

La tribu de Meyer $\underline{\underline{A}}$ est toujours située entre les tribus prévisibles et optionnelles de sa filtration.

Nous considérons une <u>chronologie</u> $\underline{\underline{\Theta}}$ sur $\underline{\underline{A}}$, c'est à dire un ensemble de t.a. de $\underline{\underline{A}}$, stable pour les sup et inf finis, contenant 0 (et aussi $+\infty$ pour simplifier, mais ce n'est pas indispensable). Les cas les plus intéressants sont sans doute les cas où $\underline{\underline{\Theta}} = \mathbb{R}_+$ ou bien $\underline{\underline{\Theta}} = T(\underline{\underline{A}})$, ensemble de tous les t.a. de $\underline{\underline{A}}$; mais le fait d'utiliser une chronologie permet des précisions utiles.

Nous considérons enfin un <u>espace mesurable</u> $(M,\underline{\underline{M}})$, <u>ainsi que</u> $\mathbb{M}$ <u>l'espace des mesures positives finies sur</u> $(M,\underline{\underline{M}})$. Le symbole f désignera toujours une fonction $(M,\underline{\underline{M}})$-mesurable positive. L'espace $\mathbb{M}$ est muni de la tribu engendrée par les applications $m \to m(f)$.

DEFINITION 1. On appelle <u>$\underline{\underline{\Theta}}$-système de pseudo noyaux</u> sur $(M,\underline{\underline{M}})$ toute famille de v.a. <u>positives</u> sur Ω, $\underline{N} = (\underline{N}(\Theta,f))_{\Theta,f}$ indéxée par $\underline{\underline{\Theta}}$ et les fonctions mesurables positives sur M, vérifiant :

1°) Pour toute f, $\underline{N}(f) = (\underline{N}(\Theta,f))_\Theta$ est un <u>$\underline{\underline{\Theta}}$-système</u> ([3] et [4]):

a) Pour tout Θ, $\underline{N}(\Theta,f)$ est $\underline{\underline{A}}_\Theta$- mesurable

b) Pour tout Θ et Θ', $\underline{N}(\Theta,f) = \underline{N}(\Theta',f)$ p.s. sur $\{\Theta = \Theta'\}$

2°) <u>Linéarité positive</u> : pour tout Θ, toutes f,g, et tous $a,b \geq 0$

$$\underline{N}(\Theta,af+bg) = a\underline{N}(\Theta,f) + b\underline{N}(\Theta,g) \text{ p.s.}$$

3°) <u>Continuité</u>: pour tout Θ, si f_n converge simplement vers f en restant uniformément bornées, alors $\underline{N}(\Theta,f_n)$ converge en probabilité (et alors p.s.) vers $\underline{N}(\Theta,f)$.

DEFINITION 2. On appelle <u>$\underline{\underline{A}}$-noyau</u> sur $(M,\underline{\underline{M}})$ tout processus $\underline{\underline{A}}$-mesurable N, à valeurs dans $\mathbb{M}$

$$N : (\overline{\mathbb{R}}_+ \times \Omega , \underline{\underline{A}}) \longrightarrow \mathbb{M}$$
$$(t,\omega) \longrightarrow N_t(\omega)$$

c'est à dire tout noyau $N : (\overline{\mathbb{R}}_+ \times \Omega, \underline{\underline{A}}) \times \underline{\underline{M}} \longrightarrow \mathbb{R}_+$

Pour toute f, on notera N(f) le processus $\underline{\underline{A}}$-mesurable $N_t(\omega,f)$.

Si T est un temps, on notera $N_T(\omega)$ la mesure $N_{T(\omega)}(\omega)$.

DEFINITION 3. On dit que le $\underline{\underline{\Theta}}$-système de pseudo noyaux sur M , $\underline{\underline{N}}$, est <u>régularisé</u> par le $\underline{\underline{A}}$-noyau N sur M, si, pour tout $\Theta \in \underline{\underline{\Theta}}$, on a :

$$\text{Pour toute } f,\ \underline{\underline{N}}(\Theta,f) = N_{\Theta}(f) \text{ p.s.}$$

Le problème général de la régularisation est alors posé. Ce problème n'a pas une réponse positive en général : c'est déja le cas lorsque M est réduit à un point ! on retrouve alors le problème de la régularisation des $\underline{\underline{\Theta}}$-systèmes par des processus $\underline{\underline{A}}$-mesurables. Nous allons démontrer un théorème général, très simple, qui montre bien en quels termes le problème se pose.

Nous supposerons ici que $(M,\underline{\underline{M}})$ <u>est un espace standard</u>, c'est à dire que sa tribu est isomorphe à la tribu borélienne d'un espace polonais. C'est le cas de tous les espaces Lusiniens, c'est à dire tout borélien d'un polonais. On peut alors supposer, par passage au quotient, que $(M,\underline{\underline{M}})$ est un espace polonais muni de sa tribu borélienne. On sait qu'il est alors isomorphe à un métrique compact ($[0,1]$ si M n'est pas dénombrable, $\overline{\mathbb{N}}$ sinon). L'hypothèse $(M,\underline{\underline{M}})$ standard se ramène donc a l'hypothèse $(M,\underline{\underline{M}})$ métrique compact.

THEOREME 1. <u>Supposons</u> $(M,\underline{\underline{M}})$ <u>standard</u>. <u>Soit</u> $\underline{\underline{N}}$ <u>un</u> $\underline{\underline{\Theta}}$-<u>système de pseudo noyaux sur</u> $(M,\underline{\underline{M}})$. <u>On peut alors régulariser</u> $\underline{\underline{N}}$ <u>en un</u> $\underline{\underline{A}}$-<u>noyau sur</u> $(M,\underline{\underline{M}})$ <u>si et seulement si, pour toute</u> f <u>positive bornée, on peut construire un processus</u> $\underline{\underline{A}}$-<u>mesurable</u> f^* <u>de telle sorte qu'on ait</u>

a) <u>Pour toute</u> f, <u>tout</u> Θ, $\quad f^*_{\Theta} = \underline{\underline{N}}(\Theta,f)$ p.s.

b) <u>Pour toutes</u> f,g, <u>tout</u> $a \geq 0$

$$(f+g)^* \text{ est indistinguable de } f^* + g^*$$

$$(af\ )^* \text{ est indistinguable de } af^*$$

<u>Dans le cas où</u> $\underline{\underline{\Theta}} = T(\underline{\underline{A}})$, <u>la condition</u> b) <u>est automatiquement entrainée par la condition</u> a) <u>qui est donc nécessaire et suffisante</u>.

DEMONSTRATION. Nous pouvons donc supposer que $(M,\underline{\underline{M}})$ est un espace métrique compact muni de sa tribu borélienne. Soit alors D un ensemble dénombrable dense dans $C^+_u(M)$, stable par addition, multiplication par un rationnel positif, contenant 1.

Pour toutes $f,g \in D$, et tout $a \in Q_+$, posons

$$E(f,g,a) = \{(f+g)^* \neq f^* + g^*, \text{ ou } (af)^* \neq af^*\}$$

puis

$$E = \cup_{f,g,a} E(f,g,a)$$

L'ensemble E est évanescent et $\underline{\underline{A}}$-mesurable.

Considérons un point $(t,\omega) \in \overline{\mathbb{R}}_+ x\Omega$. Soit $N_t(\omega)$ l'application de D vers $\mathbb{R}_+$ définie par

$$N_t(\omega)(f) = f_t^*(\omega) I_{E^c}(t,\omega)$$

Cette application est positivement linéaire (sur Q_+) et s'étend donc de façon unique en une application Q-linéaire positive sur D- D, et finalement en une application linéaire positive de $C_u(M)$ vers $\mathbb{R}$, c'est à dire, en vertu du théorème de Riesz, en une mesure positive finie sur $\underline{\underline{M}}$, que nous noterons encore $N_t(\omega)$.

Montrons que N est un $\underline{\underline{A}}$-noyau sur $(M,\underline{\underline{M}})$. Il suffit de montrer que pour toute f borélienne positive bornée, le processus $(t,\omega) \rightarrow N_t(\omega)(f)$ est $\underline{\underline{A}}$-mesurable. C'est vrai pour toute $f \in D$ et donc, par passage à la limite, pour toute f continue; celles-ci engendrant la tribu $\underline{\underline{M}}$, le résultat s'ensuit par un argument de limite monotone.

Montrons enfin que N régularise $\underline{N}$. Si $\Theta \in \underline{\underline{\Theta}}$ et $f \in D$, on a

$$N_\Theta(f) = f_\Theta^* I_{E^c}(\Theta) = f_\Theta^* = \underline{N}(\Theta,f) \quad \text{p.s.}$$

et le résultat s'ensuit par un argument de limite monotone , en utilisant la condition 3°) de continuité de $\underline{N}$.

La réciproque est évidente: si N est un $\underline{\underline{A}}$-noyau régularisant $\underline{N}$, il suffit de poser $f^* = N(f)$.

Enfin, dans le cas où $\underline{\underline{\Theta}} = T(\underline{\underline{A}})$, la linéarité positive de $\underline{N}$ implique, si a) est réalisée, que pour toutes f,g, tout t.a. T et tout $a \geq 0$, on a $(f+g)_T^* = f_T^* + g_T^*$ p.s. et $(af)_T^* = af_T^*$ p.s. ; et l'on voit, grâce au théorème de section, que la condition b) est alors satisfaite.

THEOREME 2 (d'unicité). <u>Supposons</u> $(M,\underline{\underline{M}})$ <u>dénombrablement engendrée. Soient</u> $\underline{N}$ <u>un</u> $T(\underline{\underline{A}})$-<u>système de pseudo noyaux sur</u> $(M,\underline{\underline{M}})$ <u>et</u> N^1, N^2 <u>deux</u> $\underline{\underline{A}}$-<u>noyaux sur</u> $(M,\underline{\underline{M}})$ <u>régularisant</u> $\underline{N}$. <u>Alors</u> N^1 <u>et</u> N^2 <u>sont indistinguables</u>.

DEMONSTRATION. Soit D une algèbre dénombrable engendrant la tribu $\underline{\underline{M}}$. Pour toute $f \in D$ et tout t.a. T on a $N_T^1(f) = N_T^2(f)$ p.s. , et donc, d'après le théorème de section, $N^1(f)$ et $N^2(f)$ sont indistinguables. Il existe donc un ensemble évanescent E tel que, si $(t,\omega) \notin E$, alors pour toute $f \in D$, on a $N_t^1(\omega)(f) = N_t^2(\omega)(f)$. Un argument de limite monotone montre que cette égalité est valide pour toute f mesurable positive. On en déduit que les deux $\underline{\underline{A}}$-noyaux sont indistinguables.

Il y a des contre exemples lorsque $\underline{\underline{M}}$ n'est pas dénombrablement engendrée.

DEFINITION 4. Si (P) est une propriété de processus, traduisible en termes de temps d'arrêt, nous dirons que N est un $\underline{\underline{\Theta}}$-(P)-système de pseudo noyaux sur M si, pour toute f positive bornée, le $\underline{\underline{\Theta}}$-système $\underline{N}(f) = (\underline{N}(\Theta,f))_{\Theta}$ possède la propriété (P) par rapport aux t.a. $\Theta \in \underline{\underline{\Theta}}$.

Nous dirons que N est un $\underline{\underline{A}}$-(P)-noyau sur M si, pour toute f positive bornée, le processus N(f) possède la propriété (P).

Exemples d'existence de régularisation

Il résulte alors des théorèmes 1 et 2 et des résultats de [3], que tout T($\underline{\underline{A}}$)-surmartingale (resp. martingale, sous martingale, quasi-martingale, semimartingale) de pseudo noyaux sur (M,$\underline{\underline{M}}$) se régularise, essentiellement de façon unique, en un $\underline{\underline{A}}$-noyau du même type.

Remarquons également que, dans le cas où $\underline{\underline{\Theta}} = \mathbb{R}_+$, par exemple, si, pour toute f, $\underline{N}(f)$ (qui est alors un processus adapté) admet une modification p.s. continue à droite (resp. à gauche) alors, si(M,$\underline{\underline{M}}$) est standard, $\underline{N}$ est régularisable par un unique (à l'indistinguabilité près) $\underline{\underline{A}}$- noyau "p.s. continu à droite" (resp. à gauche).

Si $\underline{\underline{A}}$ est la tribu optionnelle d'une filtration continue à droite, il résulte alors de [4], que tout T($\underline{\underline{A}}$)-système s.c.s. (ou s.c.i., ou continu à droite) à droite de pseudo noyaux sur M standard, se régularise en un unique $\underline{\underline{A}}$-noyau du même type (p.s. s.c.s. à droite,... si la filtration n'est pas complète).

Etudions maintenant le cas particulier des $\underline{\underline{\Theta}}$-surmartingales de pseudo noyaux. Les conditions d'existence de noyau régularisant sont alors très larges, et généralisent considérablement celles du théorème de Schwartz [14].

II REGULARISATION DE $\underline{\underline{\Theta}}$-SURMARTINGALES DE PSEUDO NOYAUX.

DEFINITION 5. Nous dirons qu'un $\underline{\underline{\Theta}}$-système de pseudo noyaux est une $\underline{\underline{\Theta}}$-surmartingale de pseudo noyaux sur M si, pour toute f positive bornée, le $\underline{\underline{\Theta}}$-système $\underline{N}(f)$ est une $\underline{\underline{\Theta}}$-surmartingale, c'est à dire :

$$\text{si } \Theta \leq \Theta' \quad \text{alors} \quad E[\underline{N}(\Theta',f)\,|\,\underline{\underline{A}}_{\Theta}] \leq \underline{N}(\Theta,f) \quad \text{p.s.}$$

Nous appellerons $\underline{\underline{A}}$-surmartingale de mesure tout $\underline{\underline{A}}$-noyau N sur M tel que, pour toute f positive bornée, le processus N(f) est une $\underline{\underline{A}}$-surmartingale, c'est à dire : pour tous t.a. de $\underline{\underline{A}}$, S et T, on a

$$E[N_T(f)\,|\,\underline{\underline{A}}_S] \leq N_{S\cap T}(f) \quad \text{p.s.}$$

Remarquons que ces propriétés s'étendent en fait à toute f positive en utilisant les espérances conditionnelles généralisées.

Nous supposerons maintenant l'espace $(M,\underline{\underline{M}})$ radonien, ce qui veut dire que sa tribu $\underline{\underline{M}}$ est isomorphe à la tribu borélienne d'un sous espace universellement mesurable d'un polonais (un U-space au sens de Getoor). Tout espace mesurable lusinien, souslinien, cosouslinien ([5]) est radonien. Quitte à passer au quotient, nous pouvons alors supposer que $(M,\underline{\underline{M}})$ est un sous espace universellement mesurable d'un polonais. Ceci nous permet de supposer M équipé d'une topologie telle que $\underline{\underline{M}}$ soit sa tribu borélienne et que toute mesure positive σ-finie sur $\underline{\underline{M}}$ soit tendue (portée par une réunion dénombrable de compacts métrisables de mesure finie). De plus, la tribu $\underline{\underline{M}}$ est dénombrablement engendrée, ce qui, on l'a vu, permet d'assurer des conditions d'unicité.

THEOREME 3. Supposons $(M,\underline{\underline{M}})$ radonien. Toute $\underline{\underline{\Theta}}$-surmartingale de pseudo noyaux $\underline{N}$ sur $(M,\underline{\underline{M}})$ se régularise en une $\underline{\underline{A}}$-surmartingale de mesure sur $(M,\underline{\underline{M}})$. Il existe une telle $\underline{\underline{A}}$-surmartingale de mesure $\hat{N}$ qui est la plus petite possible (à l'indistinguabilité près). Dans le cas où $\underline{\underline{\Theta}} = T(\underline{\underline{A}})$, il n'en existe essentiellement qu'une.

DEMONSTRATION. Nous allons d'abord nous ramener à la situation précédente : $(M,\underline{\underline{M}})$ standard. Considérons, pour tout $\Theta \in \underline{\underline{\Theta}}$ la mesure (vraie!) sur $(M,\underline{\underline{M}})$, J_Θ, définie par $J_\Theta(f) = E[\underline{N}(\Theta,f)]$. La condition de $\underline{\underline{\Theta}}$-surmartingale montre que, pour tout Θ, on a $J_\Theta \leq J_0$. Montrons que J_0 est portée par une réunion dénombrable de compacts métrisables.

Considérons la mesure finie $Q(f) = E[\underline{N}(0,f)/\underline{N}(0,1)]$ (avec la convention $0/0 = 0$) ; elle est portée par une réunion dénombrable de compacts métrisable $\hat{M}$ (donc un lusinien) et on a : $Q(f) = Q(fI_{\hat{M}})$. On a donc, pour toute f positive, $\underline{N}(0,f) = \underline{N}(0,fI_{\hat{M}})$ p.s. et, par suite, en intégrant, $J_0(f) = J_0(fI_{\hat{M}})$ cqfd.

Par domination, on a donc également, pour tout Θ et toute f positive, $J_\Theta(f) = J_\Theta(fI_{\hat{M}})$, et, par suite : $\underline{N}(\Theta,f) = \underline{N}(\Theta,fI_{\hat{M}})$ p.s. . Nous régulariserons alors le $(\hat{M},\hat{\underline{\underline{M}}})$-système de pseudo noyaux $\underline{N}(\Theta,f/\hat{M})$ par un $\underline{\underline{A}}$-noyau N sur l'espace standard $(\hat{M},\hat{\underline{\underline{M}}})$, grâce au théorème 1 et l'étendrons en un $\underline{\underline{A}}$-noyau sur $(M,\underline{\underline{M}})$ en posant $N'(f) = N(f/\hat{M})$.

Nous pouvons donc bien supposer que $(M,\underline{\underline{M}})$ est standard, comme dans le théorème 1.

Il nous faut maintenant associer à toute f positive bornée une $\underline{\underline{A}}$-surmartingale f^* de telle sorte que $(f+g)^*$ soit indistinguable de $f^* + g^*$ et $(af)^*$ de af^* . La démonstration est alors basée sur l'existence de "l'enveloppe de Snell" d'un $\underline{\underline{\Theta}}$-système (cf. [3]). Considérons f positive bornée. Soit $\hat{\underline{\underline{\Theta}}}$ la chronologie des temps d'arrêt de $\underline{\underline{A}}$, $\underline{\underline{\Theta}}$-étagés. Le $\underline{\underline{\Theta}}$-système $(\underline{\underline{N}}(\Theta,f))$ se prolonge de façon essentiellement unique en un $\hat{\underline{\underline{\Theta}}}$-système $(\underline{\underline{N}}(\hat{\Theta},f))_{\hat{\Theta}\in\hat{\underline{\underline{\Theta}}}}$ qui est encore une $\hat{\Theta}$-surmartingale.

Le $T(\underline{\underline{A}})$-système $\underline{h}(T) = \text{ess-sup}_{\hat{\Theta}\geq T} E[\underline{\underline{N}}(\hat{\Theta},f)|\underline{\underline{A}}_T]$ se régularise en une $\underline{\underline{A}}$-surmartingale positive , que nous noterons f^*, et qui "recolle" le $\underline{\underline{\Theta}}$-système $\underline{\underline{N}}(f)$. C'est la plus petite $\underline{\underline{A}}$-surmartingale ayant cette propriété (à l'indistinguabilité près). Montrons que la correspondance $f \to f^*$ est positivement additive, à l'indistinguabilité près. Il suffit de remarquer que, pour T t.a., $\hat{\underline{\underline{\Theta}}}_T=\{\hat{\Theta}: \hat{\Theta}\geq T\}$ est filtrant décroissant et que la famille filtrante $E[\underline{\underline{N}}(\hat{\Theta},f)|\underline{\underline{A}}_T]$, $\hat{\Theta}$ décrivant $\hat{\underline{\underline{\Theta}}}_T$ est croissante quand $\hat{\Theta}$décroit. On a alors

$$f_T^* = \text{P-lim}_{\hat{\underline{\underline{\Theta}}}_T} E[\underline{\underline{N}}(\hat{\Theta},f)|\underline{\underline{A}}_T] \quad \text{p.s.}$$

On voit donc bien que $(f+g)_T^* = f_T^*+ g_T^*$ p.s. etc... Il suffit alors d'utiliser le théorème de section.

Considérons alors le $\underline{\underline{A}}$-noyau $\hat{N}$, régularisant $\underline{\underline{N}}$ et construit à partir des f^*. Montrons que c'est une $\underline{\underline{A}}$-surmartingale de mesure. Si $f \in D$ (ensemble dénombrable dense de $C_u^+(M)$, M supposé métrique compact), alors $\hat{N}(f)$et f^* sont indistinguables. On a donc, si S et T sont deux temps d'arrêt de $\underline{\underline{A}}$ tels que $S\leq T$:

$$E[\hat{N}_T(f)|\underline{\underline{A}}_S] \leq \hat{N}_S(f) \quad \text{p.s.} \qquad (f\in D)$$

Un argument de limite monotone montre qu'il en est de même pour toute f borélienne positive. cqfd.

Montrons enfin que $\hat{N}$ est la plus petite $\underline{\underline{A}}$-surmartingale de mesure régularisant $\underline{\underline{N}}$. Soit N une autre $\underline{\underline{A}}$-surmartingale de mesure régularisant $\underline{\underline{N}}$. Montrons que $\hat{N}$est p.s. inférieure ou égale à N. Pour $f \in D$, la $\underline{\underline{A}}$-surmartingale N(f) régularise le $\underline{\underline{\Theta}}$-système $\underline{\underline{N}}(f)$ et donc est supérieure ou égale, à l'indistinguabilité près, à f^* elle même indistinguable de $\hat{N}(f)$. Il existe donc un ensemble évanescent $\underline{\underline{A}}$-mesurable, E, tel que, si $(t,\omega) \notin E$, alors

$$\hat{N}_t(\omega)(f) \leq N_t(\omega)(f) \qquad \forall f \in D$$

Un argument de limite monotone montre alors qu'on a la même inégalité pour toute f positive.

Revenons maintenant à la situation initiale. Soit N une $\underline{\underline{A}}$-surmartingale de mesures sur $(M,\underline{\underline{M}})$ régularisant $\underline{\underline{N}}$. Montrons que, pour presque tout ω et tout t, $N_t(\omega)$ est portée par $\hat{M}$. Posons $g = I_{\hat{M}^c}$; on a $N_0(g)= \underline{\underline{N}}(0,g) = 0$ p.s. et donc, pour tout t.a. T, $N_T(g) = 0$ p.s. . Le théorème de section montre alors que N(g) est indistinguable de 0, ce qui prouve le résultat.

Si donc N est une $\underline{\underline{A}}$-surmartingale de mesures sur $(M,\underline{\underline{M}})$, régularisant $\underline{N}$, elle est indistinguable d'une $\underline{\underline{A}}$-surmartingale de mesures portées par $\hat{M}$. On en déduit encore que N majore $\hat{N}$.

REMARQUE. La démonstration n'a en fait pas utilisé le fait que $(M,\underline{\underline{M}})$ était radonien, mais seulement le fait que <u>la mesure sur $(M,\underline{\underline{M}})$, définie par $J_0(f) = E[\underline{N}(0,f)]$ était portée par un sous espace mesurable $(\hat{M},\hat{\underline{\underline{M}}})$ standard et tel que $\hat{M}$ soit universellement $\underline{\underline{M}}$-mesurable.</u>

<u>Le cas particulier des pseudo-noyaux markoviens.</u>

DEFINITION 6. Nous dirons que $\underline{N}$ est un $\underline{\underline{\Theta}}$-système de <u>pseudo noyaux markoviens</u> si, pour tout $\Theta \in \underline{\underline{\Theta}}$, on a $\underline{N}(\Theta,1) = 1$ p.s. .

Les notions de <u>$\underline{\underline{\Theta}}$-martingales de pseudo noyaux</u>, de <u>$\underline{\underline{A}}$-martingales de mesures</u> (ou <u>de probabilités</u>) se comprennent d'elles mêmes.

PROPOSITION 4. <u>Soit $\underline{N}$ une $\underline{\underline{\Theta}}$-surmartingale de pseudo-noyaux sur</u> $(M,\underline{\underline{M}})$ <u>vérifiant $\underline{N}(0,1) = \underline{N}(\infty,1) = 1$ p.s. . Alors $\underline{N}$ est une $\underline{\underline{\Theta}}$-martingale de pseudo noyaux markoviens. Si N est une $\underline{\underline{A}}$-surmartingale de mesures régularisant $\underline{N}$, alors N est indistinguable d'une $\underline{\underline{A}}$-martingale de probabilités.</u>

DEMONSTRATION. Pour tout Θ, définissons la mesure J_Θ sur $(M,\underline{\underline{M}})$, par $J_\Theta(f) = E[\underline{N}(\Theta,f)]$. La condition de surmartingale montre que l'on a $J_\infty \leq J_\Theta \leq J_0$. Si $\underline{N}(0,1) = \underline{N}(\infty,1) = 1$ p.s. alors J_∞ et J_0 sont des probabilités et donc $J_\infty = J_\Theta = J_0$. On a donc, pour toute f, $E[\underline{N}(\infty,f)|\underline{\underline{A}}_\Theta] = \underline{N}(\Theta,f)$ p.s., ce qui prouve que $\underline{N}$ est une $\underline{\underline{\Theta}}$- martingale de pseudo noyaux (markoviens car alors $\underline{N}(\Theta,1) = E[1|\underline{\underline{A}}_\Theta] = 1$ p.s.).

Soit N une $\underline{\underline{A}}$-surmartingale de mesures régularisant $\underline{N}$. On a alors $N_\infty(1) = N_0(1) = 1$ p.s. et donc, pour tout t.a. T de $\underline{\underline{A}}$, $N_T(1) = 1$ p.s. par suite, N(1) est indistinguable de 1, cqfd.

Nous pouvons maintenant énoncer le théorème de régularisation des Θ- martingales de pseudo noyaux markoviens. Nous supposerons, pour simplifier l'énoncé du théorème, que $(M,\underline{\underline{M}})$ est encore radonien, mais <u>l'énoncé est encore valide sous les hypothèses de la remarque suivant le théoreme</u> 3 (même pour l'unicité). Nous donnerons ici une démonstration un peu plus compliquée que nécessaire pour bien montrer cela.

THEOREME 5. <u>Supposons</u> $(M,\underline{\underline{M}})$ <u>radonien. Si $\underline{N}$ est une $\underline{\underline{\Theta}}$-martingale de pseudo noyaux markoviens sur</u> $(M,\underline{\underline{M}})$, <u>alors il existe une unique (à l'indistinguabilité pres) $\underline{\underline{A}}$-martingale de probabilités $\hat{N}$ régularisant $\underline{N}$.</u>

DEMONSTRATION. Soit $\hat{N}$ la $\underline{\underline{A}}$-surmartingale de mesure, la plus petite possible, régularisant $\underline{\underline{N}}$. La proposition précédente affirme que $\hat{N}$ est indistinguable d'une $\underline{\underline{A}}$-martingale de probabilités. On peut la transformer en une vraie $\underline{\underline{A}}$-martingale de probabilité. Si N est une autre $\underline{\underline{A}}$-surmartingale de mesure régularisant $\underline{\underline{N}}$, alors N est aussi indistinguable d'une $\underline{\underline{A}}$-martingale de probabilité et on a, pour presque tout ω et tout t, $\hat{N}_t(\omega) \leq N_t(\omega)$, $\hat{N}_t(\omega)$ et $N_t(\omega)$ sont des probabilités. Par suite, on doit avoir, pour presque tout ω et tout t, l'égalité. cqfd.

REMARQUE. Si $\underline{\underline{N}}$ est une $\underline{\underline{\Theta}}$-surmartingale de pseudo noyaux sur $(M,\underline{\underline{M}})$ dénombrablement engendrée, il y a au plus une (à l'indistinguabilité près) $\underline{\underline{A}}$-martingale de mesures (et même $\underline{\underline{A}}$-surmartingale de mesures si J_0 est bornée) régularisant $\underline{\underline{N}}$. Cette remarque couvre le cas radonien, mais pas le cas de la remarque suivant le théorème 3, qui est pourtant vérifiée grâce à la démonstration du théorème précédent .

Nous n'avons traité en détail que le cas des $\underline{\underline{\Theta}}$-surmartingales de pseudo noyaux. Le cas des $\underline{\underline{\Theta}}$-martingales de pseudo noyaux et des $\underline{\underline{\Theta}}$-sous martingales de pseudo noyaux se traite exactement de la même façon (en remplaçant dans le théorème 3 " $\hat{N}$, la plus petite $\underline{\underline{A}}$-surmartingale de mesures régularisant $\underline{\underline{N}}$" par " $\hat{N}$, la plus grande $\underline{\underline{A}}$-sous martingale de mesures régularisant $\underline{\underline{N}}$ ").

Le théorème 3 généralise le théorème de Schwartz, qui démontre ce résultat, sous les conditions habituelles, lorsque $\underline{\underline{\Theta}} = \mathbb{R}_+$ et les surmartingales $\underline{\underline{N}}(f)$ sont continues à droite en probabilité (pour certaines f) [14]. La démonstration présentée ici a l'avantage de bien montrer le rôle de l'enveloppe de Snell d'une $\underline{\underline{\Theta}}$-surmartingale.

III UN THEOREME GENERAL DE DESINTEGRATION EN THEORIE DES PROCESSUS.

En théorie "élémentaire " des probabilités, on rencontre la situation suivante : un espace de probabilité $(\Omega,\underline{\underline{F}},P)$, deux applications mesurables $q : (\Omega,\underline{\underline{F}}) \longrightarrow (E,\underline{\underline{E}})$ et $Y : (\Omega,\underline{\underline{F}}) \longrightarrow (M,\underline{\underline{M}})$. Le théorème général de désintégration nous dit alors que si $(M,\underline{\underline{M}})$ est un bon espace (Radonien par exemple), il existe une version régulière de probabilité conditionnelle de q conditionnée par Y :

un noyau $P_Y^q(x,dm)$ = " $P[q=x \mid Y\in dm]$ " .

Nous voulons généraliser cette construction en considérant, à la place de Y, un processus Y_t et en montrant qu'alors on peut choisir les probabilités conditionnelles $P^q_{Y_t}(x,dm)$ de façon à ce que l'application en (t,x) ainsi définie soit mesurable par rapport à une tribu de Meyer donnée, $\underline{\underline{A}}$, sur $(\mathbb{R}_+ \times E, \underline{\underline{B}}_{\mathbb{R}} \times \underline{\underline{E}})$.

Nous considérerons, en vue de certaines applications, non la probabilité image $q[P]$ sur $(E,\underline{\underline{E}})$, mais une probabilité Q telle que $q[P]$ soit absolument continue par rapport à celle-ci. Nous illustrerons ce résultat et ce type de situation par de nombreux exemples.

a) Projection à travers une application.

Nous considérons une application mesurable, q, de $(\Omega,\underline{\underline{F}})$ vers un espace mesuré $(E,\underline{\underline{E}})$, une tribu de Meyer $\underline{\underline{A}}$ sur $(\mathbb{R}_+ \times E, \underline{\underline{B}}_{\mathbb{R}_+} \times \underline{\underline{E}})$ et Q une probabilité sur $\underline{\underline{E}}$ telle que la loi image de P par q, notée $q[P]$, soit absolument continue par rapport à Q. Nous noterons $\bar{q}$ l'application $(t,\omega) \to (t,q(\omega))$.

THEOREME 6 (de projection). Si Z est un processus mesurable borné défini sur $\mathbb{R}_+ \times \Omega$, il existe un unique (à la Q-indistinguabilité pres) processus $\underline{\underline{A}}$-mesurable $\hat{Z}$ défini sur $\mathbb{R}_+ \times E$ vérifiant

$$\forall T \in \underline{\underline{T}}(\underline{\underline{A}}),\ \forall A \in \underline{\underline{A}}_T \qquad E_Q[\hat{Z}_T, A] = E_P[Z_{T\circ q}, q^{-1}(A)]$$

On dit que $\hat{Z}$ est la $(\underline{\underline{A}},P,Q)$-projection de Z à travers q.

DEMONSTRATION. Si g est une application mesurable bornée définie sur Ω, posons $Z(g)$ une densité de la mesure image $q[g.P]$ par rapport à Q. Appelons alors $\hat{g}$ la $\underline{\underline{A}}$-projection de $Z(g)$: $\hat{g}$ est $\underline{\underline{A}}$-mesurable et, pour tout t.a. T de $\underline{\underline{A}}$, on a $\hat{g}_T = E_Q[Z(g)|\underline{\underline{A}}_T]$.

Si maintenant $Z(t,\omega)$ est de la forme $h(t)g(\omega)$, posons $\hat{Z} = h\hat{g}$. On vérifie aisément que le processus $\hat{Z}$ convient. On obtient le résultat général par un argument de classe monotone. L'unicité vient, comme toujours, du théorème de section.

REMARQUE. On peut également démontrer un théorème de projection duale : Si B est un processus croissant Q-intégrable sur E, il existe un unique processus croissant $\check{B}$ sur Ω, P-intégrable et $\bar{q}^{-1}(\underline{\underline{A}})$-mesurable vérifiant

$$\forall Z \quad E_P[\int^{\infty} Z_s d\check{B}_s] = E_Q[\int^{\infty} \hat{Z}_s dB_s]$$

Dans le cas où $q[P] = Q$, en notant $\underline{\underline{B}}$ pour $\bar{q}^{-1}(\underline{\underline{A}})$, on a

$$\hat{Z}\circ\bar{q} = {}^{\underline{\underline{B}}}Z \qquad \text{et} \qquad B^{\underline{\underline{A}}}\circ\bar{q} = \check{B}$$

b) Un théorème général de désintégration en théorie des processus.

Nous considérons , en plus de la situation décrite en a), un processus mesurable Y défini sur Ω et à valeurs dans un espace standard (radonien si $Y(t,\omega)$ est constant en t) noté $(M,\underline{\underline{M}})$. On a alors

THEOREME 7. Sous les hypothèses précédentes, il existe un unique $\underline{\underline{A}}$-noyau sur $(M,\underline{\underline{M}})$, N, vérifiant, pour toute f mesurable positive sur M,

N(f) est la $(\underline{\underline{A}},P,Q)$-projection de f(Y) à travers q

c'est à dire, pour tout t.a. T de $\underline{\underline{A}}$ et tout processus g $\underline{\underline{A}}$-mesurable

$$E_Q[N_T(f)g_T] = E_P[f(Y_{Toq})g_Toq]$$

REMARQUE. Dans le cas où $Q=q[P]$, on peut interpréter le noyau N_T de la façon suivante (si T est un t.a. de $\underline{\underline{A}}$) : q est une application mesurable de $(\Omega,\underline{\underline{F}})$ vers $(E,\underline{\underline{A}}_T)$ et $N_T(x,dm) =$ "$P[q=x \mid Y_{Toq} \in dm]$" .

Par classe monotone, on voit que si f(t,m) est $\underline{\underline{B}}_{\mathbb{R}_+} \times \underline{\underline{M}}$ -mesurable borné, alors la $(\underline{\underline{A}},P,Q)$ projection de $f(t,Y_t)$ est donnée par :

$$\hat{f}(t,x) = N_t(x,f_t) = \int_M f(t,m)N_t(x,dm)$$

DEMONSTRATION. On vérifie aisément que la famille de v.a. sur $(E,\underline{\underline{E}})$ $\underline{N}$ définie, pour f $\underline{\underline{M}}$-mesurable positive bornée et T t.a. de $\underline{\underline{A}}$, par (en reprenant la notation du th. 6) $\underline{N} =((\underline{N}(T,f) = E_Q[Z(f(Y_{Toq})|\underline{\underline{A}}_T])$ forme un $\underline{\underline{T}}(\underline{\underline{A}})$-système de pseudo-noyaux sur $(M,\underline{\underline{M}})$, et que chaque $\underline{\underline{T}}(\underline{\underline{A}})$-système $\underline{N}(f)$ est régularisé par le processus projection $\widehat{f(Y)}$.
Le théorème 1 affirme alors l'existence d'un $\underline{\underline{A}}$-noyau N (unique d'après le théorème de section) régularisant $\underline{N}$. Il est clair que N est le $\underline{\underline{A}}$-noyau cherché.

Nous allons montrer que dans le cas où Y est un processus làdlàg et $(M,\underline{\underline{M}})$ est un espace polonais, le $\underline{\underline{A}}$-noyau N admet p.s. des limites à droite et à gauche lorsque l'on munit $\mathbb{M}$ (espace des mesures positives finies sur $\underline{\underline{M}}$) de la topologie de la convergence simple sur les fonctions continues bornées sur M (convergence étroite).

Nous définirons $\overline{\underline{\underline{A}}}^+$ (resp. $\overline{\underline{\underline{A}}}^-$) comme la tribu optionnelle (resp. prévisible) de la filtration vérifiant les conditions habituelles obtenue à partir de la filtration $(\underline{\underline{A}}_t)$. Nous noterons N^+ (resp. N^-) le $\overline{\underline{\underline{A}}}^+$-noyau (resp. $\overline{\underline{\underline{A}}}^-$-noyau) défini de la même façon que N, mais relativement à Y^+(resp. Y^-), processus des limites à droite (resp. à gauche de Y, et à la tribu $\overline{\underline{\underline{A}}}^+$ (resp. $\overline{\underline{\underline{A}}}^-$).

THEOREME 8. <u>Avec les hypothèses et notations précédentes, le processus</u> N, <u>à valeurs dans</u> $\mathbb{M}$, <u>est p.s. làdlàg et</u> N^+ (<u>resp.</u> N^-) <u>est égal au processus de ses limites à droite</u> (<u>resp. à gauche</u>).

DEMONSTRATION. Montrons d'abord que si (T_n) est une suite de t.a. de $\underline{\underline{A}}$ décroissant strictement vers un t.a. T de $\overline{\underline{\underline{A}}}^+$, alors, pour toute f continue bornée, $N_{T_n}(f)$ converge p.s. vers $N_T(f)$:

la suite $f(Y_{T_n})$ converge en restant bornée vers $f(Y_{T+})$ et donc la suite des densités $Z(f(Y_{T_n}))$ $(= E_P^q[f(Y_{T_n})] \frac{dq[P]}{dQ})$ converge p.s. vers $Z(f(Y_{T+}))$, en restant bornée par une v.a. Q-intégrable fixe. Le lemme de Hunt permet alors d'affirmer que

$$N_{T_n}(f) = E_Q[Z(f(Y_{T_n}))|\underline{\underline{A}}_{T_n}]$$

converge p.s. vers

$$N_T^+(f) = E_Q[Z(f(Y_{T+}))|\overline{\underline{\underline{A}}}_T^+]$$

On en déduit, d'après ([10] II § 4, th. 9) que, si f est continue bornée, le processus N(f) est p.s. làd. Le "p.s." semble à priori dépendre de f ; on lève cette restriction en remarquant qu'il existe un ensembre dénombrable D de fonctions continues bornées tel que la convergence étroite soit égale à la convergence simple sur D. On en déduit que N lui-même est p.s. làd et, en utilisant le fait que tout t.a. T de $\overline{\underline{\underline{A}}}^+$ est limite de la suite de t.a. prévisibles $T_n' = T + 1/n$, eux-mêmes indistinguables de t.a. prévisible de la filtration exacte $\underline{\underline{A}}_t$ (et donc de t.a. de $\underline{\underline{A}}$), on identifie la limite, à l'aide de ce qui a été dit plus haut et du théorème de section, comme étant N^+.

La démonstration est analogue en ce qui concerne les limites à gauche et le processus N^-; on utilisera (à la place des T+1/n) le fait que tout t.a. prévisible est limite d'une suite strictement croissante de t.a. eux mêmes prévisibles.

Le théorème suivant n'est pas le meilleur possible, mais nous ne voulons pas trop alourdir les énoncés.

THEOREME 9. <u>Supposons</u> $(M,\underline{\underline{M}})$ <u>polonais et</u> Y <u>càdlàg. Dans ces conditions, le</u> $\underline{\underline{A}}$<u>-noyau</u> N <u>ne dépend que de la loi du couple</u> (q,Y) (<u>à valeurs dans</u> $E\times D(\mathbb{R}_+,M)$) <u>et de</u> $(\underline{\underline{A}},Q)$ ($\underline{\underline{A}}$ <u>seulement si</u> $Q = q[P]$)

DEMONSTRATION. Appelons R la loi du couple (q,Y). Le processus cannonique $X: \mathbb{R}_+\times D(\mathbb{R}_+,M) \longrightarrow M$ $((t,h)\rightarrow h(t))$ est mesurable. (C'est pour avoir cette condition que nous avons restreint notre énoncé; nous donnons maintenant une démonstration générale). Notons p l'application $(x,h) \to x$. On a alors, si T est un t.a. de $\underline{\underline{A}}$ et $A \in \underline{\underline{A}}_T$

$$E_Q[N_T(f),A] = E_R[f(X_{T\circ p}),p^{-1}(A)]$$

On en déduit que si $R = L(q,Y) = L(q',Y')$, alors, pour toute f, on a $N_T(f) = N'_T(f)$ Q-p.s., puis, $\underline{\underline{M}}$ étant dénombrablement engendrée, que N et N' sont indistinguables.

c) <u>Exemples</u>.

1) <u>Le processus de prédiction de Knight</u> [7].

Considérons un processus càdlàg X à valeurs dans un espace polonais F. Nous posons alors

$E = M = D(\mathbb{R}_+,F)$ (espace polonais)
$q(\omega) = X.(\omega)$, $Y_t = {}^tX$ $({}^tX : (s,\omega) \to X_{t+s}(\omega) - X_t(\omega))$
$Q = q[P] = P_X$ (loi de X)
$\underline{\underline{A}}$ = la tribu optionnelle de $\underline{\underline{F}}^o_{t+}$ (ou $\underline{\underline{F}}^o_t = \sigma(C_s, s \leq t)$
(C étant le processus cannonique)

Le processus N est alors le processus de prédiction de Knight étudié par Meyer [11] et Yor [15].

On a, pour tout t.a. T : $N_T(X,f) = E_P[f({}^TX | \underline{\underline{F}}^X_{T+}]$
et le processus N_t est un processus de Markov fort [11].

2) <u>Le processus de prédiction de Aldous</u> [1].

On considére encore un processus càdlàg X à valeurs dans un espace polonais F. On se donne une tribu de Meyer $\underline{\underline{A}}$ sur $(\Omega,\underline{\underline{F}})$. Nous posons

$E = \Omega$, $M = D(\mathbb{R}_+,F)$ (polonais)
$q(\omega) = \omega$, $Y_t(\omega) = X.(\omega)$
$Q = P$.

Le processus N ainsi défini vérifie: pour tout t.a. T de $\underline{\underline{A}}$:

$$N_T(f) = E_P[f(X) | \underline{\underline{A}}_T]$$

Il permet à Aldous d'étudier les rapports entre X et $\underline{\underline{A}}$ en introduisant le concept suivant:

$(X,\underline{\underline{A}})$ équivaut à $(X',\underline{\underline{A}}')$ si et seulement si la loi du processus N est égale à celle de N' (dans le cas où $\underline{\underline{A}}$ est la tribu optionnelle de la filtration $\underline{\underline{F}}^X_{t+}$ et $\underline{\underline{A}}'$ celle de $\underline{\underline{F}}^{X'}_{t+}$, cela revient à dire que X et X' ont même loi).

On peut alors montrer , grace à cette notion, que beaucoup de construction relatives à $(X,\underline{\underline{A}})$ et $(X',\underline{\underline{A}}')$ ont même loi [1].

3) Désintégration régulière le long d'une tribu de Meyer.

Nous supposons l'espace $(\Omega,\underline{\underline{F}})$ radonien. Soit q une application mesurable de $(\Omega,\underline{\underline{F}})$ vers un espace mesuré $(E,\underline{\underline{E}})$, ainsi que $\underline{\underline{A}}$ une tribu de Meyer sur $\mathbb{R}_+ \times E$. On se donne une probabilité P sur $\underline{\underline{F}}$ et $Q = q[P]$ sur $\underline{\underline{E}}$ (on pose $Y_t(\omega) = \omega$ et $M = \Omega$).

Le $\underline{\underline{A}}$-noyau N vérifie alors, pour tout t.a. T de $\underline{\underline{A}}$:

N_T est une désintégration de P par rapport à $(q,\underline{\underline{A}}_T)$.

C'est une $\underline{\underline{A}}$-martingale de Probabilités :

$$N_T(f) = E_Q[Z(f) \mid \underline{\underline{A}}_T]$$

Par classe momotone, on voit que, pour tout processus mesurable borné X défini sur Ω, la $\underline{\underline{A}}$-projection de X à travers q est donnée par

$$\hat{X}_t(x) = \int X_t(\omega) N_t(x,d\omega)$$

Le support de $N_T(x,d\omega)$ possède d'intéressantes propriétés de régularité:

THEOREME 10. Soit $\underline{\underline{B}}$ une tribu de Meyer séparable incluse dans $\underline{\underline{A}}$. On a alors:

1°) Pour tout t.a. T de $\underline{\underline{B}}$, on a $B_T^x = B_{T(x)}^x$ (B_T^x = l'atome de $\underline{\underline{B}}_T$ contenant x).

2°) Pour presque tout x, pour tout t, $N_t(x,d\omega)$ est portée par $q^{-1}(B_t^x)$.

DEMONSTRATION. La tribu de Meyer $\underline{\underline{B}}$ étant séparable, on montre aisément qu'il existe un processus càdlàg X telle que $\underline{\underline{B}}$ soit la tribu de Meyer engendrée par X: c'est la tribu $\underline{\underline{B}}^X$ engendrée par le processus $(t,\omega) \to (t,X^t(\omega))$. Si T est un temps, on a alors $\underline{\underline{B}}_T = \sigma(T,X^T)$ et donc $B_T^x = \{y: T(x)=T(y) \text{ et } X^T(x)=X^T(y)\}$, ce qui montre immédiatement que B_T^x est inclus dans $B_{T(x)}^x$. Réciproquement, si $y \in B_{T(x)}^x$, alors $X^{T(x)}(x) = X^{T(x)}(y)$ et donc, pour tout processus Y $\underline{\underline{B}}$-mesurable on a $Y_{T(x)}(y) = Y_{T(x)}(x)$. Ceci est vrai en particulier pour $Y = 1_{[\![T]\!]}$ et on a donc que $1 = Y_{T(x)}(x) = 1_{\{T(y)=T(x)\}}(y)$, ce qui prouve que $T(x)=T(y)$ et donc finalement que Y appartient aussi à B_T^x. (cqfd pour 1)).

Montrons le 2°): Par classe monotone, on voit que si $X(t,\omega,s,x)$ est $\underline{\underline{B}}_{\mathbb{R}_+} \otimes \underline{\underline{F}} \otimes \underline{\underline{A}}$- mesurable, alors la $\underline{\underline{A}}$-projection de $X(t,\omega,t,q(\omega))$ est égale à $\int X(t,\omega,t,x)N_t(x,d\omega)$.

Posons $Z(t,\omega,s,x) = 1_{\{X^t(q(\omega)) \neq X^s(x)\}}$. On a alors $Z(t,\omega,t,q(\omega)) = 0$ et donc sa $\underline{\underline{A}}$-projection est évanescente. On doit donc avoir p.s., pour tout t : $\int 1_{\{X^t(q(\omega)) \neq X^t(x)\}} N_t(x,d\omega) = 0$ cqfd.

COROLLAIRE 11. Pour tout processus X $\underline{\underline{A}}$-mesurable on a: pour presque tout x, pour tout t, $N_t(x,d\omega)$ est portée par $\{\omega : X^t(q(\omega)) = X^t(x)\}$.

DEMONSTRATION. Par un argument de classe monotone, on voit qu'il existe une tribu de Meyer séparable $\underline{\underline{B}}$ incluse dans $\underline{\underline{A}}$ telle que X soit $\underline{\underline{B}}$-mesurable. Il suffit alors d'appliquer le 2°) du théorème précédent.

4°) Un exemple d'utilisation en statistique bayésienne (Lanery [9])

On considére un espace Radonien $(M,\underline{\underline{M}})$ (espace des paramètres), P une mesure de probabilité sur $(M\times\Omega, \underline{\underline{M}}\times\underline{\underline{F}})$, Z un espace métrisable compact (espace des décisions) et une fonction de coût b(m,z) (coût de décider z si le paramètre est m) définie sur MxZ et mesurable en (m,z), s.c.i. en z.

Si g est une "règle de décision" (i.e. une application $\underline{\underline{F}}$-mesurable de Ω vers Z), on appelle coût moyen de g le nombre

$$C(g) = \int b(m,g(\omega))P(dm,d\omega)$$

On se donne une tribu de Meyer $\underline{\underline{A}}$ sur $\mathbb{R}_+\times\Omega$. Si T est un t.a. de $\underline{\underline{A}}$, on appelle coût minimal moyen connaissant $\underline{\underline{A}}$ jusqu'à T, le nombre

$$C(T) = \inf\{C(g) : g \text{ règle de décision } \underline{\underline{A}}_T\text{-mesurable}\}$$

Le théorème suivant (du à Lanery [9]) assure alors l'existence d'un processus optimal de décision:

THEOREME 12. Il existe un processus de décision f^*, $\underline{\underline{A}}$-mesurable à valeurs dans Z tel que, pour tout t.a. T de $\underline{\underline{A}}$, on ait

$$C(T) = C(f^*_T)$$

DEMONSTRATION. Appelons p et q les projections de $M\times\Omega$ sur respectivement M et Ω, Q la projection de P sur Ω, et posons $E=\Omega$, $Y_t=p$. Le $\underline{\underline{A}}$-noyau N ainsi défini est l'unique $\underline{\underline{A}}$-noyau vérifiant, pour toute f $\underline{\underline{M}}$-mesurable positive, tout t.a. T de $\underline{\underline{A}}$ et tout A de $\underline{\underline{A}}_T$:

$$\int f(m)1_A(\omega)P(dm,d\omega) = E_Q[N_T(f),A]$$

Par classe monotone, on voit qu'il vérifie, pour toute h $\underline{\underline{M}}\times\underline{\underline{A}}_T$-mesurable positive:

$$(*) \qquad \int h(m,\omega)P(dm,d\omega) = E_Q[\int_M h(m,\omega)N_T(\omega,dm)]$$

Ceci posé, revenons à notre problème. La mesure image de P par p sur M est portée par une réunion dénombrable de compacts, donc par un espace Lusinien. On peut donc se restreindre à celui-ci et supposer que M est Lusinien (par exemple que M= [0,1]).

Un théorème de Kunugui [2] assure alors l'existence d'une suite $b^n(m,z)$ de fonctions bornées, mesurables en (m,z) et continues en z telle que $b = \sup_n b^n$.

Posons, si $z \in Z$:
$$\bar{b}(t,\omega,z) = \int_M b(m,z)N_t(\omega,dm)$$
$$\bar{b}^n(t,\omega,z) = \int_M b^n(m,z)N_t(\omega,dm)$$

Ces processus sont des $\underline{\underline{A}}$-martingales sci en z pour $\bar{b}$ et continue en z pour $\bar{b}^n$.

Posons maintenant
$$B(t,\omega) = \inf_z \bar{b}(t,\omega,z)$$
$$B^n(t,\omega) = \inf_z \bar{b}^n(t,\omega,z)$$

Si D est un ensemble dénombrable dense dans Z, on a
$$B^n(t,\omega) = \inf_{z\in D} \bar{b}^n(t,\omega,z)$$
ce qui prouve que B^n est $\underline{\underline{A}}$-mesurable.

D'après le théorème de minimax, on a
$$B(t,\omega) = \sup_n B^n(t,\omega)$$
ce qui prouve que notre processus $B(t,\omega)$ est $\underline{\underline{A}}$-mesurable.

Considérons alors l'ensemble $H = \{(t,\omega,z) : B(t,\omega) = \bar{b}(t,\omega,z)\}$:

- pour z fixé, H_z est $\underline{\underline{A}}$-mesurable.
- pour (t,ω) fixé, $H_{(t,\omega)}$ est un fermé non vide de Z.
- pour F fermé de Z, $H^{-1}(F) = \{(t,\omega) \exists z \in F : B(t,\omega) = \bar{b}(t,\omega,z)\}$ est $\underline{\underline{A}}$-mesurable :

  si l'on pose $B^F(t,\omega) = \inf_{z\in F} \bar{b}(t,\omega,z)$, le raisonnement précédent montre que B^F est $\underline{\underline{A}}$-mesurable, et donc $H^{-1}(F) = \{B = B^F\}$ l'est aussi.

Le théorème de Rill-Nardzewski-Kakutani [2] permet alors d'assurer l'existence d'un processus $\underline{\underline{A}}$-mesurable f^*, à valeurs dans Z, qui soit une section de H, c'est à dire, pour tout (t,ω) :
$$B(t,\omega) = \bar{b}(t,\omega,f^*(t,\omega))$$

Montrons que ce processus f^* convient : si T est un t.a. de $\underline{\underline{A}}$ et si g est une règle de décision $\underline{\underline{A}}_T$-mesurable, on a alors :
$$C(g) = \int b(m,g(\omega))P(dm,d\omega) = E[\int b(m,g(\omega))N_T(\omega,dm)$$
$$\geq E[B_T] = E[\int b(m,f_T^*(\omega)N_T(\omega,dm)] = \int b(m,f_T^*(\omega)P(dm,d\omega) = C(f_T^*)$$

On a donc bien, pour tout t.a. T de $\underline{\underline{A}}$: $C(T) = c(f_T^*)$ cqfd.

IV. MESURES ALEATOIRES ET THEORIE DES PROCESSUS PARAMETRES.

Nous considérons un espace Radonien $(E,\underline{\underline{E}})$ (espace des paramètres), un espace de probabilité $(\Omega,\underline{\underline{F}},P)$ et une tribu de Meyer $\underline{\underline{A}}$ sur $\mathbb{R}_+ \times \Omega$.

DEFINITION. On appelle mesure aléatoire toute famille, $m(\omega,dt,dx)$, $\underline{\underline{F}}$-mesurable de mesures sur $\mathbb{R}_+ \times E$.
Une mesure aléatoire m est une $\underline{\underline{A}}$-mesure si, pour tout processus $X(t,\omega,x)$ positif $\underline{\underline{A}}\times\underline{\underline{E}}$-mesurable, le processus $\int_0^t\int_E X_s(\omega,x)m(\omega,ds,dx)$ est $\underline{\underline{A}}$-mesurable.

Si m est une mesure aléatoire, on pose Mm = la mesure définie ainsi : si X est $\underline{\underline{B}}_{\mathbb{R}_+}\otimes\underline{\underline{F}}\otimes\underline{\underline{E}}$ mesurable positif, $Mm(X) = E[\int_0^\infty\int_E X_s(\omega,x)m(\omega,ds,dx)]$ et on dit que m est intégrable si Mm est une mesure finie.

On dit qu'une mesure L sur $(\mathbb{R}_+\times\Omega\times E,\underline{\underline{B}}_{\mathbb{R}_+}\times\underline{\underline{F}}\times\underline{\underline{E}})$ est une P-mesure si elle ne charge pas les évanescents, i.e. si sa projection sur Ω est absolument continue par rapport à P.

Nous allons redémontrer rapidement quelques résultats bien connus et dus à Jacod [6]. On remarquera le rôle joué par les désintégrations de mesure.

THEOREME 13. Une mesure L sur $\underline{\underline{B}}_{\mathbb{R}_+}\times\underline{\underline{F}}\times\underline{\underline{E}}$ est une P-mesure si et seulement s'il existe une mesure aléatoire $\dot{m}$ telle que $L = Mm$. Celle-ci est essentiellement unique.

DEMONSTRATION. C'est un résultat bien classique : on a la situation suivante :

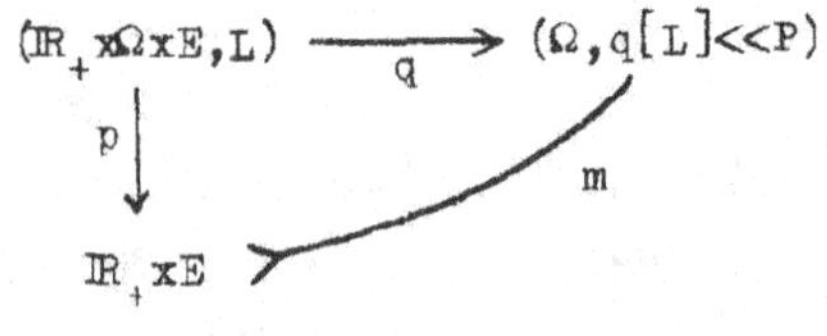

m est le noyau de Ω sur $\mathbb{R}_+\times E$ de "mesure conditionnelle de p sachant (calculé relativement à P et non à $q[L]$) : en effet, si $F\in\underline{\underline{F}}$ et $B\in\underline{\underline{B}}_{\mathbb{R}_+}\times\underline{\underline{E}}$

$$E[m(B),F] = L[p^{-1}(B),q^{-1}(F)] = L[B\times F] \quad \text{cqfd.}$$

Nous allons maintenant décomposer les mesures aléatoires :

THEOREME 14. *Si* m *est une mesure aléatoire intégrable, on peut la décomposer en*

$$m(\omega,dt,dx) = dB_t(\omega)n(t,\omega,dx)$$

où $B_t(\omega) = m(\omega,[0,t],E)$ *et* $n(\omega,t,dx)$ *est un* $\underline{\underline{B}}_{\mathbb{R}_+} \otimes \underline{\underline{F}}$*-noyau sur* $(E,\underline{\underline{E}})$.

DEMONSTRATION. Appelons L la mesure Mm, et $dB_t(\omega)$ la mesure $m(\omega,dt,E)$. Nous avons alors la situation suivante:

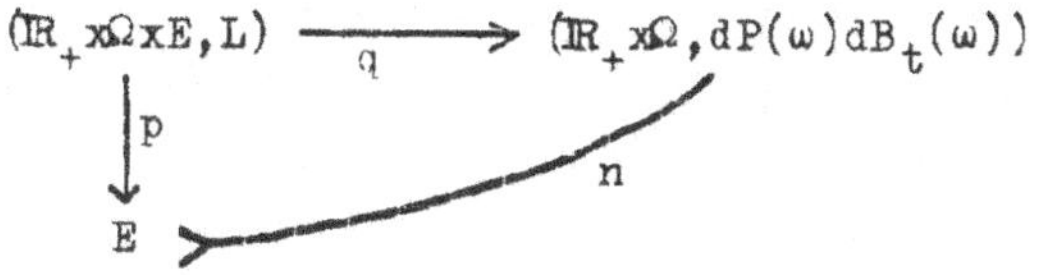

Le noyau de probabilités conditionnelles de q sachant p ainsi défini, n, vérifie : pour tout $C \in \underline{\underline{E}}$ et tout $A \in \underline{\underline{B}}_{\mathbb{R}_+} \times \underline{\underline{F}}$

$$E[\int_0^\infty n(t,\omega,C)1_A(t,\omega)dB_t(\omega)] = L[p^{-1}(C)q^{-1}(A)]$$

soit

$$E[\iint 1_{A\times C}(t,\omega,x)n(t,\omega,dx)dB_t(\omega)] = L[A\times C]$$

ce qui prouve que $dB_t(\omega)n(t,\omega,dx)$ est aussi la mesure aléatoire associée à L. Par unicité, on en déduit le résultat.

Remarquons qu'une telle décomposition est essentiellement unique.

Démontrons maintenant le théorème de projection duale pour les mesures aléatoires

THEOREME 15. *Si* m *est une mesure aléatoire intégrable, il existe une unique* $\underline{\underline{A}}$*-mesure, notée* $m^{\underline{\underline{A}}}$*, telle que* $Mm = Mm^{\underline{\underline{A}}}$ *sur la tribu* $\underline{\underline{A}} \otimes \underline{\underline{E}}$.
On dit que $m^{\underline{\underline{A}}}$ *est la* $\underline{\underline{A}}$*-projection duale de* m *sur* $\underline{\underline{A}} \otimes \underline{\underline{E}}$.

DEMONSTRATION. Décomposons m en $dB_t(\omega)n(t,\omega,dx)$.

-Considérons B^a la $\underline{\underline{A}}$-projection duale de B [10].

-Appelons E_B la mesure sur $\mathbb{R}_+ \times \Omega$ égale à $dP(\omega)dB_t(\omega)$. Appelons n_a le $\underline{\underline{A}}$-noyau "espérance conditionnelle de n par rapport à $\underline{\underline{A}}$ pour la mesure E_B" :

$$\forall f\ \underline{\underline{E}}\text{-mesurable positive},\quad n_a(t,\omega,f) = E_B[n(f)|\underline{\underline{A}}](t,\omega) \quad (E_B \text{ p.s.})$$

(l'existence en est assurée car E est Radonien).

Posons enfin $m^{\underline{\underline{A}}}(\omega,dt,dx) = dB_t^a(\omega)n_a(t,\omega,dx)$

Il est clair que $m^{\underline{\underline{A}}}$ est une $\underline{\underline{A}}$-mesure.

Montrons que Mm et $Mm^{\underline{\underline{A}}}$ coïncident sur la tribu $\underline{\underline{A}}\times\underline{\underline{E}}$:

Si $X_t(\omega)$ est un processus $\underline{\underline{A}}$-mesurable positif et $f(x)$ une fonction $\underline{\underline{E}}$-mesurable positive, on a

$$\begin{aligned}
Mm^{\underline{\underline{A}}}(Xf) &= E[\iint X_t(\omega)f(x)m^{\underline{\underline{A}}}(\omega,dt,dx)] \\
&= E[\int_0^\infty n_a(t,\omega,f)dB_t^a(\omega)] \\
&= E[\int_0^\infty n_a(t,\omega,f)dB_t(\omega)] && \text{(propriété de la projection duale } n_a(f) \text{ étant } \underline{\underline{A}}\text{-mesurable)} \\
&= E_B[n_a(f)] = E_B[n(f)] && \text{(propriété de l'espérance conditionnelle par rapport à } E_B) \\
&= E[\int_0^\infty n(t,\omega,f)dB_t(\omega)] \\
&= Mm(Xf)
\end{aligned}$$

Le résultat s'ensuit par un argument de classe monotone.

Il reste à montrer l'unicité: si m et m' sont deux $\underline{\underline{A}}$-mesures telles que Mm et Mm' coïncident sur $\underline{\underline{A}}\times\underline{\underline{E}}$, alors elles sont indistinguables. En effet, pour toute f $\underline{\underline{E}}$-mesurable positive, les processus croissants $\underline{\underline{A}}$-mesurables $m(\omega,[0,t],f)$ et $m'(\omega,[0,t],f)$ engendrent la même mesure sur $\underline{\underline{A}}$ et sont donc indistinguables. On conclut en faisant varier f parmi une famille dénombrable engendrant $\underline{\underline{E}}$.

COROLLAIRE 16. <u>Une mesure aléatoire intégrable</u> m <u>est une</u> $\underline{\underline{A}}$-<u>mesure si et seulement si elle peut se décomposer en</u>

$$m(\omega,dt,dx) = dB_t(\omega)n(t,\omega,dx)$$

<u>où</u> B <u>est un processus croissant</u> $\underline{\underline{A}}$-<u>mesurable et</u> n <u>est un</u> $\underline{\underline{A}}$-<u>noyau sur</u> $(E,\underline{\underline{E}})$. <u>Une telle décomposition est essentiellement unique</u>.

DEMONSTRATION. Il est clair que la condition est suffisante. Elle est également nécessaire : si m est une $\underline{\underline{A}}$-mesure, alors on doit avoir, par unicité, $m = m^{\underline{\underline{A}}}$, et on vient de voir que $m^{\underline{\underline{A}}}$ est de la forme désiré

A partir de ce théorème de projection duale, on peut recopier les arguments de P.A. Meyer [13] pour développer une théorie générale des processus paramétrés (ici donc sans conditions habituelles, dans le cadre général des tribus de Meyer):

On en déduit un théorème de section sur $\underline{\underline{A}}\times\underline{\underline{E}}$ par des supports de $\underline{\underline{A}}$-mesure (à la place des graphes de t.a.) [13].

A partir de ce théorème de section, on déduit l'existence d'une $\underline{\underline{A}}$-projection à un paramètre :

Si $X(t,\omega,x)$ est un processus $\underline{\underline{B}}_{\mathbb{R}^+}\otimes\underline{\underline{F}}\otimes\underline{\underline{E}}$ -mesurable borné, il existe un unique processus $\underline{\underline{A}}\times\underline{\underline{E}}$-mesurable $\hat{X}$ (unique à l'indistinguabilité pres) vérifiant :

Pour toute $\underline{\underline{A}}$-mesure m : $Mm(X) = Mm(\hat{X})$

soit encore : pour tout x, $\hat{X}(.,.,x)$ est la $\underline{\underline{A}}$-projection de $X(.,.,x)$

On peut alors refaire les constructions étudiées dans les parties précédentes avec des processus paramétrés.

APPENDICE

LIMITES FAIBLES DE $\underline{\underline{A}}$-NOYAUX.

DEFINITION 7. Soit $(\underline{N}^n)$ une suite de $\underline{\underline{\Theta}}$-systèmes de pseudo noyaux sur $(M,\underline{\underline{M}})$. Nous dirons que cette suite converge faiblement si, pour tout Θ, les v.a. $\underline{N}^n(\Theta,1)$ sont intégrables et si, pour toute f positive bornée, les v.a. $N^n(\Theta,f)$ convergent faiblement dans $(L^1,\sigma(L^1,L^\infty))$.

Nous dirons qu'un $\underline{\underline{\Theta}}$-système de pseudo noyaux, $\underline{N}$, sur $(M,\underline{\underline{M}})$ est limite faible des $\underline{N}^n$ si, pour tout Θ et toute f positive bornée, $\underline{N}(\Theta,f)$ est limite faible des $\underline{N}^n(\Theta,f)$.

PROPOSITION 6. Soit (N^n) une suite de $\underline{\underline{\Theta}}$-systèmes de pseudo noyaux sur $(M,\underline{\underline{M}})$ qui converge faiblement. Il existe alors un $\underline{\underline{\Theta}}$-système de pseudo noyaux $\underline{N}$ sur $(M,\underline{\underline{M}})$ qui est limite faible des $\underline{N}^n$.

DEMONSTRATION. Pour toute f positive bornée et tout Θ, choisissons une v.a. $\underline{\underline{A}}_\Theta$- mesurable, que nous noterons $\underline{N}(\Theta,f)$ et qui soit limite faible des $\underline{N}^n(\Theta,f)$. Montrons que $\underline{N}(\Theta,f)$ est un $\underline{\underline{\Theta}}$-système de pseudo noyaux. Il est clair que, pour toute f, $\underline{\underline{N}}(f)$ est un $\underline{\underline{\Theta}}$-système, et que, pour tout Θ, la correspondance $f \longrightarrow \underline{\underline{N}}(\Theta,f)$ est positivement linéaire. Il reste à montrer la condition 3°) de continuité.

Considérons les mesures bornées sur $\underline{\underline{M}}$ définies par $J^n_\Theta(f) = E[\underline{\underline{N}}^n(\Theta,f)]$ Pour toute f et Θ, on a $\lim_n J^n_\Theta(f) = E[\underline{\underline{N}}(\Theta,f)]$ ($\overset{d}{=} J_\Theta(f)$). Le théorème de Vitali nous dit alors que J_Θ est une mesure bornée sur $\underline{\underline{M}}$. Par conséquent, si f_n tend simplement vers 0 en restant bornée, on doit avoir que $J_\Theta(f_n)$ tend vers 0. Par suite $\underline{\underline{N}}(\Theta,f_n)$ converge dans L^1 (et donc en probabilité) vers 0. cqfd.

THEOREME 7. Supposons $(M,\underline{\underline{M}})$ radonien (ou vérifiant l'hypothèse de la remarque suivant le théorème 3). Soit $(\underline{\underline{N}}^n)$ une suite de $\underline{\underline{\Theta}}$-surmartingales (resp. martingales, sousmartingales) de pseudo noyaux sur $(M,\underline{\underline{M}})$ qui converge faiblement. Il existe alors une $\underline{\underline{A}}$-surmartingale (resp. martingale, sousmartingale) de mesures sur $(M,\underline{\underline{M}})$, N, qui est limite faible des $\underline{\underline{N}}^n$.

DEMONSTRATION. Nous ne traiterons que le cas des surmartingales. Soit $\underline{\underline{N}}$ un $\underline{\underline{\Theta}}$système de pseudo noyaux, limite faible des $\underline{\underline{N}}^n$. On voit immédiatement que $\underline{\underline{N}}$ est une $\underline{\underline{\Theta}}$-surmartingale de pseudo noyaux, et il ne reste qu'à appliquer le théorème 3.

Dans le cas général, on a un théorème analogue, si on utilise tous les temps d'arrêt de $\underline{\underline{A}}$, grâce au théorème de Mokobodzki [12], que nous réénonçons dans notre cadre.

THEOREME 8. (De Mokobodzki). Soit (X^n) une suite de processus $\underline{\underline{A}}$-mesurables tels que $\{(X^n)^*_\infty = \sup_t |X^n_t|,\ n \in \mathbb{N}\}$ soit uniformément intégrable. Si, pour tout temps d'arrêt T de $\underline{\underline{A}}$, les v.a. X^n_T convergent faiblement dans L^1, alors il existe un processus $\underline{\underline{A}}$-mesurable X, unique à l'indistinguabilité près, tel que, pour tout t.a. T de $\underline{\underline{A}}$, X^n_T converge faiblement vers X_T.

De plus, pour toute v.a. S positive, X^n_S converge faiblement vers X_S et même, pour tout processus croissant brut borné, on a

$$\int_0^\infty X^n_s dB_s \text{ converge faiblement vers } \int_0^\infty X_s dB_s \quad .$$

DEMONSTRATION. Nous allons d'abord travailler dans la P-complétée de $\underline{\underline{A}}$ [10], pour ensuite revenir dans $\underline{\underline{A}}$. Supposons donc d'abord que $\underline{\underline{A}}$ est P-complète. Montrons que pour tout processus croissant borné brut $E[\int_0^\infty X^n_s dB_s]$ converge.

Soit B^a la $\underline{\underline{A}}$-projection duale de B (processus croissant brut borné par la constant c); c'est un processus croissant intégrable $\underline{\underline{A}}$-mesurable à sauts bornés par c.

On a de plus: $E[\int_0^\infty X_s^n dB_s] = E[\int_0^\infty X_s^n dB_s^a]$.

Posons, pour tout s, $T_s = \inf\{t : B_t^a \geq s\}$; c'est un temps d'arrêt de $\underline{\underline{A}}$. Posons $C^k = (B^a)^{T_k}$; c'est un processus croissant intégrable $\underline{\underline{A}}$-mesurable borné par c + k et on a :

$$E[\int_0^\infty X_s^n dC_s^k] = E[\int_0^{c+k} X_{T_s}^n I_{\{T_s<\infty\}} ds] = \int_0^{c+k} E[X_{T_s}^n I_{\{T_s<\infty\}}]ds$$

expression qui converge d'après l'hypothèse de convergence faible et le théorème de Lebesgue.

La différence : $E\int_0^\infty X_s^n d(B^a-C^k)_s$ est égale à $E[\int_0^\infty X_s^n d(B-B^{T_k})_s]$ et est donc majorée par $E[\int_0^\infty (X^n)_\infty^* d(B-B^{T_k})_s] \leq E[(X^n)_\infty^*(B_\infty - B_{T_k})]$

$$\leq cE[(X^n)_\infty^* I_{\{T_k<\infty\}}]$$

expression qui tend uniformément (en n) vers 0 quand k tend vers l'infini, d'après l'hypothèse d'uniforme intégrabilité.

Le théorème de Mokobodzki [12] nous dit alors qu'il existe un processus mesurable Y, unique à l'indistinguabilité près, tel que, pour tout processus croissant brut borné B,

$$\int_0^\infty X_s^n dB_s \quad \text{converge faiblement vers} \quad \int_0^\infty Y_s dB_s$$

Montrons que Y est $\underline{\underline{A}}$-mesurable. Soit X sa $\underline{\underline{A}}$-projection. Pour tout temps d 'arrêt T de $\underline{\underline{A}}$, X_T^n converge faiblement vers X_T et la démonstration précédente montre alors que, si B est un processus croissant borné brut, l'intégrale de X^n par rapport à B converge faiblement vers celle de X par rapport à B. Par unicité, X et Y sont indistinguables.

Si $\underline{\underline{A}}$ n'est pas P-complète, la suite (X^n) de l'énoncé vérifie aussi l'hypothèse pour tout t.a. de la P-complétée de $\underline{\underline{A}}$ car ceux-ci sont égaux p.s. à des t.a. de $\underline{\underline{A}}$. Il existe donc un processus X', $\underline{\underline{A}}^P$-mesurable vérifiant la conclusion. Il suffit alors de prendre pour X un processus $\underline{\underline{A}}$-mesurable indistinguable de X'.

Nous pouvons alors énoncer un théorème général d'existence de limite faible de suite de $\underline{\underline{A}}$-noyaux.

DEFINITION 8. Nous dirons qu'<u>une suite de $\underline{\underline{A}}$-noyaux converge faiblement</u> si, pour toute f positive bornée et tout t.a. T de $\underline{\underline{A}}$, les v.a. $N_T^n(f)$ sont intégrables et convergent faiblement dans L^1, et si, de plus, l'ensemble $\{(N^n(1))_\infty^*, n \in \mathbb{N}\}$ est uniformément intégrable.

THEOREME 9. <u>Supposons</u> $(M,\underline{\underline{M}})$ <u>standard</u>. <u>Soit</u> (N^n) <u>une suite de $\underline{\underline{A}}$-noyaux sur</u> $(M,\underline{\underline{M}})$ <u>qui converge faiblement. Il existe alors un $\underline{\underline{A}}$-noyau</u> N <u>sur</u> $(M,\underline{\underline{M}})$ <u>qui est limite faible de la suite</u> (N^n).

DEMONSTRATION. D'après la proposition 6, il existe un $T(\underline{\underline{A}})$-système de pseudo noyaux sur $(M,\underline{\underline{M}})$, $\underline{\underline{N}}$, qui est limite faible des $T(\underline{\underline{A}})$-systèmes de noyaux N^n. Montrons que $\underline{\underline{N}}$ est régularisable. Si f est positive et bornée, les processus $N^n(f)$ vérifient l'hypothèse du théorème de Mokobodzki. Il existe donc un processus $\underline{\underline{A}}$-mesurable f^* qui est limite faible de la suite $(N^n(f))$. Si T est un t.a. de $\underline{\underline{A}}$, on a alors égalité p.s. entre $\underline{\underline{N}}(T,f)$ et f^*_T , et le théorème 1 permet de conclure.

REMARQUE. D'après le théorème 2, le $\underline{\underline{A}}$-noyau N, limite faible des N^n, est unique, à l'indistinguabilité près.

D'après le théorème 8, il vérifie de plus : pour tout processus croissant borné brut B (et aussi tout processus croissant de $BMO(\underline{\underline{A}})$, i.e. toute $\underline{\underline{A}}$-projection duale d'un processus croissant borné brut),

$$\int_0^\infty N^n_s(f)\,dB_s \quad \text{converge faiblement vers} \quad \int_0^\infty N_s(f)\,dB_s$$

On a des résultats analogues en remplaçant la convergence faible par la convergence en probabilité ou la convergence p.s. .

REFERENCES.

1 . D. ALDOUS. Weak convergence of stochastic processes for processes viewed in the Strasbourg manner.

2 . C. DELLACHERIE. Un cours sur les ensembles analytiques. Analytic sets. Rogers et alia. Academic press 1980.

3 . C. DELLACHERIE et E. LENGLART. Sur des problèmes de régularisation de recollement et d'interpolation en théorie des martingales. Sém. de Proba. XV, lect. notes in M. n° 850, p. 328-346, Springer-Verlag 1980.

4 . C. DELLACHERIE et E. LENGLART. Sur des problèmes de régularisation de recollement et d'interpolation en théorie des processus. Sém. de Proba. XVI, lect. notes in M. n° 920, p. 298-313, Springer-Verlag 1981.

5 . R.K. GETOOR. On the construction of kernels. Sém. de Proba. IX, lect. notes in M. n° 465, p. 443-463, Springer-Verlag 1975.

6 . J. JACOD. Calcul stochastique et problème de martingales. Lect. notes in Math. n° 714, Springer-Verlag 1979.

7 . F.B. KNIGHT. A predictive view of continuous time processes. The annals of Proba. 3, 573-596, 1975.

8 . F.B. KNIGHT. Essays on the prediction process. Institute of math. statistics. Lecture notes serie Vol 1, Hayward, California 1981.

9 . E. LANERY. Solutions bayesiennes en théorie de la décision statistique. Annales de l'institut H. Poincaré vol. XVIII, n° 1, p. 55-79 1982.

10. E. LENGLART. Tribus de Meyer et théorie des processus. Sém de Proba. XIV, Lect. notes in M. n° 784, p. 500-546, Springer-Verlag 1980.

11. P.A. MEYER. La théorie de la prédiction de F. Knight. Sém. de Proba. X, Lect. notes in M. p. 86-103, Springer-Verlag 1976.

12. P.A. MEYER. Convergence faible de processus, d'après Mokobodzki. Sém. de Proba. XI, Lect. notes in M. n° 581, p. 109-119, Springer-Verlag 1977.

13. P.A. MEYER. Une remarque sur le calcul stochastique dépendant d'un paramètre. Sém. de Proba. XIII, Lect. notes in M. n° 721, p. 199-203, Springer-Verlag 1979.

14. L. SCHWARTZ. Surmartingales régulières à valeurs mesures et désintégrations régulières d'une mesure. Journal d'analyse mathématique, Vol. XXVI, Jérusalem, 1973.

15. M. YOR. Sur les théories du filtrage et de la prédiction. Sém. de Proba. XI, Lect. notes in M. n° 581, p. 257-297, Springer-Verlag 1977.

Erik LENGLART
Laboratoire de Mathématiques
E.R.A CNRS n° 900
Université de Rouen
B.P. 67, 76 130 Mont Saint Aignan

SOME REMARKS ON SINGLE JUMP PROCESSES

by S.W. HE

Let $(\Omega,\underline{\underline{F}},P)$ be a complete probability space, and T be a strictly positive random variable. We denote by $\underline{F} = (\underline{\underline{F}}_t)_{t\geq 0}$ the natural filtration of the single jump process $X = (X_t)_{t\geq 0} = I_{[\![T,\infty[\![}$, i.e.

$$\underline{\underline{F}}_t = \sigma(X_s\ ,\ s\leq t\ )$$

(we make the convention that all sets of measure 0 in $\underline{\underline{F}}$ are implicitly added to all σ-fields). This filtration has been much studied, starting with Dellacherie [2], and the literature concerning it is extensive. However, we couldn't find in it the following simple remarks (from the article [4] in Chinese).

We begin with the following proposition (which is closely related to Dellacherie-Meyer [3], chapter VII, n°s 105-106) .

PROPOSITION 1. Let $S\in\sigma(T)$ be a non-negative random variable.
a) S is a stopping time if and only if there exists some constant $c\leq+\infty$ such that a.s.

(1) $\qquad S\geq T$ on $\{T<c\}$, $S\geq c$ on $\{T=c\}$, $S=c$ on $\{T>c\}$

b) S is a predictable stopping time if and only if there exists some $c\leq+\infty$ such that a.s.

(2) $\qquad S>T$ on $\{T<c\}$, $S=c$ on $\{T=c\}$, $S=c$ on $\{T>c\}$

c) S is totally inaccessible if and only if there exists some set $A\in\sigma(T)$ such that $T<\infty$ on A, the distribution of T on A is diffuse, and $S=T_A$ (i.e. $S=T$ on A, $S=+\infty$ on A^c , $P\{A, T=t\} = 0$ for all t).

Let us also recall a few facts about the uniqueness of c : if $S\geq T$ a.s., we may choose for c in (1) any constant which a.s. dominates T (recall that $+\infty$ is allowed). If $P\{S<T\}>0$, S is a.s. constant on $\{S<T\}$ and its a.s. value is the <u>only</u> possible value of c in (1) and in (2). Similarly, if $P\{S<T\}=0$ but $P\{S=T\}>0$, there may be several values of c satisfying (1), but <u>at most</u> one satisfying (2), namely the a.s. constant value of S on $\{S=T\}$.

Our first remark concerns predictability : the condition $P\{S=T<\infty\}$ is sufficient for predictability if the distribution of T has no atom on $[0,\infty[$, but <u>not sufficient</u> otherwise – contrary to a statement in [1]. Here is an example. We assume that the distribution of T is given by $\frac{1}{2}\varepsilon_1 + \frac{1}{2}\mu(dt)$, where the support of μ is the whole of $\mathbb{R}_+$.

We take

$$S=2T \text{ on } \{T<1\}\ ,\quad S=2 \text{ on } \{T=1\}\ ,\quad S=1 \text{ on } \{T>1\}$$

Since $P\{S<T\}>0$, $c=1$ is the <u>only</u> constant satisfying (1), and hence the only possible candidate for (2). Since the middle condition of (2) isn't a.s. satisfied, S cannot be predictable.

Our second remark is a <u>necessary and sufficient</u> condition for quasi-left-continuity, much easier to check than those given in [6], for example.

PROPOSITION 2. The filtration $\underline{F}$ is quasi-left-continuous if and only if there exists a constant $\alpha\leq+\infty$ such that $P\{T>\alpha\}=0$, and the distribution of T has no atom in $[0,\alpha[$ (otherwise stated : the law λ of T has <u>at most</u> one atom, which then is the last point in the support of λ).

PROOF. Assume the distribution of T has an atom c such that $P\{T>c\}>0$. Then the stopping time S defined by

$$S=+\infty \text{ on } \{T<c\}\ ,\quad S=2c \text{ on } \{T=c\}\ ,\quad S=c \text{ on } \{T>c\}$$

is accessible and by the same reasoning as above isn't predictable. So $\underline{F}$ isn't quasi-left-continuous.

Conversely, assume the properties in the statement, and prove that any accessible stopping time (represented by (1)) is predictable. We may assume $P\{S\leqq T\}>0$, otherwise the result is trivial. We must only check the first two properties in (2), the third one being obvious.

If $P\{S<T\}>0$, then $P\{S=c<T\}>0$ from (1), and therefore $c<\alpha$, and $P\{T=c\}=0$ (so the middle condition is true). From Proposition 1 c) applied to $A=\{T\neq\alpha\}$ we get that T_A is totally inaccessible, so $P\{S=T_A<\infty\}=0$, and the first property in (2) follows from (1).

If $P\{S<T\}=0$, then we must have $c\geqq\alpha$ a.s., and (1) is satisfied with $c=\alpha$. Then we have the first property (2) for the same reason as above. On the other hand, $P\{S\leqq T\}>0$, hence $P\{S=T\}>0$, which in turn implies $P\{S=T=\alpha\}>0$ since $P\{S=T<\alpha\}=0$. Now $S\in\sigma(T)$, so S is a.s. constant on $\{T=\alpha\}$, and the middle condition is also satisfied. The proposition is proved.

REMARK. We have proved in [5] that if $\underline{F}$ is quasi-left-continuous, then $\underline{\underline{F}}_S=\underline{\underline{F}}_{S-}$ for any stopping time S.

REFERENCES.

[1] BOEL (R.), VARAIYA (P.), WONG (E.). Martingales on jump processes I. SIAM J. Control, 13, 1975, p. 9 9-1021.

[2] DELLACHERIE (C.). Un exemple de la théorie générale des processus. Sém. Prob. IV, Lecture Notes in M. 124, 1970.

[3] DELLACHERIE (C.) and MEYER (P.A.). Probabilités et potentiels A. Hermann, Paris, 1975.

[4] HE (S.W.). Necessary and sufficient conditions for quasi-left-conti nuity of natural σ-fields of jump processes. Journal of East China Normal University, n°1, 1981, p. 24-30.

[5] HE (S.W.) et WANG (J.G.). The total continuity of natural filtrations and the strong property of predictable representation for jum processes and processes with independent increments. Sém. Prob. XVI LN 920, 1982, p. 348-354.

[6] ITMI (M.). Processus ponctuels marqués stochastiques. Représentatio des martingales et filtration naturelle quasi-continue à gauche. Sé Prob. XV, LN. 850, 1981, p. 618-626.

[7] JACOD (J.). Multivariate point processes : predictable projection, Radon Nikodym derivatives, representation of martingales. ZW 31, 1975, p. 235-253.

[8] NEVEU (J.). Processus Ponctuels. Lecture Notes in M. 598, 1978. Ecole d'Eté de St Flour VI, 1976.

HE Sheng-Wu
East China Normal University
SHANGHAI, China et
Institut de Recherche Mathématique Avancée
STRASBOURG, France.

ACKNOWLEDGMENTS. The author would like to thank P.A. Meyer for his comments on the final version of the manuscript.

THE REPRESENTATION OF POISSON FUNCTIONALS

by S.W. He

1. Let (W_t) be a Brownian motion and $(\mathcal{F}_t)$ be its natural filtration. Dudley [3] showed that every $\mathcal{F}_1$-measurable random variable ξ can be represented as a stochastic integral $\int_0^1 h_s dW_s$ of a predictable process such that $\int_0^1 h_s^2 ds < \infty$ a.s.. Of course if $\xi \in L^2$ and $E[\xi]=0$, this reduces to the well known representation property of Brownian motion, but for arbitrary random variables the problem is quite different. For instance, let S be an exponential random variable, and let $(\mathcal{F}_t)$ be the smallest filtration, satisfying the usual conditions, with respect to which S is a stopping time. It is well known that $(\mathcal{F}_t)$ has the predictable representation property, and still Emery, Stricker and Yan show that there is no local martingale M_t such that $M_S=1/S$. They also show that similar negative results hold at totally inaccessible stopping times in any filtration (and on the other hand get positive results of the Dudley type, under the assumption that all martingales are continuous, but without predictable representation).

The purpose of this note is to extend Dudley's result to the case of Poisson processes. We prove that if $(\mathcal{F}_t)$ is the natural filtration of a standard Poisson process (X_t) :

1) For every $\mathcal{F}_\infty$-measurable random variable ξ, there is some local martingale (L_t) such that $L_0=0$ and $\lim_{t\to\infty} L_t = \xi$ a.s..

2) For every predictable stopping time T with $0<T<\infty$ a.s. and every $\mathcal{F}_T$ measurable random variable ξ, there exists a local martingale (L_t) such that $L_0=0$ and $L_T=\xi$ a.s. .

We recall that every local martingale (L_t) with $L_0=0$ is a stochastic integral with respect to the fundamental martingale X_t-t. Both results may be viewed as satisfactory extensions of Dudley's theorem and (due to the remark of Emery, Stricker and Yan mentioned above) the predictability restriction is quite reasonable. On the other hand, there is no obvious reason for the restriction that $P\{T<\infty\} = 0$ (case 1) or 1 (case 2), but we haven't been able to prove the theorem without it.

We denote by T_n the successive jump times of (X_t), while $T_0=0$ by convention ; $M_t = X_t-t$ denotes the fundamental martingale. For all necessary properties of $(\mathcal{F}_t)$ which aren't proved here, see Jacod [5].

2. In this section we are going to deal with the first case. The main argument is very simple, and contained in the following lemma :

LEMMA 1. For every n, there exists a local martingale $J_t^n = \int_0^t j_s^n dM_s$ with the following properties

- $\{ j_s^n \neq 0 \} \subset]T_n, T_{n+1}]$ (hence $J_t^n=0$ for $t \leqq T_n$ and J^n is stopped at time T_{n+1})
- $J^n_{T_{n+1}} = 1$
- $|J_t^n| \leqq e^{\Delta_n}$ for all t, where Δ_n denotes $T_{n+1}-T_n$.

PROOF. We take $j_s^n = e^{s-T_n} I_{\{T_n < s \leqq T_{n+1}\}}$. Considering only n=0 for simplicity of notation, we have

$$J_t^n = \int_0^t j_s^0 dM_s = -\int_0^t e^s ds = 1-e^t \quad \text{for } t<T_1 , \qquad J_t^n=1 \text{ for } t\geqq T_1 .$$

Of course, if η is some $\mathcal{F}_{T_n}$-measurable random variable, ηJ_t^n is also a local martingale with initial value 0.

We can now prove :

PROPOSITION 1. If ξ is any (a.s. finite) $\mathcal{F}_\infty$-measurable random variable, there exists a local martingale $L_t = \int_0^t h_s dM_s$ such that $\lim_t L_t$ exists and is equal to ξ a.s. .

PROOF. We first construct a sequence of random variables ξ_n such that

$$\xi_n \to \xi \text{ a.s.} \quad , \quad \xi_n \text{ is } \mathcal{F}_{T_n}\text{-measurable for every } n .$$

Then, using the Borel-Cantelli lemma, we construct a strictly increasing sequence (n_k) such that

$$k < n_k \quad , \qquad |\xi-\xi_{n_k}| \leqq \tfrac{1}{2}e^{-k^2} \text{ for k large enough (a.s.}$$

and we set

$$L_t = \xi_{n_0} J_t^{n_0} + (\xi_{n_1}-\xi_{n_0}) J_t^{n_1} + \ldots .$$

Since the sequence is strictly increasing, the supports of the $j_s^{n_k}$ are all disjoint, and this is a stochastic integral of the locally bounded process $h_t = \xi_{n_0} j_t^{n_0} + (\xi_{n_1}-\xi_{n_0}) j_t^{n_1} + \ldots$

At time T_{n_k+1} , the value of L_t is ξ_{n_k} and doesn't change again until time $T_{n_{k+1}}$. So to prove that L_t converges to ξ , we need only show that the oscillation between times T_{n_k} and T_{n_k+1} tends a.s. to 0. According to the lemma, this oscillation is at most $|\xi_{n_k}-\xi_{n_{k-1}}| e^{\Delta_{n_k}}$, which for k large is a.s. smaller than $e^{-k^2} e^{\Delta_{n_k}}$.
The random variables Δ_{n_k} are independent, identically distributed and integrable. So Δ_{n_k}/k is a.s. bounded, and $e^{-k^2} e^{\Delta_k} \to 0$ a.s.. This concludes the pr

3. In this section, we deal with the second case, that of a predictable stopping time T. The principle of the proof is also contained in the following simple lemma :

LEMMA 2. Let T be a predictable stopping time, with $P\{T_n<T\leqq T_{n+1}\}>0$, and let ξ be an $\mathcal{F}_T$-measurable random variable. Then there exists a local martingale $K_t^n = \int_0^t k_s^n dM_s$ with the following properties :

- $\{k_s^n \neq 0\} \subset]T_n, T_{n+1}\wedge T]$ (therefore $K_t^n = 0$ for $t\leqq T_n$ and K^n is stopped at time $T_{n+1}\wedge T$)
- $K_T^n = \xi$ a.s. on $\{T_n<T<T_{n+1}\}$

PROOF. We remark that, T being predictable, $P\{T=T_{n+1}\}=0$. So we may replace everywhere $\{T_n<T<T_{n+1}\}$ by $\{T_n<T\leqq T_{n+1}\}$, which we denote by A_n for simplicity. For clarity, we begin with the case n=0. It is well known that there exists a constant $c>0$, a constant γ such that

$$T=c \text{ a.s. }, \quad \xi=\gamma \text{ a.s. } \quad \text{on } \{0<T\leqq T_1\} = A_0.$$

and on $[0,T_1[$ we have $\int_0^t h_s dM_s = -\int_0^t h_s ds$. Thus we need only take $k_s^0 = -\frac{\gamma}{c} I_{0<s\leqq T\wedge T_1}$ to get the desired value at time $T=c$ on A_0.

The general case just requires slight changes : on A_n we have

$$T = T_n + c(T_1,\ldots,T_n) \quad , \quad \xi = \gamma(T_1,\ldots,T_n) \quad \text{a.s.}$$

where c and γ are Borel functions on $\mathbb{R}^n$, and c is strictly positive. Then we define

$$k_s^n = -I_{]T_n<s\leqq T\wedge T_{n+1}]}\gamma(T_1,\ldots,T_n)/c(T_1,\ldots T_n).$$

We now prove a slightly better result than statement 2) in the introduction. We don't know anything about the convergence of L_t at infinity : if we knew, it would be possible to apply proposition 1 to get a given value at infinity too.

PROPOSITION 2. Let T be a strictly positive predictable stopping time, and let ξ be an $\mathcal{F}_T$-measurable random variable (a.s. finite). There exists a local martingale $L_t = \int_0^t k_s dM_s$ with initial value 0, such that $L_T=\xi$ a.s. on $\{T<\infty\}$.

PROOF. We are going to construct L_t as a sum of local martingales $L_t^n = \int_0^t k_s^n dM_s$, each predictable process k^n being equal to 0 outside of $]T_n, T\wedge T_{n+1}]$ (consideded as empty if $T\leqq T_n$), and the sum hence being convergent.

We start the construction by n=0 : if $P\{T\leqq T_1\}=0$, we set $k^0=0$. Otherwise, k^0 is given by lemma 2 applied to n=0, and the r.v. ξ itself.

Then we proceed by induction. Assuming $k^0,\ldots,k^{n-1}$ are constructed, we set $\lambda_t^n = \Sigma_{i<n} \int_0^t k_s^i dM_s$. If $P\{T_n<T\leqq T_{n+1}\}=0$ we define $k^n=0$. Otherwise k^n is given by lemma 2 applied to the random variable $\xi-\lambda_T^n I_{A_n}$

It is clear that this construction gives the desired result.

ACKNOWLEDGMENTS . The author wishes to thank M. Emery for many fruitful discussions, and P.A. Meyer for comments on preliminary versions of the manuscript.

REFERENCES

[1] CHOU (C.S.) et MEYER (P.A.). Sur la représentation des martingales comme intégrales stochastiques dans les processus ponctuels. Sém. Prob. IX, 1975, p. 226-236. LN 465.

[2] DAVIS (M.H.A.). The representation of martingales of jump processes. SIAM J. of Control and Optim. 14, 1976, p. 623-638.

[3] DUDLEY (R.M.). Wiener functionals as Itô integrals. Ann. Prob. 5, 1977, p. 140-141.

[4] EMERY (M.), STRICKER (C.) et YAN (J.A.). Valeurs prises par les martingales locales continues en un temps d'arrêt. A paraître. (Preprint : Publications IRMA, Strasbourg 1982).

[5] JACOD (J.). Multivariate point processes : predictable projection, Radon Nikodym derivatives, representation of martingales. ZW 31, 1976, p. 235-253.

HE Sheng Wu
Mathematics Department
East China Normal University
SHANGHAI (China) et
Institut de Recherche Mathématique Avancée
STRASBOURG (France).

PETITES PERTURBATIONS DE SYSTEMES DYNAMIQUES AVEC REFLEXION

PAR HALIM DOSS ET PIERRE PRIOURET.

Laboratoire de Probabilités, 4, Place Jussieu, Tour 56, 75005 PARIS

Soient D un ouvert connexe régulier de R^p et $\nu(x)$ un champ de vecteurs non tangents sur ∂D ; on considère la solution $(x^\varepsilon, a^\varepsilon)$ de :

$$x_t^\varepsilon = x+\varepsilon \int_0^t \sigma(x_s^\varepsilon)dB_s + \int_0^t b_\varepsilon(x_s^\varepsilon)ds + \int_0^t \nu(x_s^\varepsilon)da_s^\varepsilon$$

avec $x_t^\varepsilon \in \overline{D}$ et a_t^ε processus croissant continu ne croissant que sur $\{s \,;\, x_s^\varepsilon \in \partial D\}$. On suppose de plus que b_ε tend vers b lorsque ε tend vers 0. Il s'agit d'obtenir pour $A \subset C_x([0,T], \overline{D})$, une évaluation asymptotique de $P(x^\varepsilon_. \in A)$. Pour cela, on construit une fonction $\theta^*(x,v)$ sur $\overline{D} \times R^p$ (voir le *th. 4.2*), telle que si :

$$\varphi \in A,\ \lambda(\varphi) = \frac{1}{2}\int_0^T \theta^*(\varphi_t, \dot{\varphi}_t - b(\varphi_t))dt \quad \text{et} \quad \Lambda(A) = \inf(\lambda(\varphi), \varphi \in A),$$

on ait :

$$(0.1) \quad -\Lambda(\overset{0}{A}) \leq \underline{\lim}_{\varepsilon\to 0}\, \varepsilon^2 \log P(x^\varepsilon \in A) \leq \overline{\lim}_{\varepsilon\to 0}\, \varepsilon^2 \log P(x^\varepsilon \in A) \leq -\Lambda(\overline{A}).$$

Ce résultat donne immédiatement une évaluation asymptotique, lorsque $t \to 0$, de $P_x(\xi_t \in \Gamma)$ où (ξ_t, P_x) est une diffusion réfléchie sur $\overline{D}$ dont le générateur coïncide , sur les fonctions h de classe C^2 telles que $\frac{\partial h}{\partial \nu} = 0$ sur ∂D, avec un opérateur semi-elliptique L.

On suppose que σ et b_ε sont lipschitziens bornés mais on ne suppose pas σ non dégénérée. Lorsque σ est inversible, ce problème a été étudié par Anderson et Orey. [1].

La méthode de ces auteurs consiste à étendre les estimations de Ventcel-Freidlin [5] à des E.D.S. dépendant du passé puis à en déduire le résultat. Notre approche, qui permet de traiter le cas où σ est dégénérée, est différente. Elle est directement inspirée d'Azencott [2].

Elle consiste à montrer que si le mouvement brownien B est près d'une fonction régulière f, le processus x^ε est près de g, solution d'une équation différentielle déterministe avec réflexion, ceci avec une grande probabilité ; et, à partir de là, à transporter le résultat classique de grandes déviations pour le mouvement brownien. En particulier si $D = R^d$ et donc $\partial D = \emptyset$, on retrouve le cas des E.D.S. ordinaires.

1. *Cas du demi-espace.*

On note R_p^+ l'ensemble des $(x_1,\dots,x_p)$, $x_1 \geq 0$; $e_1 = (1,0,\dots,0)$.

On se donne sur R_p^+ un champ de matrices $p \times d$ $\sigma(x)$ et des champs de vecteurs $b_\varepsilon(x)$, $b(x)$ vérifiant :

$$(1.1)\quad \begin{array}{l} |\sigma(x)| \leq M, |b_\varepsilon(x)| \leq M, |\sigma(x)-\sigma(y)| \leq K|x-y|, |b_\varepsilon(x)-b_\varepsilon(y)| \leq K|x-y| \\ b_\varepsilon(x) \text{ tend uniformément vers } b(x) \text{ lorsque } \varepsilon \text{ tend vers } 0. \end{array}$$

Enfin $(\Omega, \underline{\underline{F}}_t, \underline{\underline{F}}, B_t, P)$ désigne un mouvement brownien issu de 0 à valeurs R^d.

On considère l'équation :

$$(1.2)\qquad x_t^\varepsilon = x+\varepsilon \int_0^t \sigma(x_s^\varepsilon)dB_s + \int_0^t b_\varepsilon(x_s^\varepsilon)ds + e_1.a_t^\varepsilon \;;\quad (x_t^\varepsilon)_1 \geq 0$$

et a_t^ε processus continu, croissant, $a_0^\varepsilon = 0$ et $a_t^\varepsilon = \int_0^t 1_{\{x_1=0\}}(x_s^\varepsilon)da_s^\varepsilon$.

Il est bien connu que, sous les hypothèses (1.1), il y a existence et unicité des solutions de (1.2). Rappelons la construction donnée par Anderson et Orey [1] : pour $\omega=(\omega_1,\ldots,\omega_p) \in C(R_+,R^n)$, on note $\xi\omega = \tilde{\omega}_1$ et $\Gamma\omega=(\omega_1+\tilde{\omega}_1,\omega_2,\ldots,\omega_n)$ où $\tilde{\omega}_1(t) = -\inf_{s\leq t}(\omega_1(s) \wedge 0)$. Alors Γ vérifie $\sup_{s\leq t}|\Gamma_s\omega - \Gamma_s\omega'| \leq 2 \sup_{s\leq t}|\omega(s) - \omega'(s)|$ et si y_t^ε est solution de :

$$(1.3)\qquad y_t^\varepsilon = x + \varepsilon \int_0^t \sigma(\Gamma_s\, y^\varepsilon)dB_s + \int_0^t b_\varepsilon(\Gamma_s\, y^\varepsilon)ds,$$

on a $x_t^\varepsilon = \Gamma_t\, y^\varepsilon$ et $a_t^\varepsilon = \xi_t\, y^\varepsilon$.

Maintenant, soit $f \in C(R_+,R^d)$, absolument continue avec $\int_0^T |\dot{f}_s|^2 dx < +\infty$ pour tout $T > 0$, et soient h_t et a_t les uniques solutions de :

$$(1.4)\qquad h_t = z + \int_0^t \{\sigma(h_s).\dot{f}_s + b(h_s)\}ds + e_1.a_t \;;\; (h_t)_1 \geq 0$$

et a_s processus croissant, continu, $a_0 = 0$ et $\int_0^t 1_{\{x_1=0\}}(h_s)da_s = a_t$.

On a encore $h(t) = \Gamma_t k$ et $a(t) = \xi_t k$ où k est solution de :

$$(1.5)\qquad k(t) = z + \int_0^t \{\sigma(\Gamma_s k)\dot{f}_s + b(\Gamma_s k)\}ds.$$

Le but de ce paragraphe est de montrer (on note $||f||_v^u = \sup_{u\leq s\leq v} |f(s)|$, $||f||_T = ||f||_T^0$), $T > 0$ étant fixé :

Théorème 1.1 : Pour tout $A,R,\rho > 0$, il existe $\varepsilon_0,\alpha, r > 0$ tels que si

$\int_0^T |\dot{f}_s|^2 ds \leq A$, si $\varepsilon \leq \varepsilon_0$, si $|z-x| < r$, on a :

$$\varepsilon^2 \log P(||x^\varepsilon - h||_T + ||a^\varepsilon - a||_T > \rho, \; ||\varepsilon B - f||_T < \alpha) \leq -R.$$

dém : Compte tenu du caractère lipschitzien des applications Γ et ξ, il suffit d'évaluer $P(||y^\varepsilon - k||_T > \rho, \; ||\varepsilon B - f||_T < \alpha)$. Posons,

(1.6) $\quad c_\varepsilon(s,x) = \sigma(x)\dot{f}_s + b_\varepsilon(x) \; ; \; c(s,x) = \sigma(x)\dot{f}_s + b(x)$

et supposons que $\bar{y}^\varepsilon$ et $\bar{k}$ vérifient :

(1.7) $\quad \bar{y}_t^\varepsilon = x + \varepsilon \int_0^t \sigma(\Gamma_s \bar{y}^\varepsilon) dB_s^\varepsilon + \int_0^t c_\varepsilon(s, \Gamma_s \bar{y}^\varepsilon) ds$, B^ε de même loi que B ;

(1.8) $\quad \bar{k}_t = z + \int_0^t c(s, \Gamma_s \bar{k}) ds$

alors,

Lemme 1.2 : Pour tout $A,R,\rho > 0$, il existe $\varepsilon_0, \alpha, r > 0$ tels que si $\int_0^T |\dot{f}_s|^2 ds \leq A$, $\varepsilon \leq \varepsilon_0$, $|z-x| < r$, on a :

$$\varepsilon^2 \log P(||\bar{y}^\varepsilon - \bar{k}||_T > \rho, \; ||\varepsilon B^\varepsilon||_T < \alpha) \leq -R.$$

dém : On omettra le ε dans B^ε les calculs étant des calculs de lois, ε fixé, et aussi les barres sur $\bar{y}$ et $\bar{k}$ ainsi que T dans $||.||_T$.

Lemme 1.3 : Pour tout $A,R,\rho > 0$, il existe $\alpha > 0$ tel que si $\int_0^T |\dot{f}_s|^2 ds \leq A$ et $\varepsilon \leq 1$, on a $\varepsilon^2 \log P(||\int_0^\cdot \varepsilon\sigma(\Gamma_s y^\varepsilon) dB_s|| > \rho, \; ||\varepsilon B|| < \alpha) \leq -R.$

dém : On introduit le partage de $[0,T]$, de pas $\frac{T}{n}$: $t_0 = 0$, $t_1 = \frac{T}{n}, \ldots, t_n = T$, et on définit $y_t^{\varepsilon,n}$ par $y_{t_k}^\varepsilon$ si $t_k \leq t < t_{k+1}$. Notons que l'application Γ s'étend au fonctions c.a.d. l.a.g. donc, en particulier, au processus $y^{\varepsilon,n}$ avec la même propriété : $||\Gamma_\cdot \omega - \Gamma_\cdot \omega'|| \leq 2||\omega - \omega'||$.

Alors, pour tout n et $\gamma > 0$, $\{||\int_0^\cdot \varepsilon\sigma(\Gamma_s y^\varepsilon) dB_s|| > \rho, \; ||\varepsilon B|| < \alpha\} \subset E_1 \cup E_2 \cup E_3$ avec $E_1 = \{||y^\varepsilon - y^{\varepsilon,n}|| > \gamma\}$, $E_2 = \{||y^\varepsilon - y^{\varepsilon,n}|| \leq \gamma, \; ||\int_0^\cdot \varepsilon(\sigma(\Gamma_s y^\varepsilon) - \sigma(\Gamma_s y^{\varepsilon,n})) dB_s|| > \frac{\rho}{2}\}$, $E_3 = \{||\int_0^\cdot \varepsilon\sigma(\Gamma_s y^{\varepsilon,n}) dB_s|| > \frac{\rho}{2}, ||\varepsilon B|| < \alpha\}$

Majoration de $P(E_2)$: Comme sur $||y^\varepsilon - y^{\varepsilon,n}|| \leq \gamma$, $||\varepsilon(\sigma(\Gamma_s y^\varepsilon)-\sigma(\Gamma_s y^{\varepsilon,n}))||^2 \leq$ $4\varepsilon^2K^2\gamma^2$, l'inégalité exponentielle entraîne que, pour tout $\varepsilon \leq 1$,

$$P(E_2) \leq 2p \exp\left(-\frac{\rho^2}{16T\varepsilon^2\gamma^2K^2p^2}\right) \leq \frac{1}{2}\exp\left(-\frac{R}{\varepsilon^2}\right)$$ si γ est bien choisi.

Majoration de $P(E_1)$: $P(||y^\varepsilon - y^{\varepsilon,n}|| > \gamma) = P\left(\bigcup_{k=0}^{n-1} ||y^\varepsilon - y^{\varepsilon,n}||_{t_{k+1}}^{t_k} > \gamma\right)$

$$\leq \sum_{k=0}^{n-1} P\left(\left|\left|\int_{t_k}^{\cdot} c_\varepsilon(s,\Gamma_s y^\varepsilon)ds\right|\right|_{t_{k+1}}^{t_k} > \frac{\gamma}{2}\right) + \sum_{k=0}^{n-1} P\left(\left|\left|\int_{t_k}^{\cdot} \varepsilon\sigma(\Gamma_s y^\varepsilon)dB_s\right|\right|_{t_{k+1}}^{t_k} > \frac{\gamma}{2}\right)$$

Mais $\left|\int_{t_k}^{t} c_\varepsilon(s,\Gamma_s y^\varepsilon)ds\right| = \left|\int_{t_k}^{t} \sigma(\Gamma_s y^\varepsilon)\dot{f}_s ds + \int_{t_k}^{t} b_\varepsilon(\Gamma_s y^\varepsilon)ds\right| \leq M\left(\frac{AT}{n}\right)^{1/2} + M\frac{T}{n}$

donc le premier terme est nul si $n \geq n_1(\gamma)$. Par ailleurs, toujours par l'inégalité exponentielle,

$$\sum_{k=0}^{n-1} P\left(\left|\left|\int_{t_k}^{\cdot} \varepsilon\sigma(\Gamma_s y^\varepsilon)dB_s\right|\right|_{t_{k+1}}^{t_k} > \frac{\gamma}{2}\right) \leq 2pn \exp\left(-\frac{n\gamma^2}{8p^2M^2\varepsilon^2T}\right) \leq \frac{1}{2}\exp\left(-\frac{R}{\varepsilon^2}\right)$$

si $n \geq n_2(\gamma)$ et pour tout $\varepsilon \leq 1$.

On fixe γ puis n comme ci-dessus, alors,

Majoration de $P(E_3)$: on remarque que $\Gamma_s y^{\varepsilon,n}$ est constant (en s) sur $[t_k, t_{k+1}[$, égal par exemple à $u_k^{\varepsilon,n} = \Gamma_{t_k} y^{\varepsilon,n}$. D'où, sur $||\varepsilon B|| < \alpha$

$$\left|\int_0^t \varepsilon\sigma(\Gamma_s y^{\varepsilon,n})dB_s\right| = \left|\varepsilon \sum_{k=0}^{n-1} \sigma(u_k^{\varepsilon,n})\, B_{t_{k+1}\wedge t} - B_{t_k\wedge t}\right| \leq 2Mn\alpha \quad \text{et} \quad P(E_3) = 0$$

si $\alpha < \rho/_{4Mn}$.

Revenons au *lemme 1.2.* On a,

$$y_t^\varepsilon - k_t = x - z + \int_0^t (b_\varepsilon(\Gamma_s y^\varepsilon) - b_\varepsilon(\Gamma_s k))ds + \int_0^t (b_\varepsilon(\Gamma_s k) - b(\Gamma_s k))ds + \int_0^t \sigma(\Gamma_s y^\varepsilon) - \sigma(\Gamma_s k))$$

$\dot{f}_s ds + U_t^\varepsilon$

avec $U_t^\varepsilon = \int_0^t \varepsilon\sigma(\Gamma_s y)dB_s$. D'où,

$$|y_t^\varepsilon - k_t| \leq |x-z| + T||b_\varepsilon - b|| + ||U^\varepsilon|| + K\int_0^t (1+|\dot{f}_s| \sup_{u\leq s} |y_u^\varepsilon - k_u| ds.$$

Par Gronwall, en posant $B=K\int_0^T (1+|\dot{f}_s|)ds \leq K(T+(AT)^{1/2})$, si $\varepsilon \leq \varepsilon_0$ et $|x-z| \leq r$, $||y^\varepsilon - k|| \leq \frac{\rho}{2} + ||U^\varepsilon|| e^B$, donc,

$P(||y^\varepsilon - k|| > \rho,\ ||\varepsilon B|| < \alpha) \leq P(||U^\varepsilon|| > \frac{\rho}{2} e^{-B},\ ||\varepsilon B|| < \alpha)$ et on conclut facilement par le *lemme 1. 3.*

Montrons maintenant le théorème.

On définit $\overline{P}^\varepsilon$ sur $(\Omega, \underline{F}_T)$ par :

$$(1.9) \qquad \frac{d\overline{P}^\varepsilon}{dP} = \exp\left(\frac{1}{\varepsilon}\int_0^T (\dot{f}_s, dB_s) - \frac{1}{2\varepsilon^2}\int_0^T |\dot{f}_s|^2 ds\right)$$

alors $\overline{B}_t^\varepsilon = B_t - \frac{1}{\varepsilon} f_t$ est un $(\Omega, \overline{P}^\varepsilon)$ mouvement brownien et,

$$(1.10) \qquad y_t^\varepsilon = x + \varepsilon\int_0^t \sigma(\Gamma_s y^\varepsilon) d\overline{B}^\varepsilon + \int_0^t \{\sigma(\Gamma_s y^\varepsilon)\dot{f}_s + b_\varepsilon(\Gamma_s y^\varepsilon)\} ds,\ \overline{P}^\varepsilon \text{ p.s.}$$

Soit $E = \{||y^\varepsilon - k||_T > \rho,\ ||\varepsilon B - f||_T < \alpha\}$, $V^\varepsilon = \exp(-\frac{1}{\varepsilon}\int_0^T (\dot{f}_s, dB_s))$, alors

$$P(E) \leq P(V^\varepsilon > \exp\frac{\lambda}{\varepsilon^2}) + P(E \cap (V^\varepsilon \leq \exp\frac{\lambda}{\varepsilon^2}) \leq 2\exp(-\frac{\lambda^2}{2A\varepsilon^2})$$

$$+ \overline{E}^\varepsilon\left(\frac{dP}{d\overline{P}^\varepsilon}\ ;\ E \cap (V^\varepsilon \leq \exp\frac{\lambda}{\varepsilon^2})\right) \leq 2\exp(-\frac{\lambda^2}{2A\varepsilon^2}) + \exp(\frac{A}{2\varepsilon^2})\exp(\frac{\lambda}{\varepsilon^2}) \times$$

$$\overline{P}^\varepsilon(||y^\varepsilon - k||_T > \rho,\ ||\varepsilon\overline{B}^\varepsilon||_T < \alpha)$$

On choisit alors λ pour que $2\exp(-\frac{\lambda^2}{2A\varepsilon^2}) \leq \frac{1}{2}\exp(-\frac{R}{\varepsilon^2})$ puis ε_0, r, α grâce au *lemme 1.2* pour que le $2^{\text{ème}}$ terme soit $\leq \frac{1}{2}\exp(-\frac{R}{\varepsilon^2})$.

Remarque : le *théorème 1. 1* et sa démonstration sont aussi vrais (avec des modifications d'écriture évidentes) lorsque x^ε est une diffusion sur R^p (cas sans bord). On retrouve alors le *théorème 2. 4* d'Azencott [2] . La démonstration ci-dessus est une adaptation de celle du théorème d'Azencott qu'on trouve dans Priouret [3] .

Notons $\mathfrak{F}(A)$ l'ensemble des f de $C_0([0,T], R^d)$ telles que $\int_0^T |\dot{f}_s|^2 ds \leq A$;

alors, pour tout (z,f) de $R_+^p \times \bigcup_A \mathfrak{F}(A)$ les solutions h_t et a_t de (1.4) existent. De plus,

Proposition 1. 4 : L'application $(z,f) \mapsto (h,a) \in C([0,T], R^p \times R_+)$ est continue sur $R_+^p \times \mathcal{F}(A)$, $\mathcal{F}(A)$ étant muni de la topologie de la convergence uniforme sur $[0,T]$.

<u>dém</u> : Soient $z_n \to z$ et $f_n, f \in \mathcal{F}(A)$ telles que $||f_n - f||_T \to 0$. Notons k_t^n la solution de (1.5) relative à z_n et f_n.

$$|k_t - k_t^n| \leq |z-z_n| + \int_0^t |b(\Gamma_s k)-b(\Gamma_s k^n)|ds + |\int_0^t \sigma(\Gamma_s k)(\dot{f}_s - \dot{f}_s^n)ds|$$

$$+ |\int_0^t (\sigma(\Gamma_s k)-\sigma(\Gamma_s k^n))\dot{f}_s^n \, ds| \leq |z-z_n| + K \int_0^t \sup_{u \leq s} |k_s - k_s^n|(1 + |\dot{f}_s^n|)ds$$

$$+ |\int_0^t \sigma(\Gamma_s k)(\dot{f}_s - \dot{f}_s^n)ds| \text{ ; par Gronwall,}$$

$$||k-k^n||_T \leq \{|z-z_n| + \rho^n(T)\}\exp K(T+(TA)^{1/2}) \text{ où } \rho^n(T) = \sup_{t \leq T} |\int_0^t \sigma(\Gamma_s k)(\dot{f}_s - \dot{f}_s^n)ds|.$$

Remarquons que k_t est a.c. de dérivée p.p. $\dot{k}_t = \sigma(\Gamma_s k)\dot{f}_s + b(\Gamma_s k)$, donc, pour $0 \leq u < v \leq T$, $|\sigma(\Gamma_v k)-\sigma(\Gamma_u k)| \leq K|\Gamma_v k - \Gamma_u k| \leq 2K \sup_{u \leq s \leq v} |k_s - k_u| \leq 2K \int_u^v |\dot{k}_s|ds$

et donc la variation totale de $s \mapsto \sigma(\Gamma_s k)$ sur $[0,T]$ est majorée par $2K \int_0^T |\dot{k}_s|ds$ donc par une constante $C=C(K,T,A)$.

Alors $|\int_0^t \sigma(\Gamma_s k)(\dot{f}_s - \dot{f}_s^n)ds| \leq |\sigma(\Gamma_t k)(f_t - f_t^n)| + |\int_0^t (f_s - f_s^n)d(\sigma(\Gamma_s k))|$

$\leq (M+C)\, ||f-f_n||_t$ et donc $\rho^n(T)$ tend vers 0 avec n.

2. <u>Cas d'un ouvert de R^p</u>.

Soit D un ouvert connexe de R^p. On suppose qu'il existe une fonction u de classe C_b^2 (bornée ainsi que ses deux premières dérivées) telle que :

(2.1) $D=\{u > 0\}$, $\partial D=\{u=0\}$, $\nabla u(x) \neq 0$ pour tout $x \in \partial D$.

On considère, sur ∂D, un champ de vecteurs $\nu(x)$ de classe C_b^2, vérifiant

(2.2) $< \nabla u(x), \nu(x) > \geq \beta > 0$, pour tout $x \in \partial D$.

Sous ces hypothèses, il existe, pour tout $x \in \partial D$ une carte locale (U,φ) contenant x avec $\varphi=(\varphi_1,\dots,\varphi_p)$ de classe C^2 et $U \cap \bar{D} = \{\varphi_1 \geq 0\}$ et $\varphi^\star \nu = \frac{\partial}{\partial \varphi_1} /\varphi(x)$. Une telle carte sera dite canonique au bord.

On se donne sur $\bar{D}$ des champs de matrices $p\times d$ $\sigma(x)$ et de vecteurs $b(x)$ et $b_\varepsilon(x)$ vérifiant, pour tout $x,y \in \bar{D}$:

(2.3)
$$|\sigma(x)| \leq M,\ |b(x)| \leq M,\ |\sigma(x)-\sigma(y)| \leq K|x-y|,\ |b_\varepsilon(x)-b_\varepsilon(y)| \leq K|x-y|$$
b_ε tend vers b uniformément sur $\bar{D}$.

On condidère alors l'équation :

(2.4)
$$x_t^\varepsilon = x+\varepsilon \int_0^t \sigma(x_s^\varepsilon)dB_s + \int_0^t b_\varepsilon(x_s^\varepsilon)ds + \int_0^t \nu(x_s^\varepsilon)da_s^\varepsilon \ ;\ \text{avec}\ \ x_t^\varepsilon \in \bar{D}$$
a_t^ε processus croissant continu, $a_0^\varepsilon = 0$ et $a_t^\varepsilon = \int_0^t 1_{\partial D}(x_s^\varepsilon)da_s^\varepsilon$.

Sous les hypothèses (2.3), il y a existence et unicité des solutions $(x^\varepsilon,a^\varepsilon)$ de (2.4) et elles sont définies sur R_+ (il n'y a pas d'explosion). Ceci se montre en recouvrant $\bar{D}$ par un système de cartes et en construisant de proche en proche la solution de (2.4) jusqu'à un temps d'explosion τ. Mais on a $\lim_{t\uparrow\tau<+\infty} |x_t^\varepsilon| = +\infty$ p.s. d'où on déduit facilement, les coefficients étant bornés, la non-explosion.

L'important pour les calculs est le point suivant. Soit (V,φ) une carte canonique au bord et U un ouvert de $\bar{D}$ tel que $\bar{U} \subset V$; on définit sur R^p,

$$\tilde{\sigma}(y) = J(\varphi)^\star\sigma(\varphi^{-1}(y)),\ y \in \varphi(U),\ J(\varphi) \text{ jacobien de } \varphi,$$
$$\tilde{b}_\varepsilon^i(y) = L^\varepsilon \varphi^i(\varphi^{-1}(y)),\ y \in \varphi(U),\ L^\varepsilon \varphi^i = \frac{1}{2}\varepsilon^2(\nabla\varphi_i)^\star \sigma\sigma^\star\nabla\varphi_i + \nabla\varphi_i\, b_\varepsilon$$

qu'on prolonge sur tout R^p en des fonctions lipschitziennes bornées.

On note alors $x_t^\varepsilon(t_0,\tilde{x}_0)$, $\tilde{a}_t(t_0,\tilde{x}_0)$ les solutions de :

$$x_t^\varepsilon = \tilde{x}_0 + \varepsilon \int_{t_0}^t \tilde{\sigma}(\tilde{x}_s^\varepsilon)dB_s + \int_{t_0}^t \tilde{b}_\varepsilon(\tilde{x}_s^\varepsilon)ds + e_1\, \tilde{a}_s^\varepsilon\ ,\ t \geq t_0\ ;\ (\tilde{x}_t^\varepsilon)_1 \geq 0$$
$\tilde{a}_t^\varepsilon$ processus croissant continu, $\tilde{a}_{t_0}^\varepsilon = 0$, $\int_{t_0}^t 1_{(x_1=0)}(\tilde{x}_s^\varepsilon)d\tilde{a}_s^\varepsilon = \tilde{a}_t^\varepsilon$.

Alors pour $u < v$, on a p.s. sur $\{x_s^\varepsilon \in U \text{ pour tout } s \in [u,v]\}$,

$$\varphi(x_s^\varepsilon) = \tilde{x}_{s-u}^\varepsilon(u,\varphi(x_u^\varepsilon)),\ a_s^\varepsilon - a_u^\varepsilon = \tilde{a}_{s-u}^\varepsilon(u,\varphi(x_u^\varepsilon)) \quad \text{pour } s \in [u,v].$$

Pour $f \in C([0,T],R^d)$, a.c. avec $\int_0^T |\dot{f}_s|^2 ds \leq A$, on définit (h_t,a_t) comme

comme solution de :

(2.5) $h_t - z + \int_0^t \{\sigma(h_s)\dot{f}_s + b(h_s)\}ds + \int_0^t \nu(h_s)da_s$; avec $h_t \in \overline{D}$, a_t processus croissant continu, $a_0 = 0$ et $\int_0^t 1_{\partial D}(h_s)da_s = a_t$.

Sous (2.3), on établit facilement l'existence sur tout R_+ et l'unicité des solutions de (2.5). On a donc, en posant $g_s = \sigma(h_s)\dot{f}_s + b(h_s)$,

$$(2.6) \qquad u(h_t) - u(z) = \int_0^t \nabla u(h_s).g_s\, ds + \int_0^t \nabla u(h_s).\nu(h_s)da_s.$$

Remarquons que si t_0, t_1 sont tels que $h_{t_0} \in \partial D$, $h_{t_1} \in \partial D$ et $h_t \in D$ si $t_0 < t < t_1$, on a $\int_{t_0}^{t_1} \nabla u(h_s).g_s\, ds = 0$ puisque a_s est plate sur $]t_0, t_1[$. Fixons t, et soit $\Delta = \{s \,;\, h_s \in \partial D\}$ et $t_0 = \inf(s \leq t, s \in \Delta)$, $t_1 = \sup(s \leq t, s \in \Delta)$; évidemment $a_s = 0$ si $s \leq t_0$ et $a_s = a_{t_1}$ si $t_1 \leq s \leq t$. De plus,

$$0 = \int_{t_0}^{t_1} \nabla u(h_s).g_s ds + \int_{t_0}^{t_1} \nabla u(h_s).\nu(h_s)da_s = \int_{t_0}^{t_1} \nabla u(h_s).g_s 1_{\partial D}(h_s)ds + \int_{t_0}^{t_1} \nabla u(h_s).\nu(h_s)da_s$$

car $\int_{t_0}^{t_1} \nabla u(h_s).g_s\, 1_D(h_s)ds = 0$ puisque c'est une somme dénombrable sur des incursions dans D. On en déduit les formules :

$$(2.7) \qquad c_t = \int_0^t \nabla u(h_s).\nu(h_s)da_s = - \int_0^t \nabla u(h_s).g_s.1_{\partial D}(h_s)ds$$

$$(2.8) \qquad a_t = - \int_0^t \frac{\nabla u(h_s).g_s}{\nabla u(h_s).\nu(h_s)} .1_{\partial D}(h_s).ds \quad \text{où} \quad g_s = \sigma(h_s)\dot{f}_s + b(h_s).$$

Compte tenu de (2.2), on en déduit facilement :

Lemme 2.1 : Soient $T, A > 0$ et K un compact et soient (h_t, a_t) les solutions de (2.5) avec $z \in K$ et $\int_0^T |\dot{f}_s|^2 ds \leq A$, alors :

(i) h_t et a_t sont absolument continues avec $\dot{h}_t$ et $\dot{a}_t$ dans $L^2([0,T])$

(ii) il existe des constantes $C_1(T,A,K)$ et $C_2(T,A)$ telles que :

$$\sup_{t \leq T} |h_t| \leq C_1(T,A,K), \quad \int_0^T |\dot{h}_s|^2 ds \leq C_2(T,A).$$

On a alors, $(x^\varepsilon, a^\varepsilon)$ et (h,a) désignant les solutions de (2.4) et (2.5),

Théorème 2.2 : Pour tout $T,A,R,\rho > 0$ et K compact de $\bar{D}$, il existe ε_0,α, $r > 0$ tels que si $\int_0^T |\dot{f}_s|^2 ds \leq A$, $\varepsilon \leq \varepsilon_0$, $|x-z| \leq r$, $z \in K$, on a :

$$\varepsilon^2 \log P[\,||x^\varepsilon - h||_T + ||a^\varepsilon - a||_T > \rho,\ ||\varepsilon B - f||_T < \alpha) \leq -R.$$

Démonstration : D'après le *lemme 2.1*, $\sup_{t\leq T} |h_t| \leq C = C(T,A,K)$. On peut construire $\delta > 0$, $0 < \bar{\alpha} < \bar{\beta}$ et des cartes $(U_1,\varphi_1),\ldots,(U_q,\varphi_q)$ telles que :

1) Les U_i sont soit des ouverts de R^p, soit des cartes canoniques au bord.

2) Les (U_i) recouvrent $\bar{B}(0,C)$ (boule fermée de centre 0, de rayon C)

3) Pour tout $x \in \bar{D} \cap \bar{B}(0,C)$, $B(x,\delta) \subseteq U_i$ pour un certain i,

4) pour tout i et $x,y \in U_i$, $\bar{\alpha} \leq \dfrac{|\varphi_i(x)-\varphi_i(y)|}{|x-y|} \leq \bar{\beta}$.

Soient $x_1,\ldots,x_q \in \bar{D} \cap \bar{B}(0,C)$ tels que les boules $B(x_j, \frac{\delta}{4})$ recouvrent $\bar{D} \cap \bar{B}(0,C)$ et soit $V_j = B(x_j, \frac{\delta}{2})$. Fixons A,T,R, alors pour tout ρ, il existe $r(\rho)$, $\varepsilon_0(\rho)$, $\alpha(\rho)$ telles que si $f \in \mathfrak{F}(A)$, si $0 \leq s < t \leq T$ et si, pour un certain i, $h([s,t]) \subset V_i$, on a, pour tout $\varepsilon \leq \varepsilon_0(\rho)$,

$$P(||x^\varepsilon - h||_t^s + ||a^\varepsilon - a||_t^s > \rho,\ |x_s^\varepsilon - h_s| + |a_s^\varepsilon - a_s| \leq r(\rho), ||\varepsilon B - f||_T < \alpha(\rho)\,] \leq \exp\left(-\frac{R+1}{\varepsilon^2}\right).$$

Ceci résulte du *théorème 1.1* car compte tenu de 3) et 4) ci-dessus, une telle probabilité s'évalue dans une carte (U_i,φ_i) dès que $\rho < \frac{\delta}{2}$.

Définissons $t_0 = 0$, $t_1 = \inf(t > t_0;\ |h_t - z| > \frac{\delta}{4}),\ldots,t_{i+1} = \inf(t > t_i;\ |h_t - h_{t_i}| > \frac{\delta}{4}),\ldots$

Comme $|h_t - h_s| = |\int_s^t \dot{h}_u\, du| \leq |t-s|^{1/2}\, C_2^{1/2}(T,A)$ (*lemme 2.1*), on construit ainsi une suite $t_0 = 0 <\ldots< t_m = T$ avec $m \leq N = N(T,A,K)$ et $h([t_i, t_{i+1}]) \subset V_j = B(x_j, \frac{\delta}{2})$ pour un certain j. Alors, $P(||x^\varepsilon - h||_T + ||a^\varepsilon - a||_T > \rho,\ ||\varepsilon B - f||_T < \alpha)$

$$\leq P(||\,|x^\varepsilon - h| + |a^\varepsilon - a|\,||_T > \rho_{/2},\ ||\varepsilon B - f||_T < \alpha) \leq P[\,||\,|x^\varepsilon - h| + |a^\varepsilon - a|\,||_{t_1}^{0} > \rho_m,\ ||\varepsilon B - f||_T < \alpha\,]$$

$$+ \sum_{i=1}^{m-1} P(||\,|x^\varepsilon - h| + |a^\varepsilon - a|\,||_{t_{i+1}}^{t_i} > \rho_{m-i},\ |x_{t_i}^\varepsilon - h_{t_i}| + |a_{t_i}^\varepsilon - a_{t_i}| \leq \rho_{m-i+1}, ||\varepsilon B - f||_T < \alpha\,],$$

où $\rho_1 = \rho/2$, $\rho_{j+1} = \inf(r(\rho_j), \rho_j)$.

Donc posant $\alpha = \inf(\alpha(\rho_1), \dots, \alpha(\rho_N))$, $\varepsilon_0 = \inf(\varepsilon(\rho_1), \dots, \varepsilon(\rho_N))$, $r = \inf(r(\rho_1), \dots, r(\rho_N))$; si $\varepsilon \leq \varepsilon_0$, $|x-z| \leq r$,

$$P(||x^\varepsilon - h||_T + ||a^\varepsilon - a||_T > \rho \ ; \ ||\varepsilon B - f||_T < \alpha) \leq N \exp\left(-\frac{R+1}{\varepsilon^2}\right).$$

Il suffit alors de choisir $\varepsilon \leq \varepsilon_1$ pour que $N \exp\left(-\frac{R+1}{\varepsilon^2}\right) \leq \exp\left(-\frac{R}{\varepsilon^2}\right)$.

Etendons maintenant la *proposition 1. 4.*

Proposition 2. 3 : Pour tout $A > 0$, l'application de $\overline{D} \times \widetilde{\Phi}(A)$ dans $C([0,T], \overline{D} \times R_+)$ qui à (z,f) associe (h,a) solution de (2.6) est continue, $\widetilde{\Phi}(A)$ étant muni de la topologie de la convergence uniforme.

dem : on conserve les notations de la démonstration du *théorème 2.2.* Soit alors $t_0 = 0 < \dots < t_n = T$ tels que $h([t_i, t_{i+1}]) \subset V_j = B(x_j, \frac{\delta}{2})$ pour un certain j. On note (h^n, a^n) les solutions de (2.5) relatives à z_n et f_n et on suppose $z_n \to z$, $||f^n - f||_T \to 0$ en restant dans $\widetilde{\Phi}(A)$. Comme $h([t_0, t_1]) \subset V_n$, tout un voisinage d'ordre $\frac{\delta}{2}$ de $h([t_0, t_1])$ est inclus dans une carte $(U_{j'}, \varphi_{j'})$, on a (*prop. 1. 4*), h_t^n tend vers h_t et a_t^n tend vers a_t uniformément sur $[0, t_1]$; alors $h^n(t_1) \to h(t_1)$ et $h([t_1, t_2]) \subset V_{j''}$ et on recommence...

3. *Transport des estimations de Ventcel-Freidlin.*

Dans ce paragraphe nous présentons des résultats d'Azencott [2] sous une forme synthétique et bien adaptée à notre situation.

$T > 0$ est fixé, on note $\widetilde{C}_0$ l'ensemble des applications continues de $[0,T]$ dans R^d nulles en 0, muni de la topologie de la convergence uniforme. On définit pour $f \in \widetilde{C}_0$,

$$(3.1) \qquad \widetilde{\lambda}(f) = \frac{1}{2}\int_0^T |\dot{f}_s|^2 ds, \text{ si } f \text{ est a.c. ; } +\infty \text{ sinon.}$$

Rappelons que $\widetilde{\lambda}$ est s.c.i. sur $\widetilde{C}_0$ et $\widetilde{\Phi}(A) = \{f \in \widetilde{C}_0, \widetilde{\lambda}(f) \leq A\}$ compact.

$(\Omega, \underline{\underline{F}}_t, \underline{\underline{F}}, B_t, P)$ étant un brownien à valeurs R^k issu de 0, nous utiliserons les deux estimations classiques suivantes :

(i) pour tout $f \in \mathcal{C}_0$, $\alpha > 0$, $\underline{\lim}_{\varepsilon\to 0} \varepsilon^2 \log P(||\varepsilon B - f|| < \alpha) \geq -\tilde{\lambda}(f)$ uniformément sur $\tilde{\Phi}(A)$.

(ii) pour tout fermé F de $\mathcal{C}_0$, $\overline{\lim}_{\varepsilon\to 0} \varepsilon^2 \log P(\varepsilon B \in F) \leq -\tilde{\Lambda}(F) = -\inf(\tilde{\lambda}(f), f \in F)$.

Soit (S,δ) un espace métrique, $C=C([0,T],S)$, d la distance usuelle sur C, $C_x = \{g \in C, g_0 = x\}$; on suppose donnés :

1) pour tout $x \in S$, des processus continus, $\underline{\underline{F}}_t$ adaptés $y_t^\varepsilon(x)$ avec $y_0^\varepsilon(x)=x$,

2) une application $\beta : (z,f) \to \beta_z(f)$ de $S \times \bigcup_A \tilde{\Phi}(A)$ dans C_z, continue sur $S \times \tilde{\Phi}(A)$ telle que : pour tout compact K de S, tout $A,R,\rho > 0$, il existe ε_1,α, $r > 0$ tels que si f vérifie $\tilde{\lambda}(f) \leq A$, si $z \in K$, si $\delta(x,z) < r$ on ait, pour tout $\varepsilon \leq \varepsilon_1$:

$$\varepsilon^2 \log P(d(y^\varepsilon(x),\beta_z(f)) \geq \rho,\ ||\varepsilon\beta - f||_T < \alpha) \leq -R$$

On pose alors, pour $g \in C$,

(3.2) $\lambda(g) = \inf(\tilde{\lambda}(f);\ B_{g_0}(f)=g), \Lambda(A) = \inf(\lambda(g), g\in A), \Phi(A)=\{g;\ \lambda(g) \leq A\}$.

On a alors,

Proposition 3.1 : λ est s.c.i sur C ; $\Phi(A) \cap \{g_0 \in \text{compact}\}$ est compact ; si $\lambda(g) < +\infty$, l'inf est atteint dans (3.2).

Proposition 3.2 : Pour tout compact K de S, $A,\rho,\eta > 0$, il existe ε_0, $r > 0$ tels que si $\lambda(g) \leq A$, $g_0 = z \in K$, on ait, pour tout x tel que $\delta(x,z) \leq r$ et $\varepsilon \leq \varepsilon_0$:

$$\varepsilon^2 \log P[d(y^\varepsilon(x),g) < \rho] \geq -\lambda(g)-\eta.$$

Proposition 3.3 : Soit $\Phi_x(A) = \{g ;\ \lambda(g) \leq A,\ g_0 = x\}$. Alors pour tout K compact de $S,\bar{A},\rho,\eta > 0$, il existe ε_0 tel que, si $\varepsilon \leq \varepsilon_0$, $x \in K$, $A \leq \bar{A}$, on ait :

$$\varepsilon^2 \log P(d(y^\varepsilon(x),\Phi_x(A)) \geq \rho) \leq -A+\eta.$$

Théorème 3.4 : Pour tout borélien E de C_x, on a,

$$-\Lambda(\overset{\circ}{E}) \leq \underline{\lim}_{\varepsilon\to 0} \varepsilon^2 \log P(y^\varepsilon(x) \in E) \leq \overline{\lim}_{\varepsilon\to 0} \varepsilon^2 \log P(y^\varepsilon(x) \in E) \leq -\Lambda(\bar{E}).$$

La démonstration de la *prop.* 3.1 est facile.

Démonstration de la prop. 3.2 :

Il existe $f \in \tilde{\mathcal{C}}_0$ telle que $\tilde{\lambda}(f) \leq A$ et $\beta_z(f) = g$. On applique 2) ci-dessus à K, A, ρ et $R = A + \eta$; on en tire ε_1, α, r. De plus, vu (i), il existe ε_2 tel que si $\varepsilon \leq \varepsilon_2$, $\varepsilon^2 \log P(\|\varepsilon B - f\|_T < \alpha) \geq -\tilde{\lambda}(f) - \eta/2$. Soit $\varepsilon_0 \leq \varepsilon_1 \wedge \varepsilon_2$ tel que $\varepsilon_0^2 \log 2 < \frac{\eta}{2}$; alors pour $\varepsilon \leq \varepsilon_0$, $\delta(x,z) < r$: $P(\|\varepsilon B - f\|_T < \alpha) \leq P(\|\varepsilon B - f\|_T < \alpha$; $d(y^\varepsilon(x), g) \geq \rho) + P(d(y^\varepsilon(x), g) < \rho) \leq \exp(-\frac{R}{\varepsilon^2}) + P(d(y^\varepsilon(x), g) < \rho)$. Donc $-\lambda(g) - \eta/2 = -\tilde{\lambda}(f) - \eta/2 \leq \varepsilon^2 \log 2 + \mathrm{Max}(-R, \varepsilon^2 \log P(d(y^\varepsilon(x), g)) < \rho)$; mais, vu le choix de R, $-\lambda(g) - \frac{\eta}{2} > -R$ donc le max ne peut être atteint pour R d'où le résultat.

Démonstration de la prop. 3.3 :

Soit $M = M(x,A) = \{h \; ; \; d(h,g) \geq \rho$ pour tout g tel que $g_0 = x$, $\lambda(g) \leq A\}$ alors $d(h, \Phi_x(A)) \geq \rho$ équivaut à $h \in M(x,A)$. On applique 2) ci-dessus à K, A, ρ et $R = A - \eta + 1$; on en tire ε_1, α. Il existe $f_1, \ldots, f_N \in \tilde{\Phi}(A)$ tels que $\tilde{\Phi}(A) \subset \bigcup_1^N B(f_i, \alpha) = U$; alors, puisque $g_i = \beta_x(f_i) \in \Phi_x(A)$, $\{\varepsilon B \in U\} \cap \{y^\varepsilon(x) \in M\} \subset \bigcup_1^N \{\|\varepsilon B - f_i\|_T < \alpha \; ; \; y^\varepsilon(x) \in M\} \subset \bigcup_1^N \{\|\varepsilon B - f_i\|_T < \alpha, \; d(y^\varepsilon(x), g_i) \geq \rho\}$ et donc, $P(\varepsilon B \in U, \; y^\varepsilon(x) \in M) \leq N \exp(-\frac{R}{\varepsilon^2})$ si $\varepsilon \leq \varepsilon_1$ et $x \in K$. Par ailleurs U^c étant fermé, pour $\varepsilon \leq \varepsilon_2$, $\varepsilon^2 \log P(\varepsilon B \in U^c) \leq -\tilde{\lambda}(U^c) + \frac{\eta}{2} \leq -A + \frac{\eta}{2}$. D'où pour $\varepsilon \leq \varepsilon_1 \wedge \varepsilon_2$, $P(y^\varepsilon(x) \in M) \leq P(\varepsilon B \in U^c) + N \exp(-\frac{R}{\varepsilon^2}) \leq \exp(-\frac{A}{\varepsilon^2} + \frac{\eta}{2\varepsilon^2}) + N \exp(-\frac{R}{\varepsilon^2}) \leq \exp(-\frac{A}{\varepsilon^2} + \frac{\eta}{\varepsilon^2}).(\exp(-\frac{\eta}{2\varepsilon^2}) + N \exp(-\frac{1}{\varepsilon^2}))$ - Vu le choix de R - $\leq \exp(-\frac{A}{\varepsilon^2} + \frac{\eta}{\varepsilon^2})$, si $\varepsilon \leq \varepsilon_0$. Ici ε_0 dépend de A ; mais soit $\bar{k}$ tel que $\bar{k}\eta \leq \bar{A} < (\bar{k}+1)\eta$; on peut choisir ε_0 tel que $P(y^\varepsilon(x) \in M(x, k\eta)) \leq \exp(-\frac{k\eta}{\varepsilon^2} + \frac{\eta}{\varepsilon^2})$, $k = 1, 2, \ldots, \bar{k}$. Alors pour $k\eta \leq A < (k+1)\eta$, $M(x,A) \subset M(x, k\eta)$ et $P(y^\varepsilon(x) \in M(x,A)) \leq P(y^\varepsilon(x) \in M(x, k\eta)) \leq \exp(-\frac{k\eta}{\varepsilon^2} + \frac{\eta}{\varepsilon^2}) \leq \exp(-\frac{A}{\varepsilon^2} + \frac{2\eta}{\varepsilon^2})$.

Démonstration du théorème 3.4 :

La *prop. 3.2* entraîne immédiatement l'inégalité de gauche. Supposons donc E fermé et soit $0 < A < \inf(\lambda(g) \; ; \; g \in E)$ - si $\Lambda(E) = 0$, il n'y a rien à montrer. Alors E et $\Phi_x(A)$ sont disjoints et $\Phi_x(A)$ compact donc il existe $\rho > 0$ tel que $d(y^\varepsilon(x), \Phi_x(A)) \geq \rho$ si $y^\varepsilon(x) \in E$ donc (*prop. 3.3*) $\overline{\lim}\; \varepsilon^2 \log P(y^\varepsilon \in E) \leq -A$.

4. *Identification de* λ.

1er). On considère l'application, définie pour $f \in \mathcal{C}_0 \cap (\cup \mathcal{F}(A))$, $f \to \beta_x(f) = (h,a)$ solutions de (2.5) et on se propose de calculer $\hat{\lambda}(h,a)$ définie par (3.2).

On peut supposer que h et a sont absolument continues avec des dérivées dans $L^2(0,T)$ sinon, compte tenu des résultats du n°2, $\hat{\lambda}(h,a) = +\infty$. Il existe donc (*prop.* 3.1), f avec $\tilde{\lambda}(f) < +\infty$ telle que :

$$(4.1) \qquad \sigma(h_s)\dot{f}_s = k_s \quad \text{avec} \quad k_s = \dot{h}_s - b(h_s) - \nu(h_s) 1_{\partial D}(h_s)\dot{a}_s .$$

Posons, pour $x \in \bar{D}$, $v \in R^p$,

$$(4.2) \qquad q^\star(x,v) = \text{Inf}\,\{|w|^2 ;\ \sigma(x)w = v\}\ ;\ = +\infty \ \text{si}\ \{\ldots\} = \emptyset.$$

On montre facilement (on omet x qui est fixé dans le lemme),

Lemme : Soit $q(v) = \langle v, \sigma\sigma^\star v\rangle$ et $q^\star(v) = \sup_t \{\langle 2t, v\rangle - q(tv)\}$. Alors $q^\star(v) < +\infty$ s.s.i $v \in \text{Im}\,\sigma$ et, pour $v \in \text{Im}\,\sigma$, soit $w_\rho = \sigma^\star(\rho I + \sigma\sigma^\star)^{-1} v$, w_ρ tend vers w lorsque $\rho \to 0$ et on a $\sigma w = v$ et $|w|^2 = q^\star(v) = \inf\{|w'|^2, \sigma w' = v\}$.

Soit $\Gamma = \{(x,v)\ ;\ x \in \bar{D},\ v \in R^p\ ;\ q^\star(x,v) < +\infty\}$, Γ est borélien ainsi que la fonction, définie pour $(x,v) \in \Gamma$, $\varphi(x,v) = \lim_{\rho \to 0} \sigma^\star(x)\,[\rho I + \sigma(x)\sigma^\star(x)]^{-1} v$ et on a $\sigma(x)\varphi(x,v) = v$ et $\sigma(x)w = v$ entraine $|w| \geq |\varphi(x,v)|$.

Remarquons enfin que $q^\star(x,v)$ est s.c.i du couple et que si $\sigma\sigma^\star(x)$ est inversible $q^\star(x,v) = \langle v, (\sigma\sigma^\star)^{-1}(x) v\rangle$.

Vu (4.1), $(h_t, k_t) \in \Gamma$ pp en t. Soit donc, u_t telle que $u_0 = 0$ et p.p. $\dot{u}_t = \varphi(h_t, k_t)$ et soit v_t tel que $(h,a) = \beta_x(v)$; on a $\sigma(h_t)\dot{u}_t = k_t = \sigma(h_t)\dot{v}_t$ et donc $|\dot{u}_t| \leq |\dot{v}_t|$ pp en t. En particulier pour $v=f$ ce qui entraine que $\tilde{\lambda}(u) < +\infty$ et $\tilde{\lambda}(u) \leq \tilde{\lambda}(v)$; donc $\hat{\lambda}(h,a) = \frac{1}{2}\int_0^T |\dot{u}_t|^2 dt = \frac{1}{2}\int_0^T q^\star(h_t, k_t)dt$. En résumé,

Proposition 4.1 : La fonctionnelle de Cramer relative à $(x^\varepsilon, a^\varepsilon)$ solution de (2.3) est

$$(4.3) \qquad \hat{\lambda}(h,a) = \frac{1}{2}\int_0^T q^\star(h_t, \dot{h}_t - b(h_t) - \nu(h_t) 1_{\partial D}(h_t)\dot{a}_t)dt.$$

Il suffit alors d'appliquer le *th.* 3.4 pour avoir le résultat de grandes déviations cherché.

2e) Déterminons maintenant la fonctionnelle λ définie par (3.2) et l'application

$f \to \beta_x(f) = h$ solution de (2.5). Si $\lambda(h) < +\infty$, il existe f avec $\tilde{\lambda}(f) < +\infty$ et a ne croissant que sur $\{s \,;\, h_s \subset \partial D\}$ et vérifiant $\int_0^T \dot{a}_s^2 1_{\partial D}(h_s)ds < +\infty$, tels qu'on ait (2.6) - voir le n°2. Donc :

$$(4.4) \quad \lambda(h) = \inf\{\hat{\lambda}(h,a), a = \int_0^{\cdot} \alpha_s 1_{\partial D}(h_s)ds \;;\; \alpha_s \text{ mesurable} \geq 0, \int_0^T \alpha_s^2 1_{\partial D}(h_s)ds < +\infty\}$$

où $\hat{\lambda}(h,a)$ est donnée par (4.3).

Pour $x \in \partial D$ et $v \in R^p$, on définit :

$$(4.5) \qquad \theta^\star(x,v) = \inf_{\alpha \geq 0} q^\star(x, v-\nu(x)\alpha).$$

Soit $D^+(x,v)$ la demi-droite $\{v-\nu(x)\alpha, \alpha \geq 0\}$ et posons $\Delta = \{(x,v) \,;\, x \in \partial D, v \in R^p, D^+(x,v) \cap \operatorname{Im} \sigma(x) \neq \emptyset\}$. Alors $\theta^\star(x,v) < +\infty$ ssi $(x,v) \in \Delta$ et deux cas sont possibles :

(i) $D^+(x,v)$ rencontre $\operatorname{Im} \sigma(x)$ en un seul point donc pour une seule valeur de α.

(ii) $D^+(x,v) \subset \operatorname{Im} \sigma(x)$ ce qui entraine que v et $\nu(x)$ appartiennent à $\operatorname{Im} \sigma(x)$ et alors $\alpha \to q^\star(x, v-\nu(x)\alpha)$ est un polynôme du second degré en α.

Il existe donc une application borélienne (unique) $\psi(x,v)$ de Δ dans R_+ telle que, pour tout $(x,v) \in \Delta$, $q^\star(x, v-\nu(x)\psi(x,v)) = \theta^\star(x,v)$. Puisque $\lambda(h) < +\infty$, $(h_t, \dot{h}_t - b(h_t)) \in \Delta$ pp sur $\{t \,;\, h_t \in \partial D\}$; pour de tels t, soit, $\gamma_t = \psi(h_t, \dot{h}_t - b(h_t))$ qui est positive. Posant $k_t = \dot{h}_t - b(h_t) - \nu(h_t) 1_{\partial D}(h_t)\gamma_t$, on voit immédiatement que, pp en t, $q^\star(h_t, k_t) \leq q^\star(h_t, \dot{h}_t - b(h_t) - \nu(h_t) 1_{\partial D}(h_t)\alpha_t)$ pour tout α_t intervenant dans (4.4) ; en particulier $\int_0^T q^\star(h_t,k_t)dt < +\infty$.

Mais, utilisant le 1er et la fonction mesurable φ, si u_t est telle que $u_0 = 0$, $\dot{u}_t = \varphi(h_t,k_t)$, $\int_0^T |\dot{u}_s|^2 ds < +\infty$ et si $c_t = \int_0^t \gamma_s 1_{\partial D}(h_s)ds$, le triplet (u,h,c) vérifie (2.5) et le raisonnement du n°2 montre alors que $\int_0^T \gamma_s^2 1_{\partial D}(h_s)ds < +\infty$. L'inf dans (4.4) est bien atteint pour γ. Donc,

Théorème 4.2 : La fonctionnelle de Cramer relative à x^ε solution de (2.3) est :

$$\lambda(h) = \frac{1}{2} \int_0^T \theta^\star(h_t, \dot{h}_t - b(h_t))dt, \text{ où :}$$

(4.6) $\theta^\star(x,v) = \inf_{\alpha\geq 0} q^\star(x,v-\nu(x)\alpha 1_{\partial D}(x))$, $x \in \bar{D}$, $v \in R^p$.

Le *théorème 3.4* donne alors le résultat annoncé dans l'introduction (0.1).

Remarque : Le *théorème 4.2* généralise les cas suivants :

(i) $x \in D$, σ matrice carrée inversible, $\theta^\star(x,v) = |\sigma^{-1}(x)(v)|^2$; on retrouve le résultat de Ventcel-Freidlin [5].

(ii) $x \in D$, σ quelconque, $\theta^\star(x,v) = q^\star(x,v)$, c'est le résultat d'Azencott [2].

(iii) $x \in \partial D$, σ matrice carré inversible ; $q^\star(x,v) = |\sigma^{-1}(x)v|^2$ et on voit immédiatement que $q^\star(x,v-\alpha w)$ est minimum pour $\bar{\alpha} = \dfrac{<\sigma^{-1}(x)v,\sigma^{-1}(x)w>}{|\sigma^{-1}(x)w|^2}$ lorsque α parcourt R et donc :

$$(4.7)\qquad \theta^\star(x,v) = |\sigma^{-1}(x)v|^2 - \frac{<\sigma^{-1}(x)v,\sigma^{-1}(x)\nu(x)>^2}{|\sigma^{-1}(x)\nu(x)|^2}.1_{R_+}(<\sigma^{-1}(x)v,\sigma^{-1}(x)\nu(x)>)$$

C'est le résultat de Anderson-Orey [1].

5. Considérons pour D,σ,b vérifiant (2.1), (2.2), (2.3) la solution $x_t(x)$ de :

$$(5.1)\qquad x_t = x + \int_0^t \sigma(x_s)dB_s + \int_0^t b(x_s)ds + \int_0^t \nu(x_s)da_s \quad \text{avec } x_t \in \bar{D},$$

a_t processus croissant continu, $a_0 = 0$, ne croissant que sur $\{s ; x_s \in \partial D\}$.

Soit P_x la loi de $x_0(x)$ sur l'espace canonique (W,G_t,G,ξ_t), $W=C(R_+,\bar{D})$, $\xi_t(w) = w(t)$, alors (ξ_t,P_x) est un processus de Markov dont le générateur coïncide sur les fonctions φ de classe C^2 vérifiant $<\nabla\varphi,\nu> \equiv 0$ sur ∂D avec $L\varphi = \frac{1}{2}(\nabla\varphi)^\star\sigma\sigma^\star(\nabla\varphi) + \nabla\varphi.b$. Il est bien connu qu'un résultat comme le *théorème 4.2* permet d'estimer, lorsuqe $t \to 0$, $P_x(\xi_t \in A)$.

En effet, posant $a_s^\varepsilon = a_{\varepsilon s}$, $B_s^\varepsilon = \frac{1}{\sqrt{\varepsilon}} B_{\varepsilon s}$, $x_t^\varepsilon = x_{\varepsilon t}$, on a :

$$(5.2)\qquad x_t^\varepsilon = x+\sqrt{\varepsilon}\int_0^t \sigma(x_u^\varepsilon)dB_u^\varepsilon + \int_0^t \varepsilon b(x_u^\varepsilon)du + \int_0^t \nu(x_u^\varepsilon)da_u^\varepsilon \ ; \text{ avec } x_t^\varepsilon \in \bar{D} \text{ et } a_t^\varepsilon$$

processus croissant continu ne croissant que sur $\{s ; x_s^\varepsilon \in \partial D\}$. On peut donc appliquer le *théorème 4.2* en observant que $P_x(\xi_t \in A) = P(x_1^t \in \mathcal{A})$ où $\mathcal{A}=\{\varphi ; \varphi_0 = x, \varphi_1 \in A\}$. Donc si on pose :

(5.3) $S(x,y) = \inf\{ \frac{1}{2}\int_0^1 \theta^\star(\varphi_t,\dot\varphi_t)dt \ ;\ \varphi_0 = x,\ \varphi_1 = y\}$

où $\theta^\star$ est défini par (4.6) ; on a :

Proposition 5.1 : $-\inf_{y\in \mathring{A}} S(x,y) \leq \underline{\lim}_{t\to 0}\, t \log P_x(\xi_t \in A) \leq \overline{\lim}\, t \log P_x(\xi_t \in A)$

$\leq -\inf_{y\in\bar{A}} S(x,y)$.

Exemple : On choisit $D = \{(x_1,x_2)\ ;\ x_1 > 0\}$; $\sigma(x) = \begin{pmatrix} 1 & 0 \\ 0 & 0 \end{pmatrix}$, $\nu = \begin{pmatrix} 1 \\ \rho \end{pmatrix}$ et on suppose $\rho > 0$ (par symétrie, on a le cas où $\rho < 0$).

Alors $q^\star(x,(v_1,v_2)) = v_1^2$ si $v_2 = 0$, $= +\infty$ si $v_2 \neq 0$ et

$$\theta^\star((x_1,x_2),(v_1,v_2)) = \begin{cases} v_1^2 & \text{si } x_1 \neq 0,\ v_2 = 0 \\ (v_1 - v_2/\rho)^2 & \text{si } x_1 = 0,\ v_2 \geq 0 \\ +\infty & \text{sinon.} \end{cases} \qquad (5.4)$$

Donc si $\lambda(\varphi) < +\infty$, on a, p.p, $\dot\varphi_s^2 = 0$ sur $\{s\ ;\ \varphi_s^1 \neq 0\}$ et $\dot\varphi_s^2 \geq 0$ sur $\{s\ ;\ \varphi_s^1 = 0\}$ et alors,

$$\lambda(\varphi) = \frac{1}{2}\int_0^1 [(\dot\varphi_s^1)^2 1_{\{\varphi_s^1 > 0\}} + (\dot\varphi_s^1 - \frac{1}{\rho}\dot\varphi_s^2)^2 1_{\{\varphi_s^1 = 0\}}]\, ds \qquad (5.5)$$

Une trajectoire φ allant de (x_1,x_2) à (y_1,y_2) avec $\lambda(\varphi) < +\infty$ ne se déplace donc que parallèlement à $x_2 = 0$ tant que $x_1 > 0$ et dans le sens des x_2 croissant lorsque $x_1 = 0$. Mais une incursion à l'intérieur avec un $\lambda(\varphi)$ minimal va aller de (x_1,x_2) à $(0,x_2)$ pendant $[0,t_1]$; puis de $(0,x_2)$ à $(0,y_2)$ pendant $[t_1,t_2]$ - avec nécessairement $y_2 \geq x_2$ - enfin de $(0,y_2)$ à (y_1,y_2) pendant $[t_2,1]$ et sur chacun de ces intervalles ce sera la trajectoire à vitesse constante qui aura un $\lambda(\varphi)$ minimum vu la forme (5.5) de $\lambda(\varphi)$. Cette trajectoire sera donc de la forme :

$$\begin{cases} \varphi_s^1 = \frac{x_1}{t_1}(t_1 - s) \\ \varphi_s^2 = x_2 \end{cases} \quad,\quad 0 \leq s \leq t_1$$

$$\begin{cases} \varphi_s^{\ 1} = 0 \\ \varphi_s^{\ 2} = \frac{1}{t_2-t_1}\,(x_2(t_2-s) - y_2(t_1-s)) \ , \quad t_1 \leqslant s \leqslant t_2 \end{cases}$$

$$\begin{cases} \varphi_s^{\ 1} = \frac{1}{1-t_2}\, y_1(s-t_2) \\ \varphi_s^{\ 2} = y^2 \end{cases} \qquad t_2 \leqslant s \leqslant 1.$$

Pour une telle trajectoire,

$$\lambda(\varphi) = \frac{1}{2}\left\{ \frac{1}{t_1}(x_1)^2 + \frac{1}{t_2-t_1}\left(\frac{y_2-x_2}{\rho}\right)^2 + \frac{1}{1-t_2}(y_1)^2\right\}$$

Comme pour $a,b,c > 0$, $\inf\{\alpha a+\beta b+\gamma c \ ; \ \alpha > 0, \beta > 0, \gamma > 0, \frac{1}{\alpha} + \frac{1}{\beta} + \frac{1}{\gamma} = 1\}$ $= (\sqrt{a} + \sqrt{b} + \sqrt{c})^2$, on a,

$$\text{5.6)} \qquad S((x_1,x_2),(y_1,y_2)) = \begin{cases} \frac{1}{2}\left[x_1 + \frac{1}{\rho}(y_2-x_2) + y_1\right]^2 & \text{si } y_2 > x_2. \\ \frac{1}{2}\left[x_1 - y_1\right]^2 & \text{si } y_2 = x_2 \\ +\infty & \text{si } y_2 < x_2. \end{cases}$$

6. Une autre application de ces résultats est la suivante. On se place toujours sous les hypothèses du n°2. Pour $x \in \bar{D}$, on note $g(x) = \sigma(x)\sigma^*(x) = (g_{ij}(x) \ ; 1 \leqslant i,j \leqslant p)$. Soit $(V_\varepsilon)_{\varepsilon \geqslant 0}$ une famille d'applications continues de $\bar{D}$ dans R telle que $V_\varepsilon \underset{\varepsilon\to 0}{\longrightarrow} V_0$ uniformément et $V^+ \in L^\infty(\bar{D})$.

Supposons que, pour tout $\varepsilon > 0$, il existe une fonction $\psi_\varepsilon(t,x)$ continue sur $[0,T] \times \bar{D}$, de classe $C^{1,2}$ sur $]0,T[\times \bar{D}$ et vérifiant :

$$(6.1) \begin{cases} \varepsilon \frac{\partial}{\partial t}\psi(t,x) = \frac{\varepsilon^2}{2}\sum\limits_{i,j=1}^{p} g_{ij}(x)\frac{\partial^2\psi}{\partial x_i \partial x_j}(t,x) + \varepsilon\sum\limits_{j=1}^{p} b_j^{\sqrt{\varepsilon}}(x)\frac{\partial\psi}{\partial x_j}(t,x) + V_\varepsilon(x)\psi(t,x) \\ \qquad (t,x) \in]0,T] \times \bar{D} \\ < \nabla_x\psi(t,x), \nu(x) > = 0 \ , \quad (t,x) \in]0,T] \times \partial D \\ \psi(0,x) = f(x) \ , \quad x \in \bar{D} \ ; \end{cases}$$

ceci pour une donnée initiale f continue et bornée sur $\bar{D}$.

On notera $\psi_\varepsilon^{\ f}(t,x)$ la solution de (6.1). Evidemment l'existence d'une telle fonction demande certaines hypothèses de non dégénérescence de σ et éventuellement de compacité sur $\overline{D}$. On montre alors facilement, grâce à la Formule de Itô, que :

$$(6.2)\qquad \psi_\varepsilon^f(t,x) = E\,\{f(x_t^{\sqrt{\varepsilon},x})\exp(\int_0^t \frac{1}{\varepsilon} V_\varepsilon(x_s^{\sqrt{\varepsilon},x})ds)\}\ ;$$

$x_t^{\sqrt{\varepsilon},x}$ étant la solution de (2.4) où on a remplacé ε par $\sqrt{\varepsilon}$.

On définit une application θ_x de $C_x([0,T],\overline{D})$ dans R par la formule $\theta_x(h) = \int_0^T V_o(h(s))ds$. Soit :

$$(6.3)\qquad S(T,x) = \sup\,\{\theta_x(h)-\lambda(h)\ ;\ h \in C_x([0,T]),\overline{D})\}$$

où λ est la fonctionnelle de Cramer donnée par le *théorème 4.2.*

Les résultats de Varadhan [4] joints aux estimations de grandes déviations (0.1) montrent alors que :

(i) $\lim\limits_{\varepsilon\to 0} \varepsilon \log \psi_\varepsilon^1(T,x) = S(T,x)$

(ii) si dans (6.3) le sup est atteint en un point unique $h^{T,x}$ alors

$$\lim_{\varepsilon\to 0} \frac{\psi_\varepsilon^f(T,x)}{\psi_\varepsilon^1(T,x)} = f(h^{T,x}(T)).$$

REFERENCES

[1] R. ANDERSON et S. OREY. Small random perturbations of dynamical systems with reflecting boundary. Nagoya Math J Vol 60 (1976) 189-216.

[2] R. AZENCOTT. Grandes déviations et applications. Ecole d'été de probabilités de Saint Flour VII. 78. Lecture Notes in Math Springer Verlag (1980).

[3] P. PRIOURET. Remarques sur les petites perturbations de systèmes dynamiques. Séminaire de Strasbourg XVI. Lecture Notes de Math. Springer Verlag (1982).

[4] S.R.S. VARADHAN. Asymptotic probabilities and differential equations. Comm. Pure. Appli. Math. Vol 1 261-286. (1966).

[5] A.D. VENTSEL et M.J. FREIDLIN. On small perturbations of dynamical sytems Russian Math Surveys 25 1.55 (1970).

SUR LA CONTIGUITE RELATIVE
DE DEUX SUITES DE MESURES
COMPLEMENTS

J. Mémin (*)

La lecture de l'article [4] de Liptser-Pukelcheim-Shiryayev, qui donne des conditions nécessaires et suffisantes de contiguité pour une suite (P^n, Q^n) de couples de probabilités définies sur une suite $(\Omega^n,\mathcal{F}^n)$ d'espaces mesurables munis d'une filtration discrète $(\mathcal{F}^n_k)_{k\in\mathbb{N}}$, permet de compléter les résultats donnés dans le séminaire 16 [1]. On en profitera également pour préciser certaines démonstrations ou rectifier des erreurs. Les notations sont celles de [1].

A) Quelques propriétés relatives au processus densité :

On considère $(\Omega,\mathcal{F},(\mathcal{F}_t)_{t\in\mathbb{R}^+})$ un espace filtré, P et Q deux probabilités sur $(\Omega,\mathcal{F})$ telles que si $\Pi = \frac{P+Q}{2}$, $(\mathcal{F}_t)$ est Π-complète, $\bigvee_t \mathcal{F}_t = \mathcal{F}$ et $(\mathcal{F}_t)$ est continue à droite.
On note Z le processus densité (de Lebesgue) de Q par rapport à P (cf. par ex : [2] p. 212-214), pour $p \in \mathbb{N}$, R_p est le temps d'arrêt $R_p = \inf\{t : Z_t \leq 1/p\}$, $R = \inf\{t : Z_t = 0\}$ et on note $E = \bigcup_p [\![0,R_p]\!]$.
On considère la (P,E) surmartingale locale M définie par $M = \int Z^{-1}_{s-}\, d Z_s$; enfin Z^* désigne comme d'habitude le processus défini par $Z^*_t = \sup_{s\leq t} Z_s$.

LEMME 1 : ([4] pour une filtration discrète)

Pour tout L,N *appartenant à* $\mathbb{R}^+$, *on a les inégalités :*

(1) : $P[Z_\infty > N] \leq P[Z^*_\infty > N] \leq 1/N$

(2) : $Q[\inf_t Z_t \leq L] \leq L$

(3) : $Q[Z^*_\infty \geq N] \leq L/N + Q[Z_\infty \geq L])$

(4) : $Q[\operatorname{Sup}_t \Delta M_t \geq N^2] \leq 1/N + Q[Z^*_\infty \geq N]$.

Démonstration :

L'inégalité (1) est élémentaire, Z étant une P-sur martingale avec $E_P[Z_0] \leq 1$.

(*) : Département de Mathématiques, Université de Rennes, 35042 RENNES cédex.

Pour (2), soit $T = \inf\{t : Z_t \leq L\}$

$$Q[\inf_t Z_t \leq L] = \int_{\{Z_T \leq L\}} Z_T \, dP \leq L.$$

Montrons (3) :

$$Q[Z^*_\infty \geq N] = \int_{\{Z^*_\infty \geq N\}} Z_\infty \, dP + Q[Z^*_\infty \geq N, Z_\infty = \infty]$$

$$= \int_{\{Z^*_\infty \geq N\}} Z_\infty \, dP + Q[Z_\infty = \infty].$$

$$= \int_{\{Z^*_\infty \geq N, Z_\infty \geq L\}} Z_\infty \, dP + \int_{\{Z^*_\infty \geq N, Z_\infty < L\}} Z_\infty \, dP + Q[Z_\infty = \infty]$$

$$\leq \int_{\{Z_\infty \geq L\}} Z_\infty \, dP + L\, P[Z^*_\infty \geq N] + Q[Z_\infty = \infty]$$

$$\leq Q[Z_\infty \geq L] + L/_N.$$

Pour l'inégalité (4) on note maintenant T le temps d'arrêt :

$$T = \inf\{t : \Delta M_t \geq N\} \wedge R_p, \text{ pour un } p \in \mathbb{N}.$$

$$\{\sup_{t \leq R_p} \Delta M_t \geq N^2\} = \{\Delta M_t \geq N^2\}$$

mais : $\{\Delta M_T \geq N^2\} = \{\frac{Z_T}{Z_{T-}} - 1 \geq N^2\} = \{\frac{Z_T}{Z_{T-}} \geq N^2 + 1\}$

$$\{\sup_{t \leq R_p} \Delta M_t \geq N^2\} \subset \{\frac{Z^*_{R_p}}{\inf_{t \leq R_p} Z_{t-}} \geq N^2 + 1\}$$

$$\subset \{Z^*_{R_p} \geq (N^2 + 1)(\inf_{t \leq R_p} Z_{t-}), \inf_{t \leq R_p} Z_t > 1/N\} \cup \{\inf_{t \leq R_p} Z_t \leq 1/N\}.$$

$$\subset \{Z^*_{R_p} \geq (N^2 + 1)/_N\} \cup \{\inf_{t \leq R_p} Z_t \leq 1/N\}$$

$$\subset \{Z^*_\infty \geq (N^2 + 1)/_N\} \cup \{\inf_t Z_t \leq 1/N\}$$

On a donc obtenu :

$$Q[\bigcup_p \{\sup_{t \leq R_p} \Delta M_t \geq N^2\}] \leq Q[Z^*_\infty \geq N] + Q[\inf_t Z_t \leq 1/N]$$

d'où le résultat en utilisant (2).

On supposera à partir de maintenant que Q est localement absolument continue par rapport à P, c'est-à-dire que pour tout $t \in \mathbb{R}^+$, la restriction de Q à $\mathcal{F}_t$ est absolument continue par rapport à la restriction de P à $\mathcal{F}_t$; Z (resp : M) est alors une P (resp : (P,E)) martingale locale.

Soit C(M) le processus croissant défini sur E par

$$(5) : \quad C(M)_t = \langle M^c, M^c \rangle_t + 1/2 \sum_{s \leq t} (1 - (1 + \Delta M_s)^{1/2})^2.$$

$C(M)$ est (P,E) localement intégrable, de sorte que l'on peut définir son (P,E) compensateur prévisible noté $\tilde{C}^P(M)$ (voir [1]). Soit M' défini sur E par :

(6) : $M'_t = -M_t + \langle M^c,M^c\rangle_t + \sum_{s\leq t} \left(\frac{\Delta M_s^2}{1+\Delta M_s} \mathbb{1}_{\{s<R\}}\right)$ et U le P-compensateur prévisible du processus $\mathbb{1}_{\{t\geq R\}}$

$N = M' + U$ est ([1], lemme 1-4) une (Q,E) martingale locale, donc une Q-martingale locale puisque E^c est Q-évanescent. Le lemme suivant complète le lemme 1-8 de [1] et relie les processus $\tilde{C}^P(M)$ et $\tilde{C}^P(M')$.

<u>LEMME 2</u> :

Le processus $C(M')$ défini par :

$$C_t(M') = \langle M^c,M^c\rangle_t + 1/2 \sum_{s\leq t} (1 - (1 + \Delta M'_s)^{1/2})^2$$

est Q-localement intégrable et son Q-compensateur prévisible noté $\tilde{C}^Q(M')$ est tel que l'on a l'égalité :

(7) : $\tilde{C}^P_t(M) = \tilde{C}^Q_t(M')_t + U_t/2 \quad$ Q- p.s.

<u>Démonstration</u> :

On commence par remarquer que $\tilde{C}^P(M)$ est Q-localement intégrable. Maintenant soit $p \in \mathbb{N}$, $t \in \mathbb{R}^+$, et Y un processus prévisible positif tel que $E_Q\left[\int_s^t Y_s \, d\tilde{C}^P_s(M)^{R_p}\right] < \infty$. On négligera dans les calculs la partie $\langle M^c,M^c\rangle$ commune à $C(M)$ et $C(M')$.

$$2\, E_Q\left[\int_o^t Y_s \, d\tilde{C}^P_s(M)^{R_p}\right] = 2\, E_p\left[\int_o^t Z_s Y_s \, d\tilde{C}^P_s(M)^{R_p}\right]$$

$$= 2\, E_p\left[\int_o^t Z_{s-} Y_s \, d\tilde{C}^P_s(M)^{R_p}\right] = 2\, E_p\left[\int_o^t Z_{s-} Y_s \, dC_s(M)^{R_p}\right]$$

$$= E_p\left[\sum_{\substack{s\leq R_p\wedge t\\ R_p<R}} Y_s Z_{s-} (1-(1+\Delta M_s)^{1/2})^2\right] + E_p\left[\sum_{s\leq t} Y_s Z_{s-} \mathbb{1}_{\{R_p = R = 0\}}\right]$$

(car sur $\{s = R_p = R\}$ $\quad 1 + \Delta M_s = 0$)

$$= E_p\left[\sum_{\substack{s\leq R_p\wedge t\\ R_p<R}} Y_s Z_{s-} (1-(1+\Delta M'_s)^{1/2})^2 (1+\Delta M_s)\right] + E_p\left[\int_o^{t\wedge R_p} Y_s Z_{s-} \, dU_s\right]$$

$$= 2\, E_p\left[\int_o^{t\wedge R_p} Z_s Y_s \, dC_s(M')\right] + E_p\left[\int_o^{t\wedge R_p} Z_s Y_s \, dU_s\right]$$

$$= 2\, E_Q\left[\int_o^{t\wedge R_p} Y_s \, dC_s(M')\right] + E_Q\left[\int_o^{t\wedge R_p} Y_s \, dU_s\right]$$

$= E_Q\left[\int_o^{t\wedge R_p} Y_s \, d(2\,\tilde{C}^Q_s(M') + U_s)\right]$ d'où le résultat. (Dans la démonstration on a montré que $\int Y\, d\, C(M')$ était Q-intégrable dès que $\int Y\, d\, C(M)$ l'était, d'où l'existence du processus $\tilde{C}^Q(M')$).

Le lemme suivant fait partie de la démonstration du théorème 2-7 de [1] ; le début (p. 330) de cette dernière démonstration étant insuffisant, elle est reprise ici complètement.

LEMME 3 :

Pour tout $N > 1$ *on a l'inégalité :*

(8) : $Q\,[Z_\infty \leq N^2] \leq \frac{1}{2N} + Q\,[\tilde{C}^p_\infty(M) \leq 8 \log 2\, N^2]$

Démonstration :

Soit Z' défini par $Z' = (Z_0/Z)^{1/2}$ sur $[\![0,R[\![$

$= 0$ sur $[\![R,\infty[\![$.

On vérifie immédiatement que sur $[\![0,R[\![$ on a :

$Z' = (\mathcal{E}(M))^{-1/2} = (\mathcal{E}(M'))^{1/2}$; et comme $[\![R,\infty[\![$ est Q-évanescent, on a, à la Q-indistinguabilité près $Z' = (\mathcal{E}(M'))^{1/2}$, c'est-à-dire :

$Z' = \exp\,[\,1/2\;M' - 1/4\;\langle M^c,M^c\rangle]\;\prod_s\,(1 + \Delta M'_s)^{1/2}\;\exp\,(-\;1/2\;\;\Delta M'_s).$

Un calcul élémentaire montre que ceci peut encore s'écrire :

$Z' = \mathcal{E}(1/2\;N - V)$ où N est la Q-martingale locale $M' + U$ et

$V = 1/8\;\langle M^c,M^c\rangle + 1/2\;\sum_s\,(1 - (1 + \Delta M'_s)^{1/2})^2 + 1/2\;U.$

Ainsi V a pour Q-compensateur prévisible A où $A = \tilde{C}^Q(M') + 1/2\;U - 7/8\;\langle M^c,M^c\rangle$ c'est-à-dire compte-tenu du lemme 2 : $A = \tilde{C}^p(M) - 7/8\;\langle M^c,M^c\rangle$.

Soit $L : 1/2\;N - V + A$; alors $Z' = \mathcal{E}(L-A)$. On va commencer par montrer que $\Delta A<1$ Q-p.s.

Soit T un temps d'arrêt prévisible ; on a la succession d'égalités :

$$-\Delta A_T\,\mathbb{1}_{\{T<\infty\}} = E_Q\,[-\Delta A_T\;\;\mathbb{1}_{\{T<\infty\}}|\mathcal{F}_{T-}] = E_Q\,[\mathbb{1}_{\{T<\infty\}}\;(\Delta L_T - \Delta A_T)|\,\mathcal{F}_{T-}]$$

$$= E_Q\,[\;\mathbb{1}_{\{T<\infty\}}\;\Delta(1/2\;N - V)_T\,|\mathcal{F}_{T-}\;]= E_Q[\mathbb{1}_{\{T<\infty\}}((1 + \Delta M'_T)^{1/2} - 1)\;|\mathcal{F}_{T-}]$$

$$> -1\quad Q.\;ps$$

Ce qui montre que $\{(t,\omega) : \Delta A_t(\omega) \geq 1\}$ est Q-évanescent.

On peut alors écrire ([3], prop II-1) :

$Z'_t = \mathcal{E}(L-A)_t = \mathcal{E}(\hat{L})_t\, \mathcal{E}(-A)_t$ avec $\hat{L}_t = \int_0^t \frac{1}{1-\Delta A_s}\, d\, L_s$, et $\mathcal{E}(\hat{L})$est une martingale locale positive donc une surmartingale positive.

Soit $N>1$.

$$\begin{aligned}
Q\,[Z'_\infty \geq 1/N\,] = &\ Q\,[\mathcal{E}(\hat{L})_\infty \mathcal{E}(-A)_\infty \geq 1/N\,] \\
\leq &\ Q\,[\mathcal{E}(\hat{L})_\infty \mathcal{E}(-A)_\infty \geq 1/N\,,\ \mathcal{E}(-A)_\infty \geq 1/2N^2\,] \\
&+ Q\,[\mathcal{E}(\hat{L})_\infty \mathcal{E}(-A)_\infty \geq 1/N,\ \mathcal{E}(-A)_\infty < 1/2N^2\,] \\
\leq &\ Q\,[\mathcal{E}(-A)_\infty \geq 1/2N^2\,] + Q\,[\mathcal{E}(\hat{L})_\infty > 2N\,].
\end{aligned}$$

Mais $Q\,[\mathcal{E}(\hat{L})_\infty > 2N\,] \leq 1/2N\ \ E_Q\,[\mathcal{E}(\hat{L})_0] \leq 1/2N.$

$$\begin{aligned}
\text{Donc}\quad Q\,[Z'_\infty \geq 1/N\,] &\leq 1/2N + Q\,[\mathcal{E}(-A)_\infty \geq 1/2N^2] \\
&\leq 1/2N + Q\,[\exp(-A)_\infty \geq 1/2N^2] \\
&\leq 1/2N + Q\,[A_\infty \leq \log 2N^2]
\end{aligned}$$

Ce qui donne le résultat, car $8\, A_\infty \geq \tilde{C}_\infty^P\,(M)$.

B) Conditions nécessaires et suffisantes de contiguité :

On considère $(\Omega^n, \mathcal{F}^n, (\mathcal{F}^n_t)_{t\in\mathbb{R}^+})_{n\in\mathbb{N}}$ une suite d'espaces filtrés, $(P^n,Q^n)_{n\in\mathbb{N}}$ suite de couples de probabilités sur $(\Omega^n,\mathcal{F}^n)$, $(\mathcal{F}^n_t)$ vérifiant les conditions habituelles relativement à la probabilité $\frac{P_n + Q_n}{2}$; on suppose que Q^n est localement absolument continue par rapport à P^n, et on considère pour chaque n les processus M^n, Z^n, $C(M^n)$, définis comme M, Z, C(M) de la partie A.
On dira qu'une suite (X^n) de variables aléatoires à valeurs dans $\overline{\mathbb{R}}$, définie sur $(\Omega^n, \mathcal{F}^n, Q^n)$ est Q^n-tendue si on a la propriété suivante :

$\lim_{K\uparrow\infty} (\lim\sup_n\ Q^n\,[\,|X^n| > K]) = 0.$

(Q^n) est contigue à (P^n) si et seulement si (Z^n_∞) est Q^n-tendue (lemme 2-1 de [1]) ; (P^n) et (Q^n) sont complètement séparables si et seulement si on a la propriété :
pourt tout $K>0$, $\lim\sup_n Q^n\,[Z^n_\infty > K] = 1$ (lemme 2-2 de [1]).

On déduit alors immédiatement de la partie A les résultats suivants :

LEMME 4 : ([4], dans le cas d'une filtration discrète).

a) *(Q^n) est contigue à (P^n) si et seulement si (Z^{n*}_∞) est Q^n-tendue.*

b) *Si* $\lim_{K\uparrow\infty} \lim \mathrm{Sup}_n\, Q^n [\tilde{C}{}^{P^n}_{\infty} (M^n) > K] = 1$ *alors* (P^n) et (Q^n) *sont complètement séparables.*

c) *Si* (Q^n) *est contigue à* (P^n), $(\tilde{C}{}^{P^n}_{\infty}(M^n))$ *et* $(\mathrm{Sup}_t\ \Delta M^n_t)$ *sont* Q^n*-tendues.*

Démonstration :

L'inégalité (3) du lemme 1 montre que l'on a l'équivalence :

(Z^n_∞) est Q^n-tendue $\iff$ $(Z^{n\,*}_\infty)$ est Q^n-tendue.

Le b) et la première partie du c) découlent directement du lemme 3 ; enfin la seconde partie du c) découle de l'inégalité (4) du lemme 1.

Compte-tenu du lemme 4 et du corollaire 2-8 de [1] on obtient le critère de contiguité suivant :

THEOREME :

(Q^n) *est contigue à* (P^n) *si et seulement si les suites :* $(\tilde{C}{}^{P^n}_{\infty} (M^n))$ *et* $(\mathrm{sup}_t\ \Delta M^n_t)$ *sont* Q^n*-tendues.*

RÉFÉRENCES :

[1] G.K Eagleson J. Mémin : Sur la contiguité de deux suites de mesures : généralisation d'un théorème de Kabanov-Liptser-Shiryayev. Sém. de Proba. XVI. Lect.Notes in Mathematics n° 920, Springer-Verlag.

[2] J. Jacod : Calcul stochastique et problèmes de martingales. Lect.Notes in Mathematics n° 714 - Springer-Verlag.

[3] D. Lépingle - J. Mémin : Sur l'intégrabilité uniforme des martingales exponentielles. Z W 42 175-203 (1978).

[4] R.Ch. Liptser - F. Pukelcheim, A.N. Shiryayev : Sur des conditions nécessaires et suffisantes de contiguité et de complète séparabilité de probabilités - 1982 (à paraître).

Errata de l'article [1]:

p. 335 l. 2 $Q^n|_{\mathcal{F}^n_0} = P^n|_{\mathcal{F}^n_0}$

p. 336 l. 20 et l. 3 : remplacer c^n_∞ par $\int_0^\infty (\beta^n_s)^2\, d\, c^n_s$

l. 6 : remplacer c^n_t par $\int_0^t (\beta^n_s)^2\, d\, c^n_s$

UNE REMARQUE SUR LA CONVERGENCE DES MARTINGALES A DEUX INDICES

M. Ledoux

Dans un article récent sur la convergence presque sûre des processus à plusieurs paramètres [10], L. Sucheston retrouve le théorème de convergence des martingales de R. Cairoli [1] à partir d'un résultat général sur certains opérateurs dans les espaces d'Orlicz. Ce résultat étend plus particulièrement des théorèmes de convergence presque sûre d'espérances conditionnelles où fonctions et tribus varient simultanément. Dans cette courte note, nous nous proposons de préciser certains aspects du travail de L. Sucheston et d'en situer la portée dans l'étude de la convergence des martingales indexées par $\mathbb{N} \times \mathbb{N}$.

Nous supposerons donnés un espace probabilisé $(\Omega, \mathcal{F}, P)$ et une famille $\{\mathcal{F}_{mn}, (m,n) \in \mathbb{N}^2\}$ de sous-tribus de $\mathcal{F}$ indexée par $\mathbb{N}^2 = \mathbb{N} \times \mathbb{N}$ et croissante pour l'ordre partiel usuel sur cet ensemble. Nous poserons $\mathcal{F}_{m\infty} = \bigvee_{n \in \mathbb{N}} \mathcal{F}_{mn}$ et $\mathcal{F}_{\infty n} = \bigvee_{m \in \mathbb{N}} \mathcal{F}_{mn}$.

Nous appellerons martingale un processus intégrable $X = \{X_{mm}, (m,n) \in \mathbb{N}^2\}$ adapté à la filtration $\{\mathcal{F}_{mn}, (m,n) \in \mathbb{N}^2\}$ tel que $E\{X_{m'n'} \mid \mathcal{F}_{mn}\} = X_{mn}$ pour tout $m \leq m'$ et $n \leq n'$. Nous dirons que X est une 1-martingale s'il est adapté et si pour tout entier n fixé, $\{X_{mn}, m \in \mathbb{N}\}$ est une martingale ordinaire de la filtration $\{\mathcal{F}_{m\infty}, m \in \mathbb{N}\}$. La notion de 2-martingale se définit de façon analogue et un processus X sera une bi-martingale s'il est à la fois une 1-martingale et une 2-martingale. Enfin, suivant A.Millet et L. Sucheston [9] , nous dirons que X est une martingale (1) (resp. (2)) s'il est une martingale et une 1-martingale (resp. 2-martingale). On remarquera que toute bi-martingale est à la fois une martingale (1) et (2) et donc également une martingale.

La filtration $\{\mathcal{F}_{mn}, (m,n)\in \mathbb{N}^2\}$ satisfait à l'hypothèse d'indépendance conditionnelle si pour tout couple (m,n) de $\mathbb{N}^2$, les tribus $\mathcal{F}_{m\infty}$ et $\mathcal{F}_{\infty n}$ sont conditionnellement indépendantes sachant $\mathcal{F}_{mn}$. Cette hypothèse, à laquelle il est fait le plus souvent référence sous l'appellation (F4) introduite dans [4] , a été rebaptisée condition de commutation dans [8] exprimant en cela que les opérateurs d'espérances conditionnelles $E\{.|\mathcal{F}_{m\infty}\}$ et $E\{.|\mathcal{F}_{\infty n}\}$ commutent et ont pour produit $E\{.|\mathcal{F}_{mn}\}$. Sous cette condition, une martingale est un bi-martingale de sorte que toutes les notions de martingales considérées précédemment coïncident. Pour plus de généralité , cette condition ne sera pas postulée par la suite, sauf mention du contraire.

Dans un souci de simplicité, nous supposerons toutes nos martingales nulles sur les bords de $\mathbb{N}^2$, ce qui ne constitue pas une réelle restriction dans le problème de la convergence puisque l'on peut toujours remplacer un processus X par X' défini par $X'_{mn} = X_{mn} - X_{m0} - X_{0n} + X_{00}$.

Nous introduisons à présent quelques définitions supplémentaires afin de rappeler un théorème de convergence dû à R. Cairoli [2] .

Un ensemble prévisible est un sous-ensemble A de $\mathbb{N}^2 \times \Omega$ tel que $\{(m+1,n+1)\in A\} \in \mathcal{F}_{mn}$ pour tout (m,n) de $\mathbb{N}^2$, et, sur les bords de $\mathbb{N}^2$, $\{(m+1,n)\in A\}$, $\{(m,n+1)\in A\}$, $\{(m,n)\in A\} \in \mathcal{F}_{mn}$, $\{(m,n)\in A\}$ désignant la coupe de A suivant (m,n) . Si X est une martingale et A un ensemble prévisible, le processus $I_A.X$ défini, pour tout (m,n) de $\mathbb{N}^2$, par :

$$(I_A.X)_{mn} = \sum_{i=1}^{m}\sum_{j=1}^{n} I_{\{(i,j)\in A\}}\, d_{ij}$$

où $d_{ij} = X_{ij} - X_{i-1,j} - X_{i,j-1} + X_{i-1,j-1}$, est également une martingale; c'est la transformée de Burkholder de X par A . Le théorème précité de R. Cairoli assure que sous l'hypothèse :

(I) pour tout ensemble prévisible A , $I_A.X$ est uniformément intégrable,

la martingale X converge p.s.. Enoncé à l'origine pour les bi-martingales, ce résultat subsiste, après un examen détaillé de la preuve, pour les martingales. Essentiellement, si X est une martingale uniformément intégrable, elle converge en moyenne quand m ou n ou les deux tendent vers l'infini et les limites respectives $X_{\infty n}$, $X_{m\infty}$ et X_∞ ferment la martingale. En vertu d'un simple argument de classe monotone, il est aisé de constater que $\{X_{m\infty}, m\in\mathbb{N}\}$ (resp. $\{X_{\infty n}, n\in\mathbb{N}\}$) est une martingale de la filtration $\{\mathcal{F}_{m\infty}, m\in\mathbb{N}\}$ (resp. $\{\mathcal{F}_{\infty n}, n\in\mathbb{N}\}$) , ce qui est bien entendu trivialement le cas si X est une bi-martingale. Forte de cette observation, la démonstration de R. Cairoli s'étend alors sans difficulté.

La condition (I) , sans pour autant exiger l'uniforme intégrabilité par rapport aux ensembles prévisibles, exprime en un certain sens que la variation quadratique $S(X) = (\sum_{i=1}^{\infty}\sum_{j=1}^{\infty} d_{ij}^2)^{1/2}$ de X est intégrable. Plus précisément, si X est une martingale (1) (ou (2)) et si :

(II) $E\{S(X)\} < \infty$,

la famille de v.a. $(I_A.X)_{mn}$, (m,n) parcourant $\mathbb{N}^2$ et A les ensembles prévisibles, est uniformément intégrable, de sorte que X

vérifie (I) . Initialement démontré là encore pour des bi-martingales [7] , ce résultat reste vrai dans le cas de martingales (1) (ou (2)) grâce à des modifications évidentes dans les démonstrations de certaines inégalités de [6] .

Après ces quelques rappels, nous présentons le lemme de L. Sucheston ([10] , Proposition 1.1) (sous une forme simplifiée) qui présidera à nos observations ultérieures. Comme déjà noté, ce lemme généralise des théorèmes de convergence presque sûre d'espérances conditionnelles, tel par exemple celui de G.A. Hunt ([5] , p. 47) .

<u>Lemme</u>. Soit $\{Y_m , m \in \mathbb{N}\}$ une suite de v.a., majorées en valeur absolue par une v.a. intégrable Y , qui converge p.s. vers une v.a. Y_∞ et soit $\{\mathcal{G}_n , n \in \mathbb{N}\}$ une famille croissante de sous-tribus de $\mathcal{F}$ de réunion $\mathcal{G}_\infty$. Alors, le processus à deux paramètres $\{E\{Y_m | \mathcal{G}_n\} , (m,n) \in \mathbb{N}^2\}$ converge p.s. vers $E\{Y_\infty | \mathcal{G}_\infty\}$ quand m et n tendent vers l'infini.

<u>Démonstration</u>. Pour chaque entier p , on définit $Z_p = \sup_{m \geq p} |Y_m - Y_\infty|$. On a :

$$\limsup_{m,n \to \infty} |E\{Y_m | \mathcal{G}_n\} - E\{Y_\infty | \mathcal{G}_\infty\}|$$

$$\leq \limsup_{m,n \to \infty} |E\{Y_m - Y_\infty | \mathcal{G}_n\}| + \limsup_{n \to \infty} |E\{Y_\infty | \mathcal{G}_n\} - E\{Y_\infty | \mathcal{G}_\infty\}|$$

$$\leq \limsup_{n \to \infty} E\{Z_p | \mathcal{G}_n\} = E\{Z_p | \mathcal{G}_\infty\} .$$

Il ne reste plus qu'à faire tendre p vers l'infini pour conclure à l'affirmation du lemme.

Comme le note L. sucheston, ce lemme contient, au moins sous l'hypothèse d'indépendance conditionnelle, le théorème de convergence des martingales de la classe LlogL de R. Cairoli [1] . En effet, si X est une martingale bornée dans LlogL , par uniforme intégrabilité il existe une v.a. X_∞ telle que $E\{|X_\infty| \log^+|X_\infty|\} < \infty$ fermant X à droite. Or, sous l'hypothèse de commutation, $X_{mn} = E\{X_\infty | \mathcal{F}_{mn}\} = E\{X_\infty | \mathcal{F}_{m\infty} | \mathcal{F}_{\infty n}\}$ et la conclusion s'ensuit.

Mais une analyse plus précise du lemme permet en fait d'énoncer le théorème suivant.

<u>Théorème</u>. Soit X une martingale (1) telle que :

(III) $\begin{cases} \text{pour tout entier } n \text{, la famille } \{X_{mn}, m \in \mathbb{N}\} \text{ est} \\ \text{uniformément intégrable et } \sup_{m \in \mathbb{N}} E\{\sup_{n \in \mathbb{N}} |X_{mn}|\} < \infty . \end{cases}$

Alors X converge p.s.. En échangeant les rôles de m et n dans (III) , la même conclusion a lieu pour les martingales (2) .

<u>Démonstration</u>. Fixons un entier n ; par uniforme intégrabilité, la martingale $\{X_{mn}, \mathcal{F}_{m\infty}, m \in \mathbb{N}\}$ converge p.s. et en moyenne vers une v.a. intégrable $X_{\infty n}$ telle que $X_{mn} = E\{X_{\infty n} | \mathcal{F}_{m\infty}\}$ pour tout m de $\mathbb{N}$. Comme déjà observé, $\{X_{\infty n}, n \in \mathbb{N}\}$ est une martingale de la filtration $\{\mathcal{F}_{\infty n}, n \in \mathbb{N}\}$, et, en vertu du lemme de Fatou :

$$E\{\sup_{n \in \mathbb{N}} |X_{\infty n}|\} \leq \sup_{m \in \mathbb{N}} E\{\sup_{n \in \mathbb{N}} |X_{mn}|\} < \infty .$$

Le lemme s'applique à nouveau dans les mêmes conditions que précédemment.

Sans hypothèse de commutation cette fois, le théorème ci-dessus inclut celui de R. Cairoli [1] ainsi que le résultat de A. Millet et L. Sucheston [9] sur les martingales (1) puisque, par une simple application de l'inégalité de Doob, la bornitude dans LlogL entraîne (III) . Il inclut également une condition suffisante de R.Cairoli

[3] , à savoir :

$$E \left\{ \sup_{(m,n)\in \mathbb{N}^2} |X_{mn}| \right\} < \infty ,$$

ainsi que l'hypothèse (II) faisant intervenir la variation quadratique de la martingale en vertu de l'inégalité de Davis [6] .

En conclusion, cette courte étude met plus particulièrement en évidence deux conditions suffisantes pour la convergence presque sûre des martingales à deux paramètres qu'il paraît a priori difficile de comparer, sauf peut-être au travers de (II) . La condition (III) , historiquement la première bien qu'apparaissant ici sous une forme un peu nouvelle, met en jeu à la fois une propriété d'intégrabilité d'un supremum sur l'un des indices et une propriété de martingale uniformément intégrable par rapport à une filtration unidimensionnelle suivant l'autre paramètre. La seconde, (I) , la plus intéressante à n'en pas douter, suppose une uniforme intégrabilité de la martingale ainsi que de toutes les martingales obtenues à partir de celle-ci par une simple pertubation des accroissements bidimensionnels la composant.

Tous mes remerciements à Messieurs les Professeurs R. Cairoli, H. Föllmer et L. Sucheston pour de profitables échanges sur cette question.

Références.

[1] R. Cairoli. Une inégalité pour martingales à indices multiples et ses applications. Séminaire de Probabilités IV . Lecture Notes in Math. 124 , 1-27 (1970) .

[2] R. Cairoli. Sur la convergence des martingales indexées par N x N . Séminaire de Probabilités XIII . Lecture Notes in Math. 721 , 162-173 (1979) .

[3] R. Cairoli. Eléments de la théorie des processus à deux indices. Cours de 3ème cycle, Université de Strasbourg (1979-80) .

[4] R. Cairoli, J.B. Walsh. Stochastic integrals in the plane. Acta Math. 134 , 111-183 (1975) .

[5] G.A. Hunt. Martingales et processus de Markov.Dunod,Paris (1966).

[6] M. Ledoux. Inégalités de Burkholder pour martingales indexées par ℕ x ℕ . Processus aléatoires à deux indices. Lecture Notes in Math. 863 , 122-127 (1981) .

[7] M. Ledoux. Transformées de Burkholder et sommabilité de martingales à deux paramètres. A paraître in Math. Zeitsch. (1982) .

[8] P.A. Meyer. Théorie élémentaire des processus à deux indices. Processus aléatoires à deux indices. Lecture Notes in Math. 863 , 1-39 (1981) .

[9] A. Millet, L. Sucheston. On regularity of multiparameter amarts and martingales. Z. Wahr. verw. Geb. 56 , 21-45 (1981) .

[10] L. Sucheston. On one-parameter proofs of almost sure convergence of multiparameter processes. Preprint (1982) .

Comme le signale H. Föllmer (Almost sure convergence of spatial martingales for weakly interacting random fields, preprint (1982)), le lemme présenté ci-dessus apparaît déjà dans l'article de D. Blackwell et L. Dubins : Merging of opinions with increasing information (Theorem 2), Ann. Math. Statist. 33 , 882-886 (1962) .

Université Louis-Pasteur,
Département de Mathématique,
7, rue René-Descartes,
F-67084 Strasbourg Cédex.

ARRET PAR REGIONS DE $\{S_{\underline{n}} / |\underline{n}| , \underline{n} \in \mathbb{N}^2\}$

M. Ledoux

1. INTRODUCTION

L'étude de l'arrêt des suites $\{X_n / n , n \in \mathbb{N}\}$ et $\{S_n / n , n \in \mathbb{N}\}$ où $\{X_n , n \in \mathbb{N}\}$ désigne une famille de variables aléatoires indépendantes et réparties comme une variable aléatoire X et S_n la somme partielle $X_1 + \dots + X_n$, a permis à B. Davis [3] et B.J. McCabe et L.A. Shepp [8] de prouver que la condition d'intégrabilité sur X :

(1.1) $$E\{|X| \log^+ |X|\} < \infty ,$$

équivaut à la condition :

(1.2) $$E\left\{\frac{|X_\sigma|}{\sigma}\right\} < \infty \quad \text{pour tout temps d'arrêt } \sigma ,$$

ainsi qu'à :

(1.3) $$E\left\{\frac{|S_\sigma|}{\sigma}\right\} < \infty \quad \text{pour tout temps d'arrêt } \sigma .$$

Abordant ce problème dans le cadre d'une suite multiple $\{X_{n_1,\dots,n_d} , (n_1,\dots,n_d) \in \mathbb{N}^d\}$ de variables aléatoires indépendantes de même loi que X , R.Cairoli et J.-P. Gabriel [1] ont étendu à plusieurs indices la première de ces deux équivalences en prouvant que (1.1) équivaut à :

(1.4) $$E\left\{\frac{|X_{\tau_1,\dots,\tau_d}|}{\tau_1 \cdot \dots \cdot \tau_d}\right\} < \infty \quad \text{pour tout point d'arrêt } (\tau_1,\dots,\tau_d) .$$

La question de l'équivalence dans ce cadre des propriétés (1.1) et (1.3), laissée ouverte dans [1] , a été résolue récemment par U. Krengel et L. Sucheston [7] par l'intermédiaire d'un plongement linéaire permettant de ramener le problème multidimensionnel sur la ligne et de lui appliquer alors le résultat connu à un indice ; ils ont ainsi prouvé que la condition (1.1) est satisfaite si, et seulement si :

(1.5) $$E\left\{\frac{|S_{\tau_1,\dots,\tau_d}|}{\tau_1\cdot\ldots\cdot\tau_d}\right\} < \infty$$ pour tout point d'arrêt $(\tau_1,\dots,\tau_d)$ engendré par une tactique (pour tout point d'arrêt si $d = 2$).

Dans le présent article, nous nous proposons de montrer que le principe du plongement linéaire s'applique également pour le deuxième procédé d'arrêt multidimensionnel, à savoir celui par régions. Nous limitant à la dimension $d = 2$, nous obtiendrons ainsi l'équivalence de la condition (1.1) et de :

(1.6) $$E\left\{\frac{|S(A)|}{|A|}\right\} < \infty$$ pour toute région d'arrêt A ,

où l'on aura posé, pour tout sous-ensemble E de $\mathbb{N}^2$, $S(E) = \sum_{(n_1,n_2)\in E} X_{n_1,n_2}$, $|E|$ désignant le cardinal de E .
Diverses interprétations sont possibles en ce qui concerne l'analogue de la condition (1.4) pour les régions d'arrêt. L'une d'elles consiste à substituer, dans (1.6), $S(L_A)$ à $S(A)$ où L_A désigne la ligne d'arrêt associée à la région A (en d'autres mots, son bord supérieur droit) ; nous n'avons pu établir l'équivalence de (1.1) et de cette nouvelle condition. Cependant, le point (τ_1,τ_2) de la condition (1.4) (d = 2) peut également être considéré comme point maximal du rectangle $\{(n_1,n_2)\in\mathbb{N}^2 : n_1 \leq \tau_1 , n_2 \leq \tau_2\}$ et cette observation conduit à étudier l'ensemble M_A des points maximaux de la région d'arrêt A ((n_1,n_2) est maximal s'il appartient à A et si

ni (n_1+1,n_2) ni (n_1,n_2+1) n'appartiennent à A). Nous prouverons ainsi que (1.1) équivaut aussi à :

$$(1.7) \qquad E\left\{\frac{|S(M_A)|}{|A|}\right\} < \infty \quad \text{pour toute région d'arrêt } A .$$

2. NOTATIONS ET DEFINITIONS

Notre ensemble d'indices sera le produit $\mathbb{N} \times \mathbb{N}$ noté plus brièvement $\mathbb{N}^2$, où $\mathbb{N}$ désigne l'ensemble des entiers positifs. Un élément générique de $\mathbb{N}^2$ sera noté $\underline{n} = (n_1,n_2)$ et le produit $n_1 \cdot n_2$ désigné par $|\underline{n}|$. De la même façon, si E est une partie de $\mathbb{N}^2$, $|E|$ désignera son cardinal. L'ensemble $\mathbb{N}^2$ sera supposé muni de l'ordre partiel $\underline{m} \prec \underline{n}$ qui signifie $m_1 \leqslant n_1$ et $m_2 \leqslant n_2$, ainsi que de son ordre dual $\underline{m} \curlywedge \underline{n}$ qui signifie quant à lui $m_1 \leqslant n_1$ et $n_2 \leqslant m_2$. Son plus petit élément pour l'ordre $\prec$ est le point $\underline{1} = (1,1)$ alors que $\underline{\infty}$ désignera un élément plus grand que tous les points de $\mathbb{N}^2$. Nous munirons enfin $\mathbb{N}^2$ d'un ordre total quelconque $\lhd$.

Sur un espace probabilisé $(\Omega,\mathcal{F},P)$, considérons une suite double $\{X_{\underline{n}}\ ,\ \underline{n} \in \mathbb{N}^2\}$ de variables aléatoires réelles indépendantes et réparties comme une variable aléatoire X . L'espace $(\Omega,\mathcal{F},P)$ sera équipé de la filtration naturelle $\{\mathcal{F}_{\underline{n}}\ ,\ \underline{n} \in \mathbb{N}^2\}$ associée à la famille $\{X_{\underline{n}}\ ,\ \underline{n} \in \mathbb{N}^2\}$. Si E est une partie aléatoire de $\mathbb{N}^2$, nous poserons, pour tout ω tel que $|E(\omega)|$ est fini, où $E(\omega)$ désigne la coupe de E suivant ω , $S(E)(\omega) = \sum_{\underline{n} \in \mathbb{N}^2} I_{\{\underline{n} \in E(\omega)\}} X_{\underline{n}}(\omega)$; On conviendra que $S(E)(\omega)\ /\ |E(\omega)| = 0$ pour tout ω tel que $|E(\omega)|$ est infini. Nous poserons en outre $S_{\underline{n}} = \sum_{\underline{m} \prec \underline{n}} X_{\underline{m}}$.

L'arrêt à deux paramètres se caractérise essentiellement à l'aide des deux notions suivantes : un point d'arrêt est une variable aléatoire $\underline{\tau} = (\tau_1,\tau_2)$ à valeurs dans $\mathbb{N}^2 \cup \{\underline{\infty}\}$ telle que, pour tout $\underline{n}$,

$\{\underline{\tau} = \underline{n}\}$ est un événement de la tribu $\mathcal{F}_{\underline{n}}$. Un région d'arrêt au sens large (respectivement une région d'arrêt) est un sous-ensemble A de $\mathbb{N}^2 \times \Omega$ vérifiant les propriétés suivantes :

(a) pour tout ω de Ω, si $\underline{n} \in A(\omega)$, alors $\underline{m} \in A(\omega)$ pour tout $\underline{m} \prec \underline{n}$;

(b) pour tout élément $\underline{n} = (n_1,n_2)$ de $\mathbb{N}^2$, $\{(n_1+1,n_2+1) \in A\}$ appartient à $\mathcal{F}_{n_1+1,n_2} \vee \mathcal{F}_{n_1,n_2+1}$ (respectivement à $\mathcal{F}_{\underline{n}}$), avec en outre les conditions aux bords : $\{\underline{n} \in A\}$, $\{(n_1+1,n_2) \in A\}$ et $\{(n_1,n_2+1) \in A\}$ appartiennent à $\mathcal{F}_{\underline{n}}$. Ici $\{\underline{n} \in A\}$ désigne la coupe de A suivant $\underline{n}$.

A la notion de région d'arrêt est attachée celle de ligne d'arrêt. Une ligne d'arrêt L est une partie aléatoire de $\mathbb{N}^2$ totalement ordonnée pour $\curlywedge$ et telle que $\{\underline{n} \in L\}$ appartient à $\mathcal{F}_{\underline{n}}$ pour tout $\underline{n}$. L'ensemble L_A des points $\underline{n} = (n_1,n_2)$ d'une région d'arrêt A tels que (n_1+1,n_2+1) n'appartient pas à A est une ligne d'arrêt ; c'est la ligne de séparation associée à A. Toute ligne d'arrêt peut être obtenue de la sorte. Une région d'arrêt A est finie presque sûrement si $|A(\omega)| < \infty$ pour presque tout ω de Ω.

3. PLONGEMENT LINEAIRE ET ARRET DE $\{S_{\underline{n}} / |\underline{n}|, \underline{n} \in \mathbb{N}^2\}$

La technique du plongement linéaire a été introduite par U. Krengel et L. Sucheston [7] dans le problème de l'arrêt par points de la suite $\{S_{\underline{n}} / |\underline{n}|, \underline{n} \in \mathbb{N}^2\}$. Nous allons constater, dans ce paragraphe, que cette méthode permet également d'aborder la question de l'arrêt de cette même suite par des régions et d'obtenir des résultats analogues. Les arguments principaux sont identiques à ceux de l'article de U. Krengel et L. Sucheston auquel il pourrait être fait référence à tout instant. En particulier, nous supposerons, sans perte de la généralité, que l'espace Ω est l'espace $\mathbb{R}^{\mathbb{N}^2}$ de toutes les applications ω de $\mathbb{N}^2$ dans $\mathbb{R}$ et que, pour tout $\underline{n}$ de $\mathbb{N}^2$, la variable aléatoire $X_{\underline{n}}$ désigne l'application coordonnée : $X_{\underline{n}}(\omega) = \omega_{\underline{n}}$.

Théorème 1. Soit $\{X_{\underline{n}}, \underline{n} \in \mathbb{N}^2\}$ une suite de variables aléatoires indépendantes et réparties comme X ; les assertions suivantes sont équivalentes :

(3.1) $\quad E\{|X|\log^+|X|\} < \infty$;

(3.2) $\quad E\left\{\dfrac{|S(A)|}{|A|}\right\} < \infty$ pour toute région d'arrêt au sens large A.

Remarque. Comme il est indifférent de considérer des temps d'arrêt finis presque sûrement ou non dans la condition (1.3), il ressort de la démonstration ci-dessous que l'équivalence du théorème subsiste avec des régions d'arrêt (non nécessairement larges) finies presque sûrement.

Démonstration. Supposons que (3.2), dans sa variante explicitée dans la remarque précédente, soit satisfaite et considérons un temps d'arrêt fini σ relatif à la suite $\{X_{n_1,1}, n_1 \in \mathbb{N}\}$. Alors $A = \{(n_1,1) \in \mathbb{N}^2 : n_1 \leq \sigma\}$ est une région d'arrêt finie presque sûrement et :

$$E\left\{\frac{|S(A)|}{|A|}\right\} = E\left\{\frac{1}{\sigma}\left|\sum_{n_1 \leq \sigma} X_{n_1,1}\right|\right\}.$$

Le résultat de B. Davis, B.J. McCabe et L.A. Shepp permet de conclure que (3.1) a lieu.

Réciproquement, supposons la condition (3.1) remplie et considérons une région d'arrêt au sens large A. Nous associons à A une famille aléatoire $\varphi = \{\varphi_\omega, \omega \in \Omega\}$ d'applications de $\mathbb{N}^2$ dans $\mathbb{N}$ définie de la façon suivante : fixons tout d'abord un élément ω de Ω tel que $|A(\omega)| < \infty$; il existe une suite finie (dépendant de

ω mais nous omettrons de l'indiquer explicitement) $\underline{n}(0) \curlywedge \underline{n}(1) \curlywedge \ldots$ $\ldots \curlywedge \underline{n}(k)$ de points de $\mathbb{N}^2$, suite qui désigne la ligne de séparation associée à $A(\omega)$. $\underline{n}(0)$ est un élément de l'axe vertical de $\mathbb{N}^2$ alors que $\underline{n}(k)$ appartient à l'axe horizontal. Posons alors $\varphi_\omega(\underline{1})$ = 1 et énumérons les points de $A(\omega)$ comme suit : sur la verticale $\{(1,n_2)\ ,\ n_2 \in \mathbb{N}\}$, on numérote les points de $A(\omega)$ de 1 jusqu'à $|\underline{n}(0)|$, puis, sur la seconde verticale, on poursuit cette numérotation jusqu'à atteindre le dernier point dans $A(\omega)$ et ainsi de suite. Parvenu au point $\underline{n}(k)$, on complète cette numérotation linéaire de $\mathbb{N}^2$ à l'aide de l'ordre total $\triangleleft$ fixé au départ. Si $|A(\omega)| = \infty$, le plongement linéaire se perd à l'infini, soit sur l'axe vertical, soit sur l'axe horizontal.

Illustrons sur un dessin l'application φ_ω . L'ordre total est le suivant : $(1,1) \triangleleft (2,1) \triangleleft (1,2) \triangleleft (3,1) \triangleleft (2,2) \triangleleft (1,3) \triangleleft (4,1) \triangleleft \ldots$ La ligne d'arrêt associée à A est représentée par un trait gras. Les couples (n_1,n_2) représentent les points de $\mathbb{N}^2$ dont seuls quelques éléments sont indiqués ; les entiers correspondent aux $\varphi_\omega(\underline{n})$.

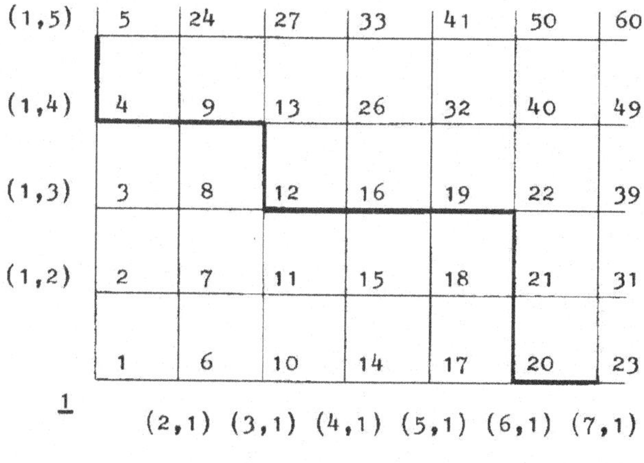

A partir de la famille $\varphi = \{\varphi_\omega\ ,\ \omega \in \Omega\}$, définissons à présent une application Ψ de $\Omega = \mathbb{R}^{\mathbb{N}^2}$ dans $\mathbb{R}^{\mathbb{N}} = \Omega'$ de la manière suivante : si ρ_ω est l'application inverse de φ_ω, posons, pour $\omega = \{\omega_{\underline{n}}, \underline{n} \in \mathbb{N}^2\}$:

$$\Psi(\omega) = \eta = \{\eta_k, k \in \mathbb{N}\} \quad \text{avec} \quad \eta_k = \omega_{\rho_\omega(k)} .$$

Il n'est pas difficile de constater que Ψ est bijective sur $\{\omega \in \Omega, |A(\omega)| < \infty\}$. Considérons en effet un élément $\eta = \{\eta_k, k \in \mathbb{N}\}$ de Ω' ; il est associé à un unique $\omega = \{\omega_{\underline{n}}, \underline{n} \in \mathbb{N}^2\}$ construit de la façon suivante : il est bien clair que $\omega_{\underline{1}} = \eta_{\underline{1}}$. Comme $\{(1,2) \in A\}$ et $\{(2,1) \in A\}$ sont des événements de la tribu $\mathcal{F}_{\underline{1}}$ engendrée par la variable aléatoire $X_{\underline{1}} = \omega_{\underline{1}}$, cette dernière détermine la situation de ω dans $\{(1,2) \in A\}$ et $\{(2,1) \in A\}$, ou autrement dit, la position des points $(1,2)$ et $(2,1)$ par rapport à $A(\omega)$. Suivant les cas, ω n'appartient ni à $\{(1,2) \in A\}$ ni à $\{(2,1) \in A\}$ et $A(\omega)$ se limite à l'ensemble formé de l'unique élément $\underline{1}$ et les autres coordonnées de ω sont déterminées à l'aide de $\eta_2, \eta_3, \ldots$ et l'ordre total, ou ω appartient à l'un de ces deux événements (ou aux deux) déterminant ainsi $\omega_{(1,2)}$ ou $\omega_{(2,1)}$. L'argumentation précédente peut alors être répétée pour fournir la conclusion.

Même si Ψ n'est pas nécessairement bijective sur tout Ω, elle reste surjective sur cet ensemble et permet ainsi de définir de manière unique une variable aléatoire σ_A sur $\Omega' = \mathbb{R}^{\mathbb{N}}$ en posant $\sigma_A = |A \circ \Psi^{-1}|$. Ω' sera muni par la suite de la tribu $\mathcal{F}'$ engendrée par les variables aléatoires coordonnées $X'_k(\eta) = \eta_k$ et de la filtration associée $\{\mathcal{F}'_k, k \in \mathbb{N}\}$. Nous poserons en outre $P' = P \circ \Psi^{-1}$.

La proposition suivante est la clef du plongement linéaire.

<u>Proposition</u>. σ_A est un temps d'arrêt de la filtration $\{\mathcal{F}'_k, k \in \mathbb{N}\}$ et la famille $\{X'_k, k \in \mathbb{N}\}$ de variables aléatoires sur $(\Omega', \mathcal{F}', P')$ est formée de variables indépendantes de même loi que X.

<u>Démonstration de la proposition</u>. Nous débutons cette démonstration en prouvant que σ_A est un temps d'arrêt de la filtration $\{\mathcal{F}'_k , k \in \mathbb{N}\}$; il suffit de prouver à cet effet que si $\eta = \{\eta_k , k \in \mathbb{N}\}$ est un point de Ω' tel que $\sigma_A(\eta) = j$ et si $\bar{\eta} = \{\bar{\eta}_k , k \in \mathbb{N}\}$ appartient également à Ω' et vérifie $\bar{\eta}_1 = \eta_1 , \ldots$ $\ldots , \bar{\eta}_j = \eta_j$, alors $\sigma_A(\bar{\eta}) = j$. Soient ω et $\bar{\omega}$ tels que $\Psi(\omega) = \eta$ et $\Psi(\bar{\omega}) = \bar{\eta}$. Si $j = 1$, $A(\omega)$ se réduit au point $\underline{1}$, c'est-à-dire que $\omega \in \{(1,2) \notin A\} \cap \{(2,1) \notin A\}$. Or, ce dernier ensemble est mesurable par rapport à la tribu engendrée par $\omega_{\underline{1}} = \eta_1 = \bar{\eta}_1 = \bar{\omega}_{\underline{1}}$; il s'ensuit que $\bar{\omega} \in \{(1,2) \notin A\} \cap \{(2,1) \notin A\}$ et $\sigma_A(\bar{\eta}) = 1$. Si $j > 1$, l'égalité $\omega_{\underline{1}} = \bar{\omega}_{\underline{1}}$ implique que ω et $\bar{\omega}$ sont en même temps dans l'un des trois ensembles suivants : $\{(1,2) \in A\} \cap \{(2,1) \in A\}$ $\{(1,2) \in A\} \cap \{(2,1) \notin A\}$, $\{(1,2) \notin A\} \cap \{(2,1) \in A\}$. S'ils sont par exemple tous les deux dans le second, $\omega_{(1,2)} = \eta_2 = \bar{\eta}_2 = \bar{\omega}_{(1,2)}$ et cette égalité supplémentaire nous permet de connaître la position commune de ω et $\bar{\omega}$ dans $\{(1,3) \in A\}$. Ce raisonnement peut être poursuivi pour conclure à la première affirmation de la proposition.

Nous démontrons à présent la seconde partie de l'énoncé en prouvant tout d'abord l'égalité :

$$P'\{X'_1 \in B_1 , X'_2 \in B_2\} = P\{X_{\underline{1}} \in B_1\} P\{X_{\underline{1}} \in B_2\}$$

pour tout couple (B_1,B_2) de boréliens de $\mathbb{R}$. Il est clair que X'_1 et $X_{\underline{1}}$ ont même loi ; par suite :

$$P'\{X'_1 \in B_1 , X'_2 \in B_2\}$$

$$= P\{\Psi^{-1}(\{X'_1 \in B_1 , X'_2 \in B_2\})\}$$

$$= P\{\omega \in \Omega : X_{\underline{1}}(\omega) \in B_1 , \Psi(\omega)_2 \in B_2\}$$

$$= P\{X_{\underline{1}} \in B_1 , X_{(1,2)} \in B_2 , (1,2) \in A\}$$

$$+ P\{X_{\underline{1}} \in B_1 , X_{(2,1)} \in B_2, (1,2) \notin A , (2,1) \in A\}$$

$$+ P\{X_{\underline{1}} \in B_1 , X_{\underline{n}_o} \in B_2 , (1,2) \notin A , (2,1) \notin A\}$$

où $\underline{n}_o$ est le premier point de $\mathbb{N}^2 - \{\underline{1}\}$ dans son énumération à l'aide de l'ordre total $\triangleleft$. Or, les ensembles $\{(1,2) \in A\}$ et $\{(2,1) \in A\}$ sont mesurables par rapport à la tribu $\mathcal{F}_{\underline{1}}$ qui est indépendante des variables $X_{(1,2)}$, $X_{(2,1)}$ et $X_{\underline{n}_o}$; par conséquent :

$$P'\{X'_1 \in B_1 , X'_2 \in B_2\}$$

$$= P\{X_{(1,2)} \in B_2\} P\{X_{\underline{1}} \in B_1 , (1,2) \in A\}$$

$$+ P\{X_{(2,1)} \in B_2\} P\{X_{\underline{1}} \in B_1 , (1,2) \notin A , (2,1) \in A\}$$

$$+ P\{X_{\underline{n}_o} \in B_2\} P\{X_{\underline{1}} \in B_1 , (1,2) \notin A , (2,1) \notin A\}$$

$$= P\{X_{\underline{1}} \in B_1\} P\{X_{\underline{1}} \in B_2\} .$$

Dans le cas général, on calcule $P'\{X'_1 \in B_1 , \dots , X'_k \in B_k\}$ en partageant l'espace en sous-ensembles sur lesquels $X'_k \circ \Psi$ est égal au même $X_{\underline{n}}$; ces sous-ensembles étant indépendants de $X_{\underline{n}}$, on en déduit aisément, en répétant les arguments développés ci-dessus dans le cas $k = 2$, l'égalité :

$$P'\{X'_1 \in B_1 , \dots , X'_k \in B_k\}$$

$$= P'\{X'_1 \in B_1 , \dots , X'_{k-1} \in B_{k-1}\} P\{X_{\underline{1}} \in B_k\} .$$

Ceci achève la démonstration de la proposition.

Pour terminer celle du théorème, il ne reste plus qu'à constater que $S(A) = S'_{\sigma_A} \circ \Psi$ où $S'_k = \sum_{j \leqslant k} X'_k$; par conséquent, la loi de $S(A)$ sous P est la même que celle de S'_{σ_A} sous $P' = P \circ \Psi^{-1}$ et en particulier :

$$E_P \left\{ \frac{|S(A)|}{|A|} \right\} = E_{P'} \left\{ \frac{|S'_{\sigma_A}|}{|A|} \right\} ,$$

ce qui permet de conclure en vertu de la proposition précédente et du résultat à une dimension rappelé en introduction.

Le prochain théorème est en un certain sens l'analogue de l'équivalence entre les conditions (1.1) et (1.4) pour les régions d'arrêt. Rappelons que si A est une région d'arrêt, l'ensemble de ses points maximaux est constitué des points $\underline{n} = (n_1, n_2)$ dans A pour lesquels ni (n_1+1, n_2) ni (n_1, n_2+1) n'appartiennent à A .

<u>Théorème 2</u>. Soit $\{X_{\underline{n}} , \underline{n} \in \mathbb{N}^2\}$ une suite de variables aléatoires indépendantes et réparties comme X ; les conditions suivantes sont équivalentes :

(3.3) $\qquad E\{|X| \log^+ |X|\} < \infty$;

(3.4) $\qquad E\left\{ \dfrac{|S(M_A)|}{|A|} \right\} < \infty$ pour toute région d'arrêt A .

<u>Démonstration</u>. La seconde implication est une conséquence immédiate des résultats de B. Davis, B.J. McCabe et L.A. Shepp : soit en effet un temps d'arrêt fini σ de la suite $\{X_{n_1,1} , n_1 \in \mathbb{N}\}$; alors $A = \{(n_1, 1) \in \mathbb{N}^2 : n_1 \leq \sigma\}$ est une région d'arrêt finie presque sûrement, $M_A = \{\sigma\}$ et :

$$E \left\{ \frac{|S(M_A)|}{|A|} \right\} = E \left\{ \frac{|X_{\sigma,1}|}{\sigma} \right\} .$$

La première espérance étant finie par hypothèse, la deuxième l'est aussi et par conséquent (3.3) a lieu. Sous réserve d'avoir démontré l'implication réciproque, nous voyons que (3.3) est aussi équivalent à la condition (3.4) où seules interviennent des régions d'arrêt finies presque sûrement.

L'outil essentiel dans la preuve de l'implication inverse est à nouveau le plongement linéaire. Fixons une région d'arrêt A. En vue du but que nous poursuivons, nous allons tout d'abord nous affranchir des éléments de M_A situés sur les axes de $\mathbb{N}^2$ en substituant à M_A l'ensemble $\hat{M}_A$ constitué des points maximaux de A hors des axes. Pour vérifier que cette substitution est licite, notons $\underline{\tau}_A$ le point maximal (éventuellement infini) de A situé sur l'axe horizontal de $\mathbb{N}^2$: $\underline{\tau}_A$ est un point d'arrêt. On s'aperçoit alors en reprenant la démonstration du théorème 1 que $X_{\underline{\tau}_A} = X'_{\sigma_A} \circ \Psi$, et donc :

$$E_P \left\{ \frac{|X_{\underline{\tau}_A}|}{|A|} \right\} = E_{P'} \left\{ \frac{|X'_{\sigma_A}|}{\sigma_A} \right\} .$$

Le principe du plongement linéaire ainsi que l'équivalence des conditions (1.1) et (1.2) de l'introduction nous permettent d'inférer que si X vérifie l'hypothèse d'intégrabilité (3.3), la première des deux espérances précédentes est finie. Il en va bien entendu de même pour le point maximal de l'axe vertical quitte à remplacer l'énumération verticale des points de A dans la démonstration du théorème 1 par une énumération horizontale. Ceci justifie l'utilisation de $\hat{M}_A$.

Définissons à présent l'ensemble aléatoire $\hat{A} = A - \hat{M}_A$. Il est aisé de constater que $\hat{A}$ est une région d'arrêt au sens large ; par exemple, pour tout $\underline{n} = (n_1, n_2)$ de $\mathbb{N}^2$:

$$\{(n_1+1, n_2+1) \in \hat{A}\}$$

$$= \{(n_1+1, n_2+1) \in A\} \cap \{(n_1+2, n_2+1) \notin A\} \cap \{(n_1+1, n_2+2) \notin A\}$$

et ce dernier ensemble appartient à $\mathcal{F}_{n_1+1, n_2} \vee \mathcal{F}_{n_1, n_2+1}$. Il ne reste plus alors qu'à écrire $S(\hat{M}_A) = S(A) - S(\hat{A})$ et à appliquer le théorème 1 pour conclure que sous l'hypothèse (3.3) :

$$E\left\{\frac{|S(\hat{M}_A)|}{|A|}\right\} \leq E\left\{\frac{|S(A)|}{|A|}\right\} + E\left\{\frac{|S(\hat{A})|}{|A|}\right\} < \infty \quad .$$

Ceci achève la démonstration du théorème 2 .

Remarque. Afin de nous débarrasser des points maximaux sur les bords de $\mathbb{N}^2$, nous avons utilisé, dans la démonstration du théorème 2 , une propriété d'arrêt par points. Celle-ci s'énonce plus généralement de la façon suivante. Si L est une ligne d'arrêt, on désigne par $\underline{\tau}_L$ un point d'arrêt porté par L . Avec cette notation, on a équivalence entre (3.3) et :

(3.5) $$E\left\{\frac{|X_{\underline{\tau}_L}|}{|L|}\right\} < \infty$$ pour toute ligne d'arrêt L et tout point d'arrêt $\underline{\tau}_L$ sur L .

Cette observation ne résulte pas du plongement linéaire mais de la technique développée par R. Cairoli et J.-P. Gabriel dans leur article [1] où il est prouvé que (p. 190) sous la condition (3.3) :

(3.6) $$E\left\{\frac{|X_{\underline{\tau}}|}{\tau_1 + \tau_2}\right\} < \infty$$ pour tout point d'arrêt $\underline{\tau} = (\tau_1, \tau_2)$.

Dans l'espoir de remplacer $X_{\underline{\tau}_L}$ par $S(L)$ dans la condition (3.5), peut-être vaut-il de noter que, contrairement aux chemins croissants aléatoires [1], la famille $\{X_{\underline{n}} , \underline{n} \in \mathbb{N}^2\}$ ne se transforme pas nécessairement en une suite de copies indépendantes de X le long d'une ligne d'arrêt.

Comme pour les les points d'arrêt [7], le principe du plongement linéaire offre quelques applications à l'optimalité par régions de $\{S_{\underline{n}} / |\underline{n}| , \underline{n} \in \mathbb{N}^2\}$ ainsi qu'à l'équation de Wald.

Corollaire (région optimale). Si X est centrée et de carré intégrable (ou seulement de puissance p-ième intégrable pour un $p > 1$), il existe une région d'arrêt A_o finie presque sûrement optimale pour $\{ S_{\underline{n}} / |\underline{n}| , \underline{n} \in \mathbb{N}^2 \}$, i.e. telle que :

$$E \{ \frac{|S(A_o)|}{|A_o|} \} = \sup E \{ \frac{|S(A)|}{|A|} \} ,$$

le supremum portant sur toutes les régions d'arrêt au sens large A .

<u>Corollaire</u> (équation de Wald). Pour toute région d'arrêt au sens large A finie presque sûrement pour laquelle $E \{ S(A) \}$ est bien définie, $E \{ S(A) \} = E \{ |A| \} E \{ X \}$ si $E \{ X \}$ est non nul ou $E \{ |A| \}$ est fini. On a également, si $E \{ X \} = 0$ et $E \{ |A| \} < \infty$, $E \{ |S(A)|^2 \} = E \{ |A| \} E \{ |X|^2 \}$.

Ces corollaires sont des conséquences immédiates du plongement linéaire et des résultats correspondant à un indice dus, pour l'optimalité, à A. Dvoretzky [5] (B. Davis [4] sous l'hypothèse d'intégrabilité plus faible), à H.E. Robbins et E. Samuel [9] pour l'équation de Wald [10] et à Y.S. Chow, H.E. Robbins et H. Teicher [2] pour cette identité dans sa forme prise au carré.

Signalons enfin des applications du plongement linéaire à l'arrêt (par points ou régions) de sommes partielles de variables aléatoires indépendantes de même loi normalisées par d'autres dénominateurs que $|\underline{n}|$, tels $|\underline{n}|^p$ $(1 \leq p < 2)$ ou $(|\underline{n}| \log^+ \log^+ |\underline{n}|)^{1/2}$, étudié par A. Gut [6] à un paramètre.

BIBLIOGRAPHIE

[1] R. Cairoli, J.-P. Gabriel. Arrêt de certaines suites multiples de variables aléatoires indépendantes. Séminaire de Probabilités XIII . Lecture Notes in Math. 721 , 174-198 (1979).

[2] Y.S. Chow, H.E. Robbins, H. Teicher. Moments of randomly stopped sums. Ann. Math. Statist. 36 , 789-799 (1965).

[3] B. Davis. Stopping rules for S_n / n and the class LlogL . Z. Wahr. verw. Geb. 17 , 147-150 (1971).

[4] B. Davis. Moments of random walk having infinite variance and the existence of certain optimal stopping rules for S_n / n . Illinois J. Math. 17 , 75-81 (1973).

[5] A. Dvoretzky. Existence and properties of certain optimal stopping rules. Proc. 5th Berkeley Symposium, 441-452 (1967).

[6] A. Gut. Moments of the maximum of normed partial sums of random variables with multidimensional indices. Z. Wahr. verw. Geb. 46 , 205-220 (1979).

[7] U. Krengel, L. Sucheston. Stopping rules and tactics for processes indexed by a directed set. J. Multivariate Analysis 11 , 199-229 (1981).

[8] B.J. McCabe, L.A. Shepp. On the supremum of S_n / n . Ann. Math Statist. 41 , 2166-2168 (1970).

[9] H.E. Robbins, E. Samuel. An extension of a lemma of Wald. J. Appl. Prob. 3 , 272-273 (1966).

[10] A. Wald. Sequential Analysis. Wiley, New-York (1947).

Université Louis-Pasteur,
Département de Mathématique,
7, rue René-Descartes,
F-67084 Strasbourg Cédex.

DIFFERENTS TYPES DE MARTINGALES A DEUX INDICES

D. Nualart (*)

Universitat de Barcelona

Le but de cet exposé est d'étudier le rapport entre les différents renforcements de la notion de martingale qui ont été introduits dans la théorie des processus à deux indices. On commence par donner les notations fondamentales et on rappelera quelques propriétés générales des martingales à deux indices. Les définitions de martingale forte, martingale à accroissements orthogonaux et martingale à variation indépendante du chemin, seront introduites d'abord dans le cadre général. On décrira après la situation dans les deux exemples de filtration à deux indices qu'on connaît le mieux la filtration naturelle du drap brownien et le cas d'une filtration produit de deux filtrations à un indice.

(*) Une partie de ce travail a été réalisée pendant un séjour à l'Université Louis Pasteur de Strasbourg.

1. NOTATIONS ET GENERALITES SUR LES MARTINGALES A DEUX INDICES

L'espace de paramètres qu'on va utiliser sera R_+^2 muni de l'ordre partiel usuel $(s,t) \leq (s',t')$ si et seulement si $s \leq s'$ et $t \leq t'$. L'inégalité $(s,t) < (s',t')$ signifie $s < s'$ et $t < t'$. Si $z < z'$ on notera $]z,z']$ le rectangle $\{x \in R_+^2 : z < x \leq z'\}$. En particulier, le rectangle $[0,z]$ sera indiqué par R_z. D'une manière générale, on se refère à l'article de Meyer (1981) pour les notations et propriétés des processus à deux indices.

On considère un espace de probabilité complet $(\Omega,\mathcal{F},P)$ et une famille $\{\mathcal{F}_z,\ z \in R_+^2\}$ de soustribus de $\mathcal{F}$ vérifiant les conditions habituelles (cf. Cairoli et Walsh, 1975):

F1. $\mathcal{F}_z \subset \mathcal{F}_{z'}$ si $z \leq z'$ (famille croissante);

F2. $P(A)=0$ entraîne $A \in \mathcal{F}_0$;

F3. $\bigcap_{z<z'} \mathcal{F}_{z'} = \mathcal{F}_z$ pour tout z dans R_+^2 (continuité à droite);

F4. Pour chaque (s,t) dans R_+^2 les tribus $\mathcal{F}_{s\infty} = \bigvee_{y\geq 0} \mathcal{F}_{sy}$ et $\mathcal{F}_{\infty t} = \bigvee_{x\geq 0} \mathcal{F}_{xt}$ sont conditionnellement indépendantes par rapport à $\mathcal{F}_{st}$.

Les deux exemples les plus intéressants sont les suivants:

(a) $\mathcal{F}_{st} = \mathcal{F}_s^1 \vee \mathcal{F}_t^2$, où $\{\mathcal{F}_s^1,\ s \geq 0\}$ et $\{\mathcal{F}_t^2,\ t \geq 0\}$ sont deux filtrations indépendantes vérifiant les conditions habituelles à un indice.

(b) La filtration naturelle d'un processus $\{X_z,\ z \in R_+^2\}$ à accroissements indépendants et continu à droite en probabilité. C'est à dire, $\mathcal{F}_z$ est engendrée par tous les ensembles négligeables et par les variables $X_{z'}$, $z' \leq z$. En particulier, nous serons intéressés au cas où X_z est un drap brownien, défini comme un processus gaussien, centré, continu et avec covariance $E(X_{st}X_{s't'}) = (s \wedge s')(t \wedge t')$.

Comme dans le cas d'un indice, on dira qu'un processus $\{M_z,\ z \in R_+^2\}$ intégrable et adapté à la filtration $\mathcal{F}_z$ est une <u>martingale</u> si pour tous $z \leq z'$ on a $E(M_{z'}/\mathcal{F}_z) = M_z$. Pour chaque $p \geq 1$, $\mathcal{M}^p$ représentera la classe des martingales bornées dans L^p, c'est à dire, telles que $\sup_z E(|M_z|^p) < \infty$. Comme d'habitude on identifiera dans $\mathcal{M}^p$ deux versions du même processus. A cause des inégalités maximales (cf. Cairoli, 1970) on sait que toute martingale $\{M_z,\ z \in R_+^2\}$ de $\mathcal{M}^p$ (ou plus généralement bornée dans LlogL), avec $p > 1$, converge presque sûrement vers une limite $M_\infty \in L^p$, et $M_z = E(M_\infty / F_z)$. En plus, d'après un résultat remarquable de Bakry (1979) ces martingales possèdent une version continue à droite et pourvue de limites à gauche. On prendra toujours cette version qui est unique à une modification indistinguable près. Nous traiterons essentiellement le cas p=2, pour lequel M^2 est un espace de Hilbert et le sousensemble des martingales continues M_c^2 est un sous-espace fermé. Un point z_0 étant fixé, on peut considérer comme espace de paramètres le rectangle $[0,z_0]$ au lieu de R_+^2. On définit d'une façon analogue les espaces de martingales $M^p(z_0)$ pour $p \geq 1$, et les résultats qu'on énoncera dans M^p ont une extension immédiate à $M^p(z_0)$.

Pour établir le théorème de décomposition de Doob-Meyer pour les martingales à deux indices et de carré intégrable, on a besoin de la notion de martingale faible. On dira qu'un processus $\{M_z, z \in R_+^2\}$ intégrable et adapté à la filtration F_z est une <u>martingale faible</u> si $E(M(]z,z'])/F_z) = 0$ pour tous $z < z'$. Rappelons que $M(]z,z']) = M_{s't'} - M_{s't} - M_{st'} + M_{st}$ représente l'accroissement rectangulaire du processus M_z sur le rectangle $]z,z']$, $z = (s,t)$, $z' = (s',t')$.

Exactement comme dans le cas d'un paramètre, la <u>tribu prévisible</u> P dans $R_+^2 \times \Omega$ est définie comme la tribu engendrée par les ensembles $]z,z'] \times H$ où $z < z'$ et H appartient à F_z. D'autre part, on dira qu'un processus $\{A_z, z \in R_+^2\}$ est un processus croissant s'il est continu à droite, adapté, $A_0 = 0$, et vérifie $A(]z,z']) \geq 0$ pour tout rectangle $]z,z']$. On a alors le

THEOREME 1.1. <u>Soit</u> M <u>une martingale de</u> M^2. <u>Il existe un unique processus croissant prévisible</u> A, <u>nul sur les axes, tel que</u> $M^2 - A$ <u>soit une martingale faible</u>.

L'existence d'un tel processus croissant a été démontré par Cairoli et Walsh (1975). Le fait que le processus puisse être choisi prévisible et que dans ce cas il soit unique découle des résultats de Merzbach et Zakai (1980) sur les opérateurs de projection duale. On écrira $A = \langle M \rangle$. Le crochet $\langle M,N \rangle$ est défini par polarisation, comme d'habitude.

Soit M une martingale de M^2. On introduit l'espace L_M^2 des processus prévisibles $\phi = \{\phi(z), z \in R_+^2\}$ tels que $E(\int_{R_+^2} \phi^2 \, d\langle M \rangle) < \infty$. L_M^2 est un espace de Hilbert avec la norme $[E(\int_{R_+^2} \phi^2 \, d\langle M \rangle)]^{1/2}$ et en faisant les identifications usuelles. Alors, l'intégrale stochastique par rapport à la martingale M est une application linéaire et continue $\phi \longrightarrow \phi\cdot M$ de L^2_M dans M^2 determinée par la condition $(1_{]z_1,z_2]} \times H \cdot M)_z = 1_H\, M(]z_1,z_2] \cap R_z)$ où $z_1 < z_2$ et H appartient à F_{z_1}. Les propriétés de cette intégrale stochastique sont les mêmes qu'à un indice. En particulier, $<\phi\cdot M, \psi\cdot N>_z = \int_{R_z} \phi\psi\, d<M,N>$, et $\phi\cdot M \in M^2_c$ si $M \in M^2_c$.

2. MARTINGALES FORTES ET MARTINGALES A ACCROISSEMENTS ORTHOGONAUX

On introduira d'abord les définitions suivantes:

DEFINITION 2.1. On dira qu'une martingale M est <u>forte</u> si $E(M(]z,z'])/F_{s\infty} \vee F_{\infty t}) = 0$, pour $z < z'$, $z = (s,t)$.

DEFINITION 2.2. Soit M une martingale de M^2. On dira que M est une martingale <u>à accroissements orthogonaux dans le sens</u> 1 si pour tout couple de rectangles disjoints $]z_1,z_1']$ et $]z_2,z_2']$ on a $E(M(]z_1,z_1'])M(]z_2,z_2'])/F_{s_1\wedge s_2,\infty}) = 0$, où $z_i = (s_i,t_i)$, $i = 1,2$. Les martingales à accroissements orthogonaux dans le sens 2 ont une définition analogue. Finalement, on dira que M est à accroissements orthogonaux si elle l'est dans les deux sens.

REMARQUES

1. Toute martingale forte de M^2 est à accroissements orthogonaux. La proposition réciproque n'est pas vraie en général mais on verra dans la suite que pour les martingales continues et dans les deux exemples fondamentaux, ces notions coïncident.

2. Pour qu'un processus $M = \{M_z,\ z \in R^2_+\}$ intégrable et adapté soit une martingale forte il faut et il suffit que $E(M(]z,z'])/F_{s\infty} \vee F_{\infty t}) = 0$ pour tous $z < z'$, $z = (s,t)$ et que les processus $\{M_{s0},\ F_{s0},\ s \geq 0\}$ et $\{M_{0t},\ F_{0t},\ t \geq 0\}$ soient des martingales à un indice.

3. Soit M une martingale de M^2. Pour chaque $t \geq 0$ fixé, on notera $M_{.t}$ la martingale à un indice $\{M_{st},\ F_{s\infty},\ s \geq 0\}$. Les martingales $M_{s.}$ se définissent de la même façon. Alors, M est à accroissements orthogonaux dans le sens 1 si et seulement si pour tous $0 \leq t_1 < t_2 < t_3 < t_4$ les martingales $M_{.t_2} - M_{.t_1}$ et $M_{.t_4} - M_{.t_3}$ sont orthogonales

(leur produit est une martingale). Si M appartient à M_c^2 cela équivaut à dire que $\langle M_{.t_2} - M_{.t_1}, M_{.t_4} - M_{.t_3} \rangle = 0$.

Dans l'espace M^2, l'ensemble des martingales fortes M_S^2 est un sousespace fermé et l'ensemble des martingales à accroissements orthogonaux M_o^2 est un sousensemble fermé. En plus, $M_S^2 \subset M_o^2$. Notons aussi que si M est une martingale de M_S^2 (M_o^2) et ϕ est un processus prévisible de L_M^2, alors l'intégrale stochastique $\phi \cdot M$ appartient encore à M_S^2 (M_o^2).

Le drap brownien est un exemple de martingale forte, par rapport à sa filtration naturelle. On pourrait dire que les martingales fortes, qui ont été introduites par Cairoli et Walsh (1975), possèdent des propriétés qui ressemblent beaucoup à celles des martingales à un indice. Par exemple, l'inégalité maximale démontrée par Walsh (1979) pour les martingales fortes, permet de prouver la convergence de toute martingale forte bornée dans L^1 et l'existence de versions continues à droite de telles martingales.

La notion de martingale à accroissements orthogonaux a été introduite dans un travail de M. Zakai (1981). On verra dans la suite que cette notion est plus naturelle que celle de martingale forte en ce qui concerne la construction de certaines intégrales stochastiques et l'obtention des théorèmes de décomposition pour M^2. Cette remarque a été déja faite dans l'article cité de M. Zakai, et aussi dans la thèse de X. Guyon et B. Prum.

On a besoin de quelques définitions supplémentaires. On dira qu'un processus $M = \{M_z, z \in R_+^2\}$ intégrable et adapté est une <u>1-martingale</u> si pour tout $t \geq 0$ le processus $\{M_{st}, s \geq 0\}$ est une martingale par rapport à la filtration $\{F_{st}, s \geq 0\}$. A cause de la propriété F4, $\{M_{st}, s \geq 0\}$ est en fait une martingale par rapport à $\{F_{s\infty}, s \geq 0\}$. Les 2-martingales se définissent de la même façon. Alors, M est une martingale si et seulement si elle est une 1 et 2-martingale.

La tribu P^1 des ensembles <u>1-prévisibles</u> dans $R_+^2 \times \Omega$ est définie comme la tribu engendrée par les produits $]z,z'] \times H$ où $z = (s,t)$ $z < z'$ et H appartient à $F_{s\infty}$. D'une façon analogue on introduit la tribu P^2 des ensembles 2-prévisibles.

Si M est une martingale quelconque de $\mathcal{M}^2$ on peut considérer le processus $\langle M_{.t}\rangle_s$. Pour tout t fixé, ce processus a une version croissante et continue en s. En plus, $\langle M_{.t}\rangle_0 = 0$ et $M^2_{st} - \langle M_{.t}\rangle_s$ est une 1-martingale, mais en général il n'y a aucune raison pour que $\langle M_{.t}\rangle_s$ ait de bonnes propriétés en t à s fixé. On a le résultat suivant.

THEOREME 2.1. <u>Soit</u> M <u>une martingale de</u> $\mathcal{M}^2$ <u>à accroissements orthogonaux dans le sens</u> i $(i=1,2)$. <u>Il existe un unique processus croissant i-prévisible</u> $\langle M\rangle^i$ <u>tel que</u> $M^2 - \langle M\rangle^i$ <u>est une i-martingale et</u> $\langle M\rangle^i_{st} = 0$ <u>si</u> $s = 0$ (<u>cas</u> $i=1$) <u>ou si</u> $t = 0$ (<u>cas</u> $i=2$).

Ce théorème est une extension immédiate du même résultat pour les martingales fortes (cf. Cairoli et Walsh, 1975). En réalité il suffit que M soit une i-martingale. Supposons par exemple $i=1$. L'idée de la démonstration consiste à prendre $\langle M\rangle^1_{st} = \langle M_{.t}\rangle_s$ pour chaque $t \geq 0$ fixé. Alors, de la même façon que l'égalité $E(M^2(]z,z'])/\mathcal{F}_z) = E(M(]z,z'])^2/\mathcal{F}_z)$ est l'util fondamental dans la preuve du théorème 1.1, nous avons dans le cas des martingales à accroissements orthogonaux dans le sens 1 la formule $E(M^2(]z,z'])/\mathcal{F}_{s\infty}) = E(M(]z,z'])^2/\mathcal{F}_{s\infty})$, $z = (s,t)$. On déduit de cette égalité que $M^2_{.t_2} - M^2_{.t_1}$ est une sousmartingale pour $t_1 < t_2$ ce qui entraîne que le processus $\langle M_{.t}\rangle_s$ est croissant, et il suffit alors de prendre sa régularisation continue à droite.

Soit M une martingale de $\mathcal{M}^2$ à accroissements orthogonaux dans le sens 1. On considère l'espace $L^2_{\langle M\rangle^1}$ des processus $\phi = \{\phi(z),\ z \in R^2_+\}$ 1-prévisibles et tels que $E(\int_{R^2_+} \phi^2\, d\langle M\rangle^1) < \infty$. Alors on peut définir l'intégrale stochastique $\phi\cdot M$ pour tout processus ϕ de $L^2_{\langle M\rangle^1}$ de façon que $\phi\cdot M$ soit une 1-martingale et que $\langle \phi\cdot M\rangle^1_z = \int_{R_z} \phi^2\, d\langle M\rangle^1$.

Pour les martingales de $\mathcal{M}^4_o$ on peut aussi définir une intégrale double qui est utilisée par exemple, dans le théorème de représentation des martingales adaptées à la filtration du drap brownien. On considère la tribu $\mathcal{G}$ de parties de $R^2_+ \times R^2_+ \times \Omega$ engendrée par les ensembles de la forme $]z_1,z_1'] \times]z_2,z_2'] \times H$ où $H \in \mathcal{F}_{z_1 \vee z_2}$ et tels que tout couple de points $(s,t) \in]z_1,z_1']$ et $(s',t') \in]z_2,z_2']$ vérifie $s < s'$ et $t > t'$. L'intégrale stochastique d'un processus $\mathcal{G}$-mesurable élémentaire est définie de la façon suivante

$(1_{]z_1,z_1']\times]z_2,z_2']\times H}\cdot MM)_z = 1_H\, M(]z_1,z_1']\cap R_z)M(]z_2,z_2']\cap R_z)$.

La propriété d'être à accroissements orthogonaux de la martingale M permet d'étendre par isométrie cette intégrale stochastique double à la classe L^2_{MM} des processus $\psi = \{\psi(z,z'),\ (z,z') \in R^2_+ \times R^2_+\}$ G-mesurables tels que:

(i) $\psi(z,z') = 0$ à moins que $s < s'$ et $t > t'$ où $z = (s,t)$ et $z' = (s',t')$.

(ii) $E(\int_{R^2_+}\int_{R^2_+} \psi^2(z,z')\, d\langle M\rangle^1_{z'}\, d\langle M\rangle^2_z) < \infty$.

L'intégrale stochastique $\psi\cdot MM$ est une martingale de M^2, pour tout ψ dans L^2_{MM} qui est continue si M est continue. En plus, si $\phi \in L^2_M$ et $\psi \in L^2_{MM}$, le produit $(\phi\cdot M)(\psi\cdot MM)$ est une martingale faible.

Si M est une martingale quelconque de M^2, la différence $M^2 - \langle M\rangle$ est une martingale faible et on sait que toute martingale faible est la somme d'une 1-martingale et d'une 2-martingale (cf. Meyer, 1981). Il n'y aura pas d'unicité dans cette décomposition à cause du fait que toute martingale est à la fois une 1-martingale et une 2-martingale. Nous allons montrer que pour les martingales continues de M^2 la propriété d'être à accroissements orthogonaux dans une direction entraîne la continuité de $\langle M\rangle$ et permet d'établir une bonne décomposition de $M^2 - \langle M\rangle$. Remarquons qu'on ne sait pas montrer la continuité de $\langle M\rangle$ pour une martingale quelconque M de M^2_c.

THEOREME 2.2. <u>Soit M une martingale de M^2_c à accroissements orthogonaux dans le sens 1 et nulle sur les axes. Alors,</u>

(i) <u>le processus $\langle M_{s.}\rangle_t$ est continu et</u> $m_1(s,t) = M^2_{st} - \langle M_{s.}\rangle_t$ <u>est une martingale,</u>

(ii) $\langle M\rangle$ <u>est continu et</u> $M^2 - \langle M\rangle$ <u>est une 1-martingale.</u>

<u>En conséquence,</u> $m_2(s,t) = \langle M_{s.}\rangle_t - \langle M\rangle_{st}$ <u>est une 1-martingale continue à variation finie en t, et</u> $M^2 = m_1 + m_2 + \langle M\rangle$.

DEMONSTRATION. (i) Il suffit de montrer que m_1 est une 1-martingale à trajectoires continues. On fixe un point (s_0,t_0) dans R^2_+ et on considère une suite décroissante $0 = t^n_0 < t^n_1 < \ldots < t^n_n = t_0$ de partitions de l'intervalle $[0,t_0]$ dont le pas tend vers zéro. Pour tout

$(s,t) \in R_{s_0 t_0}$, $m_1(s,t)$ est la limite en L^1 de la suite

$$N^n_{st} = \Sigma_{i=0}^{n-1} 2 M_{st_i^n}(M_{s,t^n_{i+1}\wedge t} - M_{s,t^n_i\wedge t}).$$

Comme M est à accroissements orthogonaux dans le sens 1, pour tout n, $\{N^n_{st}, F_{s\infty}, s \geq 0\}$ est une martingale et, en conséquence, m_1 est une 1-martingale. Pour montrer la continuité de m_1, on écrit pour $\varepsilon > 0$

$$P\{\sup_{s,t \in R_{s_0 t_0}} |N^n_{st} - N^m_{st}| > \varepsilon\} \leq \frac{1}{\varepsilon} E(\sup_{t \leq t_0} |N^n_{s_0 t} - N^m_{s_0 t}|).$$

Pour tout $n \geq 1$ on considère le processus

$$\phi^n_t = \Sigma_{i=0}^{n-1} 2 M_{s_0 t_i^n} 1_{]t_i^n, t_{i+1}^n]}(t)$$

et, alors, $N^n_{s_0 \cdot} = \phi^n \cdot M_{s_0 \cdot}$.

D'après l'inégalité de Davis on obtient

$$E(\sup_{t \leq t_0} |N^n_{s_0 t} - N^m_{s_0 t}|) \leq 4\, E(<N^n_{s_0 \cdot} - N^m_{s_0 \cdot}>^{1/2})$$

$$= 4\, E\,[(\int_0^{t_0} (\phi^n_t - \phi^m_t)^2\, d<M_{s_0 \cdot}>_t)^{1/2}]$$

$$\leq 4\, E\,[(\sup_{t \leq t_0} |\phi^n_t - \phi^m_t|)(<M_{s_0 \cdot}>_{t_0})^{1/2}]$$

$$\leq 4\,[E(\sup_{t \leq t_0} |\phi^n_t - \phi^m_t|^2)\, E(<M_{s_0 \cdot}>_{t_0})]^{1/2} \xrightarrow[n,m \to \infty]{} 0,$$

à cause de la continuité de M et en utilisant un argument de convergence dominée. Donc, $\lim_{n,m \to \infty} P\{\sup_{s,t \in R_{s_0 t_0}} |N^n_{st} - N^m_{st}| > \varepsilon\} = 0$ et ceci entraîne la continuité de m_1.

(ii) Le théorème 2.1 nous dit qu'il suffit de montrer que le processus croissant $<M>^1$ est continu. En effet, dans ce cas, $<M>^1 = <M>$ et $M^2 - <M>$ est une 1-martingale. La méthode suivante pour montrer la continuité de $<M>^1$ nous a été communiqué par D. Bakry. D'abord, comme les processus $<M>^1_{st}$ et $<M>^1_{st-}$ sont 1-prévisibles, l'ensemble $\{(s,t,\omega): <M>^1_{st} \neq <M>^1_{st-}\}$ appartient à P^1. Remarquons que la tribu P^1 coincide avec le produit de la tribu borélienne de R_+ par la tribu des ensembles prévisibles de la filtration $F_{s\infty}$. On fixe un point (s_0, t_0) dans R^2_+. Alors, pour $\varepsilon > 0$, $S = \inf\{0 \leq s \leq s_0$: il existe un $t \leq t_0$ tel que $<M>^1_{st} - <M>^1_{st-} > \varepsilon\}$ est un temps d'arrêt prévisible par rapport à la filtration $F_{s\infty}$. Soit $T = \inf\{t \geq 0: <M>^1_{St} - <M>^1_{St-} > \varepsilon\}$. T est une variable aléatoire $F_{S-\infty}$ -mesurable.

Considérons l'ensemble $B = \{(s,t,\omega) : 0 \leq s \leq S(\omega), T(\omega)=t\}$. Soit $0 = t_0^n < t_1^n < \dots < t_n^n = t_0$ une suite décroissante de partitions de $[0,t_0]$ dont le pas tend vers zéro. On définit les temps d'arrêt prévisibles (par rapport à la filtration $F_{s\infty}$) $S_n^i = S_{\{T \in]t_i^n, t_{i+1}^n]\}}$, $i=0,1,\dots,n-1$, $n \geq 1$. On peut écrire l'ensemble B comme l'intersection décroissante des ensembles $\cup_{i=0}^{n-1}\left[]t_i^n,t_{i+1}^n] \times \{(s,\omega) : \infty > S_n^i(\omega) \geq s\}\right]$. En conséquence, B appartient à P^1 et on peut considérer l'intégrale stochastique $M(B) = \int_{R_{s_0t_0}} 1_B dM$. Comme les temps d'arrêt S_n^i sont prévisibles et M est continue, on a $M(B) = 0$ et par isométrie on obtient $E[(\langle M\rangle_{ST}^1 - \langle M\rangle_{ST-}^1)\, 1_{\{S < \infty\}}] = 0$, ce qui implique $P\{S < \infty\} = 0$. Donc, $\langle M\rangle^1$ est continu. □

3. MARTINGALES A ACCROISSEMENTS ORTHOGONAUX DANS LA FILTRATION BROWNIENNE

Dans cette partie, F_z représentera la filtration naturelle d'un drap brownien $\{W_z, z \in R_+^2\}$. W est une martingale forte telle que $\langle W\rangle_{st} = st$. Comme W appartient à $M^p(z_0)$ pour tous $z_0 \in R_+^2$ et $p \geq 1$, on peut introduire les espaces de processus prévisibles L_W^2 et L_{WW}^2. Nous rappelons d'abord le théorème de représentation de Wong et Zakai (1974).

THEOREME 3.1. <u>Soit M une martingale de M^2. Il existent deux processus uniques $\phi \in L_W^2$ et $\psi \in L_{WW}^2$ tels que</u> $M_z = M_0 + (\phi\cdot W)_z + (\psi\cdot WW)_z$, <u>pour tout z dans R_+^2</u>.

Cela entraîne que $M^2 = M_c^2$. D'autre part les martingales du type $M_0 + (\phi\cdot W)_z$ sont fortes. Réciproquement, toute martingale forte de M^2 est de cette forme. Ce résultat a été démontré par Cairoli et Walsh (1975), mais c'est aussi une conséquence du théorème suivant qui établit l'équivalence entre les martingales fortes de carré intégrable et les martingales à accroissements orthogonaux.

THEOREME 3.2. <u>Toute martingale M de M^2 à accroissements orthogonaux dans le sens 1 (ou dans le sens 2) est de la forme</u> $M_z = M_0 + (\phi\cdot W)_z$.

Une première démonstration que nous avions faite de ce théorème (cf. Nualart, 1981) contient quelques implications non justifiées et nous allons présenter ici une version détaillée et complète de cette preuve.

DEMONSTRATION. Soit $M_z = (\phi\cdot W)_z + (\psi\cdot WW)_z$. Supposons que M est à accroissements orthogonaux dans le sens 1. En utilisant un théorème de Fubini pour l'intégrale double (cf. Cairoli et Walsh, 1975) on peut écrire M_z comme l'intégrale stochastique d'un processus 1-prévisible. C'est à dire, $M_z = \int_{R_z} \delta(t,z')dW_{z'}$, où $z=(s,t)$ et $\delta(t,z') = \phi(z') + \int_{[0,s']\times[t',t]} \psi(z'',z')dW_{z''}$, avec $z'=(s',t')$. Pour $t_1 < t_2$ nous avons

$$M_{st_2} - M_{st_1} = \int_{R_+^2} (\delta(t_2,z')1_{R_{st_2}}(z')-\delta(t_1,z')1_{R_{st_1}}(z'))dW_{z'},$$

et, en conséquence,

$$\langle M_{.t_2} - M_{.t_1}, M_{.t_1}\rangle_s = \int_{R_{st_1}} (\delta(t_2,z')-\delta(t_1,z'))\delta(t_1,z')dz'.$$

Cette expression doit être nulle pour tout s, ce qui entraîne

$$\int_0^{t_1} (\delta(t_2,sy)-\delta(t_1,sy))\delta(t_1,sy)dy = 0.$$

Comme $\delta(t_2,sy)-\delta(t_1,sy)= \int_{[0,s]\times[t_1,t_2]} \psi(z',sy)dW_{z'}$, on obtient $\int_0^{t_1}\psi(z',sy)\delta(t_1,sy)dy = 0$, c'est à dire

$$\int_0^{t_1}\psi(z',sy)[\phi(s,y)+ \int_{[0,s]\times[y,t_1]} \psi(z'',sy)dW_{z''}]dy = 0.$$

Fixé un point quelconque $t_1 \geqslant 0$, cette relation est vraie pour tous $\omega \in \Omega$, $s \geqslant 0$ et $z' \in [0,s] \times [t_1,\infty[$ presque partout par rapport à la mesure produit. On fixera alors s et z' de façon que presque pour tout ω l'égalité soit vraie pour tout t_1. Notons que le premier terme $\int_0^{t_1}\psi(z',sy)\phi(s,y)dy$ est une fonction absolument continue de t_1, donc, la même propriété est satisfaite pour le deuxième terme. Celui-ci peut s'écrire comme $\int_0^{\infty}(\int_{R_{st_1}} \psi(z'',sy)dW_{z''})\psi(z',sy)dy$, mais en général il ne peut pas s'exprimer comme une intégrale stochastique dans R_{st_1}, c'est à dire, on ne peut pas commuter les intégrales. Fixé $T > 0$, soit $0 = t_0^n < t_1^n < \dots < t_n^n = T$ une suite décroissante de partitions de $[0,T]$ dont le pas tend vers zéro. D'abord nous allons montrer que pour $0 \leqslant t_1 < t_2 \leqslant T$ on a

$$\lim_n \Sigma_{i=0}^{n-1} \int_0^{t_1} \int_0^{t_2}(\int_{\Delta_{in}(s)} \psi(z'',sy_1)dW_{z''})(\int_{\Delta_{in}(s)} \psi(z'',sy_2)dW_{z''}) \times$$
$$\psi(z',sy_1)\psi(z',sy_2)dy_1dy_2 = 0, \qquad (3.1)$$

où $\Delta_{in}(s) = [0,s] \times [t_i^n, t_{i+1}^n]$.

En effet, chaque terme de cette suite est majoré en valeur absolue par

$$|\Sigma_{i=0}^{n-1}(\int_{t_i^n \wedge t_1}^{t_{i+1}^n \wedge t_1} \psi(z',sy)\phi(s,y)dy)(\int_{t_i^n \wedge t_2}^{t_{i+1}^n \wedge t_2} \psi(z',sy)\phi(s,y)dy)|$$

$$\leq (\sup_i \int_{t_i^n}^{t_{i+1}^n} |\psi(z',sy)\phi(s,y)|dy) \int_0^T |\psi(z',sy)\phi(s,y)|dy \xrightarrow[n\to\infty]{} 0.$$

D'autre part, pour tous y_1 et y_2 dans $[0,T]$, la somme

$$\Sigma_{i=0}^{n-1}(\int_{\Delta_{in}(s)} \psi(z",sy_1)dW_{z"})(\int_{\Delta_{in}(s)} \psi(z",sy_2)dW_{z"})$$

converge en $L^1(\Omega,F,P)$, quand $n \to \infty$, vers $\int_{R_{sT}} \psi(z",sy_1)\psi(z",sy_2)dz"$. Cette convergence a lieu aussi dans l'espace $L^1([0,T]^2 \times \Omega)$. En effet, on sait que

$$E(|\Sigma_{i=0}^{n-1}(\int_{\Delta_{in}(s)} \psi(z",sy_1)dW_{z"})(\int_{\Delta_{in}(s)} \psi(z",sy_2)dW_{z"})$$

$$- \int_{R_{sT}} \psi(z",sy_1)\psi(z",sy_2)dz"|) \xrightarrow[n\to\infty]{} 0,$$

et par convergence dominée, il suffit de voir que cette suite est bornée par une fonction intégrable du couple (y_1,y_2). Mais, cela est une conséquence des inégalités suivantes

$$E(|\Sigma_{i=0}^{n-1}(\int_{\Delta_{in}(s)} \psi(z",sy_1)dW_{z"})(\int_{\Delta_{in}(s)} \psi(z",sy_2)dW_{z"})|)$$

$$\leq [E(\Sigma_{i=0}^{n-1}(\int_{\Delta_{in}(s)} \psi(z",sy_1)dW_{z"})^2)E(\Sigma_{i=0}^{n-1}(\int_{\Delta_{in}(s)} \psi(z",sy_2)dW_{z"})^2)]^{1/2}$$

$$= [(\int_0^T E(\psi(z",sy_1)^2)dz")(\int_0^T E(\psi(z",sy_2)^2)dz")]^{1/2}.$$

Alors, quitte à extraire une soussuite, pour tout (y_1,y_2,ω) dans $[0,T]^2 \times \Omega$, presque partout, on aura

$$\lim_n \Sigma_{i=0}^{n-1}(\int_{\Delta_{in}(s)} \psi(z",sy_1)dW_{z"})(\int_{\Delta_{in}(s)} \psi(z",sy_2)dW_{z"})$$

$$= \int_{R_{sT}} \psi(z",sy_1)\psi(z",sy_2)dz". \qquad (3.2)$$

En conséquence, on peut fixer $\omega \in \Omega$, hors d'un ensemble de probabilité zéro de façon que (3.1) soit vraie pour tous $t_1 < t_2$ dans $[0,T]$ et (3.2) soit vraie pour tous y_1, y_2 dans $[0,T]$, presque partout. Cela entraîne

$$(\int_{R_{sT}} \psi(z'',sy_1)\psi(z'',sy_2)dz'')\psi(z',sy_1)\psi(z',sy_2) = 0.$$

En intégrant par rapport à z' on obtient $\int_{R_{sT}} \psi(z',sy_1)\psi(z',sy_2)dz' = 0$. Donc, $\int_B \psi(z',sy)dy = 0$ pour tout borélien B de $[0,T]$ et pour tous ω, z' et s presque partout. C'est à dire, $\psi = 0$. □

REMARQUE. Soit F_z la filtration engendrée par n draps browniens indépendants $W_z^1, \ldots, W_z^n$, $z \in R_+^2$. On peut montrer de la même façon que toute martingale M de M_c^2 à accroissements orthogonaux dans le sens 1 (ou dans le sens 2) est de la forme $M_z = M_0 + \Sigma_{i=1}^n (\phi_i \cdot W^i)_z$. En conséquence, M est forte.

4. MARTINGALES A ACCROISSEMENTS ORTHOGONAUX DANS UNE FILTRATION PRODUIT

Dans cette section on va considérer une famille de tribus de la forme $F_{st} = F_s^1 \vee F_t^2$, où $\{F_s^1, s \geq 0\}$ et $\{F_t^2, t \geq 0\}$ sont deux filtrations indépendantes vérifiant les conditions habituelles. Si on écrit $F_\infty^1 = \bigvee_{s\geq 0} F_s^1$ et $F_\infty^2 = \bigvee_{t\geq 0} F_t^2$, on aura $F_{s\infty} = F_s^1 \vee F_\infty^2$ et $F_{\infty t} = F_\infty^1 \vee F_t^2$ et, en conséquence, $F_{s\infty} \vee F_{\infty t} = F_\infty^1 \vee F_\infty^2$. Cela entraîne qu'une martingale $M = \{M_z, z \in R_+^2\}$ est forte si et seulement si $M(]z_1,z_2]) = 0$ pour $z_1 < z_2$; c'est à dire, les martingales fortes sont exactement celles de la forme $M_{st} = M_{s0} + M_{0t} - M_{00}$. Ceci est équivalent à dire que toute martingale forte qui s'annulle sur les axes est nulle. Nous allons montrer que les martingales continues à accroissements orthogonaux sont aussi triviales.

THEOREME 4.1. Toute martingale M de M_c^2, à accroissements orthogonaux dans le sens 1 (ou dans le sens 2) et qui est nulle sur les axes, est identiquement nulle.

DEMONSTRATION. On peut supposer, sans perte de généralité, que (Ω,F,P) est un espace produit $(\Omega^{(1)} \times \Omega^{(2)}, F^{(1)} \otimes F^{(2)}, P^{(1)} \otimes P^{(2)})$. Nous identifierons alors les filtrations F_s^1 et F_t^2 avec des familles de soustribus de $F^{(1)}$ et de $F^{(2)}$, respectivement, qui seront représentées par $\{F_s^{(1)}, s \geq 0\}$ et $\{F_t^{(2)}, t \geq 0\}$. On aura aussi, $F_{st} = F_s^{(1)} \otimes F_t^{(2)}$. Enfin, on peut admetre encore que $F^{(1)} = F_\infty^{(1)}$ et que $F^{(2)} = F_\infty^{(2)}$.

D'abord on montrera qu'il y a une isométrie entre M^2 et l'espace $M^2(L^2(P^{(1)}))$ des martingales par rapport à la filtration $\{F_t^{(2)}, t \geq 0\}$ à valeurs dans l'espace de Hilbert $L^2(\Omega^{(1)}, F^{(1)}, P^{(1)})$ et bornées dans L^2.

En effet, soit M una martingale de M^2. Pour tout $t \geq 0$ fixé, et pour $\omega_2 \in \Omega^{(2)}$, $P^{(2)}$-presque sûrement, la variable aléatoire $M_{\infty t}^{\omega_2} : \omega_1 \longrightarrow M_{\infty t}(\omega_1,\omega_2)$ appartient à $L^2(\Omega^{(1)}, F^{(1)}, P^{(1)})$ et on peut considérer le processus $\{M_{\infty t}^{\omega_2}, t \geq 0\}$ défini dans l'espace de probabilité $(\Omega^{(2)}, F^{(2)}, P^{(2)})$ et à valeurs dans $L^2(\Omega^{(1)}, F^{(1)}, P^{(1)})$. Ce processus est adapté à la filtration $F_t^{(2)}$ parce que $M_{\infty t}$ est $F_{\infty t} = F^{(1)} \otimes F_t^{(2)}$-mesurable. En fait il est une martingale puis que si $t_1 < t_2$ et si F appartient à $F_{t_1}^{(2)}$ on a

$$E_2[(M_{\infty t_2} - M_{\infty t_1})1_F] = E[(M_{\infty t_2} - M_{\infty t_1})1_F / F^{(1)}]$$

$$= E[E[(M_{\infty t_2} - M_{\infty t_1})1_F / F_{\infty t_1}] / F^{(1)}] = 0,$$

pour tout ω_2, $P^{(2)}$-presque partout. Ici E_2 indique l'espérance dans l'espace $(\Omega^{(2)}, F^{(2)}, P^{(2)})$. Enfin, cette martingale est bornée dans L^2 avec une norme donnée par $(E[(M_\infty)^2])^{1/2}$.

Supposons maintenant que M est continue, nulle sur les axes et à accroissements orthogonaux dans le sens 1. On notera X_t la martingale $\{M_{\infty t}, F_t^{(2)}, t \geq 0\}$ à valeurs dans $L^2(P^{(1)})$. Dans ce cas $X_0 = 0$ et X_t est continue à cause de la continuité de M. En plus, la martingale X_t vérifie la condition suivante

$$E_1((X_{t_2} - X_{t_1})X_{t_1}) = E_1((M_{\infty t_2} - M_{\infty t_1})M_{\infty t_1})$$

$$= E[(M_{\infty t_2} - M_{\infty t_1})M_{\infty t_1} / F^{(2)}]$$

$$= E[E[(M_{\infty t_2} - M_{\infty t_1})M_{\infty t_1} / F_{0\infty}] / F^{(2)}] = 0,$$

pour $t_1 < t_2$ et $\omega_2 \in \Omega^{(2)}$, presque partout. Alors le théorème découle immédiatement du lemme suivant, en ayant compte que, dû à la continuité de M, la martingale X prend ses valeurs dans une partie séparable de $L^2(\Omega^{(1)}, F^{(1)}, P^{(1)})$. □

LEMME 4.1. Soit $\{X_t, F_t, t \geq 0\}$ une martingale continue, nulle en 0, à valeurs dans un espace de Hilbert séparable H et telle que $\langle X_t - X_s, X_s \rangle_H = 0$, p.s., pour tout $s < t$, où $\langle .,. \rangle_H$ représente le produit scalaire dans H. Alors, X est identiquement nulle.

DEMONSTRATION. La continuité de X entraîne que, hors d'un ensemble N de probabilité zéro, on a $\langle X_t(\omega) - X_s(\omega), X_s(\omega) \rangle_H = 0$ pour tous $s < t$. On fixe $a \in H$. Le processus $\{\langle X_t, a \rangle_H, F_t, t \geq 0\}$ est une martingale rélle continue, nulle en 0. Si on montre que sa variation quadratique est nulle, la preuve du lemme sera finie, à cause de la séparabilité de H. Soit $0 = t_0^n < t_1^n < \ldots < t_n^n = T$ une suite décroissante de partitions d'un intervalle $[0,T]$, dont le pas tend vers zéro. On considère la décomposition orthogonale

$$a = \Sigma_{i=0}^{n-1} \lambda_i (X(t_{i+1}^n) - X(t_i^n)) + b,$$

un élément $\omega \in \Omega - N$ étant fixé. Notons que les λ_i dépendent de ω. On a finalement

$$\Sigma_{i=0}^{n-1} |\langle X(t_{i+1}^n) - X(t_i^n), a \rangle_H|^2 = \Sigma_{i=0}^{n-1} \lambda_i^2 \, \|X(t_{i+1}^n) - X(t_i^n)\|_H^4$$

$$\leq \|a\|^2 (\sup_i \|X(t_{i+1}^n) - X(t_i^n)\|_H^2) \xrightarrow[n \to \infty]{} 0. \quad \square$$

La propriété de continuité est une condition nécessaire dans le théorème précédant. C'est à dire, la propriété de martingale forte est en général plus restrictive que celle de martingale à accroissements orthogonaux.

EXEMPLE. Dans un espace de probabilité complet (Ω, F, P) on considère la filtration à un indice $F_t = F$ pour $t \geq 1$ et F_t triviale pour $0 \leq t < 1$. On obtient la forme générale des martingales par rapport au produit de deux copies de cette filtration, en choisissant une variable aléatoire intégrable X :

$$X_{st} = X \, 1_{[1,\infty[\times [1,\infty[}(s,t) + (\int X(\omega_1,\omega_2) P(d\omega_1)) 1_{[0,1[\times [1,\infty[}(s,t)$$

$$+ (\int X(\omega_1,\omega_2) P(d\omega_2)) 1_{[1,\infty[\times [0,1[}(s,t)$$

$$+ (\int\int X(\omega_1,\omega_2) P(d\omega_1) P(d\omega_2)) 1_{[0,1[\times [0,1[}(s,t).$$

Dans ce cas, X_{st} est une martingale forte si et seulement si $X = \int XP(d\omega_1) + \int XP(d\omega_2) - \int\int XP(d\omega_1)P(d\omega_2)$. Il est clair qu'il peut y avoir des martingales non fortes. Par contre, toutes les martingales de carré intégrable sont à accroissements orthogonaux.

5. MARTINGALES A VARIATION INDEPENDANTE DU CHEMIN

Dans cette section on s'intéressera seulement à des martingales de l'espace $\mathcal{M}_c^2$. Si M est une martingale de cet espace on peut se demander sous quelles conditions $M^2 - \langle M\rangle$ est une vraie martingale. Celle question est liée à la propriété d'avoir la même variation quadratique au long de tout chemin croissant et continu qui va de l'origine à un point fixé de R_+^2. Plus précisément, désignons par Γ l'ensemble des courbes $\gamma : [0,1] \longrightarrow R_+^2$ croissantes, continues et telles que $\gamma(0) = (0,0)$. La restriction d'une martingale M à une telle courbe donne lieu à une martingale à un indice $M_\gamma = \{M_{\gamma(t)}, F_{\gamma(t)}, t\in[0,1]\}$. On dira alors qu'une martingale M de $\mathcal{M}_c^2$ est <u>à variation indépendante du chemin</u> (i.d.c.) si $\gamma_1, \gamma_2 \in\Gamma$, $\gamma_1(1)=\gamma_2(1) \Rightarrow \langle M_{\gamma_1}\rangle_1 = \langle M_{\gamma_2}\rangle_1$, p.s.

THEOREME 5.1. <u>Soit</u> M <u>une martingale de</u> $\mathcal{M}_c^2$. <u>Alors</u> M <u>est i.d.c. si et seulement si</u> $M_{st}^2 - \langle M\rangle_{st} - \langle M_{.0}\rangle_s - \langle M_{0.}\rangle_t$ <u>est une martingale. Dans ce cas, le processus</u> $\langle M\rangle$ <u>est continu et on a</u> $\langle M_{.t}\rangle_s = \langle M\rangle_{st} + \langle M_{.0}\rangle_s$ <u>et</u> $\langle M_{s.}\rangle_t = \langle M\rangle_{st} + \langle M_{0.}\rangle_t$.

DEMONSTRATION. Supposons d'abord que M est i.d.c. Pour tout (s,t) on a $\langle M_{.0}\rangle_s + \langle M_{s.}\rangle_t = \langle M_{0.}\rangle_t + \langle M_{.t}\rangle_s$, presque sûrement. En effet, la propiréte i.d.c. implique cette égalité puisque ses deux membres représentent les variations quadratiques de M au long de deux chemins croissants, l'un formé par l'union des segments $[(0,0),(0,t)]$ et $[(0,t),(s,t)]$ et l'autre formé par l'union des segments $[(0,0),(s,0)]$ et $[(s,0),(s,t)]$. Soit A_{st} une version commune de ces deux processus. Nous allons montrer que le processus $\{A_{st}, (s,t) \in Q_+^2\}$ est croissant et continu hors d'un ensemble de probabilité zéro. Comme $\{A_{st}, (s,t) \in Q_+^2\}$ est séparément continu et croissant (donc, croissant pour l'ordre) il suffit de prouver que $A(]z,z']) \geq 0$, p.s., pour tous z et z' dans Q_+^2. Soient $z=(s,t) < z'=(s',t')$. On considère une suite décroissante $s = s_0^n < s_1^n < \ldots < s_n^n = s'$ de partitions de l'intervalle $[s,s']$ dont le pas tend vers zéro. Nous avons au sens de la convergence en L^1

$$E(A(]z,z'])/F_{\infty t}) = E(A_{s't'} - A_{s't} - A_{st'} + A_{st}/F_{\infty t})$$

$$= \lim_n \Sigma_{i=0}^{n-1} E[((M_{s_{i+1}^n t'} - M_{s_i^n t'})^2 - (M_{s_{i+1}^n t} - M_{s_i^n t})^2)/F_{\infty t}]$$

$$= \lim_n \Sigma_{i=0}^{n-1} E[(M_{s_{i+1}^n t'} - M_{s_i^n t'} - M_{s_{i+1}^n t} + M_{s_i^n t})^2 /F_{\infty t}] \geq 0.$$

Cela entraîne $E(M^2(]z,z']) / F_{\infty t}) \geqslant 0$. En conséquence, $\{M^2_{s't} - M^2_{st}, F_{\infty t}, t \geqslant 0\}$ est une sousmartingale et $\{A_{s't} - A_{st}, t \geqslant 0\}$ est son processus croissant associé. Donc, on a bien $A(]z,z']) \geqslant 0$, presque sûrement. En conclusion, si on prend $A_z = \inf\{A_{z'}, z < z', z' \in Q^2_+\}$ on obtient un processus croissant et continu A tel que $M^2 - A$ est une martingale. La propriété i.d.c. est alors équivalente à l'existence d'un tel processus.

Alors, si M est i.d.c., le processus $A - \langle M_{.0}\rangle_s - \langle M_{0.}\rangle_t$ est croissant, continu et nul sur les axes. Comme $M^2 - (A - \langle M_{.0}\rangle_s - \langle M_{0.}\rangle_t)$ est une martingale faible, on a $\langle M\rangle = A - \langle M_{.0}\rangle_s - \langle M_{0.}\rangle_t$ et, alors, $M^2 - \langle M\rangle - \langle M_{.0}\rangle_s - \langle M_{0.}\rangle_t$ est une martingale.

Réciproquement, si $M^2 - \langle M\rangle - \langle M_{.0}\rangle_s - \langle M_{0.}\rangle_t$ est une martingale, pour tout $t \geqslant 0$, le processus $\{\langle M\rangle_{st} + \langle M_{.0}\rangle_s, s \geqslant 0\}$ est croissant, prévisible (parce que M est 1-prévisible) et $M^2_{st} - \langle M\rangle_{st} - \langle M_{.0}\rangle_s$ est une 1-martingale. Cela entraîne $\langle M\rangle_{st} + \langle M_{.0}\rangle_s = \langle M_{.t}\rangle_s$, p.s. De même on a $\langle M\rangle_{st} + \langle M_{0.}\rangle_t = \langle M_{s.}\rangle_t$ et, en conséquence, M est i.d.c.□

Il faut remarquer que la propriété i.d.c. dépend des accroissements linéaires de la martingale et non de ses accroissements rectangulaires. En particulier, pour toute martingale M de M^2_c on peut considérer la martingale nulle sur les axes $M^o_{st} = M_{st} - M_{s0} - M_{0t} + M_{00}$, qui a les mêmes accroissements rectangulaires que M. Nous avons $M^2_{st} = (M^o_{st})^2 + (M_{s0} + M_{0t} - M_{00})^2 + 2M^o_{st}(M_{s0} + M_{0t} - M_{00})$. On a toujours $\langle M\rangle = \langle M^o\rangle$, mais la propriété i.d.c. de M^o n'implique pas, en principe, celle de M, à moins que le produit $M^o_{st}(M_{s0} + M_{0t} - M_{00})$ soit une martingale. D'autre part, on peut affirmer que ce produit est une martingale si M est à accroissements orthogonaux ou, de façon équivalente, si M^o est à accroissements orthogonaux.

COROLLAIRE 5.2. <u>Toute martingale de</u> $M^2_{c,o}$ <u>est</u> i.d.c.

DEMONSTRATION. D'après la remarque précédente, on peut supposer que M s'annulle sur les axes. Le théorème 2.2 entraîne alors que $M^2 - \langle M\rangle$ est une martingale et, en conséquence, M est i.d.c.□

L'ensemble des martingales i.d.c. qu'on représentera par $M^2_{c,i}$ est un sousensemble fermé de M^2_c. On a alors les inclusions $M^2_{c,S} \subset M^2_{c,o} \subset M^2_{c,i} \subset M^2_c$. On sait que $M^2_{c,S}$ et M^2_c sont des espaces de Hilbert. Dans les deux exemples fondamentaux on a l'égalité $M^2_{c,S} = M^2_{c,o}$, mais on ne sait pas si cette égalité reste vraie en général. D'autre part, l'inclusion $M^2_{c,o} \subset M^2_{c,i}$ est stricte dans la filtration du drap brownien et aussi dans certaines filtrations produit. Plus précisément on a les résultats suivants (cf. Nualart, 1981).

PROPOSITION 5.3. <u>Soit</u> $F_{st} = F^1_s \vee F^2_t$. <u>Si l'une des deux filtrations indépendantes</u> F^1_s <u>ou</u> F^2_t <u>est engendrée par un mouvement brownien, alors,</u> $M^2_{c,i} = M^2_{c,o}$.

THEOREME 5.4. (i) <u>Soient</u> F^1_s <u>et</u> F^2_t <u>les filtrations engendrées, respectivement par deux mouvements browniens bidimensionnels indépendants</u> $\{(W^1_s, W^2_s),\ s \geq 0\}$ <u>et</u> $\{(\tilde{W}^1_t, \tilde{W}^2_t),\ t \geq 0\}$. <u>Alors pour toute constante</u> $A > 0$ <u>il existe une martingale</u> $N \in M^2_c$ <u>nulle sur les axes mais non identiquement nulle, telle que la martingale</u> $M_{st} = A(W^1_s + W^2_s + \tilde{W}^1_t + \tilde{W}^2_t) + N_{st}$ <u>est i.d.c.</u>

(ii) <u>Soit</u> F_z <u>la filtration naturelle d'un drap brownien</u> $\{W_z,\ z \in R^2_+\}$. <u>Fixons deux points</u> $(s_0,t_0) < (s_1,t_1)$ <u>et considérons les régions</u> $D_1 = [0,s_0] \times [t_0,t_1]$ <u>et</u> $D_2 = [s_0,s_1] \times [0,t_0]$. <u>Alors pour toute constante</u> $A > 0$ <u>il existe un processus</u> $\psi \in L^2_{WW}$ <u>nul hors de</u> $D_1 \times D_2$ <u>mais non identiquement nul tel que pour tout</u> $\phi \in L^2_W$ <u>la martingale</u> $M = (A\, 1_{D_1 \cup D_2} + \phi\, 1_{(D_1 \cup D_2)^c}) \cdot W + \psi \cdot WW$ <u>est i.d.c.</u>

La démonstration de ce théorème repose sur l'existence de solutions non triviales d'un certain système d'équations différentielles stochastiques. La méthode employée utilise essentiellement le fait que la constante A soit non nulle. Donc, en principe, nous ne savons pas montrer l'existence de martingales i.d.c. non fortes et nulles sur les axes dans le cas (i) ou de martingales i.d.c. de la forme $\psi \cdot WW$ dans (ii). On peut conjecturer l'existence de telles martingales à partir des résultats sur la construction de solutions non triviales de l'équation différentielle stochastique $XdX + YdY = 0$ (cf. Nualart et Sanz, 1982).

Comme application des résultats précédents, nous allons faire quelques remarques sur l'extension du théorème de P. Lévy de caractérisation du mouvement brownien au cas des martingales à deux indices. D'abord on a la proposition suivante (cf. Zakai, 1981).

PROPOSITION 5.5 Soit M une 1-martingale continue à accroissements orthogonaux dans le sens 1, nulle pour $t = 0$ et telle que $M_{st}^2 - st$ est une 1-martingale. Alors M a la loi d'un drap brownien et pour tout $s \geq 0$ la tribu $F_{s\infty}$ est indépendante de la tribu engendrée par les variables $M(]z_1,z_2])$, $z_1 \leq z_2$, $z_1=(s_1,t_1)$, $s \leq s_1$.

DEMONSTRATION. Soit $0 = t_0 < t_1 < \ldots < t_n$ une suite croissante quelconque. Les martingales continues $M_{.t_i} - M_{.t_{i-1}}$, $i=1,\ldots,n$, vérifient $<M_{.t_i} - M_{.t_{i-1}}, M_{.t_j} - M_{.t_{j-1}}>_s = s(t_i - t_{i-1})\delta_{ij}$. En effet, pour $i \neq j$ on utilise que M est à accroissements orthogonaux dans le sens 1 et pour $i = j$ on applique que $M_{st}^2 - st$ est une 1-martingale. Le théoreme de P. Lévy en dimension n permet alors de finir la preuve.□

Remarquons qu'il suffit que M_{st} soit continue en s pour tout t fixé.

Soit $M \in M_c^2$ telle que $<M>_{st} = st$ (c'est à dire $M_{st}^2 - st$ est une martingale faible). Si on suppose que M est à accroissements orthogonaux dans le sens 1, d'après le théorème 2.2, $M_{st}^2 - st$ est une 1-martingale et la conclusion de la proposition 5.5 est encore vraie.

Cependant, en utilisant le théorème 5.4 on peut construire (cf. Nualart, 1981) dans la filtration naturelle du drap brownien, des martingales continues non fortes M (et nulles sur les axes) telles que $M_{st}^2 - st$ soit une martingale. Le résultat suivant montre qu'une telle martingale ne peut pas avoir la loi d'un drap brownien.

PROPOSITION 5.6. Soit $\{F_z, z \in R_+^2\}$ une filtration vérifiant les conditions habituelles. Alors toute martingale gaussienne M de M_c^2 est à accroissements orthogonaux.

DEMONSTRATION. Supposons que M est nulle sur les axes. Nous allons montrer que M est à accroissements orthogonaux dans le sens 1. Il faut voir que $<M_{.t_4} - M_{.t_3}, M_{.t_2} - M_{.t_1}> = 0$ pour $t_1 < t_2 < t_3 < t_4$. Soit $0 = s_0^n < s_1^n < \ldots < s_n^n = s_0$ une suite décroissante de partitions de $[0,s_0]$ dont le pas tend vers zéro. On note $\Delta_{in}^1 =]s_{i-1}^n, s_i^n] \times]t_1,t_2]$ et $\Delta_{in}^2 =]s_{i-1}^n, s_i^n] \times]t_3,t_4]$. Alors on a

$$<M_{.t_4} - M_{.t_3}, M_{.t_2} - M_{.t_1}>_{s_0} = \lim_n \Sigma_{i=1}^n M(\Delta_{in}^1)M(\Delta_{in}^2),$$

et le caractère gaussien de M entraîne que cette limite est zéro puis que

$$E\,[(\Sigma_{i=1}^{n} M(\Delta_{in}^{1})M(\Delta_{in}^{2}))^{2}] = \Sigma_{i=1}^{n} E(M(\Delta_{in}^{1})^{2})E(M(\Delta_{in}^{2})^{2})$$

$$\leq \sup_{i} E(M(\Delta_{in}^{1})^{2})\ \Sigma_{i=1}^{n} E(M(\Delta_{in}^{2})^{2}) \xrightarrow[n \to \infty]{} 0. \ \square$$

Sous les hypothèses de la proposition 5.6 il est immédiat que <M> est déterministe mais, on ne sait pas en général si une telle martingale est forte.

REFERENCES

BAKRY, D. Sur la régularité des trajectoires des martingales à deux indices. ZfW. 50, 149-157 (1979).

CAIROLI, R. Une inégalité pour martingales à indices multiples et ses applications. Lecture Notes in Math. 124, 1-27 (1970).

CAIROLI, R.; WALSH, J.B. Stochastic integrals in the plane. Acta Math. 134, 111-183 (1975).

CAIROLI, R.; WALSH, J.B. Régions d'arrêt, localisations et prolongements de martingales. ZfW. 44, 279-306 (1978).

CHEVALIER, L. Martingales continues à deux paramètres. Bull. Sc. Math. 106, 19-62 (1982).

GUYON, X.; PRUM, B. Semi-martingales à indice dans R^2. Thèse, Université de Paris-Sud (1980).

MERZBACH, E.; ZAKAI, M. Predictable and dual predictable projections for two-parameter stochastic processes. ZfW. 53, 263-269 (1980).

MEYER, P.A. Théorie élémentaire des processus à deux indices. Lecture Notes in Math. 863, 1-39 (1981).

NUALART, D. Martingales à variation indépendante du chemin. Lecture Notes in Math. 863, 128-148 (1981).

NUALART, D.; SANZ, M. A singular stochastic integral equation. Proc. Amer Math. Soc. (1982).

WALSH, J.B. Martingales with a multidimensional parameter and stochastic integrals in the plane. Cours de 3e cycle, Paris VI (1977).

WALSH, J.B. Convergence and regularity of multiparameter strong martingales. ZfW. 46, 177-192 (1979).

WONG, E.; ZAKAI, M. Martingales and stochastic integrals for processes with a multidimensional parameter. ZfW. 29, 109-122 (1974).

WONG, E.; ZAKAI, M. Weak martingales and stochastic integrals in the plane. Ann. Prob. 4, 570-587 (1976).

ZAKAI, M. Some classes of two-parameter martingales. Ann. Prob. 9, 255-265 (1981).

D. Nualart

Facultat de Matemàtiques
Universitat de Barcelona
Gran Via, 585, Barcelona-7
Espagne

REGULARITE A DROITE DES SURMARTINGALES A DEUX INDICES ET THEOREME D'ARRET

G. MAZZIOTTO

Parmi les surmartingales à deux indices, celles qui, de plus, engendrent une mesure de Doleans positive, sont assez bien connues (4) (3); on les appelle ici des V-surmartingales. Par la méthode des Laplaciens approchés (6), on montre que toute surmartingale est limite de différences de V-surmartingales, dans un sens à préciser. Cela entraine notamment que toute surmartingale dont l'espérance est continue à droite, admet une modification suffisamment régulière pour vérifier un théorème d'arrêt par points d'arrêt.

1- Généralités:

1.1. Les processus que l'on considère ici, sont, d'une manière générale à valeurs réelles, indexés sur l'ensemble $\mathbb{T} = [0,\infty]^2$ et définis sur un espace de probabilités complet $(\Omega,\underline{\underline{A}},\mathbb{P})$. Une relation d'ordre partie est définie sur $\mathbb{T}$ par:

$$\forall\ s=(s_1,s_2),\ t=(t_1,t_2) \in \mathbb{T} : s < t \quad \text{ssi} \quad s_1 \leq t_1 \text{ et } s_2 \leq t_2 .$$

Etant donné un point $h=(h_1,h_2)$ de $\mathbb{T}$, on convient de noter $h'=(h_1,0)$ $h''=(0,h_2)$ et $|h|=h_1h_2$. On note aussi $\mathbb{T}^* =]0,\infty[^2$.
Sur $(\Omega,\underline{\underline{A}},\mathbb{P})$, on considère une filtration $\underline{\underline{F}} = (\underline{\underline{F}}_t ;\ t \in \mathbb{T})$ vérifiant les axiomes classiques (7), F1, F2, F3, F4 de la théorie des processus à deux indices réels. Pour toutes les notions, règles de calcul, propriétés relatives à cette théorie, on se réfère ici aux exposés de (7). Les projections optionnelle, 1-optionnelle, 2-optionnelle d'un processus mesurable borné, X, sont définies selon (1); on les note ${}^{o}X$, ${}^{o1}X$, ${}^{o2}X$ respectivement. Etant donnés deux processus, X et Y, on dit que X est une modification de Y ssi: $\forall\ t \in \mathbb{T}$, $X_t = Y_t$ p.s.
Un point d'arrêt (p.a.) est une v.a. à valeurs dans $\mathbb{T}$ telle que

$$\forall\ t \in \mathbb{T} : \{T < t\} \in \underline{\underline{F}}_t .$$

1.2. Une surmartingale est un processus, $X = (X_t\ ;\ t \in \mathbb{T})$, mesurable, adapté à la filtration $\underline{\underline{F}}$ et intégrable, tel que :

$$\forall\ t,\ h \in \mathbb{T} : E(X_{t+h} \,/\, \underline{\underline{F}}_t) \leq X_t \quad \text{p.s.} \quad .$$

Un potentiel est une surmartingale positive ($X \geq 0$) telle que, pour tou suite croissante de points de $\mathbb{T}$, $(t(n);\ n \in \mathbb{N})$, où soit la suite des premières coordonnées, soit la suite des secondes, converge vers ∞, on

$$\lim X_{t(n)} = 0 \text{ et } \forall\ t : X_{t_1\infty} = X_{\infty t_2} = X_{\infty\infty} = 0 \quad \text{p.s.} \ .$$

Un processus réel quelconque, X, est dit à décroissance rapide (à l'infini) si il existe $c > 0$ et $\alpha \in \mathbb{T}^*$ tels que

$$\mathbb{P}(\{\forall t : |X_t| \leq c\, e^{-\alpha.t}\}) = 1 ,$$

où $\alpha.t$ désigne le produit scalaire $\alpha_1 t_1 + \alpha_2 t_2$.
On remarque que si X est une surmartingale positive, alors $\forall c > 0$, $\forall \alpha \in \mathbb{T}^*$, le processus $X^{c\alpha}$, défini par

$$\forall t \in \mathbb{T} : X_t^{c\alpha} = (X_t \wedge c)\, e^{-\alpha.t} ,$$

est un potentiel à décroissance rapide.
La variation d'un processus X, entre deux points t et t+h de $\mathbb{T}$, est la v.a. définie par

$$X_{]t,t+h]} = X_t + X_{t+h} - X_{t+h'} - X_{t+h''} .$$

On appelle V-surmartingale (resp. V-potentiel) une surmartingale (resp. un potentiel),X, cad dans $\mathbb{L}^1$, et qui engendre une mesure de Doleans positive ([2]),([3]),([7]), sur la tribu prévisible de $\Omega \times \mathbb{T}$.
Un processus adapté, A, est dit croissant si, les processus à un indice $(A_{t'} ; t \in \mathbb{T})$ et $(A_{t''} ; t \in \mathbb{T})$ sont croissants et si

$$\forall t, h : A_{]t,t+h]} \geq 0 \text{ p.s.} .$$

1.3. Un processus est dit cad si presque toutes ses trajectoires sont des fonctions continues à droite sur $\mathbb{T}$ ([7]).
Suivant ([10]) une surmartingale, X, est dite de la classe (R) si il existe une suite croissante $(X^n ; n \in \mathbb{N})$ de surmartingales cad telle que

$$\mathbb{P}(\{\forall t : X_t = \lim_n X_t^n\}) = 1 .$$

De même on définit, par récurrence, les surmartingales de la classe (R^n) comme limites croissantes de surmartingales de la classe (R^{n-1}), $\forall n \in \mathbb{N}$.
Une surmartingale est dite de la classe (RR) si il existe n telle qu' elle soit de la classe (R^n).

<u>Remarque 1.3</u>: i) Dans la théorie classique, les surmartingales de la classe (R) se réduisent aux surmartingales cad (18-VI de ([5])). Ici, il existe des martingales de la classe (R) qui ne sont nulle part cad([10]) mais je ne sais pas si la classe (R^n) est strictement plus grande que la classe (R^{n-1}) pour $n > 1$.
ii) Une surmartingale de la classe (RR) est, par définition, limite d' d'une suite (pas nécessairement croissante) de surmartingales cad, dont elle est aussi l'enveloppe supérieure. Elle est donc à trajectoires semi-continues inférieurement (sci) pour la topologie droite (à droite); l'inverse est il vrai ?

1.4. Dans ([10]) J.B. Walsh établit un théorème d'arrêt par p.a. pour les surmartingales de la classe (R), en se ramenant grâce à la notion de chemin croissant optionnel au cas classique. Il est facile d'étendre ce résultat aux surmartingales de classe (RR).

PROPOSITION 1.3 : Si X est une surmartingale de la classe (RR) et si S et T sont deux p.a. bornés tels que $S < T$ p.s. , on a

$$E (X_T / \underline{\underline{F}}_S) \leq X_S \quad \text{p.s.} \quad .$$

Démonstration: D'après [10] c'est vrai pour la classe (R), on suppose qu'il en est de même pour n fixé. Soit X de la classe (R^{n+1}), par hypothèse, elle est limite d'une suite croissante $(X^k; k \in \mathbb{N})$ de surmartingales de la classe (R^n). Pour tous p.a. S, T bornés, tels que $S < T$, on a $E (X^k_T / \underline{\underline{F}}_S) \leq X^k_S$

Par le Lemme de Fatou, X satisfait la même relation, car

$$X_S = \lim_k \uparrow X^k_S \quad \text{et} \quad X_T = \lim_k \uparrow X^k_T$$

D'où le résultat annoncé, par récurrence.

2- Régularité des V-surmartingales:

2.1. Les V-surmartingales font partie d'une famille de processus à deux indices étudiée depuis déjà longtemps, notamment par R. Cairoli [4] qui a établi que ceux ci admettaient une décomposition du type Doob-Meyer.

PROPOSITION 2.1 : [4] Si X est une V-surmartingale positive, il existe un processus, A, croissant, prévisible, cad (et même pourvu de limites dans les trois autres quadrants), intégrable et une martingale faible, m, tels que

$$X = m + A \quad \text{et} \quad E (A_{\infty\infty}) = E (X_0) \quad .$$

Si X est un V-potentiel, il est facile d'exprimer la martingale faible m à partir de A; on en déduit alors la formule classique

$$\forall t \in \mathbb{T} : X_t = E (\int_t^\infty dA_s / \underline{\underline{F}}_t) \quad \text{p.s.}$$

où la notation $\int_t^\infty$ désigne une intégration sur l'intervalle $]t,\infty]$.

2.2. A priori, il ne suffit pas que X soit borné pour que A le soit, par contre il existe des relations, [2], [3] dans des espaces du type $\mathbb{L}^p$ (avec $1 \leq p < \infty$) entre des normes adéquates de X et A. On en n'aura pas besoin dans la suite car les V-potentiels que l'on considérera seront associés à des processus croissants bornés par construction. Dans ce cas particulier, on a le résultat de régularité suivant.

PROPOSITION 2.2 : Si X est un V-potentiel de processus croissant prévisible associé, A, borné, alors X admet une modification, $\tilde{X}$, cad.

Démonstration: Il suffit de choisir

$$\tilde{X} = A + {}^{o}(A_{\infty\infty}) - {}^{o1}(A_{\infty .}) - {}^{o2}(A_{.\infty}) \quad .$$

Comme A est borné et cad, chacun des termes est encore cad d'après les travaux , [1] et [8] , sur les diverses projections optionnelles.

Ce résultat s'étend en fait aux V-surmartingales.

COROLLAIRE 2.2 : Si X est une V-surmartingale positive de processus croissant prévisible associé, A, borné, alors il existe des processus bornés et cad : Y, Y^o, Y^1, Y^2, qui sont, respectivement, un V-potentiel, une martingale, une martingale selon une coordonnée et un potentiel selon l'autre, tels que

$$\forall t : X_t = Y_t + Y_t^o + Y_t^1 + Y_t^2 \quad p.s. \quad .$$

Démonstration: On choisit des modifications cad-lag des surmartingales à un indice $(X_{u\infty} ; u \in \mathbb{R}_+)$ et $(X_{\infty u} ; u \in \mathbb{R}_+)$ et on pose

$$Y_t = {}^o(X_{]t,\infty]})_t \quad , \quad Y_t^1 = {}^{o2}(X_{.\infty} - {}^{o1}(X_{\infty\infty}))_t \quad , \quad Y_t^o = {}^o(X_{\infty\infty})_t$$

et une formule analogue pour l'autre.
Tous ces processus sont cad: d'après la Proposition 2.2 pour Y et d'après les résultats (8),(1) sur les projections optionnelles de processus cad, pour les autres.

3- Formule des Laplaciens approchés:

3.1. Classiquement, cette formule (5) est utilisée pour évaluer le processus croissant prévisible associé à une surmartingale à un indice cad-lag. Initialement, en théorie du Potentiel (6), elle permet d'exprimer certaines fonctions excessives comme limite de potentiels. C'est ainsi qu'on l'utilise ici, dans le cadre des processus à deux indices.

3.2. Etant donné un processus, X, borné et mesurable sur $(\Omega\times \mathbb{T}, \underline{\underline{A}}\otimes\underline{\underline{T}})$, on peut, grâce aux résultats sur le calcul stochastique dépendant d'un paramètre (2),(9), lui associer au moins un processus (à quatre indices) $p(X) = (p_s(X)_t ; s,t \in \mathbb{T})$ borné et mesurable sur $(\Omega\times \mathbb{T}\times \mathbb{T}, \underline{\underline{A}}\otimes\underline{\underline{T}}\otimes\underline{\underline{T}})$ tel que

$$\forall s,t \in \mathbb{T} : p_s(X)_t = E (X_{s+t} / \underline{\underline{F}}_t) \quad p.s.$$

Pour $h \in \mathbb{T}^*$ fixé, on définit alors le processus borné et mesurable sur $(\Omega\times \mathbb{T}, \underline{\underline{A}}\otimes\underline{\underline{T}})$, X^h, suivant

$$\forall t \in \mathbb{T} : X_t^h = |h|^{-1} \int_0^h p_s(X)_t \, ds$$

On remarque que si on remplace, dans cette formule, le processus p(X) par une modification (pourvu qu'elle soit encore mesurable) on ne change le processus X^h que sur un ensemble evanescent. Ceci autorise la notation plus parlante suivante

$$\forall t \in \mathbb{T} : X_t^h = |h|^{-1} \int_0^h E(X_{s+t} / \underline{\underline{F}}_t) \, ds$$

en convenant que l'intégrale de Lebesgue est toujours évaluée sur la version mesurable de l'espérance conditionnelle. De même on remarque que si $\forall t : Y_t \geq 0$ p.s. , alors $\forall t : \int_0^t Y_s \, ds \geq 0$ p.s. .

3.3. De façon analogue, on définit les processus suivants

$$\forall t : A_t^{h+} = |h|^{-1} \int_0^t (E(X_{]s,s+h]} / \underline{\underline{F}}_s) \vee 0) \, ds \quad ,$$

$$A_t^{h-} = -|h|^{-1} \int_0^t (E(X_{]s,s+h]} / \underline{\underline{F}}_s) \wedge 0) \, ds \quad , \quad A_t^h = A_t^{h+} - A_t^{h-} \quad .$$

Par construction, les processus A^{h+} et A^{h-} sont croissants, à trajectoires cad (et même cad-lag), nuls sur les axes, A^h est à variation bornée sur tout domaine borné et ils sont adaptés. Si X est un processus à décroissance rapide à l'infini, alors les v.a. $A^{h+}_{\infty\infty}$, $A^{h-}_{\infty\infty}$ et $A^h_{\infty\infty}$ sont bien définies et bornées. De plus

LEMME 3.3 : Etant donné un processus mesurable à décroissance rapide, X, pour tout h fixé dans $\mathbb{T}^*$, on a

$$\forall\ t\ :\ X^h_t = E\left(\int_t^\infty dA^h_s \,/\, \underline{\underline{F}}_t\right) \quad \underline{\text{p.s.}}\quad .$$

Démonstration: On développe et on change de variables dans cette formule

$$\begin{aligned} E\left(\int_t^\infty dA^h_s \,/\, \underline{\underline{F}}_t\right) &= |h|^{-1}\, E\left(\int_t^\infty (X_s + p_h(X)_s - p_{h'}(X)_s - p_{h''}(X)_s)\, ds \,/\, \underline{\underline{F}}_t\right) \\ &= |h|^{-1}\int_0^\infty (p_s(X)_t + p_{s+h}(X)_t - p_{s+h'}(X)_t - p_{s+h''}(X)_t)\, ds \\ &= |h|^{-1}\int_0^h p_s(X)_t\, ds \;=\; X^h_t \quad \text{p.s.}\quad . \end{aligned}$$

3.4. Sous les hypothèses du Lemme 3.3, on a donc

$$\forall\ t\ :\ X^h_t = E\left(\int_t^\infty dA^{h+}_s \,/\, \underline{\underline{F}}_t\right) - E\left(\int_t^\infty dA^{h-}_s \,/\, \underline{\underline{F}}_t\right) \quad \text{p.s.}\quad .$$

Cela signifie que X^h est la différence de deux potentiels de mesures bornées. D'après la Proposition 2.2 , il existe donc une modification de X^h qui est cad.

3.5. On étudie maintenant la famille des processus $(X^h;\ h \in \mathbb{T}^*)$.

LEMME 3.5 : Etant donnée une surmartingale positive, X, à décroissance rapide, on a :

i) $\forall\ h \in \mathbb{T}^*\ :\ X^h$ est une surmartingale à décroissance rapide

ii) $\forall\ h,\ k \in \mathbb{T}^*\ :\ h > k \Rightarrow \forall\ t\ :\ X^k_t \geq X^h_t$ p.s.

iii) $\forall\ h \in \mathbb{T}^*,\ \forall\ t \in \mathbb{T}\ :\ X_t \geq X^h_t$ p.s. .

Démonstration: i) Pour h fixé, soit k > 0 ; on a pour tout t :

$$E(X^h_t - X^h_{t+k} \,/\, \underline{\underline{F}}_t) = |h|^{-1}\int_0^h E(X_{t+s} - X_{t+s+k} \,/\, \underline{\underline{F}}_t)\, ds \;\geq 0 \quad \text{p.s}$$

ii) Soient $h=(h_1,h_2)$ et $k=(\alpha_1 h_1,\alpha_2 h_2)$ avec $0 < \alpha_1,\alpha_2 \leq 1$. Alors, par définition,

$$\begin{aligned} X^k_t - X^h_t &= |\alpha|\,|h|^{-1}\int_0^{\alpha_1 h_1}\int_0^{\alpha_2 h_2} E(X_{s+t} \,/\, \underline{\underline{F}}_t)\, ds_1 ds_2 \\ &\quad - |h|^{-1}\int_0^{h_1}\int_0^{h_2} E(X_{s+t} \,/\, \underline{\underline{F}}_t)\, ds_1 ds_2 \\ &= |h|^{-1}\int_0^{h_1}\int_0^{h_2} E(X_{t+(\alpha_1 s_1,\alpha_2 s_2)} - X_{t+s} \,/\, \underline{\underline{F}}_t)\, ds_1 ds_2 \end{aligned}$$

Comme X est une surmartingale, la quantité intégrée est toujours positi

iii) Le raisonnement est analogue.

3.6. On considère une suite $(h(n);n \in \mathbb{N})$ d'éléments de $\mathbb{T}^*$ qui decroît vers 0 et on choisit les modifications cad des processus $X^{h(n)}$ précéden que l'on note X^n, $\forall n$. D'après le Lemme 3.5 $(X^n;n \in \mathbb{N})$ est une suite croissante majorée de surmartingales cad; on désigne par $\tilde{X}$ la limite, qui est encore une surmartingale bornée. Donc, par construction, $\tilde{X}$ est de la classe (R).

PROPOSITION 3.6 : <u>Si X est une surmartingale positive à décroissance rapide telle que la fonction</u> $t \to E(X_t)$ <u>est cad sur $\mathbb{T}$, alors elle admet une modification de la classe (R) : $\tilde{X}$ précédemment défini</u>.

<u>Démonstration</u>: Par construction, $\forall$ t, on a $\tilde{X}_t \leq X_t$ p.s. . D'autre part

$$E(\tilde{X}_t) = E(\lim |h(n)|^{-1} \int_0^{h(n)} E(X_{t+s} / \underline{\underline{F}}_t)\ ds\ )$$

$$= \lim \int_0^1 E(X_{t+s|h(n)|})\ ds = E(X_t)$$

D'où, finalement, $X_t = \tilde{X}_t$ p.s. .

3.7. Ce résultat se généralise de la manière suivante.

PROPOSITION 3.7 : <u>Toute surmartingale bornée (resp. positive)X, telle que la fonction</u> $t \to E(X_t)$ <u>soit cad, admet une modification de la classe (R^2) (resp. de la classe (R^3)).</u>

<u>Démonstration</u>: Dans le premier cas, on peut se ramener à considérer une surmartingale positive bornée par une constante K. Pour $\alpha \in \mathbb{T}^*$, on pose

$$\forall\ t : X_t^\alpha = e^{-\alpha . t}\ X_t \quad ;$$

X^α est encore une surmartingale positive, à décroissance rapide cette fois: elle admet une modification de la classe (R) d'après la Proposition 3.6 . En prenant une suite $(\alpha(n); n \in \mathbb{N})$ qui décroît vers 0, on a

$$\forall\ t : X_t = \lim_n \uparrow X_t^{\alpha(n)}$$

d'où le résultat. Dans le deuxième cas, on considère une suite $(X^n; n \in \mathbb{N})$ du type

$$\forall\ t : X_t^n = X_t \wedge n$$

et on est ramené au cas précédent.

REFERENCES :

([1]) D. BAKRY : "Théorèmes de section et de projection pour les processus à deux indices" , Z. f. Wahr. 55, (1981), pp 55-71

([2]) D. BAKRY : "Semimartingales à deux indices" , Sém. de Proba. XVI, Lect. Notes in Maths , Springer Verlag (1982)

([3]) M.D. BRENNAN : "Planar Semimartingales" , J. Mult. Anal. 2 (1979), pp 465-486

([4]) R. CAIROLI : "Décomposition de processus à indices doubles" , Sém. de Proba V, Lect. Notes in Maths 191, Springer Verlag (1971)

([5]) C. DELLACHERIE - P.A. MEYER : "Probabilités et Potentiel" , Hermann (1975 & 1980)

([6]) P.A. MEYER : "Probabilités et Potentiel" , Hermann (1966)

([7]) P.A. MEYER : "Théorie élémentaire des processus à deux indices" , Colloque ENST-CNET, Lect. Notes in Maths 863, Springer Verlag (1981)

([8]) A. MILLET - L. SUCHESTON : "On Regularity of multiparameter Amarts and Martingales" , Z. f. Wahr. 56, (1981), pp 21-45

([9]) C. STRICKER - M. YOR : "Calcul stochastique dépendant d'un paramètre" , Z. f. Wahr. 45, (1978), pp 109-133

([10]) J.B. WALSH : "Optional Increasing Paths" , Colloque ENST-CNET Lect. Notes in Maths 863, Springer Verlag (1981)

G. MAZZIOTTO

PAA / ATR / MTI

C. N. E. T.

38-40 rue du G. Leclerc

92131 - ISSY LES MOULINEAUX

CENTRAL LIMIT PROBLEM AND INVARIANCE PRINCIPLES ON BANACH SPACES

V. MANDREKAR

0. INTRODUCTION. These notes are based on eight lectures given at the University of Strasbourg. The first three sections deal with the Central Limit Problem. The approach taken here is more along the methods developped by Joel Zinn and myself and distinct from the development in the recent book of Araujo and Giné (Wiley, New York, 1980). The first Section uses only the finite dimensional methods. In the second Section we use Le Cam's Theorem, combined with the ideas of Feller to derive an approximation theorem for a convergent triangular array. This includes the theorem of Pisier in CLT case. As the major interest here is to show the relation of the classical conditions to the geometry of Banach spaces (done in Section 3), we restrict ourselves to symmetric case. Also in this case, the techniques being simple, I feel that the material of the first three Sections should be accessible to graduate students.

In section 4, we present de Acosta's Invariance Principle with the recent proof by Dehling, Dobrowski, Philipp. In the last section we present Dudley and Dudley-Philipp work. I thank these authors for providing me the preprints. I thank Walter Philipp for enlightenning discussions on the subject.

As for the references the books by Parthasarathy and Billingsley are necessary references for understanding the main theme and the basic techniques. To understand the classical problem, one needs the books by Loéve and Feller, where Central Limit Problem is defined. Other needed references are embodied in the text. Remaining references are concerned with Sections 4 and 5 . For those interested in the complete bibliography, it can be foûnd in the book of Araujo-Giné.

I want to thank Professor X. Fernique for inviting me to present the course and the participants of the course for their patience and interest. Further, I want to thank M. Fernique and M. Heinkel for their hospitality and help during my stay, as well as discussions on the subject matter of the notes. I also would like to thank M. Ledoux for interesting discussions.

Finally, I express my gratitude to my wife Veena who patiently gave me a lot of time to devote to these notes.

1. PRELIMINARY RESULTS AND STOCHASTIC BOUNDEDNESS .

Let us denote by B a separable Banach space with $\| \ \|$ and (topological) dual B'. Let $(\Omega,\mathfrak{F},P)$ be a probability space and $\mathcal{B}(B)$ be the Borel sets of B. A measurable function on $(\Omega,\mathfrak{F}) \longrightarrow (B,\mathcal{B}(B))$ will be called a random variable (r.v.). We call its distribution $P \circ X^{-1}$ the law of X and denote it by $\mathcal{L}(X)$.

A sequence $\{\mu_n\}$ of finite measures on $(B,\mathcal{B}(B))$ is said to converge weakly to a finite measure μ on $(B,\mathcal{B}(B))$ if $\int f d\mu_n \longrightarrow \int f d\mu$ for all bounded continuous functions f on B. It is said to be relatively compact if the closure of $\{\mu_n\}$ is compact in the topology of weak convergence. By Prohorov Theorem, we get that a sequence $\{\mu_n\}$ of finite measures is relatively compact iff for $\varepsilon > 0$, there exists a compact subset K_ε of B such that $\mu_n(K_\varepsilon^c) < \varepsilon$, for all n and $\sup_n \mu_n(B) < \infty$. A sequence satisfying this condition will be called <u>tight</u>.

With every finite measure F on B we associate a probability measure $e(F)$ (the exponential of F) by

$$e(F) = \exp(-F(B)) \left\{ \sum_{n=0}^{\infty} \frac{F^{*n}}{n!} \right\}.$$

where F^{*n} denotes the n-fold convolution of F and $F^{*0} = \delta_0$, the probability measure degenerate at zero.

<u>Remark</u> : Note that the set of all finite (signed) measures form a Banach algebra under the total variation norm and multiplication given by the convolution. $F*G(A) = \int_B F(A-x)\, G(dx)$; thus the exponential is well-defined and the convergence of the series is in the total variation norm.

With every cylindrical (probability) measure we associate (uniquely) its characteristic function (c.f.) $\varphi_\mu(y) = \int \exp(i<y,x>)\, d\mu$ for $y \in B'$. Here $< >$ denotes the duality map on (B',B). We note that φ_μ determines μ uniquely on cylinder sets and hence, if μ is a probability measure, then

φ_μ determines μ uniquely on $\mathcal{B}(B)$, as B is separable. It is easy to check that for $y \in B'$,

$$\varphi_{e(F)}(y) = \exp[\int(\exp(i\langle y,x\rangle)-1)dF]$$

for a finite measure. From this, one easily gets

1) $e(F_1+F_2) = e(F_1) * e(F_2)$ and in particular $e(F) = e(F/n)^{*n}$.

2) $e(F) = e(G)$ iff $F = G$ and $e(c\,\delta_0) = \delta_0$ for $c > 0$.

Furthemore, if $\{F_n\}$ is tight then $\{e(F_n)\}$ is tight, as

$$e(F_n) = \exp(-F_n(B))[\sum_{k=0}^{r} F_n^{*k}/k! + \sum_{k=r+1}^{\infty} F_n^{*k}/k!] .$$

For $\varepsilon > 0$, choose r large to make the variation

$$\|e(F_n) - \exp(F_n) \sum_{k=0}^{r} F_n^{*k}/k\|_V < \varepsilon$$

and note that under the hypothesis $\{F_n^{*k}\}$ tight for each k. We also observe that F_n converges weakly to F implies $e(F_n)$ converges weakly to $e(F)$ for F_n and F finite measures. This we get as $\varphi_{e(F_n)}(y) \longrightarrow \varphi_{e(F)}(y)$ in view of the following theorem. (See for example, Parthasarathy, p. 153).

1.1. THEOREM. Let $\{\mu_n\}$ and μ be probability measures on B such that $\{\mu_n\}$ is tight and $\varphi_{\mu_n}(y) \longrightarrow \varphi_\mu(y)$ for $y \in B'$ then μ_n converges weakly to μ (in notation, $\mu_n \Rightarrow \mu$).

Let us consider how Poisson theorem results from this. Let $\{X_{n1},\ldots,X_{nn}\}$ be i.i.d. Bernoulli r.v.'s., $P\{X_{n1} = 1\} = 1-P\{X_{n1} = 0\} = p_n$. Then

$$e(\sum_{j=1}^{n} \mathcal{L}(X_{nj})) = e(np_n\,\delta_1 + n(1-p_n)\delta_0) = e(np_n\delta_1) * e(n(1-p_n)\delta_0)$$

$$= e(np_n\,\delta_1) .$$

Hence as $np_n \to \lambda$, $e(np_n \delta_1) \Rightarrow e(\lambda \delta_1)$ = Poisson with parameter λ . As $p_n \to 0$, one can easily check that

$$\lim_n |\varphi_{\mathcal{L}(\sum_{j=1}^{n} X_{nj})}(y) - \varphi_{e(\sum_{j=1}^{n} \mathcal{L}(X_{nj}))}(y)| = 0 \quad \text{for } y \in R .$$

Thus associating $\lim_n \mathcal{L}(\sum_{j=1}^{n} X_{nj})$ the $\lim_n e(\sum_{j=1} \mathcal{L}(X_{nj}))$ is called the principle of Poissonization. Note that in this case the limit is $e(F)$, F finite.

We need some facts on weak convergence and convolution. We associate with every finite measure F a measure $\overline{F}(A) = F(-A)$, $A \in \mathcal{B}(B)$ and say that F is symmetric if $\overline{F} = F$.

1.2. THEOREM. (Parthasarathy, p. 58). Let G be a complete separable metric abelian group and $\{\lambda_n\}$, $\{\mu_n\}$, $\{\nu_n\}$ be sequences of probability measures such that $\lambda_n = \mu_n * \nu_n$ for each n .

a) If $\{\mu_n\}$ and $\{\nu_n\}$ are tight then so is $\{\lambda_n\}$.

b) If λ_n is tight then there exists $x_n \in G$ such that $\{\mu_n * \delta_{x_n}\}$ and $\{\nu_n * \delta_{-x_n}\}$ are tight. Further, if $\{\lambda_n\}$, $\{\mu_n\}$, $\{\nu_n\}$ are symmetric, then the tightness of $\{\lambda_n\}$ is equivalent to that of $\{\mu_n\}$ and $\{\nu_n\}$.

Let $q : B \to [0,\infty]$ be a measurable function satisfying $q(x+y) \leqslant q(x) +$ $q(x+y) \leqslant q(x) + q(y)$ and $q(\lambda x) = |\lambda| q(x)$. Then q is called a measurable seminorm. An example of such a measurable seminorm we shall use, is the Minkowski functional of a symmetric convex, compact set K in B defined by

$$q_K(x) = \inf \{\alpha \ ; \alpha > 0 , \alpha^{-1} x \in K\} .$$

1.3. THEOREM. (Lévy inequality). Let $\{X_j, j = 1,2,\dots,n\}$ be independant, symmetric, random variables with values in B and $S_k = \sum_{j \leqslant k} X_j$ for $k = 1, 2,\dots,n$, $S_0 = 0$. Then for each $t \geqslant 0$

$$P\{\sup_{k\leq n} q(S_K) > t\} \leq 2P(q(S_n) > t)$$

for any measurable seminorm q .

<u>Proof</u> : Let $E_k = \{q(S_j) \leq t,\ j = 1,2,\dots,k-1, q(S_k) > t\}$ for $k = 1,2,\dots,n$. Then with $E = \{\sup_{k\leq n} q(S_k) > t\}$ we have $E = \bigcup_k E_k$ and E_k are disjoint. Let $T_k = 2S_k - S_n$, then

$$\{q(S_n) \leq t\} \cap \{q(T_k) \leq t\} \subseteq \{q(S_k) \leq t\}$$

and hence using $E_k \subseteq \{q(S_k) > t\}$, we get

$$E_k = [E_k \cap \{q(S_n) > t\}] \cup [E_k \cap \{q(T_k) > t]\ .$$

Now set

$$Y_j = X_j \quad j \leq k \quad \text{and} \quad Y_j = -X_j \quad \text{for} \quad j > k\ ,$$

then by the symmetry and independence

$$\mathcal{L}(X_1,\dots,X_n) = \mathcal{L}(Y_1,\dots,Y_n)$$

giving $P(E_k \cap \{q(T_k) > t\}) = P(E_k \cap \{q(S_n) > t\})$ i.e. $P(E_k) \leq 2P(E_k \cap \{q(S_n) > t)$. Summing over k we get the result.

1.4. THEOREM. (Feller inequality). <u>Let</u> $\{X_j,\ j = 1,2,\dots,n\}$ <u>be independent symmetric B-valued r.v.'s. with</u> $S_n = \sum_{j=1}^{n} X_j$, <u>then for</u> $t > 0$

$$1 - \exp(-\sum_{j=1}^{n} P(q(X_j) > t)) \leq P(q(S_n) > t/2)\ .$$

Further, for $t > 0$, such that $P(q(S_n) > t/2) < 1/2$

$$\sum_{j=1}^{n} P(q(X_j) > t) \leq -\log[1-2P(q(S_n) > 1/2)]$$

for a mesurable seminorm q on B .

<u>Proof</u> : Since $X_j = \sum_{k=1}^{j} X_k - \sum_{k=1}^{j-1} X_k$ we get $q(X_j) \leq q(\sum_{k=1}^{j} X_k) + q(\sum_{k=1}^{j-1} X_k)$

and hence

$$P(\max_{1\le j\le n} q(X_j) > t) \le P(\max_{1\le j\le n} q(\sum_1^j X_k) > \tfrac{1}{2} t) .$$

But left hand side equals $1 - \prod_{j=1}^{n} (1 - P(q(X_j) > t)$ by independence.

As $1 - x \le \exp(-x)$, $1 - P(q(X_j) > t) \le \exp[-P(q(X_j) > t)]$ giving

$$1 - \exp(-\sum_{j=1}^{n} P(q(X_j) > t)) \le 1 - \prod_{j=1}^{n} [1-P(q(X_j) > t)]$$

$$\le P(\max_{1\le j\le n} q(\sum_1^j X_k) > t/2) .$$

Using theorem 1.3, we get the first inequality. The second follows immediately from the first.

1.5. LEMMA : (Truncation). Let $X_1, X_2, \ldots, X_n$ be independent symmetric r.v.'s. Let $a_j > 0$ for $j = 1,2,\ldots,n$ and define $X_j' = X_j\, 1(\|X_j\| \le a_j)$. Let q be a measurable seminorm on B and set $S_n = \sum_{j=1}^{n} X_j$ and $S_n' = \sum_{j=1}^{n} X_j'$.

Then for $t > 0$, $P(q(S_n') > t) \le 2P(q(S_n) > t)$.

Proof : Define $Y_j' = X_j - X_j'$ then $X_j' + Y_j'$ and $X_j' - Y_j'$ have the same distribution as X_j. Let

$$\tilde{S}_n = \sum_{j=1}^{n} Y_j' \quad \text{then} \quad \{q(S_n') > t\} = \{q(S_n' + \tilde{S}_n + S_n' - \tilde{S}_n) > 2t\}$$

$$\subseteq \{q(S_n' + \tilde{S}_n) > t\} \cup \{q(S_n' - \tilde{S}_n) > t\}$$

$$\mathcal{L}(S_n' + \tilde{S}_n) = \mathcal{L}(S_n' - \tilde{S}_n) = \mathcal{L}(S_n)$$

$$P(q(S_n') > t) \le 2P(q(S_n) > t) .$$

We say that a sequence $\{Y_k\}$ of real valued r.v.'s. is stochastically bounded if for every $\varepsilon > 0$, there exists t finite so that $\sup_n P(\|Y_n\| > t) < \varepsilon$.

1.6. THEOREM. (Hoffman-Jørgensen). Let $\{X_i\ ,\ i = 1,2,\ldots\}$ be independent, symmetric, B-valued r.v.'s. with $q(X_i)$ in $L_p(\Omega,\mathfrak{F},P)$ for some p and a measurable seminorm q. Then $\{q(S_n)\}$ is stochastically bounded and $E \sup_j |q(X_j)|^p < \infty$ implies

$$\sup_n E\left|q\left(\sum_{j=1}^{n} X_j\right)\right|^p \leq 2.3.^p\, E \sup_i [q(X_i)]^p + 16.3^p\, t_o^p$$

where $t_o = \inf \{t > 0\ ;\ \sup_n P(q(\sum_{j=1}^{n} X_j)^p > t) < \frac{1}{8.3^p}$.

Proof : By theorem 1.4., (more precisely, its proof) we get that under the hypothesis, $\sup_n q(S_n)$ is finite a.e. and $\sup_i q(X_i) \leq 2 \sup_n q(S_n)$. For $t,s > 0$, we prove

(1.6.1) $(P(q(S_k) > 2t + s) \leq P(\sup_n q(S_n) > t) + 4[P(q(S_k) > t)]^2$

$T = \inf \{n \geq 1\ ;\ q(S_n) \geq t\}$ where $T = \infty$ if the set is $\emptyset$. Now $q(S_k) \geq 2t + s$ implies $T \leq k$ giving $P(q(S_k) > 2t + s) = \sum_{j=1}^{k} P(q(S_k) > 2t+s, T = j)$. If $T = j$, then $q(S_{j-1}) < t$ and hence for $T = j$ and

$$q(S_k) \geq 2t + s\ ,\ q(S_k - S_j) \geq q(S_k) - q(S_{j-1}) - q(X_j)$$

$$\geq 2t + s - t - \sup_j q(X_j) = t + s - N$$

$$P(T = j,\ q(S_k) \geq 2t + s) \leq P(T = j,\ q(S_k) \geq t + s - N)$$

$$\leq P(T = j,\ N \geq s) + P(T = j,\ q(S_k - S_j) \geq t)\ .$$

By independence of $T = j$ and $S_k - S_j$ we get summing over $j \leq k$

$$P(q(S_k) > 2t + s) \leq P(N \geq s) + \sum_{j=1}^{k} P(T = j)\ P(q(S_k - S_j) \geq t)\ .$$

Now $Y_1 = S_k - S_j$ and $Y_2 = S_j$ then Y_1,Y_2 are symmetric independent and hence by Lévy inequality

$$P(q(Y_1) \geq t) \leq P(\max(q(Y_1),q(Y_1 + Y_2)) \geq t) \leq 2P(q(Y_1 + Y_2) \geq t)\ .$$

This proves (1.6.1) . Since $\{q(S_k)\}$ is stochastically bounded

$$P(q(S_k) > t) \leq P(\max_j q(X_j) > t) \leq 2 \sup_k P(q(X_k) > t) .$$

Hence

$$P(\sup_k q(S_k) > 2t + s) \leq P(\max_j q(X_j) > s) + 8[P(\sup_k q(S_k) > t)]^2$$

i.e. $R(2t + s) \leq Q(s) + 8R(t)^2$ (say) .

Choose t_o as in the theorem and observe that for $a > 3t_0$

$$\int_0^a px^{p-1} R(x)dx = 3^p p \int_0^{a/3} x^p R(3x)dx \leq 3^p p.2 \int_0^{a/3} x^p Q(x)dx$$

$$+ 8p3^p \int_0^{a/3} x^{p-1} R^2(x)dx$$

$$\leq 2.3.^p EN^p + 8.3.^p t_0^p p + 8p3^p \int_0^{a/3} x^{p-1} R(t_0)R(x)dx$$

$$\leq C + \frac{1}{2} \int_0^a px^{p-1} R(x)dx .$$

where $C = 2.3^p EN^p + 8.3^p t_0^p$. This gives the resoult.

Let $\{X_{nj} , j = 1,2,\ldots,k_n\}$ $n = 1,2,\ldots$ ($k_n \to \infty$ as $n \to \infty$) be a row independent triangular array of symmetric B-valued random variables. In these lectures, we shall consider only these triangular arrays and refer to them as triangular array, unless otherwise stated. For each $c > 0$, let

$$X_{njc} = X_{nj} 1(\|X_{nj}\| \leq c) , \quad \tilde{X}_{njc} = X_{nj} - X_{njc} ;$$

$$S_{nc} = \sum_{j=1}^{k_n} X_{njc} , \quad S_n = \sum_{j=1}^{k_n} X_{nj} , \quad \tilde{S}_{nc} = S_n - S_{nc} .$$

We shall denote by $F_n = \sum_{j=1}^{k_n} \mathcal{L}(X_{nj})$, $O_t = \{x \in B, \|x\| \leq t\}$.

The following is an extension of Feller's theorem.

1.7. THEOREM. Let $\{X_{nj} , j = 1,2,\ldots,k_n\}$ $n = 1,2,\ldots$ be a triangular array. Then $\{\|S_n\|\}$ is stochastically bounded iff

a) <u>For every</u> $\varepsilon > 0$, <u>there exists</u> t <u>large, so that</u> $\sup_n F_n(O_t^c) < \varepsilon$

b) <u>For every</u> $c > 0$, $\sup_n E\|S_n(c)\|^p < \infty$.

<u>Proof</u> : Put $q(x) = \|x\|$ in theorem 1.4., then we get condition a) .

By stochastic boundedness of $\|S_n\|$. Condition (b) follows from Lemma 1.5. and theorem 1.6. To prove the converse for $t > 0$

$$P(\|S_n\|) > 2t) \leq P(\|S_{nc}\| > t) + P(\|\widetilde{S}_{nc}\| > t) . \quad \text{Now}$$

$$\widetilde{S}_{nc} = \sum_{j=1}^{k_n} X_{nj} \, 1(\|X_{nj}\| > c) \quad \text{so} \quad \{\|\widetilde{S}_{nc}\| > t\} \subseteq \{\max_j \|X_{nj}\| > c\} .$$

Thus by Chebychev's inequality we get

$$P(\|S_n\| > 2t) \leq \frac{1}{t^p} E\|S_{nc}\|^p + \sum_{j=1}^{k_n} P(\|X_{nj}\| > c) .$$

Given $\varepsilon > 0$, choose c_o so that $F_n(O^c_{c_o}) < \varepsilon/2$ and then choose t_o so that $\frac{1}{t_o^p} \sup_n E\|S_{nc_o}\|^p < \varepsilon/2$.

We now derive some consequences of the above result in special cases.

1.8. <u>Special Examples.</u>

1.8.1. Example $B = L_p$, $p \geq 2$ and $X_{nj} = X_j/\sqrt{n}$, $\{X_j, j = 1,2,..\}$ i.i.d. sequence of L_p-valued r.v.'s. Before we study this example we need some general facts : We define $\Lambda(X) = \sup_{t>0} t^2 P(\|X\| > t)$.

<u>Rosenthal inequality.</u> Let $2 \leq p < \infty$, then there exists $c_p < \infty$ so that for any sequence $\{X_j, j = 1,2,\ldots,n\}$ of independent real-valued random variables with $E|X_j|^p < \infty$ and $EX_j = 0$ $(j = 1,2,\ldots,n)$ we have for all $n \geq 1$

$$\frac{1}{2} \max \{(\sum_{j=1}^{n} E|X_j|^p)^{1/p} , (\sum_{j=1}^{n} E|X_j|^2)^{1/2}\}$$

$$\leq (E|\sum_{j=1}^{n} X_j|^p)^{1/p} \leq c_p \max \{(\sum_{j=1}^{n} E|X_j|^p)^{1/p}, (\sum_{j=1}^{n} E|X_j|^2)^{1/2}\} .$$

We also observe that for a B-valued r.v. X $n \geq 1$, $\delta > 0$, $2 < p < \infty$

$$(*) \qquad n\, E\left\| \frac{X}{\sqrt{n}}\, 1(\|X\| \leq C\sqrt{n})\right\|^p < \frac{p}{p-2}\, C^{p-2} \sup_{u>0} u^2\, P(\|X\| > u)$$

To see this

$$E\|X\|^p\, 1(\|X\| \leq C\sqrt{n}) \leq \int_0^{(C\sqrt{n})^p} P(\|X\|) > u^{1/p})\, du$$

$$\leq \int_0^{(C\sqrt{n})^p} \Lambda^2(X)/u^{2/p}\, du .$$

Evaluating the integral we get (*) . In this case, we observe that $F_n(O_t^c) = n\, P(\|X\| > \sqrt{n}\, t)$. Now if $\Lambda^2(X) < \infty$ then

$$n\, P(\|X\| > t\sqrt{n}) = \frac{t^2 n\, P(\|X\| > t\sqrt{n})}{t^2} \leq \frac{\Lambda^2(X)}{t^2} .$$

Given $\varepsilon > 0$, there exists t_o , so that

$$F_n(O_{t_o}^c) < \varepsilon \quad \text{for all } n .$$

Conservely, if such a t_o exists then $\sup_n t_o^2\, n\, P(\|X\| > t_o\sqrt{n}) < M$ giving $\Lambda^2(X) < \infty$. Thus condition (b) of theoreme 1.7. is satisfied iff $\Lambda^2(X) < \infty$. Thus $\{\|X_1 + \dots + X_n/\sqrt{n}\|\}$ is stochastically bounded iff $\Lambda^2(X) < \infty$ and $\sup_n E \int \left| \sum_{j=1}^{n} X_j/\sqrt{n}\, 1(\|X_j\| \leq C\sqrt{n})(u)\right|^p d\mu < \infty$.

By Rosenthal's inequality the second condition is equivalent to

$$\sup_n \sum_{j=1}^{n} E\int \left|X_j/\sqrt{n}\, 1(\|X_j\| \leq C\sqrt{n})(u)\right|^p d\mu < \infty \qquad \text{and}$$

$$\sup_n \sum_{j=1}^{n} \left(\int (E(X_j\, 1(\|X_j\| \leq C\sqrt{n})/\sqrt{n})^2(u))^{p/2}\, d\mu < \infty\right.$$

Here one chooses a jointly measurable version of $(X_j(u))$. The first term finite by the observation (*) and the second is finite by the monotone convergence iff

$\int (E(X_1(u))^2)^{p/2} \, d\mu < \infty$. Thus $\{\|X_1 + \dots + X_n/\sqrt{n}\|\}$ is stochastically bounded iff $\Lambda^2(X_1) < \infty$ and $\int (E\, X_1(u)^2)^{p/2} \, d\mu < \infty$.

1.8.2. <u>Example</u> : $B = H$ a separable Hilbert space. Let $\{e_k, k = 1,2,\dots\}$ be a a complete orthonormal basis in H. $X_{nj} = X_j/\sqrt{n}$, $\{X_j\}$ i.i.d. Then $\{X_1 + \dots + X_n/\sqrt{n}\}$ stochastically bounded, implies condition (b) of theorem 1.7. with $p = 2$ i.e.

$$\sup_n E\| \sum_{j=1}^{n} X_j/\sqrt{n}\, 1(\|X_j\| \leq C\sqrt{n})\|^2 < \infty . \quad \text{But this implies}$$

$$\sup_n E\|X_1\, 1(\|X_1\| \leq C\sqrt{n})\|^2 = E\|X_1\|^2 < \infty .$$

From this (a) follows. Let π_k = Projection onto $\overline{sp}\{e_1,\dots,e_k\}$. Then by Chebychev inequality for $\varepsilon > 0$

$$P\{\|\frac{X_1 + \dots + X_n}{\sqrt{n}} - \pi_k(\frac{X_1 + \dots + X_n}{\sqrt{n}})\| > \varepsilon\}$$

$$\leq \frac{1}{\varepsilon^2} E\|X_1 - \pi_k(X_1)\|^2 < \varepsilon \quad \text{for } k \text{ large as } E\|X_1\|^2 < \infty .$$

Hence we get $\{X_1 + \dots + X_n/\sqrt{n}\}$ is flatly concentrated and, by one-dimensional central limit theorem, we get that $\mathcal{L}(X_1 + \dots + X_n/\sqrt{n}) \Rightarrow V$ where V is a Gaussian measure with covariance $E\langle y,X_1\rangle\langle y',X_1\rangle$ for $y,y' \in H'$. We thus have the equivalence of :

i) Central Limit Theorem (CLT) holds in H for $\mathcal{L}(X_1)$.

ii) $E\|X_1\|^2 < \infty$ and (iii) $\{X_1 + \dots + X_n/\sqrt{n}\}$ is stochastically bounded.

1.8.3. <u>Example</u> : ($B = \mathbb{R}^k$, $k < \infty$) . Let $\{X_{nj}, j = 1,2,\dots,k_n\}$ be row independent triangular array of (symmetric) R^k-valued r.v.'s satisfying for every $\varepsilon > 0$

$$(*) \qquad \max_{1 \leq j \leq k_n} P\{\|X_{nj}\| > \varepsilon\} \to 0$$

and assume that $\{S_n\}$ is stochastically bounded. Let for $y \in B'$, $\|y\|$ denote the strong norm on B' and $M < \infty$.

$$\sup_n \sup_{\|y\| \leq M} \sum_{j=1}^{k_n} |\varphi_{\mathcal{L}(X_{nj})}(y) - 1|$$

$$\leq \sup_n \sup_{\|y\| \leq M} \{\int_{\|x\| \leq c} (1-\cos \langle y,x \rangle)\, F_n(dx) + 2F_n(\|x\| > c)\,.$$

Now choose c_0 so that the second term is $< \varepsilon/2$. Use on the first term inequalities,

$$(1-\cos \langle y,x \rangle) \leq \langle y,x \rangle^2 \leq \|y\|^2\, \|x\|^2$$

to conclude that it does not exceed $M^2 \sup_n \int_{\|x\| \leq c_0} \|x\|^2\, F_n(dx)$ which is finite by condition (b) of theorem 7.1. Hence for n large $\log \varphi_{nj}(y)$ exists where $\varphi_{nj}(y) = \varphi_{\mathcal{L}(X_{nj})}(y)$. Now

$$\sup_{\|y\| \leq M} |\log \prod_{j=1}^{k_n} \varphi_{nj}(y) - \log \varphi_{e(F_n)}(y)|$$

$$\leq \sup_{\|y\| \leq M} \sum_{j=1}^{k_n} |\log \varphi_{nj}(y) - \varphi_{nj}(y) + 1| \leq \underline{\text{Constant}} \sup \sum_{j=1}^{k_n} |\varphi_{nj}(y) - 1|^2$$

$$\leq \text{constant} \max_{1 \leq j \leq k_n} |\varphi_{nj}(y) - 1| \sup_{\|y\| \leq M} \sum_{j=1}^{k_n} (\varphi_{nj}(y) - 1) \to 0 \text{ by } (*)\,.$$

One can derive easily the following from above,

a) $\{S_n\}$ is stochastically bounded in $\mathbb{R}^k$ iff for some $c > 0$ (and hence for every) the finite measures defines by $\nu_n(A) = \int_A \min(c, \|x\|^2) F_n(dx)$, $A \in \mathcal{B}(\mathbb{R}^k)$ form a tight sequence.

b) For $B = \mathbb{R}^k$, the following are equivalent under $(*)$.

i) $\{S_n\}$ is otochastically bounded.

ii) $\{e(F_n)\}$ is otochastically bounded.

iii) For each $c > 0$, $\{\nu_n\}$ is tight.

c) Every limit law of $\{S_n\}$ satisfying (*) is infinitely divisible and conversely.

We note that condition 1.8.3. (*) is valid in general B . We define now infinitely divisible law.

1.9. DEFINITION. A probability measure μ on B is called infinitely divisible (i.d.) if for each integer n , there exists a probability measure μ_n on B such that $\mu = \mu_n^{*n}$.

We now prove converse part of 1.8.3.(c) in general. Let μ be i.d. and $\{X_{nj}, j = 1,2,\dots,k_n\}$ be a row independent triangular array with $\mathcal{L}(X_{nj}) = \mu_n$ (this may not be symmetric unless μ is, in latter case, μ_n can be chosen so) . Then $\mu = \lim_n \mathcal{L}(S_n)$. But

$$\varphi_{\mu_n}(y) = [\varphi_\mu(y)]^{\frac{1}{n}} . \quad \text{Hence} \quad \max_{1\leq j\leq n} |\varphi_{\mu_n}(y) - 1| \to 0 \quad \text{i.e.}$$

$\{X_{nj}, j = 1,2,\dots,k_n\}$ satisfy 1.8.3.(*) . We refer to this as the triangular array being uniformly infinitesimal (U.I.) .

In view of theorem 1.2, symmetric i.d. laws are closed under weak limits. Hence we get $\lim_n e(F_n)$ is i.d. But under (*),

$$\lim_n e(F_n) = \lim_n \mathcal{L}\left(\sum_{j=1}^{k_n} X_{nj}\right),$$ giving c) above for $B = \mathbb{R}^k$. This proof fails in general B . However 1.8.3. c) survives. To see this, denote for $T = \{y_1,\dots,y_k\} \subseteq B'$, $y_T(x) = (\langle y,x\rangle,\dots,\langle y_k,x\rangle)$ for $x \in B$.

1.10. LEMMA. Let μ be a symmetric probability measure on $\mathcal{B}(B)$. Then μ is i.d. iff $\mu \circ y_T^{-1}$ is i.d. for all finite subsets $T \subseteq B'$.

Proof : The "only if " part is obvious. For the other part, under the assumption, $\mu \circ y_T^{-1} = [\mu_n(T)]^{*n}$ for each n and T finite subset of B' .

Since $\varphi_{\mu o y_T^{-1}}(u) \neq 0$ for $u \in \mathbb{R}^k$, we get that $\{\mu_n(T), T$ finite subset of $B'\}$ is a cylinder measure μ_n satisfying for each y,

$$\varphi_\mu(y) = [\varphi_{\mu_n}(y)]^n .$$

Hence by theorem 1.2. (c), we get μ_n is a probability measure on $\mathcal{B}(B)$ i.e. μ is i.d.

Combining this with 1.8.3. c) we get

1.11. THEOREM. The symmetric i.d. laws on B coincide with the limit laws of row sums of UI row-independent, symmetric triangular arrays.

We note that by Lemma 1.5., $\{S_n\}$ is tight iff $\{S_{nc}\}$ and $\{\tilde{S}_{nc}\}$ are tight. Hence for U.I. triangular arrays $\lim_n \mathcal{L}(<y,S_n>) = \lim_n e(F_n \circ y^{-1}) = \lim_n e(F_{nc} \circ y^{-1}) * e(\tilde{F}_{nc} \circ y^{-1})$ with $F_{nc} = \sum_{j=1}^{k_n} \mathcal{L}(X_{njc})$ and $\tilde{F}_{nc} = \sum_{j=1}^{k_n} \mathcal{L}(\tilde{X}_{njc})$.

Thus $\lim_n \mathcal{L}(<y,S_n>) = \lim_n \mathcal{L}(S_{nc}) * \mathcal{L}(\tilde{S}_{nc})$ at least for $B = \mathbb{R}^k$. In fact it is true in general.

1.12. THEOREM. Let $\{X_{nj}, j = 1,2,\ldots,k_n\}$ be U.I. triangular array such that $\mathcal{L}(S_{nc}) \Rightarrow \mu$ and $\mathcal{L}(\tilde{S}_{nc}) \Rightarrow \nu$. Then $(\mathcal{L}(S_{nc}), \mathcal{L}(\tilde{S}_{nc}) \Rightarrow \mu \otimes \nu$.

Proof : is by the use of c.f.s and is left to the reader.

We can observe that all methods used so far are finite-dimensional. In the next chapter we bring out the methods particular to the infinite dimensional case.

2. CENTRAL LIMIT PROBLEM IN BANACH SPACES.

Let $\{X_{nj}, j = 1,2,\ldots,k_n\}$ be a (symmetric) row-independent triangular array of B-valued random variables as before for $n = 1,2,\ldots$

$$S_n = \sum_{j=1}^{k_n} X_{nj} \quad \text{and} \quad F_n = \sum_{j=1}^{k_n} \mathcal{L}(X_{nj}) \ .$$

2.1. THEOREM. (Le Cam). *Let $\{\mathcal{L}(S_n)\}$ be tight. Then for every $t > 0$, there exists a compact, convex symmetric set $K_t \subseteq O_t$ such that $\{F_n|K_t^c\}$ is tight. In particular $F_n|O_t^c$ is tight.*

Proof : Use theorem 1.4., with q the Minkowski functional of symmetric, compact, convex set $\widetilde{K}_\delta$, given from compactness of $\{\mathcal{L}(S_n)\}$, to get

$$(2.1.1) \quad \sup_n \sum_{j=1}^{k_n} P(X_{nj} \notin \widetilde{K}_\delta) < \delta \ .$$

Let $K_t = \widetilde{K}_\delta \cap O_t$ (with δ fixed). We claim that

$$\sup_n \sum_j P(X_{nj} \in K_t) < M < \infty \ .$$

As $\widetilde{K}_\delta \subseteq O_r$ and $P(X_{nj} \notin K_t) = P(X_{njr} \notin K_t) + P(\|X_{nj}\| > r)$ we assume that $\|X_{nj}\| \leqslant r$ a.s. Let

$$V_y = \{x \in B \ ; \ |\langle y,x\rangle| > t/2\} \ .$$

Then $\{V_y, \|y\| \leqslant 1\}$ is a cover of $\overline{O_t^c} \cap \widetilde{K}_\delta$ and, hence by compactness there exists a finite cover $\{V_{y_1},\ldots,V_{y_m}\}$. By theorem 1.7., $\sup_n E\langle y_j,S_n\rangle^2 < \infty$, $j = 1,2,\ldots,m$. Hence,

$$\sum_j P(X_{nj} \notin K_t) \leqslant 2\sum_j P(X_{nj} \notin \widetilde{K}_\delta) + \sum_j P(X_{nj} \in \overline{O_t^c} \cap \widetilde{K}_\delta) \ .$$

The second term does not exceed $\Sigma_j \Sigma_i P(|\langle y_i,X_{nj}\rangle| > t/2)$. Using (2.1.1.) and Chebychev inequality we prove the claim. Now define $J_n = \{j \in (1,\ldots,k_n) : P(X_{nj} \in K_t) < 3/4\}$ then by the claim $\sup_n \text{card}(J_n) \leqslant 4M$. As $\{X_{nj}, j = 1,2..k_n\}$

are tight for each j,n, we get using Lemma 1.5. and properties of K_t that $\{X_{nj} 1(X_{nj} \notin K_t)\}$ is tight. Thus $\{ \sum_{j \in J_n} P(X_{nj} 1(X_{nj} \notin K_t) \}$ is tight. For $j \in J_n$, take $G = \tilde{K}_\delta + K_t$, then $G^c \subseteq K_t^c$ since $\tilde{K}_\delta$ is symmetric convex. For $j \in J_n$, $P(X_{nj} \in K_t) \geq 1/4$ and hence

$$\frac{1}{4} \sum_{j \in J_n} P(X_{nj} \notin G) \leq \sum_{j \in J_n} P(X_{nj} \notin K_\delta)\, P(X'_{nj} \in K_t)$$

where $\mathcal{L}(X_{nj}) = \mathcal{L}(X'_{nj})$ and they are independent. By (2.1.1.) we get the result.

We can derive the following corollaries :

2.2. COROLLARY. <u>For every</u> $c > 0$, $\{\mathcal{L}(\tilde{S}_{nc})\}$ <u>tight implies</u> $\{e(\sum_{j=1}^{k_n} \mathcal{L}(\tilde{X}_{njc})\}$ <u>tight, which gives</u> $\{e(\sum_{j=1}^{k_n} \mathcal{L}(\tilde{X}_{njc}))\}$ <u>tight.</u>

2.3. COROLLARY. <u>Suppose</u> $\{\mathcal{L}(S_n)\}$ <u>is tight. Then there exists a</u> σ<u>-finite symmetric measure</u> F <u>such that for some subsequence</u> $\{n'\}$ <u>of integers</u> $F_{n'}^{(\varepsilon)} \Rightarrow F^{(\varepsilon)}$ <u>where</u> $F_n^{(\varepsilon)} = F_n|_{0_\varepsilon^c}$ <u>and</u> $F^{(\varepsilon)} = F|_{0_\varepsilon^c}$. <u>Furthermore,</u> $F^{(\varepsilon)}$ <u>is finite for each</u> $\varepsilon > 0$, $\int_{\|x\| \leq \varepsilon} \langle y,x\rangle^2 F(dx) < \infty$ <u>and</u> $F(\{0\}) = 0$.

<u>Proof</u> : By diagonalization procedure and Corollary 2.2., there exists a subsequence $\{n'\}$ such that $F_{n'}^{(\varepsilon_k)}$ converges for all k with $\varepsilon_k \downarrow 0$. Let $F_k = \lim_{n'} F_{n'}^{(\varepsilon_k)}$. Then $F_k(0_{\varepsilon_j}) = 0$ for $j \geq k$. Clearly, $F_k \uparrow$ and finite. If If we define $F = \lim_k F_k$; then F is σ-finite, $F^{(\varepsilon)}$ is finite and $F\{0\} = 0$. Since $\{\langle y, S_n\rangle\}$ is tight we get $\sup_n \int \langle y, S_{nr}\rangle^2 \, dP < \infty$. This gives for $0 < \varepsilon_k < r$

$$\int_{0_r \cap 0_{\varepsilon_k}} \langle y,.\rangle^2 \, dF = \lim_n \int_{0_r \cap 0_{\varepsilon_k}} \langle y,.\rangle^2 dF_n = \lim_n \sum_{j=1}^{k_n} E\langle y,(X_{njr})_{\varepsilon_k}\rangle^2$$

$$\leq \sup_n \Sigma_j\, E\langle y, X_{njr}\rangle^2 < \infty$$

Take limit over k to obtain the result.

2.4. COROLLARY. Let $\{\mathcal{L}(S_n)\}$ be tight, $\{X_{nj}\}$ be U.I. and $\lim_n \mathcal{L}(\tilde{S}_{n\varepsilon})$ exists for all $\varepsilon > 0$. Then $e(F^{(\varepsilon)}) = \lim_n \mathcal{L}(\tilde{S}_{n\varepsilon})$ and F is unique.

Proof : Using Corollary 2.2., Theorem 1.1. and arguments as in 1.8.3. we get for any other measure G $e(G^{(\varepsilon)}) \circ y^{-1} = \lim_n \mathcal{L}(\tilde{S}_{n\varepsilon}) \circ y^{-1} = e(F^{(\varepsilon)}) \circ y^{-1}$. Hence $G^{(\varepsilon)} \circ y^{-1} = F^{(\varepsilon)} \circ y^{-1}$ giving $G^{(\varepsilon)} = F^{(\varepsilon)}$ for all $\varepsilon > 0$ i.e., $F = G$.

We call F above as the Lévy measure associated with the i.d. law μ. We denote $\lim_k e(F^{(\varepsilon_k)})$ by $e(F)$ for F Lévy measure.

2.5. THEOREM. Let $\{X_{nj}, j = 1,2,\dots,k_n\}$ be U.I. triangular array such that $\mathcal{L}(S_n) \Rightarrow \nu$. Then

a) There exists a Lévy measure F such that $F_n^{(c)} \Rightarrow F^{(c)}$ for each $c > 0$ and c continuity point of F. $(c \in C(F))$.

b) There exists a Gaussian measure γ with covariance $C_\gamma(y_1,y_2)$ such that for $y \in B'$,

$$(2.5.1)\quad \lim_{c\downarrow 0} \left\{ \begin{matrix} \lim \\ \lim \end{matrix} \right\} \int_{\|x\|\leq c} \langle y,x\rangle^2 dF_n = \lim_{c\downarrow 0} \lim_{c\in C(F)} \int_{\|x\|\leq c} \langle y,x\rangle^2 dF_n = C_\gamma(y,y)$$

c) $\nu = e(F) * \gamma$ where F and γ are unique.

Proof : We have proved along a subsequence $\{n'\}$ of $\{n\}$, $F_{n'}^{(c)} \Rightarrow F^{(c)}$ for each $c \in C(F)$, where F is a Lévy measure since $\{\mathcal{L}(S_{n'})\}$ and $\{\mathcal{L}(S_{n'c})\}$ are tight, we can proceeding to the diagonal sequence get a probability measure ν_k such that for $c_k \downarrow 0$,

$$\mathcal{L}(S_{n''}) \Rightarrow \nu \text{ and } \mathcal{L}(S_{n''c_k}) \Rightarrow \nu_k .$$

By theorem 1.12, for each k,

$$\nu = \nu_k * e(F^{(c_k)}).$$

As $e(F^{(c_k)}) \Rightarrow e(F)$, $\{\nu_k\}$ is tight by Theorem 1.2. Since $\varphi_{e(F^{(c_k)})}(y) \neq 0$

for $y \in B'$, $\varphi_{\nu_k}(y) \to \varphi_{\nu_0}(y)$ for some cylinder measure ν_0. But $\nu = \nu_0 * e(F)$ gives by Theorem 1.2. that ν_0 is a probability measure γ. i.e. $\nu = \gamma * e(F)$. Let us assume that γ is Gaussian. (we shall prove it later). Thus every sequence has a convergent subsequence with limit $\nu = \gamma * e(F)$. We now prove that all limit points have the same Gaussian and non-Gaussian parts. Let $\gamma_1 * e(F_1) = \gamma_2 * e(F_2)$ then $\gamma_1 \circ y^{-1} * e(F_1 \circ y^{-1}) = \gamma_2 \circ y^{-1} * e(F_2 \circ y^{-1})$ giving by the one dimensional result,

$$\gamma_1 \circ y^{-1} = \gamma_2 \circ y^{-1} \quad \text{and} \quad F_1 \circ y^{-1} = F_2 \circ y^{-1} .$$

Thus a) and c) are proved. Let us now observe that $\mathcal{L}(S_{nc}) \Rightarrow \gamma * e(F|0_c)$ and $\{<y,S_{nc}>^2\}$ is uniformly integrable in n by Theorem 1.7. Hence

$$\lim_n E<y,S_{nc}>^2 = \int <y,x>^2 d\gamma + \int_{\|x\|<c} <y,x>^2 dF .$$

Take limit as $c \in C(F)$ goes to zero then $\int_{\|x\|<1} <y,x>^2 dF < \infty$ implies that the second term goes to zero, giving b). It remains to prove γ is Gaussian i.e. $\gamma \circ y^{-1}$ is Gaussian for $y \in B'$. For this we observe that there exists $n_k \uparrow$ such that $\mathcal{L}(S_{n_k c_k}) \Rightarrow \gamma (c_k \downarrow 0)$ by the proof. The following Lemma now completes the proof.

2.6. LEMMA. Let $\{X_{nj}, j = 1,2,\ldots,k_n\}$ $n = 1,2,\ldots$ be a triangular array such that

a) $\max_j \|X_{nj}\| < C_n$ a.s. and $C_n \downarrow 0$.

b) $\mathcal{L}(S_n) \Rightarrow \gamma$. Then γ is Gaussian.

Proof : Note as before, $\lim_n E<y,S_n>^2 = C_\gamma(y,y)$ by Theorem 1.7. Hence it suffices to prove for $y \in B'$.

$$\Delta_n = E\left|\exp(i <y,S_n>) - \exp(-\tfrac{1}{2} <y,S_n>^2)\right| \to 0 .$$

But

$$\Delta_n \leq \sum_j |E \exp (i <y,X_{nj}>) - \exp - \frac{1}{2} E <y,X_{nj}>^2|$$

$E \exp i Y = 1 - \frac{1}{2} E Y^2 + E\{\exp i Y - 1 - i Y + \frac{1}{2} Y^2\}$ for Y symmetric and

$$\exp(- \frac{1}{2} EY^2) = 1 - \frac{1}{2} EY^2 + \{\exp(- \frac{1}{2} EY^2) - 1 + \frac{1}{2} EY^2\} .$$

Now use inequalities

$$|e^{it} - 1 - it + \frac{1}{2} t^2| \leq t^3 , \quad |e^x - 1 - x| < x^2 e^x (t,x \text{ real})$$ to get

$$\Delta_n \leq \sum_j \{E| <y,X_{nj}>|^3 + (E < y,X_{nj}>^2)^2 \exp(\|y\| c_1)^2\}$$

$\to 0$ under the condition established.

2.7. COROLLARY. Every symmetric i.d. law has unique representation $\nu = \gamma * e(F)$ where γ is (centered) Gaussian and F is the Lévy measure.

2.8. COROLLARY. Let $\{X_{nj}, j = 1,2,\ldots,k_n\}$ $(n = 1,2,\ldots)$ be a triangular array such that $\mathcal{L}(S_n) \Rightarrow \nu$. Then the following are equivalent

a) ν is Gaussian.

b) For every $y \in B'$ and $c > 0$, $\lim_n \sum_{j=1}^{k_n} P(| <y,X_{nj}>| > c) = 0$.

c) For every $c > 0$, $\lim_n F_n^{(c)} = 0$.

2.9. COROLLARY. Let $\{X_{nj}, j = 1,2,\ldots,k_n\}$ $(n = 1,2,\ldots)$ be a U.I. triangular array such that $\mathcal{L}(S_n) \Rightarrow \nu * e(F)$. Then there exists $c_n \downarrow 0$ such that

$$\mathcal{L}(S_{nc_n}) \Rightarrow \gamma \quad \text{and} \quad \mathcal{L}(\tilde{S}_{nc_n}) \Rightarrow e(F) .$$

Proof : Let π be the Prohorov metric then we know that $(\pi(\mathcal{L}(\tilde{S}_{nc}), e(F^{(c)})) \to 0$. Hence there exists $c_n \downarrow 0$ such that $\pi(\mathcal{L}(\tilde{S}_{nc_n}), e(F^{(c_n)})) \to 0$. But $\pi(e(F^{(c_n)}), e(F)) \to 0$ giving the first conclusion.

Now $\lim_n \mathcal{L}(S_n) = \lim_n \mathcal{L}(S_{nc_n}) * \lim_n \mathcal{L}(\tilde{S}_{nc_n})$ i.e. $\gamma * e(F) = \lim_n \mathcal{L}(S_{nc_n}) * e(F)$.

Hence $\lim_n \mathcal{L}(S_{nc_n}) = \gamma$.

We note that although theorem 2.5. gives useful necessary conditions, they are far from satisfactory. In the case $X_{nj} = X_j/\sqrt{n}, \{X_j\}$ i.i.d., these conditions are $t^2 P(\|x\| > t) \to 0$ as $t \to \infty$ and X pregaussian. These are sufficient in ℓp, $p \geq 2$ but are not so even in $\ell_2(\ell p)$. Thus one needs to sharpen such a theorem. In the i.i.d. case such sharpening was done by Pisier. We present the following useful theorem in case the limit points are non-Gaussian.

2.10. THEOREM. Let $\{X_{nj}, j = 1,2,\ldots,k_n\}$ $n = 1,2,\ldots$ be a U.I. triangular array. Then $\{\mathcal{L}(S_n)\}$ is tight with all limit points non-Gaussian (i.e. $\nu = e(F)$) iff

a) For each $c > 0$, $\{F_n^{(c)}\}$ is tight ;

b) $\lim_{c\to 0} \sup_n E\|S_{nc}\|^p = 0$ for all p $(0 < p < \infty)$.

Proof : Necessity of a) is proved in theorem 2.1. and by Lemma 1.5., $\{S_{nc}\}_{nc}$ is tight. Further by one-dimensional result

$$\lim_{c\to 0} \sup_n \int_{\|x\| \leq c} \langle y,x \rangle^2 \, dF_n = 0 .$$

Hence by Chebychev's inequality $\langle y, S_{nc} \rangle \xrightarrow[c\to 0]{P} 0$, for all $y \in B'$. Now

$\{\mathcal{L}(S_{nc})\}$ is tight gives by theorem 1.1. that $\|S_{nc}\| \xrightarrow{P} 0$ uniformly in n as $c \to 0$. Given $\eta > 0$ choose c_o such that, for $c \leq c_o$,

$$\sup_n P\{\|S_{nc}\| > \tfrac{1}{3} \eta^{1/p} (16)^{-1/p}\} < \tfrac{1}{16} 3^{-p} .$$

Then by theorem 1.6.,

$$\sup_n E\|S_{nc}\|^p \leq 4.3.^p c^p + \eta < \infty \quad \text{i.e. b)} .$$

To prove the converse. Given $\varepsilon > 0$, choose c so that $\sup_n E\|S_{nc}\|^p < \frac{1}{3} \varepsilon^{p+1}$.

and $K \subseteq 0_c^c$ symmetric compact so that for all n.

$$(2.10.1)\quad F_n^{(c)}(K^c) < \frac{1}{3}\varepsilon \ .$$

Choose a simple function $t : B \to B$ such that $\|x - t(x)\| < \eta$ on K and $t(x) = 0$ off K with $\eta < c$ and $\eta \sup_n F_n^{(c)}(B) < \frac{1}{3}\varepsilon^2$. Observe that

$$(2.10.2)\quad P\{\|S_n - \sum_{j=1}^{k_n} t(X_{nj})\| > 4\varepsilon\} \leq P\{\|\sum_{j=1}^{k_n} (X_{nj} - t(X_{nj}))_c\| > 2\varepsilon\}$$

$$+ P\{\|\sum_{j=1}^{k_n} \widetilde{(X_{nj} - t(X_{nj}))_c}\| > 2\varepsilon\} \ .$$

The second term on the RHS of the above inequality does not exceed

$$\sum_{j=1}^{k_n} P\{\|X_{nj} - t(X_{nj})\| > c\} = \sum_{j=1}^{k_n} P\{\|X_{nj} - t(X_{nj})\| > c,\ X_{nj} \notin K\}$$

as $\eta < c$. But for $X_{nj} \notin K$, $t(X_{nj}) = 0$ giving

$$(2.10.3)\quad P\{\|\sum_{j=1}^{k_n} \widetilde{(X_{nj} - t(X_{nj}))_c}\| > 2\varepsilon\} \leq F_n^{(c)}(K^c) \ .$$

The first term on the RHS of (2.10.2) does not exceed

$$(2.10.4)\quad P\{\|\sum_{j=1}^{k_n} (X_{nj} - t(X_{nj}))_c\, 1(X_{nj} \notin K)\| > \varepsilon\} +$$

$$+ P\{\|\sum_{j=1}^{k_n} (X_{nj} - t(X_{nj}))_c\, 1(X_{nj} \in K)\| > \varepsilon\} \ .$$

The first term above does not exceed

$$(2.10.5)\quad P\{\|\sum_{j=1}^{k_n} X_{njc}\| > \varepsilon\} \leq \frac{1}{\varepsilon^p} E\|S_{nc}\|^p \quad \text{as} \quad 0_c \subseteq K^c \ .$$

The second term does not exceed

$$\frac{1}{\varepsilon} \sum_{j=1}^{k_n} E\|(X_{nj} - t(X_{nj}))_c\, 1(X_{nj} \in K)\|$$

by Chebychev and triangle inequality. This in turn does not exceed $\frac{1}{\varepsilon}\eta F_n(K) \leq \frac{\eta}{\varepsilon} F_n^{(c)}(B)$. From this (2.10.1), (2.10.2), (2.10.3) and (2.10.5), we get

$\{\mathcal{L}(S_n)\}$ is flatly concentrated. Now for $y \in B'$, $c > 0$, $p > 1$ choose $\delta < c$ so that

$$(E|<y,S_{nc}>|^p)^{1/p} \leqslant \|y\| \sup_n (E\|S_{n\delta}\|^p)^{1/p} + c[F_n^{(\delta)}(B)]^{1/p}$$

giving $\sup_n E|<y,S_{nc}>|^p < \infty$. Clearly, there exists K, compact so that $\sup_n F_n^{(\delta)}(K^c) < \varepsilon$. Hence $\sup_n F_n(O_t^c) < \varepsilon$ choosing t so that $K \subset O_t$ and $t > \delta$. Now $\{x : |<y,x>| > t\} \subseteq O^c_{t/\|y\|}$ giving by theorem 1.7. that $\{<y,S_n>\}$ is stochastically bounded. Thus we get $\{\mathcal{L}(S_n)\}$ is tight by well-known theorem of de Acosta.

2.11. COROLLARY. Let $\{X_{nj}, j = 1,2,\dots,k_n\}$ $n = 1,2,\dots$ be a U.I. triangular array such that $\{\mathcal{L}(S_n)\}$ is relatively compact with all limit points non-Gaussian then for every $\varepsilon > 0$, there exists a finite-dimensional subspace $\mathcal{M}$ and a triangular array $\{t(X_{nj})\}$ U.I. and uniformly bounded such that $\{\sum_{j=1}^{k_n} t(X_{nj})\}$ is tight

$$P(t(X_{nj}) \in \mathcal{M}) = 1 \quad \text{and} \quad P\{\|S_n - \sum_{j=1}^{k_n} t(X_{nj})\| > \varepsilon\} < \varepsilon .$$

2.12. COROLLARY. Let $\{X_{nj}, j = 1,2,\dots,k_n\}$ be U.I. triangular array of uniformly bounded r.v.'s. with $\mathcal{L}(S_n) \Rightarrow \nu$. Then for each $p > 0$, $\varepsilon > 0$ there exists a symmetric U.I. triangular array $\{W_{nj}\}$ such that

i) $\{W_{nj}\}$ is a measurable function of $\{X_{nj}\}$ only for each n,j.

ii) There exists a finite-dimensional subspace $\mathcal{M}$ such that $P(W_{nj} \in \mathcal{M}) = 1$; $P(W_{nj} \in \mathcal{M}) = 1$.

iii) $\{\sum_{j=1}^{k_n} W_{nj})\}$ is tight in $\mathcal{M}$ and

iv) $\sup_n E\|\sum_{j\leqslant k_n} X_{nj} - \sum_{j\leqslant k_n} W_{nj}\|^p < \varepsilon$.

<u>Proof</u> : Choose $c_n \downarrow 0$ as in Corollary 2.9. Then $\{\tilde{S}_{nc_n}\}$ converges to a non-Gaussian limit. By the above corollary for $\varepsilon > 0$, $p > 0$ there exists $t : B \to B$ simple symmetric with finite dimensional rauge and $n_o \in \mathbb{N}$ such that for $n \geq n_o$

$$E\|\tilde{S}_{nc_n} - \sum_{j=1}^{k_n} t(X_{njc})\|^p < \varepsilon/4 .$$

As $\mathcal{L}(S_{nc_n}) \Rightarrow \gamma$ gaussian. Let $\mathcal{L}(Z) = \gamma$ and Z be written as a.s. convergent series

$$Z = \sum_{j=1}^{\infty} < y_j , Z > x_j$$

where $\{x_j\} \subseteq B$ and $y_j \in B'$. Since $\mathcal{L}(S_{nc_n}) \Rightarrow \mathcal{L}(Z)$, $\mathcal{L}(S_{nc_n} - \pi_k(S_{nc_n})) \Rightarrow \mathcal{L}(Z - \pi_k(Z))$ with $\pi_k(x) = \sum_{j=1}^{k} < y_j , x > x_j$. By theorem 1.7., $\{\|S_{nc_n} - \pi_k(S_{nc_n})\|^p\}$ is uniformly integrable for $p > 0$. Hence

$$E\|S_{nc_n} - \pi_k(S_{nc_n})\|^p \to E\|Z - \pi_k(Z)\|^p .$$

Choose k_o so that $E\|Z - \pi_{k_o}(Z)\|^p < \delta$ and n_1 so that for $n \geq n_1$

$$E\|S_{nc_n} - \pi_{k_o}(S_{nc_n})\|^p < \varepsilon/4 .$$

Now $W_{nj} = t(X_{nj}) + \pi_{k_o}(X_{nj})$ for $n \geq n_o \vee n_1$. Then $\{W_{nj}\}$ satisfy the given conditions for $n \geq (n_o \vee n_1)$. For $n \leq n_o \vee n_1$, choose an appropriate simple function approximation.

We now look at this approximation in the case $X_{nj} = X_j/\sqrt{n}$ and X_1 .. .. X_n ...i.i.d. Let us observe that by the finite-dimensional result, the limit is Gaussian and by theorem 1.7., $\sup_n n\, P(\|X_1\| > \sqrt{n}t) < \infty$ giving $\Lambda^2(X_1) < \infty$. Hence $E\|X_1\|^p < \infty$, $p < 2$. Also $\frac{1}{\sqrt{nk}} \sum_{j=1}^{nk} X_j = \frac{1}{\sqrt{n}} \sum_{j=1}^{n} Y^{(k)}$ where $Y^{(k)}$ are i.i.d with $\mathcal{L}(Y^{(k)}) = \mathcal{L}(X_1 + \ldots + X_k/\sqrt{k})$. Again stochastic boundedness of

$\{\frac{1}{\sqrt{nk}} \sum_{j=1}^{nk} X_j\}$ implies $\Lambda^2(Y^{(k)}) < \infty$ and for $p < 2$,

$$E\|Y^{(k)}\|^p = \int_0^\infty P(\|Y^{(k)}\| > t)dt \leq 1 + \int_1^\infty M \frac{1}{t^2} dt = M + 1 \quad .$$

Hence $\sup_k E\|X_1 + \ldots + X_k/\sqrt{k}\|^p < \infty$ for $p < 2$. By Lemma 1.5., we get

$$E\|S_{nc}\|^p \leq 2\, E\|S_n\|^p \quad .$$

Now let π_k be approximating family so that $\sup_n E\|(I - \pi_k)S_{nc}\|^p < \varepsilon$. Choose $1 \leq p < 2$, then $E\|(I - \pi_k)(S_n - S_{nc})\|^p \leq 3 \sup_n E\|S_n\|^p$. This implies $\{\|(I - \pi_k)(S_n - S_{nc})\|\}$ is uniformly integrable in (n,c) . But $\|S_n - S_{nc}\| \to 0$ uniformly in n as $c \to \infty$ since

$$P(\|S_n - S_{nc}\| > \varepsilon) \leq n\, P(\|X_n\| > c\sqrt{n}) \leq \frac{1}{c^2} \Lambda^2(X_1) \quad .$$

Thus we get that $(I - \pi_k)(S_n - S_{nc}) \xrightarrow{P} 0$ uniformly in n as $c \to \infty$ and is uniformly integrable in (n,c) . Thus $E\|(I - \pi_k)\tilde{S}_{nc}\| \to 0$ as $c \to \infty$. In other words, uniformly in n ,

$$E\|(I - \pi_k)\, S_{nc}\| \longrightarrow E\|(I - \pi_k)\, S_n\| \quad \text{as} \quad c \to \infty \quad .$$

In particular, given $\varepsilon > 0$, there exists k_o such that

$$\sup_n E\|(I - \pi_k) \sum_{j=1}^{n} X_j/\sqrt{n}\| < \varepsilon \quad \text{for} \quad k \geq k_o \quad .$$

We thus have

2.14. PROPOSITION. Let X be a symmetric B-valued random variable. Then X satisfies CLT iff for every $\varepsilon > 0$ there exists a simple random variable Y satisfying CLT so that $\sup_n E\|X_1 + \ldots + X_n/\sqrt{n} - Y_1 + \ldots + Y_n/\sqrt{n}\| < \varepsilon$.

Proof : By the construction $\{\pi_k(X_1)\}$ satisfies CLT and hence is square integrable by example 1.8.2. Thus we can approximate $\pi_k(X_1)$ by Y_1 in $L_2(\pi_k(B))$ assuring Y_1 satisfy CLT. Converse is obvious by Corollary 2.12.

Remark : In order to obtain moment conditions we only use stochastic boundedness of $\{X_1 + \dots + X_n/\sqrt{n}\}$.

2.15. THEOREM. (Le Cam). Let $\{X_{nj}\}$ be a triangular array of B-valued random variables. Then $\{e(F_n)\}$ is tight implies $\{\mathcal{L}(S_n)\}$ is tight.

Proof : Note that $e(F_n) = \mathcal{L}(\sum_{j=1}^{k_n} \sum_{i=0}^{N_{nj}} X_{nji})$ where $\{N_{nj}\}$ are i.i.d. Poisson with parameter one, independent of $\{X_{nji}\}$ for all i,n,j and $\{X_{nji}\}$ $i=0,1,\dots$ are i.i.d. with $\mathcal{L}(X_{nji}) = \mathcal{L}(X_{nj})$ for all i (always $S_o = 0$) . By theorem 1.2., $\{e(\lambda F_n)\}$ is tight for all λ iff $\{e(F_n)\}$ is tight. Hence $\{\mathcal{L}(\sum_{j=1}^{k_n} \sum_{i=0}^{N_{nj}} X_{nji})\}$ is tight with above assumptions except with $EN_{nj} = \lambda$. Choose λ so that $\exp(-\lambda) = \frac{1}{2}$ and let $T_n^* = S_n^* + \sum_1^{k_n} \sum_{\xi_{nj}<i\leq N_{nj}} X_{nji}$ with $T_n^* = \sum_{j=1}^{k_n} \sum_{i=0}^{N_{nj}} X_{nji}$ and $\xi_{nj} = \min(N_{nj},1)$. Then we have $\mathcal{L}(T_n^* - S_n^*) = \mathcal{L}(S_n^* - T_n^*)$. Use now an argument as in Lemma 1.5. with q , Minkowski functional of a convex, compact symmetric set K to obtain

$$P(T_n^* \in K^c) \geq \frac{1}{2} P(S_n^* \in K^c) \quad .$$

Thus $\{\mathcal{L}(S_n^*)\}$ is tight. But $\mathcal{L}(S_n^*) = \mathcal{L}(\sum_{j=1}^{k_n} \xi_{nj} X_{nj}) = \mathcal{L}(\sum_{j=1}^{k_n} (1-\xi_{nj})X_{nj})$ as ξ_{nj} is Bernoulli with $P(\xi_{nj} = 1) = \frac{1}{2}$. Hence $\mathcal{L}(\sum_{j=1}^{k_n} X_{nj})$ is tight.

The following theorem is now immediate from Corollary 2.12. and Theorem 2.15.

2.16. THEOREM. Let $\{X_{nj}\}$ $(j = 1,2,\dots,k_n \, , n = 1,2,\dots)$ be U.I. triangular array. Then $\mathcal{L}(S_n) \Rightarrow \nu = \gamma * e(F)$ iff for some c (and hence for all $c > 0$) we have

i) $F_n^{(\tau)} \Rightarrow F^{(\tau)}$ for all $\tau > 0$.

ii) For every $p > 0$, and $\varepsilon > 0$, there exists a symmetric U.I. triangular array $\{W_{nj}\}$ such that $\{W_{nj}\}$ is a measurable function of $\{X_{nj}\}$; a finite dimensional subspace $\mathcal{M}$ such that $P(W_{nj} \in \mathcal{M}) = 1$, $\{\mathcal{L}(\sum_{j=1}^{k_n} W_{nj})\}$ is tight in $\mathcal{M}$ and $\sup_n E\|\sum_{j=1}^{k_n} (X_{njc} - W_{nj})\|^p < \varepsilon$.

iii) Condition (2.5.1) holds.

We now consider some consequences of this theorem.

2.17. Applications :

2.17.1. Example : $B = H$ a Hilbert space. Then the above theorem implies for an H-valued triangular array,

$\mathcal{L}(S_n) \Rightarrow \gamma * e(F)$ iff

i) For each $c > 0$, $F_n^{(c)} \Rightarrow F^{(c)}$, $c \in C(F)$.

ii) For $\varepsilon > 0$ and for some complete orthonormal basis $\{e_i\}$

$$\lim_{N\to\infty} \sup_n \int_{\|x\|\leq 1} \|x - \pi_N(x)\|^2 F_n(dx) = 0 \quad \text{and} \quad \sup_n \int_{\|x\|\leq 1} \|\pi_N(x)\|^2 F_n(dx)$$

finite, with $\pi_N(x) = \sum_{j=1}^{N} (x,e_j)e_j$.

iii) $$\lim_{\varepsilon \downarrow 0} \left\{ \begin{matrix} \lim \\ \lim \end{matrix} \right\}_n \int_{\|x\|<\varepsilon} \langle y,x\rangle^2 F_n(dx) = C_\gamma(y,y) .$$

This can be seen by using theorem 1.7. and stochastic boundedness of $\{\pi_N(S_n)\}$.

Let us now define T_n by

$$\langle T_n y,y\rangle = \int_{\|x\|\leq 1} \langle y,x\rangle^2 F_n(dX) .$$

Then conditions (ii) and (iii) imply that $\{T_n\}$ has finite-trace and $\{T_n\}$ under the trace norm is compact i.e., for a complete orthonormal basis, $\sup_n$ trace $(T_n) < \infty$ and $\lim_N \sup_n \sum_N^{\infty} (T_n e_i, e_i) = 0$. Conversely if $\{T_n\}$ is compact then one can find a complete orthonormal basis satisfying (ii) and (iii) . Thus we get the following : $\mathcal{L}(S_n) \Rightarrow \gamma * e(F)$ iff

i) $F_n^{(c)} \Rightarrow F^{(c)}$,

ii) $\{T_n\}$ is a compact sequence of trace-class operators,

iii) as above holds.

2.17.1. Example : $B = L_p$ $(p \geq 2)$, $X_{nj} = X_j/\sqrt{n}$ and $\{X_j\}$ i.i.d. Then $X_1 + \ldots + X_n/\sqrt{n} \Rightarrow \gamma$ iff

i) $nP(\|X_1\| > \sqrt{n}) \to 0$,

ii) For $\varepsilon > 0$, $p > 0$ there exists π_k such that

$$E\|\sum_{j=1}^{n} X_j\, 1(\|X_j\| \leq c\sqrt{n})/\sqrt{n} - \pi_k(\sum_{j=1}^{n} (X_j\, 1(\|X_j\| \leq c\sqrt{n})/\sqrt{n}\| < \varepsilon$$

and $\{\mathcal{L}(\pi_k(S_{nc}))\}$ is tight.

iii) X_1 is Pre-Gaussian, i.e. X_1 has the same covariance as an L_p-valued gaussian r.v. $G(X_1)$.

We note that (i) $\Leftrightarrow t^2\, P(\|X_1\| > t) \to 0$.

As $\pi_k(X_1)$ is pregaussian in $\pi_k(B)$ by (iii) it satisfies CLT in $\pi_k(B)$ by Cramer -Wold devise. Thus (iii) $\Rightarrow$ (ii) , second part. We now show that (i) and (iii) imply the existance of π_k satisfying the first part of (ii) by Rosenthals inequality. With arguments as in 1.8.1. we get,

$$\sup_n n\, E\|X_1\, 1(\|X_1\| \leq c\sqrt{n})/\sqrt{n} - \pi_k(X_1\, 1(\|X_1\| \leq c\sqrt{n})/\sqrt{n})\|^p$$

$$\leq \text{Constant}\ \Lambda^2(X_1 - \pi_k(X_1)) \quad \text{and}$$

$$\sup_n \int [E(X_1\, 1(\|X_1\| \leq c\sqrt{n}) - \pi_k(X_1\, 1(\|X_1\| \leq c\sqrt{n}))(t)]^{p/2}\, d\mu$$

$$= \int [E(X_1 - \pi_k(X_1))(t)]^{p/2}\, d\mu \ .$$

Thus it suffices to show that in the norm $\Lambda(X_1) + (E\|G(X_1)\|^2)^{1/2}$ on $L_1(\Omega,\mathfrak{F},P)$, there is a finite-dimensional approximation. Let $\{\mathfrak{F}_k\}$ be an increasing subsequence of $\{\mathfrak{F}\}$. Define $\pi_k(X_1) = E(X|\mathfrak{F}_k)$, $X_o = 0$. Then one has by $\Lambda(X_1 - \pi_k(X_1)) \to 0$ as $k \to \infty$. Let $Y_k = \pi_{k+1}(X_1) - \pi_k(X_1)$, $\{Y_k\}$ are pregaussian and $\{G(Y_k)\}$ are independent Gaussian. Also,

$\mathcal{L}(\sum_k G(Y_k)) = \mathcal{L}(G(X_1))$. Using Fernique's theorem $\|G(X_1)\|^2$ is

integrable giving $\lim_k (E\|G(X) - \sum_{j=1}^{k} G(Y_j)\|^2)^{1/2} = 0$. Thus we obtain π_k satisfying (ii).

We thus have the following theorem: X_1 satisfies CLT iff

i) $t^2 P(\|X_1\| > t) \to 0$ and

ii) X_1 is pregaussian.

2.17.3. <u>Example</u>: $X_{nj} = X_j/n$; X_j i.i.d., $Y = 0$, $F = 0$. Let X be a symmetric B-valued r.v. then we say that X satisfies WLLN iff for $X_1, X_2, \ldots$ ... i.i.d. as X, $\mathcal{L}(\sum_{j=1}^{n} X_j/n) = \delta_o$ or equivalently $\sum_{j=1}^{n} X_j/n \xrightarrow{P} 0$.

We have X satisfies WLLN iff

i) $tP(\|X\| > t) \to 0$,

ii) $\lim_n n^{-1} E\|\sum_1^n X_1 1(\|X_i\| \leq n)\| = 0$.

By theorem 2.10., and theorem 2.5., X satisfies WLLN iff

1) $\forall$ $c > 0$, $tP(\|X\| > t) \to 0$ and

2) For $\varepsilon > 0$, there exists δ_o such that $n^{-1}E\|\sum_{j=1}^{n} X_i 1(\|X_i\|) \leq \delta_o n)$ $< \varepsilon/2$ for all n. Now (1) $\Leftrightarrow$ (i) and (ii) $\Rightarrow$ 2) by writing expectation in terms of tails and using Lemma 1.4. Now choose δ_o by 2) and observe that

$$n^{-1} E\|\sum_{j=1}^{n} X_j (\delta_o n \leq \|X_j\| \leq n)\| \leq n^{-1} \sum_{j=1}^{n} E\|X_j\| 1(\delta_o n \leq \|X_j\| \leq n)$$

$$\leq n P(\|X_j\|) > \delta_o n) \to 0$$

as $n \to \infty$. Thus 2) $\Rightarrow$ ii).

3. CLASSICAL CLP AND GEOMETRY OF BANACH SPACES.

In this section we relate the validity of classical theorems with the associated geometry of Banach spaces. Our proofs will use freely the geometrical results. We shall not prove them but instead refer to the literature where they can be found.

3.1. Stochastic boundedness implies pregaussian : We first observe that stochastic boundedness of $\{X_1 + \dots + X_n/\sqrt{n}\}$, X_i i.i.d., does not imply X is pregaussian, as in c_o with $X = \{\varepsilon_n/\sqrt{\log n}\}$, ε_n i.i.d. symmetric Bernoulli, it is not true. We, in fact, have the following

3.1.1. THEOREM. The following are equivalent for any real separable Banach space B.

i) B does not contain an isomorphic copy of c_o.

ii) For every B-valued, integrable r.v. X, $\sup_n E\left\|\frac{X_1 + \dots + X_n}{\sqrt{n}}\right\| < \infty$ implies X is pregaussian.

Proof : As we have observed ii) ⇒ i), we consider now π_k as in example 2.17.2; and $X^k = \pi_k(X)$. Let $X_1^k \dots X_n^k$ be i.i.d. copies of X^k. Then

$$E\left\|\frac{X_1^k + \dots + X_n^k}{\sqrt{n}}\right\| \leq E\|X_1 + \dots + X_n/\sqrt{n}\| .$$

Thus X^k is pregaussian and $E\|G(X^k)\| \leq \lim_n E\left\|\frac{X_1^k + \dots + X_n^k}{\sqrt{n}}\right\|$ by CLT. Now $G(X^k) = \sum_{i=1}^{k} G(Y^i)$ where $Y^i = X^i - X^{i-1}$. Now $\sum_{i=1}^{k} G(Y_i)$ is bounded in L_1 in B and condition i) ⇒ by Kwapien theorem (Studia Math 52 (1974)) that $\sum_{k=1}^{\infty} G(Y^k)$ converges. Clearly $G(X) = \sum_{k=1}^{\infty} G(Y^k)$.

3.2. Accompanying law theorem.

To start with we define

3.2.1. DEFINITION. A Banach space B contains ℓ_n^∞ uniformly [or c_o is finitely representable (f.r.) in B] if there exists $\tau > 1$ such that for each $n \in \mathbb{N}$ there are n vectors $x_{n_1}, \dots, x_{n_n}$ in B satisfying

$$\max_{i \leq n} |t_i|/\tau \leq \|\sum_{i=1}^{n} t_i x_{n_i}\| \leq \tau \max_{i \leq n} |t_i| .$$

By a theorem of Maurey-Pisier (Studia Math 58 45-90) the following are equivalent for $q \geq 2$ and a sequence $\{\xi_i\}$ of i.i.d. centered real r.v.'s. such that $P(|\xi_1| > t) > 0$ for all t and $E|\xi_1|^q < \infty$.

(3.2.2)

(i) c_o is not f.r. in B

ii) There exists a constant $C = C(B,q,\{\xi_i\})$ finite s.t. for all sequences of points $\{x_i\} \subseteq B$,

$$E\|\sum_1^n x_i \xi_i\|^q \leq C\, E\|\sum_{i=1}^{n} x_i \varepsilon_i\|^q .$$

Thus we get that if c_o is f.r. B then there exists $\{x_i\} \subseteq B$ such that $\sum \varepsilon_i x_i$ converges but $\sum_j \bar{\xi}_j x_j$ diverges with $\bar{\xi}_j = e(\frac{1}{2}\delta_{-1} + \frac{1}{2}\delta_{+1})$.

There exist k_n , $\ell_n \to \infty$ such that

$$\Sigma_{\ell_n}^{k_n+\ell_n} x_j \varepsilon_j \longrightarrow 0 \quad \text{but} \quad \Sigma_{\ell_n}^{k_n+\ell_n} \bar{\xi}_j x_j \not\longrightarrow 0 .$$

Let us define $X_{nj} = \varepsilon_{j+\ell_n} x_{j+\ell_n}$. Then $\{X_{nj}\}$ is U.I. triangular array.

$\mathcal{L}(S_n) \Rightarrow \delta_o$ but $\{\mathcal{L}(\sum_{j=1}^{k_n} \bar{\xi}_j x_j)\}$ not tight. If it were tight by arguments as in Example 1.8.3. we get that $\sum_{j=1}^{k_n} \bar{\xi}_j x_j \longrightarrow 0$ as $\mathcal{L}(\sum_{j=1}^{k_n} \bar{\xi}_j x_j) = e(F_n)$, where

$$F_n = \sum_{j=1}^{k_n} \mathcal{L}(X_{nj}) .$$

Thus accompanying law theorem holds $\Rightarrow c_o$ is not f.r. in B . To prove the converse we need.

3.2.3. LEMMA. Let $\{X_j\}$ be i.i.d. and X_o be independent of $\{X_j\}$ with $E\|X_i\|^q < \infty$ $(i = 0,1)$. Then

$$E\| \sum_{i=0}^{n} X_i\|^q \leq E\|X_o + n X_1\|^q .$$

Proof : By Minkowski inequality,

$$(E\|X_o + \sum_1^n X_i\|^q)^{1/q} \leq (E\| \sum_{i=1}^{n} (\frac{X_o}{n} + X_i)\|^q)^{1/q}$$

$$\leq n\, E(\| \frac{X_o}{n} + X_1\|^q)^{1/q} \leq (E\|X_o + n X_1\|^q)^{1/q} .$$

3.2.4. LEMMA. The following are equivalent for $q \geq 2$.

i) c_o is not f.r. in B.

ii) There exists $L = L(B,q)$ such that for every finite sequence $X_1, X_2, \ldots, X_n$ of independent symmetric B-valued r.v.'s. with $E\|X_j\|^q < \infty$ $j = 1,2,\ldots,n$.

$$E\| \sum_{j=1}^{n} \sum_{i=1}^{N_j} X_{ji}\|^q \leq L\, E\| \sum_1^n X_j\|^q$$

where $\mathcal{L}(N_j) = e(\delta_1)$, $\{X_{ji},\ i = 0,1,\ldots\}$ is i.i.d. with $\mathcal{L}(X_{ji}) = \mathcal{L}(X_j)$ and $\{X_{ji}\}$, $\{N_j\}$ are independent.

Proof : (ii) ⇒ (i). Let $\{x_j\} \subseteq B$, $n \in \mathbb{N}$, $\{\varepsilon_j\}$ be i.i.d. symmetric Bernoulli, N with $EN = 1$, Poisson r.v. independent of $\{\varepsilon_j\},\{\xi_j\}$, i.i.d. Poisson, $E\,\xi_1 = 1$, and $\{\bar{\xi}_j\}$, independent symmetrization of $\{\xi_j\}$. Then

$$e(\mathcal{L}(x\varepsilon_i)) = \mathcal{L}(x \sum_{j=0}^{N} \varepsilon_j) \quad \text{and} \quad \mathcal{L}(\sum_{j=0}^{N} \varepsilon_j) = e(\tfrac{1}{2}\delta_{-1} + \tfrac{1}{2}\delta_{+1}) = \mathcal{L}(\bar{\xi}_1) .$$

From (3.2.2) and (ii) this gives ii) ⇒ (i). To prove the converse, By (3.2.2) and Fubini theorem we get

$$E\| \sum_{j=1}^{n} X_j\ (N_j - 1)\|^q \leq L\ E\|X_j \varepsilon_j\|^q .$$

By Lemma 3.2.3., using E_2 for expectation on N_j and E_1 on X_j we get

$$E\|\sum_{j=1}^{n}\sum_{i=0}^{N_j} X_{ji}\|^q \leq E_2\, E_1\|\sum_{j}\sum_{i=0}^{N_j} X_{ji}\|^q$$

$$\leq E_2\, E_1\|\sum_{j} N_j\, X_j\|^q$$

and this in turn does not exceed

$$2^{q-1}\, E_2E_1\|\sum_{j}(N_j-1)X_j\|^q + 2^{q-1}\, E_2E_1\|\sum_{j} X_j\|^q$$

$$\leq 2^{q-1}(C+1)\, E\|\sum_{j=1}^{n} X_j\|^q \quad .$$

3.2.5. THEOREM. <u>The following are equivalent for any real separable Banach space</u> B .

i) c_o <u>is not f.r. in</u> B .

ii) <u>For any symmetric U.I. triangular array</u> $\{X_{nj}\}$, $\mathcal{L}(S_n)$ <u>converges</u> $\Rightarrow e(F_n)$ <u>converges. In other words, accompanying law theorem holds.</u>

<u>Proof</u> : As ii) $\Rightarrow$ i) is proved before we move to i) $\Rightarrow$ ii) . Let $\delta > 0$, $\delta \in C(F)$ where F is the Lévy measure, associated with $\lim_n \mathcal{L}(S_n)$. Then by theorem 2.1. and 2.15. one can assume that $\{X_{nj}\}$ are uniformly bounded. Using Corollary 2.12. and Lemma 3.2.4. to $X_{nj} - W_{nj}$ where $\{X_{nji} - W_{nji}\}$ are i.i.d. as $X_{nj} - W_{nj}$ except $X_{njo} - W_{njo} = 0$. We get for every $\varepsilon > 0$, $\sup_n E\|\sum_{j=1}^{k_n}\sum_{i=0}^{N_j}(X_{nji} - W_{nji})\|^q \leq L\varepsilon$. As $\{W_{nj}\}$ take values in a finite-dimensional space $\mathcal{L}(\sum_{j=1}^{k_n}\sum_{i=0}^{N_j} W_{nji})$ is tight. Thus by theorem 2.16. we get the result.

3.2.6. COROLLARY. <u>The following are equivalent for a Banach space</u> B .

i) c_o is not f.r. in B .

ii) For every B-valued symmetric U.I. triangular array $\{X_{nj}, j = 1,\ldots,k_n\}$ $n = 1,2,\ldots$

$\{\mathcal{L}(S_n)\}$ tight implies $\{e(F_n)\}$ tight.

3.3. Lévy-Kinchine representation and type, cotype :

In the classical case the function (with F symmetric) $\varphi(y) = \exp\left(\int(\cos(y,x) - 1)\, F(dx)\right)$ is a c.f. of a (necessarily) i.d. law if F is a Lévy measure. One knows that, in general, such a functional is not a c.f. we want to examine conditions under which it is. If F has finite variation then such a function is a c.f. of $e(F)$. Hence without loss of generality, $F|_{O_1^c} = 0$. Let $F_n = F|_{O_{1/n}^c}$ and assume variations of F_n converge to ∞. Hence $F_n = k_n \mu_n$ with μ_n a probability measure. If c_o is not f.r. in B then by theorem 3.2.5., $\{e(F_n)\}$ converges iff $\mu_n^{*k_n}$ converges. Denote by $X_{nj} = \mathcal{L}(\mu_n)$ $j = 1,2,\ldots,k_n$. Then by theorem 2.16. we get with $S_n = \sum_{j=1}^{k_n} X_{nj}$. (Note that $\mu_n = F_n/\|F_n\|_V$).

Let c_o be not f.r. in B. Then φ is a c.f. of an i.d. law iff $\mathcal{L}(S_n)$ converges. For this to happen, the necessary and sufficient conditions are

i) For $\varepsilon > 0$ and $q > 0$ there exists a finite dimensional subspace $\mathcal{M}$ and a triangular array W_{nj}, $\mathcal{M}$-valued such that

$$\text{i)}\quad \sup_n E\left\|\sum_{j=1}^{k_n}(X_{nj} - W_{nj})\right\|^q \leqslant \varepsilon$$

$$\text{ii)}\quad \left\{\mathcal{L}\left(\sum_{j=1}^{k_n} W_{nj}\right)\right\} \text{ is tight .}$$

Of course, this is not a very good condition but in special cases we can reduce it to a simple condition.

We need for this the following.

3.3.1. DEFINITION.

a) Let B, $\mathfrak{X}$ be separable Banach spaces and $v : B \longrightarrow \mathfrak{X}$ be a linear map. Then $(v,B,\mathfrak{X})$ is said to be R-type p if there exists $\alpha > 0$, such that for $X_1, \ldots, X_n$ symmetric independent B-valued, p-summable r.v.'s.,

$$E\|v(S_n)\|_{\mathfrak{X}}^p \leq \alpha \sum_1^n E\|X_i\|^p \quad .$$

b) If $B = \mathfrak{X}$ and $v = I$, then B is called of R-type p.

If B is R-type p, then c_o is not f.r. in B by a result of Maurey-Pisier (referred earlier). Also, since $\lim_n \mathcal{L}(S_n)$ is non-Gaussian $W_{nj} = t(X_{nj})$ for a simple function t, $\|t(x)\| \leq \|x\|$. Thus a sufficient condition for i), ii) to happen is that for $\varepsilon > 0$, there exists a simple function t (theorem 1.7.), s.t.

$$\sup_n \int \|x - t(x)\|^p F_n(dx) = \int_{\|x\|\leq 1} \|x - t(x)\|^p F(dx)$$

does not exceed ε/α. Thus we have

3.3.2. PROPOSITION. The following are equivalent

i) B is of R-type p.

ii) For every Lévy measure F satisfying $\int\|x\|^p F(dx)$ finite, $\varphi(y)$ is a c.f. of a probability measure.

Proof : Under the condition we can choose a simple function t as above. Thus $\{e(F_n)\}$ is tight but $\varphi_{e(F_n)}(y) \longrightarrow \varphi(y)$. Hence $\varphi(y) = \varphi_\mu(y)$ for some probability measure μ and $e(F_n) \Rightarrow \mu$. Clearly F is the Lévy measure of μ. For the converse implication, suppose $\sum_j \|x_j\|^p < \infty$ and write

$$F = \lim_n \sum_{j=1}^n \left(\frac{1}{2}\delta_{x_j} + \frac{1}{2}\delta_{-x_j}\right). \text{ Then } \int\|x\|^p \, dF < \infty \text{ . Hence } \varphi_1(y) = \varphi_\mu(y) \text{ .}$$

But $\varphi(y) = \lim_n \prod_{j=1}^n \varphi_{\xi_j x_j}(y)$ with $\{\xi_j\}$ i.i.d. symmetric Poisson real-valued r.v.'s. Hence $\mathcal{L}(\sum_{j=1}^{n} \bar{\xi}_j x_j) \Rightarrow \mu$. Giving $\sum_{j=1}^{\infty} \bar{\xi}_j x_j$ converges a.e. But this implies $\sum_{j=1}^{\infty} \varepsilon_j x_j$ converges a.e. by Contraction Principle.

3.3.3. DEFINITION. We say that B is of cotype q (Radmacher) $(q \geq 2)$ if there exists $\alpha > 0$, such that for $X_1, \ldots, X_n$ symmetric independent B-valued p-summable r.v.'s.

$$E\|S_n\|^q \geq \alpha \sum_{1}^{n} E\|X_i\|^q .$$

3.3.4. PROPOSITION. The following are equivalent

i) B is of cotype q.

ii) Every non-Gaussian i.d. law has Lévy measure satisfying $\int \|x\|^q \, dF$ finite.

Proof : We note that i) $\Rightarrow$ c_o is not f.r. in B. Hence by the necessary and sufficient conditions we get that

$$\sup_n E\| \sum_{j=1}^{k_n} X_{nj} \|^q < \infty .$$

Hence by cotype property of B, $\sup_n \sum_{j=1}^{k_n} E\|X_{nj}\|^q < \infty$.

But this gives $\int \|x\|^q F(dx) < \infty$ as $F_n \uparrow F$. To prove the converse assume $\sum x_i \bar{\xi}_i$ converges then it follows by the assumption ii) that $\sum \|x_i\|^q$ converges. Thus by closed Graph theorem for every sequence $\{x_i\} \subseteq B$;
$\sum_{i=1}^{n} \|x_i\|^q \leq \text{constant } E\| \sum_{1}^{n} \bar{\xi}_i x_i \|$. This implies that c_o is not f.r. in B.
(Hamedani and Mandrekar Studia Math 66 (1978)). Hence by Section 3.2., $\sum \varepsilon_j x_j$ converges implies $\sum \|x_j\|^q < \infty$ giving cotype q property of B.

3.4. CLP and CLT in Banach spaces of type 2 :

We prove the following result.

3.4.1. THEOREM. The following are equivalent for a real separable Banach space of infinite dimension.

a) B is of type 2 .

b) For any U.I. symmetric triangular array $\{X_{nj},\ j = 1,2,\dots,k_n\}$, $n = 1,2,\dots$ and F σ-finite measure,

i) $F_n^{(c)} \Rightarrow F^{(c)}$ for each $c \in C(F)$.

ii) For $\varepsilon > 0$, there exists a finite-dimensional subspace $\mathcal{M}$ valued r.v.'s. $\Phi(X_{nj})$ such that $\sup_n \sum_{j=1}^{k_n} E\|X_{njc} - \Phi(X_{njc})\|^2 \leq \varepsilon$.

iii) $\lim_{\varepsilon \downarrow 0} \overline{\lim}_n \langle y, S_{n\varepsilon}\rangle^2 = C_\gamma(y,y)$ for a cylindrical Gaussian γ imply $\mathcal{L}(S_n) \Rightarrow \gamma * e(F)$ with γ Gaussian .

c) For every U.I. symmetric triangular array $\{X_{nj},\ j = 1,2,\dots,k_n\}$ of B-valued random variables and a σ-finite measure F,

i) $F_n^{(c)} \Rightarrow F^{(c)}$ for $c \in C(F)$,

ii) $\lim_{c \to 0} \overline{\lim}_n \int_{\|x\| \leq c} \|x\|^2 dF_n = 0$ imply $\mathcal{L}(S_n) \Rightarrow e(F)$.

d) $E\|X\|^2 < \infty \Rightarrow$ CLT holds .

e) $E\|X\|^2 < \infty \Rightarrow X$ is pregaussian .

Proof : In view of theorem 2.16. and type 2 we get a) $\Rightarrow$ b) . Condition ii) of c) $\Rightarrow C_\gamma(y,y) = 0$ and by Corollary 2.11. condition ii) of b) . Hence b) $\Rightarrow$ c) . We show c) $\Rightarrow$ a) . Suppose $\sum_j \|x_j\|^2 < \infty$ but $\sum \varepsilon_j x_j$ does not converge for some $\{x_j\} \subseteq B$. Then there exist ℓ_n, k_n such that $(\ell_n \to \infty,\ k_n \to \infty)$

$$\sum_{j=\ell_n+1}^{\ell_n+k_n} \|x_j\|^2 \to 0 \quad \text{but} \quad \mathcal{L}\Big(\sum_{j=\ell_n+1}^{\ell_n+k_n} \varepsilon_j x_j\Big) \not\Rightarrow \delta_0 .$$

Define $X_{nj} = \varepsilon_{\ell_n+j}\, x_{\ell_n+j}$, $j = 1,2,\dots,k_n$. Then by c) $\mathcal{L}\big(\sum_{j=1}^{k_n} X_{nj}\big) \Rightarrow \delta_0$ reaching a contradiction. Thus $\sum \varepsilon_i x_i$ converges, giving a) . To see

b) ⇒ d) . Clearly, $E\|X\|^2 < \infty \Rightarrow t^2 P(\|X\| > t) \to 0$ as $t \to \infty$. Hence $F_n^{(c)} = n\, P(\|X\| > c\sqrt{n}) \to 0$ for each $c \to 0$. Condition b) (iii) is satisfied as $E<y,X>^2 < \infty$. Let $q(x) = \inf\{\|x-y\|,\ y \in \mathcal{M}\}$. The given condition b) (ii) is satisfied if for $\varepsilon > 0$ we can find $\mathcal{M}$ so that $\sup_n E\, q(\ \ 1(\|X\| \leq \sqrt{n}))^2 = E(q(X))^2 \leq \varepsilon$. Given $\varepsilon > 0$, choose simple function t , such that

$$E\|X - t(X)\|^2 < \varepsilon \ .$$

Choose $\mathcal{M}$ such that $t(X) \in \mathcal{M}$ a.s. Obviously d) ⇒ e) . For e) ⇒ a) assume $\sum_j \|x_j\|^2 = 1$ and choose $\mathcal{L}(X) = \sum_{j=1}^{\infty} \frac{1}{2}\|x_j\|^2(\delta_{x_j} + \delta_{-x_j})$. Then $E\|X\|^2 < \infty$ and hence X is pregaussian i.e. $\exp(-\frac{1}{2}\sum_{j=1}^{\infty} <y,x_j>^2) = \varphi_\gamma(y)$ for $y \in B'$ and γ Gaussian measure. By Ito-Nisio theorem this implies that $\sum_{j=1}^{\infty} \gamma_j x_j$ converges a.s.

<u>Remark</u> : A reader is encouraged to state and prove equivalences of a),b),c),d),e), for a triplet $(v,B,\mathfrak{X})$ of R-type 2 . There is not much change in the proof. Also one can prove by the same proof equivalence of a), b) and c) for R-type p with 2 replaced by p .

3.5. <u>Domains of Attraction and Banach Spaces of Stable type</u> p $(p < 2)$:

We say that a Banach space B is of stable type p if for $\{x_j\} \subseteq B$, satisfying $\sum_j \|x_j\|^p < \infty$ we have $\sum_j x_j\eta_j$ converges a.s., where $\{\eta_j\}$ i.i.d. symmetric stable with $\varphi_{\mathcal{L}(\eta_1)}(t) = \exp(-|t|^p)$.

We say that a B-valued r.v. X is in the domain of attraction of a B-valued r.v. Y if there exist $b_n > 0$ and $x_n \in E$ $(n = 1,2,\ldots)$ such that

$$\mathcal{L}(X_1 + \ldots + X_n/b_n - x_n) \Rightarrow \mathcal{L}(Y)$$

(We write $X \in DA(Y)$) .

The domain of attraction problem is to characterize the $\mathcal{L}(X)$ so that $X \in DA(Y)$. We note that if $X \in DA(Y)$ then $aX + x \in DA(aY + x)$ for $a \in \mathbb{R}$, $x \in B$. Thus the domain of attraction problem is a problem of determination of type of $\mathcal{L}(X)$.

As in the classical case, one needs :

3.5.1. Convergence of Type Theorem : Let $\{X_n, n = 1,2,\ldots\}$ be B-valued r.v.'s. such that $\mathcal{L}(X_n) \Rightarrow \mathcal{L}(X)$ and there exist constants $\{a_n\} \subseteq \mathbb{R}$ such that $\mathcal{L}(a_n X_n + x_n) \Rightarrow \mathcal{L}(Y)$ then there exists $a \in \mathbb{R}$, such that $|a_n| \to |a|$ and $x_n \to x$ provided there exists $y \in B'$ such that $\alpha(\langle y,X\rangle)$ and $\mathcal{L}(\langle y,Y\rangle)$ are non-degenerate. In particular, $\mathcal{L}(aX + x) = \mathcal{L}(Y)$ if $a_n > 0$.

The proof is exactly as in the one dimensional case and hence is left to the reader.

Remark : For any $x \in B$ and for every sequence $\{\mathcal{L}(X_n)\}$ there exist x_n and $b_n \neq 0$ such that $\mathcal{L}(b_n X_n + x_n) \Rightarrow \delta_x$. To see this choose $\{c_n\}$ so that $P\{\|X_n\| > c_n\} < \frac{1}{n}$ to obtain $P(\|X_n / nc_n\| > \frac{1}{n}) < \frac{1}{n}$. Hence $\mathcal{L}(X_n/c_n n) \Rightarrow \delta_o$. Choose b $b_n = \frac{1}{nc_n}$ and $x_n = x$. Thus all laws are in the DA of degenerate law.

3.5.2. THEOREM. A r.v. $X \in DA(Y)$ with $\langle y,Y\rangle$ non-degenerate for some $y \in B'$. Then

i) $b_n \to \infty$, $b_n/b_{n+1} \to 1$

and

ii) for all a,b real there exists a $c(a,b) \in B$ s.t.

$$\mathcal{L}(aY_1 + bY_2) = \mathcal{L}(c(a,b)Y + x(a,b)) \text{ with } Y_1,Y_2 \text{ i.i.d. as } Y.$$

In the one-dimensional case, such laws are called stable (as their type is stable under sums). As $\varphi_\eta(t) = \exp(-|t|^p)$ for some p in the one-dimensional case, we get, $c(a,b) = (|a|^p + |b|^p)^{1/p}$ and $x(a,b) = 0$ in the symmetric case. We say that a symmetric r.v. Y is stable r.v. of index p if Y satisfied Theorem 3.5.2. (b) with $c(a,b) = (|a|^p + |b|^p)^{1/p}$ and $x(a,b) = 0$. Note that $p \leqslant 2$. Using induction on the definition os stable r.v. with

$a_1 = a_2 = \dots = a_n = 1$ we get for $x_n \in B$

(3.5.3) $\mathcal{L}(n^{-1/p}(Y_1 + \dots + Y_n) - x_n) = \mathcal{L}(Y)$.

3.5.4. THEOREM. A non-degenerate Y has non-empty domain of attraction iff Y is stable.

Now (3.5.3) with $p = 2$ gives Y is Gaussian. As non-degenerate Gaussian laws do not satisfy (3.5.3) for $p < 2$, we call the laws with index $p < 2$ as non-Gaussian stable laws. Also (3.5.3) implies Y is i.d. and in the symmetric case $x_n = 0$. Let F be Lévy measure associated with $\mathcal{L}(Y)$. Let $F_n(\cdot) = F(n^{-1/p}\cdot)$, then by (3.5.3), for Y symmetric,

$$\mathcal{L}(n^{1/p}\, Y) = \mathcal{L}(Y_1 + \dots + Y_n)$$

and hence by uniqueness of Lévy measure, $F_n = nF$. Let A be Borel subset of $\{x \mid \|x\| = 1\}$, and $M(r,A) = F\{x \in B \; ; \|x\| > r \, , \frac{x}{\|x\|} \in A\}$ $r > 0$. Then

$$nM(1,A) = M(n^{-1/p},A) = k\, M((k/n)^{\frac{1}{p}},A) \; .$$

By monotonicity of M we get for $r > 0$

$$M(r,A) = r^{-p} M(1,A) = r^{-p}\sigma(A) \quad (\text{say}) \; .$$

3.5.5. COROLLARY. $\varphi_{\mathcal{L}(Y)}(y) = \exp\{\int_S |\langle y,s\rangle|^p \sigma(ds)\}$ for a symmetric stable r.v. Y of index p. Here σ is the unique measure on the unit sphere S of B.

By using (3.5.3) and Theorem 1.7. we have $\sup_c c^p P(\|Y\| > c) < \infty$ for Y symmetric stable. Hence $E\|Y\|^\beta < \infty$ for $\beta < p$. From Theorem 2.10 we get that a symmetric B-valued r.v. $X \in DA(Y)$ iff

(3.5.6)

(a) $nP(\|X\| > rb_n\ ,\ \frac{X}{\|X\|} \in A) \to r^{-p}\,\sigma(A)$ for $r > 0$ and

$\sigma(\partial A) = 0$.

(b) $\lim_{\varepsilon \to 0}\ \overline{\lim}_n\ b_n^{-q}\, E\|Z_1 + \ldots + Z_n\|^q = 0$ for some $q > 0$

with $Z_i = X_i\ 1(\|X_i\| \leq \varepsilon b_n)$.

By elementary calculations, using $b_n \to \infty$ and $b_n/b_{n+1} \to 1$ and (3.5.6) (a) we get

(3.5.7) $$\frac{P(\|X\| > rt)}{P(\|X\| > t)} \to r^{-p}\ ,\quad \text{as } t \to \infty\ .$$

i.e., $P(\|X\| > \cdot)$ is regulary varying of index $(-p)$. Also for A with $\sigma(\partial A) = 0$, as $t \to \infty$

(3.5.8) $$P(\|X\| > t,\ \frac{X}{\|X\|} \in A)/P(\|X\| > t) \to \sigma(A)/\sigma(S)\ .$$

In particular $X \in DA(Y)$ implies $E\|X\|^q < \infty$ for $q < p$. To obtain sufficiency we observe using regular variation

$$\frac{t^p\ P(\|X\| > t)}{E\|X\|^q 1(\|X\| \leq t)} \to \frac{q-p}{p} \quad \text{as } t \to \infty\ .$$

Put $t = b_n\varepsilon$ and multiply the dominator and numerator by n to obtain from (3.5.7)

(3.5.9) $$\lim_n\ nb_n^{-q}\ E\|Z\|^q = \frac{p}{q-p}\ \varepsilon^{p-q}\ .$$

It is known that if B is of stable type p then for any family $(W_1,\ldots,W_n)$ of symmetric independent B-valued r.v.'s. with $E\|W_i\|^q < \infty$ $(i = 1,\ldots,n\ ;\ q < p)$ there exists C such that

$$E\|\sum_1^n W_i\|^q \leq C \sum_{i=1}^n E\|W_i\|^q\ .$$ (see e.g. Maurey-Pisier) .

From this, (3.5.9.),(3.5.6),(3.5.7) and (3.5.8)

3.5.10. THEOREM. Let B be of stable type $p < 2$. Then $X \in DA(Y)$ iff Y is stable and X satisfies (3.5.7) and (3.5.8).

In the "if" part one produces b_n using (3.5.7).

3.5.11. THEOREM. The following are equivalent for $p < 2$.

a) B is of stable type p.

b) Conditions (3.5.7) and (3.5.8) for some σ are necessary and sufficient for $X \in DA(Y)$ with σ being the measure associated with Lévy measure of Y.

c) $t^p P(\|X\| > t) \to 0$ iff $\dfrac{X_1 + \ldots + X_n}{n^{1/p}} \overset{P}{\to} 0$

Proof : We have proved i) ⇒ ii). To prove ii))implies iii), choose θ, symmetric, stable, real-valued r.v. independent of X and $e \in B$ s.t. $\|e\| = 1$. Then it is easy to check that $P(\|X + \theta e\| > .)$ is regularly varying of index $(-p)$. Note that $nP(n^{-1/p}\theta \in .) \Rightarrow d\Gamma \times r^{-(1+p)}dr$ with $\Gamma(+1) = \Gamma(-1) > 0$ and supp $\Gamma = \{+1,-1\}$. Hence for $\lambda > 0$, there exists a closed symmetric interval J with interior of $J \supseteq [-\lambda,\lambda]$ and $\delta > 0$ such that $(J^c)^\delta \subseteq [-\lambda,\lambda]$ and $nP(\theta/n^{-1/p} \in (J^c)^\delta) < \varepsilon$. Here $(J^c)^\delta$ denotes δ neighbourhood of J^c. Now choose δ_o s.t. $[(Je)^c]^{\delta_o} \cap \mathbb{R}e \subseteq (J^c)^\delta e$. Then, since $t^p P(\|X\| > t) \to 0$, there exists $n_o(\varepsilon,\delta_o) = n_o$ such that for $n \geqslant n_o$ $nP(\|X\| > \delta_o n^{1/p}) < \varepsilon$. Thus

$$nP(n^{-1/p} Y \notin Je) \leqslant nP(n^{-1/p} Y \notin Je, \|X\| \leqslant \delta_o n^{1/p}) + nP(\|X\| > \delta_o n^{1/p})$$

$$\leqslant nP(n^{-1/p} \theta e \in [(Je)^c]^{\delta_o}) + \varepsilon$$

$$\leqslant nP(n^{-1/p} \theta \in (J^c)^\delta) + \varepsilon = 2\varepsilon .$$

Thus $\{nP(n^{-1/p} Y \in .)\}$ is tight outside every neighbourhood of zero. By one-dimensional result $\mathcal{L}[\langle y, \sum_1^n \frac{(X_i + \theta_i e)}{n^{1/p}} \rangle] \Rightarrow \mathcal{L}(\langle y, \theta e \rangle)$ for all $y \in B'$.

Here $\{\theta_i, i = 1,2,\ldots,n\}$ are i.i.d., with $\mathcal{L}(\theta)$. This implies

$$n\, P(\langle y,Y\rangle / n^{1/p} \in .) \Rightarrow F \circ y^{-1}(.) \quad .$$

Here $dF = d\hat{\Gamma} \times r^{-(1+p)} dr$, $\operatorname{supp} \hat{\Gamma} = \{-e,e\}$, $\hat{\Gamma}(e) = \hat{\Gamma}(-e)$ equals $\Gamma(1)$. Hence

$$n\, P(n^{-1/p}\, Y \in .) \Rightarrow F \quad .$$

This gives (3.5.7) and (3.5.8) for Y. Also by (ii) we get $b_n/n^{\frac{1}{p}} \to$ constant and

$$\sum_{j=1}^{n} X_j + \theta_j e / n^{1/p} \Rightarrow \theta e \quad .$$

This gives the result. For (iii) $\Rightarrow$ (i) observe that exactly as in the proof for Proposition 2.14. we get $\sup_n E\|X_1 + \ldots + X_n/n^{1/p}\|^r < \infty$ for $r < p$. Let $CL(X) = \sup_n E\|n^{-1/p} (\tilde{X}_1 + \ldots + \tilde{X}_n)\|^r$ where $X_1 \ldots X_n$ are i.i.d. B-valued r.v.s with $E\|X_1\|^r < \infty$ and $(\tilde{X}_1,\ldots,\tilde{X}_n)$ is independent symmetrization of $(X_1,\ldots$ $\ldots,X_n)$. Let $CL(p,r) = \{X \; ; \; X$ B-valued r.v. and $CL(X) < \infty\}$ and

$$L_o^{p,\infty} = \{X \; ; \; X \text{ B-valued r.v. and } C^p P(\|X\| > C) \to 0, C \to \infty\} \quad .$$

On $L_o^{p,\infty}$ define $\Lambda p(X) = \sup_C C^p P(\|X\| > C)$ for $p \leq 1$ or $[\sup_C C^p P(\|X\| > C)]^{1/p}$ for $p > 1$. Under (iii), we can define T on $L_o^{p,\infty} \to CL(p,r)$. T is defined everywhere and closed. Thus by closed graph theorem $CL \leq$ Constant $\Lambda p(X)$. Let $K =$ constant. As in example 2.17.2. we can approximate $X \in L_o^{p,\infty}$ by simple functions in Λp-norm. Now if Y is a simple function then finite-dimensional CLT, $\lim_n E\|n^{-1/p} \sum_1^n Y_j\|^r = 0$ since $p < 2$. Hence range of T is included in the X is satisfying $\lim_n E\|n^{-1/p} \sum_{j=1}^n X_j\|^r = 0$, giving (iii) is a super property of B. By Maurey-Pisier-Krivine result (see Maurey-Pisier cited earlier) one has to show ℓ_p is not f.r. in B to get (i).

It suffices to show that (iii) fails in ℓ_p. Let $\{\varepsilon_j\},\{N_j\}$ be i.i.d. sequence with $\{\varepsilon_j\}$ i.i.d. symmetric Bernoulli and $P(N_j \geq n) = \frac{1}{n \log \log n}$ for $n \geq 27$ and 1 otherwise, $\{N_j\}$ $\mathbb{N}^+$-valued. Define

$$X_j = \varepsilon_j \sum_{N_j^2 - N_j < k < N_j^2 + N_j} e_k$$

$\{e_k\}$ natural basis of ℓ_p. One can check that $nP(\|X\|_p > (2n)^{1/p}) \to 0$ and $\{X_j\}$ i.i.d. but $\{\tilde{X}_1 + \dots + \tilde{X}_n/n^{1/p}\}$ is not stochastically bounded.

3.5.11. COROLLARY. Let B be of stable type one (B-convex). Then X satisfies WLLN iff $tP(\|X\| > t) \to 0$.

3.6. Results in the space of continuous functions : These results are special case of results in type 2 spaces. Let $\{X_{nj}, j = 1,2,\dots,k_n\}$ be a symmetric triangular array of B-valued r.v.'s. Then $\{F_n^{(1)}\}$ is tight iff $\mathcal{L}(\sum_{j=1}^{k_n} \tilde{X}_{nj1})$ tight. Thus one wants to consider $\sum_{j=1}^{k_n} X_{nj1}$; i.e., without loss of generality, $\|X_{nj}\| \leq 1$. If we assume that $B = \bigcup_{n=1}^{\infty} nK$ with $\|x\|_K = \inf\{\lambda : x \in \lambda K\}$ for K compact and the injection $i : B \to B_K$ is continuous , i.e., if B is compactly generated, and R-type 2 , then

$$E\|i(\sum_{j=1}^{k_n} X_{nj} 1(\|X_{nj}\| \leq 1)\|_K^2 \leq \sum_1^n E\|X_{nj1}\|^2 .$$

Since $$P(\sum_{j=1}^{k_n} X_{nj1} \in (\lambda K)^c) = P(\|i(\sum_{j=1}^{k_n} X_{nj1})\|_K > \lambda) ,$$

by Chebychev's inequality, we get

3.6.1. THEOREM. Let $\{X_{nj}, j = 1,2,\dots,k_n\}$ $n = 1,2,\dots$ be a triangular array of B-valued r.v.'s. with B compactly generated and R-type 2 . If $\{F_n^{(1)}\}$

is tight and $\sup_n \int_{\|x\|\leq 1} \|x\|^2 F_n(dX)$ is finite. Then $\{\mathcal{L}(S_n)\}$ is tight.

Remark :

1) A similar proof shows that $c(F_n)$ is tight as on type 2 space, $\int \|x\|^2 e(F_n)(dx) \leq \int \|x\|^2 F_n(dx)$.

2) By one-dimensional result $\{(1\wedge\|x\|^2)F_n(dx)\}$ tight $\Leftrightarrow$ $\{\mathcal{L}(\sum_{j=1}^{k_n} \|X_{nj}\|^2)\}$ is tight.

3) We note that the above result holds for triplet $(v,B,\mathfrak{X})$ of R-type 2 if $v(B)$ is compactly generated. In this case, $\{\mathcal{L}(\sum_{j=1}^{k_n} \|X_{nj}\|^2)\}$ tight implies $\mathcal{L}(\sum_{j=1}^{k_n} v(X_{nj}))$ tight.

We shall use the last fact to obtain results on the space of continuous functions.

Let (S,d) be a compact metric space and ρ a continuous metric on S . Define

$$|||f|||_\rho = \|f\|_\infty + \sup_{t\neq s} |f(t) - f(s)|/\rho(t,s) .$$

On $C(S)$, the space of continuous functions with respect to d . Let

$$C^\rho(S) = \{f \in C(S) , |||f|||_\rho < \infty\}$$

$$C_o^\rho(S) = \{f \in C^\rho(S) ; \lim_{(t,s)\to(a,a)} |f(t)-f(s)|/f(t,s) = 0 , \forall a\} .$$

3.6.2. LEMMA. $(C^\rho(S), |||\cdot|||_\rho)$ is a Banach space and $C_o^\rho(S)$ is a(closed) separable subspace of $C^\rho(S)$.

Proof : As other parts are standard, only proof needed is to show $C_o^\rho(S)$ is closed. Define T on $C_o^\rho(S)$ by

$$(Tf)(t,s) = \begin{cases} f(t)-f(s)/\rho(t,s) & \text{if } t \neq s \\ 0 & \text{if } t = s \end{cases}$$

Then T is continuous linear operator on $C_o^\rho(S)$ to $C(S \times S)$ and $Sf = (Tf,f)$ is an isometry on $C_o^\rho(S)$ into $C(S \times S) \times C(S)$ with $\|(f,g)\|_{C(S\times S)\times C(S)} = \|f\|_\infty + \|g\|_\infty$. Hence $C_o^\rho(S)$ is separable.

A continuous metric ρ is called pregaussian if for a centered Gaussian process $\{X_t \,, t \in S\}$

$$E|X(t)-X(s)|^2 \leq C\rho(t,s) \Rightarrow X \text{ has continuous sample paths .}$$

If on (S,ρ) there exists a probability measure λ satisfying

$$(3.6.3) \qquad \lim_{\varepsilon \to 0} \ \sup_{s\in S} \int_0^\varepsilon [\log(1 + 1/\lambda\{t \in S : e(s,t) \leq u\}]^{\frac{1}{2}} du = 0 \ .$$

or for metric entropy $H(S,\rho,x)$ of (S,ρ) , and some $\alpha > 0$

$$(3.6.3') \qquad \int_0^\alpha H^{1/2}(S,\rho,x)\, dx < \infty \ .$$

Then it is known (Fernique : Lecture notes in Math 480 or Dudley : J. Functional Anal. 1 (1967)) that ρ is pre-Gaussian.

3.6.4. LEMMA. Let B be a Banach space and v a continuous operator on B into $C(S)$. If $v(B) \subseteq C^\rho(S)$ for some pregaussian metric ρ , then $(B, C(S),v)$ is of R-type 2 .

Proof : Let $v : B \to (C^\rho(S), |\!|\!| \ |\!|\!|_\rho)$ is continuous by the closed graph theorem. Let $\Sigma \|x_j\|^2 < \infty$ for $\{x_j\} \subseteq B$. Then with $v(x_j) = f_j$, we have

$$\sum_{j=1}^\infty |f_j(t)-f_j(s)|^2 \leq \sum_{j=1}^\infty \rho^2(t,s)|\!|\!|f_j|\!|\!|^2 \leq \text{constant} \ \ \rho^2(t,s) \sum_{j=1}^\infty \|x_j\|^2 \ .$$

By ρ being pregaussian we get $\Sigma \gamma_j f_j$ converges a.s. in $C(S)$ iff $\sum_{j=1}^\infty |f_j(t) - f_j(s)|^2 \leq C\, \rho^2(t,s)$. Hence we get $\Sigma \gamma_j f_j$ converges a.s. in $C(S)$ completing the proof.

We now recall some facts. Under (3.6.3) (or (3.6.3')), there exists ρ' satisfying (3.6.3) (or (3.6.3')) and $\rho(t,s) \leq a\,\rho'(t,s)$ with $\lim_{(t,s)\to(a,a)} \rho(t,s)/\rho'(t,s) = 0$ i.e., if a r.v. lies in $C^{\rho}(s)$, it lies in $C_o^{\rho'}(s)$. Also,

$$C_o^{\rho'}(S) = \bigcup_n nK \quad \text{with } K = \{x \,;\, \|x\|_\rho \leq 1\} \text{ compact .}$$

Thus $C_o^{\rho'}(S)$ is compactly generated. We can thus use the remark following Theorem 3.6.1. to get

3.6.5. THEOREM. Let (S,ρ) be a compact pseudo-metric space satisfying (3.6.3) (or (3.6.3')). Let $\{X_{nj}\}$ be a $C(S)$-valued triangular array of row independent r.v.'s. Assume

i) $\mathcal{L}(S_n(t_1),\ldots,S_n(t_k))$ converges in $(C(S),\rho)$ weakly for each finite subset $(t_1,\ldots,t_k) \subseteq S$.

ii) $\|X_{nj}\|_\rho < \infty$ a.s. for j,n and $\mathcal{L}(\sum_{j=1}^{k_n} \|X_{nj}\|_\rho^2)$ is tight. Then

a) $\{e(F_n)\}$ converges and $\{\mathcal{L}(S_n)\}$ converges.

If in addition $\{X_{nj},\ j = 0,\ldots,k_n\}$ are U.I. then $\lim_n e(F_n) = \lim_n \mathcal{L}(S_n)$.

b) As c_o is f.r. in $C(S)$, we can find a triangular array, U.I. such that the above conditions are not necessary.

3.6.6. COROLLARY. Let (S,ρ) be a compact pseudo-metric space satisfying (3.6.3) (or (3.6.3')). If $E\|X\|_\rho^2 < \infty$ and X symmetric, then X satisfies CLT.

Proof : $X_{nj} = X_j/\sqrt{n}$, $\sum_{j=1}^{n} \|X_{nj}\|_\rho^2 = \frac{1}{n} \sum_{j=1}^{n} \|X_j\|^2$.

Hence by WLLN in $\mathbb{R}$ we get the result.

One can, of course, study CLP and CLT in cotype 2 spaces. Analogue of theorem 3.4.1. holds for cotype 2 spaces (involving necessary conditions). It therefore suffices to study CLT only in cotype 2 spaces. We refer the reader for this to (Chobanian and Tarieladze (1977) J. Mult. Analysis 7) .

One should note that original motivation (from the probabilistic point of view !) for probability on Banach spaces was to study Donsker's invariance principle. However theorem 3.6.5. does not include this because in this case, with

$$\chi_{nj}(t) = \begin{cases} 0 & 0 \leq t \leq j-1/n \\ 1 & j/n \leq t \leq 1 \\ \text{linear between } j-1/n \text{ and } j/n \end{cases}$$

and ξ_1 satisfying CLT, one needs to show $\mathcal{L}(\sum_{j=1}^{n} X_{nj}\ \xi_j/\sqrt{n}) \Rightarrow \mathcal{L}(W)$, W being the Brownian motion on $[0,1]$. Take $\rho(t,s) = |t-s|$. Then $\frac{1}{n}\|\xi_j\ X_{nj}\| \geq |\xi_1|^2$. Hence $\mathcal{L}(\sum_{j=1}^{n} \|X_{nj}\|_\rho^2)$ is not tight with $X_{nj} = \xi_j\ \chi_{nj}/\sqrt{n}$. Thus, what is the influence of such CLT on classical probability theory ?

J. Kuelbs observed that CLT holds in B iff the invariance principle holds in B , for B separable. However such invariance principles are of interest in non-separable case (empirical processes). Recently, Dudley-Phillips circumvented the theory on Banach space except for the finite-dimensional approximation to construct Invariance Principle in probability (to be defined !). In the meantine , de Acosta extended Kuelbs result and obtained an a.s. Invariance Principle for non-Gaussian limit. We shall present it next for row i.i.d. triangular array. The theorem is due to de Acosta and the proof is due to Dehling-Dobrowski-Philipp.

4. INVARIANCE PRINCIPLES IN SEPARABLE BANACH SPACES.

Given an i.d. law μ on B, we can write it as $\gamma * e(F)$ if it is symmetric, with γ symmetric Gaussian, F a Lévy measure. In general, if μ is not symmetric, one can write for $\tau > 0$, $\mu = \gamma * S_\tau e(F) * \delta_{x_\tau}$ for $x_o \in B$ and $S_\tau e(F)$ denotes the probability measure whose c.f. is of the form

$$\int \exp(i<y,x>) - 1 - i<y,x\, 1(\|x\| \leq 1)> F(dx) .$$

Let $\mu_t = \gamma_t * S_\tau e(tF) * \delta_{tx_\tau}$ where $\gamma_t = \gamma(t^{-\frac{1}{2}}(.))$. Then $\{\mu_t, t \geq 0\}$ is well defined (and is in fact a convolution semigroup). Here $\mu_o = \delta_o$. If $\{X_{nj}\}_{j=1}^{k_n}$ is a triangular array of row-independent B-valued r.v.'s. with $\lim_n \mathcal{L}(S_n) = \mu$ (i.d.) then we get the following :

4.1. LEMMA. $\mathcal{L}\Big(\sum\limits_{\frac{k}{2^r}<j/k_n\leq\frac{k+1}{2^r}}\Big) \Rightarrow \mu_{1/2^r}$ $\quad k = 0,1,\ldots,2^r$

<u>Proof</u> : The proof is by induction on r. If $r = 0$, $k = 0$ then the Lemma reduces to $\mathcal{L}(S_n) \Rightarrow \mu_1 = \mu$, which is given. Assume the conclusion holds for $r - 1$ and k be fixed $= 0,1,\ldots,2^r-1$. Then k or $k+1$ is divisible by 2. First assume $k = 2i$, $i = 0,1,\ldots,2^{r-1}-1$. Then by induction hypothesis

$$\mathcal{L}\Big(\sum_{i/2^{r-1}<j/k_n\leq\frac{i+1}{2^{r-1}}} X_{nj}\Big) \Rightarrow \mu_{2^{r-1}} \quad \text{as } n \to \infty .$$

Let

$$\lambda_n = \mathcal{L}\Big(\sum_{k/2^r<j/k_n\leq\frac{k+1}{2^r}} X_{nj}\Big) \text{ and } \nu_n = \mathcal{L}\Big(\sum_{\frac{k+1}{2^r}<j/k_n\leq\frac{k+2}{2^r}} X_{nj}\Big) .$$

Then

$$(4.1.1)\quad \lambda_n * \nu_n = \mathcal{L}\Big(\sum_{i/2^{r-1}<j/k_n\leq\frac{i+1}{2^{r-1}}} X_{nj}\Big) \underset{n\to\infty}{\Rightarrow} \mu_{1/2^{r-1}} .$$

Hence there exists a sequence $\{x_n\}$ such that $\{\lambda_n * \delta_{x_n}\}$ and $\{\nu_n * \delta_{x_{-n}}\}$

is tight. But $\lambda_n = \nu_n$, $\nu_n = \lambda_n * \mathcal{L}(X_{n1})$ or $\lambda_n = \nu_n * \mathcal{L}(X_{n1})$ and $\mathcal{L}(X_{n1}) \underset{n\to\infty}{\Rightarrow} \delta_o$. $\lim_n \lambda_n * \delta_{x_n} = \lim_n \nu_n * \delta_{x_n}$ exists over a subsequence.

But $\lim_n \lambda_n * \delta_{x_n} = \lim_n (\nu_n * \delta_{-x_n}) * \delta_{2x_n}$. Hence $\lim_n \delta_{x_n}$ exists and is equal to δ_{x_o} . Hence $\lim_n \lambda_n = \lim_n \nu_n$, all this over the same subsequence. Using (4.1.1) , we get using linear functionals that

$$\lim \lambda_n = \mu_{1/2^r}$$

i.e. $$\mathcal{L}\Big(\sum_{k/2^r \leqslant j/k_n \leqslant k/2^r} X_{nj}\Big) \Rightarrow \mu_{1/2^r} .$$

Let us now denote by (for r to chosen)

$$H_{nk} = \{j \ ; \ k/2^r < j/k_n \leqslant k+1/2^r\} \qquad (0 \leqslant k < 2^r)$$

and by $t_{nk} = \min H_{nk}$, $p_{nk} = \text{card.}\ H_{nk}$. Then we have proved that with $\mu_n = \mathcal{L}(X_{nj})$, $j = 1,2,\ldots,k_n$.

4.2. COROLLARY. $\mu_n^{*p_{nk}} \Rightarrow \mu_{1/2^r}$.

Let us denote b π the Prohorov distance and $S_{nk} = \sum_{j\leqslant k} X_{nj}$, we have the continuity of μ_t at zero.

4.3. LEMMA. $\lim_{c\to 0} \overline{\lim_{n\to\infty}} \sup_{k\leqslant ck_n} \pi(\mathcal{L}(S_{nk}),\delta_o) = 0$.

<u>Proof</u> : If the Lemma were not true we can find a sequence $\{j_n, n \geqslant 1\}$ of integers such that $j_n/k_n \to 0$ but $S_{nj_n} \not\to 0$ in probability. Let $\alpha_n = \mu_n^{*j_n}$ and $\beta_n = \mu_n^{*(k_n-j_n)}$, then $\alpha_n * \beta_n \Rightarrow \mu$. Hence there exists an $\{x_n\} \subseteq B$ such that $\{\alpha_n * \delta_{x_n}\}$ is tight. Now $[\varphi_{\mu_n}(y)]^{k_n} \longrightarrow \varphi_\mu(y)$ uniformly for $\|y\| \leqslant M$ $(M < \infty)$.

Hence $[\varphi_{\mu_n}(y)]^{j_n} \longrightarrow 1$ uniformly on $\|y\| \leq M$, noting that log of all c.f. involved exist. Hence $\mu_n^{*j_n} \Rightarrow \delta_0$ contradition.

We also note the

4.4. COROLLARY. If $j_n/k_n \to 0$, then $\mu^{j_n/k_n} \Rightarrow \delta_0$. As $\left|\frac{p_{nk}}{k_n} - \frac{1}{2^r}\right| \to 0$ we get that

$$\pi(\mu^{p_{nk}/k_n}, \mu^{1/2^r}) \to 0 \quad \text{as} \quad n \to \infty \qquad 0 \leq k < 2^r . \tag{4.5}$$

Thus we get for $n \geq n_0$,

$$\pi(\mu_n^{*p_{nk}}, \mu^{p_{nk}/k_n}) < \varepsilon\, 2^{-r} \qquad 0 \leq k \leq 2^r . \tag{4.6}$$

Re : In view of Strassen's theorem,this would say that on each block the points on the process given by $\{\mu_t, t \geq 0\}$ are close to the partial sums. But the process may have jumps.

To take care of this we need the following.

4.7. LEMMA. Let X and Y be independent B-valued random variables, with Y Gaussian. Then

$$P(\|X + Y\| \leq t)$$

is continuous.

Proof : Since X can be approximated arbitrary closely in norm by discrete r.v. we can assume X discrete. It is enough to show

$$\sum_{i=1}^{\infty} P(X = x_i)\, P(t-\varepsilon \leq \|x_i + Y\| \leq t+\varepsilon) \quad 0 \quad \text{as} \quad \varepsilon \to 0 .$$

It suffice to prove $P(t-\varepsilon \leq \|x_i + Y\| \leq t+\varepsilon) \to 0$. But $\|x_i + Y\| = \sup\{<y_j, x_i + Y>; \|y_j\| \leq 1, y_j \in B\}$. Hence this is known.

4.8. LEMMA. Let $\{Z_i , i = 1,2,\dots,n\}$ be a finite sequence of independent identically distributed r.v.'s. and with distribution of $\|Z_1\|$ continuous. Then L, defined by $\|Z_L\| = \max_{1 \leq j \leq n} \|Z_i\|$ is a well defined r.v. a.e., uniform on $\{1,2,\dots,n\}$ and independent of $S_n = \sum_{j=1}^{n} Z_j$.

Proof : $P(S_n \in A) = \sum_{j=1}^{n} P(S_n \in A, L = j) = nP(S_n \in A, L = 1)$ as the distribution of S_n is permutation invariant. Now

$$P(L = j) = P(\omega : \|Z_j\| \geq \|Z_\ell\| , \forall j \neq \ell) .$$

Hence the $P(L = j)$ is independent of j ; i.e. $P(L = j) = \frac{1}{n}$ giving the result.

Let τ_{nk} be probability measure on integers so that to each integer in H_{nk}, it assigns mass $1/p_{nk}$ and zero otherwise then τ_{nk} $(0 \leq k < 2^r ;$ $n = 1,\dots)$ is the distribution of L_{nk} such that $X_{L_{nk}} = \max_{j \in H_{nk}} \|X_{nj}\|$ (if $\|X_{nk}\|$ has continuous distribution). Now we observe that $\forall\, n \geq n_o$

$$(4.9) \qquad \pi(\mu_n^{*p_{nk}} \times \tau_{nk}, \ \mu^{p_{nk}/k_n} \times \tau_{nk}) < \varepsilon/2^r \qquad 0 \leq k < 2^r .$$

Using Strassen's Theorem, we obtain, for each n, triangular arrays $\{x_{nj}, j = 1,2,\dots,k_n\}$ and $\{y_{nj}, j = 1,2,\dots,k_n\}$ $n = 1,2,\dots$ of row-wise i.i.d. r.v.'s. and triangular arrays $\{L_{nj}, 0 \leq j < 2^r\}$ and $\{M_{nj},$ $0 \leq j < 2^r\}$ $n = 1,2,\dots$ with $\mathcal{L}(x_{nj}) = \mu_n$, $\mathcal{L}(y_{nj}) = \mu^{j/k_n}$ $j = 1,2,\dots,k_n$.

$$S_{nk} = \sum_{j \in H_{nk}} x_{nj} \qquad T_{nk} = \sum_{j \in H_{nk}} y_{nj} \qquad 0 \leq k < 2^r \text{ for } n \geq n_o .$$

$$(4.10) \qquad P\{\|S_{nk} - T_{nk}\| > \varepsilon 2^{-r} , \ \underline{\text{or}} \ L_{nk} \neq M_{nk}\} < \varepsilon/2^r \qquad 0 \leq k < 2^r .$$

We have shown that the sums over the block are close. The assumption of continuity of the distribution of the norm is removed by convolution μ_n and μ with a Gaussian measure of small variance (Lemma 4.7) .

Theorem we want to prove is the following

4.11. THEOREM. Let $\{\mu_n\}$ be a sequence of prob. measures such that $\mu_n^{*k_n} \Rightarrow \mu$ ($k_n \to \infty$ as $n \to \infty$). There exists a probability space and two row-wise independent triangular arrays of B-valued random variables $\{x_{nj}, 1 \leq j \leq k_n\}$ and $\{y_{nj}, 1 \leq j \leq k_n\}$ such that

$$(4.11.1) \qquad \mathcal{L}(x_{nj}) = \mu_n , \quad \mathcal{L}(y_{nj}) = \mu^{1/k_n} \qquad (1 \leq j \leq k_n)$$

and

$$(4.11.2) \qquad \max_{k \leq k_n} \left\| \sum_{j \leq k} x_{nj} - \sum_{j \leq k} y_{nj} \right\| \longrightarrow 0 \quad \text{a.s.}$$

Let $S_k^{(n)} = \sum_{j \leq k} x_{nj}$ $\qquad T_k^{(n)} = \sum_{j \leq k} y_{nj}$.

Define $X_n(t) = S_k^{(n)}$ $t = k/k_n$ $0 \leq k \leq k_n$ and linear in between and $Y_n(t) = T_k^{(n)}$ $t = k/k_n$ $(0 \leq k \leq k_n)$ and linear in between.

Then $Z_n = X_n - Y_n$ are $C([0,1],B)$ and $Z_n \longrightarrow 0$ in distribution. Therefore by Skorokhod's theorem $\exists\, Z_n' \ni \mathcal{L}(Z_n') = \mathcal{L}(Z_n)$ and $Z_n' \longrightarrow 0$ a.s. Thus it suffices to prove (4.11.2) with $\xrightarrow{P} 0$.

To do this on the same probability space one needs the following lemma.

4.12. LEMMA. Let $S, S_1, S_2, \ldots$ be Polish spaces with distribution λ_n on $S \times S_n$ such that marginals of λ_n on S are identical. Then there exists a sequence of random variables $X, X_1, X_2, \ldots$ taking values in $S \times S_1 \times \ldots$ such that $\mathcal{L}((X, X_n)) = \lambda_n$.

Proof : Let $\Phi_m = S \times S_1 \times \ldots \times S_m$. First we observe that for $m = 2$ we have the measure

$$\nu_2(A_1 \times A_2 \times A_3) = \int_{A_1} \lambda_1(A_2|x)\, \lambda_2(A_3|x)\, \lambda(dx)$$

where λ is the marginal on S and $\lambda_1(.|x)$ and $\lambda(.|x)$ are conditional distributions (which exist). Suppose that the lemma is proved for Φ $(j \leq m)$. Apply the case $m = 2$ to Φ_m and λ_{m+1} on $S \times S_{m+1}$ to get the result.

Reduction of the theorem : It suffices to prove that given $\varepsilon > 0$ $\exists$ two triangular array's $\{x_{nj}\}$ and $\{y_{nj}\}$ satisfying (4.11.1) such that

$$(4.13) \qquad \limsup_{n \to \infty} P(\max_{k \leq k_n} \|S_k^{(n)} - T_k^{(n)}\| > \varepsilon) < \varepsilon .$$

Suppose for each m, we can find two triangular arrays $\{x_{nj}^{(m)}, j \leq k_n\}$, $(\{y_{nj}^{(m)}, j \leq k_n\}$ such that for $n \geq n_m$

$$P(\max_{k \leq n} \|S_k^{(n)}(m) - T_k^{(n)}(m)\| > \frac{1}{m}) < \frac{1}{m} .$$

We can and do assume that that for different m's $\{(x_{nj}^{(m)}, y_{nj}^{(m)}), 1 \leq j \leq k_n\}$ are independent. The arrays defined by $x_{nj} = x_{nj}^{(m)}$, $y_{nj} = y_{nj}^{(m)}$ $n_m \leq n \leq n_{m+1}$ satisfy (4.11.1) and (4.11.2) with $\xrightarrow{P} 0$. Thus the problem is to prove (4.13). This is what we have essentially shown except the maximum is within blocks. To get maximum otherwise we need Shorokhod's inequality.

Let $D([0,1];B)$ be the space of "cadlag" functions on $[0,1]$ into B and ξ be a process with independent increments which with probability one is $D([0,1];B)$-valued

$$\Delta^P(c,\delta) = \sup \min(P(\|\xi(t) - \xi(t_1)\| > \delta;\ P(\|\xi(t_2) - \xi(t)\| > \delta)$$

and

$$\Delta(c) = \sup \min (\|\xi(t) - \xi(t_1)\| ; \|\xi(t_2) - \xi(t)\|)$$

the supremum is taken over all (t,t_1,t_2) $(0 \leq t \leq 1$, $t-c \leq t_1 < t < t_2 \leq t+c$.

The following lemma can be found in (Theory of Prob. Appl. 1956).

SKOROHOD LEMMA. Let $0 < c \leq 1$ be such that $\Delta^P(c,\delta/20) < \frac{1}{4}$. Then for any positive integer $\ell \geq 3/c$

$$P(\Delta(1/\ell) \leq 10^3\, \Delta^P(3/\ell,\delta/12)/c .$$

$$P(\Delta(1/\ell) > \delta) \le 10^3 \, \Delta^P(3/\ell, \delta/12)/c \quad .$$

Let $\xi_n(t) = \sum_{i \le tk_n} x_{ni}$ and $\Delta^P(c,\delta,n)$ and $\Delta(c,n)$ be defined as above for ξ_n. Lemma 4.3.

4.14. COROLLARY. Let $\varepsilon > 0$. Then

$$\lim_{c \to 0} \limsup_n \Delta^P(c,\varepsilon,n) = 0 \; .$$

Now using Skorohod Lemma we get for $\varepsilon > 0 \; \exists \; r = r(\varepsilon) \ge 1$ such that for $n \ge n_1(\varepsilon)$

(4.15) $\quad P\{\Delta(2^{-r},n) > \varepsilon\} \le \varepsilon \quad .$

Using this r we can define H_{nk} and from (4.10) and (4.15) we get get with $S(m) = \sum_{i=m} x_{ni}$, $T(m) = \sum_{i \le m} y_{ni}$ and $n \ge \max(n_0, n_1)$,

$$\max_{k<2^r, t_{nk} < m \le t_{n,k+1}} \min(\|S(m) - S(t_{n,k})\|, \|S(m) - S(t_{n,k+1})) < \varepsilon$$

$$\max_{k<2^r, t_{n,k} < m \le t_{n,k+1}} \min(\|T(m) - T(t_{n,k})\|, \|T(m) - T(t_{n,k+1})\|) < \varepsilon$$

and

$$\sum_{k<2^r} \|S_{nk} - T_{nk}\| < \varepsilon \, , \quad L_{nk} = M_{nk} \qquad 0 \le k < 2^r$$

except on a set E of probability $< 3\varepsilon$.

Let $\omega \in E^c$ and $m \le k_n$ be given choose k sotthat $t_{nk} < m \le t_{n,k+1}$ we want to show that

$$\|S(m) - T(m)\| < 8\varepsilon \quad .$$

Suppose first that $\|S_{nk}(\omega)\| \le 5\varepsilon$. If for all $(m\|T(m) - T(t_{nk})\| < \varepsilon$, then

$$\|S(m) - T(m)\| \le \sum_{k<2^r} \|S_{nk} - T_{nk}\| + \|S(m) - S(t_{nk})\| + \|T(m) - T(t_{nk})\| \; .$$

Note : $\|S(m) - S(t_{nk}) \le \|S(m) - S(t_{nk+1})\| + \|_{nk}\|$ such similary for $T(m)$ but $\|T_{nk}\| < \varepsilon$ as $\|T(m) - T(t_{nk})\| < \varepsilon) . \le \varepsilon + \varepsilon + \|S_{nk}\| + \varepsilon \le 8\varepsilon$.

If jump in the 1st process at is $t_{n,k+1}$ and the second at t_{nk} then there is problem ! .

If $\|T(m) - T(t_{n,k+1})\| < \varepsilon$, then we can write

$$\|S(m)-T(m)\| \leq \|S(m)-S(t_{n,k+1})\| + \|T^{(m)}-T(t_{n,k+1})\|$$

$$+ \|T(t_{n,k+1}) - S(t_{n,k+1})\| < 8\varepsilon$$

as above. (Here S has jump at $t_{n,k}$) .

It remains to prove the above if $\|X_{nk}\| > 5\varepsilon$. By (4.15) and $\sup_n k_n \mu_n(\|X\| > \varepsilon) = c(\varepsilon) < \infty$, which follows from Theorem 2.16., we get

$$\sum_{0\leq k\leq 2^r} \sum_{i,j\in H_{nk}} P(\min(\|x_{ni}\|,\|x_{nk}\|) > \varepsilon) \leq c(\varepsilon)2^r (p_{nj}/k_n)^2 \leq c(\varepsilon)$$

$$\leq c(\varepsilon)\ 2^r\ (p_{nj}/k_n)^2 \leq c(\varepsilon)\ 2^{-r+1} < \varepsilon$$

(by choosing r in (4.15) large) .

Thus we can discard the set E_1 on which at least two $\|x_{ni}\|$ or $\|y_{ni}\|$ with in H_{nk} exceed 2ε . Thus if $\omega \in E_1^c$ then in each block exactly one of $\|x_{ni}\|$ exceeds 2ε and this happens at $i = L_{nk}$ and similary for $\|y_{ni}\|$ at $i = M_{nk}$. Hence on $E^c \cap E_1^c$ we have for all k , $0 \leq k < 2^r$.

$$\|S(t_{nk}) - S(t_{nk} + h)\| < \varepsilon \qquad 1 \leq h \leq L_{nk}$$

and

$$\|S(t_{n,k+1} - S(t_{nk} + h)\| < \varepsilon \text{ if } L_{nk} \leq h < p_{nk} .$$

Analogously for $T(t_{nk} + h)$. Hence $1 \leq m \leq k_n$, $\exists\, k$ such that

$$\|S(m) - T(m)\| = \|S(t_{nk} + h) - T(t_{nk} + h)\| < 3\varepsilon$$

using $\|S(t_{nk}) - T(t_{nk})\| < \varepsilon$ on $\omega \in E^c \cap E_1^c$ for $n \geq \max(n_0, n_1)$. Hence we have proved (4.13) . By the reduction of the problem we get (4.11.2) holds with $\xrightarrow{P} 0$.

4.16. COROLLARY. Let $\{X_{nj}, j = 1,\ldots,k_n\}$ be triangular array of row wise i.i.d. r.v.'s. Let $X_n(t) = \sum_{j\leq k} X_{nj}$ $t = k/k_n$ $0 \leq k \leq k_n$ $(X_n(0) = 0)$ with linearly interpolated in between. Then $\{X_n(t)\}$ converges to a process $\{Y(t)\}$ of stationary independent increments associated with the semigroup $\{\mu_t\}$ on $D([0,1],B)$ iff $\mathcal{L}(S_n) \Rightarrow \mu$.

In particular, CLT holds in B iff invariance Principle holds.

We note that necessary and sufficient condition for CLT to hold is that X be approximated by a simple function in CL(X) norm (Proposition 2.14). Hence if one assumes that in non-separable case one has finite-dimensional approximation in outer measure P^*, then does the CLT hold ? We shall answer this in the next section, but we first want to show that in separable case CLT holds in outer measure implies measurability of X (at least under completion). Thus the problem studied next is a proper generalization of the work on separable case and reduces to it under such hypothesis.

Let us first explain the set up in the non-separable case. Let $(A,\mathcal{G},Q)$ be a probability space and $(A^\infty,\mathcal{G}^\infty,Q^\infty)$, the countable product of $(A,\mathcal{G},Q)$ with elements $\{x_j\}$ and denote by

$$(\Omega,\mathcal{F},P) = ([0,1],\mathcal{B}[0,1],\text{Leb.}) \times (A^\infty,\mathcal{G}^\infty,Q^\infty) .$$

Here $\mathcal{G}$ is assumed to be included in the completion under Q of a countably generated σ-algebra of $\mathcal{G}$. Let

$$P^*(A) = \inf\{P(C),\ C \supseteq A,\ C \in \mathcal{F}\}$$

$$P_*(A) = \sup\{P(C),\ C \subseteq A,\ C \in \mathcal{F}\} .$$

Let $\mathcal{L}_o(\Omega,\mathcal{F},P) = \{f : f : \Omega \to [-\infty,+\infty],\ f \text{ measurable}\}$. For any $f : \Omega \to [-\infty,+\infty]$, define

$$f^* = \text{ess inf}\{j \in \mathcal{L}^o(\Omega,\mathcal{F},P),\ j \geq f\}$$

$$f_* = -((-f)^*) = \text{ess sup}\{g\ ;\ g \leq f,\ g \in \mathcal{L}^o(\Omega,\mathcal{F},P)\} .$$

4.17. LEMMA. The function f^* exists ans is $\mathfrak{F}$-measurable. Moreover, we can take $f^* \geq f$ everywhere, for all $g : \Omega \to [-\infty,+\infty]$, $(f+g)^* \leq f^* + g^*$ a.s. and $(f-g)^* \geq f^* - g^*$ a.s. if both sides are defined a.s.

Proof : Define $L_0(\Omega,\mathfrak{F},P)$, the equivalence classes in $\mathcal{L}_0(\Omega,\mathfrak{F},P)$ with metric

$$d(f,g) = \inf\{\varepsilon > 0 \ ; \ P(|\tan^{-1}f - \tan^{-1}g| > \varepsilon) < \varepsilon\} \ .$$

Then $(L_0(\Omega,\mathfrak{F},P),d)$ is a separable metric space and hence ess inf $(\mathcal{J})$ for $\mathcal{J} \subseteq L_0(\Omega,\mathfrak{F},P)$ can be written as $\min_{k\leq n} j_k \downarrow$ ess inf $(\mathcal{J})$ with $\{j_k\}$ dense subset of $L_0(\Omega,\mathfrak{F},P)$. Thus f^* is measurable and by construction, the other properties follow.

Let $(S,\| \ \|)$ be a Banach space and h be a map (not necessarly measurable) of $(A^\infty,\mathcal{G}^\infty,Q^\infty)$ into S. We call $X_j = h(x_j)$ a sequence of independent identically formed (i.i.f.) elements.

4.18. THEOREM. Let $X_n = h(x_n)$ $n = 1,2,\ldots$ be i.i.f. elements. Let

$$\lim_{n\to\infty} P^*(X_1 + \ldots + X_n/\sqrt{n} \leq t) = \lim_{n\to\infty} P_*(X_1 + \ldots + X_n/\sqrt{n} \leq t)$$

$$= \gamma(-\infty,t] \quad \forall \ t \in \mathbb{R} \ .$$

where γ is $N(0,1)$ r.v. Then h is measurable for the completion of $\mathcal{G}$ under $\mathcal{L}(x_1)$. So X_i are measurable and $EX_i = 0$, $EX_i^2 = 1$.

For this we need the following lemma. Its proof is presented in the appendix.

4.19. LEMMA. Let $(A_j,\mathcal{G}_j,P_j)$ be probability spaces such that $\mathcal{G}_j$ is the completion of a contably generated σ-algebra. Let $f_j : A_j \to [0,\infty]$ be any functions $j = 1,2,\ldots,n$. Then on $\prod_{j=1}^{n} (A_j,\mathcal{G}_j,P_j)$ with co-ordinate functions (x_j)

$$\left(\prod_{j=1}^{n} f_j(x_j)\right)^* = \prod_{j=1}^{n} f_j^*(x_j) \quad \text{a.s.}$$

where $0.\infty = 0$. If $n = 2$, $f_1 = 1$ then the same holds for f_2.

Proof of theorem 4.18. As X_n are non-measurable we consider

$$X_{n*} \leq X_n \leq X_n^* .$$

Let $D = \{X_1^* = \infty\}$ then D is measurable. If $P(D) > 0$ then $P|_D$ is non-atomic, as

$$\{X_1^* + \dots + X_n^*/\sqrt{n} \leq t\} \subseteq \{X_1 + \dots + X_n/\sqrt{n} \leq t\} .$$

Define on D, $Y_1 \geq 0$ (finite-valued) such that $P(Y_1 \geq nM_n + 2n) \geq n^{-\frac{1}{2}}$, where $M_n \uparrow \infty$ are chosen so that $P(X_1^* \leq -M_n) \leq n^{-3}$. This is possible as $X_1^* > -\infty$. Since $P(\min_{j \leq n} X_j^* \leq -M_n) \leq n^{-2}$, by Borel-Cantelli we get for n large, $X_j^* \geq -M_n$ for all $j \leq n$. Thus $\sum_{1 \leq j \leq n} X_j^* \geq -nM_n$. We define off D, $Y_1 = X_1^* - 1$. Repeatedly , we can define Y_j from X_j, then they are independent.

$$P\{\max_{1 \leq j \leq n} Y_j \geq nM_n + 2n\} \geq 1 - (1 - n^{-\frac{1}{2}})^n \longrightarrow 1 .$$

Hence for n large, there exists a j with $Y_j \geq nM_n + 2n$. Thus on D (by non-negatively) and off D (as $\sum_{j=1}^{n} X_j^* \geq -nM_n$) we get

$$\sum_{j=1}^{n} Y_j \geq n .$$

But $Y_j < X_j^*$ and hence by Lemma 4.19. and independence

$$P^*(X_j \geq Y_j , j = 1,2,\dots) = 1$$

Hence $P^*\left(\frac{X_1 + \dots + X_n}{n^{\frac{1}{2}}} \geq n^{\frac{1}{2}}\right) = 1$, contradicting the assumption unless $P(D) = 0$. Let $D(j) = \{X_j \geq X_j^* - 2^{-j}\}$. Then $P^*(D(j)) = 1$. Apply Lemma 4.19. with $P_j = \mathcal{L}(x_j)$, $f_j = 1_{D(j)}$. Then $P^*(\bigcap_{j=1}^{n} D(j)) = 1$. On $\bigcap_{j=1}^{n} D(j)$

$$X_1 + \dots + X_n/\sqrt{n} \leq X_1^* + \dots + X_n^*/\sqrt{n} \leq X_1 + \dots + X_n/\sqrt{n} + 1/\sqrt{n} .$$

Hence X_1^* satisfies CLT giving $EX_1^* = 0$. Similar arguments give $EX_{1*} = 0$. Now $X_1^* - X_{1*} \geq 0$ gives $X_1^* = X_{1*} = X_1$ a.e. completing the proof.

4.20 COROLLARY. If $S = B$ is a separable Banach space and $X_j = h(x_j)$ satisfy CLT as above then $\{X_j\}$ are completion measurable for Borel subsets of B.

Proof : Since $<y, X_j>$ satisfies CLT with $Y = N(0, \sigma_y^2)$, $(\sigma_y^2 > 0)$ for $y \in B'$ we get that $<y, \cdot>$ are measurable with respect to

$$\mathfrak{F}_0 = \{C ; h^{-1}(C) \text{ is measurable for } \mathcal{L}(x_1) \text{ completion of } \mathcal{C}\} .$$

But B is separable, $\mathcal{B}(B) = \sigma\{<y, \cdot> ; y \in B'\}$, giving the conclusion.

APPENDIX

Proof of Lemma 4.19. Clearly, $(\prod_{j=1}^{n} f_j)^* \leq \prod_{j=1}^{n} f_j^*$. For the converse, take $n = 2$ and suppose g is measurable on $A_1 \times A_2$ and for $\epsilon > 0$

$$C(\epsilon) = \{(x,y) ; g(x,y) + \epsilon < f_1^*(x) f_2^*(y)\} .$$

Suppose $(P_1 \times P_2)(C(0)) > 0$. Then for some $\epsilon > 0$ $(P_1 \times P_2)(C(\epsilon)) > 0$. Fix such ϵ. For $m = 1, 2, \ldots$, let $B_m = \{y : m < f_2^*(y) < \infty\}$. Then for some m, $P_1 \times P_2(C(\epsilon) \setminus A_1 \times B_m) > 0$. Fix such m and let $D = C(\epsilon) \setminus (A_1 \times B_m)$, $D_x = \{y ; (x,y) \in D\}$ and $H = \{x ; P_2(D_x) > 0\}$. Suppose $f_1(x) f_2(y) \leq g(x,y)$ everywhere. Let $x \in H$, if $f(x) = +\infty$, then $f_2 \geq 0$ and P_2-almost all $y \in D_x$, $f_1(x) f_2(y) < f_1^*(x) f_2^*(y)$ so $f_2(y) = 0 = f_2^*(y)$, a contradiction. If $0 < f_1(x) < \infty$, then for P_2-almost all $y \in D_x$, $f_2^*(y) \leq g(x,y)/f_1(x)$ so

$$f_2^*(y) < (f_1^*(x) f_2^*(y) - \epsilon)/f_1(x)).$$

Then $f_2^*(y) < +\infty$, so $f_2^*(y) \leq m$. If $f_2^*(y) \leq 0$, we get a contradiction since $f_1^*(x) \geq f_1(x) > 0$. So for any such y, $0 < f_2^*(y) \leq m$ and $f_1(x) < f_1^*(x) - \epsilon/m$. If $f_1 = 1$ this is a contradiction and finishes proof for this case. In case $f_j \geq 0$, $j = 1, 2, \ldots$, we have

$$f_1(x) \leq \max(0, f_1^*(x) - \epsilon/m)$$

for all $x \in H$. If $f_1^* > 0$ on some subset J of H with $P_1(J) > 0$, this allows f_1^* to be chosen smaller, a contradiction. So $f_1 = f_1^* = 0$ a.e. on H, but then $0 \leq g < 0$ on D again a contradiction. For $n \geq 3$, use indution.

5. CLT AND INVARIANCE PRINCIPLES FOR SUMS OF BANACH SPACE VALUED RANDOM ELEMENTS AND EMPIRICAL PROCESSES.

Throughout the section we shall use the notations f^*, f_*, P^*, P_* as in the last Section. In order to induce the reader to familiarise with these, we state the following Lemma whis is immediate from Lemma 4.17.

5.1. LEMMA. Let $(S, \| \|)$ be a vector space with norm $\|\cdot\|$. Then for, $X, Y : \Omega \longrightarrow S$,

$$\|X + Y\|^* \leq (\|X\| + \|Y\|)^* \leq \|X\|^* + \|Y\|^* \quad \text{a.s.}$$

and

$$\|c\, X\|^* = |c|\ \|X\|^* \quad \text{a.s. for all } c \in \mathbb{R} .$$

Also we state the following consequence of Lemma 4.19.

5.2. LEMMA. Let $(\Omega, \mathfrak{F}, P) = (\Omega_1 \times \Omega_2 \times \Omega_3, \mathfrak{F}_1 \times \mathfrak{F}_2 \times \mathfrak{F}_3, P_1 \times P_2 \times P_3)$ and denote the projections $\pi_i : \Omega \longrightarrow \Omega_i (i = 1,2,3)$. Then for any bounded non-negative function f,

$$E\{f^*(\omega_1, \omega_3) | (\pi_1, \pi_2)^{-1}(\mathfrak{F}_1 \times \mathfrak{F}_2)\} = E\{f^*(\omega_1, \omega_3) | \pi_1^{-1}(\mathfrak{F}_1)\}$$

a.s. P

Proof : By Lemma 4.19 (with $f_2(\omega_2) = 1$), $f^*(\omega_1, \omega_3)$ equals P-a.e. a measurable function not depending on ω_2 and thus is independent of $\pi_2^{-1}(\mathfrak{F}_2)$.

For not necessarily measurable real-valued functions g_n on Ω, we say that $g_2 \xrightarrow{P} 0$ if $\lim_{n \to \infty} P^*(|g_n| > \epsilon) = 0$, $\forall\, \epsilon > 0$ and $g_n \longrightarrow 0$ in L_p if there exists $\{f_n, n \geq 1\}$, f_n measurable $f_n \geq |g_n|$ and $f_n \longrightarrow 0$ in L_p.

5.3. LEMMA. Let $X : \Omega \longrightarrow \mathbb{R}$. Then for all $t \in \mathbb{R}$ and $\epsilon > 0$.

$$P^*(X \geq t) \leq P(X^* \geq t) \leq P^*(X \geq t-\epsilon) \quad .$$

In particular, for any $X_n : \Omega \longrightarrow \mathbb{R}$, $X_n \xrightarrow{P} 0$ or in L_p iff $|X_n|^* \xrightarrow{P} 0$ or in L_p, respectivelly.

Proof : Since $\{X \geq t\} \subseteq \{X^* \geq t\}$, it remains to prove the last inequality. Let for $j \in Z$

$$C_j = \{\omega : X \geq j\varepsilon\} \quad \text{and} \quad D_j \supseteq C_j$$

be measurable such that $P^*(C_j) = P(D_j)$. W log, D_j in non-increasing. Since $X(\omega) > -\infty$ we get $\bigcup_j D_j = \bigcup_j C_j = \Omega$. Let

$$\begin{aligned} Y(\omega) &= (j+1)\varepsilon \quad \text{on} \quad D_j \setminus D_{j+1} \quad \text{for} \quad j \in Z . \\ &= +\infty \qquad \text{on} \quad \bigcap_j D_j . \end{aligned}$$

We claim that $X^*(\omega) \leq Y(\omega)$. To prove the claim, we observe that the result is true for $\{\omega : Y(\omega) = +\infty\}$. If $\omega \in D_j \setminus D_{j+1}$ for some j, then $\omega \notin C_{j+1}$. Hence $Y(\omega) = (j+1)\varepsilon$ exceeds $X(\omega) < (j+1)\varepsilon$. Thus $X(\omega) \leq Y(\omega)$ and Y measurable giving $X^*(\omega) \leq Y(\omega)$. Given $t \in \mathbb{R}$, there exists unique $j \in Z$ such that

$$j\varepsilon \leq t < (j+1)\varepsilon .$$

Thus

$$P(X^* \geq t) \leq P(X^* \geq j\varepsilon) \leq P(Y \geq j\varepsilon) .$$

But $\{Y \geq j\varepsilon\} = D_{j-1}$. Thus

$$\begin{aligned} P(D_{j-1}) = P^*(D_{j-1}) &= P^*(X > (j-1)\varepsilon) \\ &\leq P^*(X \geq t - 2\varepsilon) . \end{aligned}$$

The following lemma is an immediate extension of the classical theorem. Hence we indicate only the changes needed in the classical proof as is given for example in Breiman.

5.4. LEMMA. (Ottaviani Inequality) Let $\{X_j, 1 \leq j \leq n\}$ be an independent sequence of random elements where X_j takes values in a normed-vector space $(S, \| \ \|)$. Write $S_n = \sum_{j \leq n} X_j$ and suppose that $\max_{j \leq n} P(\|S_n - S_j\|^* > \alpha) = c < 1$. Then $P(\max_{j \leq n} \|S_j\|^* > 2\alpha) \leq (1-c)^{-1} P(\|S_n\|^* > \alpha)$.

Proof : In the classical proof, replace $|\ |$ by $\|\ \|^*$ using Lemmas 4.17. and 5.1. One really needs $\|S_j\|^* \le \|S_n\|^* + \|S_n - S_j\|^*$. To complete the argument involving independence we argue as follows.

Let $\omega_1 = (x_{j+1},\ldots,x_n)$ and $\omega_2 = (x_1,\ldots,x_j)$. Then $F(\omega_1,\omega_2) = S_n - S_j$ depends only on ω_1 and by Lemma 4.21., $\|S_n - S_j\|^*$ depends only on ω_1 and is thus independent of $\{j^* - j\}$ (j^* stopping time in the usual way). The remaining parts are as before.

The following lemma is also technical and hence we defer the proof to the appendix.

5.5. LEMMA. Let S and T be Polish spaces and λ be a law on $S \times T$ with marginal μ on S. Let $(\Omega,\mathcal{B},P)$ be a probability space and X a r.v. on Ω with values in S and $\mathcal{L}(X) = \mu$. Assume that $\exists$ a r.v. U on Ω independent of X with values in a separable metric space R and $\mathcal{L}(U)$ on R being atomless. Then there exists $Y : \Omega \longrightarrow T$ a r.v. such that $\mathcal{L}(X,Y) = \lambda$.

5.6. THEOREM. Let $\{X_j, j \ge 1\}$ be a sequence of independent identically formed S-valued random elements $X_j = h(x_j)$, $(j \ge 1)$. Suppose that for each $m \ge 1$ there is a mapping $\wedge_m : S \longrightarrow S$ with the following properties

(5.6.1) The linear span $L_m S$ of $\wedge_m S$ is finite-dimensional

(5.6.2) For each $m \ge 1$, $\exists$ $n_o = n_o(m)$ so that for all $n \ge n_o$

$$P^*\{n^{-\frac{1}{2}} \| \sum_{j \le n} (X_j - \wedge_m X_j)\| \ge \frac{1}{m}\} \le \frac{1}{m}$$

(5.6.3) For each $m \ge 1$, the mapping $\wedge_m \circ h$ is measurable from $(A,\mathcal{G})$ into $L_m S$.

(5.6.4) $E \wedge_m X_1 = 0$, $E\|\wedge_m(X_1)\|^2 < \infty$, $\forall$ $m \ge 1$.

Let T be the completion of the linear span of $\bigcup_{m \ge 1} \wedge_m(S)$, so that T is a separable Banach space. Then there exists a sequence $\{Y_j, j \ge 1\}$ of i.i.d. T-valued Gaussian r.v.'s. defined on $(\Omega,\mathfrak{F},P)$ such that

(5.6.5) $EY_1 = 0$

(5.6.6) $E\langle y,Y_1\rangle\langle y',Y_2\rangle = \lim_{m\to\infty} E\langle y,\Lambda_m(X_1)\rangle\langle y',\Lambda_m(X_1)\rangle \ , \ \forall\, y,y'\in T^*$

as $n \to \infty$.

(5.6.7) $n^{-\frac{1}{2}} \max_{k\le n} \|\sum_{j\le k} (X_j - Y_j)\| \to 0$ in Probability and in L^p for $p < 2$.

<u>Proof</u> : We first show the desired Gaussian limit. Let $k,m,r \ge 1$. Consider i.i.d. vectors $\{(\Lambda_k X_j, \Lambda_m X_j, \Lambda_r X_j),\ j \ge 1\}$. Let $0 < \varepsilon < \frac{1}{2}$ fixed by (5.6.2) we get for $k,m \ge 6/\varepsilon$ and $\forall\ n \ge n_o(k) \vee n_o(m)$

(5.6.8) $P\{n^{-\frac{1}{2}} \|\sum_{j\le n} (\Lambda_k X_j - \Lambda_m X_j)\| > \varepsilon/2\} < \varepsilon/2$.

Let

$$U_{n,kmr} = n^{-\frac{1}{2}} \sum_{j\le n} ((\Lambda_k X_j, \Lambda_m X_j, \Lambda_r X_j)\ .$$

and for $(u,v,w) \in L_k S \times L_m S \times L_r S$,

$$\|(u,v,w)\| = \|u\| + \|v\| + \|w\|\ .$$

By CLT there exists μ_{kmr} on $L_k S \times L_m S \times L_r S$ centered Gaussian so that

(5.6.9) $\pi(\mathcal{L}(U_{nkmr}), \mu_{kmr}) < \varepsilon/2$, $n \ge n_1(\varepsilon,k,m,r)$.

Let μ_{km}, μ_{kr}, μ_{mr}, μ_k, μ_m, μ_r be the marginals of μ_{kmr}. Now μ_k, μ_{km}, μ_{kmr} can be regarded as Borel probability measures on $T, T\times T$ and $T\times T\times T$. Now (5.6.8) for m,r implies

(5.6.10) $\mu_{mr}\{(v,w) \in T\times T\ ;\ \|v - w\| > \varepsilon\} < \varepsilon$, $m,r > \frac{6}{\varepsilon}$.

On $T\times T$ we take $\|(u,v)\| = \|u\| + \|v\|$. We rewrite the above as

$$\mu_{kmr}\{(u,v,w) : \|(u,v) - (u,w)\| > \varepsilon\} < \varepsilon, m,r \ge 6/\varepsilon\ ,\ k \ge 1$$

and obtain that

$$\pi(\mu_{jm},\mu_{kr}) \le \varepsilon \ , \quad m,r \ge 6/\varepsilon \quad k \ge 1 \ .$$

Hence $\{\mu_{km}\}_{m\ge 1}$ and each $k \ge 1$ is a Cauchy seuqence for the Prohorov metric.

Hence $\exists\ \mu_{k\infty}$ on $T \times T$ such that

$$\mu_{km} \Rightarrow \mu_{k\infty} \quad \text{as} \quad m \to \infty \ .$$

By (5.6.10) ,

(5.6.11) $\mu_{k\infty}\{(u,v);\ \|u-v\| > \varepsilon\} \le \varepsilon \ , \quad \forall\ k \ge 6/\varepsilon \ .$

As marginal of μ_{km} is μ_m , we get that there exists μ_∞ on T such that

$$\mu_m \Rightarrow \mu_\infty \quad \text{as} \quad m \to \infty \ .$$

Further, μ_{km} has marginals μ_k and μ_m we conclude that $\mu_{k\infty}$ is Gaussian with marginals μ_k and μ_∞ .

For $k \ge 1$, fixed, let $\{(Z_{kj},Z_j)\ j \ge 1\}$ be a sequence of i.i.d. random vectors on Ω' with values in $T \times T$

$$\mathcal{L}(Z_{kj},Z_j) = \mu_{k\infty} \quad j \ge 1 \quad (\text{Note } \{Z_j\} \text{ depends on } \varepsilon) \ .$$

Now $\mu_{k\infty}$ is centered Gaussian gives by (5.6.11)

$$P\{n^{-\frac{1}{2}} \|\sum_{j\le n} (Z_{kj} - Z_j)\| > \varepsilon\} \le \varepsilon \qquad k \ge 6/\varepsilon \ .$$

By Lévy inequality $n \ge 1$

$$P\{n^{-\frac{1}{2}} \max_{m\le n} \|\sum_{j\le m} (Z_{kj} - Z_j)\| > \varepsilon\} \le 2\varepsilon \ .$$

Let $k > 6/\varepsilon$, then $\{\Lambda_k X_j,\ j \ge 1\}$ satisfies CLT with limit μ_k . Hence by Section 4, there exists Ω'' and a sequence $\{V_{kj},\ j \ge 1\}$ of independent r.v.'s., having the same distribution as $\{\Lambda_k X_j\ ,\ j \ge 1\}$ and a sequence $\{W_{kj}\}$ of i.i.d. r.v.'s. with common distribution μ_k such that

$$n^{-\frac{1}{2}} \max_{m\leq n} \| \sum_{j\leq m} (V_{kj} - W_{kj})\| \xrightarrow{P} 0 .$$

By Lemma 4.12 (m = 2), we can assume $\Omega' = \Omega''$ and $Z_{kj} = W_{kj}$ for all j . Hence we get for some $n_2(\epsilon,k) \geq n_o(k)$ and $n \geq n_2(\epsilon,k)$,

$$P\{n^{-\frac{1}{2}} \max_{m\leq n} \| \sum_{j\leq m} (V_{kj} - Z_j)\| > 3\epsilon\} < 3\epsilon .$$

(Note that Z_j depends on $k \geq 6/\epsilon$, i.e. on ϵ).

Let us overcome this problem. Choose $\epsilon = \epsilon_p = 2^{-p-3}$ $p = 1,2,\ldots$ and $k = k(p) = 2^{p+6} > 6/\epsilon_p + 1$. By what has been proved we obtain two sequences

$$\{V_j^{(p)}, j \geq 1\} \text{ and } \{Z_j^{(p)}, j \geq 1\}$$

with the following properties

$$V_j^{(p)} = V_{k(p)j} \quad j \geq 1 , \quad \mathcal{L}(\{Z_j^{(p)}, j \geq 1\}) = \mathcal{L}(\{Z_j , j \geq 1\}) \text{ and for}$$

some $n_3(p) \geq n_2(2^{-p-6}, k(p))$ and $n \geq n_3$

$$(5.6.12) \quad P\{n^{-\frac{1}{2}} \max_{m\leq n} \| \sum_{j\leq m} (V_j^{(p)} - Z_j^{(p)})\| > 2^{-p}\} < 2^{-p} .$$

We can assume V-sequences are independent of each others and Z-sequences.

Put $r(p) = \sum_{q\leq p} n_3(q)$.

Define

$$(5.6.13) \quad V_j = V_j^{(p)} \text{ and } Z_j' = Z_j^{(p)} \text{ if } r(p) < j \leq r(p+1) .$$

Then $\{V_j , j \geq 1\}$, $\{Z_j' , j \geq 1\}$ are seqences of independent r.v.'s. Moreover, for $\epsilon > 0$, there exists $n_4(\epsilon)$ such that

$$(5.6.14) \quad P(n^{-\frac{1}{2}} \max_{m\leq n} \| \sum_{j\leq m} (V_j - Z_j')\| > 4\epsilon) < 4\epsilon .$$

We now prove (5.6.14) to get rid of dependence of Z_j on ϵ .

Let s be such that $2^{-s} < \epsilon$ and $N_o = N_o(\epsilon)$ be so large that for all $n \geq N_o$, (as s is fixed)

$$P\{n^{-\frac{1}{2}} \max_{m\le r(s)} \|\sum_{j\ge m} V_j\| > \varepsilon\} < \varepsilon$$

and

$$P\{n^{-\frac{1}{2}} \max_{m\le r(s)} \|\sum_{j\le m} Z_j'\| > \varepsilon\} < \varepsilon \ .$$

Let $n \ge \max(N_0, n_3(s)) = n_4(\varepsilon)$. Choose M so that $r(M) < n \le r(M+1)$. Then $n \ge n_3(p)$, $p \le M$ by définition of $r(M)$. By (5.6.12) and (5.6.13), we get

$$\max_{m\le n} \|\sum_{j\le m} (V_j - Z_j')\| \le \max_{m\le r(s)} \|\sum_{j\le m} V_j\|$$

$$+ \max_{m\le r(s)} \|\sum_{j\le m} Z_j'\|$$

$$+ \sum_{p=s}^{m-1} \max_{r(p)<m\le r(p+1)} \|\sum_{j=r(p+1)}^{m} (V_j - Z_j')\|$$

$$+ \max_{r(M)<m\le n} \|\sum_{j=r(M+1)}^{m} (V_j - Z_j')\|$$

$$\le 2\varepsilon\, n^{\frac{1}{2}} + \sum_{p=s}^{M} 2^{-p} n^{\frac{1}{2}} = 4\varepsilon\, n^{\frac{1}{2}}$$

by (5.6.12). This holds except on a set of measure $< 4\varepsilon$ giving (5.6.14).

Now we want to show that $\{X_j, j \ge 1\}$ and $\{Z'_j, j \ge 1\}$ are defined on on the same probability space. For this we need Lemma 5.5. For $j \ge 1$, define $p(j)$ such that $j \in (r(p), r(p+1)]$ and $\rho(j) = 2^{p(j)+6}$. Then

$$\mathcal{L}(\{\Lambda_{\rho(j)} X_j, j \ge 1\}) = \mathcal{L}(\{V_j, j \ge 1\})$$

by construction. In Lemma 5.5.

$$\lambda = \mathcal{L}(\{V_j, j \ge 1\}, \{Z_j', j \ge 1\}), \ X = \{\Lambda_{\rho(j)} X_j, j \ge 1\}$$

and U uniform. Then by the above equality of the law and independence of uniform $[0,1]$ and X, we get existence of $\{Y_j, j \ge 1\}$ defined on Ω such that

$$\lambda = \mathcal{L}(\{\Lambda_{\rho(j)} X_j, j \ge 1\}, \{Y_j, j \ge 1\}) .$$

Thus by (5.6.14) we get as $n \to \infty$

$$(5.6.15) \qquad n^{-\frac{1}{2}} \max_{m \le n} \| \sum_{j \le m} (\Lambda_{\rho(j)} X_j - Y_j) \| \xrightarrow{P} 0 .$$

Since $n_3(p) \ge n_2(\varepsilon_p, k(p)) \ge n_o(2^{p+6})$ for $p \ge 1$. By (5.6.2) we have

$$P^*\{n^{-\frac{1}{2}} \| \sum_{j \le n} X_j - \Lambda_{k(p)} X_j \| \ge 2^{-p-6}\} \le 2^{-p-6} .$$

By Ottavani Inequality and Lemma 5.3., for $n \ge n_3(p)$

$$P\{n^{-\frac{1}{2}} \max_{k \le n} \| \sum_{j \le k} (X_j - \Lambda_{k(p)}) \| > 2^{-p}\} < 2^{-p} .$$

This is analogue of (5.6.12). Following proof as for (5.6.14), we get for $\varepsilon > 0$ and some $n_5(\varepsilon)$ and $n \ge n_5(\varepsilon)$

$$n^{-\frac{1}{2}} \max_{m \le n} \| \sum_{j \le m} (X_j - \Lambda_{\rho(j)} X_j) \| \xrightarrow{P} 0 , \quad \text{as } n \to \infty .$$

Combining with (5.6.15) we get the result in terms of convergence in probability. As in the proof of Proposition 2.14., $\sup_\lambda \lambda^2 P\{n^{-\frac{1}{2}} \|S_n\|^* > \lambda\} < \infty$.

Since

$$P\{\|n^{-\frac{1}{2}} S_n\|^* > \lambda\} \ge P\{\max_{k \le n} n^{-\frac{1}{2}} \|S_k\|^* > \lambda\}$$

with $S_k = \sum_{j \le k} X_j$, we get for $p < 2$. Using Fernique's theorem

$$n^{-\frac{1}{2}} \max_{k \le n} \| \sum_{j \le k} (X_j - Y_j) \|^{*p}$$

is uniformly integrable. Hence convergence in L_p follows for $p < 2$.

Also $E\{<s, \Lambda_k X_j>^2\} = E\{<s, Z_{k1}>^2\}$, $s \in T'$ as $\Lambda_k X_j$ satisfies CLT with limit μ_k. As $\mu_k \Rightarrow \mu_\infty$ Gaussian, we have $E<s, Z_{k1}>^2 \to E<s, Z_1>^2$ as $k \to \infty$. But $E<s, Z_1>^2 = E<s, Y_1>^2$ proving (5.6.5) and (5.6.6).

Let us now apply the theorem to empirical processes. Let $\{x_j\}$ be a sequence of i.i.d. uniform r.v.'s. and h be a map on $[0,1] \to (D([0,1], \|\cdot\|)$

given by $1_{[0,s]}(\cdot) - s$ for $0 \le s \le 1$. Then $X_j(s) = 1(X_j \le s) - s$ and

$F_n(s) = n^{-1} \sum_{j=1}^{n} 1(X_j \le s)$ is called empirical distribution function. We get

$n^{-\frac{1}{2}} \sum_{j=1}^{n} X_j(s) = n^{\frac{1}{2}} (F_n(s) - s)$.

The classical result says that $\mathcal{L}(n^{\frac{1}{2}}(F_n(\cdot) - \cdot)) \Rightarrow \mathcal{L}(W_0)$ in the supremum norm on $D[0,1]$ where $W_0(s) = W(s) - s\,W(1)$, the Brownian Bridge, W being Wiener process.

In general, if $\{x_j\}$ are i.i.d. r.v. and $B \in \mathcal{G}$, we can define empirical measure by

$$Q_n(B) = n^{-1} \sum_{j=1}^{n} 1(x_j \in B)$$

and the following gives analogue of the above result.

5.7. THEOREM. Let $\mathcal{G} \subseteq \mathcal{L}_2(A,\mathcal{G},Q)$ be a class of functions so that

(5.7.1) $\mathcal{G}$ is totally bounded in $\mathcal{L}_2$.

For every $\varepsilon > 0$, there exists $\delta > 0$ such that for all $n \ge n_0$,

(5.7.2) $P^*(\sup\{|\int (f-g)d\nu_n| : f,g \in \mathcal{G}, \int (f-g)^2 dP < \delta^2\} > \varepsilon) < \varepsilon$.

Then there exists a sequence $\{Y_j, j \ge 1\}$ of i.i.d. Gaussian processes defined on Ω indexed by $f \in \mathcal{G}$ and sample functions of Y_1 are a.s. uniformly continuous on $\mathcal{G}$ in $\mathcal{L}_2$-norm such that

a) $E\,Y_1(f) = 0$ for all $f \in \mathcal{G}$.

b) $EE\,Y_2(f)\,Y_1(g) = \int fg\,dQ - \int f\,dQ \int g\,dQ$ for all $f,g \in \mathcal{G}$.

and as $n \to \infty$.

c) $n^{-\frac{1}{2}} \max_{k \le n} \sup_{f \in \mathcal{G}} |\sum_{j \le k} [f(x_j) - \int f\,dQ - Y_j(f)]| \xrightarrow{P} 0$

as well as in L_p, $p < 2$.

We observe now how Theorem 5.7. can be put in the form of Theorem 5.6. Let $m \ge 1$ and $\varepsilon = \frac{1}{m}$. Choose δ and n_0 according to (5.7.2). Let

$$\|f-g\|_{2,Q} = [\int (f-g)^2 dQ]^{\frac{1}{2}} \ , \ f,g \in \mathcal{G} \ .$$

Since $\mathcal{G}$ is totally bounded in $\| \ \|_{2,Q}$ there exist $f_k = f_{km} \in \mathcal{G}$, $1 \le k \le N(\delta)$ such that for $f \in \mathcal{G}$, there exists a $k(f)$, with $\|f-f_k\|_{2,Q} < \delta$. Choose $k = k(f)$ minimal. Hence by (5.7.2) and definition of empirical measure, we get

$$P^*\{n^{-\frac{1}{2}} \sup_{f\in\mathcal{G}} |\sum_{j\le n} (f-f_k)(x_j) - \int (f-f_k)\, dQ| > 1/m\} < \frac{1}{m} \ .$$

Now set S as the space of all bounded real-valued functions on $\mathcal{G}$. Define for $\Psi \in S$

$$\|\Psi\| = \{|\Psi(f)| \ ; \ f \in \mathcal{G}\} \ .$$

Then $(S,\|\cdot\|)$ is a Banach space (not necessarily separable).

Define $h : A \longrightarrow S$ by $h(x)(f) = f(x) - \int f dQ$ for $x \in A$ and $\wedge_m : S \longrightarrow S$ by setting

$$\wedge_m \Psi(f) = \Psi(f_k) \ .$$

Let $X_j = h(x_j)$. Then

$$(\wedge_m X_j)(f) = (\wedge_m h(x_j)f) = f_k(x_j) - \int f_k dQ \ , \ f \in \mathcal{G} \ .$$

Now $\dim L_m(S) = N(\delta) < \infty$ and WLOG assume $\delta(\varepsilon) \downarrow$ as $\varepsilon \downarrow$. Clearly assumptions of Theorem 5.6. are satisfied. Now $(T,\|\cdot\|)$ be as in that theorem. Then there exist i.i.d. Gaussian T-valued Y_j satisfying a),b),c), of Theorem 5.7. by Theorem 5.6., if we show Y_1 has uniformly continuous sample paths on $\mathcal{G}$ for $\| \ \|_{2,p}$ (for a),b)) .

Let $Z_n = n^{-\frac{1}{2}} (Y_1 + \dots + Y_n)$, then $\mathcal{L}(Z_n) = \mathcal{L}(Y_1)$ on T and $\|Z_n - \nu_n\| \xrightarrow{P} 0$. Given $\varepsilon > 0$, take $\delta(\varepsilon) > 0$ and n_o from (5.7.2) s.t. for $n \ge n_o$

$$P^*(\|Z_n - \nu_n\| > \varepsilon) < \varepsilon \ .$$

For $\Psi \in S$, let

$$p_\delta(\Psi) = \sup\{|\Psi(f) - \Psi(g)|, \ f, g \in \mathcal{G} \ , \ \|f-g\|_{2,Q} < \delta\}$$

Then p_δ is a seminorm on S with $p_\delta(\Psi) \le 2\|\Psi\|$ for all $\Psi \in S$ and by (5.7.2).

$$P^*\{p_\delta(\nu_n) > \varepsilon\} < \varepsilon \quad \text{for} \quad n \ge n_o \quad .$$

Thus

$$P^*\{p_\delta(Z_n) > 3\varepsilon\} < 2\varepsilon \quad .$$

But p_δ is continuous and hence measurable on T. As $\mathcal{L}(Z_n) = \mathcal{L}(Y_1)$, $P(p_\delta(Y_1) > 3\varepsilon) < 2\varepsilon$. Let $a_k = \delta(2^{-k})$ and $W_k = \{\Psi \in S \; ; \; p_{a_k}(\Psi) < 3.2^{-k}\}$. Then

$$P(Y_1 \notin W_k) < 2^{1-k}(\varepsilon = 2^{-k}) \; .$$

Let $W = \bigcup_{j\ge1} \bigcap_{k\ge j} W_k$. Then W is a Borel set in T, consisting of functions uniformly continuous on $\mathcal{G}$ and $P(Y_1 \in W) = 1$ by Borel-Cantelli lemma.

A class $\mathcal{G}$ of functions satisfying (5.7.1) and (5.7.2) is called a <u>Donsker Class</u> of sets for Q. In case $\mathcal{G} = \{1_C \; , \; C \in \mathcal{C}\}$, we call $\mathcal{C}$ a <u>Donsker Class</u> of <u>sets</u>. Our purpose now is to give conditions on $\mathcal{C}$ and Q in order that $\mathcal{C}$ is a <u>Donsker Class</u>.

For $\delta > 0$ and $\mathcal{C} \subseteq \mathcal{A}$, a class of sets, we define, $N_I(\delta) = N_I(\delta,\mathcal{C},Q)$ to be the smallest number d of sets $A_1 \ldots A_d \in \mathcal{A}$ satisfying.

For each $C \in \mathcal{C}$, there exist A_r and A_s $(1 \le r,s \le d)$ such that $A_r \subset C \subset A_s$ and $P(A_s \setminus A_r) < \delta$. We call $\log(N_I(\delta)$ a <u>metric entropy</u> with inclusion. It is shown by Dudley (Ann. Prob. <u>6</u> (1978)) that

$$(5.8) \qquad \int_0^1 (\log N_I(x^2))^{\frac{1}{2}} \, dx < \infty$$

implies (5.7.1) and (5.7.2). Hence we get

5.9. THEOREM. <u>Let</u> $\mathcal{C}$ <u>be a class of sets for which</u> (5.8) <u>holds. Then there exists a sequence</u> $\{Y_j \; , \; j \ge 1\}$ <u>of i.i.d. Gaussian processes defined on the same probability space indexed by</u> $C \in \mathcal{C}$ <u>with sample functions of</u> Y_1 <u>a.s.</u>

uniformly continuous on $\mathcal{C}$ in the $d_Q(C,D) = Q(C \Delta D)$ on $\mathcal{G}$. The processes Y_j have following properties.

a) $EY_1(C) = 0$ for all $C \in \mathcal{C}$.

b) $EY_1(C)\, Y_1(D) = P(C \cap D) - P(C)P(D)$ for all $C,D \in \mathcal{C}$ and as $n \to \infty$,

c) $n^{-\frac{1}{2}} \max_{k \le n} \sup_{C \in \mathcal{C}} \left| \sum_{j \le k} 1(x_j \in C) - Q(C) - Y_j(C) \right| \to 0$

in probability as well as L_2.

Note $1_C \le 1$, one gets uniform integrability $\| \ \|$ in the proof of Theorem 5.6.

A collection $\mathcal{C}$ is called Vapnik-Cervonenkis class (VCC) if for some $n < \infty$, no set D with n elements has all its subsets of the form $C \cap D$. The Vapnik-Cervonenkis number $V(\mathcal{C})$ denotes smallest such n.

5.10. DEFINITION.

a) If $(A,\mathcal{G})$ and $(\mathcal{C},\mathcal{S})$ are measurable spaces with $\mathcal{C} \subseteq \mathcal{G}$, we call $(A,\mathcal{G}\,;\,\mathcal{C},\mathcal{S})$ a chair.

b) A chair is called admissible iff $\{(x,C) : x \in C\} \in \mathcal{G} \otimes \mathcal{S}$ for all $C \in \mathcal{C}$.

c) A chair is called a-Suslin iff it is admissible and $(A,\mathcal{G})$, $(\mathcal{C},\mathcal{S})$ are Suslin spaces.

d) A chair is called Qa-Suslin iff it is a-Suslin and d_Q-open subsets of $\mathcal{C}$ belong to $\mathcal{S}$.

If $\mathcal{C}$ is a VCC and for some σ-algebra $\mathcal{G}' \supseteq \mathcal{C}$ and σ-algebra $\mathcal{S}$ of $\mathcal{C}$ s.t. $(A,\mathcal{G}'\,;\,\mathcal{C},\mathcal{S})$ is Qa-Suslin then $\mathcal{C}$ satisfies (5.7.1) and (5.7.2).

For proof see Dudley (cited before).

Thus one can produce large class of examples for which approximation condition (5.6.2) holds and also Theorem 5.9. holds.

Appendix : Proof of Lemma 5.5. :

Proof : We may assume R complete, hence Polish. Any uncountable Polish space is Borel isomorphic to $[0,1]$ (Parthasarathy, p. 14). Every Polish space is Borel-isomorphic to some compact subset of $[0,1]$. Thus there is no loss of generality in assuming $S = T = R = [0,1]$ with the usual topology, metric and Borel structure. Next, we take disintegration of λ on $[0,1]\times[0,1]$ (N. Bourbaki, VI, Integration p. 58-59). There exists a map λ_s from s into the set of all probability measures on T s.t. $\int f(s,t)d\lambda = \int_0^1\int_0^1 f(s,t)d\lambda_s d\mu$ for all bounded, Borel measure functions f on $[0,1]\times[0,1]$. For each s, let F_s be the distribution function of λ_s. $F_s^{-1}(t) = \inf\{z ; F_s(z) \geq t\}$ for $0 \leq t \leq 1$. We may assume U has uniform distribution over $[0,1]$. For each t, the map $s \to F_s^{-1}(t)$ is measurable. Since $F_s^{-1}(1)$ is non-decreasing and left-continuous.

$$F_s^{-1}(t) = \lim_{n\to\infty} \sum_{j=0}^{n} F_s^{-1}(j/n)\, 1\{j/n \leq t \leq j+1/n\} .$$

Hence $F_s^{-1}(t)$ is jointly measurable in (s,t). Let $Y(\omega) = F_{X(\omega)}^{-1}(U(\omega))$, then Y is a r.v. Moreover, for any bounded Borel function g on $[0,1]\times[0,1]$ using Fubini Theorem and the fact $\text{leb.}0(F_s^{-1})^{-1} = \lambda_s$

$$\int g d\lambda = \int_0^1\int_0^1 g(s,t)d\lambda_s d\mu = \int_0^1\int_0^1 g(s,F_s^{-1}(t))\, dt\, d\mu$$

$$= \int_0^1\int_0^1 g(s,F_s^{-1}(t))\, d(\mu\otimes\text{leb.})$$

$$= E\, g(X,F_X^{-1}(U)) = Eg(X,Y) .$$

REFERENCES / BOOKS

[1] BILLINGSLEY P. (1968) : Convergences of Probability measures, Wiley, New York.

[2] FELLER W. (1971) : Introduction to Probability Theory and its applications, Vol. 2, Wiley, New York.

[3] LOEVE M. (1968) : Probability Theory, Van Neustrand Princeton.

[4] PARTHASARATHY K.R. (1967) : Probability measures on metric spaces, Academic Press, N. Y.

PAPERS :

[1] DE ACOSTA A. (1982) : An invariance principle in probability for triangular arrays of B-valued random vectors, Annals of Probability, 10 .

[2] DABROWSKI A., DEHLING H., PHILIPP W. (1981) : An almost sure invariance principle for triangular arrays of Banach space valued random variables (preprint).

[3] DUDLEY R.M. and PHILIPP W. (1982) : Invariance principles for sums of Banach space valued random elements and empirical processes. Preprint.

V. MANDREKAR

MICHIGAN STATE UNIVERSITY

and

UNIVERSITE DE STRASBOURG

This work was partially supported on NSF-MCS-78-02878 and AFOSR 80-0080 .

UNE REMARQUE SUR LES PROCESSUS GAUSSIENS DEFINISSANT DES MESURES L^2

par Dominique BAKRY

On est habitué depuis le livre de Doob ([1], p. 77) à la correspon dance entre notions probabilistes « au sens large » et « au sens strict », les premières dépendant uniquement de la covariance des prc cessus, et les deux types de notions coincidant pour les processus gau siens. Par exemple, la notion de martingale de carré intégrable est la notion « stricte » associée à la notion « large » de processus à accroissements orthogonaux.

Dans ces conditions, il est tout à fait naturel de se demander si l'existence d'une intégrale stochastique de processus déterministes, mesure vectorielle à valeurs dans L^2, est la notion « large » corres pondant à la notion « stricte » de semimartingale. Autrement dit, d conjecturer que si l'on peut intégrer les processus déterministes par rapport à un processus gaussien X, l'intégrale étant une mesure à valeurs dans L^2, alors X est nécessairement une semimartingale.

Nous allons construire ici un exemple montrant que cette conjectu est fausse, même lorsque les trajectoires de X sont continues.

NOTATIONS. Il sera commode de considérer plutôt des processus $(X_t)_{0\leq t}$
Nous désignerons par $\mathcal{E}$ l'ensemble des <u>fonctions élémentaires</u> de la forme

$$f(t) = \Sigma_{i=1}^{n} \lambda_i I_{]t_i,t_{i+1}]}(t) \ , \ 0=t_1<t_2\ldots<t_n=1$$

<u>bornées par</u> 1 en valeur absolue. Pour $f\in\mathcal{E}$ on pose

$$\int f dX = \Sigma_{i=1}^{n} \lambda_i (X_{t_{i+1}} - X_{t_i})$$

On supposera que $X_0=0$ (remarquer aussi que $f(0)=0$).

On montre dans [2] que l'application $f \mapsto \int f dX$ se prolonge en u mesure vectorielle à valeurs dans L^2 si et seulement si

(1) $\quad \sup_{f\in\mathcal{E}} \| \int f dX \|_{L^2} < +\infty$

(en particulier, les X_t doivent évidemment être dans L^2). Introduisons alors la covariance $\gamma(s,t)$ de X , et la fonction additive (enc notée γ) sur l'algèbre de Boole engendrée par les rectangles de $]0,1]\times]0,1]$ de la forme $]s,s']\times]t,t']$, telle que

$$\gamma(]s,s']\times]t,t']) = \gamma(s',t')-\gamma(s,t')-\gamma(s',t)+\gamma(s,t) \ .$$

alors la condition (1) s'écrit aussi

(2) $\sup_{f\in\mathcal{E}} \iint f(s)f(t)d\gamma(s,t) < +\infty$

et l'on voit que cette condition est satisfaite dès que γ se prolonge en une mesure, i.e. que γ est à variation plane bornée.

Par exemple, si (X_t) est à accroissements orthogonaux, ou si (X_t) est un processus à variation finie dont la variation totale est de carré intégrable, γ est à variation plane bornée. Soit en effet (t_i) une subdivision de $]0,1]$. On a

$$\Sigma_{ij} |\gamma(]t_i,t_{i+1}]\times]t_j,t_{j+1}])| = \Sigma_{ij} |E[(X_{t_{i+1}}-X_{t_i})(X_{t_{j+1}}-X_{t_j})]|$$

Dans le premier cas, cette somme vaut $\Sigma_i E[(X_{t_{i+1}}-X_{t_i})^2]=E[X_1^2]$. Dans le second cas, on la majore en faisant entrer les $||$ sous le signe $E[]$, puis en la remplaçant par $E[(\int|dX_t|)^2]$.

En revanche, nous ignorons si la covariance d'une somme $X_t=Y_t+Z_t$, où (Y_t) est à accroissements orthogonaux, (Z_t) à variation de carré intégrable, est une fonction à variation plane bornée.

ETUDE D'UN EXEMPLE. Nous allons construire un processus gaussien (X_t) à trajectoires continues, satisfaisant à (1) et (2), dont la covariance n'est pas à variation plane bornée, et tel que X ne soit pas une semimartingale dans sa filtration naturelle.

Nous considérons la suite $(\varepsilon_n(t))_{n\geqq 0}$ des fonctions de Rademacher sur $]0,1]$

$$\varepsilon_n(t) = \Sigma_{i=0}^{2^n-1} (-1)^i I_{]i2^{-n},(i+1)2^{-n}]}(t)$$

et nous posons

$$f_n(t) = \int_0^t \varepsilon_n(u)du \quad ,$$

de sorte que $0\leqq f_n(t)\leqq 2^{-n}$. Considérons maintenant sur un espace probabilisé $(\Omega,\underline{\underline{F}},P)$ une suite (Y_n) de v.a. normales centrées réduites indépendantes, et posons

(3) $$X_t = \Sigma_n f_n(t)Y_n$$

D'après le lemme de Borel-Cantelli, on a p.s. $|Y_n|\leqq n$ pour n suffisamment grand, donc la série (3) converge normalement sur $[0,1]$ p.s. et (X_t) est un processus gaussien à trajectoires continues.

Soit $f(t)$ une fonction sur $[0,1]$. Nous avons formellement

$$\int_0^1 f(t)dX_t = \Sigma_n (\int f(t)df_n(t))Y_n = \Sigma_n a_nY_n$$

avec $a_n = \int f(t)\varepsilon_n(t)dt$. Comme les ε_n forment un système orthonormal (non total !) dans $L^2([0,1])$, on a $\Sigma_n a_n^2 \leqq \int f^2(t)dt$, et par conséquent

$$\| \int f dX \|_{L^2(\Omega)} \leqq \|f\|_{L^2([0,1])} \quad .$$

Il est facile de justifier rigoureusement ce calcul lorsque f est élé mentaire, et il en résulte que la condition (1) est remplie : (X_t) défi nit bien une mesure vectorielle à valeurs dans $L^2(\Omega)$.

Il est clair que la covariance de (X_t) est

$$(4) \qquad \gamma(s,t) = \Sigma_n f_n(s)f_n(t) .$$

Montrons qu'<u>elle n'est pas à variation plane finie</u>. Pour cela, évaluons sa variation plane sur la n-ième subdivision dyadique . Si H_{ij} est un carré de la subdivision produit

$$H_{ij} = A_i\times A_j =]i2^{-k},(i+1)2^{-k}]\times]j2^{-k},(j+1)2^{-k}]$$

on a $\gamma(H_{ij}) = \gamma_k(H_{ij})$, où $\gamma_k(s,t) = \Sigma_{n\leqq k} f_n(s)f_n(t)$. La mesure plane associée à γ_k est

$$d\gamma_k(s,t) = \Sigma_{n\leqq k} \varepsilon_n(s)\varepsilon_n(t) = Y_k(s,t)dsdt$$

et comme $Y_k(s,t)$ est constante sur $A_i\times A_j$, on a

$$\Sigma_{ij} |\gamma_k(H_{ij})| = \Sigma_{ij} \iint_{H_{ij}} |Y_k(s,t)|dsdt = \iint|Y_k(s,t)|dsdt$$

Mais sur l'espace de probabilité $[0,1]^2$ muni de sa tribu borélienne et de la mesure de Lebesgue, la suite $(\varepsilon_n(u)\varepsilon_n(v))_{n>0}$ est formée de v.a. indépendantes admettant des lois de Bernoulli. Donc Y_k (au terme de rang 0 près) a la même loi que la somme des k premiers termes d'u partie de pile ou face, et l'espérance de sa valeur absolue tend vers $+\infty$.

Nous montrons ensuite que (X_t) <u>n'est pas une semimartingale</u>. Le principe du raisonnement est très simple : si X était une semimartingale, X se décomposerait (par rapport à la filtration $(\underline{\underline{F}}_t)$ obtenue en rendant << habituelle >> la filtration naturelle de X) en une somme d'un martingale locale continue et d'un processus à variation finie. Or nous allons vérifier que <u>toutes les martingales locales continues de $(\underline{\underline{F}}_t)$ so constantes</u> : X ne peut donc être une semimartingale que s'il est à va riation finie . Soit N la pseudo-seminorme << variation totale >> su l'espace des fonctions continues sur $[0,1]$; d'après le caractère gau sien de X , et le théorème 1.3.2 de [3], p. 11, la propriété que $N(X_.)<$ p.s. entraîne l'existence d'un $\varepsilon>0$ tel que $E[\exp(\varepsilon N^2(X_.))] < \infty$. En par ticulier, la variation totale de X ne peut être p.s. finie sans être de carré intégrable, ce qui est impossible puisque la covariance de X n'es pas à variation plane finie. Donc X n'est pas une semimartingale.

Il reste à établir la phrase soulignée. Nous remarquons que $f_k(t)=$ pour $t\in[0,2^{-k}]$, et que $f_k(2^{-m})=0$ si $k>m$, de sorte que

$$X_{2^{-m}} = 2^{-m}(Y_0+\ldots+Y_m) .$$

Donc la tribu $\underline{\underline{F}}^{\circ}_{2^{-n}}$ contient toutes les v.a. $Y_0+\ldots+Y_m$, $m\geq n$, c'est à dire

(5) $$\sigma(Y_0+\ldots+Y_n, Y_{n+1}, Y_{n+2}, \ldots) \subset \underline{\underline{F}}^{\circ}_{2^{-n}}$$

Mais l'inclusion inverse est également vraie, car si $t\leq 2^{-n}$, on a

$$X_t = \Sigma_{k\leq n} f_k(t)Y_k + \Sigma_{k>n} f_k(t)Y_k$$

$$= t(Y_0+\ldots+Y_n) + \Sigma_{k>n} f_k(t)Y_k$$

qui est bien mesurable par rapport à la tribu de gauche de (5). En particulier, nous déduisons de (5) que

$$\underline{\underline{F}}^{\circ}_{2^{-n+1}} \text{ est engendrée par } \underline{\underline{F}}^{\circ}_{2^{-n}} \text{ et } Y_n$$

Mais soit $t\in]2^{-n},2^{-n+1}[$; on a

$$X_t = t(Y_0+\ldots+Y_{n-1}) + f_n(t)Y_n + \Sigma_{k>n} f_k(t)Y_k$$

et comme $f_n(t)\neq t$ on voit que Y_n est déjà $\underline{\underline{F}}^{\circ}_t$-mesurable, autrement dit $\underline{\underline{F}}^{\circ}_t = \underline{\underline{F}}^{\circ}_{2^{-n+1}}$. La filtration ne varie donc qu'aux instants de la forme 2^{-k} ; la même propriété s'étend alors à la filtration habituelle $(\underline{\underline{F}}_t)$, et on en déduit que toutes les martingales continues sont constantes (et cela s'étend aussitôt aux martingales locales).

[1]. DOOB (J.L.). Stochastic processes. Wiley, 1952.
[2]. KUSSMAUL (A.U.). Stochastic integration and generalized martingales. Pitman, London 1977.
[3]. FERNIQUE (X.). Régularité des trajectoires des fonctions aléatoires gaussiennes. Ecole d'Eté de Probabilités, Saint-Flour 1974. Lecture Notes in M. 480, Springer-Verlag 1975.

Note sur les épreuves. Cet article aurait dû être publié dans le volume XVI, mais ne l'a pas été par suite d'une erreur de transmission . Il garde tout son intérêt de contre-exemple, mais les travaux récents de Stricker et d'Emery sur les semimartingales gaussiennes permettent de bien mieux comprendre la situation.

PROCESSUS CANONIQUEMENT MESURABLES (ou : DOOB AVAIT RAISON)

M. TALAGRAND

Soit K un espace métrique compact, et (X_t) un processus sur K. Ce processus définit de façon canonique une mesure de Radon μ sur $\overline{\mathbb{R}}^K$. Pour $t_1,\ldots,t_n \in K$ et une fonction continue bornée f sur $\overline{\mathbb{R}}^n$, on a

$$\int f(x(t_1),\ldots,x(t_n))\,d\mu(x) = Ef(X_{t_1},\ldots,X_{t_n})$$

où pour $x \in \overline{\mathbb{R}}^K$ on pose $x = (x(t))_{t \in K}$. Si $\mathcal{B}$ désigne la tribu des boréliens de $\overline{\mathbb{R}}^T$, les fonctions $x \to x(t)$ sur $(\overline{\mathbb{R}}^K, \mathcal{B}, \mu)$ sont finies presque sûrement, et constituent une représentation très canonique du processus. Il est donc tout-à-fait naturel d'étudier les propriétés de l'évaluation $(t,x) \to x(t)$.

Supposons maintenant le processus continu en probabilité, et soit λ une probabilité de Radon fixée sur K.

Définition 1 : On dira que le processus est canoniquement borné si pour tout ε il existe un compact $L \subset K \times \overline{\mathbb{R}}^K$ tel que $\lambda \otimes \mu(L) \geq 1-\varepsilon$ et que l'application $(t,x) \to x(t)$ soit bornée sur L.

Définition 2 : On dira que le processus est canoniquement mesurable si l'application $(t,x) \to x(t)$ est $\lambda \otimes \mu$ mesurable.

Nous allons montrer que ces notions, qui paraissent bien générales, sont en fait très restrictives. Cela est dû, à n'en pas douter au caractère très pathologique de l'application $(t,x) \to x(t)$. Ainsi, pour avoir en général des représentations conjointement mesurables, il convient de recourir à la méthode des versions mesurables de Doob's.

Théorème 1 : Le processus est canoniquement borné si et seulement s'il existe des compacts K_n de K et des compacts M_n de $\overline{\mathbb{R}}^K$ tels que $\lambda \otimes \mu(\bigcup_n K_n \times M_n) = 1$ et que l'évaluation soit bornée sur chaque ensemble $K_n \times M_n$.

Ainsi, la condition d'être canoniquement borné, qui portait sur des compacts du produit $K \times \overline{\mathbb{R}}^K$ se trouve ramenée à une condition portant sur des produits de compacts !

Preuve : La suffisance de la condition est immédiate ; prouvons sa nécessité. Soit A un compact fixé de $K \times \overline{\mathbb{R}}^K$ avec $\lambda \otimes \mu(A) > 0$. Par hypothèse, il existe un compact $B \subset A$ avec $\lambda \otimes \mu(B) > 0$ et tel que l'évaluation soit bornée sur B, c'est à dire qu'il existe a tel que $(t,x) \in B \Longrightarrow |x(t)| \leq a$.

Désignons par $E_n = (E_{n,i})_{i \in I_n}$ un recouvrement fini de K_n par des ensembles de diamètre $\leq 2^{-n}$. Désignons par p la projection de $K \times \overline{\mathbb{R}}^K$ sur le deuxième facteur, et pour $i \in I_n$ soit

$$B_{n,i} = p(B \cap (E_{n,i} \times \overline{\mathbb{R}}^K))$$

et soit $C_{n,i}$ le support de la restriction de μ à $B_{n,i}$. Soit

$$L_{n,i} = \{t \in E_{n,i} \ ; \ \{x \in C_{n,i} \ |x(t)| > a+1\} = \emptyset\}$$

On a donc

$$L_{n,i} = \{t \in E_{n,i} \ ; \ \mu\{x \in C_{n,i} \ ; \ |x(t)| > a+1\} = 0\}$$

Le processus étant continu en probabilité, $L_{n,i}$ est fermé.

Montrons que $\bigcup_{n, i \in I_n} L_{n,i} = K$. En effet pour $t \in K$, on a $(t,x) \in B \Longrightarrow |x(t)| < a+1$. Par compacité de B, il existe un voisinage V de t tel que

$$p(B \cap (V \times \overline{\mathbb{R}}^K)) \cap \{x \ ; \ |x(t)| \geq a+1\} = \emptyset.$$

Ainsi, pour $E_{n,i} \subset B$, on a $t \in L_{n,i}$. Soit

$$C = \{t \in K \ ; \ \mu\{x \in \overline{\mathbb{R}}^K \ ; \ (t,x) \in B\} > 0\}.$$

On a $\lambda(C) > 0$, puisque $\lambda \otimes \mu(B) > 0$. Il existe n et $i \in I_n$ tels que si on pose $N = C \cap L_{n,i}$, on ait $\lambda(N) > 0$. Pour $x \in C_{n,i}$ et $t \in L_{n,i}$ on a $|x(t)| \leq a+1$ par construction. Mais d'autre part, on a

$$C_{n,i} \supset \{x \in \overline{\mathbb{R}}^K \ ; \ (t,x) \in B\}.$$

Il est donc clair que

$$\lambda \otimes \mu((N \times C_{n,i}) \cap B) > 0.$$

En particulier on a $\lambda \otimes \mu((N \times C_{n,i}) \cap A) > 0$ et l'évaluation est bornée sur $N \times C_{n,i}$. Le résultat en découle par exhaustion.

Théorème 2 : Le processus est canoniquement mesurable si et seulement si pour chaque $m \in \mathbb{N}$ il existe des compacts $K_{n,m}$ de K et des compacts $M_{n,m}$ de $\overline{\mathbb{R}}^K$ tels que $\lambda \otimes \mu(\bigcup_n K_{n,m} \times M_{n,m}) = 1$ et que pour chaque n on ait

$$\operatorname{Sup}\{x(t)\ ;\ (t,x) \in K_{n,m} \times M_{n,m}\} - \operatorname{Inf}\{x(t)\ ;\ (t,x) \in K_{n,m} \times M_{n,m}\} \leq 2^{-m}.$$

Là encore la condition se réduit à une condition portant sur des produits de compacts.

Preuve : Prouvons la suffisance. Soit $\varepsilon > 0$. Pour chaque m existe une réunion finie disjointe L_m de compacts de $K \times \overline{\mathbb{R}}^K$ sur lesquels l'oscillation de l'évaluation est au plus 2^{-m}, et telle que $\lambda \otimes \mu(L_m) \geq 1 - 2^{-m}\varepsilon$. On en conclut que l'évaluation est continue sur $\bigcap L_m$, qui a une mesure $\geq 1-\varepsilon$.

Prouvons la nécessité. Soit A un compact fixé de $K \times \overline{\mathbb{R}}^K$ de mesure positive, et $m \in \mathbb{N}$. Par hypothèse, il existe un compact $B \subset A$ de mesure positive sur lesquel l'oscillation de l'évaluation soit $\leq 2^{-m-1}$. Mais la méthode du théorème précédent montre qu'il existe $K_1 \subset K$, $L \subset \overline{\mathbb{R}}^K$ tels que $\lambda \otimes \mu((K_1 \times L) \cap B) > 0$ et que l'oscillation de l'évaluation soit $\leq 2^{-m}$ sur $K_1 \times L$. On conclut la preuve par exhaustion.

Le cas des processus gaussiens.

Rappelons tout d'abord un résultat de structure des processus gaussiens bornés.

Théorème 3 : Soit (X_t) un processus gaussien borné à covariance continue sur l'espace polonais Y, et μ la mesure associée sur $\overline{\mathbb{R}}^Y$. Il existe alors une topologie polonaise τ sur Y, plus fine que la topologie de Y et telle que :

a) Tout ouvert de (Y,τ) est un F_σ de Y.

b) Il existe des sous-ensembles fermés $\mathcal{Z}_n$ de $\overline{\mathbb{R}}^Y$ tels que $\mu(\mathcal{Z}_n) \geq 1 - 2^{-n}$, et que $\mathcal{Z}_n$ soit équicontinu sur (Y,τ).

La démonstration de ce résultat ne nécessite que des modifications faciles de celle de la proposition 1 de [2]. Nous n'utiliserons que le fait plus faible que μ est portée par l'ensemble des fonctions continues sur (Y,τ).

Théorème 4 : Pour un processus gaussien (X_t) sur K, les conditions suivantes sont équivalentes :

a) Le processus est canoniquement borné.

b) Le processus est canoniquement continu.

c) Pour tout $\varepsilon > 0$ il existe un compact $L \subset K$ avec $\lambda(L) \geq 1-\varepsilon$, tel que la restriction de (X_t) à L ait une version continue.

Preuve : a $\Longrightarrow$ c. D'après le théorème 1, pour tout $n > 0$, il existe une famille finie $K_1,\ldots,K_m$ de compacts de K tels que $\mu(Y) \geq 1 - 2^{-n}$, où $Y = \bigcup_{p\geq m} K_p$, tels que pour chaque $p \leq m$ il existe un compact M_p de $\overline{\mathbb{R}}^K$ tel que l'évaluation soit bornée $K_p \times L_p$ et que $\mu(M_p) > 0$. Autrement dit, si

$$N_p(a) = \{x\in \overline{\mathbb{R}}^K \; ; \; \forall\, t\in K, \quad |x(t)| \leq a\}$$

il existe a avec $\mu(N_p(a)) > 0$. La loi 0-1 montre alors que $\lim_{n\to\infty} \mu(N_p(na)) = 1$, donc $\lim_{n\to\infty} (\bigcap_{p\leq m} N_p(na)) = 1$, ce qui montre que la restriction du processus à Y est bornée. Soit τ la topologie sur Y fournie par le théorème 3. L'application $\to (Y,\tau)$ étant mesurable, est lusin mesurable, donc τ coïncide avec la topologie de Y sur un compact L de Y tel que $\lambda(L) \geq 1 - 2^{-n+1}$, ce qui prouve le résultat.

c $\Longrightarrow$ b. Il suffit de prouver qu'un processus ayant une version continue est canoniquement continu. Soit Z_t une version continue de X_t.

Soit $n\in\mathbb{N}$. Il existe alors une fonction $\phi : \mathbb{N} \to \mathbb{R}$ telle que :

$$P\{\omega \; ; \; s,t\in K, \forall p, d(s,t) \leq \phi(p) \Longrightarrow |X_s(\omega) - X_t(\omega)| \leq 2^{-p}\} \geq 1 - 2^{-n}.$$

Si

$$L_n = \{x\in \overline{\mathbb{R}}^K \; ; \; \forall s,t\in K, \forall p, d(s,t) \leq \phi(p) \Longrightarrow |x(s) - x(t)| \leq 2^{-p}\}$$

Il est clair que $\mu(L_n) \geq 1 - 2^{-n}$, et $(t,x) \to x(t)$ est continue sur $K \times L_n$, ce qui prouve le résultat.

Le reste est évident

Exemple 5 : Un processus gaussien non canoniquement mesurable. Soit toujours (X_t) un processus gaussien. Pour $s,t \in K$, soit $\delta(s,t) = \|X_t - X_s\|_2$. Soit a_n le nombre minimal de δ-boules de rayon 2^{-n} nécessaires pour recouvrir K. Il est connu que si le processus est borné, on a $a_n \leq c_n = 3^{3^{3n}}$ pour n grand. Il est donc très facile de construire un processus gaussien non canoniquement borné. Posons $b_n = nc_n$.

Soit, pour $1 \leq p \leq b_n$, $I_{n,p} = [(p-1)/_{b_n}, p/b_n]$. Soit $f_{n,p}$ une fonction positive égale à 1 sur $I_{n,2p}$, et nulle en dehors de $I_{n,2p-1} \cup I_{n,2p} \cup I_{n,2p+1}$, de sorte que $\Sigma f_{n,p} = 1$. Soit $(Z_{n,p})_{n\in\mathbb{N}, p\leq b_n/2}$ une famille indépendante de variables normales

Posons $$X_t = \sum_{\substack{n\in\mathbb{N}\\ 2p\leq b_n}} 2^{-n} f_{n,p}(t) Z_{n,p}.$$

Il est clair que l'on définit ainsi un processus à covariance continue sur $[0,1]$. Montrons qu'il n'est pas canoniquement mesurable. Soit $K \subset [0,1]$ avec $\lambda(K) > 0$ (où λ est bien sûr la mesure de Lebesgue). Il existe alors un intervalle $I \subset [0,1]$ avec $\lambda(K \cap I) \geq 0{,}9\lambda(I)$. Pour tout n, $K \cap I$ rencontre au moins $b_n\ \lambda(I)/2-1$ intervalles $I_{n,2p}$ distincts ; il faut donc au moins autant de δ-boules de rayon 2^{-n} pour le recouvrir, ce qui montre que la restriction de (X_t) à K n'est pas bornée.

Autres représentations des processus. Soit $\mathcal{C}$ la tribu sur $\mathbb{R}^K$ engendrée par les fonctions coordonnées ; le processus définit une mesure ν sur $(\mathbb{R}^T, \mathcal{C})$. Toutefois $\mathcal{C}$ contient très peu d'ensembles mesurables (les ensembles mesurables ne dépendent que d'un nombre dénombrable de coordonnées) et on voit sans peine que l'évaluation n'est bornée sur un ensemble A de $K \times \mathbb{R}^T$ que si la projection de A sur K est au plus dénombrable. Il n'est pas en général possible d'étendre ν à la tribu borélienne $\mathcal{B}$ de $\mathbb{R}^T$. C'est toutefois le cas si $\mu^*(\mathbb{R}^T) = 1$, au sens que tout compact de $\overline{\mathbb{R}}^T \setminus \mathbb{R}^T$ est négligeable. On pose alors simplement $\nu(A \cap \mathbb{R}^T) = \mu(A)$ pour tout borélien A de $\overline{\mathbb{R}}^T$.

Cette situation est toujours réalisée dans le cas des processus gaussiens [2]. Il est dans ce cas beaucoup plus naturel de considérer la mesure ν que la mesure μ. On peut donc dans ce cas définir les notions analogues à celles des définitions 1 et 2, et l'on obtient des notions plus générales. Nous n'avons pas pu caractériser les notions correspondantes par un théorème du genre du théorème 4. Toutefois, nous avons pu construire des un processus gaussien à covariance continue tel que l'évaluation ne soit bornée sur aucun sous ensemble fermé de $[0,1] \times \mathbb{R}^{[0,1]}$ de mesure positive.

BIBLIOGRAPHIE :

[1] X. FERNIQUE : Régularité des trajectoires des fonctions aléatoires gaussiennes. Ecole d'été de probabilités IV, Lectures Notes in Math. 480, Springer Verlag.

[2] M. TALAGRAND : La τ-régularité des mesures gaussiennes, Z. Wahr. 57, 1981, p. 213-221.

Remerciements : Ce travail fait suite à des questions de E. Thomas.

RECTIFICATION A

"Sur un type de convergence intermédiaire entre la convergence en loi et la convergence en probabilité".

J. JACOD - J. MEMIN

Dans l'article portant le même titre du Séminaire de Probabilités n° XV, figure une erreur grossière faite au cours de la démonstration de la proposition 2.4 ; on procède en effet comme si une famille filtrante convergente était relativement compacte ; cette propriété banale pour une suite convergente, n'est pas vraie en général pour un ensemble filtrant convergent. Cette proposition 2.4 est cependant vraie (du moins si la nouvelle démonstration qui suit est correcte).

Les notations $\Omega, \mathcal{X}, \overline{\Omega}, B^1_{mc}(\overline{\Omega}), B^2_{mc}(\overline{\Omega}), B_{mc}(\overline{\Omega}), \mathbf{M}_{mc}(\overline{\Omega}), C_u(\mathcal{X})$ sont introduites dans l'article du séminaire XV ; redonnons seulement l'énoncé de la proposition :

proposition : *La topologie de* $\mathbf{M}_{mc}(\overline{\Omega})$ *est la moins fine rendant continues les applications* $\mu \to \mu(g)$, $g \in B^1_{mc}(\overline{\Omega})$.

Dans l'énoncé, nous devrions pour être précis indiquer la métrique choisie pour $\mathcal{X}$ puisque $B^1_{mc}(\overline{\Omega})$ et $C_u(\mathcal{X})$ en dépendent ; cependant, nous allons voir que la métrique utilisée, notée δ, est indifférente, pourvu qu'elle définisse la bonne topologie.

Comme $B^1_{mc}(\overline{\Omega}) \subset B_{mc}(\overline{\Omega})$, pour démontrer la proposition il suffit de vérifier que pour toute famille filtrante (μ_α) de $\mathbf{M}(\overline{\Omega})$, la condition

(1) $\quad \mu_\alpha(g) \to \mu(g), \; \forall g \in B^1_{mc}(\overline{\Omega})$

entraîne

(2) $\quad \mu_\alpha(g) \to \mu(g), \; \forall g \in B_{mc}(\overline{\Omega})$.

Etape 1 : La propriété (1) ne dépend pas de la métrique δ choisie. En effet (1) signifie que $\mu_\alpha(A\times f) \to \mu(A\times f)$ pour tout $f \in C_u(\mathcal{X})$, donc d'après un résultat bien connu sur la convergence faible, les mesures $\mu_\alpha(A\times \cdot)$ convergent faiblement vers $\mu(A\times\cdot)$, donc $\mu_\alpha(A\times f) \to \mu(A\times f)$ pour tout $f \in C(\mathcal{X})$ donc à-fortiori pour toute fonction f uniformément continue relativement à n'importe quelle autre distance topologiquement équivalente. ■

On peut donc choisir une distance δ qui rende $\mathcal{X}$ totalement borné, et on sait alors que $C_u(\mathcal{X})$ est séparable pour la topologie uniforme. On pose

$B^3_{mc}(\overline{\Omega}) = \{g \in B(\overline{\Omega}) : g(\omega,.) \in C_u(\mathcal{X}) \text{ pour tout } \omega \in \Omega\}$.

Etape 2 : Si $g \in B^3_{mc}(\overline{\Omega})$ il existe une suite $\{g_n\} \subset B^2_{mc}(\overline{\Omega})$ qui converge uniformément vers g.

Soit en effet $\{V_k\}$ une suite dense dans $C_u(\mathcal{X})$; soit $A_{n,0} = \emptyset$ et

$A_{n,k} = \{\omega \in \Omega : \omega \notin \bigcup_{q \leq k-1} A_{n,q},\ \sup_x |g(\omega,x) - V_k(x)| \leq \frac{1}{n}\}$

$g_n(\omega,x) = \sum_{h \geq 1} 1_{A_{n,k}}(\omega)\, V_k(x)$

La suite $\{g_n\}$ vérifie les propriétés requises. ■

<u>Etape 3</u> : <u>On a</u> $\mu_\alpha(g) \to \mu(g)$, $\forall g \in B^2_{mc}(\overline{\Omega})$.

Soit en effet $g = \sum_{n \geq 1} 1_{A_n} \otimes f_n \in B^2_{mc}(\overline{\Omega})$, et $a = \sup |g|$.

Pour tout $\varepsilon > 0$, il existe $n_0 \in \mathbb{N}$ tel que $\mu^\Omega(\bigcup_{n>n_0} A_n) \leq \varepsilon$. D'après (1) on a $\mu^\Omega_\alpha \to \mu^\Omega$ dans $M_m(\Omega)$, donc $\lim_{(\alpha)} \mu^\Omega_\alpha (\bigcup_{n>n_0} A_n) \leq \varepsilon$ et

$\limsup_\alpha |\mu_\alpha(\sum_{n>n_0} 1_{A_n} \otimes f_n)| \leq \varepsilon$.

D'après (1), encore, $\mu_\alpha(\sum_{n \leq n_0} 1_{A_n} \otimes f_n) \to \mu(\sum_{n \leq n_0} 1_{A_n} \otimes f)$. Comme $\varepsilon > 0$ est arbitraire, on en déduit que $\mu_\alpha(g) \to \mu(g)$. ■

<u>Etape 4</u> : <u>On a</u> $\mu_\alpha(g) \to \mu(g)$, $\forall g \in B^3_{mc}(\overline{\Omega})$.

Soit en effet $g \in B^3_{mc}(\overline{\Omega})$, et $\varepsilon > 0$. D'après l'étape 2, il existe $g' \in B^2_{mc}(\overline{\Omega})$ telle que $|g - g'| \leq \varepsilon$. Donc

$|\mu_\alpha(g) - \mu_\alpha(g')| \leq \varepsilon\, \mu_\alpha(\overline{\Omega})$, $\quad |\mu(g) - \mu(g')| \leq \varepsilon \mu(\overline{\Omega})$

Comme $\mu_\alpha(g') \to \mu(g')$ d'après l'étape 3, et $\mu_\alpha(\overline{\Omega}) \to \mu(\overline{\Omega})$, et comme $\varepsilon > 0$ est arbitraire, on en déduit que $\mu_\alpha(g) \to \mu(g)$. ■

<u>Etape 5</u> : <u>Soit</u> $a \in \mathbb{R}$. <u>On a</u> : $\limsup_\alpha \mu_\alpha(g \geq a) \leq \mu(g \geq a)$ <u>si</u> $g \in B_{mc}(\overline{\Omega})$

Soit en effet $g \in B_{mc}(\overline{\Omega})$ et $G(a) = \{g > a\}$. La fonction

$$\theta_a(\omega,x) = \begin{cases} \delta(x, \overline{G(a)}_\omega) \wedge 1 & \text{si } G(a)_\omega \neq \emptyset \\ 1 & \text{si } G(a)_\omega = \emptyset \end{cases}$$

est lipschitzienne en x (pour chaque ω). Si $\{x_i\}$ est une suite dense dans $\mathcal{X}$, il est facile de vérifier que

$\{\theta_a \geq b\} = \bigcap_{(i)} \{(\omega,x) : \delta(x,x_i) \geq b \text{ ou } g(\omega,x_i) \leq a\}$ si $b \leq 1$

(car $g(\omega,.)$ est continue) et $\{\theta_a \geq b\} = \emptyset$ sinon; θ_a est mesurable donc $\theta_a \in B^3_{mc}(\overline{\Omega})$.

Soit alors $\phi_n(t) = 0$ pour $t \geq \frac{1}{n}$, $\phi_n(t) = 1 - nt$ si $0 \leq t \leq \frac{1}{n}$.

On a $\phi_n \circ \theta_a \in B^3_{mc}(\overline{\Omega})$, donc

$\mu_\alpha(\phi_n \circ \theta_a) \to \mu(\phi_n \circ \theta_a)$ d'après l'étape 4. Mais $\{\theta_a = 0\} = \overline{G(a)}$, donc d'une part $\mu_\alpha(\overline{G(a)}) \leq \mu_\alpha(\phi_n \circ \theta_a)$, et d'autre part $\phi_n \circ \theta_a \to 1_{\overline{G(a)}}$ lorsque $n \uparrow \infty$, d'où $\mu(\phi_n \circ \theta_a) \downarrow \mu(\overline{G(a)})$. On déduit alors de (3) que

$\limsup_\alpha \mu_\alpha[\overline{G(a)}] \leq \mu[\overline{G(a)}]$.

Enfin si $\varepsilon>0$, on a

$$\{g \geq a\} \subset \overline{G(a-\varepsilon)} \subset \{g \geq a-\varepsilon\},$$

donc

$$\limsup_\alpha \mu_\alpha(g\geq a) \leq \limsup_\alpha \mu_\alpha[\overline{G(a-\varepsilon)}] \leq \mu[\overline{G(a-\varepsilon)}] \leq \mu(g\geq a-\varepsilon)$$

et comme $\lim_{\varepsilon\downarrow 0} \downarrow \mu(g\geq a-\varepsilon) = \mu(g\geq a)$, on obtient le résultat. ■

Etape 6 : On a (2).

Soit en effet $g \in B_{mc}(\overline{\Omega})$. Soit $\varepsilon>0$ et $a_0<a_1<\ldots<a_n$ tels que $a_0\leq g\leq a_n$, que $\mu(g=a_i)=0$ pour tout i, et que $a_{i+1}-a_i \leq \varepsilon$ pour tout i. Soit aussi

(4) $$g' = \sum_{i=1}^{n} a_{i-1} 1_{[a_{i-1}\leq g<a_i]}$$

Par ailleurs, l'étape 5 appliquée à g et à $-g$, et le fait que $\mu_\alpha(\overline{\Omega}) \to \mu(\overline{\Omega})$, entraînent :

$$\begin{cases} \limsup_\alpha \mu_\alpha(g\geq a_i) \leq \mu(g\geq a_i) \\ \liminf_\alpha \mu_\alpha(g\geq a_i) \geq \liminf_\alpha \mu_\alpha(g>a_i) \geq \mu(g>a_i). \end{cases}$$

Comme $\mu(g\geq a_i) = \mu(g>a_i)$, on en déduit que $\mu_\alpha(g\geq a_i) \to \mu(g\geq a_i)$

et d'après (4), $\mu_\alpha(g') \to \mu(g')$. Comme $|g-g'| \leq \varepsilon$ par construction,

$|\mu_\alpha(g)-\mu_\alpha(g')| \leq \varepsilon\mu_\alpha(\overline{\Omega})$, $\quad |\mu(g)-\mu(g')| \leq \varepsilon\mu(\overline{\Omega})$

et $\varepsilon>0$ étant arbitraire, on en déduit que $\mu_\alpha(g) \to \mu(g)$. ■

REMARQUE : L'étape 5 ci-dessus ne fait pas double emploi avec la proposition (2.11) qui affirme que si $\mu_n \to \mu$, alors $\limsup \mu_n(F) \leq \mu(F)$ pour F mesurable à coupes fermées dans $\mathfrak{X}$: ce résultat reste sans doute faux pour une famille filtrante, en général, car il y a des ensembles F mesurables à coupes fermées qui ne sont pas de la forme $F=\{g\geq a\}$ pour une fonction $g \in B_{mc}(\overline{\Omega})$.

CORRECTIONS AU LNM 921, SÉMINAIRE DE PROBABILITÉS XVI

Correction au volume XVI. Dans l'article de YAN, p. 339 ligne 17, au lieu de $0<\beta<\infty$, lire $0\leq\beta<\infty$.

Correction au volume XVI (Supplément)

Dans l'article << Variation des solutions d'une E.D.S. >> de P.A.Meyer

P. 155 l. 8 au lieu de	$H_0+\Phi'_t$, lire	$U_tH_0+\Phi'_t$
l. 5	$H_s dU_s^{-1}$	$dU_s^{-1}H_s$
p. 158, formules (18)(19)	U_{t-s}	$U_tU_s^{-1}$
p. 162, formule (30) et précédente	U_{T-s}	$U_TU_s^{-1}$

.

Correction to $L(B_t,t)$ is not a semimartingale (Sem. Prob. XVI)

I am grateful to J-M Bismut for pointing out that the assertion at the top of p.211 does not follow from the Borel-Cantelli lemmas. What is actually needed is a version of Fatou's lemma:

$$P(\limsup A_n) \geq \limsup P(A_n) .$$

In this case $A_n = \{T_n > a_n^2\}$, $P(A_n) = k>0$, and $P(\limsup A_n)$ is 0 or 1 by the Blumenthal 01 law; it now follows that $P(\limsup A_n) = 1$. (M.T. Barlow)